Paula

Holger Rogall
100 %-Versorgung mit erneuerbaren Energien –
Bedingungen für eine globale, nationale und kommunale
Umsetzung

Holger Rogall

# 100 %-Versorgung mit erneuerbaren Energien

Bedingungen für eine globale, nationale und kommunale Umsetzung

Unter Mitarbeit von Stefan Klinski

Metropolis-Verlag
Marburg 2014

**Bibliografische Information der Deutschen Bibliothek**

Die Deutsche Bibliothek verzeichnet diese Publikation in der Deutschen Nationalbibliographie; detaillierte bibliografische Daten sind im Internet über <http://dnb.ddb.de> abrufbar.

Metropolis-Verlag für Ökonomie, Gesellschaft und Politik GmbH
http://www.metropolis-verlag.de
Copyright: Metropolis-Verlag, Marburg 2014
Alle Rechte vorbehalten
ISBN 978-3-7316-1090-8

# Inhalt

Verzeichnis der Abbildungen, Tabellen und Übersichten ...... 9

Abkürzungsverzeichnis ...... 11

Vorwort ...... 13

EINLEITUNG ...... 15

**ABSCHNITT I: GRUNDLAGEN** ...... 21

1. **Problemaufriss** ...... 23
   - 1.1 Bedeutung von Energie in der Geschichte ...... 23
   - 1.2 Grundbegriffe der Energiewirtschaft ...... 24
   - 1.3 Problemfelder des heutigen Energiesystems ...... 27
   - 1.4 Zusammenfassung ...... 46

2. **Ziele und Alternativen** ...... 49
   - 2.1 Grundlagen der Nachhaltigen Ökonomie ...... 49
   - 2.2 Definition, Ziele und Kriterien ...... 59
   - 2.3 Soll-Ist-Vergleich ...... 67
   - 2.4 Faktoren der weiteren Entwicklung ...... 72
   - 2.5 Alternativen? ...... 76
   - 2.6 Zusammenfassung ...... 84

Zwischenfazit Abschnitt I ...... 86

**ABSCHNITT II: STRATEGIEPFADE** ...... 87

3. **Effizienzstrategie** ...... 89
   - 3.1 Stromerzeugung ...... 90
   - 3.2 Verkehr ...... 101
   - 3.3 Verarbeitendes Gewerbe ...... 103
   - 3.4 Haushalte ...... 105

3.5 Gewerbe, Handel, Dienstleistungen (GHD) .................................. 122
3.6 Landwirtschaft und Ernährung ................................................ 123
3.7 Zusammenfassung .................................................................. 123

4. **Erneuerbare Energien** ..................................................................... **127**
   4.1 Direkte Nutzung der Sonnenenergie ........................................ 131
   4.2 Windkraft .................................................................................. 149
   4.3 Wasserkraft .............................................................................. 157
   4.4 Biomasse .................................................................................. 161
   4.5 Geothermie ............................................................................... 170
   4.6 Zusammenfassung .................................................................... 172

5. **Notwendige Infrastruktur** ........................................................... **175**
   5.1 Umbau der Energieversorgung auf EE-Strom ......................... 178
   5.2 Flexible Kraftwerke ................................................................. 180
   5.3 Verbrauchsmanagement ........................................................... 182
   5.4 Ausbau der Netze ..................................................................... 183
   5.5 Stromspeicher .......................................................................... 186
   5.6 Zusammenfassung .................................................................... 195

6. **Bewertung der technischen Bedingungen** ............................... **197**
   6.1 Zusammenfassende Bewertung der EE ................................... 197
   6.2 Bewertung der Contra-Argumente ........................................... 205
   6.3 Szenarien für eine 100 %-Versorgung mit EE ........................ 210
   6.4 Herausforderungen nach Sektoren ........................................... 213
   6.5 Zusammenfassung .................................................................... 216

**Zwischenfazit Abschnitt II** .................................................................. **218**

**ABSCHNITT III: DIREKTE AKTEURE** ........................................... **219**

7. **Leitplanken für die Energiewende** ............................................ **221**
   7.1 Ursachen des Marktversagens ................................................. 221
   7.2 Überblick über die Instrumente, Kriterien .............................. 228
   7.3 Direkt wirkende Instrumente ................................................... 229
   7.4 Indirekt wirkende (weiche) Instrumente ................................. 234
   7.5 Umweltökonomische Instrumente ........................................... 240
   7.6 Zusammenfassung .................................................................... 264

## 8. Grundlagen der Akteursanalyse .................................................................269
   8.1 Modell der direkten und indirekten Akteure ................................269
   8.2 Theorien menschlicher Verhaltensweisen ...................................272
   8.3 Direkte Akteure ...........................................................................273
   8.4 Theorieansätze zum Politikversagen ...........................................275
   8.5 Zusammenfassung .......................................................................277

## 9. Die globale Ebene ..........................................................................279
   9.1 Institutionelle Grundlagen ...........................................................279
   9.2 Entwicklung der Klimaschutzdiskussion .....................................281
   9.3 Zusammenfassung .......................................................................287

## 10. Die Rolle der EU ............................................................................289
   10.1 Institutionelle Grundlagen .........................................................289
   10.2 Entwicklung der Klimaschutzpolitik .........................................291
   10.3 Zusammenfassung und Perspektive ..........................................300

## 11. Nationalstaaten – Beispiel Deutschland ........................................303
   11.1 Grundlagen .................................................................................303
   11.2 Entwicklung der Klimaschutzpolitik .........................................307
   11.3 Skizze der Klimaschutzinstrumente ..........................................314
   11.4 Zusammenfassung .....................................................................318

## 12. Bundesländer ..................................................................................321
   12.1 Grundlagen .................................................................................321
   12.2 Entwicklung der Klimaschutzpolitik .........................................323
   12.3 Zusammenfassung .....................................................................325

**Zwischenfazit Abschnitt III** ..................................................................326

## ABSCHNITT IV: INDIREKTE AKTEURE ........................................341

## 13. Überregionale Unternehmen und Verbände ..................................343
   13.1 Energiekonzerne und Wirtschaftsverbände ...............................343
   13.2 Gewerkschaften .........................................................................355
   13.3 Wissenschaftliche Institute .......................................................357
   13.4 EE-Unternehmen und -Verbände ..............................................359
   13.5 Zusammenfassung .....................................................................363

## 14. Kommunen .......... 365
14.1 Rechtliche und politische Grundlagen .......... 365
14.2 Chancen und Hemmnisse .......... 366
14.3 Strategiepfade zur 100 %-Versorgung .......... 371
14.4 Beispiele erfolgreicher Kommunen .......... 384
14.5 Zusammenfassung .......... 386

## 15. Kommunale Unternehmen – Stadtwerke .......... 387
15.1 Rechtliche Grundlagen .......... 387
15.2 Entwicklungsphasen der Stadtwerke .......... 388
15.3 Chancen und Hemmnisse .......... 394
15.4 Strategiepfad zur 100 %-Versorgung .......... 408
15.5 Erfolgreiche Beispiele .......... 413
15.6 Zusammenfassung .......... 414

## 16. Energiegenossenschaften .......... 417
16.1 Rechtsformauswahl .......... 417
16.2 Skizze der Genossenschaftsbewegung .......... 418
16.3 Charakteristika der Genossenschaft .......... 421
16.4 Energiegenossenschaften .......... 426
16.5 Chancen und Hemmnisse .......... 431
16.6 Zusammenfassung .......... 437

## 17. Einzelne Akteure und Gruppen .......... 439
17.1 Privathaushalte – Bürger .......... 439
17.2 Landwirte .......... 442
17.3 Sonstige Pro-Akteursgruppen .......... 444
17.4 Zusammenfassung .......... 444

**Zwischenfazit Abschnitt IV** .......... 445

**Abschnitt V: Schlusskapitel** .......... 449
  Zusammenfassung .......... 449
  Fazit: Bedingungen für eine 100 %-Versorgung .......... 456

**Literaturverzeichnis und Internetadressen** .......... 461

**Personen- und Sachwortverzeichnis** .......... 493

# Verzeichnis der Abbildungen, Tabellen und Übersichten

| | | |
|---|---|---|
| Abbildung 1: | Managementregeln | 60 |
| Abbildung 2: | Entwicklung des globalen Primärenergieverbrauchs | 69 |
| Abbildung 3: | Strombereitstellung aus EE in Deutschland | 130 |
| Abbildung 4: | Wärmebereitstellung aus EE in Deutschland | 130 |
| Abbildung 5: | Photovoltaikeinspeisung | 134 |
| Abbildung 6: | Windenergieeinspeisung | 152 |
| Abbildung 7: | Merit-Order-Effekt | 177 |
| Abbildung 8: | Szenario 100 %-Versorgung mit EE | 212 |
| Abbildung 9: | Warum der homo cooperativus Leitplanken benötigt | 224 |
| Abbildung 10: | Energiepolitische Instrumente – Überblick | 228 |
| Abbildung 11: | Entwicklung der Vergütungen für PV-Strom | 251 |
| Abbildung 12: | Direkte und indirekte Akteure aus der nationalen Sicht | 269 |
| Abbildung 13: | Struktur der Organe der EU | 291 |
| Abbildung 14: | THG-Emissionen: Entwicklung und Ziele | 312 |
| Abbildung 15: | Energiegenossenschaften in Deutschland | 427 |
| Tabelle 1: | Primärenergieverbrauch ausgewählter Staaten | 68 |
| Tabelle 2: | Energiebedingte THG-Emissionen – Global | 70 |
| Tabelle 3: | Prognose über die Entwicklung der Energiepreise €/GJ | 75 |
| Tabelle 4: | Daten zum Energieverbrauch in Deutschland | 89 |
| Tabelle 5: | Daten des deutschen Kraftwerksmix (inkl. EE) | 90 |
| Tabelle 6: | Bruttostromerzeugung in Deutschland nach Energieträgern | 91 |
| Tabelle 7: | Vergleich von Kraftwerkstypen | 95 |
| Tabelle 8: | Entwicklung der Wärmeschutzstandards | 106 |
| Tabelle 9: | $CO_2$-Emissionen ausgewählter Heizungssysteme | 113 |
| Tabelle 10: | Einsparpotentiale im Gerätesektor | 121 |

| | | |
|---|---|---|
| Tabelle 11: | Energieerzeugung durch EE (Anteil am Gesamtverbrauch) | 128 |
| Tabelle 12: | EE-Techniken zur Stromerzeugung in Deutschland | 174 |
| Tabelle 13: | Vergleich von Stromspeichern in Deutschland | 194 |
| Tabelle 14: | Vergleich von Stromspeichern in Deutschland | 194 |
| Tabelle 15: | EU-Vorgaben zur THG-Reduktion einzelner Sektoren | 292 |
| Tabelle 16: | EE-Politik in ausgewählten Ländern der EU-28 | 295 |
| Tabelle 17: | Energieverbrauch nach Sektoren in Deutschland (in EJ) | 310 |
| Tabelle 18: | $CO_2$-Emissionen aus Verbrennung nach Sektoren | 313 |
| Übersicht 1: | Problemfelder im 21. Jahrhundert | 27 |
| Übersicht 2: | Veröffentlichungen zur Umweltschutz- und Energiepolitik | 49 |
| Übersicht 3: | Kernaussagen der Nachhaltigen Ökonomie | 52 |
| Übersicht 4: | Managementregeln der Nachhaltigen Ökonomie | 60 |
| Übersicht 5: | Ziele und Kriterien einer nachhaltigen Energiepolitik | 65 |
| Übersicht 6: | Bewertung von Kohle-HKW | 93 |
| Übersicht 7: | Bewertung von KWK-Gaskraftwerken | 97 |
| Übersicht 8: | Instrumente der Umweltschutzpolitik – Zusammenfassung | 266 |
| Übersicht 9: | Politisch-rechtliche Instrumente der EU zum Klimaschutz | 296 |
| Übersicht 10: | Rechtsnormen zur Energiepolitik in Deutschland | 314 |
| Übersicht 11: | Chancen einer 100 %-Versorgung für Kommunen | 367 |
| Übersicht 12: | Energiekonzept zur 100 %-Versorgung – Idealtypisch | 372 |
| Übersicht 13: | Qualitätsziele und Kriterien für Unternehmen | 394 |
| Übersicht 14: | Chancen durch die Gründung eines Stadtwerks | 396 |
| Übersicht 15: | Ansatzpunkte Kommunikation und Bürgerbeteiligung | 411 |
| Übersicht 16: | Organe einer Genossenschaft | 425 |
| Übersicht 17: | Gründung einer Energiegenossenschaft | 429 |
| Übersicht 18: | Chancen durch die Gründung einer Energiegenossenschaft | 431 |
| Übersicht 19: | Hemmnisse für Energiegenossenschaften | 435 |

# Abkürzungsverzeichnis

| | |
|---|---|
| a | Jahr |
| AEE | Agentur für Erneuerbare Energien |
| BAFA | Bundesamt für Wirtschaft und Ausfuhrkontrolle |
| bbl | Barrel (Fass Rohöl) |
| BDI | Bundesverband der Deutschen Industrie e.V. |
| BHKW | Blockheizkraftwerk |
| BIP | Bruttoinlandsprodukt |
| BMU | Bundesministerium für Umwelt, Naturschutz und Reaktorsicherheit |
| BMUB | Bundesministerium für Umwelt, Naturschutz, Bau und Reaktorsicherheit |
| BMWi | Bundesministerium für Wirtschaft und Energie |
| CCS | Carbon Dioxid Capture and Storage ($CO_2$-Abscheidung und -Speicherung) |
| $CO_2$ | Kohlendioxid |
| DE | Deutschland |
| dena | Deutsche Energie-Agentur GmbH |
| DIW | Deutsches Institut für Wirtschaftsforschung |
| Drs. | Drucksache |
| EE | Erneuerbare Energien |
| EEG | Erneuerbare-Energien-Gesetz |
| EEWärmeG | Erneuerbare-Energien-Wärmegesetz |
| EnEV | Energieeinsparverordnung |
| ETS | European Trade System (Europäisches Emissionshandelssystem) |
| ErP | Energy related Products (energieverbrauchsrelevante Produkte) |
| EVU | Energieversorgungsunternehmen |
| FCKW | Fluorchlorkohlenwasserstoffe |
| GATT | General Agreement on Tariffs and Trade |

| | |
|---|---|
| GHD | Gewerbe, Handel, Dienstleistungen |
| GuD | Gas und Dampf |
| HKW | Heizkraftwerk (KWK) |
| IPCC | Intergovernmental Panel on Climate Change (Zwischenstaatlicher Ausschuss für Klimaänderung) |
| k.A. | keine Angaben |
| kJ | Kilojoule (1.000 Joule) |
| KW | Kraftwerk |
| kW | Kilowatt |
| kWh | Kilowattstunde (el = elektrisch, th = thermisch) |
| KWK | Kraft-Wärme-Kopplung |
| Mt | Millionen Tonnen |
| OECD | Organization for Economic Co-operation and Development |
| ÖPNV | Öffentlicher Personennahverkehr |
| ÖSR | Ökologische Steuerreform |
| PEV | Primärenergieverbrauch |
| PJ | Petajoule (Billarde Joule = 278 GWh) |
| PV-Anlagen | Photovoltaik-Anlagen |
| SRU | Sachverständigenrat für Umweltfragen |
| THG | Treibhausgase |
| TWh | Terawattstunden (1 Billionen Wattstunden = 3,6 PJ) |
| UBA | Umweltbundesamt |
| UN/UNO | United Nations/United Nations Organization |
| UNEP | United Nations Environment Programme |
| USD | US-Dollar |
| VDI | Verein Deutscher Ingenieure |
| VKU | Verband kommunaler Unternehmen e.V. |
| WBGU | Wissenschaftlicher Beirat der Bundesregierung Globale Umweltveränderungen |
| WTO | World Trade Organization |
| WI | Wuppertal Institut für Klima, Umwelt, Energie |

# Vorwort

Das vorliegende Buch geht davon aus, dass die Industrie- und Schwellenländer einen Transformationsprozess zu einer nachhaltigen Energieversorgung/-wirtschaft benötigen, das bedeutet nach unserem heutigen Wissensstand eine 100 %-Versorgung mit erneuerbaren Energien (EE). Hierzu wurden viele erste Schritte getan, aber wo Siebenmeilenstiefel nötig wären, ist seit Jahren der Fortschritt beängstigend langsam. In dem vorliegenden Buch wollen wir uns daher mit der Frage beschäftigen, welche Strategiepfade jetzt nötig wären und welche Chancen die Akteure von der globalen bis zur kommunalen Ebene haben, diesen Prozess zu beschleunigen sowie welche Hemmnisse hierbei auftreten.

Wie bei all meinen Büchern bin ich einer Reihe von Menschen für ihre vielfältigen Anregungen *zu Dank verpflichtet*. Stellvertretend für alle möchte ich mich bei meinem Kollegen Prof. Dr. *Stefan Klinski* bedanken. Mit Stefan Klinski arbeite ich seit vielen Jahren im Vorstand der GfN (Gesellschaft für Nachhaltigkeit) zusammen. In dieser Zeit hat er die juristisch relevanten Unterkapitel meiner Bücher überarbeitet und durch kritische Hinweise ergänzt, daher entstand das Buch unter seiner Mitarbeit. Ein besonderer Dank geht auch an meine Kollegen, die mich teilweise seit Jahrzehnten durch ihre wichtigen Publikationen inspirieren, sie kann ich als meine Lehrer im weitesten Sinne betrachten. Zu ihnen gehören Prof. Dr. *Hans Christoph Binswanger,* Prof. Dr. *Ulrich Förstner,* Prof. Dr. *Ingomar Hauchler,* Prof. Dr. *Peter Hennicke,* Prof. Dr. *Martin Jänicke,* Prof. Dr. *Rolf Kreibich, Michael Müller,* Prof. Dr. *Gerhard Scherhorn,* Prof. Dr. *Ernst Ulrich von Weizsäcker,* sie sind heute Mitglieder des Netzwerks Nachhaltige Ökonomie und beteiligen sich daran, diese neue Wirtschaftsschule bekannt zu machen.

Anderen Netzwerkmitgliedern wie Dr. *Sascha Dietrich,* Dr. *Fabio Longo* und Dr. *Thomas Gawron* schulde ich Dank für die kritische Durchsicht einzelner Kapitel.

Besonders herzlich möchte ich mich bei meinem Team bedanken. Zu ihm zählen u.a. *Moritz Niemeyer und Toni Engelhardt,* die auch die neuen Abbildungen erstellten sowie *Nils Ohlendorf, Conny Noack und Lisa Mair.* Sie haben bei der Erstellung einzelner Kapitel mitgewirkt und einen Teil der Tabellen und Übersichten erstellt. Ein weiterer ganz herzlicher Dank geht an *Jolina Flötotto,* die das Cover des Buches erstellte. Diesem Team habe ich einen Teil meiner Schaffenskraft zu verdanken, weil sie in großer Geduld an den Recherchearbeiten und Diskussion über die Perspektiven der erneuerbaren Energien beteiligt waren. Sie haben sich zum Teil so intensiv mit dem Text auseinandergesetzt, dass im Buch von „wir" gesprochen wird, vertritt das Team doch eine gemeinsame Position. Die in Büchern oft verwendete Form „die Ökonomie" halten wir nicht für adäquat, denn zu den meisten Themen existieren unterschiedliche Positionen, ist doch die Ökonomie eine Sozial- und keine Naturwissenschaft.

Schließlich gilt mein Dank *Franziska Hirschmann*, die seit Jahren mit unendlicher Geduld und Freundlichkeit mitwirkt, meine Manuskripte zu erstellen.

Berlin, Juni 2014                                                                 Holger Rogall

# EINLEITUNG

*Problemaufriss*

Die Fähigkeit Energie zu nutzen, die über die menschliche Arbeitsleistung hinausgeht, bestimmt ganz wesentlich den technisch-wirtschaftlichen Stand einer Zivilisation. So gab es in der Geschichte keine Zivilisation, die nicht tierische und weitere erneuerbare Energien (künftig mit EE abgekürzt) bzw. fossile Energien genutzt hat. Unser heutiges, insbesondere auf fossilen Energien basierendes Energiesystem birgt aber viele kurz- und langfristige Gefahren (Klimawandel, Ressourcenknappheit etc., detailliert in Kap. 1.2), sodass es nicht zukunftsfähig ist.

*Ziel der Arbeit*

Der Autor des vorliegenden Buches und seine MitarbeiterInnen[1] möchten die Frage beantworten, welche Bedingungen existieren, um eine 100 %-Versorgung mit EE in den Industrie- und Schwellenländern bis 2050 zu ermöglichen. Dabei steht die Zahl 2050 als symbolischer Leuchtturm. Ob es einzelnen Ländern gelingt, dieses Ziel bereits 2040 zu erreichen oder erst 2060, erscheint uns weniger wichtig, ebenso wie das Ziel eine 100 %-Versorgung durch eine 110 %- (für Exportzwecke) oder eine 90 %-Versorgung (mit EE-Import) erreicht werden kann. Um die Bedingungen herauszuarbeiten, werden wir zunächst die energiepolitischen und technischen Bedingungen einer 100 %-Versorgung erläutern, um dann zu analysieren *welchen Beitrag* die verschiedenen Akteursgruppen von der globalen bis zur kommunalen Ebene mit ihren wichtigsten Akteuren (z. B. die Politiker und die Verwaltung sowie die Unternehmen und Bürger) für eine nachhaltige Energiepolitik leisten können. Dabei stehen die *Chancen* und *Hemmnisse* für den Umbau hin zu einer 100 %-Versorgung mit EE im Mittelpunkt der Arbeit, die auch Empfehlungen geben will, welche Maßnahmen die Akteure ergreifen können, um ihren Beitrag zur Energiewende zu erhöhen und diese so zu beschleunigen.

---

[1] Im weiteren Text verwenden wir zur besseren Lesbarkeit die männliche Schreibweise, hierbei ist immer die weibliche mitbeinhaltet.

## Skizzierung des Untersuchungsgegenstandes

### Nachhaltige Entwicklung

Seit den 1970er Jahren wächst die Befürchtung, dass die derzeitige wirtschaftliche Entwicklung nicht dauerhaft aufrechtzuerhalten ist, d.h. der Menschheit keine menschenwürdige Zukunft mehr bietet. Insbesondere gilt dies für die ungebremste Zerstörung der natürlichen Lebensgrundlagen durch deren Übernutzung und Vergiftung (aber auch viele andere Formen der ungerechten Verteilung von Lebenschancen). Nachsorgende Techniken allein können die Probleme nicht lösen, vielmehr ist ein nachhaltiger Umbau (Transformation) der globalen Volkswirtschaften notwendig. Dieser Erkenntnis hat die Weltgemeinschaft Rechnung getragen, indem sie sich im Jahr 1992 auf der UN-Konferenz „Umwelt und Entwicklung" in Rio de Janeiro auf das gemeinsame Entwicklungsleitbild *sustainable development* einigte (im Deutschen: Zukunftsfähige oder Nachhaltige Entwicklung). Für den Begriff existieren zahlreiche Definitionen. Die bekannteste ist durch die *Brundtland-Kommission erfolgt*: „Dauerhafte Entwicklung ist Entwicklung, die die Bedürfnisse der Gegenwart befriedigt, ohne zu riskieren, dass künftige Generationen ihre eigenen Bedürfnisse nicht befriedigen können" (Hauff 1987: 46). Wir definieren sie wie folgt:

> „Eine Nachhaltige Entwicklung will für alle heute lebenden Menschen und künftigen Generationen ausreichend hohe ökologische, ökonomische und sozial-kulturelle Standards in den Grenzen der natürlichen Tragfähigkeit erreichen und so das intra- und intergenerative Gerechtigkeitsprinzip durchsetzen" (nach Rogall 2000: 100).

### Nachhaltige Ökonomie

Wie beschrieben wird das Ziel einer Nachhaltigen Entwicklung seit über 20 Jahren verfolgt, ohne dass die traditionelle Ökonomie bislang eine Konsequenz hieraus gezogen hätte. Uns scheint es daher an der Zeit, die traditionelle Ökonomie zu einer Nachhaltigen Ökonomie weiterzuentwickeln, d.h. eine neue Grundlage des ökonomischen Denkens zu legen, das sich an den Prinzipien der Nachhaltigen Entwicklung orientiert. Im Mittelpunkt dieser neuen Wirtschaftsschule steht die Herausarbeitung der Bedingungen eines Wirtschaftens, das die Prinzipien und Managementregeln des nachhaltigen Wirtschaftens einhält. Hierbei werden in dem vorliegenden Buch die Bedingungen für eine nachhaltige Energiepolitik in den Fokus genommen.

*Nachhaltige Energiepolitik*

Wir definieren eine nachhaltige Energiepolitik wie folgt: „Eine n.E. strebt eine ausreichende Versorgung mit Energiedienstleistungen für alle Menschen in den Grenzen der natürlichen Tragfähigkeit an. Zukunftsfähig ist hiernach eine Energiepolitik, die die Managementregeln der Nachhaltigkeit einhält, z. B. allen Menschen gleich hohe THG-Emissionen ermöglicht, aber die Natur nicht über ihre Tragfähigkeit hinaus belastet."

*Treibhausgasneutrale Industrieländer – 100 %-Versorgung mit EE*

Will die Menschheit dauerhaft auf der Erde leben, muss sie die natürliche Existenzgrundlage erhalten, d.h. die Grenzen der natürlichen Tragfähigkeit einhalten. Hierzu gehört es, die Steigerung der durchschnittlichen Oberflächentemperaturen auf max. 2°C begrenzen. Um dies zu gewährleisten, müssen die Industrieländer bis 2050 einen Transformationsprozess durchführen, der am Ende ein nahezu treibhausgasneutrales Leben und Wirtschaften ermöglicht (von uns auch nachhaltiger Umbau der Volkswirtschaften genannt). Hierzu müssen die heutigen Pro-Kopf-Treibhausgasemissionen (inkl. aller nicht energetisch bedingten Emissionen) von z. B. in Deutschland 11 t $CO_2$/Einwohner auf 1 Tonne reduziert werden, was einer 90 %-Reduzierung (gegenüber 1990) entspricht. Damit verfolgen wir das gleiche Ziel wie das Umweltbundesamt in seinem 2013 veröffentlichten Szenario (UBA 2013/10: 4). Die Erläuterung dieses Ziels mit seinen Bedingungen würde den Rahmen dieses Buches sprengen, daher wollen wir uns auf den Aspekt einer nachhaltigen Energiewirtschaft begrenzen. Wie wir im I. Abschnitt des Buches zeigen werden, ist das wichtigste Ziel einer nachhaltigen Energiepolitik eine 100 %-Versorgung mit EE in den Industrie- und Schwellenländern. Um dieses ambitionierte Ziel zu erreichen, müssen der Energieverbrauch schrittweise durch Effizienz- und Suffizienzstrategien vermindert und der Einsatz von atomaren und fossilen Energieträgern durch erneuerbare Energien (EE) ersetzt werden, so dass zur Mitte des Jahrhunderts eine 100 %-Energieversorgung durch EE erfolgt (die detaillierte Erläuterung dieser Definition erfolgt im Kapitel 2.2).

## Arbeitsmethoden und Aufbau der Arbeit

*Wissenschaftstheoretisch* geht das Buch davon aus, dass die Hauptaufgabe der Wissenschaft künftig weniger in der Formulierung konsistenter, aber wirklichkeitsfremder Theorien liegt, als vielmehr in der Entwicklung pragmatischer Lösungen. Das Buch folgt daher einem Ansatz, der versucht, Bedingungen zu erläutern, unter denen Probleme erfolgreich gelöst werden können.

Hierzu verwenden wir einen *interdisziplinären Ansatz*, der es ermöglicht, die politisch-rechtlichen und technischen Bedingungen der Transformation des Energiesystems zu einer 100 %-Versorgung mit EE herauszuarbeiten. Die traditionelle Umweltökonomie sieht als Ursache für die Bedrohung der natürlichen Lebensgrundlagen die Fehlallokation (falsche Verwendung) der natürlichen Ressourcen an. Diese Fehlallokation wird mit partiellem Marktversagen erklärt und kann laut Theorie mit Hilfe von Internalisierungsstrategien behoben werden. Wie bei anderen ökonomischen Fragestellungen auch werden die Arbeiten anderer wissenschaftlicher Disziplinen – aus verschiedenen Gründen – selten herangezogen. Erstens erscheint dies vielen Autoren überflüssig, da ihrer Meinung nach das Umweltproblem ein rein ökonomisches Problem ist. Zweitens unterscheiden sich das methodische Vorgehen und die Begrifflichkeiten der Ökonomie von denen der anderen Disziplinen erheblich. Drittens fällt es schwer genug, einen Überblick über die Entwicklung in der eigenen Disziplin zu behalten. Die Operationalisierung eines neuen gesellschaftlichen Entwicklungsleitbildes (wie z. B. der Nachhaltigen Entwicklung) kann aber nicht durch eine einzelne Fachdisziplin erfolgen, vielmehr müssen hierzu viele Disziplinen mitwirken. Dabei wird nicht der Anspruch erhoben, umfassend die Erkenntnisse aller Disziplinen darzustellen, was wahrscheinlich nur zu einem Vorwurf des „Dilettantismus auf hohem Niveau" führen würde. Jede dieser Disziplinen hat ihre eigenen wissenschaftlichen Methoden und Aufgaben, die die Ökonomie nicht ersetzen kann. Vielmehr soll versucht werden, die *Schnittstellen* zu anderen Disziplinen aufzuzeigen, die einen wichtigen Beitrag für eine zukunftsfähige Entwicklung leisten. Der Leser sollte sich bei dieser Herangehensweise bewusst sein, dass eine disziplinübergreifende Zusammenarbeit i.d.R. auf eine Art „Andock"- oder „Modulmodell" hinausläuft. Die Entwicklung einer gemeinsamen theoretischen Grundlage aller sozial- und naturwissenschaftlichen Disziplinen steckt leider immer noch in den Kinderschuhen (Zundel 1998/02: 9).

Das Buch ist in vier Abschnitte I, II, III und IV sowie 17 Kapitel gegliedert: Nach der Einleitung werden im *Abschnitt I* die *Grundlagen* einer nachhaltigen Energiepolitik erläutert. Hierzu werden im 1. Kapitel die Probleme der heutigen Energieversorgung skizziert und im 2. Kapitel die Ziele einer nachhaltigen Energiepolitik erläutert und begründet, warum aus heutiger Sicht keine Alternative hierfür existiert.

Der *II. Abschnitt* erläutert zwei zentrale *Strategiepfade* einer nachhaltigen Energiepolitik: die Effizienzstrategie (Kap. 3) und die Konsistenzstrategie, hier verstanden als erneuerbare Energien (Kap. 4). Das Kapitel 5 beschäftigt sich mit der notwendigen Infrastruktur (Systemdienstleistungen), die eine 100 %-Versorgung mit EE benötigt. Das 6. Kapitel bewertet zusammenfassend die technischen Bedingungen einer 100%-Versorgung mit EE.

Der *Abschnitt III.* setzt sich mit den *direkten Akteuren* auseinander (alle, die Rechtsnormen erlassen und überprüfen), von der globalen Ebene bis zu den Bundesländern. Ihre Chancen und Hemmnisse, eine nachhaltige Energiepolitik umzusetzen, werden untersucht. Hierzu werden im 7. Kapitel zunächst die möglichen politisch-rechtlichen *Instrumente* skizziert, die den direkten Akteuren zur Verfügung stehen, um im Sinne von ökologischen Leitplanken die Entwicklung der Industrie- und Schwellenländer in Richtung einer 100 %-Versorgung mit EE zu ermöglichen. Das Kapitel 8 erläutert die theoretischen Grundlagen der Akteursanalyse. Das 9. Kapitel beschäftigt sich mit der globalen, das Kapitel 10 mit der supranationalen (hier EU) und die Kapitel 11 und 12 mit der nationalen und Bundesländerebene.

Der *IV. Abschnitt* erläutert die Chancen der *indirekten Akteure* (alle wichtigen Akteursgruppen, die Rechtsnomen nicht beschließen, aber beeinflussen können), eine nachhaltige Energiepolitik zu fördern und die vielfältigen Hemmnisse dies in der Realität zu tun. Hierzu werden die Hauptakteursgruppen untersucht: die überregionalen Unternehmen und ihre Verbände (Kap. 13), die Kommunen (Kap. 14), die Stadtwerke (Kap. 15), Energiegenossenschaften (Kap. 16) sowie Einzelakteure wie private Haushalte und Landwirte (Kap. 17).

Das Buch endet mit einer Zusammenfassung und einem Fazit.

*Arbeitshinweise*

Das vorliegende Buch wendet sich an wissenschaftlich interessierte Menschen (z. B. Wissenschaftler, Lehrende und Studierende) und Menschen, die einen praktischen Beitrag für eine nachhaltige Energieversorgung leisten wollen und hierfür eine Hilfestellung suchen. Damit haben wir es mit unterschiedlichen Interessen und sehr unterschiedlichen Vorkenntnissen zu tun. Um das Buch für alle Gruppen lesbar zu halten, haben wir Grundlagen und Begriffe, die zum Verständnis der Problematik wesentlich, dem „fortgeschrittenen" Leser aber ausreichend bekannt sind, in *grau unterlegten Kästen* zusammengefasst. Sie sollen Definitionen und möglichst wertfreie Erläuterungen der Grundlagen bieten. Andere Textteile, die zusammengehören aber den Textfluss beim Lesen stören könnten (z.B. die Kernaussagen der Nachhaltigen Ökonomie oder die Managementregeln), haben wir in Kästen ohne farblichen Hintergrund *(weiße Kästen)* gefasst.

Um unsere Positionen und Wertungen leichter von denen anderer Autoren unterscheiden zu können, die in der Literatur als Mehrheitsmeinungen vertreten werden, haben wir unseren Positionen den Begriff *„Bewertung"* vorangestellt.

*Abgrenzungen*

Wie geschildert, geht es in dem vorliegenden Buch um den Transformationsprozess der Industrie- und Schwellenländer zu einer nachhaltigen Energiewirtschaft. Diese wird – wie wir im 2. Kapitel erläutern – mit einer 100 %-Versorgung mit EE gleichgesetzt. Das heißt, weite Teile der nicht-energiebedingten THG-Emissionen der Industrie, der Landwirtschaft u.a. werden nicht behandelt. Dabei wollen wir uns auf die nächsten Jahrzehnte beschränken, da sich nach den Erkenntnissen der Zukunftsforschung keine detaillierten Aussagen bezüglich der Entwicklung von Technik, Wirtschaft und Gesellschaft über einen längeren Zeitraum treffen lassen (Popp, Schüll 2009).

Die Skizzierung der Energietechniken muss sich auf das Wesentliche beschränken. Diese Vorgehensweise oder Eingrenzung lässt den Experten aus den jeweiligen Gebieten sicherlich eine Fülle von Details schmerzlich vermissen, aber das Ziel dieses Buches kann nicht die Vermittlung von ingenieurs- und rechtswissenschaftlichem Detailwissen sein. Die notwendigen Abgrenzungen werden am Beginn der jeweiligen Kapitel vorgenommen.

Obgleich für die Verhinderung der Klimaerwärmung über das 2°C-Ziel unverzichtbar, muss in dem vorliegenden Buch eine Reihe von Handlungsfeldern unberücksichtigt bleiben, weil sie den Rahmen des Buches gesprengt hätten. Hierzu gehören u.a. der Mobilitätssektor, die nachhaltige Produktgestaltung von Konsumgütern und die Managementsysteme von Unternehmen zur Durchführung von Effizienzstrategien. Auch die für eine nachhaltige Energiepolitik unverzichtbare Suffizienzstrategie steht nicht im Fokus des vorliegenden Buches.

Schließlich werden zwar alle Akteursebenen behandelt, gleichwohl aber immer wieder Beispiele aus dem deutschsprachigen Raum angeführt.

# ABSCHNITT I:

# GRUNDLAGEN

Im Abschnitt I geht es um die Vermittlung der energiepolitischen Grundlagen. Hierfür skizzieren wir im 1. Kapitel die Bedeutung von Energie in der Geschichte, erläutern einige Grundbegriffe und behandeln die zentralen Probleme, die durch die heutige Art der Energienutzung global entstehen. Im 2. Kapitel beschäftigen wir uns mit den Zielen, Kriterien und Managementregeln einer nachhaltigen Energiepolitik, weiterhin setzen wir uns mit den möglichen Alternativen auseinander.

# 1. Problemaufriss[1]

## 1.1 Bedeutung von Energie in der Geschichte

Der technische Stand von Gesellschaften wurde immer auch durch die vorhandenen Energieumwandlungstechniken charakterisiert. Die Umwandlung von Primärenergie in End- und Nutzenergie basierte bis vor 250 Jahren fast ausschließlich auf erneuerbaren Energien (künftig mit EE abgekürzt). Die Verfeuerung von Holz und anderen an der Oberfläche sammel- und brennbarer *Naturmaterialien* begann in der *Frühgeschichte* vor etwa 700.000 Jahren, in Form von offenen Feuerstellen zur Wärmegewinnung, Essenszubereitung und Abschreckung von Tieren. Im *Altertum* traten weitere EE (Öle und Fette) hinzu. Der Wirkungsgrad dieser Formen der Energieumwandlung war außerordentlich schlecht. Dennoch blieben die Umweltbelastungen aufgrund der niedrigen Bevölkerungszahl und des geringen Materialeinsatzes überschaubar. Allerdings sind lokale Abholzungen schon aus dem alten China, Persien und dem Mittelmeerraum bekannt. Sie beruhen aber meist nicht auf der Übernutzung der Wälder zur Energiegewinnung, sondern weil Holz neben Steinen das wichtigste Baumaterial für den Gebäude- und Schiffsbau war. Im *Mittelalter* nahm die Ressourcennutzung, aufgrund des wirtschaftlichen Zusammenbruchs nach Ende des weströmischen Reiches, zunächst ab.

In der beginnenden *Neuzeit* nahm die Nutzung natürlicher Ressourcen stark zu (vor allem in England, Deutschland sowie auf kolonialisierten tropischen Inseln). Quaschning (2013: 15) geht davon aus, dass die Verschiebung des wirtschaftlichen und politischen Machtpotentials von Süd- nach Nordeuropa auch mit dem Holzmangel im Mittelmeerraum und dem Holzreichtum nördlich der Alpen zu tun hat. Bis Ende des 18. Jh. blieben die EE die wichtigste Energiequelle (vgl. Kap. 4).

Mit dem Beginn der *Industriellen Revolution* wurde *Kohle* in den Industriestaaten der wichtigste Energieträger. Die technische und wirtschaftliche Fähigkeit, verschiedene Formen von Energie zielgerichtet nutzen zu können, kann als einer der wichtigsten Faktoren für die schnelle Entwicklung hin zur 250 Jahre währenden globalen Vormachtstellung Europas und Nordamerikas angesehen werden.

Seit Ende der *1950er Jahre* wurde Kohle als wichtigster Energieträger vom *Erdöl* verdrängt. Hinzu trat *Erdgas* als vergleichsweise umweltfreundlicher

---

[1] Dieses Kapitel basiert auf der Veröffentlichung Rogall 2012, Kap. 10.1 und Kap. 11.1, und Rogall, Klausen, Haberland (2013) in Rogall u.a. (2013).

Energieträger. Seit den *1960er Jahren* wurde auch die *Kernenergie* genutzt, die aber nur etwa zwei Prozent des globalen Endenergieverbrauchs deckt (Mez 2012: 52). Heute basieren fast alle Handlungen, die wir mit dem modernen Leben verbinden, wie bspw. die Nutzung von Computern oder Zentralheizungen, auf der Erzeugung und Übertragung von Strom oder Motoren, Techniken, die Menschen noch nicht einmal 150 Jahre nutzen können (der elektrische Generator wurde von Werner von Siemens 1882 entwickelt). So steht die Menschheit vor folgendem Dilemma: ohne Energie kein modernes Leben (FES 2014/05: 3), aber die Nutzung atomarer und fossiler Energien bringt unvertretbare Gefahren mit sich (detailliert nächstes Unterkapitel).

## 1.2 Grundbegriffe der Energiewirtschaft

Die Energiewirtschaft und -politik weisen eine Reihe von Begriffen und Zusammenhängen auf, die die Energieexperten als bekannt voraussetzen, die für viele interessierte Laien zunächst jedoch unbekannt sind. Im anschließenden grauen Kasten werden die wichtigsten physikalischen Grundbegriffe kurz erläutert.

*Energie:* E. ist die Fähigkeit einen Zustand zu verändern (Wärmeenergie erwärmt einen kalten Raum, Strom bringt einen E-Motor zum Arbeiten). E. wird meist in den Einheiten Joule oder Wattsekunde angegeben (1 J = 1 Ws). Wir unterscheiden folgende Energieformen:
(1) *mechanische* E. (potentielle und kinetische, d.h. die Fähigkeit, aufgrund seiner Lage oder Bewegung mechanische Arbeit zu leisten);
(2) *thermische* E. (Prozesswärme: Hochtemperaturwärme für die Industrie, Niedrigtemperaturwärme: Warmwasser, Raumwärme);
(3) *elektrische* E. (*Strom* für Motoren, Licht, elektrische Geräte);
(4) *chemische* E. (in chem. Verbindungen gespeicherte E.);
(5) *Strahlungsenergie* (der Sonne);
(6) *Kernenergie* (Kernspaltung und Kernfusion).

*Leistung:* Die L. gibt an, wieviel Energie ein Gerät oder eine Anlage in der kleinsten Zeiteinheit (Sekunde) maximal umwandeln kann (angegeben in Watt, z.B. hat ein Windkraftwerk oder ein BHKW eine Leistung von 3 MW). Die L. beinhaltet also keine Energiemenge.

*Energiemenge:* Die E. gibt an, wie wieviel Energie in einer Zeiteinheit (meistens einer Stunde) erzeugt oder verbraucht wird (Produkt aus Leistung und Zeit). Bei der Strommenge wird von *Arbeit* gesprochen. Ein Nutzer (Unternehmen, Haushalt) verbraucht also keine Leistung, sondern eine Energiemenge oder Arbeit (z.B. 1.000 kWh).

Die *Strommenge* (Arbeit) wird meist als Wattstunde (Wh) angegeben. So wandelt z. B. eine Glühlampe mit einer Leistung von 20 W innerhalb einer Sekunde

20 Ws, innerhalb einer Stunde 20 Wh und nach 100 Stunden 2.000 Wh (oder 2 kWh). Dieser Zusammenhang gilt auch bei der Stromerzeugung: Wenn eine Stromerzeugungsanlage (z. B. ein Windkraftwerk) mit der Nennleistung von 5 MW für eine Stunde unter optimalen Bedingungen (viel Wind) betrieben wird, sind nach einer Stunde 5 MWh Strom (oder 5.000 kWh) „erzeugt" worden.

*Energie nach Umwandlungsgrad*, wir unterscheiden (Förstner 2011):

(1) *Primärenergieträger*: P. sind alle Energieträger, wie sie in der Natur vorkommen und noch keiner technischen Umwandlung unterworfen wurden (Kohle, Erdöl, Erdgas, Uran, Windkraft, Solarstrahlung). Der *Primärenergieverbrauch* wird mit PEV abgekürzt.

(2) *Sekundärenergie*: S. ist die Energie, die nach Umwandlungsprozessen von Primärenergie in nutzbare Energieträger übrig bleibt (z. B. Koks, Heizöl, Strom, Fernwärme, Benzin).

(3) *Endenergie*: E. ist die Energie, die der Endverbraucher nach ein oder mehreren Umwandlungen in technischen Anlagen zur Nutzung erhält (z. B. Heizöl im Tank, Fernwärme an der Hausübergangsstation, Strom, Benzin).

(4) *Nutzenergie*: N. ist die Energiemenge, die der Endverbraucher nach allen Umwandlungsverlusten als Energiedienstleistung erhält (z. B. Raumwärme).

*Größenordnungen*: Ein Joule (meistens für Wärme angegeben) oder eine Wattsekunde (meistens für Strom angegeben) sind die im Wärme- und Stromsektor meistens benutzten Energieeinheiten. Da Industriegesellschaften sehr große Mengen an Energie umwandeln (umgangssprachlich verbrauchen), aber niemand gerne mit Zahlen arbeitet, die sehr viele Ziffern umfassen, wird vor die Energieeinheit die Größenordnung des Energieverbrauchs (jeweils in Tausender-Schritten) angegeben. So sind 1.000 Watt ein Kilowatt (kW), eine Mio. Watt ein Megawatt (MW), eine Mrd. Watt ein Gigawatt (GW), eine Billionen Watt ein Terrawatt (TW). Wir werden diese Werte im Buch sehr oft verwenden. Daher empfiehlt es sich, ein paar Größenordnungen präsent zu haben, z. B. verbraucht Deutschland jährlich etwa 600 TWh Strom, ein 4-Personen-Haushalt ca. 4.000 kWh.

*Erster Hauptsatz der Thermodynamik*: Energie kann in einem abgeschlossenen System nicht erzeugt oder verbraucht, sondern nur umgewandelt werden. Wir verwenden trotzdem die in der Umgangssprache gebräuchlichen Begriffe Erzeugung und Verbrauch.

*Zweiter Hauptsatz* (im Kern): Energie fließt immer vom energetisch höheren zum energetisch niedrigeren Zustand, d.h. Wärme fließt immer von einem Körper hoher Temperatur zu einem Körper geringerer Temperatur und nie umgekehrt (dort findet sie zu einem neuen Gleichgewicht bzw. Durchschnittstemperatur). So wird ein warmer Raum seine Wärmeenergie stets an die kühlere Außenluft abgeben (und diese dabei geringfügig erwärmen). Kalte Luft kann also nicht von außen eindringen. Anders ausgedrückt heißt das auch, dass von Energie in einem hochkonzentrierten Niveau (z. B. chemisch gebunden in Form von Kohle) nach mehreren Umwandlungsprozessen am Ende neben der gewünschten Energieform (bei Kohle i.d.R. Strom und/oder Wärme) immer nicht mehr nutzbare Abwärme übrig bleibt. Die Abnahme der Arbeitsfähigkeit eines Systems wird durch die Zustandsgröße Entropie beschrieben (bei abnehmender Arbeitsfähigkeit steigt die Entropie).

*Unterschiede in der Berechnung von Primär- und Endenergie*: Wird der fossile und atomare Primärenergieverbrauch angegeben, wird der theoretische Energiegehalt dieser Energieträger errechnet. Z. B. wird aufgrund des Wirkungsgrades von Atomkraftwerken 1 kWh Atomstrom Sekundärenergie mit 3 kWh Primärenergie angegeben. Bei Sonnen- und Windenergie wird aber nicht die potentielle Energie von Sonne und Wind als Primärenergieverbrauch angegeben, sondern die Endenergie dieser EE wird gleich dem PEV gesetzt, sodass der Anteil der EE am PEV immer perspektivisch verkleinert erscheint. Das BMU gab früher meistens den EE-Anteil vom Endenergieverbrauch (2012: 12,7 %), das BMWi meistens den EE-Anteil vom PEV an (2012: 11 %).

*Fossile Energieträger*. F. E. sind Materialien aus Biomasse, die in sehr langen Zeiträumen aus tierischen oder pflanzlichen Überresten entstanden sind. Aufgrund der langen Zeit, die ihre Erzeugung in Anspruch nimmt, gelten sie als nicht-erneuerbar. Chemisch gesehen sind sie organische Kohlenstoffverbindungen, bei deren Verbrennung (Oxidation) thermische Energie frei gesetzt wird. Wir unterscheiden zwischen:

(1) *Kohle*: Braun- und Steinkohle sind Energieträger, von denen relativ große Mengen existieren, die aber aufgrund ihrer sehr hohen Treibhausgas-Emission (THG-Emissionen) bei der Verbrennung langfristig nicht von der Menschheit genutzt werden dürfen.

(2) *Erdöl*: Ein sehr kostbarer Energieträger und Rohstoff (für die heutigen Kunststoffe), der mittelhohe THG-Emissionen aufweist. Aufgrund dieser Eigenschaften sehen einige Wissenschaftler die Zukunft dieses Rohstoffs nicht mehr als Brennstoff zur Strom- und Wärmeproduktion sowie als Kraftstoff, sondern nur noch zur Herstellung von Kunststoffen. Da die heutige Mobilität aber zum allergrößten Anteil (>90 %) von Mineralölprodukten abhängt und das Finden von Alternativen hier besonders schwierig ist, dürfte die Transformation zu einer 100 %-EE-Versorgung in diesem Sektor schwieriger als in der Stromversorgung werden.

(3) *Erdgas*: E. ist ein relativ kohlenstoff- und emissionsarmer Brennstoff, der in KWK-betriebenen GuD-Kraftwerken oder BHKW eingesetzt, auf sehr hohe Wirkungsgrade kommt. Es bleibt aber ein fossiler Energieträger und damit in der Fördermenge endlich. Die erwähnten Anlagen können daher als gute Brückentechniken ins „Solarzeitalter" angesehen werden (Schüwer u.a. 2010/08). Werden sie zunehmend mit Biogas oder Wasserstoff/ Methan betrieben, können sie auch langfristig betrieben werden.

(4) *Sonstige*: Zu den sonstigen fossilen Energieträgern gehört der energetisch relativ unwichtige Torf.

## 1.3 Problemfelder des heutigen Energiesystems

Die Nutzbarmachung von Energiedienstleistungen bestimmt nicht nur den Wohlstand einer Gesellschaft, sondern kann, wenn der Verbrauch zu stark zunimmt, zugleich mit einer großen Anzahl ernster Probleme und Gefahren verbunden sein. Diese führen dazu, dass die gegenwärtige Art der Energieerzeugung – die immer noch größtenteils auf dem Einsatz fossiler Energieträger beruht – nicht den Managementregeln einer Nachhaltigen Entwicklung entspricht (Kap. 2.2). Hierdurch sieht sich die Menschheit in diesem Jahrhundert mit einer Reihe von Problemen und Megatrends konfrontiert, die jeweils aus dem vorigen Jahrhundert bekannt sind, aber in ihrem Zusammentreffen und ihrer Dynamik noch immer eine schwer zu bewältigende Herausforderung darstellen.

*Megatrends:* M. sind wichtige Entwicklungen, die mindestens die folgenden drei Kriterien erfüllen müssen: (1) Der Trend muss starke oder grundlegende Veränderungen im Bereich der Gesellschaft und/oder der Natur bewirken. (2) Er muss langfristig (mindestens 20 Jahre) und (3) globale (zumindest für Großregionen) Wirkungen haben (Kreibich 2010/04).

*Übersicht 1: Problemfelder im 21. Jahrhundert*

| Ökologische D. | Ökonomische D. | Sozial-kulturelle D.* |
|---|---|---|
| (1) Klimaerwärmung | (6) Negative Entwicklungen auf dem Arbeitsmarkt | (11) Fehlentwicklungen in Wirtschaft, Politik, Gesell. |
| (2) Naturbelastung | (7) Unzureichende Befriedigung der Grundbedürfnisse mit nachhaltigen Produkten | (12) Unsicherheit der dauerhaften Energieversorgung |
| (3) Verbrauch nichterneuerbarer Ressourcen | (8) Steigende Preise, externe Kosten, Ineffizienzen, Konzentration | (13) Zentralisierung der Energieversorgungsstrukturen, Inflexibilitäten |
| (4) Übernutzung erneuerbarer Ress. | (9) Abhängigkeiten | (14) Gewaltsame Konflikte um Ressourcen |
| (5) Gefährdung der menschlichen Gesundheit | (10) Unterausstattung mit Infrastruktur | (15) Technische Risiken |

* Wir sprechen von der sozial-kulturellen Dimension, da hierdurch die partizipativen Bestandteile einer Nachhaltigen Entwicklung besser zu behandeln sind.
Quelle: Eigene Zusammenstellung Rogall 2011.

Viele dieser Probleme hängen miteinander zusammen und verstärken sich wechselseitig (z. B. Wasserknappheit und Klimaerwärmung oder Ressourcenverbrauch und internationale Konflikte) und müssten daher eigentlich auch zusammen dargestellt werden. Wir bleiben aber aus didaktischen Gründen bei unserer modellhaften Gliederung in die drei Dimensionen (ökologische, ökonomische, sozial-kulturelle) der Nachhaltigen Entwicklung mit jeweils fünf Themenfeldern, wie wir sie für unser Buch Nachhaltige Ökonomie entwickelt und in der Übersicht 1 dargestellt haben (Rogall 2012, zu den Megatrends siehe Studie des Fraunhofer ISI Instituts, ISI 2011/03).

*Ökologische Dimension*

*Erstens: Klimaerwärmung*

Der fünfte Bericht des IPCC von 2013 bestätigt eindeutig, dass sich das Klima ändert und dass diese Änderung auf menschlichen Einflüssen beruht. Der Bericht fasst hunderte von wissenschaftlichen Studien zusammen. Wir wollen folgende Ergebnisse herausgreifen:

*Symptome*: Im gesamten Klimasystem finden seit Mitte des letzten Jahrhunderts vielfältige Veränderungen statt. In dieser Form sind viele dieser Veränderungen in den zurückliegenden Jahrzehnten bis Jahrtausenden noch nie aufgetreten. Einige markante Beispiele der Klimaänderungen sind (IPCC 2013, Zusammenfassung):

- *Atmosphäre:* Die globale Mitteltemperatur in Bodennähe stieg im Zeitraum von 1880 bis 2012 um 0,85°C. Jedes der drei vergangenen Jahrzehnte war wärmer als alle vorhergehenden seit 1850. In der Nordhemisphäre war die letzte 30-jährige Periode (von 1983 bis 2012) die *wärmste seit 1400 Jahren*. Die Arktis hat sich seit Mitte des 20. Jahrhunderts besonders stark erwärmt. Der tatsächliche Erwärmungseffekt durch menschliche Treibhausgasemissionen läge sogar noch über der beobachteten Erwärmung, wenn nicht kühlende Faktoren einen Teil des Temperaturanstiegs kompensiert hätten. Zum Beispiel wirken die meisten Aerosole (kleine, in der Atmosphäre schwebende Teilchen) dem Treibhauseffekt entgegen, indem sie das einfallende Sonnenlicht reflektieren.

- *Meeresspiegel:* Infolge der fortgesetzten Tauprozesse von Gletschern und Eisschilden und der Ausdehnung des erwärmten Ozeanwassers stieg der globale mittlere Meeresspiegel im Zeitraum von 1901 bis 2010 um etwa 19 cm an. Der mittlere Anstieg betrug in dieser Zeit etwa 1,7 mm pro Jahr. In den letzten 20 Jahren war dieser Wert mit ca. 3,2 mm pro Jahr fast doppelt so groß.

– *Ozeanversauerung*: Die atmosphärischen $CO_2$-Konzentrationen sind seit der Industrialisierung um 40 % gestiegen. Ein Drittel des anthropogenen $CO_2$ wurde von den Ozeanen aufgenommen. Infolgedessen hat der Säuregehalt der Ozeane zugenommen.

– *Eis und Schnee*: Der bisherige Rückgang der Gletscher setzte sich global bis auf wenige Ausnahmen fort und auch die polaren Eiskappen nahmen an Masse ab. Von 2002 bis 2011 ist etwa sechsmal so viel Grönlandeis geschmolzen wie in den zehn Jahren davor. Der antarktische Eisschild verlor im Zeitraum 1992 – 2001 30 Gt pro Jahr an Eismasse, im Zeitraum 2002 bis 2011 waren es mit 147 Gt pro Jahr fast fünfmal so viel. Die mittlere jährliche Ausdehnung des arktischen Meereises hat sich im Zeitraum von 1979 bis 2012 um 3,5 bis 4,1 % pro Dekade verringert. Beim antarktischen Meereis wurde eine leichte Zunahme von 1,2 bis 1,8 % pro Jahrzehnt im Zeitraum 1979 bis 2012 beobachtet. Die Ausdehnung der Schneedecke in der Nordhemisphäre hat sich seit Mitte des 20. Jahrhunderts verringert. Die Permafrostböden der meisten Regionen erwärmten sich.

– *Wetterextreme*: Bei vielen extremen Wetterereignissen wurden Veränderungen beobachtet. So hat die Zahl der kalten Tage und Nächte abgenommen und die der warmen Tage und Nächte seit Mitte des vergangenen Jahrhunderts zugenommen. In Europa, Asien und Australien traten häufiger Hitzewellen auf. Die Starkregenereignisse in Nordamerika und Europa sind häufiger und intensiver geworden.

Ursachen: Die globale Klimaerwärmung (global warming) beruht auf der Eigenschaft der Erdatmosphäre, die Wärmestrahlung der Erdoberfläche und bodennaher Luftschichten in das Weltall zu verringern (Berié u.a. 2012: 709). Ohne diesen „natürlichen Treibhauseffekt" (dieser verhindert, dass sämtliche eintreffende Sonnenenergie wieder ins Weltall geht) läge die bodennahe Weltmitteltemperatur bei lebensfeindlichen -18° C. Die jetzige, sehr schnelle Erwärmung ist zum größten Teil durch den Menschen verursacht (*Paul Crutzen* und *Michael Müller* sprechen daher vom neuen Erdzeitalter des *Anthropozän*, dem geologischen Zeitalter, in dem der Mensch zum bestimmenden Faktor der Entwicklung der Erde geworden ist, Müller 2014: 163). Die wichtigsten Treibhausgase (THG) sind Kohlendioxid ($CO_2$, durch die Verbrennung fossiler Energieträger), Methan ($CH_4$, Viehhaltung und Reisanbau sowie Erdgas- und -ölförderung und Transport), Distickstoffoxid (Lachgas, $N_2O$, aus überdüngten Böden), teilhalogenierte Kohlenwasserstoffe (H-FKW, Industrieprozesse). Durch Untersuchungen alter Eismassen wurde nachgewiesen, dass die $CO_2$-Konzentration vor der industriellen Revolution bei ca. 280 ppm lag (Quaschning 2013: 51). Seit *1750* sind die atmosphärischen Konzentrationen der Treibhausgase $CO_2$, $CH_4$, $N_2O$ jeweils um 40 %, 150 % und 20 % gestiegen. Insgesamt sind von 1750 bis 2011 durch menschliche Aktivitäten (hauptsächlich durch den Einsatz fossiler Brennstoffe und Landnutzungsänderungen) $CO_2$-Mengen in Höhe von 545 Gigatonnen Kohlenstoff freigesetzt worden. Davon blieb weniger als die Hälfte (240 Gigatonnen Kohlenstoff) in der Atmosphäre und trug zum menschengemachten Treibhauseffekt bei. Der Rest wurde etwa jeweils zur Hälfte vom Ozean (155 Gigatonnen) und von Böden und Pflanzen (150 Gigatonnen Kohlenstoff) aufgenommen. Seit *1958* wird in Mauna Loa in Hawaii die $CO_2$-Konzentration der Atmosphäre gemessen. Ursprünglich waren es 315,2 ppm, 2012 bereits 394 ppm, 2013 wurde erstmals die 400-ppm-Grenze überschritten. Die Aktivitäten des Menschen haben dazu geführt, dass die aktuellen Konzentrationen dieser Gase diejenigen der zurückliegenden 800.000 Jahre übersteigen. Im 5. IPCC-Bericht wird erstmalig ein Grenzwert für den Gesamteintrag von $CO_2$ in die Atmosphäre seit Beginn der Industrialisierung quantifiziert, bei dessen Überschreiten die Einhaltung bestimmter Temperaturobergrenzen, wie z. B. der 2° C-Obergrenze, schwierig würde: Bei $CO_2$-Emissionen von bis zu 1000 Gigatonnen (Gt) Kohlenstoff könnte die 2° C-Obergrenze mit mehr als 67 % Wahrscheinlichkeit eingehalten werden (der WBG geht von 750 Gt zwischen 2010 und 2050 aus, WBGU 2009: 2). Wegen des zusätzlichen Effekts von weiteren Treibhausgasen müssten die weltweiten $CO_2$-Emissionen allerdings noch deutlich unter dieser Marke liegen.

*Folgen der Klimaerwärmung:* Aufgrund der langen Verweildauer einiger Treibhausgase in der Atmosphäre muss sich die Menschheit auf zunehmende gesundheitliche Belastungen und Gefahren einrichten. Eine neue Dimension erhalten diese Gefahren, sollte es in diesem Jahrhundert nicht gelingen, die Klimaerwärmung auf 2° C zu begrenzen (gegenüber der Zeit vor der industriellen Revolution). In diesem Falle wird u. a. mit den folgenden Risiken und Auswirkungen für die Menschheit und Natur gerechnet (Stern 2006, IPCC 2007/04, WBGU 2009, IPCC 2013):

1) *Gletscherschmelze, Verringerung der Wasservorräte, Extremwetter:* Die schmelzenden Gletscher in Asien und Südamerika bringen ein höheres Überflutungsrisiko und dann stark abnehmende Wasservorräte mit sich, die etwa ein Sechstel der Erdbevölkerung bedrohen. Sauberes Trinkwasser wird zu einem knappen Gut, in trockenen subtropischen Regionen wird der Wassermangel zunehmen (IPCC 2014/03). Die Zunahme extremer Wetterereignisse in Form von Dürre- und Hitzeperioden führt zur Ausdehnung der Wüsten und Steppen (in weiten Teilen Asiens, Afrikas, Südamerikas und im Mittelmeerraum muss mit erheblich sinkenden Ernteerträgen gerechnet werden). Weiterhin wird die Menschheit vermehrt von Extremniederschlägen und Wirbelstürmen, mit daraus resultierenden Überschwemmungen und Zerstörungen bedroht.

2) *Steigender Meeresspiegel:* Durch die steigenden Meerestemperaturen und schmelzenden Eisschilde werden der Meeresspiegel steigen und Küstengebiete und Städte überschwemmen. Ohne Emissionsbeschränkungen wird der Meeresspiegel bis Ende des Jahrhunderts zwischen 45 und 82 cm ansteigen. Der IPCC schließt nicht aus, dass der Anstieg des Meeresspiegels auch deutlich höher ausfallen könnte (IPCC 2013, Zusammenfassung). Nach einer Befragung bei den wichtigsten Experten wird der Meeresspiegel bis 2100 um bis 120 Zentimeter ansteigen, bis 2300 auf 200-300 cm (PIK 2013/11/22). Mit einer noch dramatischeren Entwicklung ist zu rechnen, wenn die Temperaturen um über 1,5 bis 3,5° C ansteigen. Dann kommt es zu einem unumkehrbaren Abschmelzungsprozess der Eisschilde Grönlands und der westlichen Antarktis (IPCC 2007/04: 2). In diesem Fall wird der Meeresspiegel langfristig um etwa 7 m ansteigen und in der Folge eine Reihe von Küstenstaaten (z. B. Bangladesch und Vietnam), viele Küstenregionen und -städte (z. B. chinesische Küste, Tokio, New York, Kairo, London) sowie sehr viele Inselstaaten in Südostasien ernsthaft in ihrer Existenz gefährden (IPCC 2007/02: 18). Diese Entwicklung bedroht nach dem Stern-Report eine Landfläche, auf der heute 5 % der Menschheit leben (Stern 2006: vii). Bei den ab 2050 etwa 9 Mrd. Menschen könnten also bis zu 450 Mio. Menschen ihre Lebensgrundlage verlieren, sollte die Menschheit entsprechend der heutigen Trends gar auf über 10 Mrd. Menschen bis 2050 anwachsen (DSW 2011: 4), könnte diese Zahl noch ansteigen.

3) *Abrupte Klimaänderungen* („Kipp-Punkte", IPCC 2013): Hierbei verändern sich systemische Eigenschaften des Klimagefüges und in Folge kann es zu abrupten Umweltveränderungen kommen. Bspw. könnte durch die Erwärmung der Meere der Golfstrom, welcher riesige Wärmemengen aus der Karibik nach Europa transportiert, abgeschwächt werden oder zum Erliegen kommen. Dieser Kipp-Effekt hätte drastische Folgen für das kontinentale Klima in West- und Nordeuropa: In der Folge würde Europa so kalt und trocken, dass Landwirtschaft zum Teil nicht mehr möglich und der Kontinent extremen Wintertemperaturen ausgesetzt wäre. Eine weitere abrupte Klimaänderung könnte durch das Auftauen von Permafrostböden ausgelöst werden. Hierdurch würde es zu einer Freisetzung großer Methanmengen kommen, was eine zunehmende Erwärmung zur Folge hätte (UBA 2012/05).

4) *Zerstörung von Ökosystemen, Artensterben, Versauerung der Ozeane:* Das durch Menschen verursachte Artensterben und die Zerstörung von Ökosystemen werden sich massiv beschleunigen. Durch den Klimawandel ist das Leben in den Ozeanen gleich mehrfach betroffen. Zum einen erwärmen sich die oberflächennahen Wasserschichten seit 1970 um 0,1° C pro Dekade, was Meeressäuger und Fische zur Wanderung in Richtung der

Pole bewegt (IPCC 2013: 5). Zum anderen versauern die Ozeane zunehmend, da sie rund 30 % der vom Menschen verursachten $CO_2$-Emissionen aufnehmen. Seit Beginn der Industrialisierung ist der pH-Wert um rund 0,1 auf 8,1 gesunken (IPCC 2013: 7 ff.). Dies setzt zunehmend Algen, Muscheln und Korallen sowie andere Lebewesen, die aus Kalkskeletten bestehen, unter Druck.

5) *Rückgang der Nahrungsmittelproduktion:* Trockenheit, Wetterextreme, Wasserknappheit werden zu einem deutlichen Rückgang der Ernteerträge führen (IPCC 2014/03).

6) *Volkswirtschaftliche Kosten:* Der Rückgang der Nahrungsmittelproduktion führt zu Knappheitspreisen und einem permanenten Inflationsdruck. In der Folge werden die wirtschaftliche Entwicklung beeinträchtigt und die Armut verschärft. Obwohl es aufgrund der Monetarisierungs- und Diskontierungsproblematik (Bewertung und Abzinsung) kaum möglich ist, die genauen Kosten für die weltweiten Volkswirtschaften zu errechnen, ist gewiss, dass diese Entwicklungen zu extremen finanziellen Belastungen führen werden. Als monetäre Referenz dient nach wie vor der sogenannte Stern-Report von 2006. Ohne konsequenten Klimaschutz werden die globalen Kosten jährlich mit bis zu 20 % des Bruttonationaleinkommens beziffert (Stern 2006: xi). Diese extreme finanzielle Last, die sich nur mit dem wirtschaftlichen Einbruch in der Weltwirtschaftskrise in den 1930er Jahren vergleichen lässt, könnte nach den Berechnungen des Deutschen Instituts für Wirtschaft (DIW) sogar noch höher ausfallen. Das Institut kommt auf globale Kosten von bis zu 20 Billionen USD im Jahr 2100 (in Preisen von 2002, Kemfert 2005/03: 1). Die wirtschaftlichen Folgen des Klimawandels lassen somit nicht weniger als den Zusammenbruch der globalen Finanz- und Kapitalmärkte, eine extreme Arbeitslosigkeit und Gefährdung aller Sozialsysteme befürchten. Der Stern-Report spricht in diesem Zusammenhang von einer „einzigartigen Herausforderung" für Volkswirtschaften: „(...) (der Klimawandel bzw. die Klimaerwärmung) ist das größte und weittragendste Versagen des Marktes, das es je gegeben hat." (Stern 2006: 1). In jüngster Zeit werden diese Kostenschätzung bei der Überschreitung des 2-Grad-Ziels nach unten korrigiert, aber dafür die erwartete Klimaerwärmung nach oben verändert.

7) *Massenmigration und gewaltsame Konflikte (IPCC 2014/03):* Durch die Zerstörung der Lebensgrundlagen für Hunderte Mio. Menschen ist mit einer Massenmigration (neue Völkerwanderung) zu rechnen (der enge Zusammenhang zwischen dem Aufstieg und Fall von Imperien und Massenmigrationen aufgrund klimatischer Bedingungen ist heute wissenschaftlich belegt, Kehse 2011/01: 15). Der Stern-Report schätzt, dass bereits Mitte des 21. Jh. 200 Mio. Menschen aufgrund des Klimawandels „permanent ver-

trieben werden" (Stern 2006/11: vii). Diese Entwicklung ist bereits eingeleitet, ohne dass sich die Menschen in den Industriestaaten dessen wirklich bewusst sind.

8) *Änderung der politischen Rahmenbedingungen:* Das Fraunhofer-Institut für System- und Innovationsforschung (ISI) geht davon aus, dass es zu einer deutlich verschärften Klimaschutzpolitik mit ökologischen Leitplanken kommen wird, welche die Rahmenbedingungen der Unternehmen umfassend verändert (z. B. globales oder EU-weites Emissionshandelssystem auf der Primärenergieebene mit konsequent niedrigem cap) (ISI 2011).

9) *Zusammenfassung der gravierendsten regionalen Folgen*

   a) *Afrika:* Afrika, mit relativ geringen THG-Emissionen, wird besonders stark von der Klimaerwärmung betroffen sein. Extremwetter wie Überschwemmungen, langanhaltende Dürre, Ausdehnung der Wüsten führen mit großer Wahrscheinlichkeit zu einem starken Verlust der Nahrungsmittelproduktion, die Wasserversorgung wird immer schwieriger, Entstaatlichung und gewaltsame Konflikte könnten die Folge sein.

   b) *Asien:* Auch der größte Kontinent mit den meisten Menschen wird höchstwahrscheinlich einen Rückgang der Nahrungsmittelproduktion erleben. Auch hier wird die Wasserversorgung schwieriger. Später wird der Anstieg des Meeresspiegels zum Überfluten von großen Regionen oder Ländern führten.

   c) *Großregion Arabien:* Langanhaltende Dürren, das Ausbreiten der Wüsten und eine extreme Wasserknappheit werden die Nahrungsmittelproduktion stark einschränken (insbes. im fruchtbaren Halbmond vom Libanon bis zum Irak). Später wird der Meeresanstieg große Teile der Arabischen Emirate, Kuwaits und Katars sowie 12-50 % des Nildeltas überfluten (Abdel-Samad 2010).

   d) *Unmittelbare Folgen in Europa:* Künftig werden auch bei uns zunehmende Sommertrockenheit und Hitzeperioden mit deutlichen Folgen für die Landwirtschaft, sinkende Wasserspiegel mit Folgen für den Schiffsverkehr und die Überhitzung der Flüsse, Extremwetter (Stürme, Überflutungen) zu den typischen Symptomen der Erwärmung gehören. Die in (1) bis (4) genannten globalen Folgen werden sich aber weitaus gravierender auf Afrika auswirken.

*Zwischenfazit:* Die dargestellten Folgen der Klimaerwärmung zeigen, dass das 2°C-Ziel unter allen Umständen einzuhalten ist, will die Menschheit nicht einem neuen Weltkrieg vergleichbare Auswirkungen erleiden. Viele Klimaexperten kommen sogar zu dem Fazit, dass mit der Zerstörung der natürlichen Lebensgrundlage von Milliarden Menschen zu rechnen ist, sollte es der Menschheit nicht gelingen, bis zur Mitte des Jahrhunderts das fossile Energiezeitalter zu beenden. Das haben die Weltgemeinschaft, die EU und Deutschland auch verbal eingeräumt und sich auf das 2°C-Ziel verständigt, allerdings unzureichend Instrumente zur Zielerreichung beschlossen. Was viele Menschen – auch Politiker und Manager – noch nicht verstanden haben ist die Tatsache, dass aufgrund der sehr langen Verweildauern einiger THG die Folgen der Klimaerwärmung die Menschheit noch viele Jahrhunderte beschäftigen werden und jede weitere Gt THG die Erwärmung unwiderruflich weiter verstärkt. Das Zeitfenster, um das 2°C-Ziel zu erreichen, ist sehr knapp. Zurzeit steigen die THG-Emissionen unaufhörlich und der 5. IPCC Bericht kommt zu dem Ergebnis, dass in diesem Jahrhundert die Erwärmung 1,5 bis 4,5°C betragen wird (IPCC 2013, Zusammenfassung). Der WBGU zog 2011 die *Konsequenz*, dass die „Transformation zur Klimaverträglichkeit (...) daher moralisch ebenso geboten (ist) wie die Abschaffung der Sklaverei und die Ächtung der Kinderarbeit." (WBGU 2011: 1).

*Zweitens: Naturbelastung*

Der Sachverständigenrat für Umweltfragen (SRU) betont in seinem Jahresgutachten 2012, dass der Abbau von Rohstoffen (inkl. Primärenergieträger) immer einen Eingriff in den Naturhaushalt, mit dem Verlust von Ökosystemen, der Belastung des Wasserhaushalts sowie Treibhaus- und Schadstoffemissionen ist (SRU 2012/06: 105). So werden bei der Förderung, dem Transport und der Nutzung der Energieträger Menschen und Natur belastet. Bei Erdöl und Erdgas können chemische Hilfs- und Zusatzstoffe sowie bei der Erdölförderung das Rohöl selbst in den umgebenden Boden bzw. das Meer gelangen. Bei der Erschließung und Förderung von Kohle finden erhebliche Eingriffe in Ökosysteme, Landschaften und Wasserhaushalt statt. Weiterhin kommt es beim Transport des Erdöls bzw. von Erdölprodukten auf dem Seeweg mittels Öltankern oder auf dem Landweg mittels Pipelines immer wieder zu Unfällen und Havarien. Auch beim Transport von der Raffinerie zum Verbraucher sowie bei der Lagerung entstehen Gefahren vor allem für Böden und Gewässer (Förstner 2011: 184). Das führt zu den folgenden Gefahren:

(1) *Verlust der Biodiversität:* Das Gleichgewicht von Artenentstehung (Pflanzen- wie Tierarten) und Artensterben ist aus den Fugen geraten. Das Artensterben, meist von unerforschten Arten, schreitet heute bis zu 1.000-mal schneller als unter natürlichen Umständen voran (IUCN 2010). Dieses Phänomen ist nicht mehr nur in den Industriestaaten zu beobachten, sondern immer stärker auch in den Schwellen- und Entwicklungsländern. Diese verbrauchen zunehmend mehr Energie, zum Teil auch für die Produkte, die sie für die Industriestaaten produzieren. Der 3. Globale Ausblick zur Lage der biologischen Vielfalt (Global Biodiversity Outlook 3) kommt zu dem Fazit, dass das 2002 vereinbarte Ziel,

den weltweiten Biodiversitätsverlust bis 2010 entscheidend zu verlangsamen, nicht erreicht wurde (Secretariat of the Convention on Biological Diversity 2010: 9). Andere Experten sprechen sogar von der sechsten großen Artenaussterbungsperiode der Erdgeschichte (WI 2005: 35), die die größte Krise seit dem Aussterben der Dinosaurier darstellt (IUCN 2010). Neben den ethischen und ästhetischen Fragestellungen, die sich bei der Ausrottung von Arten und der Zerstörung einmaliger Landschaften ergeben, wird vor allem die Vernichtung der genetischen Basis für die Entwicklung von Medikamenten sowie für die Züchtung von Naturpflanzen und Tieren befürchtet. Jede ausgestorbene Art schränkt die Entwicklungsmöglichkeit von Mensch und Natur für immer ein.

(2) *Zunehmende Vergiftung und Übernutzung der Biosphäre* mit den Umweltmedien: *Boden* (Vergiftung und Erosion), *Luft* und *Wasser* (Meere, Seen, Flüsse, Grundwasser; Eutrophierung von Oberflächengewässern und Küstengebieten). Besondere Gefahren gehen von der Förderung von Energieträgern in der Arktis, von Tiefsee-Öl (über 200 m tief, bei dem kein Einsatz von Tauchern mehr möglich ist) und der laufende Austritt von Rohöl in verschiedenen Fördergebieten (z. B. Nigerdelta, Kanada, Westsibirien, Nordsee) aus. Wie die Öl-Katastrophe im Golf von Mexiko zeigte, existieren hierfür weder Notfallpläne noch adäquate Techniken zur Notfallbehebung. Darüber hinaus fehlt es bis heute an konkreten Maßnahmen gegen Langzeitschäden. Manchmal wird die Naturzerstörung erst viele Jahre nach Abschluss der Fördertätigkeit öffentlich. So förderte ein US-amerikanischer Erdölkonzern zwischen 1972 bis 1992 in Ecuador Öl und hinterließ nach Aussagen von Gutachtern 68 Mio. m³ Öl und Öl-Abfälle (die 90-fache Menge, die bei der Deepwater-Katastrophe im Golf von Mexiko ins Meer gelangte). Zwei Millionen Hektar gelten heute als verseucht. Ein Gericht hat jetzt den heutigen Unternehmenseigentümer zu 9,5 Mrd. USD verurteilt, der aber die Strafe nicht zahlen will (Berlekamp 2014/01: 3).

*Drittens: Verbrauch nicht erneuerbarer Ressourcen*

Primärenergieträger können, wenn sie zur Energiegewinnung dienen, anders als Rohstoffe (z. B. Metalle) nicht recycelt werden, sondern sind nach einmaligem Gebrauch für immer verbraucht. Diese ineffiziente Nutzung der Primärenergieträger hat erhebliche Auswirkungen auf die drei Dimensionen der Nachhaltigen Entwicklung (ökologische, ökonomische, sozial-kulturelle). Das beinhaltet die folgenden *Risiken*:

(1) *Endlichkeit der Nutzung:* Die heutigen Lebensstile der Menschen in den OECD-Staaten und den neuen Verbraucherländern, das Bevölkerungswachstum und die eingesetzten Techniken lassen den globalen Energie-

verbrauch Jahr für Jahr ansteigen. Fossile Energieträger, die Mio. Jahre zur Entstehung benötigten, werden innerhalb weniger Jahrhunderte verbraucht (fossile Energien werden im nennenswerten Umfang erst seit 250 Jahren genutzt). Diese Entwicklung wird heute durch die Übernahme der Lebensstile der Industriestaaten durch die neuen Mittel- und Oberschichten in den Entwicklungs- und Schwellenländern erheblich beschleunigt (z. B. durch Klimaanlagen und individuelle Mobilität). Viele Experten glauben, dass die in offiziellen Statistiken angegebenen Reichweiten geschönt sind, sie gehen von sehr viel kürzeren Zeiten aus, die viel schneller zu Knappheiten führen werden (Müller 2014: 163, s.a. Zwölftens). Die Energiestudie 2013 der Bundesanstalt für Geowissenschaften und Rohstoffe kommt z. B. zu dem Ergebnis, dass eine steigende Nachfrage nach Erdöl „wahrscheinlich nicht mehr gedeckt werden kann" (BGR 2013/12: 10, s.a. Zwölftens, Risiken für die dauerhafte Versorgung).

(2) *Steigende Energiepreise:* Seit Jahren werden kaum noch neue, einfach (preiswert) gewinnbare fossile Energiereserven gefunden. Dies führt zu einem tendenziellen Energiepreisanstieg mit erheblichen ökonomischen Problemen für energieintensive Sektoren (s. Achtens) und für die ärmeren Schichten der Bevölkerung (Sechstens und Zwölftens).

(3) *Konflikte:* Der Verbrauch der nicht-erneuerbaren Primärenergieträger führt zur Zerstörung der natürlichen Lebensgrundlagen der Menschheit mit enormen, immer noch unterschätzten, Konfliktpotentialen (Vierzehntens) bis hin zum Staatenverfall (WBGU 2008: 2; zur Geschichte der militärischen und wirtschaftlichen Konflikte um das Erdöl s. Seifert; Werner 2006).

*Viertens: Übernutzung der erneuerbaren Ressourcen*

Die Klimaerwärmung, der „Energiehunger" und die Konsumstile der Menschen in den Industrieländern und den Oberschichten in den Entwicklungs- und Schwellenländern führen zu zunehmenden Nutzungsrivalitäten bei den erneuerbaren Ressourcen. Beispiele sind das Abholzen der Tropenwälder zur Erhöhung der Rindfleischproduktion, der Anbau von Plantagen zur Erzeugung von Biokraftstoffen oder die traditionelle Nutzung von Holz an offenen Feuern in Entwicklungsländern.

*Fünftens: Gefährdung der menschlichen Gesundheit*

Die natürliche Umwelt spielt eine entscheidende Rolle für das körperliche, geistige und soziale Wohlbefinden des Menschen und damit auch für seinen Gesundheitszustand und seine Lebenserwartung. Bei der Nutzung von Primärenergieträgern fällt eine Reihe von Stoffen an, die eine erhebliche Belastung für die menschliche Gesundheit darstellen.

(1) *Förderung, Transport, Verarbeitung:* Bei der Gewinnung und Umwandlung der Energieträger fallen große Mengen Abfall an, die entsorgt werden müssen. Z. B. fällt bei der Verarbeitung des Rohöls in Raffinerien eine Reihe nicht verwertbarer Stoffe an, welche i.d.R. als Sonderabfall entsorgt werden müssen.

(2) *Emissionen bei der Energieumwandlung:* Bei der Verbrennung fossiler Energieträger werden Schadstoffe freigesetzt, u.a. Schwefelverbindungen, Stäube, Stickoxide und Quecksilber. In den Industriestaaten konnten die Emissionen in den letzten 40 Jahren zum Teil erheblich gesenkt werden. U.a. wurden Schadstoffgrenzwerte für Kraftwerke und Produktionsstätten eingeführt sowie die Raumwärmeerzeugung grundlegend geändert (Wegfall der Kohlefeuerung). Dennoch stammen auch heute noch etwa 70 % der Quecksilberemissionen aus Kohlekraftwerken. Aufgrund der hohen Gesundheitsgefahren haben die USA 2012 die Quecksilber-Emissionsgrenzwerte auf 1,4 Mikrogramm pro Kubikmeter Abgas gesenkt, während die Grenzwerte in Deutschland immer noch bei 30 Mikrogramm liegen (Knuf 2014/05: 11). Anders hat sich die Situation in vielen Metropolen der Schwellen- und Entwicklungsländer entwickelt. Hier haben Schadstoffemissionen ein Ausmaß angenommen, welches die Gesundheit der dort lebenden Menschen ernsthaft gefährdet. Nach Angaben der WHO lassen sich weltweit 2 Mio. vorzeitige Todesfälle jährlich auf Luftverschmutzungen zurückführen (WHO 2008). Die Nutzung atomarer Energien bringt eine Reihe sehr hoher Risiken mit sich (atomare Strahlungen, ungelöste Endlagerung der Abfälle, Terror- und Sabotageangriffe). Weiterhin werden durch die Energiewirtschaft in Deutschland jährlich grob 300.000 t Stickoxide, 240.000 t Schwefeldioxid 170.000 t Kohlenmonoxid emittiert (BMWi 2014/03, Tab. 9).

(3) *Abfälle:* Durch Stromproduktion in AKW fallen laufend atomare Abfälle an, deren Entsorgung bis heute nicht geklärt ist.

### Ökonomische Dimension

*Sechstens: Entwicklungen auf dem Arbeitsmarkt*

Der Energiesektor stellt einen wichtigen Wirtschaftssektor mit erheblichen Auswirkungen auf die Wertschöpfung und die Beschäftigung dar. Zum Beispiel beträgt der Umsatz der deutschen Energieversorgung jährlich 467 Mrd. € (StaBA 2014/04), ca. 200.000 Menschen sind in diesem Sektor beschäftigt (ohne EE, BMWi 2014/03, Tab. 2). Die Klimaerwärmung und die Ressourcenverteuerung werden zu erheblichen wirtschaftlichen Problemen führen. Besonders schwerwiegende Folgen der Klimaerwärmung werden sich in der Landwirtschaft zeigen. In vielen – schon heute trockenen – Gebieten wird der Ackerbau unmöglich, in anderen Gebieten (insbes. in Asien und Afrika) nur noch unter erschwerten Bedingungen möglich sein (s. Siebtens (1)). Damit werden auch viele Menschen ihre Erwerbsquelle verlieren. In einigen Wirtschaftssektoren werden die steigenden Energiepreise zu ökonomischen Problemen führen, die auch Auswirkungen auf den Arbeitsmarkt haben können.

*Siebtens: Befriedigung der Grundbedürfnisse mit nachhaltigen Produkten*

Die Nutzbarmachung von Energiedienstleistungen und jederzeitige Versorgungssicherheit stellt nicht nur einen wichtigen Teil der Grundbedürfnisse dar, sondern ist auch eine elementare Voraussetzung für jede Industriegesellschaft. Für die Schwellenländer ist die jederzeitige Versorgungssicherheit eine erhebliche Herausforderung, für die Entwicklungsländer ist sie zum Teil nicht gegeben. Folgende Probleme der heutigen Energiewirtschaft sollen genannt sein:

(1) *Ausreichende Nahrung:* Aufgrund der Klimaerwärmung, die wie gesehen zu einem großen Teil auf das heutige Energiesystem zurückzuführen ist, wird ab einer Erwärmung von 2°C global mit erheblichen Ernterückgängen gerechnet (insgesamt 5 %). In tropischen Regionen wie Afrika oder Westasien wird jedoch schon bei einem geringen Temperaturanstieg mit signifikanten Ernterückgängen gerechnet (bei 3°-4°C Temperaturanstieg sogar ein Ernterückgang von 25-35 %) (Stern 2006: 67-68).

(2) *Versorgung mit Energie*: Etwa 1,2 Mrd. Menschen haben immer noch keinen Zugang zu einer elementaren Energieversorgung (Weltbank 2013/05). Damit sind sie ausgeschlossen von den meisten Massenmedien (Fernsehen, Radio, Internet) und bei den elementaren Bedürfnissen (Kochen, Waschen, Licht) auf die Nutzung von (meist nicht nachhaltig erzeugter) Biomasse. 2,7 Mrd. Menschen sind auf traditionelle Biomasse wie Feuerholz angewiesen, die nicht nachhaltig genutzt wird (FES 2014/05: 4).

*Achtens: Preissteigerungen, externe Effekte, Konzentration, Effizienz*

Die heutige Energiewirtschaft führt zu einer Reihe von Fehlentwicklungen:
(1) *Steigende Preise:* Deutschland hat für seine fossilen Energieimporte im Jahr 2000 insgesamt 39 Mrd. Euro aufgewendet, im Jahr 2012 waren es bereits 94 Mrd. Euro. Kumuliert beliefen sich die Nettoimportkosten von 2000 bis 2013 auf 833 Mrd. Euro. Nach einem Szenario von Bukold könn-

ten sich diese Kosten bis 2040 auf 252 Mrd. Euro pro Jahr erhöhen, kumuliert von 2013 bis 2030 auf 2.300 Mrd. Euro (Bukold 2013/12: 4). Die Herstellung, Verteilung und Nutzung von Energie stellen einen wichtigen Kostenblock für Haushalte und Unternehmen dar. Nachdem der Öl-Preis (immer in USD pro Barrel = 159 l berechnet) in den beiden Öl-Preiskrisen gestiegen war, sank er in den 1980er Jahren auf etwa 30 USD und in den 1990er Jahren sogar auf 20 USD. Seit der Jahrtausendwende stieg der Preis wieder bis zum Rekordniveau von 140 USD, durch die Weltfinanzkrise sank der Preis kurzfristig, um 2011 wieder auf 100 USD zu steigen (Ströbele u.a. 2012: 122, Müller 2014: 168). Wie sich die Preise für Öl und Gas mittelfristig weiterentwickeln, ist nicht sicher; innerhalb der nächsten 20 Jahre ist jedoch mit hoher Wahrscheinlichkeit mit weiteren Preissteigerungen zu rechnen. Ursache hierfür sind zurzeit noch nicht echte Knappheitspreise, sondern die stark steigenden Kosten, die bei der Gewinnung unkonventioneller Vorkommen entstehen (UBA 2013/03: 15). Der Energieexperte Bukold hält künftig „250 USD oder mehr für möglich (...)" (Bukold 2011/02: 9), von dieser Entwicklung geht auch das ISI aus (ISI 2011: 18). Umfassende Pläne zum kompletten und systematischen Ausstieg aus dem fossilen Zeitalter, z. B. innerhalb der kommenden 40 Jahre, existieren auf den Regierungsebenen der Staaten nicht. Diese Entwicklung kann eine Reihe von Belastungen mit sich bringen:

a) *Folgen für die Gesamtwirtschaft*: Steigende Preise für Energieimporte führen in den Importstaaten zu hohen Geldabflüssen, die ohne kompensierende Maßnahmen (steigende Nachfrage aus den Exportstaaten und Maßnahmen zur Verbrauchssenkung) zu ernsthaften Störungen der Weltwirtschaft führen können. So befürchten Experten, dass die nicht-nachhaltige Nutzung der natürlichen Ressourcen in den nächsten Jahrzehnten zu globalen Inflationstendenzen sowie wirtschaftlichen und politischen Instabilitäten führen kann (vgl. Punkte Drei, Vier und Vierzehn). Der Anteil der Nettoimporte fossiler Energieträger an der Primärenergiegewinnung betrug 1990 57 %, erreichte seinen Höhepunkt mit 74 % im Jahre 1998 und sank seitdem aufgrund des Zuwachses erneuerbarer Energien auf 68 % (2012) (BMWi 2014/03: Tab. 3). Trotz dieser neuerdings positiven Tendenz sind die Kosten für Energieimporte aufgrund der massiv gestiegenen Einfuhrpreise seit 1990 stark angestiegen.

b) *Sozialpolitische Folgen*: Von den Preissteigerungen sind besonders arme Menschen betroffen (vgl. Punkt Sieben).

c) *Folgen für Unternehmen*: Für energieintensive Sektoren ist mit hohen Belastungen zu rechnen.

*Bewertung:* Werden die jährlichen Ausgaben für Energieimporte Deutschlands über 25 Jahre (bis 2040) aufsummiert, ergibt sich ein sehr großes potentielles Einsparvolumen (s. Neuntens).

(2) *Externe Kosten:* Die sozial-ökologischen Kosten der heutigen Energieerzeugung und des Verbrauchs werden externalisiert. Damit tritt eine Fehlallokation der Ressourcen auf. Die Menschheit nutzt fossile und atomare Energieträger immer noch zur Energiegewinnung, Unternehmen nutzen Energie ineffizient, Konsumenten schaffen sich ineffiziente Produkte an, z. B. Kraftfahrzeuge mit hohem Kraftstoffverbrauch oder bestimmte elektrische Geräte. Das FÖS kommt daher zu dem Ergebnis, dass die Gesamtkosten (Marktpreise plus externe Kosten) einer kWh aus Wasserkraftwerken 2012 etwa 7,6 ct betragen, aus Windkraftwerken 8,1 ct/kWh, aus Erdgaskraftwerken 9,0 ct/kWh, aus Kohlekraftwerken 15,3 ct/kWh und aus Atomkraftwerken mindestens 16,4 ct/kWh (FÖS 2012/09: 3).

(3) *Konzentration:* In vielen Staaten sind die Stromerzeuger große Oligopole (manchmal sogar Monopole), die aufgrund ihrer Bedeutung und wirtschaftlichen Stellung einen großen Einfluss auf die Politik und die technische Entwicklung eines Landes nehmen können. Sie sind tendenziell an dem Fortbestehen großer Kraftwerke interessiert (vgl. Kap. 13) und versuchen den Aufbau von dezentralen Energieerzeugungssystemen zu verhindern. Durch die Mittel der Interessendurchsetzung (Lobbying, personelle Durchdringung usw., Abschnitt III) erhalten sie eine demokratisch nicht legitimierte Macht, die dem Politikversagen Vorschub leistet.

(4) *Effizienz:* Die Effizienz/der Wirkungsgrad der verwendeten Energietechniken stellt nicht nur einen wichtigen Indikator für den technischen Stand einer Volkswirtschaft dar (im Vergleich zu anderen), sondern hat auch erhebliche Auswirkungen auf die ökologische Dimension und die volkswirtschaftliche Belastung durch Energieimporte. Derzeit haben viele Techniken zur Energieumwandlung nur sehr geringe Wirkungsgrade. Sie vergeuden hierdurch kostbare Rohstoffe und tragen zur Klimaerwärmung bei. So weisen moderne Ottomotoren einen Gesamtwirkungsgrad bis zu 36 %, Dieselmotoren bis zu 43 % (Braess, Seiffert 2013: 227) und moderne Kohlekraftwerke nur bis zu 46 % auf (Förstner 2011: 166; mit der Frage des Beitrags von Effizienzsteigerungen für die Verlangsamung des Klimawandels beschäftigen wir uns im Kap. 3).

(5) *Energetische Amortisationszeit:* Die E.A. sagt aus, wie lange eine EE-Anlage arbeiten muss, damit sie soviel Energie erzeugt hat, wie zu ihrer Herstellung nötig war. Ein Windkraftwerk muss hierzu z. B. ca. 6 Monate arbeiten. Bei allen Techniken, die fossile Energien zur Energieumwand-

lung nutzen, erfolgt dieser Zeitpunkt nie, da sie immer weitere Inputenergie benötigen.

*Neuntens: Abhängigkeiten*

Fast alle Industriestaaten und viele Schwellenländer sind sehr stark von Primärenergieimporten abhängig, das führt zu den folgenden Risiken:

(1) *Abhängigkeit von Ressourcenimporten:* Die Industrie- und Schwellenländer haben Produktionsstrukturen aufgebaut, die sie extrem abhängig von Energie- und Rohstoffimporten machen. Die EU gab 2012 mehr als 400 Mrd. Euro für Öl- und Gasimporte aus, immerhin 3,1 % ihres BIP (EU-Kommission 2014/01: 2). In Deutschland steigt seit Jahren die Importabhängigkeit, im Jahr 2012 wurden 81 % der Steinkohle, 86 % der Naturgase (Erd- und Biogas), 98 % des Mineralöls und 100 % der atomaren Energieträger importiert; BMWi 2014/03: Tab. 3). Diese Abhängigkeiten führen zu ernsthaften Risiken (s. Zwölftens, Risiken für die dauerhafte Versorgung). Sobald die Preissteigerungen für die natürlichen Ressourcen ein bestimmtes Maß übersteigen, ist mit erheblichen wirtschaftlichen Erschütterungen zu rechnen, die bis zu einem globalen Crash an den Börsen und einer Depression reichen könnten. Einige Autoren rechnen damit, dass dieser Fall schon in den nächsten Jahren eintreten wird (Leggewie, Welzer 2010: 39).

(2) *Verlangsamung der internationalen Arbeitsteilung:* Die Entwicklung des Güteraustausches könnte sich verlangsamen, weil die Verteuerung der Energieträger (s. Punkte Drei und Vier) und umweltpolitische Maßnahmen viele im globalen Maßstab arbeitsteilige Prozesse nicht mehr als derartig sinnvoll erscheinen lassen. Staaten mit stetigen Leistungsbilanzüberschüssen (z. B. China und Deutschland) müssen künftig mit Gegenmaßnahmen der Handelspartner rechnen. So können es weder die USA zulassen, dass ihre Schulden gegenüber China noch die europäischen Staaten ihre Schulden gegenüber Deutschland immer weiter zunehmen.

*Zehntens: Ausstattung mit meritorischen Gütern*

Zu den meritorischen Gütern (Güter, die positive externe Effekte erzeugen, für die Menschen/Konsumenten aber nicht bereit sind, einen ausreichend hohen Anteil ihres Einkommens zu verwenden, z. B. Vorsorge, Bildung, natürliche Ressourcen) gehört die energetische *Infrastruktur* (Systemdienstleistungen wie Transport-, Verarbeitungs- und Erzeugungskapazitäten, Leitungen, Speicher usw.). Jeder Umbau und Ausbau von neuen Techniken bedingt sehr hohe Investitionen. Das galt für die Eisenbahn, für die Trink- und Abwasserleitungen, für Telefon-, Gas- und Stromnetze sowie für die Umweltschutztechniken. Kein Industriestaat hat auf diese Investitionen verzichtet, weil Menschen nicht mehr mit der Postkutsche reisen und den Vorgarten nicht als Sickergrube ihrer morgendlichen Toilette nutzen wollen. So müssen die Staaten heute den Transformationsprozess zu einer 100 %-Versorgung mit EE gestalten.

*Sozial-kulturelle Dimension*

*Elftens: Fehlentwicklungen in Wirtschaft, Politik, Gesellschaft*

Die Wirtschaftsbranchen, die besonders viel THG emittieren, gehören zugleich zu den größten Wirtschaftssektoren der OECD-Länder. In Bereichen, in denen besonders hohe Umsätze und Gewinne erzielt werden, können aber auch besonders hohe Verluste auftreten. Um dies zu verhindern, haben diese Branchen (z. B. die Energiewirtschaft, die Automobil-, Chemie- und Pharmaziebranche) große Lobbyorganisationen aufgebaut, die versuchen, den demokratischen Mehrheitswillen und die Politik in Richtung ihrer Interessen zu beeinflussen:

1) *Politikversagen* (den Problemen gegenüber nicht angemessenes Verhalten): Der Staat/die Politik hat die Aufgabe, die Rahmenbedingungen in einem Land so zu gestalten, dass das gesellschaftliche Zielsystem erreicht werden kann und die gesellschaftlichen Probleme gelöst werden. Wie bspw. die ökonomischen und ökologischen Trends zeigen (vgl. Punkte Eins bis Zehn), nehmen die globalen und lokalen Probleme auch aufgrund der heutigen Energieerzeugung und Nutzung immer weiter zu. Dennoch beschließt die Politik nur halbherzige Instrumente, die nicht ausreichen, um die notwendige Transformation zu einer 100 %-Versorgung mit EE durchzusetzen. Diese Aussage gilt besonders für die globale Ebene, abgestuft aber auch für die europäische und nationale Ebene (Kap. 10 bis 12). Die Symptome für dieses eklatante Politikversagen können in verschiedenen Bereichen verfolgt werden. Als Beispiele in den vergangenen fünf Jahren sollen genannt sein: Kanada und Japan sind von ihren Klimaschutzverpflichtungen zurückgetreten, die USA senken massiv den Erdgaspreis, indem sie das sehr umweltschädliche Fracking fördern, die Australier kippten ihre Klimasteuer, die Brasilianer holzen ihren Tropenwald wieder schneller ab. Deutschland und die EU verhindern konsequente Maßnahmen zur Emissionsminderung beim Emissionshandel und im Automobilbau. Diese Kapitulation vor zentralen Herausforderungen hat unterschiedliche Ursachen, wir wollen uns in den Abschnitten III und IV damit genauer beschäftigen.

2) *Fehlentwicklungen in der Wirtschaft:* Seit den 1980er Jahren ist eine zunehmende Reihe von Fehlentwicklungen in der Wirtschaft feststellbar, die mittlerweile eine Gefährdung für das politische und wirtschaftliche System darstellt (das gilt für verschiedene Branchen, aber auch für die Energiewirtschaft). Ohne Skrupel werden die Mittel zur Interessendurchsetzung eingesetzt: Manipulation der öffentlichen Meinung und Erzeugung von öffentlichem Druck, informeller Einfluss auf die Politik und Behörden, personelle Durchdringung mittels Einschleusen von Mitarbeitern in Politik, Verwaltung und Fachgremien, Vorteilgewährung (Korruption, Aufträge) (detailliert Rogall 2003 und Rogall 2012: 277). Für die Energiewirtschaft sind die folgenden Fehlentwicklungen nachgewiesen:

*a) Manipulation der öffentlichen Meinung, Erzeugung von öffentlichem Druck, bezahlter Journalismus:* Eine Reihe von Energiekonzernen hat sich an Vereinigungen beteiligt, die das Ziel haben, durch Öffentlichkeitsarbeit den anthropogenen Klimawandel zu negieren (allein Exxon Mobil soll hierfür mehr als 7 Mio. USD ausgegeben haben (Le Monde Diplomatique 2008: 13)). Andere haben ähnliche Praktiken zur Durchsetzung des Baus von Atomkraftwerken eingesetzt. Besonders eklatant waren die Vertuschungspraktiken der japanischen Atomindustrie, die über Jahrzehnte Störfälle und Schwachstellen an den Reaktoren vertuschten, bis nach dem Super-Gau im Jahr 2011 immer mehr ehemalige Mitarbeiter diese Praktiken veröffentlichten (Funke 2011/03: 4). 2011 wurde eine Manipulationsaktion der deutschen EVUs aufgedeckt, die in den 2000er Jahren das Ziel hatte, durch die gezielte Beeinflussung von Journalisten und bezahlten Gutachten ein „verändertes Meinungsklima zur Kernenergie in Deutschland" und eine „schweigende Mehrheit pro Kernenergie" zu erzeugen. 2010 wurde dann (für kurze Zeit) eine Laufzeitverlängerung für Atomkraftwerke beschlossen (Thieme 2011/11: 5).

*b) Informeller Einfluss auf Behörden und Politik, Einfluss über Fachgremien:* Aufgrund ihrer Mittelausstattung können EVU und ihre Verbände einen intensiven Kontakt zu Behördenmitarbeitern und Politikern pflegen und sie durch informelle Gespräche beeinflussen. Weiterhin entsenden sie Mitarbeiter in Fachgremien, die dort auch die Interessen ihrer Unternehmen oder Branche einbringen (Klein, Müller 2008).

*c) Personelle Durchdringung und Korruption:* EVU und ihre Verbände unterstützen Mitarbeiter bei der Erlangung von politischen Mandaten, stellen Politiker bei sich an oder stellen sie für die zeitweise Arbeit in Ministerien frei. Die Mehrzahl der Korruptionsfälle wird nicht aufgedeckt, auch wenn durch die Arbeit von Transparency International die öffentliche Sensibilität zu diesem Thema gestärkt wurde. Eine besondere Form der Durchdringung der Politik besteht in der Anstellung von Politikern und ihren Sprechern nach dem Ausstieg aus der Politik. In diesem Bereich ist die Energiewirtschaft besonders aktiv und erfolgreich (Beispiele sind die vielen ehemaligen Bundestagsabgeordneten, aber auch ein Bundeskanzler, mehrere Bundes- und Landesminister).

*d) Kurzfristige Gewinnmaximierung mit „Gier-" und Hyperrenditen statt Langfristorientierung:* Seit den 1980er Jahren wandeln sich die Langfrist- und Kooperationsorientierungen fast aller Großunternehmen zu Gunsten kurzfristiger Gewinnmaximierung (Rogall 2012, Kap. 6.3).

3) *Fehlentwicklungen in der Gesellschaft:* Seit den 1970er Jahren ist ein Auseinanderdriften der Gesellschaft zu beobachten. Einerseits ist ein zunehmendes Engagement von Menschen für ihr unmittelbares Lebensumfeld zu beobachten, andererseits nimmt die Bereitschaft, sich in Großorganisation zu engagieren (z. B. Parteien) ab und ein großer Teil der Bevölkerung ist passiv, bildungsfern und konsumorientiert.

*Zwölftens: Versorgungsunsicherheit*

Bei gleichbleibendem Verbrauch wird die Reichweite der *Reserven* (sicher nachgewiesen und bei heutigen Preisen sicher gewinnbar) wie folgt angegeben: Erdöl: 53 Jahre (235,8 Mrd. t); Erdgas: 56 Jahre (187,3 Bill. m$^3$); und Kohle: 109 Jahre (861 Mrd. t) (BP 2013: 5 ff.). Davon zu unterscheiden sind die höheren *Ressourcen* (vermutete Energielager). Gleichzeitig konstatierte der BP-Bericht, dass 2011 und 2012 der weltweite Primärenergieverbrauch jeweils weiter um ca. 2 % anstieg. Einige Autoren glauben, dass die Reichweite der fossilen Energien durch sog. nicht-konventionelle Vorräte deutlich verlängert werden kann. Andere Autoren halten die Zahlen der Reichweite für geschönt. Sie gehen davon aus, dass die globalen Reserven höchstwahrscheinlich viel niedriger sind (Müller 2014: 165). Die Mehrzahl der Energieexperten erwartet das weltweite Fördermaximum für Erdöl – den sog. Peak Oil – in 10 bis 20 Jahren, andere Autoren gehen davon aus, dass das Fördermaximum bereits erreicht ist und somit mit immer weiter steigenden Preisen zu rechnen ist. Die dargestellten Fakten bedeuten nicht, dass in wenigen Jahren kein Tropfen Erdöl und keine anderen energetischen Rohstoffe mehr vorhanden sind. Mit den steigenden Knappheitspreisen werden nicht-konventionelle Ölquellen wirtschaftlich profitabel, auch könnten technologische Entwicklungen die erschließbare Ausbeutungsquote der Quellen erhöhen. Hieraus sind *zwei Konsequenzen* zwingend: *Erstens* geht die Zeit des billigen Öls unwiederbringlich zu Ende, *zweitens* wird nicht die förderbare Energiemenge das fossile Energiezeitalter beenden, sondern die Aufnahmefähigkeit der Atmosphäre. Sie wird zur unüberwindlichen Grenze des fossilen Energieverbrauchs. Nach unseren heutigen Kenntnissen darf die Menschheit nicht alle fossilen Energieträger fördern, die zur Verfügung stehen. Geht man davon aus, dass durch die Weltgemeinschaft ein Verwendungsverbot von fossilen Energieträgern eines Tages erlassen werden muss, wäre es aus Sicht der einzelnen Förderländer zweckrational, ihre Energieträger nicht langsam zu hohen Preisen zu verkaufen, sondern möglichst schnell (bevor politisch-rechtliche Leitplanken eingeführt werden). Weiterhin besteht für sie der – für die Menschheit fatale – Anreiz, die Einführung von internationalen Klimaschutzinstrumenten zu bremsen, um alle Vorräte verkaufen zu können.

*Reserven*: Sicher nachgewiesen und bei heutigen Preisen sicher gewinnbare Energieträger.

*Ressourcen*: Technisch oder wirtschaftlich derzeit nicht gewinnbare und auf der Grundlage geologischer Analogien vermutete Energielager.

*Nicht-konventionelle Vorkommen*: NkV sind Reserven oder Ressourcen, die mit aufwändigen, d.h. kostenintensiven Techniken gewinnbar sind. Hierzu gehören: Ölsände, Ölschiefer, Bitumen oder Öl- und Erdgasvorkommen, die in kleinen Hohlräumen eingeschlossen sind. Weiterhin existieren Vorkommen in unerschlossenen Gebieten, wie der Antarktis oder sehr tief unter dem Meeresboden. Diese Ressourcen werden nur unter immer größerem Aufwand und Umweltschäden förderbar sein (z. B. durch Tiefseebohrungen oder Gas-Fracking, Quaschning 2013: 36).

*Dreizehntens: Zentralisierung*

Zentrale großtechnische Anlagen fördern wirtschaftliche Konzentrationsprozesse und können oft nicht flexibel eingesetzt werden.

*Vierzehntens: Globale Konflikte*

Die heute bekannten Reserven, insbesondere von Öl und Erdgas, liegen zum größten Teil in Regionen, die von vielen Experten als politisch instabil oder konfliktbehaftet angesehen werden (70 % der Weltölreserven und 65 % der Erdgasreserven, WBGU 2003: 32). Damit könnte sich die starke Abhängigkeit der Industriestaaten von diesen Ländern zugleich als eine sehr ernste Gefahr für den Weltfrieden herausstellen. So befürchten viele Experten weitere Kriege um die natürlichen Ressourcen (Welzer 2008; Müller 2014: 166). Im Jahr 2011 erkannte auch der UN-Sicherheitsrat den Klimawandel als eine Gefahr für den Weltfrieden an. Seitdem muss der UN-Generalsekretär den Sicherheitsrat regelmäßig über die Folgen des Klimawandels informieren (Berié 2012: 699).

2013 kam es zu Pro-Krieg-Demonstrationen in Japan und China im Zuge eines Konfliktes um eine Insel, unter der Rohstoffe vermutet werden. 2014 verübten vietnamesische Demonstranten in Hanoi Anschläge auf chinesische Unternehmen. Hintergrund war der Konflikt um eine chinesische Bohrinsel in einem Gebiet im süd-chinesischen Meer, das Vietnam für sich beansprucht (Köckritz 2014/05: 9).

*Fünfzehntens: Technische Risiken*

Die Sicherheitsfreundlichkeit von Techniken stellt ein wichtiges Kriterium der Technikgestaltung dar. Von der Höhe der Risiken hängt auch die *Akzeptanz* der Bevölkerung ab, die in einer Demokratie eine entscheidende Rolle spielt. Sie beeinflusst die gesamte Zufriedenheit der Bevölkerung. Bislang kaum beachtet wurden die Folgen eines großflächigen Stromausfalls (Stichworte: Zusammenbruch der Informations- und Kommunikationstechnologien, Heizungs- und Kraftstoffversorgungssysteme sowie der Sanitäreinrichtungen). Durch eine Studie des Büros für Technikfolgenabschätzung für den Bundestag 2011 wurden die gravierenden Risiken inbes. für die sog. kritischen Infrastrukturen (Mobil-Funkmasten und zugehörige Netzknoten und Rechenzentren, Tankstellen, die Wasserversorgung, Dialyse-Zentren außerhalb von Krankenhäusern sowie zahlreiche weitere wichtige öffentliche Einrichtungen, die gegenwärtig sofort oder nach wenigen Stunden ausfallen würden) der Öffentlichkeit vor Augen geführt.

## 1.4 Zusammenfassung

Will die Menschheit dauerhaft auf der Erde leben, muss sie die natürliche Existenzgrundlage erhalten, d.h. die Grenzen der natürlichen Tragfähigkeit respektieren lernen. Hierzu gehört, den Anstieg der durchschnittlichen Oberflächentemperaturen auf 2°C zu begrenzen. Um dies zu gewährleisten, müssen die Industrieländer bis 2050 einen Transformationsprozess durchführen, der am Ende ein treibhausgasneutrales Leben und Wirtschaften ermöglicht (von uns auch nachhaltiger Umbau der Volkswirtschaften genannt). Hierzu müssen z. B. die heutigen deutschen Pro-Kopf-Emissionen von 11 t/Einwohner auf eine Tonne reduziert werden (inkl. aller industriellen und landwirtschaftlichen Prozesse), was einer 90 %-Reduzierung (gegenüber 1990) entspricht. Die Erläuterung aller Implikationen, die dieses Ziel mit sich bringt, würde den Rahmen dieses Buches sprengen. Daher wollen wir uns auf den Aspekt einer nachhaltigen Energiewirtschaft begrenzen.

In einem Bericht des Bundesnachrichtendienstes (BND) im Herbst 2013 wurde deutlich, dass sich aufgrund der neuen Fördertechniken die Ressourcenfrage immer stärker von dem Problem der kurzfristigen Knappheit zur Klimaerwärmung verschiebt. Der Verteilungskampf wird darum gehen, wer künftig wie viel THG emittieren darf, heißt es in dem Bericht. Aus Sicht der Klimaforschung dürfen bis 2050 aber höchstens weitere 1.100 Gt $CO_2$-Äquivalente emittiert werden (der WBGU 2009 geht von 750 Gt von 2010 bis 2050 aus). Schon die Verbrennung der heute nachgewiesenen Reserven von Kohle ergäbe aber Emissionen von 1.700 Gt, bei Öl 600 Gt. Sollten alle Ressourcen (vermutete Reserven) der fossilen Energien tatsächlich gefunden und verbrannt werden, würden über 40.000 Gt emittiert werden (BND in Spiegelonline vom 1.11.2013, die Menge der Reserven ist allerdings strittig). Der globale Konflikt ist offensichtlich. Nach einer Studie der NASA ist die heutige Zivilisation wie alle vorherigen Hochkulturen dem Untergang geweiht. Als Hauptrisikofaktoren wurden benannt: Bevölkerungswachstum, Klimawandel, Wasserversorgung, Landwirtschaft, Energieverbrauch. Den Berechnungen zufolge könne der Zusammenbruch nur verhindert werden, wenn der Ressourcenverbrauch auf ein nachhaltiges Niveau gesenkt wird (Harmsen 2014/03).

So wollen wir als *Zwischenfazit* festhalten, dass das heutige Energiesystem (Energieerzeugung und -nutzung), das zum größten Teil auf der Nutzung fossiler und atomarer Brennstoffe beruht, so große Gefahren für die Menschheit beinhaltet, dass es nicht zukunftsfähig ist. Die größte Herausforderung ist die Klimaerwärmung. An zweiter Stelle stehen der Verbrauch und die Übernutzung der natürlichen Ressourcen, die zu einem wesentlichen Teil auf das heutige Energiesystem zurückzuführen sind. Diese ökologischen Gefahren werden ohne vollständigen Ausstieg aus diesen Energieträgern dazu führen, dass immer weniger Menschen ihre Grundbedürfnisse befriedigen können (Wassermangel und Ernteausfälle aufgrund der Klimaerwärmung). Weiterhin kann der ständige Preisanstieg der Ressourcen und Nahrungsmittel zu einer dauerhaften globalen Depression führen. Diese sehr hohen externen Kosten führen zu dramatischen Belastungen künftiger Generationen mit zunehmender Armut und möglicherweise sehr großen internationalen Konflikten (vielleicht sogar Ressourcen- und Klimakriegen). Ohne einen nachhaltigen Umbau der Volkswirtschaften mit ihren Energiewirtschaften und der ihnen zugrunde liegenden Wertvorstellungen wird erfolgreiches Wirtschaften in Zukunft nicht mehr möglich sein.

*Basisliteratur*

Rogall, H. (2012): Nachhaltige Ökonomie, 2. überarbeitete und stark erweiterte Auflage, Marburg.

Rogall, H., Klausen, M., Haberland, R. (2013): Trends der globalen Herausforderungen, in: Rogall, H. u.a. (Hrsg.): Jahrbuch Nachhaltige Ökonomie 2013/14, Marburg.

# 2. Ziele und Alternativen[1]

Die Definition und Ziele einer nachhaltigen Energiepolitik werden aus den Prinzipien der Nachhaltigen Ökonomie abgeleitet. Hierzu skizzieren wir zunächst die Grundlagen dieser neuen Wirtschaftsschule.

## 2.1 Grundlagen der Nachhaltigen Ökonomie

*Vordenker*

Zu den *Vordenkern* der Nachhaltigen Ökonomie gehören viele große *Ökonomen* (z.b. Adam Smith, David Ricardo, John Stuart Mill, Arthur Pigou, John Maynard Keynes, Nicholas Georgescu-Roegen, Karl William Kapp), *Philosophen* (z.B. Hans Jonas) und *Naturwissenschaftler* (z.B. Ernst Haeckel). Weiterhin viele wichtige *Denker der Gegenwart* wie Amartya Sen, Joseph Stiglitz, Hans Chistoph Binswanger, Peter Hennicke, Martin Jänicke, Michael Müller, Gerhard Scherhorn, Ernst von Weizsäcker und die Autoren der wichtigen Veröffentlichungen zum Umweltschutz und den EE.

*Übersicht 2: Veröffentlichungen zur Umweltschutz- und Energiepolitik*

Carson, R. (1962): Silent Spring, deutsch: Der stumme Frühling; Kapp, K.W. (1963): Soziale Kosten der Marktwirtschaft; Meadows, D. u.a. (1972): The Limits to Growth, deutsch: Grenzen des Wachstums); Schumacher, E.F. (1973): Small is Beautiful; Fromm, E. (1976): Haben oder Sein; Lovins, A. (1978): Sanfte Energie; Binswanger, H. u.a. (Hg.) (1979): Wege aus der Wohlstandsfalle; Council on Environmental (1980): The Global 2000 Report to the President; Eppler, E. (1981): Wege aus der Gefahr; Jänicke, M. (1986): Staatsversagen; Hauff, V. (Hg.) (1987): Unsere gemeinsame Zukunft; von Weizsäcker, E. U. (1989): Erdpolitik; Gore, A. (1992): Earth in the Balance, deutsch: Wege zum Gleichgewicht; Müller, M., Hennicke, P. (1994): Wohlstand durch Vermeiden; BUND, Misereor (Hg.) (1996):

---

[1] Dieses Kapitel basiert auf der Veröffentlichung Rogall 2012, Kap. 3.3 und Kap. 11.1

# I. Grundlagen

> Zukunftsfähiges Deutschland; von Weizsäcker, E.U., Lovins, A.B., Lovins, L. H. (1997): Faktor Vier; Scheer, H. (2002): Solare Weltwirtschaft; Wuppertal Institut (2005): Fair Future – Begrenzte Ressourcen und globale Gerechtigkeit; Jänicke, M. (2008 und 2012): Megatrend Umweltinnovation; von Weizsäcker, E.U. (2009): Faktor Fünf; Hennicke, P., Fischedick, M. (2007 und 2010): Erneuerbare Energien; Müller, M., Niebert, K. (2009): Epochenwechsel.

Quelle: Eigene Zusammenstellung Rogall 2014.

*Gründungsgeschichte*

Die Nachhaltige Ökonomie entstand Ende der 1990er Jahre (anfangs Neue Umweltökonomie genannt). Seit 2002 unterstützt die Gesellschaft für Nachhaltigkeit (GfN e.V.) diesen Prozess. Nach einigen vorbereitenden Büchern veröffentlichte *Holger Rogall*, Hochschullehrer für Nachhaltige Ökonomie, 2009 das gleichnamige Lehrbuch, das die Grundlagen dieser neuen Wirtschaftsschule aus den Veröffentlichungen der Sustainable Science und der Volkswirtschaftslehre zusammenfasst (2012 2. erweiterte Auflage). Parallel zur Erstellung des Buches initiierte die GfN 2009 die Gründung des Netzwerkes Nachhaltige Ökonomie und warb bei wichtigen Vertretern der Sustainable Science um die Unterstützung ihrer Kernaussagen. Heute unterstützen 300 Personen und Organisationen diese Aussagen, darunter über 120 Dozenten und Wissenschaftler aus Brasilien, Chile, Deutschland, Österreich, Polen, der Schweiz und Vietnam. Seit 2011 erscheint das Jahrbuch Nachhaltige Ökonomie, das die Diskussion um eine nachhaltige Wirtschaftslehre weiter verbreitern soll (Rogall u.a. 2011 Brennpunkt Wachstum, Rogall u.a. 2012 Green Economy, Rogall u.a. 2013 Nachhaltigkeitsmanagement, Rogall u.a. 2014 Energiewende). Ebenfalls 2011 erschien das Schwesterwerk der „Nachhaltigen Ökonomie" die „Grundlagen einer nachhaltigen Wirtschaftslehre", das seinen Fokus auf die Reform der Volkswirtschaftslehre legt (die 2. Auflage erscheint 2015).

*Nachhaltige Entwicklung* (Sustainable Development):
*Begriff:* Das englische Verb *sustain* enthält das lateinische Wort *sustiner*, deutsch: aufrechterhalten. Der Begriff *development* (deutsch: Entwicklung) beinhaltet eine Vielzahl von Zielen.

*Entstehung:* Bereits im 16. Jh. wurde in der Rheinpfälzer Forstordnung die Forderung niedergeschrieben, dass nur so viele Bäume gefällt werden dürfen wie nachwachsen, damit auch die Nachkommen ausreichend viel Holz zur Verfügung haben (sodass der Holzertrag dauerhaft nicht abnimmt). Aufgrund einer überregionalen Holzknappheit wurde der Begriff „nachhaltende Nutzung" von *Carl von Carlowitz* 1713 das erste Mal benutzt (Grober 2010: 115). Anschließend wurde der Begriff regelmäßig in der Forstwirtschaft verwendet.

*Definition: Nachhaltiges Wirtschaften (Nachhaltige Ökonomie):*
„Nachhaltiges Wirtschaften will für alle heute lebenden Menschen und künftigen Generationen ausreichend hohe ökologische, ökonomische und sozial-kulturelle Standards in den Grenzen der natürlichen Tragfähigkeit schaffen und so das intra- und intergenerative Gerechtigkeitsprinzip durchsetzen" (Rogall 2000: 100; Abgeordnetenhaus 2006/06: 12; Gründungserklärung des Netzwerks Nachhaltige Ökonomie). Um dieses Ziel zu erreichen, wird ein gesellschaftlicher Transformationsprozess in allen drei Dimensionen des nachhaltigen Wirtschaftens (ökologische, ökonomische und sozial-kulturelle) mit allen Techniken, den wirtschaftlichen Zielen usw., als notwendig angesehen. Insofern versteht sich die Nachhaltige Ökonomie als Teil der Transformationsforschung (Polany 1944, s.a. WBGU 2011). Als Beispiele dienen die Transformation von der atomaren und fossilen Energiewirtschaft zur 100%-Versorgung mit erneuerbaren Energien oder die Transformation der traditionellen Ökonomie zur Nachhaltigen Ökonomie.

*Kernaussagen*

Das Netzwerk Nachhaltige Ökonomie definiert die Nachhaltige Ökonomie (Sustainable Economics) als „ökonomische Theorie der Nachhaltigkeitsforschung unter Berücksichtigung der transdisziplinären Grundlagen". Im Zentrum stehen hierbei die Fragen, wie sich ausreichend hohe ökonomische, ökologische und sozial-kulturelle Standards in den Grenzen der natürlichen Tragfähigkeit erreichen sowie das intra- und intergenerative Gerechtigkeitsprinzip verwirklichen lassen (Definition einer Nachhaltigen Entwicklung). Andere Autoren sprechen von den planetaren Belastbarkeitsgrenzen (planetary boundaries), bei deren Überschreitung nicht tolerierbare Folgen zu befürchten sind (Rockström u.a. 2009).

*Übersicht 3: Kernaussagen der Nachhaltigen Ökonomie*

Das Netzwerk hat sich auf die folgenden Kernaussagen verständigt, auf deren Grundlage sie die Wirtschaftswissenschaften reformieren will (detailliert: Rogall 2012, Kap. 3.3 und http://www.nachhaltige-oekonomie.de):

(1) *Starke Nachhaltigkeit:* Die derzeitige Entwicklung der Menschheit wird als nicht zukunftsfähig betrachtet, die NaÖk sieht daher die Notwendigkeit eines neuen Leitbilds und bekennt sich zu einer Position der starken Nachhaltigkeit. Damit wird die Wirtschaft als ein Subsystem der Natur und die natürlichen Ressourcen größtenteils als nicht substituierbar angesehen. Absolute Grenzen der Natur werden anerkannt. Im Mittelpunkt steht die dauerhafte Erhaltung und nicht der optimale Verbrauch der natürlichen Ressourcen (detailliert zum Nachhaltigkeitsbegriff: Umbach, Rogall 2013).

(2) *Pluralistischer Ansatz, Abgrenzung bei Aufnahme einzelner Aspekte der neoklassischen Umweltökonomie:* Die NaÖk fühlt sich einem Methodenpluralismus verpflichtet. So erkennt sie bestimmte Erkenntnisse der traditionellen Ökonomie und Umweltökonomie an (z. B. die sozialökonomischen Erklärungsansätze der Übernutzung der natürlichen Ressourcen und die daraus abgeleitete Diskussion um die Notwendigkeit politisch-rechtlicher Instrumente).

(3) *Weiterentwicklung der traditionellen Ökonomie und Ökologischen Ökonomie zur Nachhaltigen Ökonomie:* Die NaÖk grenzt sich von einer Reihe Aussagen der neoklassischen Ökonomie ab und fordert eine grundlegende Reform ihrer Lehrinhalte: Das beginnt bei ihren Grundlagen und setzt sich bei ihren Aussagen zur nationalen Wirtschaftspolitik bis zu den globalen Bedingungen für eine global gerechte Weltgesellschaft fort. Im Bereich der Umweltökonomie und Umweltpolitik sollen vor allem die absolut gesetzte Konsumentensouveränität, die Diskontierung künftiger Kosten und Nutzen, die beliebige Substituierbarkeit aller, auch sämtlicher natürlichen Ressourcen, die Position der schwachen Nachhaltigkeit u.v.a.m. hinterfragt werden. Dagegen soll der Aspekt der Gerechtigkeit eine stärkere Berücksichtigung erfahren (detailliert in Herr, Rogall 2013; zur Frage, was von der neoklassischen Theorie bleibt: Nutzinger, Rogall 2012)

(4) *Kontroversen der Nachhaltigen Ökonomie, Nachhaltigkeitsparadigma:* Die Kernaussagen der Nachhaltigen Ökonomie (NaÖk) beruhen auf den Erkenntnissen der Nachhaltigkeitswissenschaft (Sustainable Science). Dabei ist die NaÖk keine statische Theorie, sondern sieht die Notwendigkeit weiterer Diskussionsprozesse. Hierbei existiert eine

Reihe von Kontroversen, die noch geklärt werden müssen. Eine zentrale Kontroverse behandelt die Frage, wie das traditionelle Wachstumsparadigma durch ein Nachhaltigkeitsparadigma – das den Ressourcenverbrauch stetig senkt – ersetzt werden kann (siehe detailliert im grauen Kasten am Ende des Unterkapitels). Über die mittelfristige Ausgestaltung existieren allerdings unterschiedliche Meinungen (Steady-State-Ansatz mit konstantem oder schrumpfendem BIP versus selektives Wachstum, das den Ressourcenverbrauch mittels ökologischer Leitplanken trotz wirtschaftlicher Entwicklung senkt).

(5) *Eine Nachhaltige Ökonomie beruht auf ethischen Prinzipien und einem neuen Menschenbild*: Die wichtigsten *Nachhaltigkeitsprinzipien* sind die intra- und intergenerative Gerechtigkeit, Verantwortung, Vorsorge, Angemessenheit und Dauerhaftigkeit sowie die Prinzipien einer solidarischen Demokratie und Rechtsstaatlichkeit, aus der die Notwendigkeit eines gesellschaftlichen Diskurs- und Partizipationsprozesses sowie die Aufnahme genderspezifischer Aspekte abgeleitet werden (detailliert in Kubon-Gilke 2012). Damit einher geht die Prämisse, dass Gewinnmaximierung bzw. angemessene Gewinne keine Zwecke des Wirtschaftens sind. Das ist in erster Linie die effiziente Bedürfnisbefriedigung der Menschen, nämlich ein Mittel zum Zweck (Anreizfunktion). Hinzu kommt die Forderung auf das in der traditionellen Ökonomie verwendete, aber durch zahlreiche Untersuchungen der Verhaltensökonomie als unrealistisch erkannte Menschenbild des homo oeconomicus zu verzichten und zu einem differenzierteren und realitätsnäheren *Menschenbild* zu gelangen, das dem kooperativen und heterogen Potential des menschlichen Handelns (homo cooperativus/homo heterogenus; detailliert in Rogall 2013a: 243) stärker Rechnung trägt.

(6) *Transdisziplinärer Ansatz*: Die NaÖk will über die rein ökonomische Betrachtungsweise hinausgehen und die ökonomischen Prozesse im Rahmen eines sozial-ökologischen Zusammenhanges analysieren. Hierbei spielen die Nutzung der Erkenntnisse sowie eine enge Kooperation mit den anderen Sozialwissenschaften (Politische Wissenschaft, Soziologie, Psychologie), den Rechtswissenschaften sowie mit den Natur- und Ingenieurwissenschaften eine besonders wichtige Rolle.

(7) *Notwendigkeit der Änderung der Rahmenbedingungen mittels politisch-rechtlicher Instrumente (Leitplanken)*: Mit Hilfe politisch-rechtlicher Instrumente sollen die Rahmenbedingungen so verändert werden, dass ein nachhaltiges Verhalten für Konsumenten und Produzenten vorteilhafter wird, als sich so zu verhalten wie bisher (detailliert in Ekardt u.a. 2012). Hierzu werden u.a. der Standard-Preis-Ansatz und der Ansatz der meritorischen Güter verwendet (detailliert in Rogall 2012).

(8) *Operationalisierung des Nachhaltigkeitsbegriffs, neue Messsysteme:* Eine Sinnentleerung des Nachhaltigkeitsbegriffs soll durch die Formulierung von Prinzipien, Managementregeln und neuen Messsystemen für den Nachhaltigkeitsgrad und die Lebensqualität verhindert werden. Anders als die traditionelle Ökonomie, die Lebensqualität und Wohlstand (gemessen am BIP pro Kopf) gleichsetzt, benötigt eine Nachhaltige Ökonomie Ziel- und Indikatorensysteme.

(9) *Globale Verantwortung:* Als zentrale Bedingungen für eine Nachhaltige Entwicklung werden u.a. anerkannt: Einführung eines Ordnungsrahmens (Regulierung der Finanzmärkte mit Kapitaltransfer-/Tobinsteuer, Abgaben auf die globalen Umweltgüter, sozial-ökologische Mindeststandards u.v.a.m.), Senkung des Pro-Kopf-Ressourcenverbrauchs der Industrieländer um 80-95 % bis 2050, und Verminderung der Bevölkerungszunahme der Entwicklungs- und Schwellenländer. Hierbei wird akzeptiert, dass die Industrieländer aufgrund der historischen Entwicklung und der größeren Leistungsfähigkeit eine besondere Verantwortung für die Verwirklichung der intragenerativen Gerechtigkeit, globalen Nachhaltigkeit und fairen Handelsbeziehungen tragen (detailliert in Kopfmüller 2013, Michaelis 2013; Zu den Chancen und Grenzen einer globalen Green Economy: Rogall, Scherhorn 2012).

(10) *Nachhaltige (sozial-ökologische) Marktwirtschaft:* Vertreter der NaÖk lehnen eine kapitalistische Marktwirtschaft ebenso ab wie zentrale Verwaltungswirtschaften, weil sie davon überzeugt sind, dass nur marktwirtschaftliche Systeme mit einem nachhaltigen Ordnungsrahmen zukunftsfähig sind. Danach muss die Politik aktiv eingreifen, um eine Nachhaltige Entwicklung sicherzustellen und die Folgen von Marktversagen zu vermindern (detailliert in: Hauchler 2013, Hauff 2008, Rogall 2013 und Müller 2013). Hierzu wird das bekannte Zieldreieck des Deutschen Stabilitätsgesetzes um eine Reihe weiterer Ziele ergänzt und ein nachhaltiger Umbau der Industriegesellschaft gefordert.

Um die Transformation der Industriegesellschaft in eine nachhaltige Wirtschaft zu beschleunigen, werden *zentrale Handlungsfelder* ausgewählt, in denen dieser Transformationsprozess mit Hilfe der Effizienz-, Konsistenz- und Suffizienzstrategie exemplarisch vorangetrieben wird (nachhaltige Energie-, Mobilitäts-, Ressourcenschonungs-, Produktgestaltungs- und Landwirtschaftspolitik). Als weitere zentrale Handlungsfelder werden das Nachhaltigkeitsmanagement (detailliert in Rogall u.a. 2013), die Verbraucherpolitik (detailliert in Kollmann 2011) und die Gesundheitspolitik (detailliert in Scherenberg 2012) angesehen. Die Notwendigkeit institutioneller und eigentumsrechtlicher Änderungen wird akzeptiert und über den Umfang der Reformen des Geld- und Währungssystems diskutiert. In dem vorliegenden Buch steht die nachhaltige Energie- und Ressourcenpolitik im Mittelpunkt.

## Nachhaltigkeitsparadigma

Wie erläutert, strebt die Nachhaltige Ökonomie ausreichend hohe Standards in den drei Nachhaltigkeitsdimensionen für alle heute und später lebenden Menschen an, ohne dass die Grenzen der natürlichen Tragfähigkeit überschritten werden (Definition des nachhaltigen Wirtschaftens). Hierzu wird eine wirtschaftliche Entwicklung benötigt, die die Volkswirtschaften im Sinne eines Transformationsprozesses nachhaltig umbaut und hierzu die Formel des nachhaltigen Wirtschaftens (*Nachhaltigkeitsformel*) einhält.

*Nachhaltigkeitsformel* (Rogall 2004: 44):

$$\Delta\text{Ressourcenproduktivität} > \Delta\text{BIP}$$

*Nachhaltigkeitsparadigma:* N. bedeutet die Ausrichtung der Politik und Wirtschaft nach den Kriterien der Nachhaltigkeit mit dem Ziel, für ausreichend hohe Standards in den Grenzen der natürlichen Tragfähigkeit zu sorgen (d.h. den Ressourcenverbrauch stetig zu senken, einige Autoren sprechen auch von einer Green Economy oder Green Growth, Deutscher Bundestag 2013/05: 156, Sondervotum, Rogall 2012, Kap. 4). Hierfür sieht die Nachhaltige Ökonomie die Einhaltung der Nachhaltigkeitsformel im Rahmen eines selektiven Wachstums als essentiell an. Sie verfolgt also eine Entwicklung, die den absoluten Ressourcenverbrauch jährlich senkt (global bis 2050 halbiert). Eine Senkung des Ressourcenverbrauchs trotz Wachstums ist nicht einfach, aber möglich (Deutscher Bundestag 2013/05: 133, Sondervotum). Hierzu werden die Beschränkung auf ein moderates Wachstum und sozial-ökologische Leitplanken (politisch-rechtliche Instrumente) als notwendige Bedingungen angesehen.

*Selektives Wachstum:* S.W. beschreibt eine nachhaltige wirtschaftliche Entwicklung im Rahmen der natürlichen Tragfähigkeit. Dabei muss die Steigerung der Ressourcenproduktivität immer über der Steigerung der wirtschaftlichen Wachstumsraten liegen (SW = $\Delta$ RP > $\Delta$ BIP). Das soll durch die Strategiepfade der Nachhaltigen Ökonomie (Effizienz, Konsistenz, Suffizienz) sowie von ausgewählten Wachstums- und Schrumpfungsprozessen erreicht werden. Der Begriff S.W. stammt ursprünglich von Eppler (1981). Zur Veranschaulichung könnte man sich modellartig vorstellen, dass Deutschland im Jahr 2010 ein BIP von rund 2.500 Mrd. Euro erwirtschaftet hat und im Zuge eines linearen selektiven Wachstums die nächsten 35 Jahre jährlich Güter im Wert von 35 Mrd. bis 40 Mrd. mehr produziert und gleichzeitig den absoluten Ressourcenverbrauch durch ökologische Leitplanken und einer 100 %-Versorgung mit EE bis zum Jahr 2050 um 80-95 % senkt.

*Ressourcenproduktivität*: Die R. drückt das Verhältnis von hergestellter Gütermenge zum Ressourceneinsatz (inkl. Schadstofffreisetzung) aus (z. B. BIP zu Materialverbrauch oder BIP zu Primärenergieverbrauch oder BIP zu $CO_2$-Emissionen). Damit sagt die Entwicklung der R. etwas darüber aus, wie effizient eine Volkswirtschaft mit den natürlichen Ressourcen umgeht. Ist die Steigerung dieser Produktivität größer als das Wachstum des BIP, geht der absolute Ressourcenverbrauch zurück.

### Strategiepfade der Nachhaltigen Ökonomie

Um das Nachhaltigkeitsparadigma (stetige Senkung des Ressourcenverbrauchs trotz wirtschaftlicher Entwicklung) einhalten zu können, verfolgt die Nachhaltige Ökonomie drei Strategiepfade: Effizienz, Konsistenz, Suffizienz. Die Unterteilung erfolgt aus didaktischen Gründen, in der Realität gehören die drei Strategiepfade zusammen und bilden letztlich eine Einheit (Müller, Niebert 2009: 25). Zum Beispiel existiert eine Reihe von Überschneidungen, so kann die verstärkte Nutzung des Fahrrads als ein Teil der Konsistenz- wie der Suffizienzstrategie angesehen werden, auch sind Null- oder Plusenergiehäuser nur unter Einsatz der Effizienz- und Konsistenzstrategie möglich. Im Zentrum aller Strategien steht die Leitidee, die Lebensqualität aller Menschen mit einer stetig abnehmenden Menge an natürlichen Ressourcen zu steigern (Schmidt-Bleek 1994; Deutscher Bundestag 2002/07, Sachs 2002: 49, Rogall 2012, Kap. 4):

(1) *Effizienzstrategie*: Die E. stellt einen unverzichtbaren Strategiepfad der Nachhaltigen Ökonomie dar, um die Realisierung des Nachhaltigkeitsparadigmas durchzusetzen. Hierbei werden vorhandene Produkte ressourceneffizienter gestaltet. Leitziel ist, die Ressourceneffizienz jährlich um 2,5 bis 3 % bis zum Faktor 5 bis 10 zu steigern, Die Nutzung der natürlichen Ressourcen pro Produkt und Serviceeinheit ist folglich um 80 bis 90 % zu senken (bis an die physikalischen Grenzen). Dieses Ziel verfolgen zurzeit nur wenige Staaten erfolgreich. Die größten Erfolge hat diese Strategie bisher in dem Bereich der Schadstoffminderung erbracht, wo es in der EU möglich war, bei gleichzeitiger wirtschaftlicher Entwicklung, die Schadstofffreisetzung z. B. von $SO_2$ absolut zu senken. In Deutschland ist das auch für die anderen Indikatoren der Umweltökonomischen Gesamtrechnung (UGR) gelungen. Zum Beispiel konnten der Primärenergieverbrauch und die Treibhausgasemissionen verringert werden (Kap. 2.3). Dennoch steht dieser Strategiepfad noch am Anfang.

## 2. Ziele und Alternativen

Seine Beiträge zur Verhinderung der Erderwärmung sowie des Verbrauchs und Übernutzung der natürlichen Ressourcen sind noch lange nicht ausgeschöpft. Das liegt auch daran, dass die hierfür nötigen ökologischen Leitplanken noch zu inkonsequent eingeführt wurden. Durch die Ausschöpfung des Effizienzpotentials (z.b. auf einen klimaneutralen Gebäudebestand und das „1-Liter-Auto" als Regelstandard) kann der PEV um 33 % bis 50 % reduziert werden. Analysen für die Potentiale und die Umsetzung dieser Strategie sind in Deutschland z. B. von Ernst Ulrich von Weizsäcker u.a. (1995 und 2010), Lovins, Hennicke (1999), Hennicke, Müller (2005) vorgelegt worden. Sie konnten in zahlreichen Bereichen zeigen, dass die immer wieder behaupteten Grenzen der Energie- und Ressourceneffizienz auf absehbare Zeit (20 bis 35 Jahre) noch nicht erreicht sind und dass eine Verdoppelung des globalen Wohlstands bei halbiertem Ressourcenverbrauch denkbar ist (zu den möglichen Grenzen der „Öko-Effizienz" s. Jänicke 2008: 51 und 72; BUND, Brot für die Welt 2008).

(2) *Konsistenzstrategie* (von uns auch als Substitutionsstrategie bezeichnet): Hierbei werden neue zukunftsfähige Produkte entwickelt, die in der Lage sind, die Managementregeln der Nachhaltigkeit einzuhalten (Rogall 2012, Kap. 8). Beispiele sind die Null-Energiehäuser und erneuerbare Energien für die Bereitstellung von Strom, Wärme und Mobilität. Hierzu zählt auch die ausschließliche Verwendung von Sekundärstoffen (Schließung der Stoffkreisläufe, Recycling von Rohstoffen, vor allem von Metallen), deren Beitrag zur Ressourcenschonung besonders hoch ist, wenn sie mittels erneuerbarer Energien gewonnen wurden. Die heute vorgestellten Produkte stellen zwar wichtige Fortschritte dar (Grießhammer u.a. 2006: 190), halten jedoch meistens noch nicht alle Kriterien der Nachhaltigkeit ein (Rogall 2012, Kap. 8.3). Zu diesem Strategiepfad gehören auch der vollständige Ausstieg aus der Kohle zur Energiegewinnung innerhalb der nächsten 25 bis 35 Jahre und der Ausbau (inkl. Sicherung der Wettbewerbsfähigkeit des Bestandes) von Gaskraftwerken (insbes. BHKW und GuD in KWK), die erst als Übergangstechnik, später mit Biogas und Methan als Dauertechnik betrieben werden können. Hierzu müssen die wirtschaftlichen Rahmenbedingungen dieser Kraftwerke massiv geändert werden. Das kann über eine starke Verteuerung der Kohle (mittels der Novellierung des ETS bzw. der Einführung einer ausreichenden Schadstoffsteuer) oder einen ausreichenden Bonus für flexible Kraftwerkskapazitäten erfolgen (z. B. Novellierung des KWK-Gesetzes).

(3) *Suffizienzstrategie*: Vertreter der Nachhaltigen Ökonomie gehen davon aus, dass die Industriegesellschaft parallel zur Umsetzung der Effizienz- und Konsistenzstrategie einen kulturellen Wandel ihrer Ziele und Werte

(ihres Entwicklungsmodells) vollziehen muss. Denn die notwendigen Reduktionsziele sind durch Effizienz- und Konsistenzstrategie allein dauerhaft nicht zu erreichen, wenn *gleichzeitig* eine hohe stetige Steigerung der materiellen Güterproduktion stattfindet (z. B. jährlich >2 % bis zum Ende des Jahrhunderts). Daher kommt die Menschheit aus ihrer Sicht mittelfristig nicht an der *Suffizienzstrategie* vorbei (Öko-Institut 2013/10). Mit ihr soll in den nächsten Jahrzehnten erreicht werden, dass die *Summe der materiellen Konsumgüter in den Industriestaaten nicht mehr zunimmt.* Neue Produkte dienen dann nur noch dem Ersatz alter Produkte, die ressourcenintensiver waren. Eine besondere Rolle spielt hierbei der Strukturwandel von dem ressourcenintensiven produzierenden Gewerbe zu den Dienstleistungen, die nur einen Bruchteil des Ressourcenverbrauchs haben (Kronenberg 2012).

*Formen der Suffizienzstrategie* (Änderung der Konsummuster, Öko-Institut 2013/10; Stengel 2010):

1) *Selbstbeschränkung*: S. meint die freiwillige Entscheidung von Menschen, das eigene Leben schrittweise ethisch verantwortbar umzugestalten, d.h. nach dem intra- und intergenerativen Gerechtigkeitsprinzip zu gestalten (Selbstgenügsamkeit). Hierzu gehört, die Nutzung von natürlichen Ressourcen zu Gunsten anderer Menschen und künftiger Generationen einzuschränken, weil die Grenzen der natürlichen Tragfähigkeit bereits überschritten sind (Scherhorn 1997: 162).

2) *Änderung der Lebensstile*: Beinhaltet die strukturellen Änderungen der Lebensstile, die nicht auf Verzicht, sondern auf eine veränderte Wertorientierung ausgerichtet sind (z. B. gemeinschaftliche Nutzung von Produkten).

3) *Strukturwandel*: Hiermit ist die Änderung des Güterkorbes von materiellen Gütern zu Dienstleistungen gemeint, d.h. eine Dematerialisierung der Wirtschaft (Hennicke 2010). Die Bedeutung dieses innersektoralen Strukturwandels wird noch unzureichend gesehen, so beträgt der Energieverbrauch im privaten und öffentlichen Dienstleistungsbereich je Euro Bruttowertschöpfung ca. 1,7 Megajoule, während er im produzierenden Gewerbe im Durchschnitt bei 9,6 Megajoule liegt (hierbei in der Metallerzeugung und -verarbeitung bei 59,2 Megajoule, StaBA 2012/11: 48 und 49).

## 2.2 Definition, Ziele und Kriterien

*Definition einer nachhaltigen Energiepolitik*

Die Definition einer nachhaltigen Energiepolitik beruht auf der Definition einer Nachhaltigen Entwicklung (Rogall 2012, Kap. 1.2, s. Kasten).

> *Nachhaltige Energiepolitik* (Qualitätsziel aus Sicht der Nachhaltigen Ökonomie): Eine n.E. strebt die Befriedigung der Bedürfnisse aller Menschen nach Energiedienstleistungen zu angemessenen Preisen an, die eine nachhaltige Erzeugung und Verwendung sicherstellen und die natürliche Tragfähigkeit nicht überschreiten. Zukunftsfähig ist hiernach eine Energiepolitik, die die Managementregeln der Nachhaltigkeit einhält, z. B. allen Menschen gleich hohe THG-Emissionen ermöglicht, aber die Natur nicht über ihre Tragfähigkeit belastet. Hierzu muss der Energieverbrauch schrittweise durch Effizienz- und Suffizienzstrategien vermindert und der Einsatz von atomaren und fossilen Energieträgern durch erneuerbare Energien (EE) ersetzt werden, so dass zur Mitte des Jahrhunderts eine 100 %-Energieversorgung durch EE erfolgen kann (Transformation zur 100 %-Versorgung mit EE oder *Energiewende* genannt). Zusammengefasst bedeutet eine nachhaltige Energiepolitik eine 100 %-Versorgung mit EE so schnell, dezentral und niedrigen volkswirtschaftlichen Kosten wie möglich.

Nach der Definition kann eine nachhaltige Energiepolitik nur durch eine 100 %-Versorgung mit EE realisiert werden (s.a. FES 2014/05: 3). Dieses Ziel ist schlüssig, aber der gleichzeitige Ausstieg aus der atomaren und fossilen Energiewirtschaft stellt einen fundamentalen Strukturwandel dar, vergleichbar mit der Transformation von der Nomadenkultur zur Sesshaftwerdung oder von der Landwirtschaftsgesellschaft zur Industriegesellschaft, von Polanyi große Transformation genannt (Polanyi 1944, s.a. WBGU 2011). Insofern wird eine nachhaltige Energiepolitik als Teil der Transformationsforschung angesehen.

*Managementregeln einer nachhaltigen Energiepolitik*

Aus den globalen Gefahren der heutigen Energiewirtschaft (Kap. 1.3) im Vergleich zu der Definition für eine nachhaltige Energiepolitik und den ethischen Nachhaltigkeitsprinzipien wurden Managementregeln und Kriterien für eine nachhaltige Energiepolitik entwickelt. Diese sollen den Akteuren für eine nachhaltige Energiepolitik Beurteilungsmaßstäbe für Entscheidungen und Bewertungen an die Hand geben (s. folgende Abbildung 1 und Übersicht 4).

## Abbildung 1: Managementregeln

**Ökonomische Managementregeln**
- (6) Sichere Arbeitsplätze in angemessener Qualität
- (7) Befriedigung der Grundbedürfnisse mit nachhaltigen Produkten
- (8) Preise müssen angemessen sein und eine wesentliche Lenkungsfunktion wahrnehmen
- (9) Außenwirtschaftliches Gleichgewicht
- (10) Handlungsfähiger Staatshaushalt bei ausreichender Ausstattung mit meritorischen Gütern

**Sozial-kulturelle Managementregeln**
- (11) Good governance
- (12) Soziale Sicherheit, keine Armut, dauerhafte Energieversorgung
- (13) Chancengleichheit, soziale Integration, Verteilungsgerechtigkeit, Dezentralität und Flexibilität
- (14) Konfliktvermeidung
- (15) Risikolose Techniken

**Ökologische Managementregeln**
- (1) Klimaschutz
- (2) Naturverträglichkeit
- (3) Nachhaltige Nutzung nicht-erneuerbare Ressourcen
- (4) Nachhaltige Nutzung erneuerbarer Ressourcen
- (5) Gesunde Lebensbedingungen

Quelle: Eigene Erstellung Niemeyer, Rogall auf Grundlage Rogall 2012.

*Übersicht 4: Managementregeln der Nachhaltigen Ökonomie*

### Ökologische Managementregeln

(1) *Klimaschutz:* Die Freisetzung von Stoffen darf (...) nicht größer sein als die Tragfähigkeit bzw. Aufnahmefähigkeit der Umwelt (Treibhausgase). Aufgrund der langen Verweildauern einiger THG (insbes. $CO_2$) folgt daraus die Forderung nach einer 100 %-Versorgung mit EE.

(2) *Naturverträglichkeit, Erhaltung der Arten und Landschaftsvielfalt:* Das Zeitmaß und Ausmaß menschlicher Eingriffe (bzw. Einträge) in die Umwelt muss der Natur ausreichend Zeit zur Selbststabilisierung lassen. D.h. auf die Nutzung von unkonventionellen Energieträgern,

## 2. Ziele und Alternativen

die nur unter hohen Umweltbelastungen gewonnen werden können, muss verzichtet werden.

(3) *Nachhaltige Nutzung nicht-erneuerbarer Ressourcen*: Bei der Nutzung nicht-erneuerbarer Ressourcen muss die „exponentielle Spar-Regel" (compound saving rule, Binswanger 2010: 174) angewendet werden, so dass die Ressource niemals völlig erschöpft wird. Hierbei wird zunächst festgelegt, wie lange eine natürliche Ressource noch gewinnbar (abbaubar) ist (Beispiel 1.000 Jahre). Dann wird der jährliche Verbrauch im Startjahr auf den Bruchteil der Ressourcenmenge beschränkt – in unserem Beispiel auf ein Tausendstel – und künftig der Verbrauch jährlich um 0,1 bis 1 Prozent reduziert. Nach 3500 Jahren wären bei diesem Beispiel und einer Reduktionsrate von 0,35 % immer noch zwei Drittel der ursprünglichen Ressourcenmenge vorhanden (Binswanger 2010: 176). Daraus folgt, dass der Verbrauch neuer Ressourcen stetig reduziert wird und darüber hinausgehende Bedürfnisse nur aus dem Materialrecycling befriedigt werden können.

(4) *Nachhaltige Nutzung erneuerbarer Ressourcen*: Die Nutzung erneuerbarer Ressourcen darf die Regenerationsrate der jeweiligen Ressource nicht überschreiten (z. B. Wald), denn das ökologische Realkapital muss erhalten werden. Diese Regel gilt auch für die Nutzung von Biomasse zur Energiegewinnung.

(5) *Gesunde Lebensbedingungen*: Risiken und Schäden für Mensch und Umwelt sind zu minimieren. Schadstoffeinträge, Strahlen und Lärm sind auf ein unschädliches Maß zu begrenzen. Alle politischen und wirtschaftlichen Entscheidungen müssen die Auswirkungen auf die menschliche Gesundheit und Lebensqualität berücksichtigen.

*Ökonomische Managementregeln*

(6) *Sichere Arbeitsplätze in angemessener Qualität*: Die Unternehmen müssen die Folgen auf die Beschäftigung in angemessener Qualität berücksichtigen und prekäre Beschäftigungsverhältnisse vermeiden.

(7) *Befriedigung der Grundbedürfnisse mit nachhaltigen Produkten*: Das ökonomische System muss individuelle und gesellschaftliche Bedürfnisse im Rahmen der natürlichen Tragfähigkeit so effizient wie möglich befriedigen (...). Die Rahmenbedingungen sind so zu gestalten, dass funktionsfähige Märkte entstehen, Innovationen in Richtung einer Nachhaltigen Entwicklung angeregt und die Grenzen der natürlichen Tragfähigkeit gewahrt werden. Diese Regel wird in dem vorliegenden Buch um eine jederzeit sichere Energieversorgung ergänzt.

(8) *Angemessene Preise*: Preise müssen angemessen sein und eine wesentliche Lenkungsfunktion wahrnehmen. Die Finanzmärkte müssen stabi-

lisiert, reguliert und wirtschaftliche Konzentration verhindert werden. Preise sollten die Knappheit der Ressourcen und Produktionsfaktoren widerspiegeln. Wenn dies die Märkte aufgrund von Externalitäten (Überwälzung von sozial-ökologischen Kosten) nicht leisten können, müssen die demokratisch legitimierten Entscheidungsträger dafür sorgen, dass z. B. durch Umweltabgaben die Produkte die „ökologische Wahrheit" sagen bzw. die angestrebten Nachhaltigkeitsstandards durch andere politisch-rechtliche Instrumente erreicht werden. Die Effizienzpotentiale sind auszuschöpfen.

(9) *Außenwirtschaftliches Gleichgewicht bei hoher Selbstversorgung*: Ein außenwirtschaftliches Gleichgewicht wird angestrebt. Nur die Güter sollen international getauscht werden, die nach Internalisierung der sozialen Kosten für Konsumenten und Umwelt einen Vorteil erbringen (z. B. Herstellung von Aluminium in Ländern mit 100 % Deckung des Stromverbrauchs durch erneuerbare Energien), hierbei sind wirtschaftliche Abhängigkeiten zu vermeiden.

(10) *Handlungsfähiger Staatshaushalt bei ausreichender Ausstattung mit meritorischen Gütern*: Die ökonomische Leistungsfähigkeit einer Volkswirtschaft beruht insbesondere auf dem Bildungsniveau der Bevölkerung und einer funktionierenden Infrastruktur. Zur Stabilität einer wirtschaftlichen Entwicklung gehören aber auch befriedigende und vertrauenserhaltende Sozialbeziehungen (Sozial- und Humankapital), diese sollten ständig qualitativ verbessert werden. Dabei ist eine ausreichende Ausstattung mit kollektiven bzw. meritorischen Gütern sicherzustellen. Gleichzeitig ist ein (ausgeglichener) handlungsfähiger Staatshaushalt anzustreben.

*Sozial-kulturelle Managementregeln*

(11) *Good governance*: Fehlentwicklungen in Wirtschaft und Politik wie Korruption, Machtmissbrauch, Kurzfristorientierung u.v.a.m. zerstören die gesellschaftlichen Institutionen, die für eine erfolgreiche wirtschaftliche Entwicklung und die Lebensqualität einer Gesellschaft unverzichtbar sind. Daher müssen alle politischen und wirtschaftlichen Entscheidungen an den Managementregeln ausgerichtet und gefährliche Fehlentwicklungen rückgängig gemacht werden, hierzu gehören auch der Werteverfall und Machtmissbrauch. Die demokratischen und rechtstaatlichen Prinzipien sind einzuhalten. Der Staat muss alle Formen des Marktversagens ausgleichen.

(12) *Soziale Sicherheit, keine Armut, dauerhafte Energieversorgung*: (...) Jedes Mitglied der Gesellschaft erhält Leistungen von den sozialen Sicherungssystemen, entsprechend seiner geleisteten Beiträge bzw. von

der Gesellschaft entsprechend seiner Bedürftigkeit. Diese Leistungen können nur im Umfang der wirtschaftlichen Leistungsfähigkeit wachsen. Hierbei muss jedes Mitglied der Gesellschaft entsprechend seiner eigenen Leistungsfähigkeit einen Beitrag für die Gesellschaft erbringen. Die demografische Entwicklung muss beherrschbar bleiben. Für das vorliegende Buch wird diese Managementregel um die Sicherstellung einer dauerhaften Energieversorgung erweitert.

(13) *Chancengleichheit, soziale Integration, Verteilungsgerechtigkeit, Dezentralität und Flexibilität*: Die demokratisch legitimierten Entscheidungsträger haben die Verpflichtung, dafür zu sorgen, dass im Rahmen der natürlichen Tragfähigkeit eine gerechte Verteilung der Lebenschancen und Einkommen für heutige und zukünftige Generationen sichergestellt wird. In diesem Buch um die Regeln der größtmöglichen Dezentralität und Flexibilität ergänzt.

(14) *Konfliktvermeidung*: Alle Strukturen und Politiken, die die internationale und nationale Sicherheit destabilisieren, sind zu vermeiden. Das heißt der Ressourcenimport ist so weit wie möglich zu verringern.

(15) *Risikolose Techniken*: Auf den Einsatz von Techniken, die unvertretbare Risiken beinhalten, soll verzichtet werden. Das heißt, alle Wirtschaftsakteure müssen so schnell wie möglich auf die Nutzung von atomaren und fossilen Energieträgern zur Energiegewinnung verzichten.

Quelle: Eigene Zusammenstellung auf Grundlage Enquete-Kommission 1998.

*Ethische Nachhaltigkeitsprinzipien*: Das Leitbild der Nachhaltigkeit ist ethisch begründet. Es basiert auf den *ethischen Nachhaltigkeitsprinzipien*, die als Prämissen für Entscheidungen und Handlungen vorgegeben werden:

(1) intra- und intergenerative Gerechtigkeit,

(2) Verantwortung und Solidarität,

(3) Vorsorge (mit eigenen Schutzrechten für die Natur),

(4) Dauerhaftigkeit,

(5) Angemessenheit und

(6) nachhaltige Demokratie (Rogall 2012, Kap. 5.5).

### Ziele und Kriterien einer nachhaltigen Energiepolitik

Wir folgen aus didaktischen Gründen dem Prinzip vom Abstrakten zum Konkreten, in diesem Fall von der Analyse der Gefahren (Kap. 1.3), der Definition einer nachhaltigen Energiepolitik und den Managementregeln, zu den Handlungszielen und Kriterien einer nachhaltigen Energiepolitik.

Die Ziele einer nachhaltigen Energiepolitik werden oft mit dem Zieldreieck umweltverträglich, sicher, preiswert beschrieben, vom VKU um Akzeptanz ergänzt. Diese Ziele sind ohne Frage wichtig und werden von uns daher aufgenommen, sie scheinen uns aber zu undifferenziert. Aus unserer Sicht müssen sich die Ziele aus den ethischen Prinzipien der Nachhaltigen Ökonomie und dem Willen der Bürger ableiten.

Die Menschheit darf noch etwa 750 Gt $CO_2$ (2010 bis 2050 als Gesamtbudget) emittieren (WBGU 2009: 2). Wenn sie jedoch die vorhandenen fossilen Brennstoffreserven verbrennt, werden ca. 2.800 Gigatonnen freigesetzt (Carbon Tracker 2012/03: 2). Die vermuteten Ressourcen hätten noch weit höhere Emissionen zur Folge. Die Konsequenz aus diesem nüchternen Zahlenvergleich ist eindeutig: Will die Menschheit eine dramatische Klimakatastrophe verhindern, darf sie die vorhandenen Reserven nicht mehr aufbrauchen, sondern muss so schnell wie möglich mit dem sofortigen Transformationsprozess zu einer 100%-Versorgung mit EE bis 2050 beginnen. Im fünften Sachstandsbericht des IPCC wird zumindest eine „vollständige Dekarbonisierung" des Energiesektors gefordert (IPCC 2014/04).

*Bewertung:* Noch vor 10 Jahren wurden derartige Handlungsziele nur von einer kleinen Anzahl von Wissenschaftlern und NGOs (z. B. EUROSOLAR, BUND, GfN) vertreten, sie galten als „utopisch" und unseriös. Dieses Bild hat sich gewandelt. Heute gilt als bewiesen, dass eine 100 %-Versorgung mit EE national und global möglich ist (UBA 2013/10: 4). Hierzu bedarf es u.a. strikterer Zwischenziele für alle Sektoren als bisher, da der Aufwand für den Transformationsprozess mit zunehmendem Anteil der EE eher größer wird (also nicht linear verläuft, Öko-Institut, ISI 2014/04: 31).

*Handlungsziele:* H. sind quantifizierbare Zwischenziele einer Nachhaltigen Entwicklung bis zu einem festgelegten Zeitpunkt, z. B. eine 100 % EE-Versorgung bis zum Jahr 2050. Diese H. können zugleich als Indikatoren einer Nachhaltigen Entwicklung verwendet werden. So kann gemessen werden, wie weit ein Land sich jährlich den Zwischenzielen annähert. Die Zielerreichungsgrade der verschiedenen Handlungsziele können dann zu einem einzigen (aggregierten) Zielerreichungsgrad zusammengefasst werden. Aufgrund der völlig unterschiedlichen Ausgangsbedingungen müssen hierbei für eine längere Übergangszeit Niveauunterschiede zwischen einzelnen Staaten akzeptiert werden. Die EU und Bundesregierung haben hierzu Ziele festgelegt.

## Übersicht 5: Ziele und Kriterien einer nachhaltigen Energiepolitik

| Problem u. Qualitätsziel | Handlungsziele | Kriterium |
|---|---|---|
| *I. Ökologische Dimension* | | |
| (1) *Klimaerwärmung*: Ziel (Z): Begrenzung der Klimaerwärmung auf 2°C (Weltklimakonferenz 2010 in Cancun, EU, Bundesregierung), 100 %-Energieversorgung mit EE | Senkung der THG-Emissionen (gegenüber 1990):<br>a) *Global*: 40-70 % gegenüber 2010 (bis 2050), *Industriestaaten* 80- 95 % gegenüber 1990 (bis 2050).<br>b) *EU*: 20 % (bis 2020), 40 % (bis 2030) 80-95 % (bis 2050, EU-Kommission 2011/03).<br>c) *Deutschland (DE)*: ≥40 % (bis 2020), ≥55 % (2030), ≥70 % (2040), ≥80-95 % (2050) (BMWi 2014/03: 4; d.h. in der Konsequenz eine 100 %-Stromversorgung mit EE; UBA 2012/08: 4). 84 % der Bürger fordern eine 100 %-Versorgung mit EE (Emnid 2013/10) | Treibhausgase (THG) pro kWh |
| (2) *Naturbelastung*: Z: Naturverträgliche Energieerzeugung | Reduzierung des zusätzlichen Flächenverbrauchs für Siedlungs- und Verkehrsfläche bundesweit auf 30 ha/Tag bis 2020 (BR 2002/04) | Flächenverbrauch pro kWh |
| (3) Verbrauch *nicht-erneuerbarer Ressourcen*: Z: Keine energetische Nutzung von atomaren und fossilen Energieträgern ab spätestens 2050 | a) *Global*: Reduktion des Verbrauchs fossiler Energieträger auf 20-0 % bis 2050<br>b) *EU*: 20 % des Endenergieverbrauchs aus EE (EU-Richtlinie 2001/77/EG).<br>c) *Deutschland*:<br>- PEV: 2020: 11.373 PJ (-20 %), 2050: 7.108 (-50 %; BMWi 2014/03: 4)<br>- Anteil EE am Endenergieverbrauch: 12% (2012), 18 % (2020), 30 % (2030), 45 % (2040), 60 % (2050), (BMWi 2014/03: 4); 100 % (2050, Rogall 2012);<br><br>- Anteil EE am Stromverbrauch: min. 35 % (2020), min. 50 % (2030), min. 65 % (2040), min. 80 % (2050), (BMWi 2014/03: 4); 100 % (2050, Rogall 2012). | Verbrauch pro kWh, Recyclingfähigkeit der Technik |
| (4) *Übernutzung der erneuerbaren Ressourcen*: Z: Einsatz nachhaltig erzeugter Ress. | Reduktion des Verbrauchs auf die Regenerationsrate bis 2020 (global, EU, Deutschland) | Anteil nicht nachhaltig erzeugter Ress. pro kWh |
| (5) *Gesundheitliche Risiken*: | Globale Einhaltung der EU-Emissionsstandards von 2010 bis 2030 (?) | Schadstoffemissionen pro |

| Z: Keine gesundheitliche Belastungen | Globaler Ausstieg aus der Atomenergie bis 2050 (umstritten) | kWh |
|---|---|---|
| *II. Ökonomische Dimension* | | |
| (6) *Arbeitsmarkt*: Z: Keine prekären Beschäftigungsverhältnisse, kein Abbau | Keine prekären Beschäftigungsverhältnisse bis 2020. Zusätzliche 500.000 Arbeitsplätze im Sektor der EE bis 2020 in Deutschland, 900.000 bis 2030 (BMU 2009/01c: 11) | Anteil prekärer Beschäftigungsverhältnisse, Arbeitsplätze |
| (7) *Bedürfnisbefriedigung*: Z: Unterbrechungsfreie Versorgungssicherheit | Global: Grundversorgung aller Haushalte mit Energie bis 2030 (global, EU, DE). DE: Unterbrechungsfreie Versorgungssicherheit | Steuerbarkeit |
| (8) *Preise*: Z: Angemessene Preise, geringe Konzentration, keine externen Kosten, hohe Effizienz | a) Preise: Erhöhung der realen Energiepreise um jährlich 3-5 %, um so schrittweise die externen Kosten zu internalisieren (?); b) Senkung des Konzentrationsgrades, c) Effizienz: Erhöhung der Energieeffizienz um 20% bis 2020 (EU-Kommission 2014/01). | Kosten pro Output* Preisentwicklung, Konzentrationsgrad, Wirkungsgrad |
| (9) *Abhängigkeit*: Z: Keine Abhängigkeit von instabilen Ländern | Senkung der fossilen Energieträgerimporte auf unter 0 % des heutigen Standes bis 2050 (global, EU, Deutschland) | Importquote |
| (10) *Infrastruktur*: Z: Angemessene Investitionen | Ausreichende Investitionen in Energieinfrastruktur (Systemdienstleistungen), Steigerung des KWK-Anteils an der Stromerzeugung auf 25 % bis 2020 (BMU 2009/01c: 6) | Notwendige Investitionen |
| *III. Sozial-kulturelle Dimension* | | |
| (11) *Fehlentwicklungen in Wirtschaft u. Politik*: Z: Eingriff der Politik bei Marktversagen | Einführung eines $CO_2$-Emissionshandelsystems auf der ersten Handelsstufe, das die THG-Minderungsziele sicherstellt (bis 2050 0-Emissionen), Verhinderung der Durchsetzung von Partikularinteressen | Einfluss auf Politik, Manipulation |
| (12) *Versorgungsunsicherheit*: Z: Dauerhafte Versorgungssicherheit | (a) Globale Stabilisierung des fossilen Energieverbrauchs bis 2020 (b) EU: Ausbau der EE am Endenergieverbrauch bis 2020 auf 20 % (EUA 2010:18). c) *Deutschland*: Ausbau der EE am Endenergieverbrauch bis 2020 18 % (BMWi 2014/03: 4), bis 2050 100 % (Rogall 2012) | Reichweite der Energieträger, Potential für die dauerhafte Versorgung |
| (13) *Zentralisierung* Z: Dezentralisierung u. Flexibilität | Umbau zu einer angemessen dezentralen und flexiblen Energieversorgung | Dezentralisierungsgrad, Flexibilität |
| (14) *Globale Konflikte*: Z: | Keine Beteiligung an gewaltsamen | Importquote |

| | | |
|---|---|---|
| Keine Abhängigkeit von instabilen Ländern | Konflikten um Energieträger | |
| (15) *Technische Risiken:* Z: Risikominimierung und Akzeptanz | Ausstieg aus der Atomenergie bis 2022 (Deutschland), 2030 EU u. global (umstritten). Kein Bau von Anlagen gegen den Mehrheitswillen der Bevölkerung | Kosten des schlimmstmöglichen Unfalls |

\* Zum Beispiel pro kWh oder Vermeidungskosten pro t $CO_2$ (volks- u. betriebswirtschaftlich); (?) Ziel unsicher
Quelle: Eigene Zusammenstellung Rogall 2014.

*Zwei-Grad-Ziel* (Begrenzung der Klimaerwärmung auf nicht mehr als +2°C gegenüber dem vorindustriellen Zeitalter): Das Zwei-Grad-Ziel ist zu einem internationalen Konsens geworden, es wird von der Mehrzahl der Nationalstaaten, der EU, der G8 und der UN verfolgt. Die Einhaltung dieses Ziels wird als so wichtig angesehen, weil eine höhere Erwärmung mit hoher Wahrscheinlichkeit zu Kipppunkten im Erdsystem und damit zur irreversiblen Änderung der Ökosysteme führt. Der WBGU geht davon aus, dass die Menschheit zwischen 2010 und 2050 noch 750 Gt $CO_2$ (als Gesamtbudget) emittieren darf (WBGU 2009: 2). Sollen diese Ziele erreicht werden, müssen die Industrieländer ihre THG-Emissionen bis 2050 um 80-95 % senken.

## 2.3 Soll-Ist-Vergleich

*Erstens: Primärenergieverbrauch*

Der *Welt-Primärenergieverbrauch* (PEV) hat sich in den letzten 25 Jahren trotz der Klimaschutzbemühungen einzelner Staaten, weiter deutlich erhöht. Hierbei ist der *Energieverbrauch pro Kopf* extrem unterschiedlich: Während die Bürger der USA immer noch sehr viel Energie verbrauchen, wird in China nur ein Drittel davon, in Südamerika nur ein Sechstel und in Afrika nur ein Zehntel (vgl. Tabelle 1) davon verbraucht. Hierbei stammte 2010 der allergrößte Anteil des Endenergieverbrauchs immer noch aus fossilen (80,3 %) und atomaren (2,7 %) Energieträgern (BMU 2013/07: 76). Der wichtigste Energieträger war 2012 immer noch Erdöl (33% des globalen PEV), gefolgt von Kohle (30%) und Erdgas (24%) (Berié 2012: 658).

Die Annahmen über die *Entwicklung des globalen* PEV gehen weit auseinander. Während sich ein Teil der Energieexperten mit der Frage der notwendigen Maßnahmen für eine Senkung des Energieverbrauchs auseinandersetzt, tut ein anderer Teil so, als gebe es die Klima- und Ressourcenproblematik nicht. Sie gehen davon aus, dass das Wachstum der Weltbevölkerung und der wirtschaftliche Aufholprozess der Schwellenländer keine Wende beim globalen Energieverbrauch zulassen. Der sog. „Weltenergierat" erwartete bis 2020 eine Steigerung der globalen Energienachfrage um mind. 40 %. Wie sich der Energieverbrauch in Zukunft tatsächlich entwickeln wird, hängt von den Faktoren der weiteren Entwicklung ab (s. Kap. 2.4). Hierbei wird das stärkste Wachstum in den Entwicklungs- und Schwellenländern stattfinden. Zurückzuführen ist dieses starke Wachstum des Verbrauchs auf die Eigenschaften der fossilen Energieträger Erdgas, -öl und Kohle. Sie weisen hohe Energiedichten auf und konnten bisher durch die Externalisierung der sozial-ökologischen Kosten betriebswirtschaftlich relativ kostengünstig gewonnen und in Energiedienstleistungen umgewandelt werden. Zudem sind sie kurzfristig jederzeit verfügbar. Die Nationalstaaten ließen diese Externalisierung der sozial-ökologischen Kosten nicht nur zu, sondern förderten die volkswirtschaftlich ineffiziente Nutzung der fossilen Energie sogar noch. So wurden die fossilen Energien 2011 global mit 523 Mrd. USD *subventioniert* (Quaschning 2013: 41). Hätte es diese Kostenverzerrung seit der Industriellen Revolution nicht gegeben, wäre die wirtschaftlich-technische Entwicklung sicherlich anders verlaufen.

*Tabelle 1: Primärenergieverbrauch ausgewählter Staaten*

|  | 1990 | 2000 | 2010 | 2011 | 1990/2011 |
|---|---|---|---|---|---|
| Global, absolut in EJ | 368 | 422 | 504 | 549 | +49 %* |
| pro Kopf in GJ | 70 | 69 | 79 | 79 | +9 |
| USA absolut in EJ | 80 | 95 | 93 | 92 | +15 % |
| pro Kopf in GJ | 321 | 337 | 300 | 294 | -27 |
| Deutschland absolut in EJ | 15 | 14 | 14 | 13 | -13 % |
| pro Kopf in GJ | 185 | 172 | 169 | 160 | -25 |
| China absolut in EJ | 37 | 49 | 106 | 115 | +311 % |
| pro Kopf in GJ | 32 | 39 | 79 | 85 | +53 |
| Südamerika absolut in EJ | 14 | 18 | 25 | 25 | +79 % |
| pro Kopf in GJ | 41 | 45 | 54 | 54 | +13 |
| Afrika absolut in EJ | 16 | 21 | 29 | 29 | +81 % |
| pro Kopf in GJ | 26 | 26 | 29 | 28 | +2 |
| EU-27 absolut in EJ | 69 | 71 | 72 | 72 | +4 |
| pro Kopf | 145 | 146 | 143 | 134 | -11 |

* Nicht berücksichtigt: Traditionelle Biomassenutzung, da keine belastbaren Daten.
Quellen: BMWi 2014/03: Tab. 31 und 32.

Die Abbildung 2 zeigt die unterschiedliche Entwicklung des PEV in den globalen Großregionen. Während der Energieverbrauch in Europa seit den

2000er Jahren sehr langsam abnimmt, steigt er in allen anderen Regionen, insbesondere im asiatisch-pazifischen Raum.

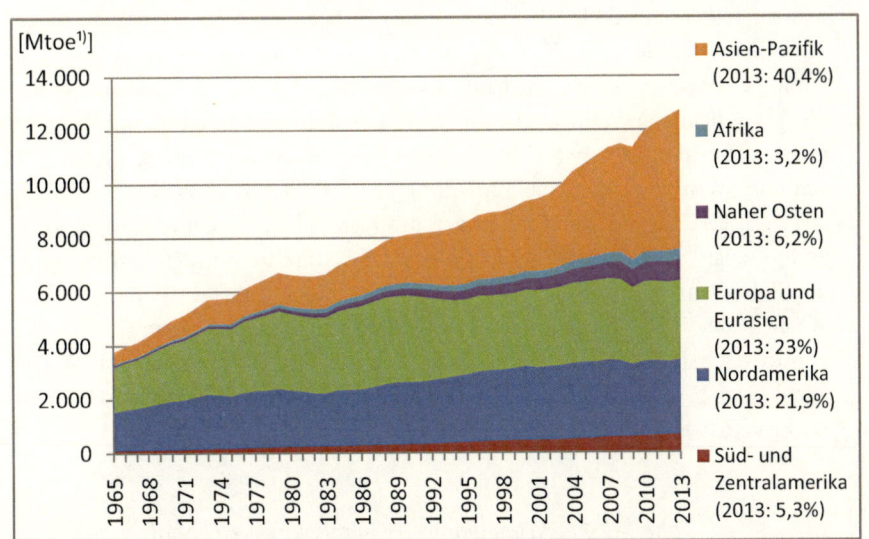

*Abbildung 2: Entwicklung des globalen Primärenergieverbrauchs*

[Mtoe[1]]

Legende:
- Asien-Pazifik (2013: 40,4%)
- Afrika (2013: 3,2%)
- Naher Osten (2013: 6,2%)
- Europa und Eurasien (2013: 23%)
- Nordamerika (2013: 21,9%)
- Süd- und Zentralamerika (2013: 5,3%)

1) Megatonne Öleinheiten entspricht eine Million Tonnen Öläquivalent.
Quelle: Eigene Erstellung Niemeyer, Rogall auf Grundlage der Daten von BP-Statistical Review of World Energy June 2014 BP 2014/06.

Der *PEV* der *EU-27* ist von 1990 bis 2006 weiter gestiegen, seitdem geht er sehr langsam zurück (BMWi 2014/03, Tab. 31). Diese positive Entwicklung ist auf die Wirtschaftskrise seit 2008 sowie auf die Klimaschutzmaßnahmen Deutschlands und Großbritanniens zurückzuführen. Damit war der Energieverbrauch pro Kopf 2010 nur halb so hoch wie in den USA, aber höher als in China (BMWi 2014/03, Tab. 32).

Der *deutsche PEV* stieg nach dem 2. Weltkrieg zunächst kontinuierlich, seit 1990 sinkt er langsam (2013: 91 % des Verbrauchs von 1990). Nach den Schätzungen der AG Energiebilanzen hat er 2013 sogar wieder um 2,5% von ca. 13,6 auf 13,9 EJ zugenommen (AGEB 2014/03: 2). Damit würde eine Fortsetzung der bisherigen Entwicklung nicht ausreichen, die angestrebten Ziele bis 2020 zu erreichen, ein Erreichen einer 90 %-THG-Minderung bis 2050 ist also sehr unwahrscheinlich (vgl. Kap. 2.2). Erschwerend für die Zielerreichung kommt hinzu, dass ein Teil der bisherigen Erfolge auf den Zusammenbruch der Industrien in den neuen Bundesländern (1990er Jahre) und auf die Wirtschaftskrise (2007/08) zurückzuführen ist (siehe den Vergleich der energiepolitischen Ziele zur realen Entwicklung Kap. 11.2).

*Zweitens: Treibhausgase*

Entgegen der in Kyoto vereinbarten Reduktion der *globalen THG-Emissionen* um 5,2 % bis zum Jahr 2008/12 (bzw. 1,8 % bei Berücksichtigung aller Ausnahmetatbestände), haben die energiebedingten *globalen $CO_2$-Emissionen* von 22,6 Gt (1990) auf 34,0 Gt (2012) um 51 % zugenommen (!). Dabei waren 2010 zehn Länder für 70% der globalen $CO_2$-Emissionen verantwortlich Hauptverursacher dieses Wachstums waren in den letzten 10 Jahren erstmals die Schwellenländer (IPCC 2014/04), insbesondere China, das Land ist zum größten Emittenten geworden. In den USA, die jahrzehntelang der größte Emittent waren, bleiben die Emissionen seit 2005 relativ konstant (BMWi 2014/03: Tab. 12). Bei den Emissionen pro Kopf sehen die Zahlen immer noch anders aus: z. B. emittieren Bürger der USA durchschnittlich immer noch deutlich mehr als in Deutschland oder in China (Tabelle 2). Die größten Quellen der THG-Emissionen waren 2010 der Energiesektor (35 %), die Landwirtschaft (24 %), die Industrie (21 %), der Transportbereich (14 %). Die wichtigsten Treibhausgase waren Kohlendioxid (76 %), Methan (16 %) und Lachgas (6 %) (IPCC 2014/04).

*Tabelle 2: Energiebedingte THG-Emissionen – Global*

| Länder und Kontinente | 1990 | 2000 | *2010* | *2012* | 1990/ 2012 |
|---|---|---|---|---|---|
| Global, absolut in Mrd. t | 22.606 | 25.382 | 32.743 | 34.466 | 52 % |
| pro Kopf in t | 4,3 | 4,1 | 4,7 | 4,9 | 14 % |
| USA absolut in Mrd. t | 5.445 | 6.377 | 6.130 | 5.786 | 6 % |
| pro Kopf in t | 21,2 | 22,3 | 19,5 | 18,1 | -15 % |
| China absolut in Mrd. t | 2.396 | 3.430 | 7.945 | 9.208 | 384 % |
| pro Kopf in t | 2,1 | 2,8 | 6,0 | 6,8 | 324 % |
| Deutschland in Mrd. t | 1.031 | 903 | 834 | 815 | -21 % |
| pro Kopf in t | 12,8 | 10,8 | 10,0 | 9,8 | -23 % |
| Südamerika absolut in Mrd. t | 718 | 985 | 1.300 | 1.388 | 93 % |
| pro Kopf in t | 2,4 | 2,8 | 3,3 | 3,5 | 46 % |
| Afrika absolut in Mrd. t | 677 | 815 | 1.116 | 1.157 | 71 % |
| pro Kopf in t | 1,1 | 1,0 | 1,1 | 1,1 | 0 % |

Quellen: Eigene Berechnung nach BMWi 2014/03: Tab. 12 und United Nations 2014.

*Bewertung*: Ein bedeutender Teil der seit 2007 zu beobachtenden $CO_2$-Emissionsminderungen in der EU und den USA beruhen auf zwei Faktoren, die nicht auf eine konsequente Klimaschutzpolitik zurückzuführen sind: *Erstens*

## 2. Ziele und Alternativen

der Verlagerung von sehr energieintensiven Produktionen in die Schwellenländer (allerdings muss hier der Energieverbrauch für Exportprodukte gegengerechnet werden), *zweitens* der globalen Finanz- und Wirtschaftskrise seit 2007. In den USA kommt der Umstieg auf das emissionsärmere Erdgas hinzu. Ohne einen grundlegenden Wandel der Rahmenbedingungen (ökologischen Leitplanken) durch die Politik stehen die Chancen, dass die globalen Handlungsziele erreicht werden können, demnach nicht gut.

In der *EU-28* sieht die Entwicklung auf den ersten Blick zufriedenstellender aus: Die energiebedingten $CO_2$-Emissionen sind von 4,5 Gt (1990) auf 4,0 Gt (2012) zurückgegangen (BMWi 2014/03, Tab. 12). Die Statistikbehörde der EU Eurostat gibt andere Daten an: Nach ihrer Statistik hat die EU-28 im Jahr 2012 3,4 Gt und 2013 3,3 Gt $CO_2$ (-2,5%) aufgrund energetischer Nutzung emittiert. An dieser positiven Entwicklung waren fast alle Mitgliedsländer beteiligt. Nur wenige Länder waren an dem Erfolg nicht beteiligt, die höchsten Emissions*steigerungen* fielen in Dänemark (+6,8 %), Estland (+4,4 %) und Deutschland (+2,0 %) an (Eurostat 2014/05). Nach einem Bericht der Kommission an das Europäische Parlament sind die THG-Emissionen der EU-15 (ohne Landnutzungsänderungen und Forstwirtschaft) 2011 gegenüber 1990 um 14 %, die der EU-27 um 18 % zurückgegangen. Damit hat die (alte) *EU-15* ihre THG-Minderungsziele von Kyoto (-8,1 %) erreicht. Die Pro-Kopf-Emissionen sind sehr unterschiedlich. Die höchsten Treibhausgasemissionen pro Kopf wiesen Luxemburg, Estland, Island und die Tschechische Republik auf (EUA 2013).

*Deutschland* hat seine Klimaschutzziele nach dem Kyoto-Protokoll 2012 erreicht, steht aber vor sehr großen Herausforderungen, die Ziele für 2020 und 2050 zu erreichen. Die Trends der letzten Jahre machen wenig Hoffnung: Die energiebedingten $CO_2$-Emissionen sind 2012 und 2013 wieder angestiegen (AGEB 2014/03: 40, BMWi 2014/03). Die Endenergieproduktivität (reales BIP pro Endenergieverbrauch) stieg zwischen 2008 und 2012 um 1,1% pro Jahr, damit konnte das Ziel der Bundesregierung, bis 2020 die Endenergieproduktivität um durchschnittlich 2,1% pro Jahr zu erhöhen, nicht annähernd erreicht werden (BMWi 2014/03: 8) (zur Entwicklung der EE s. Kap. 4).

---

*Treibhausgase:* Unter THG werden alle Gase verstanden, die den Treibhauseffekt in der Atmosphäre verursachen, zu den fünf wichtigsten zählen (Quaschning 2013: 49):

(1) *Kohlendioxid* ($CO_2$): Treibhausgaspotential (THG-Potential) im Vergleich zu $CO_2$: 1,0, Anteil am anthropogenen Treibhauseffekt ca. 56 %, Hauptemittent: Verbrennungsprozesse fossiler Energieträger.

(2) *Methan* ($CH_4$): THG-Potential im Vergleich zu $CO_2$: 21, Anteil am anthropogenen Treibhauseffekt ca. 16 %, Hauptemittenten: Landwirtschaft (Rinder, Reisanbau), Erdgasförderung und Transport, Mülldeponien.

(3) *Erdnahes Ozon* ($O_3$): THG-Potential: 2.000, Anteil am anthropogenen Treibhauseffekt ca. 12 %, Hauptemittent: Verkehr.

(4) *FKW/FCKW/Halone*: THG-Potential: >1.000, Anteil am anthropogenen Treibhauseffekt ca. 11 %, Hauptemittenten: Verwendung als Kühlmittel und in der Chemieindustrie.

(5) *Lachgas* ($N_2O$): THG-Potential: 310, Anteil am anthropogenen Treibhauseffekt ca. 5 %, Hauptemittenten: übermäßige Düngung in der Landwirtschaft.

Da jedes Treibhausgas eine unterschiedliche Wirkung auf die Klimaveränderung besitzt, wird das Treibhausgaspotential auf die Wirkung von $CO_2$-Emissionen umgerechnet ($CO_2$-Äquivalent).

## 2.4 Faktoren der weiteren Entwicklung

Wie sich der *Energieverbrauch und die Treibhausgasemissionen* eines Landes entwickeln, hängt von einer Reihe von Faktoren ab, deren *wahrscheinliche* Entwicklung bis 2020, 2030 und 2050 am Beispiel Deutschland skizziert werden soll (UBA 2013/03: 6):

(1) *Anteil der EE am Endenergieverbrauch (gemessen am Gesamtverbrauch)*: Die Entwicklung des Anteils an EE ist abhängig von einer Reihe von Faktoren, u.a.

a) Entwicklung der Förderbedingungen

b) der technischen Entwicklung der EE (inkl. ihrer Kostenentwicklung)

c) der Preisentwicklung der fossilen Energieträger.

*Bewertung*: Das EEG hat sich als das erfolgreichste Instrument zur Förderung der Stromerzeugung aus EE herausgestellt, daher sind die Folgen der Novellierung 2014 sehr sorgfältig zu beobachten und im Zweifelsfall wieder zu ändern. Ein gleicher Erfolg im Wärmemarkt steht noch aus. Ohne eine Änderung des Erneuerbare-Energien-Wärmegesetz (EEWärmeG) mit Einbeziehung der Bestandsbauten ist mit der Zieler-

## 2. Ziele und Alternativen

reichung (100 %-EE 2050) auch nicht zu rechnen. Aller Voraussicht nach wird sich die technische Entwicklung der EE fortsetzen und der Preis für die fossilen Energien wahrscheinlich weiter zunehmen. Wichtig ist aber festzuhalten, dass die EE über Marktmechanismen alleine nicht zur 100 %-Versorgung wachsen werden. Vielmehr benötigt Deutschland eine *Energiemarktordnung*, die dafür sorgt, dass sich alle Energieerzeugungsanlagen und die Infrastruktur (Systemdienstleistungen) an die fluktuierenden EE anpassen (Leprich 2013/2: 101).

(2) *Bevölkerungsentwicklung*: Die *Weltbevölkerung* wird – ohne eine deutliche Änderung der Bevölkerungspolitik – bis 2050 weiter zunehmen (auf ca. 9,6 Milliarden nach UN Prognose 2013), in der *EU* tendenziell eher stagnieren. Die Anzahl der in *Deutschland* lebenden Menschen nimmt seit 2002 ab (StaBA 2013/10: 26). Nach allen vorliegenden Szenarien wird sich diese Entwicklung, trotz weiterem positivem Wanderungssaldo, fortsetzen. Danach wird die Bevölkerung in Deutschland bis 2060 auf 65 bis 70 Mio. abnehmen (StaBA 2009/11: 5). Von besonderer Relevanz ist hierbei die Anzahl der Haushalte (der Pro-Kopfverbrauch sinkt mit größerer Haushaltsgröße, weil hier die Wohnfläche pro Kopf abnimmt und große Haushaltsgeräte nur einmal vorhanden sind). Zwischen 1990 und 2011 hat die Anzahl der Haushalte um 5,5 Mio. zugenommen, dieser Trend wird sich nach den vorliegenden Prognosen nicht fortsetzen, es ist eher mit einer konstanten Anzahl zu rechnen (StaBa 2011/03).

*Bewertung*: Diese Entwicklung wird global einen weiteren Anstieg des Energieverbrauchs zur Folge haben, die Bevölkerungsentwicklung in der EU und Deutschland könnte eine Rückführung des Primärenergieverbrauchs und der TGH-Emissionen erleichtern.

(3) *Wirtschaftliche Entwicklung (Wachstum)*: Die wirtschaftliche Entwicklung eines Landes hat unterschiedliche Auswirkungen auf den Energieverbrauch. Tendenziell gilt: Wächst das Bruttoinlandsprodukt schneller als die Energieproduktivität nimmt der Energieverbrauch zu, werden durch einen Strukturwandel weniger materielle Güter und mehr Dienstleistungen erzeugt, kann der Energieverbrauch abnehmen.

*Bewertung*: Nach den vorliegenden Szenarien wird sich die wirtschaftliche Entwicklung (die Einkommen) inbes. der bevölkerungsreichen Schwellenländer weiter fortsetzen. Das wirtschaftliche Wachstum in der EU und in Deutschland wird auch in der Zukunft nur noch gering ausfallen (in Deutschland 0,5 bis 1 % pro Jahr, UBA 2013/03: 17). Hierbei wird sich der Strukturwandel der letzten Jahrzehnte fortsetzen, d.h. der Anteil der Dienstleistungen am BIP wird sich weiter erhöhen, der Anteil des Produzierenden Gewerbes sinken. Nach den im Auftrag des UBA erstellten Politik-Szenarien wird sich in Deutschland sogar die absolute Wertschöpfung bis 2020 kaum erhöhen und bis 2030 nur um 0,4 % Jahr wachsen (UBA 2013/03: 18). Diese Entwicklung könnte zu einem selektiven Wachstum führen, indem immer noch moderate Einkommenssteigerungen möglich sind, aber gleichzeitig der Ressourcenverbrauch gemindert wird (Rogall 2012, Kap. 4.2).

(4) *Preisentwicklung der fossilen Energien*: Wir unterscheiden folgende Bestimmungsfaktoren:

a) *Weltmarktpreise*: Die vorliegenden Szenarien zeigen eine sehr große Spannweite der Weltmarktpreisentwicklung. Für 2020 gehen die vorliegenden Szenarien von 70 USD/bbl (IER, RWI, ZEW 2010 Referenzszenario 2009 des BMWi) bis 185 USD/bbl (EIA 2010b) aus. Bis 2030 steigt dann der Preis auf 75 USD/bbl (IER, RWI, ZEW 2010) bis >200 USD/bbl (EIA 2010b). Da die Preise für Erdgas und Kohle bislang der Preisentwicklung des Erdöls folgten, wird auch künftig eine ähnliche Entwicklung unterstellt. Hierbei beeinflussen sich die Energiepreise wechselseitig. Gehen z. B. die Weltmarktpreise von Erdgas (aufgrund des Frackings in den USA) zurück, verlagert sich ein Teil der Nachfrage von Kohle zu Gas. In der Folge sinkt auch der Kohlepreis.
*Bewertung*: Niedrige Energiepreise würden den Transformationsprozess hemmen (in diesem Fall müsste die Politik massiv eingreifen), hohe Preise hingegen begünstigen.

b) *Wechselkursentwicklung*: Da die Primärenergieträger in der Regel in USD bezahlt werden, spielt die Entwicklung der Wechselkurse für die Preise in Euro eine wichtige Rolle. So haben die Verbraucher im Euroraum nur einen Teil der Energiepreiserhöhungen seit 2000 zu spüren bekommen, da der Euro zwischen 2001 und 2011 um 36 % an Wert gewonnen hat (BMWi 2013/02: 10). Die Autoren der Politik-Szenarien (UBA 2013/03: 10) gehen davon aus, dass der Euro im Wert tendenziell eher sinken wird (2020: 1,22 USD/€; 2030: 1,16 USD/€).
*Bewertung*: Aussagen über die Wechselkursentwicklung über viele Jahre halten wir für reine Spekulation.

c) *Börsenstrompreise*: Ein Vergleich verschiedener Studien und Szenarien über die Entwicklung der Strompreise zeigt für 2020 eine große Bandbreite (3,9 ct/kWh bis 9,8 ct/kWh, real in Preisen von 2012; AEE 2013/12: 2).

d) *Preise für THG-Emissionsberechtigungen*: Trotz der Erfolge beim Ausbau der EE und dem Sinken der THG-Emissionen aufgrund der Weltwirtschaftskrise 2008/10 hat die EU die Grenzwerte für das EU-Emissionshandelssystem ETS (den sog. cap, s. Kap. 7.5) nicht ausreichend gesenkt. In der Folge ist der Preis pro EU-Emissionsberechtigung

(EUA) stark gefallen, von 35 €/EUA (Juli 2008) auf derzeit rund 5 €/ EUA (s. EEX). Ein Vergleich verschiedener Studien und Szenarien über die Entwicklung der Zertifikatspreise zeigt, dass die Institute von einer realen Preissteigerung auf 20 bis 30 €/EUA (bis 2020) und etwa 40 €/EUA (bis 2030) ausgehen. Für die Entwicklung bis 2050 zeigt sich eine größere Bandbreite (50 bis 110 €/EUA; AEE 2013/12: 4).

*Tabelle 3: Prognose über die Entwicklung der Energiepreise €/GJ*

| Energieträger | 2008 | 2020 | 2030 | 2050 |
|---|---|---|---|---|
| Rohöl | 11,8 | 15,4 | 18,5 | 24,3 |
| Erdgas | 8,1 | 10,1 | 12,2 | 15,3 |
| Steinkohle | 3,8 | 3,3 | 3,7 | 4,5 |

Quelle: UBA 2013/03: 15.

*Bewertung*: Wir sehen namhafte Preissteigerungen erst, wenn die EU den cap deutlich absenkt.

*Zwischenfazit*: Die Autoren der Politik-Szenarien (UBA 2013/03: 15) gehen von steigenden Energiepreisen aus.

(5) *Entwicklung der Technik und Strukturwandel* (gemessen durch die Energieproduktivität und den Anteil des produzierenden Gewerbes am BIP). *Bewertung*: Die erwarteten Energiepreissteigerungen und politisch-rechtlichen Instrumente werden mit höchster Wahrscheinlichkeit für eine Fortsetzung des technischen Fortschritts sorgen. Gleichzeitig wird sich auch der Strukturwandel (Erhöhung des Dienstleistungssektors zu Lasten des produzierenden Gewerbes) fortsetzen. Beide Entwicklungen fördern die Energieproduktivität, allerdings reichen die bisherigen Steigerungen zur Zielerreichung nicht aus.

(6) *Politisch-rechtliche Instrumente:* Für eine nachhaltige Energiepolitik stehen zahlreiche Instrumente aus allen Instrumentenkategorien (direkte, indirekte, umweltökonomische Instrumente) zur Verfügung (vgl. Kap. 7). Mit sehr hoher Wahrscheinlichkeit werden in den nächsten Jahren weitere Instrumente auf EU- und nationalstaatlicher Ebene eingeführt, ob es zu wirklich zielführenden Instrumenten kommt, wie einem Emissionshandel auf der ersten Handelsstufe (d.h. bei den Produzenten und Importeuren fossiler Energieträger) mit jährlich sinkendem cap, ist unsicher.

(7) *Konsumstile* (z. B. durchschnittliche Wohnfläche, Ausstattungsstandard mit Pkw pro Kopf, Größe der Pkw, Flugreisen). Die Entwicklung der Konsumstile ist unsicher und zurzeit eher von Widersprüchen geprägt. Es wird aber befürchtet, dass durch die Konsumorientierung der Industrie-

gesellschaften Rebound-Effekte auftreten könnten, die die Erfolge einer nachhaltigen Energiepolitik zunichte machen.

*Rebound-Effekte:* R. meint den Umstand, dass am Ende einer Effizienzmaßnahme mehr Ressourcen verbraucht werden als vorher. Das kann verschiedene Ursachen haben (Öko-Institut 2013/10: 13):

(1) *Einkommenseffekt*: Durch eine Effizienzmaßnahme wird Geld eingespart (da der Verbrauch zunächst gesenkt wird). Das Geld wird nun für ein anderes Produkt (das noch ressourcenintensiver ist) ausgegeben.

(2) *Substitutionseffekt*: Das durch eine Effizienzmaßnahme eingesparte Geld wird für den Verbrauch der Ressource verwendet, die hierdurch ein weniger ressourcenintensives Produkt substituiert (ersetzt).

(3) *Psychologische Effekte*: Eine Effizienzmaßnahme sorgt für ein gutes „Öko-Gewissen", so dass mehr von diesem Produkt oder anderen Produkten konsumiert wird.

(4) *Technologie-Rebound*: Durch eine Effizienzmaßnahme werden Produkte preisgünstiger, die früher zu teuer für den Erwerb waren.

Als *Zwischenfazit* können wir festhalten, dass die Faktoren so vielfältig sind, dass ein eindeutiger Trend nicht sichtbar wird. Sollten sich die Industriestaaten für eine konsequente Klimaschutzpolitik entscheiden (Einhaltung des 2°C-Ziels), könnten ihnen die Rahmenbedingungen helfen. Die Schwellenländer stehen hier vor noch größeren Herausforderungen.

### 2.5 Alternativen?

Für eine Dekarbonisierung der Energiewirtschaft werden auf europäischer Ebene drei $CO_2$-arme Techniken diskutiert (EU Kommission 2011/12): Atomenergie, Carbon Dioxide Capture and Storage (CCS) und erneuerbare Energien (EE). Wir wollen die Alternativen zu den EE einer Kurzbewertung unterziehen und hierbei die Fusionstechnik hinzuziehen.

*Atomenergie*

*Hintergrund*

Kernenergie ist eine vergleichsweise junge Energietechnik (1938 erste Spaltung eines Uranatoms durch Otto Hahn). Die militärische Nutzung ging der zivilen Nutzung voraus (ab 1939 sog. „Manhattan-Projekt" in den USA, 1945 erster Atomtest in Los Amalos, New Mexico, und Abwurf von Atombomben auf Hiroshima und Nagasaki, Japan). Eine kommerzielle Energiegewinnung durch kontrollierte Kernspaltung wurde erst seit den 1970er Jahren möglich (in Deutschland 1972 Atomkraftwerke Stade und Würgassen). Die Ölpreisschocks in den 1970er Jahren und die enormen staatlichen Subventionen führten dann zu einem Ausbau der Kernenergie. So nahm die Zahl der weltweit betriebenen Kernkraftwerke zwischen 1979 (84 Anlagen) und 1990 (416 Anlagen) stark zu (bis heute stammen alle betriebenen Kernkraftwerke in Deutschland aus den 1970er und 80er Jahren) (Berié u.a. 2012: 22). 2013 waren weltweit 437 Kernreaktoren in Betrieb (Quaschning 2013: 25).

Parallel zur Nutzung der Kernspaltung entwickelte sich die *Antiatomkraftbewegung*. Sie entstand bereits Ende der 1950er Jahre in den *USA*. Dort gab es einen direkten Übergang von der Protestbewegung gegen Atomwaffentests zu den Atomkraftwerken. Aufgrund der Proteste wurden die Kernkraftprojekte an der *Bodega Bay* (1958 in Kalifornien aufgrund der Erdbebengefahr) und Ravenswood in der Nähe von New York (1966 aufgrund der Zweifel, ob die Notkühlung im Fall eines Gaus sicher genug ist) aufgegeben. In *Europa* begannen die ersten Großdemonstrationen (erfolglos) 1971 im elsässischen *Fesselheim* in Frankreich. Anschließend verlagerte sich der aktive Widerstand gegen die Atomtechnik nach Deutschland. Hier kam es über 40 Jahre immer wieder zu Großdemonstrationen gegen verschiedene Atomtechniken, z. B. gegen Atomkraftwerke (AKW *Würgassen* 1972, AKW *Wyhl* 1975), gegen den Bau des „Schnellen Brüters" bei *Kalkar* und der Wiederaufbereitungsanlage bei *Gorleben* (Radkau 2012: 110; zur Geschichte der Atomwirtschaft s. Berié u.a. 2011: 22). 1979 begann die Antiatomkraftbewegung allmählich einen Wandel in der gesellschaftlichen Mehrheit zu bewirken, die 1986 nach der Reaktorkatastrophe in Tschernobyl ihren vorläufigen Höhepunkt fand. In Deutschland wurden seitdem keine neuen Atomkraftwerke mehr gebaut, und die Diskussion verlagerte sich auf die Frage, wie lange die existierenden Atommeiler noch arbeiten dürfen. 2002 kam es zum ersten rechtlich verbindlichen Ausstiegsbeschluss aus der Atomenergienutzung unter der Rot-Grünen Bundesregierung, der 2010/11 von der Schwarz-Gelben Bundesregierung vorläufig (bis zur Atomkatastrophe 2011 von Fukushima) zurückgenommen wurde. 2011 beschloss der Bundestag erneut, diesmal mit allen Fraktionen, den endgültigen Ausstieg aus dieser Technologie, acht Atommeiler wurden sofort stillgelegt. 2014 sind noch neun Atomkraftwerke am Netz, die bis 2022 schrittweise abgeschaltet werden.

Weltweit ist die Entwicklung nicht so eindeutig verlaufen. Von den 193 Mitgliedern der Vereinten Nationen betreiben im Jahr 2012 31 Länder insgesamt 435 Atomkraftwerke mit einer Gesamtleistung von 368 GW, sie decken etwa 2 % des globalen Endenergieverbrauchs (Mez 2012: 52). Laut BP Statistical Review of World Energy 2012 ging die weltweite Kernenergieerzeugung 2011 um 4,3 % zurück. Ausgelöst wurde dies durch die Reaktorkatastrophe im japanischen Kernkraftwerk Fukushima Daiichi 2011 infolge des vorangegangenen Erdbebens. Dieses Ereignis hat erneut die Debatte über die Sicherheit der Kernkraftwerke ausgelöst, woraufhin Länder wie bspw. die Schweiz und (erneut) Deutschland den Atomausstieg beschlossen und eine Reihe von Staaten ihren Eintritt in die Technologie zurückgezogen haben. Italien, Kasachstan und Litauen legten ihre Atomanlagen still.

*Kurzbewertung*

*Vorteile:*

(1) *Ökologische Kriterien*: Relativ geringe $CO_2$-Emissionen (vergleichbar Erdgas-BHKW, aber höher als bei erneuerbaren Energien, Öko-Institut 2007/03: 7);

(2) *Ökonomische Kriterien*: Altanlagen produzieren betriebswirtschaftlich relativ kostengünstig Strom (allerdings nicht günstiger als Erdgas-GuD-Heizkraftwerke, Öko-Institut 2007/03: 13).

*Nachteile:*

(1) *Ökologische Kriterien*: Radioaktive Abfälle fallen auch bei störungsfreiem Betrieb an, für deren Endlagerung auch 50 Jahre nach Inbetriebnahme der ersten Reaktoren keine gefahrlosen Techniken gefunden sind. Störfälle mit dem Austritt radioaktiver Strahlen oder Kernschmelzen (Naturkatastrophen, Bedienungsfehler, Flugzeugabstürze, Terrorangriffe, Sabotage) können nicht ausgeschlossen werden, bergen aber unvertretbare Risiken (Deutscher Bundestag 2002/07: 244; s.a. Harrisburg 1979, Tschernobyl 1986, Fukushima 2011).

(2) *Ökonomische Kriterien*: Atomkraftwerke haben eine hohe Kapital- und geringe Arbeitsintensität (die Baukosten des neuen AKW in Finnland werden auf mittlerweile 8,5 Mrd. € statt 3 Mrd. € und eine Bauzeit von 11 Jahren statt 4 Jahren geschätzt; World Nuclear Report 2013: 49). Ohne massive staatliche Förderung kann ein neues Atomkraftwerk nicht wirtschaftlich betrieben werden. „Die Investitionen sind einfach zu hoch." (Hahn 2014/06: 21). Daher will Großbritannien ein geplantes Atomkraftwerk durch eine gesicherte Einspeisevergütung finanzieren. Weltweit decken die Atomkraftwerke nur ca. 2 % des Endenergieverbrauchs (Mez 2012: 52). Damit würde selbst eine Verdoppelung der Atommeiler die Energieprobleme nicht lösen. Auch reichen die bekannten Energiereserven von Uran beim heutigen Nutzenumfang nur noch wenige Jahrzehnte (Quaschning 2013: 40). Ein Beitrag zur globalen Versorgungssicherheit und ein namhafter Beitrag zum Klimaschutz sind mit dieser Technik

somit nicht möglich (Rosenkranz 2007: 5; Dittmar 2013: 102). Atomkraftwerke verfügen über einen geringen Wirkungsgrad (ca. 35 %). Die sozialökologischen Kosten der Atomtechnik sind unvertretbar hoch. Die Kosten eines Super-Gaus mit Kernschmelze werden mit bis zu 6 Billionen Euro (Rosenkranz 2007: 5) geschätzt (das menschliche Leid bleibt wie immer bei derartigen Kostenangaben unberücksichtigt, da es aus ethischen Gründen nicht monetarisierbar ist). Um für diese Schäden eine Haftung der Atombetreiber abzudecken, wurde die Höhe der Haftpflichtpolicen auf jährlich 331,5 Mrd. € geschätzt, was den Strompreis auf 2,36 €/kWh netto erhöht hätte (Berié u.a. 2011: 26). Damit ist Atomstrom die teuerste Art, Strom zu erzeugen. Da die Politik Atomstrom aber konkurrenzfähig halten wollte, wurden die AKW- Betreiber von dem größten Teil der Haftung freigestellt und zusätzlich hoch subventioniert (die deutsche Bundesförderung betrug zwischen 1974 und 2007 24 Mrd. Euro, Berié u.a. 2011: 23-27). Die externen Kosten der Stromerzeugung werden von Befürwortern und Gegnern daher extrem unterschiedlich angegeben bzw. bemessen (0,1 ct/kWh bis 320 ct/kWh) (Greenpeace 2011/08: 10).

(3) *Sozial-kulturelle Kriterien*: Die Akzeptanz der Bevölkerung für den Bau weiterer Atomkraftwerke ist in Deutschland nicht gegeben. Die Sicherheitsfreundlichkeit ist sehr gering, technische Störfälle und Terroranschläge sind nicht auszuschließen. Aus Sicht vieler Autoren ist die Nutzung und Verbreitung einer Technik, mit der diktatorische und instabile politische Systeme waffenfähiges Plutonium erhalten, höchst riskant. Diese Länder werden aber nicht auf Techniken verzichten, die die Industrieländer nutzen.

Insgesamt kommt das BMU zu einer negativen *Gesamtbewertung* dieser Technik:

> „Die Atomkraft ist – wie auch das IPCC festgehalten hat – mit erheblichen Risiken verbunden: Militärischer Missbrauch, terroristische Gefahren und ungeklärte Entsorgung. Die Uranressourcen sind bei einem massiven Ausbau sehr begrenzt. Dann bleibt nur der Weg der gefährlichen Plutoniumwirtschaft." (Müller u.a. 2007/05).

*Fazit*

Wir schließen uns dieser Bewertung an und kommen zu dem *Fazit*, dass der Ausbau einer volkswirtschaftlich kostspieligen und gefährlichen Technik, die so wenig für eine nachhaltige Energieversorgung leisten kann, als inakzeptabel angesehen wird. Dieser Bewertung ist die deutsche Bundesregierung insofern gefolgt, als sie 2011 (nach Fukushima) den endgültigen Ausstieg aus der

Atomtechnologie bis zum Jahr 2022 beschlossen hat. Die verbliebenen Kernkraftwerke werden zwischen 2015 und 2022 stillgelegt (BMU 2011/10: 10).

## Kernfusion

*Hintergrund*

Große Hoffnungen setzen Vertreter von Großtechnologien in die Entwicklung der Kernfusion. Hier soll nach dem Vorbild der Sonne Energie durch die Verschmelzung von Wasserstoffkernen freigesetzt werden.

*Kurzbewertung*

Sollte diese Technik jemals durch die Menschheit beherrschbar werden, hätte das folgende *Vorteile*: (1) *Ökologische Kriterien*: Relativ geringe $CO_2$-Emissionen.

*Nachteile*:

(1) *Ökologische Kriterien*: Auch im Betrieb von Kernfusionsreaktoren fällt radioaktives Material an.

(2) *Ökonomische Kriterien*: Viele Kriterien lassen sich heute noch nicht mit Sicherheit bewerten. Relativ sicher ist heute nur, dass diese Anlagen sicherlich sehr groß ausgelegt werden müssten und eine sehr hohe Kapitalbindung notwendig wäre. Der Konzentrationsprozess auf dem Strommarkt müsste daher sehr deutlich zunehmen. Auch über die Kosten lässt sich zurzeit noch wenig sagen. Relativ sicher scheint zu sein, dass diese Technik deutlich teurer sein würde als die heutige Atomenergie (Quaschning 2013: 25).

(3) *Sozial-kulturelle Kriterien*: Über viele Kriterien lässt sich noch wenig sagen, die Akzeptanz könnte sich aber ähnlich negativ entwickeln wie bei der Atomenergie. Normale Wasserstoffatome lassen zur Fusion nicht verwenden, nur das in der Natur nicht vorkommende schwere Wasserstoffisotop Tritium ist theoretisch einsetzbar. Es lässt sich durch Lithium-6-Isotope herstellen, die aber wie alle Minerale knapp sind (Bardi 2013: 96).

*Fazit*

Ob jemals eine Technik entwickelt werden kann, die die Temperaturen von mehreren Millionen Grad beherrscht, ist unsicher. Kein bisher bekanntes Material kann diesen Temperaturen dauerhaft standhalten (Quaschning 2013: 25). Sollte es jemals zum Bau derartiger Kraftwerke kommen, wäre diese Technik wahrscheinlich sehr teuer, gesellschaftliches Kapital, das zum Aufbau einer nachhaltigen Energieversorgung fehlen würde. Auch würde die Kernfusion nicht die früher erhoffte dauerhafte Energieversorgung im Überfluss ermöglichen (Bardi 2013: 96).

### Abscheidung und Speicherung von $CO_2$ – CCS

*Hintergrund*

Mit Hilfe der CCS-Technik (Carbon Capture and Storage) soll das bei der Verfeuerung von Kohle im Kraftwerk entstehende $CO_2$ separiert und dauerhaft im Untergrund gespeichert werden. Hierdurch soll es ermöglicht werden, die Kohleverstromung fortzusetzen und zugleich die $CO_2$-Emmissionen in die Atmosphäre zu reduzieren.

*Kurzbewertung*

*Vorteil*: Hohe Akzeptanz bei Energieversorgerunternehmen (EVUs) und vielen Ländern mit hohen Kohlevorkommen. Im Fall der Lösung aller Probleme dieser Technik könnte möglicherweise noch längere Zeit Kohle als Übergangstechnik genutzt werden.

*Nachteile*:

(1) Ökologische Kriterien:

   a) *Folgen von Leckagen*: Leckagen sind nicht auszuschließen. Aufgrund seines höheren spezifischen Gewichts als Luft kann sich $CO_2$ in Senken der Umgebung des Austritts ansammeln. Ab einem Anteil von 10 % an der Luft können schwere gesundheitliche Schäden auftreten, die bis zum Tod durch Atemstillstand führen können (SRU 2009/04: 10).

   b) *Folgen bei einer Einleitung ins Meer und den Meeresboden*: Als besonders gefährlich wird die Einleitung in die Ozean-Wassersäule und den Meeresboden sowie die künstliche Mineralisierung (Abfall, Energie) beurteilt.

   c) *Steigende Umweltbelastungen durch steigenden Kohleverbrauch*: Der schlechtere Wirkungsgrad und die scheinbar klimaneutrale mögliche Ausweitung der Kohlenutzung führen zu höheren Belastungen im Bergbau, steigenden Schadstoffemissionen und Landschaftseingriffen.

(2) Ökonomische Kriterien:

   a) *Hohe THG-Vermeidungskosten*: Die Kosten pro vermiedene t THG sind relativ hoch (Abscheidung, Transport, Verdichtung, Lagerung = 8-68 €/t $CO_2$, Kemfert 2007/06: 17, der SRU sieht eine Verdopplung der Investitionskosten von Kohlekraftwerken bei einem Neubau, SRU

2008/06: 3). Zum Zeitpunkt des möglichen großtechnischen Einsatzes werden viele erneuerbare Energien eine preiswertere THG-Vermeidungstechnologie sein (Förstner 2011: 170).

b) *Hoher Energieverbrauch*: Die Technik benötigt sehr viel Energie, hierdurch würden alle Effizienzsteigerungen der letzten Jahre kompensiert und der Wirkungsgrad der Kohlekraftwerke erheblich gesenkt (BUND u.a. 2008: 56). Der SRU geht von einer Senkung des Wirkungsgrades um mindestens 10 Prozentpunkte aus.

c) *Nutzungskonkurrenzen*: Das Speicherpotential ist sehr begrenzt, daher ist sehr sorgfältig zu prüfen, ob dieses Potential nicht für andere Zwecke sinnvoller zu nutzen ist (z. B. Kombination von Biomassenutzung und CCS, s.u.). Der SRU kommt daher zu dem Fazit, dass eine volkswirtschaftlich optimale Allokation der begrenzten Speicherkapazitäten verhindert wird (SRU 2009/04: 20).

d) *Externalisierung der Kosten*: Der größte Teil der entstehenden Kosten wird nicht verursachergerecht getragen, sondern von den Steuerzahlern und künftigen Generationen (z. B. die Grundlagenforschung, direkte und indirekte Subventionen, finanzielle Risiken für die Bundesländer, Begrenzung des Haftungsrisikos; SRU 2009/04: 24 und 28).

(3) *Sozial-kulturelle Kriterien*:

a) *Geringe Akzeptanz*: Die CCS-Technik ist sehr umstritten, in allen deutschen Regionen, in denen Pilotprojekte geplant waren, haben sich Bürgerinitiativen gebildet, die die Projekte verhindern wollen. So gibt es Bürgerproteste in Brandenburg und Schleswig-Holstein.

b) *Hohe Risiken für begrenzte Lösung*: Eine dauerhafte Lösung kann diese Technik selbst im allergünstigsten Fall nicht bieten, da das Speichervolumen in Deutschland auf max. 30 bis 130 Jahre beschränkt ist. Für andere Länder existieren zahllose Schätzungen, die extreme Spannbreiten zeigen (SRU 2009/04: 9).

*Zwischenfazit*

Ob diese Technik zufriedenstellend funktionieren wird, kann frühestens ab 2020 gesagt werden, wenn die Technik großtechnisch eingesetzt werden könnte. 2011 wurde das vom Bundestag verabschiedete CCS-Gesetz vom Bundesrat abgelehnt. Auch wenn mittlerweile doch ein CCS-Gesetz verabschiedet wurde, bleibt die großtechnische Realisierung dieser Technik weiter ungewiss. 2014 waren alle Versuche zur Demonstration und Verbreitung von CCS-Technik (weltweit) gescheitert. Der Aufbau der für das Verfahren notwendigen $CO_2$-Pipelineinfrastruktur wurde von der EU-Kommission aufgegeben (DIW 2014/10: 179). Damit ist zurzeit der großtechnische Einsatz sehr unwahrscheinlich und damit der Bau von Kohlekraftwerken mit dem Verweis auf diese Technik nicht zu rechtfertigen. Das Umweltbundesamt, der SRU und das WI kommen daher zu folgendem Schluss:

„Aus Artikel 20a GG kann konkret gefolgert werden, dass grundsätzlich jede vermeidbare Umweltbeeinträchtigung unzulässig ist, sodass – wenn zur Verwirklichung eines umweltbelastenden Vorhabens verschiedene gleichwertige Alternativen zur Verfügung stehen, von denen eine die Umwelt weniger belastet – die umweltverträglichere Alternative gewählt werden muss." (SRU 2009/04: 12). „(...) viele technische, ökologische und finanzielle Fragen im Zusammenhang mit der CCS-Technik (sind) ungeklärt, und es ist offen, ob ihre Anwendung in Deutschland sinnvoll ist." (SRU 2009/04: 4). „Die technische Abscheidung und Speicherung von $CO_2$ (...) ist nicht-nachhaltig, sondern allenfalls eine Übergangslösung." (UBA 2006/08).

Auf eine weitere Erforschung kann aber trotzdem nicht vollständig verzichtet werden, da es möglich sein kann, dass die Menschheit eines Tages keine andere Möglichkeit mehr sieht, als im großen Umfang Biomasse zur Energieerzeugung zu nutzen und das dabei freigesetzte $CO_2$ abzuspalten und in der Erde zu speichern, hierdurch würde die $CO_2$-Menge in der Atmosphäre reduziert werden (Quaschning 2013: 99). Erste Studien kommen zu dem Ergebnis, dass die Kombination von Biomassenutzung und CCS zu negativen Emissionen (über die Pflanzen wird $CO_2$ aus der Atmosphäre gebunden) von 1.050 g/kWh führt (SRU 2009/04: 18).

### Geo-Engineering

Seit einigen Jahren werden verschiedenste Ideen in die öffentliche Diskussion gebracht, wie die Menschheit ihre ineffiziente Nutzung der atomaren und fossilen Energieträger aufrechterhalten, aber dennoch das 2°C-Ziel einhalten könnte. Hierbei geht es in der Regel darum, die natürlichen Abläufe zu verändern, z. B. wird diskutiert, eine Art künstlichen Vulkanausbruch herbeizuführen, indem Sulfidteilchen in die Atmosphäre gepumpt werden, um die Erdatmosphäre abzukühlen. Viele Forscher warnen allerdings vor derartigen Großexperimenten mit natürlichen Abläufen (Weiden 2014/02: 29).

*Bewertung*: Wir empfehlen, auf Experimente mit den natürlichen Lebensgrundlagen zu verzichten und stattdessen dem relativ risikolosen Strategiepfad der 100 %-Versorgung mit EE zu folgen.

## 2.6 Zusammenfassung

Nach den Nachhaltigkeitskriterien kann nur eine 100 %-Versorgung mit EE als nachhaltige Energiepolitik bezeichnet werden. Alle bisher als Alternativen in die öffentliche Diskussion gebrachten Techniken können dieser Anforderung nicht standhalten. Daher muss die Weltgemeinschaft so schnell wie möglich eine 100 %-Versorgung mit EE anstreben. Das kann natürlich nicht innerhalb weniger Jahre erfolgen. Vielmehr handelt es sich bei der Verwirklichung dieses Ziels um nicht weniger als einen gesellschaftlichen Transformationsprozess, der Jahrzehnte in Anspruch nimmt. Um dieses ambitionierte *Ziel* zu erreichen, müssen der Energieverbrauch schrittweise durch die Effizienzstrategie vermindert und durch die Suffizienzstrategie stabilisiert werden, der Einsatz von atomaren und fossilen Energieträgern soll anschließend durch EE ersetzt werden. So könnte zur Mitte des Jahrhunderts eine 100 %-Energieversorgung durch EE in der EU erfolgen. Alle anderen OECD-Staaten sollten bis dahin den größten Teil des Weges zurückgelegt haben. Spätestens am Ende des Jahrhunderts sollte die globale 100 %-Versorgung erreicht sein. Rebound-Effekte sollen durch die Suffizienzstrategie (z.B. mit Hilfe eines gesellschaftlichen Diskursprozesses) verhindert werden. Mit einer derartigen nachhaltigen Energiewirtschaft soll eine Reihe von Zielen in den drei Nachhaltigkeitsdimensionen erreicht werden. Das wichtigste Ziel bleibt die Erreichung des 2°C-Ziels.

Trotz der großen Risiken für das Leben und Wirtschaften der Menschheit (s. Kap. 1.2) zeigt der *Soll-Ist-Vergleich*, dass der globale Primärenergieverbrauch und die Treibhausgasemissionen weiter zunehmen. In der EU sieht die Lage etwas besser aus. Deutschland und einige andere Staaten können sogar Erfolge vorweisen, auch wenn die Geschwindigkeit des Fortschritts keinesfalls ausreicht, um die Klimaschutzziele zu erreichen.

Der Verbrauch von fossilen und atomaren Brennstoffen wird insbes. durch drei Faktoren bestimmt: (a) Verbrauch von Primärenergie je Energiedienstleistung (Energieeffizienz oder Energieproduktivität), (b) Erzeugung von Energiedienstleistungen durch EE, (c) Inanspruchnahme von Energiedienstleistungen. Hieraus leiten sich auch die *drei Strategiepfade* ab: (1) Effizienz-, (2) Konsistenz- und (3) Suffizienzstrategie. In dem vorliegenden Buch wird davon ausgegangen, dass kein Weg an der Umsetzung aller drei Strategiepfade vorbeiführt, da keine einzelne Strategie in der Lage ist, allein die notwendige 100 %-Reduktion der energiebedingten THG zu erreichen.

### Zur Diskussion

In jüngster Zeit ist immer häufiger die Position zu vernehmen, das Ziel der Völkergemeinschaft, die Klimaerwärmung in diesem Jahrhundert auf 2°C zu begrenzen, sei „unrealistisch". Diese Aussage bietet dem Leser die Möglichkeit zu diskutieren, was „unrealistisch" bedeutet.

Befürworter einer 100 %-Versorgung mit EE halten eine derartige Position für zynisch. Soll sich die Menschheit tatsächlich mit 500 bis 2.000 Millionen Klimaflüchtlingen und dem Tod von hunderten Millionen Menschen als „realistisch" abfinden? Auch lehrt die Vergangenheit, dass Menschen in besonderen Situationen durchaus zu großen Leistungen in der Lage sind. Schon öfter war die Verhinderung einer Katastrophe „unrealistisch" und doch haben engagierte Akteure (z. B. Politiker) die Katastrophen verhindert, indem sie die Bevölkerung überzeugten, alle Kraft in die Lösung des Problems zu investieren. Beispiele sind u.a.: die Abwehr der Landung deutscher Truppen im 2. Weltkrieg, die Verhinderung des atomaren Holocaust im Zeitalter des „Kalten Krieges", die Verhinderung einer langjährigen Weltwirtschaftsdepression 2008/09. Allerdings: Oft genug wurden Katastrophen auch nicht verhindert, weil die Lösungswege als zu beschwerlich (unrealistisch) erschienen. So ist das Römische Reich – das bis dahin größte Reich der Weltgeschichte – untergegangen und hat Europa und den ganzen Mittelmeerraum um fast 1.000 Jahre Zivilisationsgeschichte zurückgeworfen.

Wer an dem 2°Grad-Ziel festhalten möchte, könnte vielleicht ausführen: „Wenn die Menschheit begreift, dass die Klimaerwärmung in ihren Folgen nur mit einem neuen Weltkrieg zu vergleichen ist, besteht noch Hoffnung, das Schlimmste zu verhindern." Allerdings müssten hierzu wie in Kriegszeiten die Kapitalströme und Konsumausgaben umgelenkt und so ein globaler Strukturwandel (Transformation) initiiert werden. Allein in Deutschland werden bis zum Jahr 2020 19.000 bis 33.000 MW fossiler Kraftwerkskapazitäten aus Altersgründen stillgelegt. Dazu kommen noch die restlichen knapp 12.000 MW Atomkraftwerke bis 2022 (BMWi 2014/03). Würden diese Kapazitäten durch EE und effiziente Brückentechniken ersetzt, wäre bereits ein bedeutender Schritt getan.

Die zu diskutierende Frage lautet also: Sollte sich die Menschheit an der „realistischen/wahrscheinlichen" Entwicklung orientieren oder sollte sie an einem als richtig erkannten Ziel unter allen Umständen festhalten?

*Basisliteratur*

Rogall, H (2012): Nachhaltige Ökonomie, Marburg.

# Zwischenfazit Abschnitt I

Wenn die Menschheit dauerhaft auf der Erde leben will, muss sie ihre natürlichen Existenzgrundlagen erhalten. Das heißt, sie muss in einem Transformationsprozess ihr Wirtschaften und Leben so umbauen, dass sie die Grenzen der natürlichen Tragfähigkeit künftig einhalten kann (von uns auch als nachhaltiger Umbau der Volkswirtschaften bezeichnet). Hierzu gehört, die steigenden durchschnittlichen Oberflächentemperaturen auf 2°C zu begrenzen. Daraus folgt nicht weniger, als dass sie am Ende ein treibhausgasneutrales Leben und Wirtschaften führen muss. Hierzu müssen die TGH-Emissionen der Menschheit auf unter eine Tonne $CO_2$-Äquvalente pro Kopf reduziert werden, z. B. bedeutet dies für Deutschland eine Reduzierung von 11 t/Einwohner auf 1 t/Einwohner, was einer 90 %-Reduzierung (gegenüber 1990) entspricht. Damit verfolgen wir das gleiche Ziel wie das Umweltbundesamt in seinem 2013 veröffentlichten Szenario (UBA 2013/10: 4). Die Erläuterung dieses umfassenden Ziels hätte aber den Rahmen dieses Buches gesprengt, daher haben wir uns auf den Aspekt einer nachhaltigen *Energiewirtschaft* begrenzt, d.h. weite Teile der nicht-energiebedingten THG-Emissionen der Industrie, der Landwirtschaft u.a. werden nicht behandelt.

Trotz der extremen Gefahren für das Leben und Wirtschaften der Menschheit nehmen der Primärenergieverbrauch und die Treibhausgasemissionen weiter schnell zu. In der EU sieht die Lage etwas besser aus. Deutschland und einige andere Staaten können sogar erste Erfolge vorweisen, auch wenn die Geschwindigkeit des Fortschritts keinesfalls ausreicht, um die Klimaschutzziele zu erreichen. Wie wir im 2. Kapitel gezeigt haben, ist das wichtigste Ziel einer nachhaltigen Energiepolitik eine 100 %-Versorgung mit EE. Um dieses ambitionierte Ziel zu erreichen, muss der Energieverbrauch schrittweise durch Effizienz- und Suffizienzstrategien vermindert und der Einsatz von atomaren und fossilen Energieträgern durch EE ersetzt werden, so dass zur Mitte des Jahrhunderts das Ziel erreicht ist. Alle bisher als Alternativen in die öffentliche Diskussion gebrachten Techniken können dieser Anforderung nicht standhalten. Nach den aktuellen Erkenntnissen der Klimafolgenforschung wären die Folgen der Überschreitung der 2°C-Grenze schlicht zu teuer und nach ethischen Kriterien inakzeptabel. Daher kann es nicht darum gehen, ob die Menschheit die Grenze einhält, sondern nur wie.

# ABSCHNITT II:

# STRATEGIEPFADE

Im Abschnitt I haben wir die Probleme der heutigen Energieerzeugung und -nutzung kennen gelernt sowie die Ziele einer nachhaltigen Energiepolitik erläutert. Im Abschnitt II wollen wir beschreiben, welche wirtschaftlich-technischen Strategien eingesetzt werden können, um eine 100 %-Versorgung mit EE zu erreichen:

– Effizienzstrategie

– Ausbau der EE und

– Infrastruktur (Systemdienstleistungen).

Wenn wir im Weiteren die Potentiale besonders effizienter Techniken und EE erläutern, muss sich der Leser immer vor Augen halten, dass es *das* Potential einer Technik nicht gibt. Vielmehr müssen wir zwischen verschiedenen Potentialen unterscheiden (vgl. Kasten) und uns vor Augen halten, dass die Lösung nicht in dem alleinigen Ausbau einer Technologie liegt, sondern in dem Zusammenspiel aller Komponenten des Energiesystems. Wir fokussieren unsere Ausführungen auf die Techniken für Industrie- und Schwellenländer, weil hier die mit Abstand größten THG-Emissionen entstehen. Viele Erkenntnisse lassen sich aber auch auf Entwicklungsländer anwenden.

*Potentiale erneuerbarer und besonders effizienter Energietechniken*:
Für die Frage, welchen Anteil eine Energietechnik vom Gesamtenergieverbrauch decken kann, ist weniger wichtig, wie hoch ihre Leistung theoretisch

(physikalisch) sein könnte, sondern wie hoch ihr Anteil unter realistischen Bedingungen sein kann. Hierfür unterscheiden wir die folgenden Kategorien:

(1) *Theoretisches Potential*: Das th.P. erfasst die physikalisch vorhandene Energie auf der Erde, z. B. die gesamte Sonneneinstrahlung.

(2) *Technisches Potential*: Das t.P. ergibt sich aus dem technisch Machbaren. Zur Berechnung werden die Wirkungsgrade der technischen Systeme (bei der Umwandlung in Nutzenergie), die in Frage kommenden Flächen (z. B. für Sonnenkollektoren) und sonstigen technischen Grenzen (z. B. Wärmeverluste bei zu hohen Entfernungen) verwendet.

(3) *Wirtschaftliches Potential*: Das w.P. gibt den wirtschaftlich nutzbaren Anteil des technischen Potentials an. Das w.P. hängt daher von den gegebenen und zukünftigen politisch-rechtlichen Rahmenbedingungen, den Gewinnerwartungen der Investoren, den Kosten für Alternativen (wie bspw. den Einsatz fossiler Energien), u.v.m. ab. Anders als das technische Potential, welches ausschließlich von dem theoretischen Potential und dem aktuellen Stand der Technik abhängt, ist das wirtschaftliche Potential somit stark durch menschliche Entscheidungen beeinflusst. Dies wurde eindrucksvoll durch die Einführung des EEG bewiesen.

(4) *Nachhaltiges Potential*: Das n.P. gibt die Energiemenge wieder, die eine Energietechnik, nach den Kriterien der Nachhaltigkeit, dauerhaft erzeugen kann ohne inakzeptable Schäden anzurichten.

# 3. Effizienzstrategie[1]

Mit einer bestimmten Menge an Energie kann ein ganz unterschiedlicher materieller Wohlstand geschaffen werden. So lag die Energieproduktivität der USA 2011 deutlich unter der Deutschlands und Japans: Pro 1.000 USD Bruttoinlandsprodukt betrug der Energieverbrauch in den USA 7,8 GJ, in Deutschland 6,6 GJ und in Japan 4,0 GJ (BMWi 2014/03: Tab: 32).

*Bewertung*: Zurückzuführen sind diese Unterschiede auf technische, kulturelle, klimatische und politische Faktoren (s. Zwischenfazit Abschnitt III) sowie unterschiedlich effiziente Techniken. Einige Länder schaffen es, durch massiven Einsatz von EE trotz eines hohen Energieverbrauchs ihre THG-Emissionen gering zu halten. Sie zeigen damit einen möglichen Entwicklungspfad für die Industriestaaten auf.

*Deutschland* benötigte für die Erzeugung des gleichen Wertes von Gütern in den vergangenen 23 Jahren Jahr für Jahr etwa 1,8 % weniger Energie (ihre Energieproduktivität stieg jährlich um diesen Wert, AGEB 2014/03. 7). Diese Steigerung reicht aber nicht aus, die angestrebten Ziele einer zukunftsfähigen Energieversorgung zu erreichen, da die Wertschöpfung (das BIP) in dieser Zeit auch durchschnittlich um 1,5 % stieg und damit einen großen Teil der Erfolge kompensierte.

*Tabelle 4: Daten zum Energieverbrauch in Deutschland*

|  | 1990 | 1995 | 2000 | 2005 | 2010 | 2013 | 1990/2013* |
|---|---|---|---|---|---|---|---|
| PEV in PJ | 14.905 | 14.269 | 14.401 | 14.559 | 14.217 | 13.908 | -7% |
| PEV/Kopf GJ/Ew. | 187 | 174 | 175 | 177 | 174 | 169 | -10% |
| € BIP/ GJ | 120 | 138 | 150 | 153 | 167 | 179 | 33% |
| Stromverb. in TWh | 547 | 542 | 580 | 614 | 615 | 600 | 9% |
| Strom kWh/Kopf | 6.852 | 6.620 | 7.046 | 7.449 | 7.526 | 7.520 | 9% |
| Strom € BIP/kWh | 3,2 | 3,6 | 3,7 | 3,6 | 3,9 | 4,1 | 22% |

* Jahresdurchschnittliche Veränderung.   Quelle: AGEB 2014/03.

---

[1] Dieses Kapitel basiert auf der Veröffentlichung Rogall 2012, Kap. 11.

Die Bundesregierung strebt deshalb als Handlungsziel die Verdoppelung der Energieeffizienz bis 2020 an (BR 2002/04: 68). Die Umweltwissenschaftler *Ernst Ulrich von Weizsäcker* und *Schmidt-Bleek* gehen einen Schritt weiter und sprechen von der Effizienzsteigerung um den „Faktor 5" bzw. vom „Faktor 10", das BMU spricht vom „Faktor x".

Die EE können nicht einfach die Funktion der heutigen fossilen und atomaren Energieerzeugungssysteme übernehmen. Vielmehr muss für eine 100 %-Versorgung durch EE auch die Energienachfrage zurückgehen, was nur durch Effizienzmaßnahmen in allen wirtschaftlichen Sektoren und den Verzicht auf Ausweitung der Energiedienstleistungen (Suffizienzstrategie) möglich wird. Das vorliegende Kapitel Effizienzstrategie gliedern wir nach der Bedeutung der wirtschaftlichen Sektoren für den Klimaschutz: Stromerzeugung, Verkehr, Industrie, Haushalte und GHD, Landwirtschaft.

## 3.1 Stromerzeugung

Der Stromerzeugungssektor ist für die Klimaschutzpolitik besonders wichtig, da z. B. in Deutschland dieser Sektor fast die Hälfte aller energiebedingten THG-Emissionen emittiert. Der deutsche Kraftwerksmix benötigt für eine Energieeinheit Strom etwa drei Einheiten Primärenergie und emittiert 477 g $CO_2$/kWh. Damit liegt Deutschland im schlechtesten Drittel in der EU. Am schlechtesten schneiden Polen und Estland (Estland mit über 1000 g/kWh) ab (IEA 2013: 110).

*Tabelle 5: Daten des deutschen Kraftwerksmix (inkl. EE)*

|  | 1990 | 1995 | 2000 | 2005 | 2010 | 2012 |
|---|---|---|---|---|---|---|
| $CO_2$-Emiss. in Mio. t | 357 | 347 | 319 | 324 | 305 | 317 |
| Stromverbrauch TWh | 480 | 470 | 627 | 543 | 560 | 550 |
| Durchschnittl. Brennstoffwirkungsgrad | 37 | 38 | 39 | 41 | 41 | 42* |
| $CO_2$-Emiss. g/kWh | 744 | 696 | 627 | 597 | 546 | 576 |

* 2011   Quelle: UBA 2013/07.

Aus der Tabelle lassen sich folgende *Konsequenzen* ziehen:
1) *Sinkende, dann konstante Emissionen*: Die $CO_2$-Gesamtemissionen sind von 1990 bis 2000 deutlich gesunken, seitdem liegen sie auf hohem Niveau und sind zuletzt sogar gestiegen (s. 2, 3 und 4).

2) *Steigender, dann konstanter Stromverbrauch:* Der Stromverbrauch hat von 1990 bis 2000 stark zugenommen.
3) *Steigende Wirkungsgrade:* Der Wirkungsgrad der deutschen Kraftwerke hat sich langsam verbessert. Diese Entwicklung hängt mit der Modernisierungswelle in den neuen Bundesländern bis 2000 und dem technischen Fortschritt neuer Kraftwerke zusammen (insbes. auch mit der hohen Effizienz der Gaskraftwerke).
4) *Relative Emissionen:* Die spezifischen $CO_2$-Emissionen sind von 1990 bis 2000 (parallel zur Steigerung der Wirkungsgrade) deutlich gesunken. Seitdem hat sich der Fortschritt deutlich verlangsamt, zuletzt sind sie aufgrund des stärkeren Einsatzes von Kohle (Tabelle 6) sogar wieder angestiegen. So stehen nach einer Auswertung der EU-Kommission unter den zehn klimaschädlichsten Kraftwerken in Europa fünf (Braunkohle) Kraftwerke in Deutschland (Klawitter 2014/04).

*Tabelle 6: Bruttostromerzeugung in Deutschland nach Energieträgern*

|  | 1990 | 2000 | 2010 | 2013 |
|---|---|---|---|---|
| Braunkohle in TWh (in %) | 171 (31) | 148 (26) | 146 (23) | 162 (26) |
| EE in TWh (in %) | 19 (4) | 38 (7) | 105 (17) | 147 (23) |
| Steinkohle in TWh (in %) | 141 (26) | 143 (25) | 117 (19) | 124 (20) |
| Kernenergie in TWh (in %) | 153 (28) | 170 (30) | 141 (22) | 97 (15) |
| Erdgas in TWh (in %) | 36 (7) | 49 (9) | 89 (14) | 66 (11) |
| Mineralöl in TWh (in %) | 11 (2) | 6 (1) | 9 (1) | 7 (1) |
| *Insgesamt* | 550 *(100)* | 577 *(100)* | 633 *(100)* | 629 *(100)* |

Quelle: AGEB 2014/01.

Die Einsatzmengen und Anteile von Primärenergieträgern zur Stromerzeugung haben sich in den vergangenen Jahren sehr verändert: Die größten *Gewinner* sind die EE, die ihren Anteil an der Stromerzeugung/-verbrauch um den Faktor 8 erhöht haben, mit weitem Abstand gefolgt von Erdgas. Die größten *Verlierer* sind Kernenergie und Heizöl (sie werden in wenigen Jahren keine Rolle mehr spielen) sowie Steinkohle und Braunkohle (seit 2000 allerdings wieder ansteigend).

Fossile Kraftwerke werden in Kondensationskraftwerke und KWK-Anlagen unterschieden.

*Kondensationskraftwerke*: K. erzeugen durch die Verbrennung von Energieträgern (oder Kernspaltung) Dampf, mit dessen Hilfe in Turbinen Strom erzeugt wird. Die nicht nutzbare (Wärme) Energie gelangt als Abwärme in die Atmosphäre. Hierdurch weisen sie gegenüber den KWK-Anlagen einen niedrigeren Wirkungsgrad auf. Nutzen sie als Brennstoff Kohle, sind die Emissionen aufgrund des hohen Kohlenstoffgehalts gegenüber Gaskraftwerken sehr hoch.

Die meisten Kondensationskraftwerke sind mit Kohle betriebene große Kraftwerke. Sie sind sehr inflexibel zu regeln, da das Hoch- und Herunterfahren (An- und Abschalten) lange dauert. Sie werden daher auch oft zur Deckung der Grundlast verwendet.

*KWK-Anlagen* (Förstner 2011: 160): KWK-Anlagen nutzen die noch vorhandene Energie (Wärme) des erzeugten Dampfs, mit dem kein weiterer Strom in den Turbinen erzeugt werden kann, der aber ausreicht, um über Nah- oder Fernwärmenetze meistens Haushalte, Gewerbe und öffentliche Einrichtungen mit Raumwärme und Warmwasser zu versorgen. In den kommenden Jahren werden wahrscheinlich neue Techniken marktfähig: z. B. (a) *Mikroturbinen* (geringe Investitionskosten auch bei Kleinstanlagen), (b) *Stirlingmotor* und (c) *Brennstoffzelle*.

### KWK-Anlagen

Voraussetzung für den Einsatz von KWK-Anlagen sind erzeugungsnahe Wärmeabnehmer, die möglichst kontinuierlich über das ganze Jahr Wärme nutzen. Daher ist der Anschluss von Gewerbegebieten besonders effizient, gefolgt von Mischgebieten, in denen auch die Warmwasserversorgung über KWK-Wärme erfolgt. Dezentrale KWK-Anlagen verfügen über einen deutlich höheren Gesamtwirkungsgrad (die Summe aus dem elektrischen und dem thermischen Wirkungsgrad) als konventionelle Großkraftwerke, da hier die Wärmeleitungen kürzer und daher die Verluste geringer sind. Allerdings sind die spezifischen Erzeugungskosten pro kWh bei kleineren Anlagen höher als bei größeren. In Deutschland decken KWK-Anlagen nur etwa 6 % des Raumwärmebedarfs, während Finnland und die Niederlande auf einen Deckungsanteil von 35 bis 50 % kommen (Förstner 2011: 162). Dänemark deckt sogar 60 % des Strombedarfs und 82 % des Wärmebedarfs aus KWK-Anlagen (BMU 2009/01a: 37).

Wir unterscheiden folgende *KWK-Techniken*:

## 3. Effizienzstrategie

*Erstens: Große KWK-Anlagen, sog. Heizkraftwerke (HKW)*

HKW sind meist kohlebefeuerte Großkraftwerke mit einer elektrischen Leistung zwischen 300 und 1000 MW. Ihr elektrischer Wirkungsgrad entspricht in etwa dem von reinen Kondensationskraftwerken (s.o.) zzgl. ca. 25 % Wärmeausbeute, so dass der Gesamtwirkungsgrad bei bis zu 65-70 % liegt. Ihre $CO_2$-Emissionen betragen zwischen 729 g/kWh (Braunkohle) und 622 g/kWh (Steinkohle) (Öko-Institut 2007/03, in dieser Studie werden nicht nur die unmittelbaren $CO_2$-, sondern alle THG-Emissionen abgebildet, auch die Emissionen aufgrund des Stoffeinsatzes zur Anlagenherstellung).

*Bewertung von Kohle-HKW*

Wir führen alle Bewertungen nach dem gleichen Gliederungsschema der Nachhaltigen Ökonomie durch, das die drei Dimensionen der Nachhaltigkeit verwendet und auf den globalen Problemfeldern beruht (s. Kap. 1.3).

*Übersicht 6: Bewertung von Kohle-HKW*

---

### Ökologische Kriterien

(1)  *Klimaverträglichkeit*: Die spezifischen THG-Emissionen sind trotz KWK-Technik inakzeptabel hoch. Die Kohlenutzung muss daher so schnell wie möglich, spätestens bis 2050, eingestellt werden.

(2 u. 5) *Naturverträglichkeit und gesundheitliche Risiken*: Auch die übrigen Emissionen, der Flächenverbrauch und die Abfälle sind schädlich (es werden Quecksilber, Arsen und Stickoxide emittiert). Dies kann je nach den länderspezifischen rechtlichen Grenzwerten zu schweren Gesundheitsschäden in der Bevölkerung führen (Quaschning 2013: 96). So stammen auch heute noch etwa 70 % der Quecksilberemissionen aus Kohlekraftwerken. Aufgrund der hohen Gesundheitsgefahren haben die USA 2012 die Quecksilber-Emissionsgrenzwerte auf 1,4 Mikrogramm pro Kubikmeter Abgas gesenkt, während die Grenzwerte in Deutschland immer noch bei 30 Mikrogramm liegen (Knuf 2014/05: 11).

(3 u. 4) *Ressourcenschonung*: Kohle ist eine endliche Ressource. Schon aus diesem Grund muss die Abhängigkeit beendet werden.

### Ökonomische Kriterien

(6)  *Arbeitsplatzeffekte*: Großkraftwerke benötigen pro erzeugter kWh einen relativ geringen personellen Einsatz.

(7) *Kurzfristige Versorgungssicherheit*: Der Strom aus Kohlekraftwerken ist jederzeit verfügbar, aber begrenzt flexibel im Einsatz (zu schwerfällig in der Regelung; eine Drosselung ist nur bei neuen Anlagen bis zu 50 % möglich, Quaschning 2013: 97) und daher ungeeignet für den Ausgleich der volatilen Stromproduktion der EE.

(8) *Wirtschaftlichkeit, technische Effizienz, externe Kosten*:
(a) Der Kostenvergleich zwischen Kohlekraftwerken und Gaskraftwerken ist abhängig von drei Faktoren, die teilweise mit einer erheblichen Unsicherheit behaftet sind: Erdgas ist im Betrieb teurer als Kohle. Wie sich die Preise der Emissionszertifikate und die Förderung für flexible Gaskraftwerke entwickeln, ist zurzeit unsicher.
(b) Konzentration: Großkraftwerke können faktisch nur von Großunternehmen betrieben werden.
(c) Die externen Kosten sind sehr hoch.
(d) Die Effizienz bleibt hinter gasbetriebenen Anlagen zurück, wurde allerdings in den letzten Jahrzehnten deutlich gesteigert.

(9) *Wirtschaftliche Abhängigkeit*: Ab 2018 (vollständiges Auslaufen der Bundessubventionen) wird Steinkohle vollständig importiert werden.

(10) *Investitionskosten*: Großkraftwerke erfordern hohe Investitionen, pro Leistungseinheit (kW) sind sie aber oft preiswerter.

*Sozial-kulturelle Kriterien*

(11) *Fehlentwicklungen*: Der starke Einfluss der Energiewirtschaft auf die Politik ist nachgewiesen (personelle Durchdringung, finanzielle Besserstellung). Braunkohle wird im Tagebau gefördert (daher betriebswirtschaftlich preiswert), hierbei werden Menschen umgesiedelt und Kulturlandschaften zerstört.

(12) *Langfristige Versorgungssicherheit*: Kohlekraftwerke sind nicht-nachhaltig, da sie fossile Energieträger verbrennen.

(13) *Flexibilität*: Inflexible Grundlastkraftwerke verlangsamen die Energiewende, da sie mit dem volatilen Stromangebot der EE nicht kompatibel sind.

(14) *Globale Verträglichkeit*: Überall, wo der Verbrauch von fossilen Energien reduziert werden kann, werden auch potentielle Konflikte um Ressourcen verringert.

(15) *Sicherheitsfreundlichkeit, gesellschaftliche Verträglichkeit*: Die Akzeptanz für kohlebetriebene Großkraftwerke ist nicht gegeben, der Kohlebergbau kann in vielen Ländern der Welt als nicht sicherheitsfreundlich eingestuft werden.

Quelle: Eigene Zusammenstellung Rogall 2014.

*Zwischenfazit:* Die Modernisierung des vorhandenen Kraftwerkparks durch moderne Kohlekraftwerke könnte auf Grund der gestiegenen Wirkungsgrade für die kommenden 10 bis 15 Jahre einen Beitrag zur THG-Emissionsminderung leisten (insbes. im KWK-Betrieb). Da diese Kraftwerkstypen aber Laufzeiten von 40 bis 50 Jahren aufweisen, würde ein weiterer Bau die vorne beschriebenen Emissionsziele von 95 % bis 2050 unmöglich machen oder zu sehr hohen Abschreibungen aufgrund einer frühzeitigen Abschaltung führen. Da die Funktionsfähigkeit und Sinnhaftigkeit der $CO_2$-Abscheidung heute unklar sind, kann der weitere Bau von Kohlekraftwerken daher nicht als nachhaltig bezeichnet werden.

Ein weiteres Problem stellt die große Überkapazität von schlecht regelbaren Braunkohle- und Atomkraftwerken dar (SRU 2013/10: 20). Sie sind für die Grundlast ausgelegt (Steinkohle auch für Mittellast). Im Zuge des zunehmenden Anteils von Wind- und PV-Strom können sie nicht mehr flexibel genug reagieren. Es existieren allerdings Hinweise darauf, dass die Flexibilität dieser Kraftwerke durch zusätzliche Investitionen gesteigert werden könnte (Lambertz u.a. 2012/07).

*Tabelle 7: Vergleich von Kraftwerkstypen*

| Kraftwerkstyp | $CO_2$-Äquivalenz in g/kWh* | Stromgestehungskosten ohne externe Kosten in ct/kWh$_{el}$ |
|---|---|---|
| 1. Braunkohle-KW | 1.153 | 4,0-5,0 |
| 2. Import-Steinkohle-KW | 949 | 4,0-5,0 |
| 3. Braunkohle-HKW | 729 | 4,0-5,0 |
| 4. Import-Steinkohle-HKW | 622 | 2,5-3,5 |
| 5. Erdgas-GuD-HKW | 148** | 3,5-4,5 |
| 7. Erdgas-BHKW | 49** | 7,0-8,0 |
| 8. Biogas-BHKW | -409** | 6,0-8,0 |

\* Gesamte THG-Emissionen, inkl. vorgelagerte Prozesse und Stoffeinsatz zur Anlagenherstellung. \*\* inkl. Wärmegutschrift. Quelle: Öko-Institut 2007/03

*Zweitens: Gasbetriebene Blockheizkraftwerke und GuD-Kraftwerke*

Gasbetriebene BHKW kommen auf Wirkungsgrade von 80-95 % (3 kW bis 5 MW, Förstner 2011: 162). Ihre $CO_2$-Emissionen liegen bei 49 g/kWh (Öko-Institut 2007/03). BHKW können mit verschiedenen Techniken betrieben werden: Motoren, Gasturbinen, Brennstoffzellen u.a. Motoren werden von der Größe einer Waschmaschine (Mini-BHKW) bis zur Größe von großen Schiffsmotoren eingesetzt. Als Energielieferant werden Diesel, Erdgas, Biogas oder Wasserstoff eingesetzt. Sie produzieren gleichzeitig Strom und Wärme (für Heizzwecke und Warmwasser) und erreichen Gesamtwirkungsgrade von 80 bis zu 95 %. Die Investitionskosten betragen etwa 800 €/kW (Anlagen > 1 MW) bis 3.000 €/kW (Kleinst-Anlagen). Relativ neu sind Micro-BHKW, die in privaten Häusern installiert werden, die Wärmeversorgung übernehmen und mit einem elektrischen Wirkungsgrad von 30 % nebenher Strom erzeugen (Koop 2013/06: 52). Biogasbetriebene BHKW kommen ebenfalls auf Gesamtwirkungsgrade von über 90 %. Da sie, wie alle KWK-betriebenen Kraftwerke, für die verkaufte Wärme Wärmegutschriften erhalten und obendrein THG-arme Biomasse als Energieträger nutzen, kommen sie rechnerisch sogar auf negative Emissionswerte. Sie erhalten Wärmegutschriften, weil ihre Abwärme zur Heizung von Gebäuden genutzt werden kann, die sonst mit konventionellen Heizungsanlagen fossile Energieträger verbrauchen würden.

Gas- und Dampfkraftwerke (GuD-Anlagen): Auch erdgasbetriebene GuD-Kraftwerke im KWK-Betrieb kommen auf Gesamtwirkungsgrade von 80-95 %. Ihre $CO_2$-Emissionen liegen bei 148 g/kWh (Öko-Institut 2007/03). GuD-Anlagen sind Kraftwerke, die aufgrund der doppelten Nutzung des Erdgases einen besonders hohen elektrischen Wirkungsgrad erreichen: (a) Das brennende Gas betreibt eine (Gas-)Turbine, (b) mit der restlichen Wärme des Gases wird Dampf erzeugt, der eine zweite (Dampf-)Turbine antreibt. Damit erreichen sie elektrische Wirkungsgrade von bis zu 60 %. Es wird davon ausgegangen, dass ihr elektrischer Wirkungsgrad in den nächsten 20 Jahren auf über 70 % gesteigert werden kann. Während Stein- bzw. Braunkohlekraftwerke 622 bis 1.153 g $CO_2$ / kWh emittieren, kommen erdgasbetriebene BHKW und GuD nur auf 49 bis 429 g $CO_2$ / kWh (Tabelle 7). In der Regel sind GuD-Anlagen mittelgroße Kraftwerke mit einer Leistung von 10 bis 500 MWel.

*Stromgestehungskosten:* S. bezeichnen die Kosten, welche für die Energieumwandlung von einer Energieform in elektrischen Strom notwendig sind. Sie werden in der Regel in ct/kWh angegeben.

*Externe Kosten der Stromerzeugung:* Die e.K. sollen alle sozial-ökologischen Kosten in monetarisierter Form widerspiegeln, die bei der Stromerzeugung entstehen, aber auf Dritte überwälzt werden (Steuerzahler, künftige Generationen). Den größten Anteil bilden die erwarteten Schadenskosten der Klimaerwärmung. Die Nachhaltige Ökonomie steht allen Methoden der exakten Berechnung von Umweltschäden skeptisch gegenüber (was kostet eine ausgestorbene Rotkehlchenart, was 500 Mio. Klimaflüchtlinge?) und bevorzugt den Standard-Preis-Ansatz. Als Mittel der Öffentlichkeitsarbeit und als grobe, ordinale Kategorisierung der externen Kosten halten wir allerdings die Monetarisierung für legitim.

*Bewertung KWK-Gaskraftwerke*

Die Bewertung der gasbetriebenen dezentralen Kraft-Wärme-Kopplung (BHKW und GuD) fällt positiver als bei Kraftwerken auf Kohlebasis aus.

*Übersicht 7: Bewertung von KWK-Gaskraftwerken*

---

*Ökologische Kriterien*

(1) *Klimaverträglichkeit*: Die THG-Emissionen sind aufgrund des höheren Wirkungsgrades und des Brennstoffs deutlich geringer als bei Kohlekraftwerken, aber höher als bei den meisten EE.

(2 u. 5) *Naturverträglichkeit und gesundheitliche Risiken*: Auch die übrigen Emissionen, der Flächenverbrauch und die Abfälle haben eine vergleichsweise akzeptable Bilanz.

(3 u. 4) *Ressourcenschonung*: Erdgas ist eine endliche Ressource, daher müssen schrittweise höhere Anteile von Biogas/Methan eingesetzt werden.

*Ökonomische Kriterien*

(6) *Arbeitsplatzeffekte*: Kleinere Anlagen benötigen pro erzeugter kWh einen höheren personellen Einsatz als größere Anlagen (daher sind sie pro erzeugter kWh auch teurer).

(7) *Kurzfristige Versorgungssicherheit*: Die Strom- und Wärmeversorgung aus KWK-Anlagen ist jederzeit und uneingeschränkt verfügbar.

(8) *Wirtschaftlichkeit, geringe Konzentration, technische Effizienz, externe Kosten*:
(a) Der Kostenvergleich zwischen Gas-Kraftwerken und Kohlekraftwerken ist abhängig von Faktoren, die teilweise mit einer erheblichen Unsicherheit behaftet sind (Preis der Energieträger, Kosten der Emissionen). Erdgaskraftwerke sind betriebswirtschaftlich teurer als Kohlekraftwerke. Die Emissionen sind aber aufgrund des höheren Wirkungsgrades und der deutlich geringeren spezifischen $CO_2$-Emissionen niedriger. Bei einer deutlichen Herabsetzung des caps im europäischen Emissionshandel würde Kohlestrom jedoch deutlich teurer als Gas-Strom werden.

(b) *Konzentration:* Dezentrale KWK-Anlagen sind sehr gut von kleinen und mittleren Unternehmen zu betreiben.
(c) Die *externen Kosten* sind relativ gering.
(d) Die *Effizienz* ist sehr hoch.

(9) *Wirtschaftliche Abhängigkeit*: Da das Potential von in Deutschland aus Abfall gewonnenem Biogas nicht ausreicht, um alles Erdgas zu ersetzen, nimmt die Abhängigkeit von diesem Energieträger oder von Energiepflanzen zu. Eines Tages könnte das Erdgas aber durch eigenerzeugten Wasserstoff/Methan aus EE substituiert werden.

(10) *Investitionskosten*: In der Investition sind GuD-Anlagen relativ preisgünstig (500 €/kW).

*Sozial-kulturelle Kriterien / Fehlentwicklungen*

(11) *Fehlentwicklungen*: Da gasbetriebene KWK-Anlagen meist von Stadtwerken und Energiegenossenschaften betrieben werden, ist der Einfluss der Betreiber auf die Politik zum Teil geringer als bei den Stromkonzernen. Hierbei versucht der VKU die gleichen Mittel einzusetzen wie alle Akteure. Beim Einsatz von dezentralen Anlagen besteht somit das Potential, dem Konzentrationsprozess in der Stromwirtschaft entgegen zu wirken.

(12) *Dauerhafte Versorgungssicherheit*: Mit fossilem Erdgas betriebene KWK-Anlagen sind eine gute Brückentechnologie. Sie müssen aber innerhalb der nächsten 35 Jahre schrittweise auf Biogas oder „solaren" Wasserstoff/ Methan umgestellt werden.

(13) *Flexibilität*: Dezentrale Anlagen lassen sich gut integrieren und passen sich durch ihre schnelle Regelbarkeit den fluktuierenden EE an.

(14) *Globale Verträglichkeit*: Überall, wo der Verbrauch von fossilen Energien reduziert werden kann, werden auch potentielle Konflikte um Ressourcen verringert. Auf mittlere Sicht muss der Importanteil durch Biogas und Methan reduziert werden.

(15) *Sicherheitsfreundlichkeit, gesellschaftliche Verträglichkeit*: KWK-Anlagen sind relativ sicherheitsfreundlich.

Quelle: Eigene Zusammenstellung Rogall 2014.

*Zwischenfazit und Perspektiven*

*Kohlekraftwerke* schneiden bei der Bewertung, selbst wenn sie als KWK-Anlagen ausgeführt werden, sehr schlecht ab, da ihre THG-Emissionen aufgrund der eingesetzten Brennstoffe unvertretbar hoch sind. Sie werden etwa 50 Jahre lang betrieben, z. B. wurden das Braunkohlekraftwerk Weisweiler bei Eschweiler 1955 und das Steinkohlekraftwerk Scholven 1968 in Betrieb genommen – beide produzieren immer noch Strom (RWE Power 2014 & E.ON SE 2014). Somit würden mit dem Bau neuer Kohlekraftwerke und dem ungehemmten Weiterbetrieb bestehender Anlagen die Klimaschutzziele der EU und Deutschlands nicht einzuhalten sein (DIW 2014/26: 604). Das könnte vielleicht durch eine erfolgreiche $CO_2$-Abscheidungs- und Speicherungstechnik eines Tages geändert werden. Die derzeitigen wirtschaftlichen und technischen Risiken sind aber so hoch, dass man sich heute nicht darauf verlassen kann (vgl. Kap. 2.4). Trotz dieser eindeutig negativen Bewertung, hat die Stromerzeugung aus fossilen Kraftwerken zwischen 2000 und 2012 nur geringfügig abgenommen (die Braunkohleverstromung hat sogar zugenommen). Um die Klimaschutzziele der Bundesregierung (Kap. 2.2) zu erreichen, müssen die vorhandenen Kohlekraftwerke schnellstmöglich stillgelegt werden (die letzten in 25 bis 35 Jahren). Zumal selbst in Spitzenlaststunden Netzengpässe ohne die Braunkohlekraftwerke in Ostdeutschland beherrscht werden können (DIW 2014/26: 605). Zur frühzeitigen Stilllegung bieten sich prinzipiell zwei Strategiepfade an, die sich in der Realität auch koppeln lassen.

*Über ein Ausstiegsgesetz*: Um der Energiewirtschaft eindeutige Rahmenbedingungen für künftige Investitionen einer nachhaltigen Energiepolitik vorzugeben, benötigt Deutschland einen ähnlichen Ausstiegsbeschluss aus der fossilen Energiewirtschaft wie dem Atomausstiegsbeschluss. Ein derartiges „Kohle-" oder „*Fossile-Energien-Ausstiegsgesetz*" benötige eine Festlegung der Restlaufzeiten (oder der Festlegung von Maximalaufzeiten von z. B. 35 Jahren) vorhandener Kohlekraftwerke und ein Genehmigungsverbot für neue Anlagen. Weiterhin werden längere dynamische Ausstiegsregelungen für gasbetriebene Kraftwerke und Heizungen benötigt. *Alternativ* hierzu könnte ein *Emissionsgesetz* erlassen werden, das eine Obergrenze für den spezifischen $CO_2$-Ausstoß jedes Kraftwerks und hierdurch die Restlaufzeit festlegt(Leprich 2013/11: 37). Weiterhin kämen Restemissionsmengen für Kraftwerke, $CO_2$-Grenzwerte, Mindestwirkungsgrade oder Flexibilisierungsanforderungen in Frage (DIW 2014/26: 603).

*Über eine konsequente Verteuerung*: Hierzu bieten sich folgende Instrumente an:

a) *Emissionshandel*: Eine deutliche Verringerung der Emissionszertifikate auf der EU-Ebene (mittels einer Absenkung des caps aufgrund anspruchsvollerer $CO_2$-Minderungsziele, DIW 2014/26: 603).

b) *Energiesteuer*: Sollte dies auf europäischer Ebene nicht schnell genug durchführbar sein, empfiehlt der SRU die $CO_2$-Emissionen zu besteuern, indem die Ausnahmetatbestände im Energiesteuergesetz abgeschafft und die Höhe der Besteuerung auf Basis des spezifischen Kohlenstoffgehalts der

Energieträger ausgerichtet werden (SRU 2013/10: 6). Das könnte zu nationalen Mindestpreisen für $CO_2$-Zertifikate führen (DIW 2014/26: 603).

c) *Schadstoffsteuer*: Noch zielgerichteter als eine $CO_2$-Steuer ist eine Steuer, die nach den Emissionen der Energieträger (inkl. atomaren Strahlen, Schadstoffen usw.) gestaffelt ist (Kap. 7.5).

Besonders interessant wäre die Verabschiedung eines *„Kohlekraftwerks-Ausstiegs-Gesetzes"* oder *„Fossile-Energien-Kraftwerks-Gesetz"*. Das Gesetz könnte festlegen, dass in 30 oder 35 Jahren kein Kohlekraftwerk mehr Strom produzieren darf und ab sofort keine Baugenehmigung mehr erteilt wird. Das gleiche könnte für Öl-Kraftwerke festgeschrieben werden. Für Gaskraftwerke in KWK könnte der Umstieg auf Biogas und Wasserstoff/Methan (mit steigender Quote) auf 2050/55 festgelegt werden. Ein derartiges Gesetz würde die volkswirtschaftlichen Kosten des Ausstiegs aus der fossilen Energiewirtschaft minimieren, da die Betreiber von Kohlekraftwerken bei der Planung neuer Kraftwerke genauer berechnen könnten, ob sich für die Laufzeit von z. B. 35 Jahre die Anlage rentiert.

Wie wir im Kapitel 5 sehen werden, wird der Bau von gasbetriebenen Kraft-Wärme-Kopplungs-Anlagen als effiziente Brückentechnik angesehen (Verdoppelung bis Verdreifachung des Anteils von GuD-Anlagen und gasbetriebenen BHKW in KWK bis 2020 bzw. 2030). Das Umweltbundesamt spricht sich für einen Zubau von Erdgaskraftwerken von heute 70 TWh auf 165 TWh und eine Verdoppelung des KWK-Anteils bis 2020 aus (UBA 2007/06: 6 u. 7). Entscheidend für diesen Strukturwandel werden die nächsten 10 Jahre sein, da in dieser Zeitperiode die meisten europäischen Kraftwerke erneuert werden müssen. Da der Strompreis auf der Strombörse seit Monaten relativ niedrig ist und nach den abgeschlossenen Terminkontrakten zumindest bis 2019 dauerhaft niedrig bleiben wird (<4 ct/kWh), werden viele geplante Gaskraftwerke nicht gebaut (Vorholz 2013/08: 23). Der Gesetzgeber darf dieser Entwicklung nicht tatenlos zusehen.

Bislang wurden BHKW und GuD-Kraftwerke in KWK i.d.R. so dimensioniert und betrieben, dass sie die Wärmegrundlast in der Umgebung abdecken konnten. Der anfallende Strom diente zur lokalen Deckung der Nachfrage oder wurde in das Stromnetz eingespeist. Aufgrund des zunehmenden EE-Anteils wird es aber notwendig und wirtschaftlich, die Anlagen stromgeführt zu betreiben und den Strom in Hochlastzeiten zu verkaufen, die dabei anfallende Wärme muss dann in Speichern zur Deckung der Wärmenachfrage gespeichert werden (vgl. Kap. 5.2). Diese klimatisch und volkswirtschaftlich sinnvolle Strategie wird aber derzeit durch den betriebswirtschaftlich zu preiswerten Atom- und Kohlestrom verhindert. Daher muss der Gesetzgeber umgehend für die notwendigen Rahmenbedingungen sorgen, die einen wirtschaftlichen Betrieb der gasbetriebenen Kraftwerke ermöglichen. Als *Zwi-*

*schenfazit* können wir festhalten, dass die THG-Minderungsziele Deutschlands nur erreicht werden können, wenn die Stromwirtschaft bis 2050 THG-neutral umgebaut wird.

### 3.2 Verkehr

Der Verkehr ist in Deutschland der zweitgrößte Emittent von Treibhausgasen. Er emittiert etwa ein Fünftel der energiebedingten $CO_2$-Emissionen. Die THG-Minderungserfolge dieses Sektors waren lange Zeit sehr bescheiden. Zwischen 1990 und 2000 haben die Emissionen sogar zugenommen, seitdem gehen sie geringfügig zurück. Ursache dieser unzureichenden Entwicklung sind die gestiegenen Verkehrsleistungen sowie die Erhöhung der Leistung und des Gewichts der Fahrzeuge. Ziel ist ein vollständiger Ausstieg aus dem erdölbasierten Verkehr und die vollständige Ausschöpfung der Effizienzpotentiale (Leichtbau, Rückgewinnung der Bremsenergie). *Mögliche Maßnahmen zur stärkeren Effizienzsteigerung im Verkehrsbereich sind*:

1) *Flottenmodell*: Einführung von $CO_2$-Emissionsgrenzen in Form eines weiterentwickelten europäischen Flottenverbrauchs-Modells für Pkw. Hierbei müssen die Hersteller von Pkw im Durchschnitt ihrer gesamten Fahrzeugflotten einen $CO_2$-Emissionsgrenzwert einhalten oder Ausgleichszahlungen hinnehmen. Dieser Grenzwert könnte bis 2050 auf nahezu 0 g/km $CO_2$, gesenkt werden.
   *Bewertung*: Dieses Instrument wird theoretisch positiv bewertet, die bisherigen Erfahrungen zeigen aber, dass aufgrund des massiven Drucks der Automobilindustrie in der Vergangenheit immer wieder Ausnahmen eingeführt und so konsequente Absenkungen der Grenzwerte verzögert oder zunichte gemacht wurden.

2) *Schrittweise Internalisierung der externen Kosten des Verkehrs:* Wichtige Instrumente zur Effizienzsteigerung und zur Substitution von fossilen Kraftstoffen durch EE sind alle Maßnahmen, die zur deutlichen Verteuerung des fossilen motorisierten Individualverkehrs führen. Neuere Klimaschutzszenarien fordern eine Erhöhung des Benzinpreises bis 2050 um 90 % und des Dieselpreises um 144 % (Öko-Institut, ISI 2014/04: 21). Hierzu bieten sich folgende Instrumente an:

   a) *Erhöhung der Mineralölsteuer* oder Einführung einer $CO_2$-Steuer.

   b) *Emissionshandel*: Einführung eines $CO_2$-Handelssystems auf der ersten Handelsstufe von fossilen Energieträgern (Förderung, Grenzüberschreitung), das sicherstellt, dass die Handlungsziele in allen Sektoren eingehalten werden (Kap. 7.5).

*Bewertung:* Es steht zu befürchten, dass dieses System keine ausreichende Wirkung entfaltet, da sich Treibstoffkosten hierdurch nur unzureichend erhöhen würden, um die Entwicklung und Markteinführung kraftstoffsparender Fahrzeuge durchzusetzen. Hintergrund ist die Tatsache, dass Treibstoffe durch die Mineralölsteuer schon relativ hoch belastet sind und daher die Zertifikatspreise – anders als in anderen Sektoren – hier nur eine geringe prozentuale Erhöhung des Preises erbringen würden.

3) *Ausbau des schienengebundenen öffentlichen Nah- und Fern-Verkehrs* (Umweltverbund, inkl. Fußgänger und Radverkehrs).
   *Bewertung*: Diese Strategie wird positiv bewertet. Befürworter müssen aber wissen, dass der Kfz-Verkehr heute einen so großen Anteil des Verkehrs ausmacht, dass selbst eine Verdopplung des Umweltverbundes die Probleme nicht ausreichend lösen würde.

4) *Gewichtsreduktion bei den Pkw* (z. B. Leichtbau)
   *Bewertung*: Da die Effizienzstrategie nicht ausreicht, muss eine *Umstellung des Fahrzeugparks auf Elektromobile* stattfinden, die ihre Energie aus EE erhalten z. B. durch

   a) eine *Bonus-Malusregelung*, die Elektromobile einen Bonus über mehrere Tausend Euro bei der Anschaffung gewährt, finanziert von Fahrzeugen, die fossile Energien verwenden.
      *Bewertung*: Dieses Instrument wird sehr positiv bewertet, da es sich in der Vergangenheit als sehr effektiv herausgestellt hat (s. EEG).

   b) Einführung von *Benutzervorteilen* für Elektro- oder Brennstoffzellenfahrzeugen (Nutzung der Busspur, freie Parkplätze in Gebieten der Parkraumbewirtschaftung).
      *Bewertung*: Diese Strategie wird positiv bewertet. Befürworter müssen sich aber vor Augen führen, dass derartige Benutzervorteile nicht zu Lasten des ÖPNV gehen dürfen. Auch ist noch nicht sicher, dass diese Fahrzeuge die Probleme der individuellen Mobilität tatsächlich lösen können (Abhängigkeit von seltenen Metallen und anderen Rohstoffen sowie der Flächenverbrauch bleiben als Probleme).

5) *Erhöhung der Maut-Gebühren für Lkw* in Fünf-Jahres-Schritten, Einführung auch auf Landstraßen und Ausweitung auf Lkw größer 3,5 t (Öko-Institut, ISI 2014/04: 21).
   *Bewertung*: Diese Strategie wird positiv bewertet.

6) *Einführung von Sitzplatzabgaben und Umsatzsteuer in der Luftfahrt:* Nach dem 2. Weltkrieg wurde in internationalen Verträgen (die nur schwer einseitig von Deutschland oder der EU zu ändern sind) vereinbart, dass auf Flugzeugbenzin keine Mineralölsteuer erhoben werden darf. Als Alternative hierzu bietet sich die Einführung einer Sitzplatzabgabe an

(mehrere Dutzend Euro pro Sitzplatz/Person pro Flug). Weiterhin könnte die bislang nicht erhobene Umsatzsteuer für Flugtickets eingeführt werden.
*Bewertung*: Diese Strategie wird positiv bewertet.
Die *Bewertung* der Effizienzstrategie im Verkehrssektor fällt positiv aus: Der PEV kann gesenkt werden. Damit nehmen die Umweltverträglichkeit und die Versorgungssicherheit zu. Zusätzlich kann ein deutlicher Beitrag für die ökologische Modernisierung der Volkswirtschaft geleistet werden. Bei vertretbaren Investitionen können die Ressourceneffizienz deutlich gesteigert und damit Kosten gesenkt werden. Ein Teil der Investitionen amortisiert sich auch betriebswirtschaftlich. Die Leitstudie 2011 sieht allerdings aufgrund der beträchtlichen Wachstumstendenzen im Güterverkehr mittelfristig nur begrenzte Erfolge (bis 2020 Reduktion des Endenergieverbrauchs auf lediglich 90 %, bis 2050 auf 59 % des Verbrauchs von 2005 (DLR, IWES, IfnE 2012/03: 134)). Daher muss zumindest der motorisierte Personen- und Individualverkehr künftig vollständig durch EE-Strom betrieben werden (SRU 2013/10: 53).

### 3.3 Verarbeitendes Gewerbe

Die Industrie (verarbeitendes Gewerbe) verursacht in Deutschland die drittgrößten energiebedingten THG-Emissionen. U.a. durch den wirtschaftlichen Zusammenbruch in den neuen Bundesländern und Effizienzmaßnahmen hat dieser Sektor zwischen 1990 und 2005 die größten Emissionsminderungen erzielt. Seitdem haben die Emissionen wieder leicht zugenommen. Damit konnte zwar eine Entkoppelung zwischen wirtschaftlichem Wachstum und THG-Emissionen/Energieverbrauch erreicht werden, die Handlungsziele wurden aber gleichwohl nicht erreicht. Für die Umsetzung von Effizienzpotentialen sind divergierende Faktoren feststellbar. Einerseits reagieren Wirtschaftsunternehmen schneller auf steigende Energiepreise als die Privathaushalte und nutzen damit die Effizienzpotentiale schneller aus. Andererseits fordern sie viel kürzere Amortisationszeiten. Während einige Haushalte auch Wärmeschutzsanierungen oder Investitionen in Solaranlagen durchführen, die sich erst in 10 bis 15 Jahren amortisieren, werden in der Wirtschaft nur Investitionen als wirtschaftlich angesehen, die eine ein- bis dreijährige Amortisationszeit aufweisen. Dadurch sinkt das Effizienzpotential in der betrieblichen Praxis natürlich beträchtlich. Da die Bundesregierung die THG-Emissionen bis 2050 um 80-95 % senken will, steht die Industrie vor einer großen Herausforderung. Dabei darf aber nicht übersehen werden, dass bereits heute einige Verfahren kaum noch effizienter gestaltet werden können, da sie bis nah an die naturgesetzlichen Grenzen optimiert wurden. Daher sind folgende Strategien unverzichtbar:

1) *Einführung eines Emissionshandelssystems* auf der ersten Handelsstufe.

2) *Flächendeckende Einführung von Energiemanagementsystemen* (nach DIN EN ISO 50001) oder EMAS (Eco-Management and Audit Scheme), mit 80-95 % THG-Minderungsziel bis 2050 und jährlichen Zwischenzielen. 2014 hat das BMUB einen online-Leitfaden (mod.EEM – modifiziertes Energieeffizienzmodell) vorgestellt, mit dem ein effektives Energiemanagementsystem eingeführt werden kann. Die *wirkungsvollsten Energieeinsparungen* ergeben sich in den Bereichen: (a) Hochwirkungsgrad-Motoren, (b) Umrichter zur elektronischen Drehzahlregelung, (c) Systemoptimierungen von Anlagen mit elektrischen Antrieben (Pumpen, Drucklufterzeuger, Ventilatoren, Abwärmenutzung und Einsatz von Wärmepumpen).

3) *Flächendeckende Nutzung von Sekundärrohstoffen und neuen Werkstoffen.* Für die Herstellung von metallischen Werkstoffen muss sehr viel Energie aufgewendet werden, so dass bei der Herstellung dieser Werkstoffe (bei heutigem Strommix und einem in Deutschland üblichen Recyclinganteil von 40 bis 63 %) erhebliche THG-Emissionen anfallen: z. B. bei Stahl 26 GJ/t (1,8 t $CO_2$/t), Kupfer 27 GJ/t (1,8 t $CO_2$/t), Aluminium 67 GJ/t (4,9 t $CO_2$/t) (Kaltschmitt u.a. 2013: 31). Für Sekundärwerkstoffe muss deutlich weniger Energie aufgewendet werden als für die Gewinnung und Verarbeitung von Primärmaterialien. So ist der Energieverbrauch zur Verwertung von Sekundäraluminium um 95 % niedriger als von Primäraluminium (BMU, UBA 2009/01: 112). Ein weiteres Potential besteht in der Ersetzung von energieintensiven Materialien durch weniger energieintensive. Die *Bewertung* fällt positiv aus: Der PEV und die THG-Emissionen können gesenkt werden. Damit nehmen die Umweltverträglichkeit und die Versorgungssicherheit zu. Zusätzlich kann ein deutlicher Beitrag für die ökologische Modernisierung der Volkswirtschaft geleistet werden. Bei vertretbaren Investitionen kann die Ressourceneffizienz deutlich gesteigert und damit Kosten gesenkt werden. Ein Teil der Investitionen amortisiert sich selbst auf Basis heutiger ökonomischer Rahmenbedingungen auch betriebswirtschaftlich.

4) *$CO_2$-Abtrennung und Ablagerung (CCS-Technologie)*: Die Industrie verursacht sehr hohe THG-Emissionen. Im Jahr 2008 betrugen die industriellen Prozessemissionen ca. 90 Mio. t $CO_2$ (9 % der gesamten Treibhausgasemissionen Deutschlands, zur Bedeutung der prozessbedingten THG-Emissionen s. Öko-Institut, ISI 2014/04: 19). Allein die Eisen- und Stahlproduktion verursachte 52 Mio. t $CO_2$, die Zementherstellung 21 Mio. t (zusammen 80 % der Prozessemissionen).
*Bewertung*: Nach einer Studie des Öko-Instituts bietet sich die CCS-Technik – anders als bei den Kraftwerken – in der Industrie an. Im Vergleich zur Anwendung bei Kohlekraftwerken bietet dieses Verfahren bei Indus-

trieprozessen ökologische und ökonomische Vorteile (um eine Tonne $CO_2$ abzuscheiden, muss bei einer doppelt so hohen $CO_2$-Konzentration nur die halbe Abgasmenge behandelt werden, damit sind auch die Kosten erheblich niedriger). Das Öko-Institut empfiehlt daher, ab dem Jahr 2025 keinen Hoch- und Zementofen ohne CCS-Technologie mehr zu genehmigen (Öko-Institut 2012/06: 5 und 22). Dennoch bleibt natürlich ein Teil der Vorbehalte, die wir im Kap. 2.5 formuliert hatten, erhalten.

## 3.4 Haushalte

Die *privaten Haushalte* und der *GHD-Sektor* (Gewerbe-Handel-Dienstleistungen) haben ähnliche Ansatzpunkte zur Reduzierung des Energieverbrauchs und der THG-Emissionen. Gemeinsam sind sie für fast die Hälfte des gesamten Endenergieverbrauchs und über ein Fünftel der THG-Emissionen verantwortlich. Beide Sektoren weisen einen leichten Trend zur Verminderung des Endenergieverbrauchs und der THG-Emissionen auf, der aber nicht ausreicht, die Klimaschutzziele zu erreichen. Letztlich dient natürlich aller Energieverbrauch der Versorgung der Haushalte (indirekter Verbrauch genannt: für die Produktion von Strom und Gütern sowie ihr Transport). Um die verschiedenen Minderungsstrategien besser unterscheiden zu können, verbleiben wir aber bei der Gliederung der amtlichen Statistik, dabei wollen wir uns auf die größten Energieverbrauchsbereiche und THG-Emissionssektoren beschränken: (1) Raumwärme und Warmwasser, (2) Stromverbrauch.

### Erstens: Raumwärme und Warmwasser

Der größte Anteil des Endenergieverbrauchs der privaten Haushalte fällt für die Erzeugung von Raumwärme (ca. 73 %) und Warmwasser (12 %) an (UBA 2013/03: 24). Der Energieverbrauch von Gebäuden richtet sich nach der Gebäudegröße und ihrem Wärmeschutzstandard, der je nach Baualter (aufgrund der gesetzlichen Vorgaben) extrem unterschiedlich ist.

Zurzeit (2014/15) verfügt Deutschland über etwa 40 Mio. Wohnungen (ca. 3,3 Mrd. qm bewohnte Wohnfläche). Nach den Politikszenarien wird diese Wohnfläche – trotz sinkender Bevölkerung – bis 2030 auf 3,5 Mrd. qm steigen. Diese Entwicklung ist auf das starke Wohnflächenwachstum pro Kopf zurückzuführen, von 42 qm (2008) auf 44 qm (2015). 2030 werden es nach diesem Szenario 49 qm/Kopf sein (UBA 2013/03: 25).

Über zwei Drittel (69 %) des deutschen Wohnungsbestandes wurden vor der ersten Wärmeschutzverordnung 1979 errichtet (StaBA 2012/03, Bauen und Wohnen) und weisen damit in der Regel besonders hohe Wärmeverluste auf. Allerdings konnte der durchschnittliche Raumwärmeendenergieverbrauch durch Abriss und Wärmeschutzsanierung von 200 kWh/m² (1998) auf 161 kWh/m² (2007) gesenkt werden, sodass der absolute Energieverbrauch seit 2000 langsam sinkt.

*Tabelle 8: Entwicklung der Wärmeschutzstandards*

| Baujahr des Wohnhauses bzw. Vorgaben nach Verordnung | Heizwärmebedarf kWh/(m²*a) | Faustgröße Heizölverbrauch in l /(m²*a) |
|---|---|---|
| Vor II. Weltkrieg | 200-300 | 20-30 |
| 1940 bis 1982 | 200-400 | 20-40 |
| WSchV 1982 | 130-180 | 13-18 |
| WSchV 1995 | 54-100 | 5-10 |
| EnEV 2009 (+) | 25-60 (+) | 2,5-6, teilweise EE |
| EnEV 2014 | k.A. | k.A. |
| Passiv-, Nullenergiehaus | < 15 | 0 da EE |

(+) Änderung der Messung. Quelle: Eigene Zusammenstellung 2013.

*Wärmeschutzstandards*

(1) Die *Energieeinsparverordnung – EnEV* von 2002, 2004, 2007, 2009, 2014 (auf Grundlage des Energieeinspargesetzes) führte u.a. ein:

a) *Wärmeschutzstandards für Neubauten* (seit 2009 etwa 70 kWh/ (m²*a). Mit der EnEV 2014 wurden die energetischen Anforderungen an den zulässigen Jahres-Primärenergie-Verbrauch ab 2016 um 25 %, die Anforderungen an die Qualität der Gebäudehülle um 20 % erhöht (Mindestanforderungen für die Wärmedämmung, zulässiger Primärenergiebedarf).

b) *Mindestwirkungsgrade für Heizungsanlagen*, die ab 2015 zu einer Austauschpflicht für Konstanttemperaturheizkessel führt, die 1984 und älter errichtet wurden (gilt allerdings nicht für Ein- und Zweifamilienhäuser, die selbst genutzt werden, und Niedertemperaturkessel und besser; Rathert 2013/12, BMUB 2014/04/29).

c) *Verbrauchsabhängige Abrechnungen von Heizungsanlagen*

d) *Eine veränderte Berechnung der Wärmeschutzwerte*: Während die alten Wärmeschutzverordnungen lediglich Wärmeschutzmindeststandards für die Gebäudeteile festlegten, führte die EnEV für Neubauten zusätzlich die Einhaltung eines maximalen Primärenergiebedarfs ein (Berechnung nach DIN V 18599). Hierbei wird aus dem Endenergieverbrauch für Raumwärme und Warmwasser je nach Energieträger und eingesetzter Technik der Primärenergieverbrauch errechnet (inkl. aller Verluste bei Gewinnung,

Transport, Umwandlung). Hierdurch wird der Einsatz unterschiedlicher Techniken flexibilisiert (z. B. Einsatz erneuerbarer Energien bei geringerer Wärmedämmung oder umgekehrt). Besonders effiziente Techniken erhalten einen Anreiz (so haben z. B. Gas-Brennwertkessel einen relativ niedrigen Primärenergiebedarf, Stromheizungen haben hingegen aufgrund der schlechten Wirkungsgrade der Kraftwerke einen hohen Primärenergiebedarf).

e) Mit der EnEV 2009 wurden Nachweispflichten eingeführt (u.a. Fachunternehmererklärung, Einbeziehung der Schornsteinfeger). Ob damit der wesentliche Mangel beim Vollzug der EnEV in den Bundesländern behoben wird, ist noch nicht zu sagen (schon seit Jahren wird beklagt, dass die Länder- und Kommunalbehörden die Einhaltung der EnEV nicht kontrollieren und daher viele Neubauten die Grenzwerte nicht einhalten).

Für *Bestandsbauten* existieren nur Grenzwerte bei grundlegenden Sanierungen oder Erweiterungen (die darüber hinausgehenden Verpflichtungen wurden durch die Bauminister der Länder ausgehebelt). Daher werden sie hier nicht aufgeführt. Auch die EnEV 2014 änderte daran nichts.

(2) *Niedrigenergiehaus*: Das NEH ist gesetzlich nicht definiert, daher wird unterschieden in:

a) *KfW-Effizienzhaus 70*: Wohnhäuser, die nur 70 % der Energie eines Gebäudes der gültigen EnEV verbrauchen (Energieverbrauchsminderung um 30 %). Der Bau wird durch besondere KfW-Kredite gefördert.

b) *KfW-Effizienzhaus 40*: Wohnhäuser, die 40 % eines Wohnhauses nach der gültigen EnEV verbrauchen. Dieser Wert wird i.d.R. durch Passivenergie- oder sehr gute Dreiliterhäuser (Energieverbrauch < 30 kWh/m$^2$*a) erreicht (Quaschning 2013: 75).

(3) *Niedrigstenergiehausstandard/Klimaneutrale Gebäude*: Die Bundesregierung will (auf Grundlage der EU-Richtlinie (*RL 2010/31/ EU*) einen klimaneutralen Gebäudebestand erreichen (BMU 2011/ 10: 18). Das entspricht dem *Nullenergiehaus* (Haus, das keine THG emittiert, d.h. keine fossile Energie für Raumwärme und Warmwasser benötigt):

*I. Neubauten*: Hierbei wird der Heizenergiebedarf so weit gesenkt (< 15 kWh/(m$^2$*a)), dass diese Häuser kein konventionelles Heizungssystem (mit Heizkörpern) mehr benötigen. An sehr kalten Tagen wird warme Luft durch die Lüftungsanlage zugeführt, z. B. mittels kleiner Wärmepumpen und EE-Strom. Dieser Standard könnte in Deutschland durch die nächste Novellierung der Energieeinsparverordnung (EnEV) spätestens 2021 verbindlich werden. Wesentliche *Bestandteile eines klimaneutralen Neubaus sind*:

a) Optimierung der *Ausrichtung* und *extrem gute Dämmung*:
– südliche Orientierung zur Solarenergiegewinnung im Winter
– 25-40 cm Wärmedämmung bei Wand, Dach, Boden (U-Wert < 0,1) und

luftdichte Hülle ohne Wärmebrücken
- Dreifachwärmeschutzverglasung der Fenster mit Gasfüllung

*b) Haustechnik*: Ersetzung eines konventionellen Heizungssystems durch eine Lüftungsanlage mit kleiner Wärmepumpe oder Pelletheizung.

*II. Sanierung Altbauten auf Nullenergie- oder Niedrigstenergiehausstandard*: Der Begriff „Nullenergie" bezieht sich auf fossile Energieträger. Bei diesem Standard wird der Heizenergiebedarf so weit wie möglich gesenkt und der restliche Wärmebedarf durch EE gedeckt.

*U-Wert*: Der U-Wert gibt an, wie viel Wärmeenergie innerhalb einer Sekunde pro Quadratmeter wärmeübertragener Fläche bei einer Temperaturdifferenz von einem Kelvin (1°C) vom Gebäudeinneren durch die Hülle nach außen abgegeben wird. Je niedriger dieser Wert ist, umso besser ist die Isolierung.

*Lüftungsanlagen*: Spätestens ab einem Wärmeschutzstandard von Passivenergiehäusern muss eine Lüftungsanlage eingebaut werden, die verbrauchte Luft abführt und neue zuführt. Hierbei wird durch eine Wärmerückgewinnung die Energie der verbrauchten Luft bis zu 90 % an die Frischluft abgegeben. In der Öffentlichkeit hält sich seit Jahren das Vorurteil, dass sich eine kontrollierte Lüftung negativ auf die Wohnqualität auswirkt, was aber sachlich falsch ist. Der Luftzug ist so gering, dass er weder gehört noch gespürt wird, die optimale Lüftung verhindert Schimmelbefall und die Luftfilter halten einen Teil der Luftschadstoffe der Außenluft zurück, Insekten kommen seltener ins Gebäude. Wird die Frischluft vorher durch ein Rohr in der Erde vorgewärmt (in 1,2 Meter Tiefe herrschen in Deutschland ganzjährig etwa 10-12°C), muss nur noch sehr wenig zusätzliche Energie aufgewendet werden (Quaschning 2013: 78).

Bis *2050* sollen, nach dem Ziel der Bundesregierung, *alle Gebäude klimaneutral* sein, d.h. ohne fossile Brennstoffe bewohnt werden können (BMU 2011/10: 18). Wir unterscheiden in folgende Maßnahmen:

(1) Einführung des *Niedrigstenergiehausstandards für Neubauten*.

(2) *Wärmeschutzsanierung des Altbestandes (vor 1999 gebaut)* bis 2050. Das kann in einem oder in zwei Sanierungsschritten erfolgen.

(3) *Hocheffiziente Heizungsanlagen*.

Hierbei ist immer zu berücksichtigen, dass der Bund den Kommunen keine Aufträge und Kompetenzen erteilen darf, da Kommunalrecht Landesrecht ist.

*Zu 1) Einführung des Niedrigstenergiehausstandards für Neubauten:*

Die EU-Gebäuderichtlinie 2010/31/EU schreibt ab 2021 einen (noch nicht definierten) Niedrigstenergiehausstandard als verbindlichen Standard vor. Dieser Standard führt die Effizienzstrategie mit der Konsistenzstrategie zusammen und bewegt sich nah an den folgenden Standards:

(1) *Passivhausstandard* (siehe Kasten). Dieser Standard könnte in Deutschland durch Novellierung der Energieeinsparverordnung (EnEV) ab dem Jahr 2016 eingeführt werden (SRU 2008/06: 2).

(2) Das *Nullenergiehaus* geht noch einen Schritt weiter und deckt den gesamten Wärmeenergiebedarf durch EE.

(3) Das *Plusenergiehaus* erzeugt in der Bilanz mehr Energie als es selber verbraucht (indem es z. B. über eine PV-Anlage mehr Strom erzeugt, als es verbraucht und den überschüssigen Strom ins Netz einspeist).

*Bewertung*: Deutschland sollte den EU-Niedrigstenergiehausstandard ambitioniert und schnellstmöglich in deutsches Recht übertragen. Hierbei könnte die EnEV 2014 durch eine EnEV 2016 novelliert werden. Danach wäre die Nutzung fossiler Energien in Neubauten ausgeschlossen. Selbst wenn es zu einer derartig positiven Entwicklung kommt, muss sich der Leser aber vor Augen führen, dass *Neubauten nur dann* den Gesamtenergieverbrauch senken können, wenn zur gleichen Zeit alte Bauwerke abgerissen werden. Die derzeitige Abrissrate bleibt aber deutlich hinter der Neubaurate zurück. Daraus folgt, dass mit der Erhöhung der Wärmeschutzstandards der Neubauten nur eine Verringerung der *Zunahme*, nicht aber eine THG-Emissions*minderung* erzielt werden kann. Somit kann nur die Wärmeschutzsanierung des Bestandes einen entscheidenden Beitrag zur Erreichung der Klimaschutzziele leisten.

*Zu 2) Wärmeschutzsanierung des Altbestandes:*

Von den etwa 40 Mio. Wohnungen wurden wie oben beschrieben über zwei Drittel vor der ersten Wärmeschutzverordnung gebaut. Sie benötigen pro m$^2$ und Jahr zwischen 220 und 400 kWh (der Durchschnitt liegt in Deutschland bei 161 kWh/(m$^{2*}$a), inkl. Neubauten). Da die Abrissquote jährlich nur ca. 0,25 % beträgt (UBA 2013/03: 24), führt kein Weg an einer umfassenden Wärmeschutzsanierung dieser Bauten vorbei, damit bis 2050 alle beheizten Gebäude keine fossilen Energieträger mehr benötigen. Hierfür müsste die mittlere energetische Sanierung auf 3 % des Bestandes pro Jahr erhöht werden und hierdurch der Primärenergiebedarf um 83 % gemindert werden (Öko-Institut, ISI 2014/04: 15). Die dann noch notwendige Wärmeenergie könnte bis 2050 mittels EE bereitgestellt werden. Die Politikszenarien sehen eine Zielerreichung (klimaneutraler Gebäudebestand 2050, Energiekonzept der Bundesregierung 2010) als möglich an, wenn der durchschnittliche Primärenergiebedarf aller Gebäude um 80 % gemindert wird (UBA 2013/03: 45). Davon ist Deutschland aber weit entfernt. Zurzeit wird jährlich nur etwa 1 % des Bestandes pro Jahr wärmeschutzsaniert und nur wenige von ihnen auf den erwünschten hohen Standard.

Die sehr niedrige Wärmeschutzsanierungsquote ist auf eine Vielzahl von Motivationshemmnissen seitens der Gebäudeeigentümer zurückzuführen.

Zum Teil hängen sie mit der Unsicherheit zusammen, ob sich die Investitionen durch die erreichbaren Heizkosteneinsparungen finanzieren lassen. Relativ günstig ist die Wirtschaftlichkeit bei in einer in einem Zuge durchgeführten Vollsanierung, wesentlich ungünstiger bei einem Nacheinander verschiedener kleiner Sanierungsschritte, weil das Verhältnis zwischen Aufwand und Zusatznutzen zwar anfangs gut ist, bei jedem weiteren Schritt aber tendenziell immer ungünstiger wird (dena 2011: 39 ff.).

Unabhängig von der durch viele schwer prognostizierbare Faktoren beeinflussten Frage nach der rechnerischen Wirtschaftlichkeit müssen die Eigentümer auf jeden Fall zunächst hohe Investitionssummen aufbringen, für die sie sich verschulden müssen, teils aber nicht wollen oder nicht können – weil sie aus der Sicht der Banken nicht kreditwürdig sind. Deshalb ist der Einsatz von öffentlichen Fördermitteln (oder von anderweitig, z.B. in einem Bonus-Malus-System, generierten Geldmitteln) unumgänglich, um die Investitionsbereitschaft der Gebäudeeigentümer zu erhöhen – und auch, um im Mietbereich die Folgelasten für die Mieter zu begrenzen. Nach geltendem Mietrecht kann der Vermieter die Investitionen für die Wärmeschutzsanierung zwar bis zu 11 % auf die Jahreskaltmiete aufschlagen. Häufig gibt der örtliche Wohnungsmarkt entsprechende Erhöhungen aber nicht her – zumal die Mieterhöhungen oft über den erreichten Heizkosteneinsparungen liegen, so dass sich wiederum (verständlicherweise) große Widerstände seitens der Mieter ergeben (UBA 2013: 197).

*Investor-Nutzer-Dilemma? Heizkosten-Gleichgültigkeits-Dilemma!*

Im Mietbereich ist die Anreizsituation besonders kompliziert, weil die Heizkosten nicht vom Vermieter, sondern von den Mietern getragen werden. Steigende Heizkosten bilden für die Vermieter deshalb – anders als für selbstnutzende Eigentümer – keinen Anreiz, in die energetische Gebäudequalität zu investieren. Es besteht sozusagen ein „Heizkosten-Gleichgültigkeits-Dilemma". Unter dem Einfluss ökonomischer Theoriemodelle wird stattdessen oft vom „Investor-Nutzer-Dilemma" oder vom „Vermieter-Mieter-Dilemma" gesprochen. Dieses Bild ist ungenau, weil es suggeriert, dass die eine Person (Vermieter) die Kosten trägt, während die andere (Mieter) den Nutzen hat – und die Untätigkeit des Vermieters darauf zurückzuführen sei. Das trifft aber nicht zu, denn bei Investitionen in die energetische Gebäudequalität können die Vermieter in der Regel die Kaltmiete erhöhen und dies meist sogar in größerem Umfange, als es zu Heizkosteneinsparungen bei den Mietern kommt. Was die Vermieter wirtschaftlich von Investitionen abhält, ist einerseits der Umstand, dass die Heizkosten für sie ein durchlaufender Posten sind, andererseits die für die Marktwirtschaft typische gefühlte Unsicherheit, ob die Marktlage vor Ort genügend Spielraum für die für nötig erachtete Kaltmietenerhöhung gibt.

Abgesehen von den vielfältigen Kosten- und Wirtschaftlichkeitsfragen haben viele Eigentümer auch Vorbehalte wegen der mit Baumaßnahmen verbundenen Belastungen im Alltag oder im Hinblick auf ästhetische oder bautechnische Aspekte (Stieß u.a. 2010). Und sie werden bei der energetischen Gebäudesanierung oft nicht gut beraten, weil Architekten, Bauingenieure oder Handwerker über keine ausreichende Qualifikation verfügen (Mohaupt u.a. 2011/10).

*Maßnahmen zur Wärmeschutzsanierung von Altbauten:*
(1) *Zusätzliche Dämmung*
   – Gebäudehülle, Dach, Kellerdecke 20 cm, inkl. Verringerung der Wärmebrücken; Verbrauchsminderung: bis zu ca. –40 % des Gesamtverbrauchs, 50-150 kWh/(m²*a), Investitionen 50 bis 250 €/m²). Alternativ, mit gleicher Wirkung, können neue Vakuumdämmstoffe verwendet werden, die nur 2 cm stark sind.
   – Neue Fenster und Türen mit Wärmeschutzverglasung (Energieeinsparung: bis zu ca. –10 %, 20-50 kWh/(m²*a), Investitionen 30 bis 150 €/m²)
(2) *Hocheffiziente Heizungssysteme oder EE* (Energieeinsparung bis zu ca. –40 %, Investitionen 15 bis 30 €/m²)
(3) *Lüftung* (Energieeinsparung ca. 10-25 kWh/(m²*a), Investitionen 15 bis 30 €/m²)

Darüber hinaus sind auch diverse Maßnahmen in Eigenarbeit als „Erste-Hilfe-Maßnahmen" möglich (Kellerdeckendämmung, Isolierung der Heizkörpernischen usw.).

*Zu 3) Hocheffiziente Heizungsanlagen*

Der Heizkesselbestand der Privathaushalte umfasst (2010) ca. 23,4 Mio. Kessel. Davon sind mehr als 70 % (!) veraltet und sanierungsbedürftig. Nach den vorliegenden Schätzungen werden aber nur ca. 4 % pro Jahr ersetzt (UBA 2013/03: 25). Von den ca. 40 Mio. Wohnungen in Deutschland wurden 2013 57 % überwiegend durch Gas, 28 % durch Heizöl, 7 % durch Strom und 8 % durch sonstige Energieträger (Holz, Kohle, Erdwärme) beheizt (StaBa 2013/11: 18). Für Wärmeschutzsanierungen empfehlen sich hocheffiziente Heizungsanlagen, die zum Teil mit EE betrieben werden. Als Übergangstechnik können die genannten Techniken mit Erdgas betrieben werden, das schrittweise durch Biogas bzw. „Solarem"-Wasserstoff ersetzt wird. Eine Vollversorgung aller Gebäude und Gaskraftwerke mit Biogas aus Abfällen ist nicht möglich. Biogas aus Energiepflanzen kann aber nach den Nachhaltigkeitskriterien nur begrenzt akzeptiert werden.

Da zurzeit jährlich 4 % aller Heizungsanlagen (durchschnittliche Laufzeit 25 Jahre) ersetzt werden, empfiehlt sich ein Einbauverbot für fossil betriebene Brenner spätestens ab 2025.

Trotz einer konsequenten Wärmeschutzsanierung werden heutige Bestandsbauten nur sehr schwer auf einen Passivenergiehausstandard kommen. Für diese Bauten empfehlen sich *hocheffiziente Heizungssysteme, die mit EE betrieben oder gekoppelt werden*. Hierzu gehören:

(1) *Gasbetriebene KWK-Kraftwerke mit Wärmespeicher und wachsendem Biogas-/EE-Wasserstoff-Anteil*: Wenn eine Kommune über ein Fernwärmenetz und die landesrechtliche Kompetenz verfügt, empfiehlt es sich, über einen Anschluss- und Benutzungszwang für eine 100 %-Fernwärmeversorgung in dem Fernwärmegebiet zu sorgen. Der Anschluss an die Fernwärme erfolgt dann sofort in Neubaugebieten und mit einer angemessenen Übergangszeit (z. B. 10 Jahren) auch für Bestandsbauten (Kap. 14).

*Bewertung*: Aufgrund des steigenden EE-Anteils nehmen die $CO_2$-Emissionen von mit Erdgas betriebenen KWK-Anlagen im Vergleich zu Brennwertkesseln und dem Strommix relativ zu. Daher empfiehlt es sich, einen steigenden Anteil von Biogas, später Wasserstoff oder EE-Methan, zu verwenden (vgl. Kap. 5.5). Da der Bau neuer Fernwärmenetze relativ teuer ist, wird den Kommunen geraten, wo landesrechtlich möglich, von der Einführung eines Anschluss- und Benutzungszwangs Gebrauch zu machen, da die Hauseigentümer sonst die kurzfristig betriebswirtschaftlich preiswertere Lösung vorziehen, was die Netze pro Anschluss noch teurer macht.

(2) *„Solare"-Wärmepumpen* (mit Strom aus EE betrieben und Wärmespeicher, Bestand in Deutschland 2010 ca. 400.000).
*Bewertung*: Im Zuge des zunehmenden EE-Anteils an der Stromversorgung, erst recht bei einer 100 %-Versorgung, werden elektrisch betriebene Wärmepumpen zu einem sehr wichtigen Heizungssystem in Neubauten außerhalb von Fernwärmegebieten, da sie preisgünstig und effizient überschüssigen Strom sinnvoll nutzen können (Power to heat) (ISE 2013/11: 18, vgl. a. UBA 2013/14: 3).

(3) *Micro-BHKW*: Diese Anlagen sind nicht viel größer als konventionelle Heizungen. Sie erzeugen die notwendige Wärme und zusätzlich Strom.
*Bewertung*: Zurzeit ist ihr elektrischer Wirkungsgrad noch sehr gering. Wenn sie mit Wärmespeicher und Fernsteuerung ausgestattet werden, können sie eine sehr wichtige Übergangstechnik werden. Hier gelten aber die gleichen Anforderungen an die Energieträger wie bei (1).

*Tabelle 9: CO$_2$-Emissionen ausgewählter Heizungssysteme*

| Energieträger | Heizungssystem | CO$_2$-Äquivalent g/kWh |
|---|---|---|
| Strom | Elektro-Speicherheizung | 953 |
| Heizöl | Öl-Heizung | 375 |
| Erdgas | BW-Kessel | 256 |
| Erdgas-Solar | BW-Kessel+Solar | 224 |
| Strom | El-Wärmepumpe, Luft | 187 |
| Strom | El-Wärmepumpe, Erdreich | 167 |
| Erdgas | Gas-Wärmepumpe, Motor | 169 |
| Holz | Holz-Pelletheizung | 35 |

Quelle: UBA 2008/05: 15.

(4) *Biomasseanlagen* (Pelletkessel und Scheitholzvergaserkessel), Bestand Pelletheizungen in Deutschland Anfang 2013 ca. 278.000 Anlagen (Tendenz: steigend) (DEPV 2013/01).
*Bewertung*: Pelletheizungen sind komfortabel und die Brennstoffpreise können mit den konventionellen Energieträgern mithalten. Das inländische Potential der Pellets ist allerdings begrenzt. Auch deshalb ist es sinnvoll, den Bau von Pelletheizungen auf Gebiete zu begrenzen, die nicht zu Fern- und Nahwärmegebieten gehören.

(5) *Gasbrennwertkessel plus thermische Solaranlagen:*
*Bewertung*: Brennwertheizungen sind heute Stand der Technik. Sie nutzen die im Abgas enthaltene Wärme und kommen so auf Norm-Wirkungsgrade von bis zu 108 % (aufgrund der Berechnungsmethode, tatsächlich bleiben sie natürlich unter 100 %, s. grauer Kasten). Thermische Solaranlagen können im Sommer die gesamte Wärmeversorgung inkl. Warmwasser übernehmen und in der Übergangszeit einen namhaften Beitrag leisten. Wirklich klimaneutral können sie erst werden, wenn sie vollständig mit Biogas (aus Abfällen) oder solarem Wasserstoff betrieben werden. Die Wärmegestehungskosten für Anlagen ohne Solarunterstützung werden je nach Haustyp und Wärmestandard mit 11 bis 32 ct/kWh angegeben (Kaltschmitt u.a. 2013: 42).

(6) *Lüftungsanlage mit Wärmerückgewinnung und Vorerwärmung der Außenluft durch Erdreich* (bei hochgedämmten großen Gebäuden).
*Bewertung*: Für Nullenergiehäuser sehr geeignet.

(7) *Solarthermie mit saisonalem Großspeicher:*
*Bewertung*: Diese Systeme sind für kleine Siedlungen geeignet.

(8) *Anlagen in der Entwicklung*: Hierzu gehört die wasserstoffbetriebene PEM-Brennstoffzelle.
*Bewertung*: Diese Systeme sind noch nicht ausgereift.

Für Neubauten mit erhöhten Wärmeschutzstandards kann das KfW-Programm „Energieeffizientes Bauen" in Anspruch genommen werden. Je nachdem wie viel weniger ein energieeffizienter Neubau gegenüber einem Standardneubau nach EnEV verbraucht, wird in verschiedene KfW-Standards unterschieden (Kap. 3.4).

---

*(Norm-)Nutzungsgrad:* Der NN gibt Auskunft über die Effizienz eines Verbrennungsprozesses. Als Grundlage für die Berechnung des Wirkungs- und Nutzungsgrades von Heizkesseln wird häufig der *Heizwert* angegeben. Dieser gibt an, wie viel Wärmeenergie durch die Verbrennung von Erdgas in einer konventionellen Heizung gewonnen werden kann (wenn man die Energie, die in dem Abgas steckt, unberücksichtigt lässt, die über den Schornstein verloren geht). Schafft ein konventioneller Kessel die Energiemenge zu Wärmeenergie umzuwandeln, hat er nach dieser Berechnungsmethode 100 Prozent Effizienz.

Da *Brennwertgeräte* auch die Wärmeenergie in den Abgasen nutzen, liegen die Wirkungsgrade über dem Heizwert. Hersteller sprechen dann von Wirkungsgraden von 102 bis 108 Prozent.

Richtiger wäre es, als Berechnungsgrundlage des Nutzungsgrades den *Brennwert* des Energieträgers als 100-Prozent-Marke anzusetzen. Als Brennwert bezeichnet man die gesamte im Energieträger vorhandene Energie, also sowohl den Energieertrag aus der Verbrennung als auch den Wärmegewinn aus der Kondensation der Abgase. Bei dieser Rechnung ergeben sich Nutzungsgrade bei Brennwertgeräten von 94 bis 96 Prozent. Zum Vergleich: Standardkessel erreichen nur Nutzungsgrade von ungefähr 70 Prozent. Niedertemperaturkessel schneiden zwar besser ab, schaffen allerdings auch nur Nutzungsgrade von etwa 85 Prozent.

*Förderprogramme des Bundes*
(1) *KfW-Programm „Energieeffizientes Sanieren"*: Zinsverbilligte Darlehen und Zuschüsse für die energetische Sanierung des Bestandes auf KfW-115- Standard (115 % des Energieverbrauchs eines Neubaus nach EnEV), KfW-100, KfW-85, KfW-70 und KfW-55-Standards. Sonderkonditionen existieren für denkmalgeschützte Wohngebäude (nach dem Energiekonzept der Bundesregierung sollten hierfür jährlich 2 Mrd. € zur Verfügung gestellt werden, 2011 wurden aber tatsächlich nur 0.936 Mrd. € bereitgestellt, UBA 2013/03: 33).
(2) *Marktanreizprogramm* (MAP): Mit diesem Programm wird die Installation von EE zur Wärme- und Kälteerzeugung gefördert.
– Über das Bundesamt für Wirtschaft und Ausfuhrkontrolle (BAFA): Solarthermie- und Biomasseanlagen bis 100 kW Leistung sowie Wärmepumpen

## 3. Effizienzstrategie

- Über die Kreditanstalt für Wiederaufbau (KfW): Wärmenetze, Biogasleitungen, große Biomasse- und solarthermische Anlagen, große Wärmespeicher, KWK-Biomasseanlagen, Biogasaufbereitungsanlagen.

*Wärmepumpe*: Bei einer W. wird einem Element (dem Boden in 2 m Tiefe, dem Grundwasser oder der Außenluft) durch eine Kühlflüssigkeit Wärme entzogen, die durch einen Kompressor zusammengepresst und damit auf ein nutzbares höheres Wärmeniveau gebracht wird. Für diesen Prozess wird Energie benötigt (meistens Strom, der heute mit geringen Wirkungsgraden und unter hohen THG-Emissionen erzeugt wird). Eine positive Öko-Bilanz kann eine Wärmepumpe daher nur haben, wenn sie mit Strom aus EE betrieben wird und in Gebäuden zum Einsatz kommt, die einen sehr hohen Wärmeschutzstandard und eine Boden- oder Flächenheizung aufweisen. Die hierbei zu erreichenden Temperaturen liegen nicht bei 65°C, sondern nur bei 30° (UBA 2008/05: 7). Eine Wärmepumpe arbeitet umso effizienter, je mehr Wärmeenergie sie aus einer kWh Strom erzeugen kann (Arbeitszahl genannt). Elektrische Wärmepumpen mit Luft als Wärmequelle kommen in Deutschland durchschnittlich auf eine Arbeitszahl von 3,3 (aus 1 kWh Strom werden 3,3 kWh Wärme erzeugt) und Wärmepumpen mit Erdreich als Wärmequelle auf 4,3 (ISE 2013/11: 18).

Werden Wärmepumpen künftig mit Wärmespeichern betrieben (>30 Liter pro kW Wärmeleistung, über das Marktanreizprogramm förderfähig) und mit Fernsteuerung versehen, können W. zu einem sehr wichtigen Speichermedium für überschüssigen EE-Strom werden. Hierzu sollten die Speicher allerdings 2 bis 3 m³ pro Haus umfassen (Janzing 2013/04: 67).

*Vergleich der Maßnahmen*

Unabhängig von der Heizungsart emittieren Einfamilienhäuser (EFH) umso weniger $CO_2$, je besser der *Wärmeschutzstandard* ist (Reihenfolge: EnEV 2009, KW70 und Passivhausstandard). Das Emissionsverhalten von Mehrfamilienhäusern (MFH) unterscheidet sich in Heizungsart und Wärmeschutzstandard nicht grundlegend von den EFH, liegt aber tendenziell etwas darunter. Die höchsten $CO_2$-Emissionen weisen Einfamilienhäuser im unsanierten Altbau auf. Erst der zweitwichtigste Faktor stellt die Heizungsart dar. Hier schneiden Niedertemperatur, Öl-Kessel und Brennwertkessel-Öl am schlechtesten, Biomasseheizungen (Fernwärme regenerativ, Scheitholzkessel, Stirling BHKW-Pellets, Niedertemperaturkessel-Pellets) am besten ab. Diese Reihenfolge gilt nicht nur für unsanierte Altbauten, sondern auch für Gebäude nach EnEV 2009 Neubau, KW70 Neubau und Passivhausstandard Neubau.

Die *Jahresgesamtkosten* für Heizungssysteme sind im unsanierten Bestand nahezu bei jeder Heizungsart höher als bei Neubauten mit den besseren Wärmeschutzstandards. Dabei sind die Kosten bei KFW-70-Häusern höher als bei den EnEV-2009-Häusern, da sie Lüftungsanlagen mit Wärmerückgewinnung benötigen (höhere Investitions- und Stromkosten). Je geringer der Heizwärmebedarf des Gebäudes, desto geringer sind die Unterschiede der Gesamtkosten. Hier schneiden Heizungssysteme mit geringen Kapitalkosten (Gas-Brennwert und Öl-Brennwertkessel) am günstigsten ab. Generell gilt: je besser der Wärmeschutzstandard umso preiswerter das Heizungssystem.

Ein *umweltökonomischer Vergleich* kommt zu dem Fazit, dass der Wärmeschutzstandard der Gebäude MFH wie für EFH immer der wichtigste Faktor für die Bewertung ist. Hierbei können für Mehrfamilienhäuser Fern- und Nahwärmesysteme, die mit EE betrieben werden, mit einem sehr guten Wärmestandard und enger Bauweise als Optimum angesehen werden. Für EFH im Passivenergiehausstandard ist die Heizungswahl wenig entscheidend, hier schneiden nur Direktheizungen elektrisch schlecht ab (UBA 2011/02).

*Bewertung der Effizienzstrategie im Gebäudesektor*

Die Bewertung der Effizienzstrategie fällt in diesem Sektor sehr positiv aus. Trotzdem wird die Wärmeschutzsanierung bislang – abgesehen von den sog. bedingten Anforderungen in der EnEV – nur durch indirekt wirkende Instrumente gefördert (insbes. durch die KfW-Förderprogramme und den 2008 eingeführten Gebäudeenergieausweis). So konnten die bislang eingeführten Instrumente – trotz der steigenden Energiepreise und der forcierten Klimaschutzdiskussion – keine ausreichende Wärmesanierungsquote initiieren. So kommen die Autoren einer großen Studie für das Umweltbundsamt über die Beseitigung der rechtlichen Hemmnisse des Klimaschutzes im Gebäudebereich zu dem Fazit,

> dass das Ziel der Bundesregierung „bis 2050 zu einem fast klimaneutralen Gebäudebestand zu kommen (...) bislang nicht durch ein darauf gerichtetes rechtliches Instrumentarium unterlegt" ist. Und weiter: „Erforderlich ist mehr als eine Verdoppelung der jährlichen Sanierungsrate auf 2 % des Gebäudebestandes, und dies auf Grundlage eines sehr hohen energetischen Sanierungsstandards" (UBA 2013/11: 2).

Die Gefahr, dass die Klimaschutzziele verfehlt werden, besteht umso mehr, wenn sich das Wachstum der Pro-Kopf-Wohnfläche so wie in den vergangenen 20 Jahren weiterentwickeln sollte.

*Bewertung der Instrumente zur Wärmeschutzsanierung im Gebäudebestand*

Um das Ziel der Bundesregierung (bis 2050 alle Gebäude klimaneutral umzubauen, BMU 2011/10: 18) doch noch zu erreichen, werden verschiedene Maßnahmen untersucht und bewertet (s. Politikszenarien UBA 2013/03: 31 und UBA 2013/11). Hierzu gehören:

(1) *Energiesteuerzuschlag auf Heizstoffe, gestaffelt nach Treibhausrelevanz*: Ziel wäre es, einen doppelten Anreiz zur energetischen Modernisierung des Bestandes zu geben: Erstens zur Verminderung des Brennstoffeinsatzes (da Brennstoffe teurer werden) und zweitens Geldmittel vom Staat zu erhalten. Die zusätzlichen Finanzmittel werden aufkommensneutral für die Förderung von Wärmeschutzsanierungen verwendet (z. B. 5 Mrd. € pro Jahr).
*Kurzbewertung*: Eine Aufkommensneutralität kann erreicht werden (Einnahmen und Ausgaben halten sich die Waage, es muss keine Schuldenfinanzierung erfolgen). Eine Energiesteuer unterliegt aber dem Steuer- und Haushaltsrecht (Problem des politischen Eingriffs je nach öffentlicher Meinung und wirtschaftlicher Entwicklung). (UBA 2013/11: 7).

(2) *Einkommenssteuervergünstigung für Investitionen in die Wärmeschutzsanierung*: Ziel wäre es, eine hohe Anreizwirkung für Investitionen in die energetische Modernisierung zu erreichen.
*Kurzbewertung*: Das Instrument entfaltet eine besonders hohe Anreizwirkung bei Hauseigentümern und schafft eine Planungs- und Rechtssicherheit für den Investor (Rechtsanspruch auf Förderung). Hierfür werden aber erhebliche zusätzliche Haushaltsmittel benötigt, die nur unzureichend zur Verfügung stehen. Weiterhin wird keine haushaltsunabhängige Förderung aufgebaut (Problem des politischen Eingriffs, je nach öffentlicher Meinung und wirtschaftlicher Entwicklung). Auch entspricht dieses Instrument nicht dem Verursacherprinzip (UBA 2013/11: 8).

(3) *Gebäudebezogene Klimaabgabe mit Förderfonds*: Ziel wäre die Einführung einer neuen Abgabe auf Gebäude, abhängig von der energetischen Gebäudequalität. Hiermit soll ein doppelter Anreiz zur energetischen Modernisierung des Bestandes gegeben werden: Erstens zur Verminderung der Abgabe und zweitens Geldmittel vom Staat zu erhalten.
*Kurzbewertung*: Das Instrument entspricht dem Verursacherprinzip und schafft eine haushaltsunabhänige Förderung. Die Anreizwirkung ist hoch, da ein Rechtsanspruch auf Förderung geschaffen wird. Allerdings erfordert das Instrument von der Politik die Bereitschaft dazu, den gesamten Gebäudebestand in Deutschland zu klassifizieren. (UBA 2013/11: 9). Bei dieser Forderung muss sich der Leser vor Augen halten, dass die öffentliche Hand seit 20 Jahren versucht, Personal einzusparen und daher Überprüfungsaufgaben zu senken. Das gilt insbesondere für die Länderebene, da hier die Mittelknappheit noch ausgeprägter ist. Der Bund kann den Vollzug der Klimaabgabe aber nicht alleine durchführen.

(4) *Sanierungspflicht mit Ausgleichsabgabe*: Z. B. könnte in der EnEV 2016/18 eine Sanierungspflicht eingeführt werden, nach der bis 2025 ein bestimmter Standard einzuhalten ist und ab 2050 kein beheiztes Gebäude

mehr fossile Energien nutzen darf (Wärmeschutzsanierung auf Niedrigstenergiehausstandard analog EU-Richtlinie *RL 2010/31/EU* für Neubauten). Denkbar wäre, hierbei eine Kompensationszahlung (Ausgleichsabgabe) einzuführen, die von allen Hauseigentümern zu entrichten wäre, die ihrer Sanierungspflicht nicht nachkommen. Diese Mittel wären in einen Förderfonds einzuzahlen, aus dem Modernisierungsmaßnahmen gefördert werden könnten (UBA 2013/11: 9).

*Kurzbewertung*: Das Instrument entspricht dem Verursacherprinzip. Es hat den wesentlichen Nachteil, dass die Ausgleichsabgabe nicht sofort erhoben werden kann, sondern erst wenn das Jahr der Sanierungspflicht angemessen überschritten ist (UBA 2013/11: 9). Weiterhin sehen die Autoren der Studie Akzeptanzprobleme voraus, da der Begriff „Pflicht" auf Vorbehalte stoßen und einen erheblichen Kontrollaufwand bedeuten würde.

(5) *Bonus-Malus-System für energetische Gebäudesanierung (auch Prämienmodell genannt)*: Ziel wäre, den Gebäudeeigentümern bzw. Heizungsbetreibern einen rechtssicheren Bonus bei Vornahme bestimmter energetischer Investitionen zu gewähren. Finanziert würde der Bonus durch eine Malusabgabe auf Brennstoffe, Strom, Wärme. Zur Zahlung verpflichtet würden die Lieferanten dieser Energieformen (UBA 2013/11: 11). Da der Malus auf die Energiepreise abgewälzt würde, ergäbe sich ein doppelter Anreizeffekt zur Investition (Senkung der höheren Energiepreise und Bonus).

*Kurzbewertung*: Das Modell orientiert sich am sehr erfolgreichen EEG. Anders als im Strombereich wird das Produkt „Wärme" aber nicht über ein einheitliches Netz verteilt, so dass sich die Frage stellt, wie ein vergleichbar wirkendes System unter sehr viel heterogeneren Verhältnissen konstruiert werden kann. Ein praktikabler und zugleich rechtlich tragfähiger Weg konnte bisher noch in keiner Studie identifiziert werden.

*Gesamtbewertung*: Die Autoren der Studie kommen zu dem Fazit, dass aus fachlich-steuerungspolitischer Sicht ein Instrumentenbündel (mit gesetzlichem Förderanspruch) mit gebäudebezogener Klimaabgabe (mit Förderfonds) am besten abschneidet.

Zu prüfen wäre aber auch ein Kombinationskonzept, das eine Stufen-Sanierungspflicht mit Fondslösung einführt:

*Stufen-Sanierungspflicht*: Denkbar wäre, z. B. ein Stufen-Gebäudemindeststandard für alle Bestandsbauten (z. B. 2025, 2035, 2045) oder ein Kombinationsinstrument zwischen Sanierungspflicht (4) und gebäudebezogene Klimaabgabe (3) einzuführen. Ansonsten würden die Investitionen in Wärmeschutzsanierungen wahrscheinlich verschoben werden und es könnte zu einem Investitionsstau kommen. In der 1. Stufe müssten ab 2025 alle Gebäude die Wärmeschutzstandards der EnEV 2009 (Neubau-Niveau) einhalten. Bei

Nichterfüllung wäre eine Ausgleichsabgabe zu zahlen, im Mietbereich dürften die Heizkosten durch den Vermieter nur noch teilweise auf die Mieter umgelegt werden. Zusätzlich sollte eine Nutzungspflicht für EE auch für Bestandsbauten eingeführt werden. Alle Hauseigentümer, die die Wärmeschutzstandards vor der gesetzlich einzuhaltenden Frist erfüllen, könnten eine degressive Förderung erhalten. Das System würde in weiteren Stufen verschärft werden, so dass ab 2050 der gesamte Gebäudebestand nahezu treibhausgasneutral wäre.

*Förderung durch Wärmesanierungsfonds:* Die Nichteinhaltung der Sanierungspflicht könnte z. B. mit 1 Euro pro m$^2$ und Monat Nutzfläche sanktioniert werden. Vor Inkrafttreten der ersten Stufe der Sanierungspflicht könnte ein Bonus-/Malus-System mit einer Abgabe auf fossile Energien übergangsweise eingeführt werden (Alternativ: eine allgemeine Energie- oder Emissionssteuer auf der ersten Handelsstufe oder eine Energie- oder Emissionssteuer auf alle fossilen Heizenergien). Die zusätzlichen Einnahmen könnten in einen Fonds fließen, aus dem jeder Hauseigentümer, der eine Wärmeschutzsanierung zu einem „Nullenergiehaus" durchführt, einen Zuschuss erhält. Die Ein- und Ausgaben könnten haushaltsneutral erfolgen, so dass anfangs der Zuschuss wahrscheinlich sehr hoch später geringer ausfallen würde, was eine erwünschte Sanierungsdynamik auslösen könnte.

*Zweitens: Stromverbrauch*

Der größte THG-Emissionssektor und einer der größten PEV-Sektoren ist der Stromerzeugungssektor (fast die Hälfte aller energiebedingten $CO_2$-Emissionen). Wie beschrieben, müssten diese Emissionen eigentlich den Verbrauchern zugerechnet werden. Bleiben wir bei der konventionellen Einteilung, verbrauchte die Industrie in Deutschland 2012 217 TWh, die privaten Haushalte (HH) 137 TWh von insgesamt 502 TWh (BMWi 2014/03, Tab. 21). Damit ist die Minderung des Stromverbrauchs in den Haushalten ein wesentlicher Strategiepfad. Wesentliche Unterpunkte sind hierbei die Ersetzung konventioneller Elektrogeräte durch die jeweils effizientesten Modelle und die weitere Steigerung der Effizienz. Der Stromverbrauch der Haushalte ist sehr unterschiedlich (zwischen ca. 2.000 kWh und 8.000 kWh). Nach den vorliegenden Untersuchungen hängt er wenig von der Warmwasserbereitung, der Größe des Wohnraums und des Besitzstatus, als vielmehr von der Anzahl der Bewohner und bislang nicht erforschten Ursachen ab. Hierbei existiert kein großer Unterschied, ob eine oder zwei Personen im Haushalt leben, drei Personen verbrauchen mehr als eine oder zwei Personen. Leben noch mehr Menschen im Haushalt, steigt der Stromverbrauch nicht mehr. So ist der Pro-

Kopf-Stromverbrauch bei einem der Zwei-Personen-Haushalte doppelt so hoch wie bei *einem* der Fünf-Personen-Haushalte (UBA 2013/14: 7).

Bereits seit Ende der 1970er Jahre sinkt der Stromverbrauch der meisten Elektrogeräte. Bislang wurden diese Effizienzsteigerungen aber durch eine kontinuierliche Ausweitung des Bestandes und die flächendeckende Einführung von Stand-by-Funktionen kompensiert. Besonders deutlich wurde die Gefahr, dass alle Effizienzgewinne durch zusätzliche Geräte kompensiert werden, wie bei der zunehmenden Ausstattung der Haushalte mit Geräten der Büroelektronik (IKT), die zu einer deutlichen Steigerung des Gesamtstromverbrauchs geführt haben (Rebound-Effekte). Die höchsten Verbrauchssektoren der HH sind heute die großen Haushaltsgeräte und die Informations- und Kommunikations-Technik (IKT). Hierbei weist die IKT die größten Wachstumsraten auf (UBA 2011/07: 5). Greenpeace schätzt, dass global durch das Internet jährlich 0,8 Mrd. t THG emittiert werden, etwa so viel, wie ganz Deutschland emittiert (Wiesen 2011/08: 30).

*Stromverbrauch der privaten Haushalte*: Der direkte Stromverbrauch der HH beträgt ca. 141 TWh. Die größten Verbraucher sind

1) die großen Haushaltsgeräte mit ca. 26 TWh,

2) die IKT-Geräte mit ca. 24 TWh,

3) sonstige Stromanwendungen inkl. Umwälzpumpen mit ca. 14 TWh,

4) das Kochen mit ca. 12 TWh und

5) die Beleuchtung mit ca. 12 TWh (UBA 2013/03: 149).

Einige Szenarien gehen davon aus, dass aufgrund der sinkenden Haushaltsanzahl (demografische Entwicklung) und der weiteren Effizienzsteigerungen künftig absolute Verbrauchsminderungen möglich werden, die nicht durch Rebound-Effekte kompensiert werden (UBA 2013/14: 20). Möglicherweise gelingt das aber nur, wenn sich das Ausstattungs*wachstum* verringert. Die Politikszenarien gehen von einer weiteren Erhöhung (jeweils mehr als 7 Mio. Geräte bis 2030) des Ausstattungsstandards von IKT-Endgeräten (insbes. Notebooks, PC-Bildschirmen, Boxen und Modem/Routern) und großen elektrischen HH-Geräten (insbes. Gefriergeräte und Spülmaschinen) aus (UBA 2013/03: 143). Damit steigt der Ausstattungsstandard in viele Bereichen um mehr als 30 %. Andererseits wird erwartet, dass der Verbrauch von Strom bei vielen Geräten der HH weiter um 5 bis 52 % je Gerät abnehmen wird, z. B. bei Kühl- und Gefriergeräten um 41 bis 48 % (2030 zu 2008). Insgesamt führt das zu einer Verbrauchsminderung von etwa 38 TWh pro Jahr (UBA 2013/03: 147).

## 3. Effizienzstrategie

*Tabelle 10: Einsparpotentiale im Gerätesektor*

| (1) Gerät | (2) Altgerät in kWh/Jahr* | (3) Bestgerät in kWh/Jahr | (4) Einsparung** |
|---|---|---|---|
| Gefriergerät | 299 | 102 | 66 % |
| Kühlschrank | 180 | 85 | 53 % |
| Spülmaschine | 274 | 195 | 29 % |
| Waschmaschine | 229 | 159 | 31 % |
| Summen | 982 | 541 | 45 % |

\* Typisches 10 Jahre altes Gerät; \*\* Einsparung Bestgerät zu Altgerät in Prozent; Quelle: dena 2011/12.

Um dieses Ziel zu erreichen, werden für diesen Sektor u.a. folgende *Instrumente* diskutiert (die wichtigsten übergreifenden):

(1) *Festlegung von Mindesteffizienzstandards nach dem Top-Runner-Modell* für alle elektrischen und elektronischen Geräte. Hierzu müsste die EU-Ökodesign-Richtlinie (2009/125/EG) novelliert werden.
*Bewertung*: Dieses Instrument wird positiv bewertet. Sollte der Top-Runner-Ansatz nicht zum gewünschten Erfolg führen, müsste ein drei-fünf-Stufenplan mit linear sinkenden Mindeststandards auf EU-Ebene eingeführt werden.

(2) Einführung einer *automatischen Ausschaltfunktion* der Geräte oder vorgeschriebener Ausstattung mit Solarzellen zum Stand-by-Betrieb.
*Bewertung*: Zurzeit schreibt die Ökodesign-Richtlinie nur eine Senkung des Stand-by-Stromverbrauchs vor. Das führt zu einer deutlichen Energieverbrauchssenkung, schöpft die Potentiale aber noch nicht aus. Daher wird eine Novellierung empfohlen.

(3) Einbaupflicht von *„intelligenten Zählern"* und Einführung von lastabhängigen, zeitvariablen Stromtarifen (inkl. Fernabschaltungen definierter Geräte in Hochlastzeiten, z. B. Kühlhäusern, Kühl- und Gefrierschränke, Wasch- und Geschirrspülmaschinen (nach RL 2012/27/EG Einbaupflicht für Neubauten ab 2010).
*Bewertung*: Diese Strategie wird von einigen Autoren kritisch gesehen, da die Kosten der Umrüstung in keinem Verhältnis zum Potential der Lastsenkung stehen würden. Die Strompreissenkung müsste für die angestrebte Verschiebung der Höchstlast sehr hoch sein. Bei Industriebetrieben ist sowohl das Potential größer, als auch der Wille (ökonomische Gründe) und die Organisation vorhanden (vgl. Kap. 5.3).

(4) *Kennzeichnungspflicht* nicht nur nach ihren Energieeffizienzklassen – wie heute nach RL 2010/30/EU vorgeschrieben –, sondern zusätzlich eine Ausweisung der Lebenszykluskosten, die die Gesamtkosten (Investitions- und Betriebskosten) über eine durchschnittliche Lebensdauer beinhalten. *Bewertung*: Kennzeichnungspflichten werden im Sinne eines Instrumenten-Mixes positiv bewertet. Der Leser muss sich aber vor Augen halten, dass aufgrund der sozial-ökonomischen Faktoren Kennzeichnungspflichten bislang in keinem Fall zur Ausschöpfung der Effizienzpotentiale geführt haben, in einigen Bereichen wenig bewirkten.

Wer auf diese Instrumente nicht warten will, hat natürlich die Möglichkeit, sich selbst zu informieren und eine Reihe von Maßnahmen zur eigenen „Energieeinsparung" durchzuführen (Vorschläge in Quaschning 2013: 73).

Die *Bewertung dieser Strategie* fällt positiv aus: Der PEV kann deutlich gesenkt werden, womit die Umweltverträglichkeit zunimmt und die Abhängigkeit von Energieimporten bei relativ geringen Kosten abnimmt. Nach einer Studie des Wuppertal-Instituts amortisieren sich die meisten effizienten Elektrogeräte innerhalb weniger Jahre sogar aus betriebswirtschaftlicher Sicht (unter Zurechnung der externen Kosten sowieso). Besonders schnell ist die Amortisation bei dem Austausch von Kühlgeräten, Wäschetrocknern, Spül- und Waschmaschinen. Unsicher ist die gegenläufige Entwicklung der Integration verschiedenster Geräte in einem, z. B. das Tablet, das den Laptop, PC, Fotoapparat, Filmkamera, E-Book ersetzen könnte.

Wenn es darüber hinaus gelingen würde, den Ausstattungsstandard der Haushalte in den nächsten Jahren zu stabilisieren oder das Wachstum zu senken, ist das Ziel einer Halbierung des Endenergieverbrauchs in diesem Sektor zu erreichen. Hierbei existiert aber eine Reihe von Hemmnissen: Die Wachstumsziele der Wirtschaft führen zu immer neuen Erfindungen und Werbestrategien, die eine Stabilisierung nicht erwarten lassen (Klimaanlagen, Beheizung von Außenflächen). Auch existieren hierfür bislang keinerlei ökologische Leitplanken.

### 3.5 Gewerbe, Handel, Dienstleistungen (GHD)

Der Sektor GHD ist sehr heterogen strukturiert, weist aber eine ähnliche Verbrauchsstruktur wie die privaten Haushalte auf. Zum Beispiel gehören hierzu die öffentlichen Einrichtungen und die anderen Bereiche des GHD mit ihrem großen Gebäudebestand und dem daraus folgenden Energieverbrauch für Raumwärme und Warmwasser sowie ihr Stromverbrauch durch die zahlreichen Geräte. Hinzu kommt als besondere Herausforderung der Aspekt der Gebäudekühlung, insbesondere für Bürohochhäuser (in den südlicheren Ländern ist der Energieverbrauch hierfür besonders hoch). Dementsprechend werden in diesen Bereichen auch die größten Effizienzpotentiale gesehen. Ein überdurchschnittlicher Energieverbrauch existiert in dem Bereich Beleuchtung sowie bei Lüftungs- und Klimatisierungsanlagen. Daher sind hier besondere Effizienzpotentiale gegeben. Die schnellsten Amortisationsraten ergeben sich beim Ersatz von hocheffizienten Geräten in den Bereichen: Pumpen, Lüftung und Klimatisierung, Beleuchtung (LED), Kühlung, Druckluft, Substitution der Warmwassererzeugung, Änderungen bei der Prozesswärme, Wärmedämmung im Bestand.

Die *Bewertung der Effizienzstrategie* im GHD-Sektor fällt positiv aus: Der PEV kann gesenkt werden, womit die Umweltverträglichkeit und die Versorgungssicherheit zunehmen. Zusätzlich kann ein deutlicher Beitrag für die ökologische Modernisierung der Volkswirtschaft geleistet werden. Bei vertretbaren Investitionen können die Ressourceneffizienz deutlich gesteigert und damit Kosten gesenkt werden. Ein Teil der Investitionen amortisiert sich auch betriebswirtschaftlich. Das WI kam in seiner Studie zu dem Ergebnis, dass der GHD-Sektor bei Ausschöpfung der Effizienzpotentiale bis 2015 jährlich ca. 30 TWh einsparen kann. Das entspricht einer Nettoeinsparung von ca. 2 Mrd. €/a (WI 2011/02).

### 3.6 Landwirtschaft und Ernährung

Die meisten THG-Emissionsstatistiken weisen nur die energiebedingten $CO_2$-Emissionen aus, da diese am leichtesten zu errechnen sind. Tatsächlich spielen aber für den Klimaschutz auch die übrigen THG-Emissionen eine bedeutende Rolle. Obgleich in der öffentlichen Diskussion bislang kaum wahrgenommen, sind hierbei die THG-Emissionen der Landwirtschaft, insbesondere die Methan- und Lachgasemissionen, bedeutend. Die Landwirtschaft in Deutschland ist für 133 Mio. Tonnen THG-Emissionen verantwortlich, was 13 % der Gesamtemissionen entspricht (Hirschfeld, Weiß 2008/03: 11; das WI kommt allerdings zu deutlich anderen Ergebnissen s. BUND u.a. 2008: 147). Eine 2008 veröffentlichte Studie des Instituts für ökologische Wirtschaftsforschung (IÖW) zeigt am Beispiel von ausgewählten Nahrungsmitteln die Relevanz dieses Themas.

### 3.7 Zusammenfassung

Die Effizienzstrategie hat sich nicht nur als ein wesentlicher Strategiepfad einer nachhaltigen Energiepolitik herausgestellt, sondern darüber hinaus als notwendige Bedingung einer 100 %-Versorgung. Die Bewertung kommt zu folgendem Urteil. Deutliche Vorteile sind:

*Ökologische Kriterien*: Durch die konsequente Umsetzung der Effizienzpotentiale kann ein deutlicher Beitrag für die *ökologischen Ziele* einer nachhaltigen Energiepolitik geleistet werden: (1) Bis 2050 könnten bis zu 50 % des PEV verringert und damit die THG-Emissionen halbiert werden, auch wenn das nach der bisherigen Entwicklung sehr ambitioniert ist. (2) Durch die verringerten Kraftwerkskapazitäten, sinkende Kohleförderung und nicht mehr notwendige Infrastruktur sinkt auch der Flächenverbrauch. (3) Mit der Senkung des PEV sinkt auch der Verbrauch nicht erneuerbarer Ressourcen um 50 %. (4) Erneuerbare Ressourcen werden in diesem Bereich wenig genutzt. (5) Durch die Effizienzsteigerung und den Ausstieg aus der Kohlenutzung können die Schadstoffemissionen massiv gesenkt werden.

*Ökonomische Kriterien*: (6) Die konsequente Umsetzung der Effizienzstrategie leistet zugleich einen erheblichen Beitrag zur ökologischen Modernisierung der Volkswirtschaft und der Beschäftigungssteigerung. Deutschland hat hier ein sehr hohes Know-how erworben, das im Zuge der weiteren Klimaerwärmung einen zentralen Wettbewerbsvorteil darstellen wird. (7) In vielen Bereichen lässt sich die Minderung der THG-Emissionen durch Effizienzinvestitionen am kostengünstigsten realisieren. Zum großen Teil werden hierdurch sogar betriebswirtschaftliche Kostensenkungen ermöglicht. (8) Die jederzeitige und uneingeschränkte Verfügbarkeit der Energieversorgung wird durch eine Effizienzsteigerung nicht beeinträchtigt. Die energetische Amortisation ist sehr kurz. (9) Die wirtschaftliche Abhängigkeit von Rohstofflieferungen wird deutlich gesenkt. (10) Die Investitionskosten sind vertretbar, zum Teil amortisieren sie sich schon unter den gegebenen ökonomischen Rahmenbedingungen auch betriebswirtschaftlich.

*Sozial-kulturelle Kriterien*: (11/12) Es wird ein Beitrag für eine sichere Versorgung geleistet. (13) Eine sehr hohe Integrationsfähigkeit ist gegeben. (14) Es wird ein Beitrag zur globalen Konfliktvermeidung geleistet und (15) die Akzeptanz in der Bevölkerung und in vielen Wirtschaftssektoren ist hoch (es sei denn, es wird eine Erhöhung der eigenen Kosten vermutet), auch sind Effizienzstrategien sehr sicherheitsfreundlich.

Deutliche *Nachteile bzw. Grenzen* sind: (a) Alle Effizienzstrategien stoßen an naturgesetzliche Grenzen (auch ein perfekt isolierter Kühlschrank verbraucht Energie, weil er sich noch öffnen lassen sowie hergestellt und entsorgt werden muss). (b) Auch ein halbierter oder geviertelter Ressourcenverbrauch fossiler oder nuklearer Ressourcen verdoppelt oder vervierfacht zwar die Verfügbarkeit, beseitigt aber nicht das Problem ihrer Endlichkeit und der THG-Relevanz (so darf nur noch ein kleiner Teil der existierenden fossilen Energieträger noch zur Energiegewinnung eingesetzt werden). (c) Wenn der materielle Güterkonsum immer weiter steigt, werden alle Effizienzgewinne im Laufe der Zeit kompensiert. Für einige Bereiche existiert sogar die Gefahr, dass die Effizienzgewinne (durch die zunächst fallende Nachfrage) zu sinkenden

Preisen der natürlichen Ressourcen und in der Folge zu einer erneut ineffizienten Nutzung führen (*Rebound-Effekt* genannt). Daher wird auch ein gesellschaftlicher Diskursprozess über die Ziele des Fortschritts im Sinne der Suffizienzstrategie benötigt. (d) Bei den meisten Gütern reichen die Marktkräfte nicht aus, um die Potentiale der Effizienzsteigerung auszuschöpfen. Oft sind die Amortisationszeiten sehr lang (z. B. Wärmeschutzsanierung 15-20 Jahre) oder die Produkte gehen mit Statussymbolen einher, die sich rationalen Kalkülen entziehen (z. B. Pkw). Damit wird der Einsatz von politisch-rechtlichen Instrumenten unverzichtbar.

Die *Gesamtbewertung* spricht für eine sofortige, konsequente Umsetzung dieses Strategiepfades. Von der Ausschöpfung ihrer Potentiale sind wir noch weit entfernt. Erstaunlicherweise finden sich im *Koalitionsvertrag 2013 der Großen Koalition* keine Verabredungen über neue Instrumente, die die Geschwindigkeit der Energieproduktivitätszunahme beschleunigen könnten:

- Keine Aussagen zu einem Kohlekraftwerks-Ausstiegsgesetz, vielmehr werden Kohlekraftwerke als „auf absehbare Zeit unverzichtbar" erklärt. Damit werden der notwendige Strukturwandel unnötig verlangsamt und Illusionen geschürt.

- Keine Aussagen über die Umsetzung von über EU-Vorgaben hinausgehenden Initiativen, um das Ziel eines klimaneutralen Gebäudebestandes zu erreichen. Umgekehrt wurde extra festgelegt, dass alle Maßnahmen auf diesem Sektor freiwillig bleiben sollen.

- Gleiches gilt für den Geräte- und Verkehrssektor.

Gelingt es nicht, die Investitionen in Effizienzmaßnahmen sehr deutlich zu erhöhen, muss die Energiewende als gescheitert angesehen werden (Vorholz 2013/04: 23). Viele Autoren befürchten, dass es für den Klimaschutz möglicherweise zu einer verlorenen Legislaturperiode kommt („Energiewende rückwärts" Vorholz 2013/12: 26). Andere sehen das optimistischer. Hierbei muss dem Leser bewusst bleiben, dass die Effizienzstrategie eine notwendige Bedingung der Energiewende ist, auch wenn sie alleine keine nachhaltige Energiepolitik realisieren kann.

*Basisliteratur*

Hennicke, P.; Fischedick, M. (2010): Erneuerbare Energien, München.

Quaschning, V. (2013): Erneuerbare Energien und Klimaschutz, 3. aktualisierte und erweiterte Auflage, München.

Rogall, H. (2012): Nachhaltige Ökonomie, 2. überarbeitete und stark erweiterte Auflage, Marburg.

# 4. Erneuerbare Energien[1]

*Historische Skizze*

Die Menschheit nutzte über viele Jahrtausende fast nur EE (vor allem Biomasse, später Wasser und Wind). Noch Ende des 18. Jh. waren in Europa zwischen 500.000 und 600.000 Wassermühlen und ca. 14 Mio. Pferde im Einsatz. Vor etwa 250 Jahren begann – zunächst sehr langsam – das sog. „fossile Zeitalter" (noch 1895 waren in Deutschland ca. 18.000 Windmühlen und 55.000 Wassermotoren und nur 59.000 Dampfmaschinen und 21.000 Verbrennungskraftmaschinen in Betrieb). Hauptenergieträger wurde dann zunächst die Kohle. Erst am Ende des 19. Jh. kam Öl dazu, Gas sogar erst nach dem 2. Weltkrieg.

Ende des 19. Jh. wurden die EE – als scheinbar unmodern – kontinuierlich verdrängt. Bis heute sind die fossilen Energieträger, vor allem Erdöl, für die Industrie- und Schwellenländer der Hauptenergieträger. Ursache hierfür sind die hohe Energiedichte und die niedrigen betriebswirtschaftlichen Kosten, die durch die Externalisierung der sozial-ökologischen Kosten möglich sind.

Von der Mehrheit der Energieexperten wurde noch bis vor wenigen Jahren der mögliche Beitrag der EE für den Energieverbrauch in den Industrieländern als vernachlässigbar klein angesehen, sodass fast vier Jahrzehnte (seit der ersten Ölpreiskrise) zum Aufbau einer nachhaltigen Energieversorgung verschenkt wurden (Quaschning 2013: 14-20).

*Bedeutung in der Gegenwart*

*Weltweit* wurde 2011 fast ein Fünftel des *Endenergieverbrauchs* durch EE erzeugt (insbesondere aus Biomasse und Wasserkraft). Den größten Anteil hatten die EE mit ca. 50 % in Afrika, gefolgt von Lateinamerika. Allerdings erfolgt hier die Nutzung traditionell und meist nicht-nachhaltig. Z. B. werden Wälder über ihre Regenerationsraten hinaus abgeholzt und unter hohen Schadstoffemissionen zum Teil in Innenräumen verbrannt (BMU 2013/07: 80). Auch ein Fünftel des gesamten *Stromverbrauchs* von *22.000 TWh* wurde aus EE gewonnen. Hier dominiert die *Wasserenergie*, mit weitem Abstand folgt die schnell wachsende *Windenergie*. Im Windenergiesektor ist seit eini-

---

[1] Dieses Kapitel basiert auf der Veröffentlichung Rogall 2012, Kap. 11, die Überarbeitung erfolgte unter Mitarbeit von Nils Ohlendorf.

gen Jahren China führend, 2013 wurden 16 GW neu installiert, die installierte Gesamtleistung betrug 91 GW, bis 2020 will das Land eine Leistung von 200 GW installiert haben (Reuter 2014/03: 50). Es folgen die *Biomasse* und die *PV*. Die besonders schnell wachsende PV wird nach den vorliegenden Zahlen 2014 mit 50 bis 56 GW einen neuen Rekord bei der Neuinstallation erreichen (Wenzel 2014/02: 9). Auch in diesem Sektor ist China führend. Hier ist für 2014 ein Zubau in Höhe von 14 GW vorgesehen (Dombrowski 2014/04: 77).

*Tabelle 11: Energieerzeugung durch EE (Anteil am Gesamtverbrauch)*

|  | 1990 in TWh | 2000 in TWh | 2010 in TWh | 2013 in TWh |
|---|---|---|---|---|
| *Vom EEV\*\**: |  |  |  |  |
| Global | k.A. | k.A. | k.A. (17 %) | k.A. (17 %)* |
| EU-27 | k.A. | k.A. | k.A. (12 %) | k.A. (13 %)* |
| Deutschland | 18 (2 %) | (4 %) | 275,2 (11 %) | 318,1 (13 %) |
| *Stromverbrauch*: |  |  |  |  |
| Global | k.A. | k.A. | 4.129 (19 %) | 4.400 (20 %)* |
| EU-27 | 305,1 (12 %) | 414,4 (14 %) | 669,1 (20 %) | 670,6 (21 %)* |
| Deutschland | 19 (3 %) | 36,0 (6 %) | 104,8 (17 %) | 152,6 (25 %) |
| *PV*: Global | k.A. | k.A. | k.A. | 59 (1 %)* |
| EU-27 | < 0,1 (0 %) | 0,1 (0 %) | 22,5 (1 %) | 68 (2 %)* |
| Deutschland | < 0,1 (0 %) | < 0,1 (0 %) | 11,7 (2 %) | 30 (5 %) |
| *Wind*: Global | k.A. | k.A. | 442 (2 %) | 460 (2 %)* |
| EU-27 | < 1 (0 %) | 22,3 (1 %) | 149,4 (4 %) | 220,2 (7 %)* |
| Deutschland | < 0,1 (0 %) | 9,5 (2 %) | 37,8 (6 %) | 53,4 (9 %) |
| *Wasser*: Global | k.A. | k.A. | 3.428 (16 %) | 3.504 (16 %)* |
| EU-27 | 286 (11,2 %) | 352,5 (11 %) | 367,0 (11 %) | 306,1 (9 %)* |
| Deutschland | 19,7 (4 %) | 29,4 (5 %) | 27,4 (5 %) | 21,2 (4 %) |
| *Biomasse*: Global | 17 (0,7 %) | k.A. | k.A. | 276 (1 %)* |
| EU-27 | 14,3 (1 %) | 34,1 (1 %) | 123,4 (4 %) | 132,6 (4 %)* |
| Deutschland | 1,4 (0 %) | 4,7 (1 %) | 34,3 (5 %) | 48 (8 %) |
| *Geotherm.* Global | k.A. | k.A. | 67,2 () | 69,9 (0,5 %) |
| EU-27 | 3,2 (0,1 %) | 4,8 (<0,1 %) | 5,6 (<0,1 %) | 6,1 (<0,1 %) |
| Deutschland | < 0,1 (0 %) | < 0,1 (0 %) | < 0,1 (0 %) | < 0,1 (0 %) |

\* Stand 2011,  \*\* Brutto EEV: Bruttoendenergieverbrauch;
Quelle: BMU 2002/03, 2010/06 und 2013/07.

In der *EU* war der EE-Anteil 2011 am *Endenergieverbrauch* genauso hoch wie auf der globalen Ebene. Damit decken die fossilen und atomaren Energieträger immer noch 87 % des Endenergieverbrauchs. Den größten *EE-Anteil*

## 4. Erneuerbare Energien

erbrachte die Biomasse (7,2 %), gefolgt von der Wasserkraft (2,6 %) und der Windenergie (1,1 %; BMU 2013/07: 59). Bis zum Jahr 2020 soll der Anteil von 12,3 % (Stand 2013, BMWi 2014/02) an der Endenergie auf 20 % erhöht werden (EU-Richtlinie 2009/28/EG, zu weiteren Zielen siehe Kap. 10). Besonders deutlich wird die Wachstumsdynamik der EE bei der *Stromerzeugung*, hier betrug der EE-Anteil in der EU-27 2011 bereits über ein Fünftel des Gesamtverbrauchs. Spitzenreiter sind Österreich (62 % des gesamten Bruttostromverbrauchs), Schweden (60 %), Portugal (47 %; BMU 2013/07: 57). Die größten Anteile erbrachte die Wasserkraft, gefolgt von der Windenergie und der Biomasse. Eine besondere Dynamik entfaltet die Windenergie. So wurden 2013 Windkraftwerke mit einer Leistung von über 11 GW neu installiert (32 % der Leistung aller Kraftwerksneubauten), gefolgt von PV-Anlagen, die 31 % aller Kraftwerksneubauten ausmachten. Der fossile Kraftwerksausbau stand erst auf Platz drei (Erdgaskraftwerke 22 % und vier Kohle 5 %) (Janzing 2014/03: 70).

In *Deutschland* nimmt der Anteil der EE relativ schnell zu:

– Am *Endenergieverbrauch* stieg der Anteil von 2 % (1990) auf 4 % (2000) und 11 % (2010), 2013 betrug er 12 % (BMU 2013/07: 13, BMWi 2014/ 02: 7). Den größten Anteil erbringt die Biomasse (ca. 62 %), gefolgt von der Windenergie (ca. 17 %) und PV (9 %) (BMWi 2014/02: 7).

– Am *Stromverbrauch* stieg der EE-Anteil noch deutlicher von 3 % (1990) auf 6 % (2000) und 17 % (2010), 2013 betrug er 25,4 % (BMU 2013/07: 13, BMWi 2014/02: 7), im 1. Quartal 2014 stieg er auf 27 % (BDEW 2014/05). Die größten Wachstumsraten hatten in den letzten 10 Jahren die PV von 0 (2004) auf etwa 6% (2013) und die Windenergie von etwa 5 auf 10% zu verzeichnen (ISE 2014/04: 5). Heute (2013) stammt der größte Anteil, wie in der Abbildung 3 sichtbar, aus der Windenergie (34 %), gefolgt von der Biomasse (31 %), der Photovoltaik (20 %) und der Wasserkraft (14 %). Der Anteil der Geothermie bleibt unbedeutend (BMWi 2014/02: 3, s.a. Kap. 11.2).

130　　　　　　　　　　　　II. Strategiepfade

*Abbildung 3: Strombereitstellung aus EE in Deutschland*

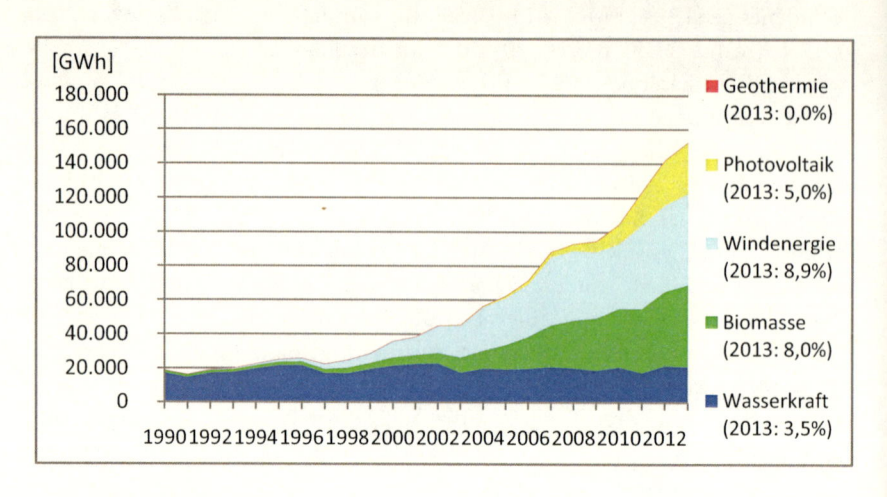

| [GWh] | Legende |
|---|---|
| 180.000 – 0 (1990–2012) | Geothermie (2013: 0,0%)<br>Photovoltaik (2013: 5,0%)<br>Windenergie (2013: 8,9%)<br>Biomasse (2013: 8,0%)<br>Wasserkraft (2013: 3,5%) |

Quelle: Eigene Erstellung Niemeyer, Rogall auf Grundlage BMU 2013/07: 18.

— Der Anteil an der *Wärmebereitstellung* stieg langsamer von 2 % (1990) auf 4 % (2000) und 6 % (2010), 2013 betrug er 9 %. Den mit Abstand größten Anteil trägt hierbei die Biomasse (88 % der Wärmebereitstellung aus EE), Solarthermie und Wärmepumpen erbringen zusammen 12 % (BMWi 2014/02: 4).

*Abbildung 4: Wärmebereitstellung aus EE in Deutschland*

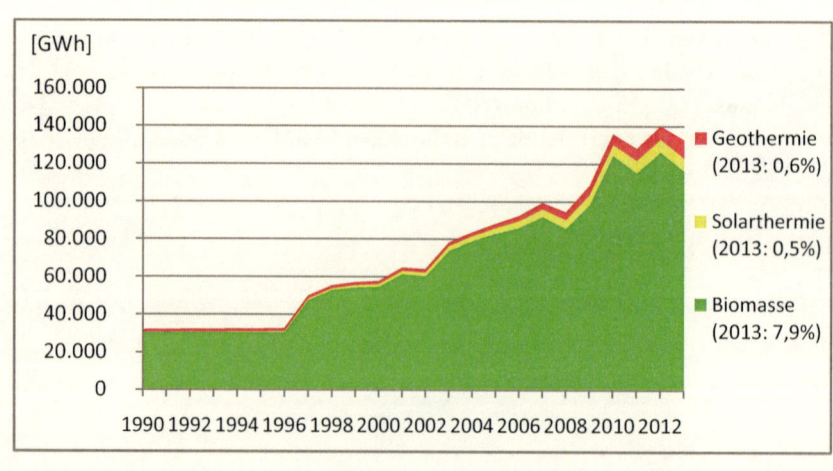

| [GWh] | Legende |
|---|---|
| 160.000 – 0 (1990–2012) | Geothermie (2013: 0,6%)<br>Solarthermie (2013: 0,5%)<br>Biomasse (2013: 7,9%) |

Quelle: Eigene Erstellung Niemeyer, Rogall auf Grundlage BMU 2013/07: 22.

4. Erneuerbare Energien  131

*Ausbauziele in Deutschland*

Bei der Diskussion um den verstärkten Einsatz von EE wird oft vergessen, dass alle natürlichen, *nicht* technisch umgewandelten Energieformen, die das Leben auf der Erde überhaupt erst ermöglichen (Sonne, Biomasse), nicht Bestandteil der Energiestatistiken sind. So erhält Deutschland jährlich eine solare Energiemenge von 380 Billionen kWh, mehr als der gesamte Primärenergiebedarf der Menschheit. Nach dieser theoretischen Rechnung liefern die fossilen und atomaren Energieträger gerade 0,6 Prozent des Energieaufkommens Deutschlands (Quaschning 2013: 32).

Wie in Kap 2. beschrieben, soll der Anteil der *EE am Endenergieverbrauch* schrittweise von 13 % (2012) auf 18 % (2020), 30 % (2030), 45 % (2040) und 60 % (2050) ausgebaut werden (BMU 2013/07: 9). Aus Sicht der Nachhaltigen Ökonomie sollte bis 2050 eine 100 %-Versorgung mit EE erreicht werden (Rogall 2012: 531, s.a. WBGU 2009, UBA 2013/10 und Kap. 6.3). Der Anteil der *EE an der Stromerzeugung* soll schrittweise auf min. 35 % (2010), min. 50 % (2030), 65 % (2040) und 80 % (2050) ausgebaut werden (BMU 2013/07: 9). Andere Institutionen fordern bis 2050 eine 100 %-Versorgung des Stroms aus EE (UBA 2010/07; SRU 2011/01). Dies soll durch eine Senkung des Verbrauchs und den kontinuierlichen Ausbau der EE erreicht werden.

Diese Ziele sind nicht mit einer einzelnen EE-Technik erreichbar. Daher sollen im Weiteren die wichtigsten EE skizziert und nach den *Kriterien für die Bewertung von Energietechniken* untersucht werden.

## 4.1 Direkte Nutzung der Sonnenenergie

*Photovoltaik*

Der Begriff Photovoltaik (PV) setzt sich aus den Wörtern Photo (aus dem Griechischen: Licht) und Volta (italienischer Physiker, Erfinder der Batterie und Mitentdecker der Elektrizität) zusammen. Die theoretischen Grundlagen der Photovoltaik wurden seit Ende des 19. Jh. erforscht, 1954 die erste Silizium-Solarzelle entwickelt. Auch die weitere Entwicklung der Photovoltaik erfolgte zunächst langsam. Vor der Jahrtausendwende (Verabschiedung des EEG in Deutschland 2000, Erläuterung Kap. 7.5) war diese Technik so teuer, dass sie vor allem in der Raumfahrt, in kleinteiligen Anwendungsbereichen und von wenigen Vorreitern der Energiewende eingesetzt wurde. Mit der kostendeckenden und gewinnsichernden Einspeisevergütung und Abnahmepflicht durch das EEG investierten immer mehr Unternehmer und private Haushalte in die Weiterentwicklung und Nutzung dieser Technik. Nachdem immer mehr Länder dem deutschen Beispiel gefolgt waren und dem EEG vergleichbare Regelungen eingeführt hatten, wurden weltweit immer größere Fabrikanlagen zur Produktion von PV-Modulen errichtet, sodass die Produktionspreise dramatisch sanken (Quaschning 2013: 122). Der PV-Markt erzielte seitdem Wachstumsraten von deutlich über 10 % pro Jahr. Dennoch ist der Anteil an der globalen Stromproduktion heute sehr gering. In der EU-27 und Deutschland ist der Anteil etwas höher.

*Physikalische und technische Grundlagen der PV*

Wir halten folgende Grundlagen für wichtig (Quaschning 2013: 122):

*Funktionsweise:* PV-Anlagen wandeln Licht mittels des photoelektrischen Effekts in Halbleitermaterialien (bisher vor allem Silizium) direkt in Gleichstrom um.

*Anlagearten*: Wir unterscheiden die folgenden Anlagearten:

1) Sehr kleine autarke Systeme (Uhren, Taschenrechner, Solarleuchten).

2) Kleine bis mittlere Inselanlagen, die über keine Verbindung zum öffentlichen Netz, sondern über einen leistungsfähigen Speicher (Batterie) verfügen (Privathäuser).

3) Kleine bis mittlere netzgekoppelte Anlagen, die den Strom in das öffentliche Netz einspeisen, wofür die Betreiber eine Vergütung erhalten.

4) Mittlere- und Großanlagen (> 10 kWp) auf Dächern oder Fassaden installiert sowie Freilandanlagen.

*Kernkomponenten* sind:

1) die Solarzellen, die das Licht umwandeln, werden in Reihe geschaltet und in einem Solarmodul zusammengefasst;

2) Stromkabel, Befestigungssystem und ggf. Nachführsystem;

3) Energiespeicher (für Inselsysteme) oder Wechselrichter und Stromzähler für netzgekoppelte Anlagen.

Herstellung von Silizium-Anlagen (detailliert Quaschning 2013: 128):

1) Rohsilizium wird aus Quarzsand mit hohen Temperaturen gewonnen,

2) nach Reinigungsprozessen wird polykristallines Silizium gewonnen,

3) das zu Siliziumstäben geformt wird, diese werden

4) in dünne Scheiben geschnitten (Wafer genannt),

5) die Wafer werden dotiert (Prozess zur Veränderung der Leitfähigkeit) und mit einer Antireflexschicht versehen,

6) die Front- und Rückseiten werden mit Kontakten versehen.

Die nun fertigen Solarzellen sind meist quadratisch mit einer Kantenlänge von 6 bis 8 Zoll (15-20 cm). Da die Solarzellen für die praktische Anwendung eine zu geringe Spannung aufweisen (0,6 bis 0,7 Volt), müssen viele Zellen in eine Reihe geschaltet werden (32 bis 40 Zellen für das Laden einer 12-Volt-Batterie). Um Strom in das Netz einspeisen zu können, muss der erzeugte Gleichstrom mittels Wechselrichtern in Wechselstrom umgewandelt werden. Die Solarzellen werden durch einen Rahmen (meist Aluminium) und ein Schutzglas zu einer Einheit zusammengefasst (Modul genannt).

Die *Energiegewinnung* durch Photovoltaikanlagen ist abhängig *von*:

1) der *Sonneneinstrahlung, Standortwahl* (in Europa liegt die jährliche Einstrahlung im Jahresmittel zwischen 880 kWh/m$^2$ (Schottland) und 1700 kWh/m$^2$ (Mittelmeerraum), in Deutschland liegt sie bei ca. 1000 kWh/m$^2$, in Nord-Afrika bei ca. 2400 kWh/m$^2$ und

2) dem *Wirkungsgrad* der verwendeten Solarzellen.

Für eine sichere Versorgung spielen weiterhin Faktoren wie die Häufigkeit von Wolkenbildungen und die tages- und jahreszeitliche Abhängigkeit der Sonneneinstrahlung eine Rolle. Dementsprechend ist die Energiegewinnung in Ländern mit meist wolkenlosem Himmel und hoher Sonneneinstrahlung am höchsten (z. B. in Wüsten- und Savannengebieten oder im Mittelmeerraum). In gemäßigten Zonen ist die Ausbeute immer noch so hoch, dass es sinnvoll sein kann, die schlechtere Einstrahlung in Kauf zu nehmen und dafür sehr lange Übertragungsnetze einzusparen.

*Arten von Solarzellen, mit theoretischer Leistung*:

1) *Dünnschicht-Solarzellen* aus amorphem Silizium oder Kupfer-Indium-Diselenid (CIS), Wirkungsgrade (Normalfall/ Labor/ theoret. Maximum): 12 %/15 %/20 % (Quaschning 2013: 126), Marktanteile unter 9 %, energetische Amortisationszeit: 1-3 Jahre (Powalla u.a. 2010).

2) *Polykristallines Silizium*: Wirkungsgrade (Normalfall/ Labor/ theoret. Maximum): 15 %/18 %/20 % (Quaschning 2013: 126), Marktanteil: ca. 52 %, energetische Amortisationszeit: ca. 3 Jahre,

3) *Monokristallines Silizium*: Wirkungsgrade (Normalfall/Labor/theoret. Maximum): 16 %/23 %/25 % (Quaschning 2013: 126), Marktanteil: 38 %, energetische Amortisationszeit: ca. 7 Jahre,

4) *Konzentrationszellen* (hier wird das Licht vorher mittels Spiegel oder Linsen konzentriert): Wirkungsgrade (Normalfall/ Labor/ theoret. Maximum): 30 %/40 %/44 % (Quaschning 2013: 126).

*Neuentwicklungen:* Zurzeit werden zahlreiche neue Solarzellen-Techniken entwickelt, die innerhalb der nächsten 10 Jahre die folgenden Vorteile bieten könnten:

- Farbstoff- bzw. organische Solarzellen, die sich in der Massenfertigung wahrscheinlich wesentlich günstiger produzieren lassen, ihr Wirkungsgrad ist mit ca. 10 % aber noch relativ gering,
- Multispektralzellen, auch Stapelzellen genannt, deren Wirkungsgrad sich bei günstigen Fertigungskosten auf über 30 % steigern lässt.
- Solarzellen die auch die bislang ungenutzte Wärmestrahlung in Strom umwandeln können.

*Notstromfähigkeit:* Die meisten Wechselrichter sind darauf programmiert, dass bei einem Zusammenbruch des Netzes sofort auch die PV-Anlage stillgelegt wird. Damit kann im Falle eines Netzzusammenbruchs die PV-Anlage nicht mehr für eine Notstromversorgung sorgen. Um wenigstens die Pumpen für die Heizungen und Lampen weiter versorgen zu können, müssen die Anlagen so ausgestattet werden, dass sie im reinen Inselbetrieb laufen können, was allerdings nur mit Batterien geht.

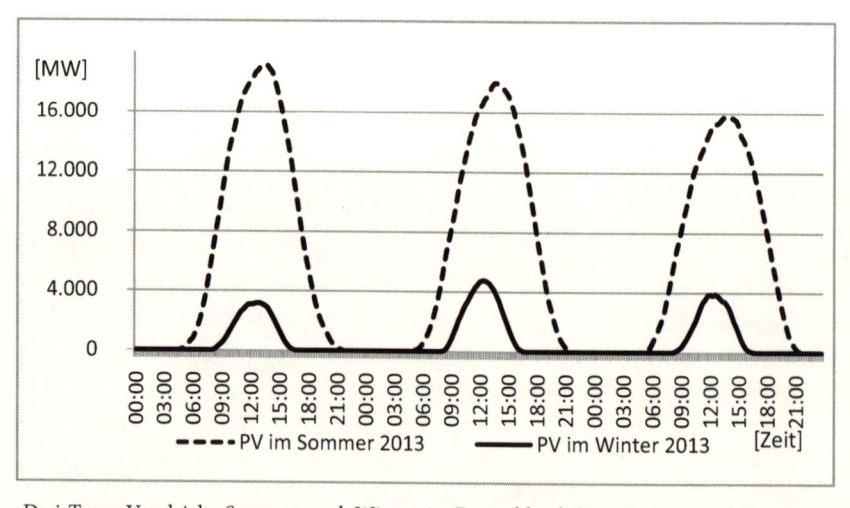

*Abbildung 5: Photovoltaikeinspeisung*

Drei-Tages-Vergleich, Sommer und Winter in Deutschland (20.-22. Juni und Dezember 2013).
Quelle: Eigene Erstellung Niemeyer, Rogall auf Grundlage der Daten der vier Übertragungsnetzbetreiber: 50 Hertz Transmission 2013a, Amprion 2013a, TenneT TSO 2013a und TransnetBW 2013a.

*Schwankender Lastverlauf:* Wie jedem Erwachsenen bekannt, scheint die Sonne nicht immer gleichmäßig, sondern tages- und jahreszeitlich abhängig. Um zu verdeutlichen, welche Auswirkungen das für die EE-Nutzung hat, haben wir die Abbildung 5 erstellt. Sie zeigt uns folgende Konsequenzen für die Solarnutzung: (1) Die PV-Anlagen erbringen im Sommer zwischen ca. 9.00 und 18.00 Uhr eine relativ hohe Leistung, die schon heute einen Teil der Tagesnachfrage abdecken könnte. (2) Sie sind für die Deckung der Nachfrage im Winter und abends/nachts (18.00 bis 9.00 Uhr) ungeeignet. (3) Auch innerhalb einer Jahreszeit ist die Energieerzeugung von Tag zu Tag unterschiedlich, wenn auch weniger bedeutend.

### Bewertung der PV

*Ökologische Dimension*

PV-Anlagen emittieren keine THG oder Schadstoffe bei laufendem Betrieb. Die Emissionen beim Bau sind vertretbar (40-68 g $CO_2$/kWh; Lübbert 2007), auch wenn die Herstellung von Silizium sehr energieintensiv ist (Quaschning 2013: 128). In Deutschland hat die Nutzung der PV 2012 19 Mio. t THG vermieden (BMU 2013/07: 26). Die Öko-Bilanz könnte durch eine konsequente Fertigung mit Hilfe von EE verbessert werden. Die *Naturverträglichkeit* ist sehr hoch, wenn die Anlagen auf vorhandene Bauwerke installiert werden. Freiflächen-Anlagen sind u.a. aufgrund der Landnutzung etwas differenzierter zu bewerten. Bei laufendem Betrieb werden keine *erneuerbaren* oder *nicht-erneuerbaren Ressourcen* verbraucht. Beim Bau der Anlagen ist der Verbrauch vertretbar (kein Verbrauch erneuerbarer Ressourcen, keine seltenen Metalle). Wichtig ist der Aufbau eines Recyclingsystems der Module nach ihrer Lebenszeit. Gesundheitliche Belastungen können bei der Produktion auftreten, da hier verschiedene schadstoffhaltige Stoffe eingesetzt werden (Quaschning 2013: 156). Bei Gebäudebränden können Gefahren für die Feuerwehr auftreten, wenn die Anlage trotz Brand noch Strom produziert.

*Ökonomische Dimension*

Die Solarbranche ist seit 1990 zu einem ernstzunehmenden *Wirtschaftssektor* geworden. Global waren 2012 etwa 1.4 Mio. Menschen in der PV-Branche beschäftigt, davon in China 300.000 bis 500.000, in der EU ca. 300.000 (BMU 2013/07: 85). In Deutschland wurden 11,2 Mrd. € in die Errichtung von PV-Anlagen *investiert*, der *Umsatz* aus dem Betrieb von PV-Anlagen betrug 1,2 Mrd. €. Die *Bruttobeschäftigung* der gesamten Solarbranche betrug ca. 100.000 Arbeitsplätze (BMU 2013/07: 32). Hierbei darf aber nicht übersehen werden, dass viele deutsche Unternehmen durch die starke Konkurrenz chinesischer

Unternehmen in Konkurs gegangen sind. Eine *jederzeitige Versorgungssicherheit* können PV-Anlagen nur durch eine umfangreiche Infrastruktur gewährleisten (Kap. 5). Die 2012 installierten PV-Anlagen konnten nur einen sehr kleinen Anteil *des globalen Stromverbrauchs* decken (<1 %), der Anteil in der *EU-27* ist geringfügig höher. Die 2013 installierten ca. eine Mio. *deutschen* PV-Anlagen mit einer Leistung von 36 GW speisten 2013 30 TWh ein (5 % des Gesamtstromverbrauchs, (BMWi 2014/02: 2)). Die *Einspeisevergütung* nach dem EEG beträgt 2014 9,2 ct/kWh (für Großanlagen von 1 MW bis 10 MW) bis 13,3 ct/kWh (für Kleinanlagen bis 10 kW). Ab dem Jahr 2020 werden jährlich die jeweils ältesten Anlagen aus der EEG-Vergütung ausscheiden, weil die 20-jährige Einspeisevergütung endet. Die meisten Anlagen werden aber weiter Strom liefern, deren Gestehungskosten unterhalb aller atomaren und fossilen Energiesysteme liegen (ISE 2014/04: 10). Der *Wirkungsgrad* von Standard-Anlagen liegt zwischen 15 bis 25 %. Global betrachtet ist dieser relativ geringe Wirkungsgrad weniger wichtig, da die Sonne kostenlos große Energiemengen zur Verfügung stellt. Die *energetische Amortisationszeit* beträgt 1,5 bis 3,5 Jahre (Lübbert 2007). PV-Anlagen können auch von mittelständischen Unternehmen produziert und von Einzelhaushalten betrieben werden. Die *externen Kosten* sind sehr gering. Der Einsatz von PV-Anlagen mindert Primärenergieimporte und damit die Zahlungen, die ins Ausland gehen.

*Sozial-kulturelle Dimension*

PV-Anlagen genießen eine hohe gesellschaftliche *Akzeptanz*. *Gesellschaftliche Fehlentwicklungen* sind zurzeit nicht erkennbar. Eine *dauerhafte Versorgungssicherheit* ist gegeben, da theoretisch allein ein Bruchteil der Sahara ausreicht, um die gesamte Stromversorgung der Welt zu decken, d.h. das *Potential* ist unerschöpflich (Quaschning 2013: 159). In der *EU* stehen etwa 9.000 km² geeignete Dach- und Fassadenflächen zur Verfügung. Auf diesen Flächen ließen sich etwa 44 % des derzeitig verbrauchten Stroms erzeugen. Die Angaben über das technische Endenergiepotential in Deutschland gehen je nach den Annahmen weit auseinander, z. B. gibt Kaltschmitt eine Spannbreite von 55 bis 327 TWh/a an (etwa 10 bis 50 % des heutigen Stromverbrauchs; Kaltschmitt u.a. 2013: 444). PV-Anlagen können sehr *dezentral* (auf jedem Dach und Fassade) gebaut und betrieben werden. Große Freiland-Anlagen können als gehobene mittlere Technologie angesehen werden. Ihr Beitrag zur *globalen Konfliktvermeidung* ist, wie bei allen EE, die ihre Energie im Inland gewinnen, hoch, da die notwendigen Energieimporte verringert werden – Kriege um Solaranlagen sind sehr unwahrscheinlich. Auch die gesellschaftliche *Verträglichkeit und Sicherheitsfreundlichkeit können sehr positiv bewertet werden.* Nur bei Bränden geht eine begrenzte Gefahr von Stromschlägen über das Löschwasser aus (Lösung: Zentralschalter).

### Perspektiven für die PV

Die *Gesamtbewertung* der PV ist sehr positiv, da hier in der Zukunft die größten Potentiale liegen. Das kommt auch in dem sehr schnellen Ausbau der PV in Deutschland zum Ausdruck. Noch vor 10 Jahren erzeugten die PV-Anlagen nur 0,55 TWh (2004), heute sind es bereits ca. 30 TWh (2013). Dieser Ausbau wird sich aber aufgrund der EEG-Novellierung (insbesondere bei den Großanlagen) deutlich verlangsamen (Kelm u.a. 2014/02: 2). Auch in der EU sind die Zubauraten langsamer geworden, während global der jährliche PV-Zubau stetig von 2,5 GW (2007) auf etwa 42 GW (2014) gestiegen ist (Kelm 2014/02: 7). Welchen globalen Beitrag die PV-Technik in 20 bis 30 Jahren spielen kann, hängt von:

a) der weiteren Kostenreduzierung,

b) der Steigerung der Wirkungsgrade und

c) der zukünftigen Strominfrastruktur ab (s. Kap. 5)

Gelingen hier die erwarteten Fortschritte, wird die PV-Technik weltweit eine zentrale Rolle bei einer nachhaltigen Energieversorgung übernehmen.

Eine ganz besondere Rolle könnte die PV bei einer *dezentralen Versorgungsstrategie* von Haushalten übernehmen. Es gibt keine EE, die dezentralen Strom und (über Wärmepumpen) Wärme erzeugen kann, als die PV-Technik, daher liegen hier die größten Perspektiven für eine dezentrale Energieversorgung (Quaschning 2013). Die Anlagen können ohne Probleme auf fast jedes Dach installiert werden (künftig auch Dünnschichtzellen in alle Fenster integriert). Daher stellt diese Technik eine der wichtigsten EE zur gemeindeinternen Versorgung dar (zu den Fördermaßnahmen des PV-Ausbaus durch die Kommunen s. Kap. 14.4). Früher waren die Gestehungskosten von PV-Anlagen zu hoch, um mit den Strompreisen der EVU (Energieversorgungsunternehmen) mit ihren fossilen Kraftwerken konkurrieren zu können. Des Weiteren ist auch aufgrund von Wetter und Tagesschwankungen keine ständige Verfügbarkeit von Solarenergie gegeben. Daher wäre der Solarboom ohne das EEG nicht denkbar gewesen. Spätestens seit 2012 hat sich die Situation gewandelt. In der Vergangenheit hat ein PV-Anlagen-Besitzer seinen produzierten Solarstrom zu EEG-Konditionen ins Netz eingespeist und dann zu den üblichen Haushaltsstrompreisen seinen Strom von einem Stromanbieter bezogen. Heute liegen die Kosten von eigenerzeugtem PV-Strom (je nach kalkulatorischer Verzinsung des Eigenkapitals von 0 bis 6 % und der Anlage) zwischen 13 und 18 ct/kWh (Quaschning 2013: 151; andere rechnen mit 11 bis 15 ct/kWh, Rentzing 2014/03: 42). Die Preise und Vergütungen für PV-Strom liegen heute deutlich unter dem durchschnittlichen Strompreis für Haushaltskunden (2012: 26 ct/kWh). Das heißt, der Eigenverbrauch von selbst erzeugtem PV-Strom ist bereits heute wirtschaftlicher als ihn ins Netz einzuspeisen, in Fachkreisen Netzparität genannt (Gleichstand der Kosten). Diese Aussage gilt allerdings nicht für die Großhandelsebene, auf der Strom meist unter 5 ct/kWh kostet. Weiterhin wurde die technische Möglichkeit geschaffen, den PV-Strom selbst zu verbrauchen. Verbraucht ein privater PV-Betreiber-Haushalt z. B. mit 4 Personen mit einer kleinen PV-Anlage (z. B. 5 kW) seinen erzeugten Strom selbst, kann er damit etwa 18 % (Bost u.a. 2012/03: 33) bis 22 % (Sievers u.a. 2013/04: 16) seines jährlichen Stromverbrauchs decken. Wenn er diese Eigenversorgungsquote steigern will, hat er drei Möglichkeiten:

(1) *Er verringert seinen Stromverbrauch* (z. B. durch effizientere Geräte).

(2) *Er verlagert die Betriebszeit seiner energieintensiven Geräte* (z. B. Wasch- und Geschirrspülmaschine) in die Mittagzeit (z. B. durch Zeitschaltuhren). Damit kann die Deckungsquote auf 20 bis 40 % erhöht werden.

(3) *Er schafft sich eine Batterie an*, die den Strom aus der Mittagszeit für die Abend- und Nachtzeit bereitstellt (diese kann teurer als die gesamte PV-Anlage sein). Die *Gesamtkosten* von dezentral gespeichertem PV-Strom sind aber aufgrund der Batteriepreise immer noch relativ hoch (s. Kap. 5.5). Daher „rechnen" sich betriebswirtschaftlich derartige Systeme nur, wenn man bei der Investition davon ausgeht, dass die Strompreise in den nächsten 10 Jahren ähnlich stark steigen werden wie in den vergangenen 10 Jahren. Experten hoffen, dass die Speicherkosten auf 8 ct/kWh bei Bleibatterien und auf 5 ct/kWh bei Lithium-Ionen-Batterien verringert werden können (Heup, Rentzing 2013/06: 39). Dann werden Batterien zur Standardausstattung einer PV-Anlage gehören und die durchschnittliche Deckungsquote auf etwa 60 % steigen (Sievers u.a. 2013/04: 16, zur weiteren Abschätzung energiewirtschaftlicher und ökonomischer Effekte s. Fraunhofer ISE 2013/01). Solange diese Fortschritte noch nicht realisiert sind, fordern einzelne Studien unter Kostengesichtspunkten auf den forcierten Ausbau zu verzichten (Agora Energiewende 2013/05: 1). Andere sehen den zügigen Ausbau als sinnvoll an, weil sich hierdurch auch die Notwendigkeit des Netzausbaus verringert (Sauer 2013/04: 10). Hintergrund dieser Einschätzung sind auch die großen Kostensenkungspotentiale (Sievers u.a. 2013/04: 15). Bezieht man das Thema der Notstromversorgung mit ein, stellen dezentrale Speicher und die Nutzung von hocheffizienten Wärmepumpen in Neubauten besondere Perspektiven dar. Die Entwicklung könnte allerdings durch die EEG-Umlagekosten auf die

Eigenverbraucher im Zuge der EEG-Novelle 2014 wesentlich verlangsamt werden (Rentzing 2014/03: 42, s. Kap. 7).

*Solarthermische Kraftwerke*

Die ersten kommerziell betriebenen solarthermischen Kraftwerke (Parabolrinnen-Kraftwerke) wurden 1984 und 1990 in der kalifornischen Mojave-Wüste in Betrieb genommen (354 MW Leistung). Lange Zeit erhoffte man sich, durch diese Technik eine preiswerte Form der Solarstromerzeugung entwickeln zu können.

*Skizze der physikalischen und technischen Grundlagen*

Die wichtigsten technischen Grundlagen solarthermischer Kraftwerke sind (Quaschning 2013: 192):

*Funktionsweise*: Thermische Solar-Kraftwerke wandeln die Sonnenstrahlung zuerst in Wärme (300 bis 1.100°C) und dann in einem konventionellen Kraftwerksteil mittels Gasturbine in elektrischen Strom um. Um die hohen Temperaturen zu erreichen, werden Spiegel oder hochreflektierende Folien benötigt, die das Sonnenlicht konzentrieren. Das Sonnenlicht darf nicht verdeckt sein und muss eine hohe Intensität aufweisen (> 1.800 kWh/(m$^{2*}$a)). Daher kommen hierfür insbesondere heiße trockene Zonen südlich des 40. Breitengrades in Frage (sog. Sonnengürtel: Teile des Mittelmeer- und des arabischen Raumes, südl. Asien, Australien, Teile Südamerikas). In Verbindung mit thermischen Speichern oder mit fossiler Zusatzfeuerung (z. B. als GuD-Hybrid-Kraftwerk) können sie zur Grundlastversorgung herangezogen werden.

*Arten*: Wir unterscheiden die folgenden solarthermischen Kraftwerksarten:

1) *Parabolrinnen-Kraftwerke* (50-80 MW): Bei diesem Kraftwerkstyp bestehen die Kollektoren aus mehreren hundert Meter langen parabolförmigen verspiegelten Rinnen, die einachsig der Sonne nachgeführt werden. Die Spiegel konzentrieren das Sonnenlicht um das 80-fache. In der Brennlinie der Spiegel verläuft ein Rohr mit einem Wärmeträgermedium (Wasser/ Dampf, synthetisches Öl), das auf ca. 400°C erhitzt wird. Über einen Wärmetauscher gelangt die Wärmeenergie in einen konventionellen Kraftwerksteil (Dampferzeuger, Turbine und Generator), in dem die Wärmeenergie in Strom umgewandelt wird. Mit Hilfe von thermischen Speichern (>300°C) kann das Kraftwerk auch nachts oder in kurzen Schlechtwet-

terperioden arbeiten. Das Gleiche gilt bei der Installation von Zusatzbrennern, z. B. GuD-Anlagen. Im realen Kraftwerksbetrieb werden elektrische Netto-Anlagenwirkungsgrade von 21-24 % (Spitze) und 11-16 % (Jahresmittelwert) erreicht (Quaschning 2013: 194).

2) *Solarturmkraftwerke*: Bei diesem Typ fokussiert ein großes Feld von der Sonne zweiachsig nachgeführter Spiegel das Sonnenlicht auf einen 50 bis 150 m hohen Turm, in dem der Wärmeträger (Wasser, Salz, Luft) auf bis zu 1.100°C erhitzt wird. Aufgrund der hohen Temperaturen kann die Energie direkt in eine Gasturbine oder ein GuD-Kraftwerk eingespeist werden. In Betrieb sind zwei Anlagen bei Sevilla/Spanien (11 und 20 MW; Quaschning 2013: 198).

3) *Dezentrale Dish-Stirling-Kraftwerke* (7-50 kW): Im Brennpunkt eines der Sonne nachgeführten Parabolspiegels wird ein Medium auf 600 bis 1.200 C erhitzt. Die Wärmeenergie wird durch einen Dish-Stirling-Motor in elektrische Energie umgewandelt. Die Anlagen sind i.d.R. eher klein. Diese Technik eignet sich besonders für eine dezentrale Energieversorgung in Dörfern der Entwicklungsländer. Die Anlagen können mit Biogasbrennern kombiniert werden. Allerdings sind die Kosten pro kWh zurzeit noch recht hoch (Quaschning 2013: 200).

4) *Aufwindkraftwerke*: Hier werden die physikalischen Prinzipien des Gewächshauses und des Kamineffektes genutzt. Unter einem sehr großen Glas- oder Kunststoffdach von mehreren Kilometern Durchmesser wird die Luft von den Sonnenstrahlen erhitzt. Sie strömt zu einem in der Mitte des Daches befindlichen Kamin und steigt darin auf. Am Fuß des Kamins erzeugen Windturbinen Strom. Diese Solarkraftwerke nutzen neben der direkten auch diffuse Strahlung. Die in der Erde unter dem Glasdach gespeicherte Energie erlaubt eine Verlängerung des Kraftwerkbetriebes bis in die Nacht hinein. Da die Kraftwerkskomponenten relativ einfach und preisgünstig zu fertigen sind, könnten auch Schwellenländer diese Kraftwerkstypen produzieren. Allerdings benötigen diese Kraftwerkstypen sehr große Türme (100 bis 1.000 m hoch, Durchmesser bis zu 180 m), um den für diese Technik notwendigen Kamineffekt zu erzeugen. In Australien wird die Machbarkeit einer 200-MW-Anlage mit einem 1.000 m hohen Turm und einem 6 km großen Kollektorfeld (Durchmesser) geprüft (Quaschning 2013: 194).

5) *Hybridkonzepte*: Um die Tages- und Witterungsschwankungen zu minimieren, werden die weiteren Solarkraftwerke als Hybridanlagen konzipiert. Hierbei werden für mittlere Anlagen (50-150 MW) Dieselmotoren mit solarthermischen Kraftwerkseinheiten kombiniert.

## 4. Erneuerbare Energien

### Bewertung der thermischen Solarkraftwerke

*Ökologische Dimension*

Wie die PV-Anlagen emittieren thermische Solarkraftwerke keine THG oder Schadstoffe beim laufenden Betrieb. Die Emissionen beim Bau sind vertretbar (12-49 g $CO_2$/kWh; Lübbert 2007). Diese Kraftwerke benötigen große Freiflächen. In der Wüste kann dies als akzeptabel bewertet werden (*Naturverträglichkeit* ist gegeben). Beim laufenden Betrieb werden keine *nicht-erneuerbaren Ressourcen* verbraucht. Beim Bau der Anlagen ist der Verbrauch vertretbar. Da große Mengen Kühlwasser benötig werden, müssen die Kraftwerke in Meeresnähe gebaut oder neue Trockenkühltechniken verwendet werden. Gesundheitliche Belastungen sind nicht bekannt.

*Ökonomische Dimension*

Global waren 2012 etwa 53.000 Menschen im Bereich der solarthermischen Kraftwerke beschäftigt, davon in der EU ca. 36.000 (BMU 2013/07: 85). In Deutschland können aufgrund der unzureichenden Sonnenintensität nur Pilotanlagen betrieben werden. Für den Export sind ca. 2.000 Menschen beschäftigt. Eine *jederzeitige Versorgungssicherheit* kann durch thermische Speicher oder im Hybridbetrieb gewährleistet werden. Die *Stromversorgung* ist heute sehr gering (global: <1 %). In Deutschland ist der Einsatz nicht möglich. Die *Stromgestehungskosten* lagen je nach Standort und Technik 2012 bei etwa 15-20 ct/kWh (Nordafrika, Spanien), langfristig wird mit 3-5 ct/kWh (Nordafrika) gerechnet. Mit Hochspannungs-Gleichstromleitungen (zu 1,0 bis 1,5 ct/kWh) kann der Strom bis Mitteleuropa zu Gesamtkosten von 4-6 ct/kWh geliefert werden (Quaschning 2013: 211). Früher galten thermische Solarkraftwerke als preiswertere Alternative zum PV-Strom, diese Situation hat sich gewandelt, unter günstigen Bedingungen können PV-Freilandanlagen den Strom preisgünstiger herstellen als importierter Sonnenstrom aus thermischen Solarkraftwerken (Rentzing 2011/10: 50). Der Gesamt*wirkungsgrad* ist aufgrund der Dampfturbinen nicht sehr hoch (20 %), was aufgrund des Potentials der Sonne aber weniger bedeutend ist. Wenn die Eintrittstemperatur auf 500°C erhöht wird, könnten Wirkungsgrade um 40 % erreicht werden. Die Technik fördert die *Konzentration*, da erst ab 10 MW ein wirtschaftlicher Betrieb möglich ist, z. B. könnten Energiegenossenschaften und kleinere Kommunen derartige Kraftwerke nicht betreiben. Die *energetische Amortisationszeit* beträgt 1,5 bis 3,5 Jahre (Lübbert 2007). Die externen Kosten werden als relativ gering eingeschätzt. Die Abhängigkeit ist ebenso hoch wie bei Erdöl und -gas, da Strom aus diesen Kraftwerken zum größten Teil aus Nordafrika stammen würde. Die Investitionskosten pro kWh sind vertretbar, aber der Bau von kostenintensiven Stromnetzen und Speichern notwendig.

*Sozial-kulturelle Dimension*

*Entwicklungen, die die gesellschaftlichen Fehlentwicklungen* verstärken, sind zurzeit nicht erkennbar, aber aufgrund der Großtechnik und des großen Investitionsvolumens nicht ausgeschlossen. Eine *dauerhafte Versorgungssicherheit* ist gegeben, da theoretisch allein ein Bruchteil der Sahara ausreicht, um die gesamte Stromversorgung der Welt zu decken, d.h. das *Potential* ist dauerhaft unerschöpflich (Quaschning 2013: 159). Der Einsatz dieser Techniken erfordert eine Sonnendirekteinstrahlung von über >1.800 kWh/m$^{2*}$a, was i.d.R. in Regionen südlich des 40. Breitengrades gegeben ist. Das globale *Potential* übersteigt den weltweiten Stromverbrauch von ca. 15.000 TWh deutlich (theoretisch würde allein Marokko genügend Standorte zur Deckung des Weltstrombedarfs bieten). Die IEA schätzt für 2020 eine realisierbare Leistung von 20.000 bis 40.000 MW. Langfristig könnte Europa zum Teil (z. B. 10 %) mit solarthermischem Strom aus Nordafrika versorgt werden. Diese Kraftwerke können *nicht dezentral* gebaut und betrieben werden. Die Abhängigkeit verlagert sich von Öl auf Solar-Strom, Lieferungen könnten aber auf verschiedene Länder verteilt werden. Die Sicherheitsfreundlichkeit ist hoch bis sehr hoch. Akzeptanzprobleme könnten im Zuge des Ausbaus von Stromleitungen auftreten.

### Perspektiven der solarthermischen Kraftwerke

Der heutige Beitrag der thermischen Solarkraftwerke zur globalen Stromerzeugung fällt bescheiden aus. Die Zukunft dieser Technik hängt nicht nur von den technischen Fortschritten und der Kostenreduzierung ab, sondern auch von den weiteren Fortschritten in der PV-Technik. Mitteleuropa verfügt für den Einsatz von großen Solarkraftwerken nicht über die notwendige Sonneneinstrahlung.

2003 wurde die *Trans-Mediterranean Renewable Energy Cooperation* gegründet, um mit dem *Desertec*-Projekt bis 2050 etwa 1.000 thermische Solar- und Windkraftwerke mit einer Gesamtleistung von rund 100 Gigawatt in den Wüstenregionen Nordafrikas zu errichten (TREC; www.desertec. org/de/). Der erzeugte Strom soll zur Versorgung Afrikas dienen sowie über HVDC-Leitungen (High Voltage Direct Current/Hochspannungs-Gleichstromübertragung) ab 2020 bis nach Europa geleitet und werden so etwa 15 % des europäischen Strombedarfs decken (Bassenge, Müller 2009/07: 2). Mit Hilfe dieser sog. Hochspannungs-Gleichstromübertragungsleitungen würden die Übertragungsverluste (von Afrika nach Europa) unter 15 % liegen. Das nötige Kühlwasser soll durch Meerwasserentsalzungsanlagen gewonnen werden, die hierzu zugleich die Trinkwasserversorgung vor Ort verbessern und zur Akzeptanzerhöhung beitragen könnten. Einige Autoren hoffen, dass die Stromgestehungskosten auf 3-4 ct/kWh reduziert werden können und die Übertragungsverluste und Transportkosten etwa 1-1,5 ct/kWh betragen, so dass die Gesamtkosten bei 4-6 ct/kWh liegen könnten (Quaschning 2013: 212). Weitere Projekte werden in China, Indien, Australien und im südlichen Afrika geprüft (Schlandt 2011/06: 9).

*Bewertung*: Eine Reihe von Pro-Akteuren einer 100 %-Versorgung (z. B. EUROSOLAR) befürchtet, dass durch dieses Mega-Projekt der Konzentrationsprozess in der Energiewirtschaft weiter forciert wird, Greenpeace hingegen unterstützt das Vorhaben. Andere befürchten eine Abhängigkeit aufgrund politischer Instabilitäten. In den USA wurden 2011 Planungen zum Bau von thermischen Solarkraftwerken zu Gunsten von PV-Anlagen aufgegeben (Rentzing 2011/10: 49). 2013/14 beendete eine Reihe von deutschen Großunternehmen die Zusammenarbeit mit dem Projekt, so dass heute die Realisierung unsicher ist (Magenheim 2014/04).

### *Solarthermie zur Erzeugung von Wärme*

Das erste Patent auf eine thermische Solaranlage (TS-Anlage) wurde 1891 vergeben. Bis zum 2. Weltkrieg wurden TS-Anlagen in einigen Regionen eingesetzt und danach durch fossile Energieträger verdrängt. Nach der Erdölpreiskrise 1974 wurden modernere Anlagen mit besserem Wirkungsgrad entwickelt. Heute dienen sie zur Erzeugung von Warmwasser in Haushalten und Kleingewerben. Außerdem werden sie zur Raumwärmeunterstützung und der Erwärmung des Wassers in Schwimmbädern eingesetzt.

### *Physikalische und technischen Grundlagen der Solarthermie*

Die wichtigsten technischen Grundlagen sind (Förstner 2011: 161 und Quaschning 2013: 160):

*Funktionsweise:* TS-Anlagen nutzen wie auch PV-Anlagen die Energie der Sonnenstrahlung. Das Ziel ist jedoch nicht die Strom-, sondern die Wärmeerzeugung. Im Kollektor nimmt der Absorber (oft aus Kupfer) die Wärmeenergie der Sonne auf und leitet die Energie mit Hilfe eines Wärmemediums (z. B. Wasser-Glykol-Gemisch) an einen Speicher. Diese Wärme wird zur Erzeugung von Warmwasser, Raumwärme oder Raumkühlung genutzt. In den Sektoren Industrie und GHD werden auch Luftkollektoren (hier wird Luft als Wärmeträgermedium eingesetzt) als kostengünstige Variante eingesetzt.

*Kernkomponenten einer TS-Anlage sind:*

1) *Kollektor mit Absorber* (1-1,5 m$^2$/Person zur Warmwassererzeugung, und 1 m$^2$/10 m$^2$ Wohnfläche für die Heizungsunterstützung, bei Vakuumkollektoren 30 % kleiner), der die direkte und diffuse Sonneneinstrahlung an ein Wärmemedium überträgt.

2) Das erwärmte *Medium* wird zu einem Solarspeicher geleitet (ca. 80 l/ Person zur Warmwassererzeugung und 70 l/ m$^2$ Kollektorfläche zur Raumwärmeunterstützung, um so 2-3 Tage ohne Sonne zu überbrücken).

3) *Sonstige Bestandteile*: Rohrleitungen vom Kollektor zum Speicher, Pumpe, Entlüftungs- und Sicherheitsventile, Ausdehnungsgefäß, Mischgarnitur.

*Kollektorarten:*

1) *Flachkollektoren:* bestehen aus Absorber, einer Wärmedämmung auf der Rückseite, einer Glasabdeckung und einem Rahmen (Aluminium oder Stahlblech). Bei einer Sonneneinstrahlung von 1.000 kWh/m$^2$ im Jahr, können pro m$^2$ Kollektor 450 kWh erzielt werden.

2) *Vakuumkollektoren* reduzieren die Wärmeverluste, die bei Flachkollektoren auftreten und kommen daher auf Jahreserträge von bis zu 600 kWh/m$^2$, sie sind in der Anschaffung allerdings teurer und ihr Einsatz ist nicht immer rentabel.

3) *Luftkollektoren* dienen der Raumerwärmung, eine Speicherung ist relativ aufwändig.

4) *Einfache Schwerkraft-Kollektoren:* In sonnenreicheren Regionen können deutlich einfachere und kostengünstigere Anlagen eingesetzt werden. Auf große Speicher und Wärmetauscher kann hier verzichtet werden, da direkt das Trinkwasser erwärmt wird.

*Erzeugung von Warmwasser*: In einem deutschen Haushalt deckt eine TS-Anlage i.d.R. 30-60 % des *Warmwasserbedarfs* (Deckungsgrad Mehrfamilien-/Einfamilienhaus). Hierbei lässt sich eine Anlage mit einem geringen Deckungsgrad wirtschaftlicher betreiben als eine mit höherem Anteil, da sie preiswerter in der Investition ist und auch im Sommer selten einen nicht nutzbaren Überschuss erzielt. Allerdings sinkt hierdurch auch die – von uns ironisch genannte – „Emotionalrendite", so dass bei Einfamilienhäusern meistens eine höhere Deckungsquote angestrebt wird als bei Mehrfamilienhäusern, wo der „emotionale Bezug" zu den Anlagen oft geringer ist. Zur *Grobplanung* einer Anlage reicht die Faustformel 1,5 m$^2$ Flachkollektor pro Person im Haushalt und eine Speichergröße von 80-100 l pro Person (zur detaillierten Auslegung s. Quaschning 2013: 181). Eine Anlage spart (bei 6 m$^2$ Kollektorfläche) je Haushalt jährlich ca. 2.250 bis 3.500 kWh (ca. 260 l Öl oder 270 m$^3$ Gas und

300 kWh Strom bei Anschluss des Geschirrspülers und der Waschmaschine). Eine Anlage zur Warmwassererzeugung kann so 10-15 % des Gesamtenergieverbrauchs eines Haushalts (ohne Verkehrsleistungen) abdecken und bis zu 0,7 t $CO_2$ pro Jahr vermeiden.

*Kombinationsanlagen Warmwasser und Raumwärmeunterstützung*: Eine *Grobplanung* für Flachkollektoren kommt zu folgender Faustformel:

a) *Kleine Anlage* mit geringem Deckungsgrad: 0,8 $m^2$ Kollektorfläche pro 10 $m^2$ Wohnfläche und >50 l Speicher pro $m^2$ Kollektorfläche (Beispiel 120 $m^2$ Wohnfläche: 9,1 $m^2$ Kollektorfläche, 460 l Speicher). Je nach Wärmeschutzstandard kann diese Anlage 13 % (Altbau) bis zu 51 % (Passivhausstandard) des gesamten Wärmebedarfs (inkl. Warmwasser) eines Haushalts decken.

b) *Mittelgroße Anlage*: 1,6 $m^2$ Kollektorfläche pro 10 $m^2$ Wohnfläche und 100 l Speicher pro $m^2$ Kollektorfläche. Je nach Wärmeschutzstandard kann diese Anlage 22 % (Altbau) bis zu 68 % (Passivhausstandard) des gesamten Wärmebedarfs decken.

c) *Große Anlage*: Soll ein möglichst hoher Deckungsanteil (z. B. 65 %) erzielt werden, benötigt das Haus mit einen Passivhausstandard, einen Kollektor von 40 bis 50 $m^2$ und einen Speicher von etwa 10.000 Litern (Quaschning 2013: 157).

Bei typischen Altbauten lassen sich so solare Wärmedeckungsquoten von 13-22 %, bei Neubauten 22-36 %, Dreiliterhäusern 40-57 % und Passivenergiehäusern 51-68 % erzielen (Quaschning 2013: 157). Hierbei sind die Wärmegestehungskosten pro kWh umso niedriger, je größer die Anlage und je kleiner der Solardeckungsanteil ist (eine Anlage, die 60 % des Warmwassers erzeugen soll, muss so groß sein, dass sie im Sommer oft mehr Wärme erzeugt als nötig, während die Energie einer kleineren und damit preisgünstigeren Anlage immer vollständig verbraucht wird).

*Solare Nahwärmeversorgung in Solarsiedlungen*: Hier wird die durch große Kollektorfelder gewonnene Wärme in einen zentralen Speicher geleitet, von dem mehrere Häuser mit Wärme versorgt werden. Die Wärmeverluste können hierdurch deutlich verringert werden, allerdings treten durch die Leitungsverlegung höhere Kosten auf.

*Solarkühlung*: Mit Hilfe von Absorptionskälte- oder Sorptionskältemaschinen und leistungsstarken Kollektoren kann Kälte erzeugt werden, die zur Kühlung von Gebäuden verwendet werden kann. Insbesondere für Bürogebäude und Gebäude in südlicheren Regionen der Welt liegt in dieser Technik ein hohes Potential (Quaschning 2013: 176).

*Bewertung der Solarthermie*

*Ökologische Dimension*

Wie die PV-Anlagen emittieren TS-Anlagen keine THG oder Schadstoffe beim laufenden Betrieb. Werden zur Herstellung EE verwendet, geht die THG-Gesamtemission (inkl. Herstellung) gegen Null (s. Solvis in Braunschweig). In Deutschland hat die Nutzung der Solarthermie 2012 2 Mio. t THG vermieden (BMU 2013/07: 26). Da die Mehrzahl der Anlagen in die Gebäude integriert wird, entstehen keine zusätzlichen Belastungen oder Flächenverbrauch. Bei der Herstellung wird oft Aluminium (Rahmen) und Kupfer (Absorber) als nicht erneuerbare Ressourcen benötigt, daher muss das Recycling weiterentwickelt werden. *Erneuerbare Ressourcen* werden nicht verbraucht. Bei der Produktion, dem Betrieb und der Entsorgung entstehen keine gesundheitlichen Belastungen (schädliche Emissionen oder Abfälle). Es findet ein geräuschloser Betrieb statt.

*Ökonomische Dimension*

Die Solarbranche ist seit 1990 zu einem ernst zu nehmenden *Wirtschaftssektor* geworden. Global waren 2012 etwa 0,9 Mio. Menschen im Bereich der Solarthermie beschäftigt, davon in China etwa 800.000, in Indien 41.000 und der EU ca. 32.000 (BMU 2013/07: 85). Im Jahr 2012 wurden in Deutschland ca. 1 Mrd. € in die Errichtung von Solarthermie *investiert*, der *Umsatz* aus dem Betrieb betrug ca. 0,3 Mrd. €. Eine *jederzeitige Versorgungssicherheit* können TS-Anlagen nur für etwa drei Tage mit Hilfe von Speichern gewährleisten. Das reicht für Einfamilienhäuser i.d.R. von April bis September für eine 100 %-Versorgung mit Warmwasser und Raumwärme. Solare Nahwärmesysteme mit sehr großen Erdspeichern kommen auf längere Versorgungszeiten. Die heute installierten TS-Anlagen können nur einen sehr kleinen Anteil des *globalen Wärmeverbrauchs* decken (<1 %), der Anteil in der *EU-27* ist geringfügig höher. Die *deutschen* TS-Anlagen haben 2013 6,8 TWh Wärme erzeugt (0,5 % des Gesamtwärmeverbrauchs, (BMWi 2014/02: 4)). Die *Gesamtkosten* für eine thermische Solaranlage (inkl. Montage) betragen für ein Einfamilienhaus ca. 5.000 € (>bei Nachrüstung), bei einem Mehrgeschosswohnungsbau ca. 1.000 € je Wohnung (etwa 1 % der Gesamtbaukosten) und bei einer Nachrüstung ca. 1.500 €. Ein Kostenvergleich (ohne externe Kosten) kommt zu dem Ergebnis, dass Warmwasser aus Solaranlagen (8 bis 19 ct/ kWh) preisgünstiger ist als aus elektrischen Durchlauferhitzern, aber teurer als aus Gas- oder Öl-Brennern (da hier nur die Brennstoffkosten berücksichtigt werden). Preissenkungen wie bei den PV-Anlagen sind nicht zu erwarten. Mit zunehmenden Energiepreisen wird sich dieser Vergleich zu Gunsten der Solaranlagen verschieben. TS-Anlagen können auch von mittelständischen Unternehmen produziert und von Einzelhaushalten betrieben werden. Die *externen Kosten* sind sehr gering. Der Einsatz von TS-Anlagen mindert Primärenergieimporte und damit die Zahlungen, die ins Ausland gehen. Die Investitionskosten pro kWh sind vertretbar, Infrastrukturinvestitionen nicht erforderlich.

*Sozial-kulturelle Dimension*

*Entwicklungen, die die gesellschaftlichen Fehlentwicklungen verstärken*, sind zurzeit nicht erkennbar. Eine *dauerhafte Versorgungssicherheit* ist gegeben, d.h. das *Potential* ist dauerhaft unerschöpflich. Das für die Installation von TS-Anlagen geeignete Flächenpotential ist mit dem der Photovoltaik identisch, so dass sie in dieser Beziehung in Konkurrenz zueinander stehen. Wird eine weltweit installierbare Kollektorfläche von 10 m² pro Kopf angenommen (unverschattete Flächen auf Gebäuden), ergibt sich ein erhebliches Potential. In Deutschland könnten bei 20 Mio. Anlagen ca. 3 % des PEV gedeckt werden (Quaschning 2013: 190). Die Technik stärkt eine dezentrale Energieerzeugung und wirkt der Konzentration entgegen (Quaschning 2013: 190, Förstner 2011, BMU 2013/07). Ihr Beitrag zur globalen Konfliktvermeidung ist wie bei allen EE, die ihre Energie im Inland gewinnen, hoch, da die notwendigen Energieimporte verringert werden, Kriege um thermische Solaranlagen sind sehr unwahrscheinlich. Die Sicherheitsfreundlichkeit ist sehr hoch, Terroranschläge sind sehr unwahrscheinlich, Auswirkungen von Störfällen sehr gering.

*Perspektiven der Solarthermie*

Der Bau von thermischen Solaranlagen wuchs zwischen Ende der 1970er Jahre und Ende der 2000er Jahre stetig (2008: Neuinstallation: 2,1 Mio. m² Kollektorfläche). Seitdem geht die Neuinstallation zurück (2013: 1,02 Mio. m²). Die kumulierte Solarkollektorfläche hat von 5,1 Mio. m² (2003) auf 17,5 Mio. m² (2013) zugenommen (BSW in Heup 2014/04: 69). Das Hauptproblem von thermischen Solaranlagen zur Raumerwärmung besteht darin, dass der bedeutendste Energieertrag (70-80 %) zwischen Mai und September erfolgt, also in einer Zeit, in der i.d.R. wenig Energiebedarf für die Raumwärme besteht. Konventionelle Warmwasserspeicher (300-3.000 l) sind aber nicht leistungsfähig genug, um Wärme über Monate zu speichern. Somit können TS-Anlagen nicht den ganzjährigen Wärmebedarf decken, vielmehr ist immer noch eine weitere Heizungstechnik notwendig. Daher müssen als notwendige Bedingungen der *Heizenergieverbrauch* eines Hauses minimiert (<20 kWh/(m²*a), ein *Niedrigtemperaturheizsystem* (mit z. B. Fußbodenheizung installiert) und folgende *Techniken weiterentwickelt* werden: *Nahwärmeinseln* (mit Großspeicher im Boden und Kollektorflächen >1.000 m²) und *Langzeitspei-*

*cher* (die auf chemischen Prozessen beruhen, d.h. keine bzw. nur geringe Energieverluste haben).

### *Solares Bauen und sonstige Solarnutzung*

Unter solarem Bauen versteht man die Nutzung der Solarenergie für Gewinnung von Raumwärme, Warmwasser und Raumkühlung.

*Skizze der physikalischen und technischen Grundlagen*

*Wir unterscheiden:*

1) *Passive Solarenergienutzung:* Durch verschiedene bauliche Maßnahmen kann die Sonnenenergie, je nach Wärmeschutzstandard, einen Anteil der Raumwärme und des Warmwassers decken:

   a) *Nord-/Süd-Ausrichtung* (Wohnräume mit großen Fenstern nach Süden, Nebenräume und Treppenhäuser mit kleinen Fenstern nach Norden).

   b) *Wintergärten* (hierbei ist besonders wichtig, auf den Einbau von Heizkörpern zu verzichten und gute Wärmeschutzgläser zu verwenden, damit es nachts nicht zu größeren Wärmeverlusten kommt, als am Tag gewonnen werden kann (BMU 2002/04: 55).

   c) *Transparente Wärmedämmung* (hierbei werden durchsichtige Wandmaterialien verwendet, die für eine höhere Nutzung der Sonnenenergie sorgen).

2) *Aktive Solarenergienutzung:*

   a) *Lüftungsanlage mit Wärmerückgewinnung und Vorerwärmung der Außenluft durch Erdreich* (bei hochgedämmten großen Gebäuden).
   *Bewertung:* Für Nullenergiehäuser sehr geeignet.

   b) *Solarthermie mit saisonalem Großspeicher:*
   *Bewertung:* Diese Systeme sind für kleine Siedlungen geeignet.

   c) *Anlagen in der Entwicklung:* Hierzu gehört die wasserstoffbetriebene PEM-Brennstoffzelle.
   *Bewertung:* Diese Systeme sind noch nicht ausgereift.

Im Zuge der Energiewende wird auch das solare Bauen eine größere Bedeutung erhalten. Anders als in sonnenreicheren Ländern kann das solare Bauen in gemäßigten Zonen wie Mitteleuropa aber nur mit umfangreichen Maßnahmen (z. B. Nullenergiehausstandard und Hinzuziehung aktiver EE-Heizungssysteme) eine Vollversorgung gewährleisten.

## Perspektiven der Solarenergie

Die Nutzung der Solarenergie bietet auf lange Sicht das größte Potential der EE. Sie steht – gemessen an ihren Nutzungspotentialen – erst am Anfang. Die *Bewertung der Solartechniken* fällt positiv aus: Der PEV kann gesenkt werden, womit die Umweltverträglichkeit und die Versorgungssicherheit zunehmen. Zusätzlich kann ein deutlicher Beitrag für die ökologische Modernisierung der Volkswirtschaft geleistet werden: Bei vertretbaren Investitionen kann die Ressourceneffizienz deutlich gesteigert und damit Kosten gesenkt werden. Die Akzeptanz für die Techniken ist groß, da keine Schadstoff- und Lärmemissionen beim Betrieb entstehen. Im Zuge einer nachhaltigen Energiepolitik könnte die Solarenergie in den sonnenreichen Ländern bis 2050 den größten Anteil der Energieversorgung übernehmen (Wärme, Kühlung und Strom). In gemäßigten Klimazonen könnte die Solarenergie bis 2050 immerhin einen namhaften Teil der Energieversorgung leisten, neben der Windenergie wahrscheinlich den größten. So könnten in Deutschland im Zuge des Heizungsaustausches und der Wärmeschutzsanierung aller Gebäude auf den Passivenergiehausstandard PV-Anlagen und/oder thermische Solaranlagen als Regelstandard eingeführt werden. Für thermische Solaranlagen gelten die gleichen Aussagen wie für die PV-Anlagen. Sie sind als dezentrale Anlagen auf fast allen Dächern installierbar und eine der wesentlichen Kombinationstechniken. Seit einigen Monaten sieht es auch danach aus, dass die weltweite Modulnachfrage wieder ansteigt, Ende 2014 könnten 45-55 GW neu installiert sein (Rentzing 2014/01: 74).

## 4.2 Windkraft

Die Nutzung der Windenergie durch den Menschen reicht Jahrtausende zurück, sie wurde insbesondere für Wasserpumpen, zur Bewässerung sowie für Mühlvorgänge genutzt. Noch im 19. Jh. waren allein in Europa etwa 200.000 Windmühlen in Betrieb. Gänzlich verdrängt wurden sie erst im 20 Jh.

Heute sind Windkraftwerke (auch Windenergieanlagen genannt – WEA) eine der kostengünstigsten Techniken der EE zur Stromgewinnung. Daher sind hier seit einigen Jahren auch besonders hohe Wachstumsraten zu verzeichnen, zurzeit ist aber ihr Anteil an der *globalen Stromerzeugung* noch sehr gering. Die Windenergie wird wie die Solar- und Meeresenergie zu den „neuen" EE gerechnet.

## Physikalische und Technische Grundlagen

*Funktionsprinzip:* Windkraftwerke wandeln die Strömungsenergie des Windes (kinetische Energie) über die Rotoren in mechanische und anschließend mithilfe eines Generators in elektrische Energie um. Moderne WEA zählen somit in Abgrenzung zu den Widerstandsläufern (der Wind „drückt" gegen die Rotorfläche; Bsp.: alte Windmühlen) zu den sogenannten Auftriebsläufern. Wind (bewegte Luft), trägt wie jede bewegte Masse Energie in sich. Ein Teil dieser Energie wird bei modernen WEA genutzt, um über das Auftriebsprinzip (wie bei Flugzeugen) die Rotoren in Bewegung zu setzen (durch die gebogene Form des Rotors muss der Wind auf der oberen Seite einen längeren Weg zurücklegen als auf der unteren Seite. Hierdurch entsteht auf der Oberseite ein Unterdruck und auf der Unterseite ein Überdruck. Um diesem Druckgefälle entgegen zu wirken, bewegt sich der Rotor nach oben). Bei den meisten WEA werden über ein Getriebe die vergleichsweise wenigen Umdrehungen/Minute der Rotorblätter mit hohem Widerstand in eine (dem Generator entsprechend) hohe Drehzahl (3000 Umdrehungen/Minute) mit geringem Widerstand umgewandelt. Innerhalb des Generators wird mit Hilfe eines Magnetfeldes eine Potentialdifferenz aufgebaut und so eine Spannung induziert.

*Theoretische Leistung:* Die Leistung einer WEA hängt von der *Windgeschwindigkeit* und der Größe der Anlage bzw. ihrem *Wirkungsgrad* ab. Der *Wirkungsgrad* bestimmt sich durch die von den Rotoren bestrichene Kreisfläche (der sogenannten „Durchströmfläche" des Windes). Er drückt den genutzten Anteil der sich in der Luft befindlichen kinetischen Energie aus. Theoretisch wäre (aufgrund physikalischer Gesetze) ein Wirkungsgrad von max. 59 % möglich (59 % der kinetischen Energie könnten genutzt werden). Die Kreisfläche ist linear abhängig von dem Quadrat der Rotorlänge, sodass eine Verdopplung der Rotorlänge eine Vervierfachung der Kreisfläche und somit der Leistung zur Folge hat. Die Größe von WEA konnte in den letzten 30 Jahren durch technische Entwicklungen kontinuierlich gesteigert werden: Von 0,03 MW Nennleistung (1980er Jahre), über 0,25 MW (1990er Jahre) auf 1,5 MW (2000er Jahre). Zurzeit haben große Anlagen eine Leistung von 3 bis 6 MW. 2010 wurde der Bau eines 10 MW Offshore-Prototyps angekündigt (Koordinierungsstelle Erneuerbare Energien 2010/02). Da aber der Materialaufwand mit weiter steigender Größe überproportional steigt und zunehmend Logistikprobleme beim Transport immer größerer Bauteile entstehen, ist die flächendeckende Installation von Anlagen über 10 MW Leistung zurzeit wenig wahrscheinlich (Quaschning 2013: 223).

*Windgeschwindigkeit, Standortwahl:* Die Windgeschwindigkeit eines Anlagenstandortes stellt die wichtigste externe Größe für den Energieertrag und somit die Wirtschaftlichkeit einer Anlage dar. Es gelten folgende Faustregeln: Je näher sich ein Standort am Meer befindet oder je höher ein Standort liegt, desto höhere Durchschnittswindgeschwindigkeiten treten auf. Auch lokal nimmt die Windgeschwindigkeit mit zunehmender (Naben-)Höhe zu. Da durch höhere Anlagen aufgrund des größeren Abstandes zum Boden auch die Nutzung längerer Rotoren möglich ist, erklärt sich aufgrund des doppelten Vorteils (höhere Windgeschwindigkeit und längere Rotoren) die Tendenz zu immer größer werdenden Anlagen. Das Winddargebot eines Standortes kann entweder anhand vergleichbarer Standorte geschätzt oder vor Ort gemessen werden. Es gibt noch unzählig viele weitere lokale Einflüsse auf den Wind, auf die hier im Detail nicht weiter eingegangen wird. Natürlich bedingen neben der Windgeschwindigkeit noch andere Einflussgrößen (Infrastruktur), Temperaturen u. v. m. die Wahl des Anlagenstandortes.

*Praktische Leistung*: In der Praxis werden Gesamtwirkungsgrade von bis zu 50 % erreicht. In der Regel beginnen WEA bei 3-4 m/s Windgeschwindigkeit Strom zu erzeugen. Ab 12-16 m/s wird die max. Leistung erreicht (installierte Nennleistung). Bei etwa 25 m/s (Windstärke 10, Sturm) müssen die Anlagen aus Schutz vor Überlastung ausgeschaltet (aus dem Wind genommen) werden (Quaschning 2013: 225). Theoretisch wäre somit eine ganzjährig konstante Windgeschwindigkeit im Nennleistungsbereich optimal. Tatsächlich liegt die Windgeschwindigkeit jedoch häufig unter dem Idealwert, sodass die Leistung einer WEA meistens nicht der Nennleistung entspricht.

*Arten von Windkraftanlagen*: *Großwindkraftwerke*: Am häufigsten zum Einsatz kommen zur Stromerzeugung die sogenannten Schnellläufer (schnell laufende Rotoren) mit einer horizontalen Achse und drei senkrecht stehenden Rotorblättern. *Kleinwindanlagen*: Diese Anlagen können auf dem Land oder auf hohen Häusern in den Städten betrieben werden. Im Vergleich zu den großen Windkraftwerken sind die Investitionen pro kW installierter Leistung aber deutlich höher und die Stromerträge deutlich niedriger. Daher war ein wirtschaftlicher Betrieb in Deutschland bislang nicht möglich (Quaschning 2013: 226). In den ländlichen Gebieten der USA werden traditionell relativ kleine *vielblättrige Rotoren* eingesetzt (sog. Westernmill). Einblättrige Rotoren oder vertikale Rotoren haben sich nicht durchgesetzt.

*Onshore – Offshore*: Eine andere Art der Unterscheidung betrifft den Standort der Anlagen:

a) Bei *Onshore-Anlagen* stehen die Windkraftanlagen auf dem Land. *Kurzbewertung*: Die Vorteile liegen in den relativ geringen Investitions- und Wartungskosten sowie den relativ verbrauchsnahen Standorten, der Nachteil in den unstetigen Windverhältnissen.

b) Bei den *Offshore-Anlagen* stehen die Kraftwerke im Meer (einige hundert Meter bis einige Kilometer).
*Kurzbewertung*: Die *Vorteile* liegen in den höheren und stetigeren Windgeschwindigkeiten (höhere Wirkungsgrade und längere Jahresnutzungs-

zeiten). Die *Nachteile* liegen in den sehr hohen Kosten, aufgrund des hohen technischen Aufwands beim Aufbau und der Wartung sowie des Netzausbaus.

*Einbettung im Energiesystem:* In der Regel sind WEA direkt an das Stromnetz gekoppelt. Durch die Abnahmepflicht des EEG müssen die Netzbetreiber jede durch eine WEA erzeugte Kilowattstunde in das Stromnetz einspeisen. Autarke Anlagen wurden in Deutschland bislang sehr selten gebaut (Kosten, Versorgungssicherheit u.v.m.). Ob Wind weht bzw. wann wie viel, ist nicht steuerbar, sodass wie bereits erläutert die Leistung einer Windenergieanlage extrem unterschiedlich sein kann.

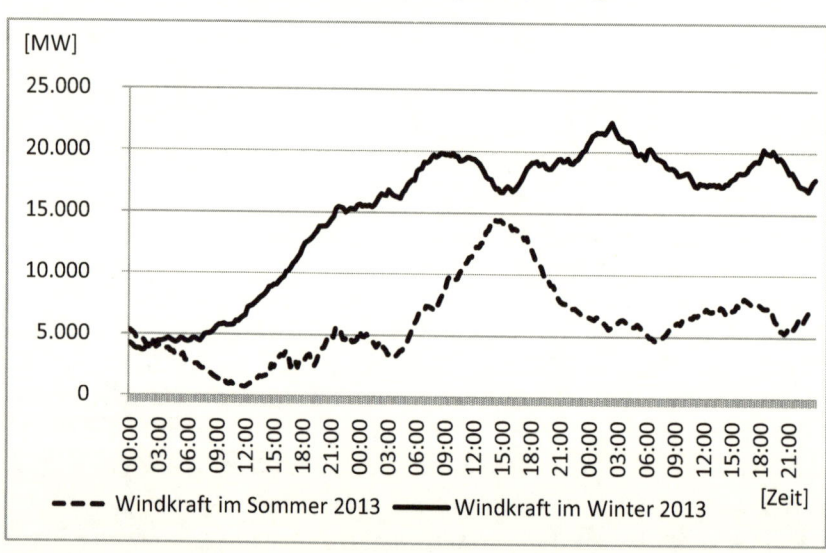

*Abbildung 6: Windenergieeinspeisung*

Drei-Tageseinspeisung im Sommer und Winter in Deutschland (20.-22. Juni und Dezember 2013).
Quelle: Eigene Erstellung Niemeyer, Rogall auf der Grundlage Übertragungsnetzbetreiber: 50 Hertz Transmission 2013b, Amprion 2013b, TenneT TSO 2013b und TransnetBW 2013b.

Die Abbildung 6 zeigt uns folgende spezifische Stärken und Schwächen: (1) Die Windkraftwerke erbringen in Deutschland im Winter eine höhere Leistung als im Sommer. Damit verfügen Windkraftwerke über eine gute Kompatibilität zu den PV-Anlagen, die im Winter nur wenig Strom erzeugen können. (2) Die Energieerzeugung ist von Tag zu Tag sehr unterschiedlich und fluktuierend. An diese von der Natur vorgegebenen Faktoren muss sich die übrige Energiewirtschaft anpassen. D. h. mit steigendem EE-Anteil muss der Kraftwerkspark auf flexible Kraftwerke umgerüstet und eine umfängliche Infrastruktur (Systemdienstleistungen) aufgebaut werden (vgl. Kap. 5).

Mit der wachsenden Nutzung der Windenergie wird auch die Windgeschwindigkeit und damit die mögliche Leistung der Anlagen besser zu prognostizieren sein (in 6 Stunden zu 95 % korrekt). Kurzfristige, „überraschende" Schwankungen, die die Netzstabilität beeinträchtigen sind dann sehr unwahrscheinlich. Ein starker Ausbau der Windenergienutzung mit einer Kopplung vieler WEA zu einem Windpark, vieler Windparks zu einem „Cluster", oder die Kopplung des gesamten WEA Bestandes Deutschlands erhöht damit die „Mindestleistung" (dass in ganz Deutschland kein Wind weht, ist äußerst unwahrscheinlich – so kann eine bestimmte Grundleistung zu jedem Zeitpunkt mit extrem hoher Wahrscheinlichkeit angenommen werden). Mit der Frage, wie wir mit den auftretenden Windstromüberschüssen umgehen, beschäftigen wir uns am Ende des Kapitels in den Perspektiven.

*Bewertung der Windenergie*

*Ökologische Dimension*

Windkraftwerke emittieren beim laufenden Betrieb keine THG. Die Emissionen beim Bau sind vertretbar (deutlich geringer als bei PV-Anlagen, Quaschning 2013: 239). In Deutschland hat die Nutzung der Windenergie 2012 40 Mio. t THG vermieden (BMU 2013/07: 26). Die Öko-Bilanz könnte durch eine konsequente Fertigung mit Hilfe von EE und Sekundärwerkstoffen verbessert werden. Die *Naturverträglichkeit* ist in Hinsicht auf die Tierwelt zum Teil umstritten (nach Quaschning 2013: 239 wird sie überschätzt), der Flächenverbrauch/kWh gilt als vertretbar (günstiger als Biomasse). Beim laufenden Betrieb werden keine *erneuerbaren* oder *nicht-erneuerbaren Ressourcen* verbraucht. Für den Bau der Anlagen wird das seltene Metall Neodym (für Magneten) benötigt. Wichtig ist der Aufbau eines Recyclingsystems nach der Lebenszeit der Anlagen. Wenn die Abstände zur Wohnbebauung eingehalten werden, sind gesundheitliche Belastungen nicht bekannt (Lärmemissionen), schadstoffhaltige Emissionen und Abfälle treten nicht auf.

*Ökonomische Dimension*

Die Windenergiebranche ist seit den 1990er Jahren zu einem ernst zu nehmenden *Wirtschaftssektor* geworden. Im Jahr 2012 betrug die *Bruttobeschäftigung* der Windenergiebranche weltweit etwa 753.000 Arbeitsplätze, in China und der EU jeweils ca. 270.000 (BMU 2013/07: 85), in Deutschland etwa ca. 117.000 Arbeitsplätze (BMU 2013/07: 29-32). Investiert wurden in Deutschland 3,8 Mrd. € in die Errichtung von Windkraftanlagen, der *Umsatz* aus dem Betrieb von WEA betrug 1,4 Mrd. €. Eine *jederzeitige Versorgungssicherheit* können WEA nur durch eine umfangreiche Infrastruktur gewährleisten (Kap. 5). Die zurzeit installierten Windkraftwerke können nur einen sehr kleinen *Anteil des globalen* Stromverbrauchs decken (ca. 2 %). In der EU-27 ist der Anteil deutlich höher (ca. 7 %, BMU 2013/07), in Deutschland beträgt er 9 % (2013, BMWi 2014/02: 2). Durch die gesetzlich garantierte Einspeisevergütung lassen sich (unter der Annahme einer guten standortspezifischen Windprognose) die durchschnittliche Jahresrendite und die ungefähre Amortisationszeit recht genau vorhersagen. Bis zu einer bestimmten Leistung und somit Größe der Anlage kann von sinkenden Investitionskosten pro MW ausgegangen werden. Etwas anders fällt die Bewertung bei Offshore-Anlagen aus (s. Offshore). Onshore WEA erhalten nach EEG 2014 eine Einspeisevergütung in Höhe von 8,53 ct/kWh, Offshore WEA 15-19 ct/kWh (Quaschning 2013: 236). Onshore WEA können ab einer durchschnittlichen Windgeschwindigkeit von 4-4,5 m/s *wirtschaftlich* betrieben werden. Besser sind Windgeschwindigkeiten von 5-6 m/s. Diese werden i.d.R. an Küsten und teilweise in den Mittelgebirgen und bei großen Anlagen auf größeren Hügeln erreicht. Eine *Onshore WEA* arbeitet im Schnitt 1600 Volllaststunden, sodass pro MW installierter Leistung 1,6 Mio. kWh im Jahr erzeugt werden (dies entspricht etwa dem Jahresverbrauch von 500 Haushalten). Bei *Offshore WEA* wird aufgrund der günstigeren Windverhältnisse von 3000-5000 Volllaststunden ausgegangen, so dass 1 MW installierter Leistung einer Offshore WEA die etwa 2-3-fache Menge an Energie erzeugt (zu dem höheren Aufwand s. unten). Damit sich die Leitungsverlegung lohnt, müssen die Windparks relativ hohe Leistungen (> 100 MW) aufweisen. Der Wirkungsgrad (ca. 50 %) spielt eine geringe Rolle, da die Inputenergie sehr groß ist. Onshore WEA stellen eine mittlere Technik dar, *Konzentrationsprozesse* werden hierdurch nicht gefördert, mehr als die Hälfte aller Onshore-Windparks wurden von Bürgergenossenschaften finanziert. Die 20 größten Energieunternehmen besitzen zusammen nur knapp 1/3 aller Windparks. Offshore-Windparks hingegen können nur von großen Unternehmen gebaut und betrieben werden. Die *externen Kosten* sind sehr gering, die energetische Amortisationszeit beträgt ca. 4-7 Monate (Lübbert 2007). Der Einsatz von WEA mindert Primärenergieimporte und damit die Zahlungen, die ins Ausland gehen. Die *Investitionskosten* für Onshore WEA betragen 900 €/kW, Gesamtkosten 1.200 €/kW; zusätzlich ist aber der Bau von zusätzlicher Regelleistung notwendig. Die Investitionskosten für Kleinanlagen sind sehr hoch (5x PV-Anlagen; Quaschning 2013: 235).

## 4. Erneuerbare Energien

*Volllaststunden:* Die unterschiedliche Einsatzdauer von Energieerzeugungsanlagen im Jahr kann man durch den Begriff *Volllaststunden* ausdrücken (wie viel eine Anlage in voller Last im Jahr arbeitet). D.h. Anlagen zur Stromerzeugung mit gleicher Leistung können in einem Jahr eine sehr unterschiedliche Energiemenge erzeugen (ein Grundlastkraftwerk soll möglichst über 8.000 Std. im Jahr laufen, eine PV-Anlage mit gleicher Leistung kann aber im Winter und nachts keinen Strom erzeugen, Windkraftwerke sind von der Windgeschwindigkeit abhängig).

### Sozial-kulturelle Dimension

*Gesellschaftliche Fehlentwicklungen* sind zurzeit nicht erkennbar. Eine *dauerhafte Versorgungssicherheit* ist gegeben, da für menschliche Zeitmaße dauerhaft unerschöpflich. Global könnten 100 % des Strombedarfs durch WEA gedeckt werden (IPCC). Das Onshore-Potential in der EU-28 beträgt zwischen 39.000 und 45.000 TWh/a, das Offshore-Potential 3.000 bis 25.000 TWh (EUA 2009). Das *Gesamtpotential in der EU* würde damit dem 10-fachen des heutigen Stromverbrauchs entsprechen. Nach neuen Studien ist das Potential auch in Deutschland mit 175 bis zu 2.400 TWh (Onshore; 25 bis 600 % des Stromverbrauchs) und 280 TWh (Offshore; UBA 2013/06: 2) sehr hoch. Somit könnten allein Onshore WEA den deutschen Strombedarf decken. WEA können relativ *dezentral* betrieben werden (an der Küste, große Anlagen auch auf Bergen und Hügeln). Auf einen Netzausbau kann aber trotzdem nicht vollständig verzichtet werden. Ihr potentieller Beitrag zur globalen *Konfliktvermeidung* ist, wie bei allen EE, die im Inland erzeugt werden, hoch, Kriege um WEA sind so gut wie ausgeschlossen. Die Akzeptanz ist gemischt (positives Image der EE versus „Verspargelung der Landschaft"), letztlich bleibt das wohl eine Geschmacksfrage. Die Sicherheitsfreundlichkeit ist sehr positiv. Als größte Hürden für einen schnelleren Ausbau werden angegeben: begrenzte Flächen, restriktive Höhen- und Abstandsregeln, Unwillen und Unwissenheit in den regionalen Planungsgemeinschaften, Akzeptanzprobleme bei Anwohnern und Naturschutzauflagen aufgrund von Lärmfragen, Schattenwurf und Lichteffekten (Weinhold 2011/08: 44, zur Entwicklung des Windenergierechts s. das Jahrbuch Windenergierecht, Brandt 2013). Um die Potentiale des dezentralen Ausbaus auszuschöpfen, empfiehlt es sich daher, neue Flächen für Windkraftwerke auszuweisen, Gemeinden an Pachteinnahmen zu beteiligen und die frühzeitige Bürgerbeteiligung zu intensivieren (Kamlage u.a. 2014).

## Perspektiven der Windkraft

Die *Gesamtbewertung* der Windkraft ist sehr positiv. Ein massiver Ausbau in allen Ländern und Standorten mit Windgeschwindigkeiten über 4,5 m/sec. wird empfohlen (unter Beachtung von Naturschutz, ökologischen Schutzgebieten etc.). Windkraftwerke leisten einen zunehmend wichtigen Beitrag zur Vermeidung von THG-Emissionen. Bei Abwägung der Vor- und Nachteile ist ein deutlicher Ausbau angeraten. Nach verschiedenen Energieszenarien werden Wind- und Solarenergie mit zusammen 55-70 % am Strommix 2050 global die wichtigste Rolle im Transformationsprozess zur 100 %-Versorgung spielen. Auch in der EU wird die Windenergie 2050 mit 30-49 % voraussichtlich die größte Bedeutung haben (UBA 2012/08: 9). In *Deutschland* wird die Windenergie mit 45 bis 78 % am Strommix 2050 eine noch wichtigere Rolle spielen (Langfristszenarien 2011 in UBA 2012/08: 11). Die im Zuge des Ausbaus immer häufiger auftretenden Überschüsse von Windstrom werden für die neuen Nachfragesektoren verwendet (Wärmepumpen mit Wärmespeichern und E-Mobilität).

Die *Onshore*-Technik ist aufgrund ihres Potentials und der kostengünstigen Stromproduktion (betriebswirtschaftlich als auch volkswirtschaftlich) besonders positiv zu bewerten. Nach neueren Studien (UBA 2013/06) könnte sie den gesamten Strombedarf mehrfach decken. Daher sollte der Ausbau von Onshore-Anlagen global – so auch in Deutschland – erheblich beschleunigt und nicht gedeckelt werden, wie es das novellierte EEG 2014 vorsieht, Kap. 7.5). Hierbei sollte sich der schnellere Ausbau nicht allein auf die windoptimalen küstennahen Gebiete konzentrieren, sondern auch die Potentiale im Inland ausschöpfen (z. B. auf Hügeln mit sehr hohen Anlagen). Eine derartige Strategie des dezentralen Ausbaus der Windenergie würde es ermöglichen, den – auf lange Sicht dennoch notwendigen – überregionalen Netzausbau aus Kosten- und Akzeptanzgründen zu verlangsamen (Agora Energiewende 2013/05: 7).

*Offshore-Anlagen* sind in Aufbau und Wartung entschieden teurer als Onshore-Anlagen. Beim Aufbau ist die Gründung der Anlagen ungleich schwieriger und die Anschlusskosten sind höher. Wartungen sind deutlich kostenintensiver, weil Wartungs- und Reparaturteams auch bei starkem Wind und Regen aufs Meer fahren müssen (Wartungsarbeiten auf See sind fünf- bis zehnmal so teuer wie an Land). Daher ist der Strom aus Offshore-Anlagen zurzeit deutlich teurer als aus Onshore- und PV-Anlagen. So können sie nicht von mittelständischen, sondern nur von großen Unternehmen errichtet und betrieben werden. Auch ist zu beachten, dass die Standortwahl nicht immer einfach ist, weil die Auswirkungen auf die Meeresumwelt großenteils nicht bekannt sind und ökologisch wertvolle Gebiete (Vogelschutzgebiete, Wattenmeer) nicht in Anspruch genommen werden sollten. Bei einer 100 %-Versorgung kann aber auf *Offshore-Anlagen* aufgrund ihrer höheren Leistungsbeständigkeit wahrscheinlich nicht verzichtet werden. Auch werden zurzeit große Anstrengungen zur Kostenreduzierung unternommen (Wehrmann 2014/06: 35). Langfristig könnte sie sich daher zu einem wichtigen Standbein der Energieversorgung entwickeln (Reuter 2014/01: 61).

Neue Perspektiven könnten künftig möglicherweise Lenkdrachen eröffnen, die durch den Aufstieg auf 300 Meter Höhe ab Boden relativ kosten- und ressourceneffizient Strom erzeugen könnten (Berliner Zeitung 2014/05: 3).

### 4.3 Wasserkraft

Wasserkraft ist neben der Biomasse eine der ältesten Formen, EE zu nutzen. Seit Jahrtausenden wird die Energie des Wassers zum Antreiben von Sägen, Mühlen, Bewässerung usw. genutzt. Noch am Ende des 18. Jh. wurden ca. 500.000 bis 600.000 Wassermühlen allein in Europa betrieben (Quaschning 2013: 243). Noch heute ist Wasserkraft die weltweit größte genutzte EE zur Stromproduktion. In 20 Ländern werden sogar über 90 % des Stromverbrauchs hierdurch gedeckt. Seit Jahren liegt die jährliche Zubaurate relativ konstant bei 10.000 bis 15.000 MW. Ursache dieser schon heute hohen Beiträge zur Stromversorgung sind die niedrigen Kosten dieser Energietechnik.

*Skizze der physikalischen und technischen Grundlagen*

Die wichtigsten technischen Grundlagen von Wasserkraftwerken (WKW) sind (Hennicke, Fischedick 2010; Quaschning 2013):

*Funktionsweise*: Die Energiegewinnung moderner WKW basiert auf dem Höhenunterschied zweier Wasserspiegel. Das Wasser höheren Niveaus (potentielle Energie) wird durch die Erdanziehung nach unten beschleunigt (kinetische Energie) und treibt so eine Turbine an (mechanische Energie), die ihrerseits einen Generator antreibt (elektrische Energie). Die *Leistung* einer Wasserkraftanlage ist ausgehend von einer konstanten Erdbeschleunigung und einer konstanten Wasserdichte ausschließlich von dem Wirkungsgrad der Anlage, dem Durchfluss (Wassermenge in einem bestimmten Zeitraum) und dem Höhenunterschied des Ober- und Unterwasserspiegels abhängig.

*Arten*: Die wichtigsten Kraftwerkstypen sind:

1) *Pumpspeicherkraftwerke* (WKW mit Wasserspeicher): Diese WKW sind meistens im Gebirge installiert und verfügen oberhalb und unterhalb der Turbinen über einen Stausee, der es ermöglicht, zu Hochlastzeiten (wenn die Nachfrage hoch ist und somit hohe Marktpreise für den Strom zu erzielen sind) sicher Strom zu produzieren. Nachts, wenn überschüssiger

Strom (von Windkraft- und Grundlastkraftwerken) sehr preiswert zu erhalten ist, wird dieser genutzt, um das Wasser wieder nach oben zu pumpen. Am nächsten Tag beginnt dieser Kreislauf von vorne. Dieser Zyklus wird durch den massiven Ausbau von PV-Anlagen teilweise unterbrochen (Lastspitze am Tag wird im Sommer durch Sonnenenergie bedient). In einigen Ländern (z. B. Brasilien, China) produzieren diese Kraftwerke nicht nur in Hochlastzeiten, sondern dienen der Grundversorgung, dort sind sie meist sehr groß konzipiert.

2) *Laufwasserkraftwerke* (Flusskraftwerke) nutzen die potentielle Energie der Flüsse aus (ein „Rückpumpen" wie bei Pumpspeicherkraftwerken ist somit nicht sinnvoll, da ohnehin konstant Wasser nachfließt). Hierfür staut ein „Wehr" das Wasser, so dass sich eine Staustufe ergibt. An der Staustufe läuft das Wasser durch eine Turbine, die einen Generator antreibt, der Strom erzeugt. Bei breiten Flüssen werden neben den Wehren Schleusen eingebaut, durch die Schiffe den Höhenunterschied überwinden können. Sog. Fischtreppen sorgen dafür, dass Fische weiterhin „wandern" können.

*Turbinentypen*: Die wichtigsten Typen sind: die *Rohr-Turbine*, die *Kaplan-Turbine*, die *Francis-Turbine* und die *Pelton-Turbine* (detailliert Quaschning 2013: 246).

*Entwicklungsstand*: Der Wirkungsgrad von heutigen WKW reicht von 60 bis 90 %. Die Leistung der Anlagen reicht von wenigen Kilowatt bis zu mehreren tausend MW. Die vier größten WKW sind „Drei-Schluchten" (18.200 MW, China), Itaaipu (14.000 MW, Brasilien), Xiluodu (12.600 MW, China), Guri (10.300 MW, Venezuela). Die größte Anlage in Deutschland (Goldisthal, Thüringen) kommt auf 1.600 MW. Die ökonomische Lebensdauer einer Wasserkraftanlage beläuft sich auf 50 bis 100 Jahre.

*Sonstige Arten der Wasserenergienutzung*: Zurzeit wird an der Forschung und Umsetzung einer großen Anzahl von weiteren Techniken zur Nutzung der erneuerbaren Energiequellen gearbeitet. Welche von ihnen sich durchsetzen werden, ist heute noch schwer einzuschätzen:

1) *Wellenenergie*: Die Wellenenergie kann zur Stromgewinnung genutzt werden. Die Anlagen werden küstennah in einer Wassertiefe von 20 bis 30 Meter installiert, um so eine kontinuierliche Ausnutzung der Wellen zu gewährleisten.
*Kurzbewertung*: Die *Wellenenergie* bietet ein beachtliches Potential, ihre Nutzung steht aber noch sehr am Anfang (Quaschning 2013: 254).

2) *Meeresströmungskraftwerke:* Hier dienen Unterwasserturbinen (Prinzip eines umgedrehten Windkraftwerks) der Stromgewinnung. Dieser Kraftwerkstyp ist auf relativ konstante Strömungsgeschwindigkeiten angewiesen.
*Kurzbewertung*: Die Entwicklungsarbeiten stehen noch am Anfang, künftig

könnten sie aber einen namhaften Beitrag zur emissionslosen Stromversorgung leisten (Quaschning 2013: 255).

3) *Gezeitenenergie*: Die Gezeitenenergie nutzt die Energie von zuströmendem Meereswasser bei Ebbe und Flut. Zur wirtschaftlichen Realisierung wird ein relativ hoher Tidenhub (Unterschied von Ebbe und Flut) von mehr als fünf Metern benötigt. Diese Bedingung herrscht nur an bestimmten Küsten (z. B. vor der Küste von Bordeaux, wo das derzeit größte Gezeitenkraftwerk installiert ist).

*Kurzbewertung*: Gezeitenkraftwerke haben vergleichsweise große Auswirkungen auf das Ökosystem. Sie können nicht überall installiert werden und ihre Errichtung ist relativ kostspielig. Ihr Potential ist daher sehr begrenzt (Quaschning 2013: 254).

### *Bewertung der Wasserkraft*

*Ökologische Dimension*

WKW emittieren beim laufenden Betrieb wenig THG. Beim Bau der Anlagen entsteht aber bei der Überflutung von Flächen Methan (weil sich die überfluteten Pflanzen ohne Luftzufuhr zersetzen). In Deutschland hat die Nutzung der Wasserenergie 2012 18 Mio. t THG vermieden (BMU 2013/07: 26). Die ökologischen Zielkonflikte von WKW (ihre Naturverträglichkeit) sind bei Großanlagen beträchtlich (WBGU 2003: 56, Quaschning 2013: 259). Ein Einsatz von erneuerbaren und nicht-erneuerbaren Ressourcen findet lediglich beim Bau der Anlage statt und kann somit im Verhältnis zur produzierten Energiemenge über die Lebenszeit als akzeptabel angesehen werden. In sehr heißen Gebieten kann es zur Verbreitung von Infektionskrankheiten kommen (Bilharziose).

*Ökonomische Dimension*

Global betrachtet werden große WKW nicht zu den EE gezählt. Daher existieren hier nur Zahlen für kleine Wasserkraftwerke. In der Wasserkraftbranche finden global ca. 109.000 Menschen eine Beschäftigung. In Deutschland wurden 2012 60 Mio. € in die Errichtung von Wasserkraftwerken investiert, der Umsatz aus dem Betrieb betrug 0,4 Mrd. €, die Bruttobeschäftigung betrug ca. 7.200 Arbeitsplätze (BMU 2013/07: 30-32). WKW können eine *jederzeitige Versorgungssicherheit* gewährleisten, da der Turbinendurchfluss jederzeit steuerbar ist. Ihr *Anteil an der globalen* Strombereitstellung beträgt immerhin 16 %. In der EU-27 produzieren WKW 306 TWh (7 %), in Deutschland beträgt der Anteil 4 %. Die Kosten für den Neubau oder eine Reaktivierung eines WKW betragen je nach Größe 5.000-13.000 €/kW. Bei mittelgroßen Anlagen (zwischen 10 und 100 MW) betragen die Stromgestehungskosten unter 2 ct/kWh (Quaschning 2013: 258). Die Einspeisevergütung nach EEG beträgt bei Anlagen < 0,5 MW: 12 ct/kWh, 0,5 – 2 MW: 8 ct/kWh. Größere Kraftwerke haben degressive Sätze > 50 MW 3 ct/kWh. Damit liegen die Kosten pro kWh (Ausnahme Kleinanlagen) nah an konventioneller Energie, teilweise darunter.

*Sozial-kulturelle Dimension*

*Gesellschaftliche Fehlentwicklungen* sind zurzeit nicht erkennbar, aber bei allen Großtechniken möglich. Eine *dauerhafte Versorgungssicherheit* ist gegeben, da für menschliche Zeitmaße dauerhaft unerschöpflich, allerdings wird sich aufgrund der Klimaerwärmung die Versorgungssicherheit teilweise verschlechtern. Das globale technische *Potential* wird auf ca. 50 EJ/a und das wirtschaftliche auf ca. 30 EJ/a geschätzt (insbesondere in Asien und Südamerika). Das nachhaltige Potential liegt darunter. Damit wären etwa 50 % des derzeitigen Stromverbrauchs durch Wasserkraftwerke zu decken. Zurzeit sind erst 20 bis 30 % des Wasserkraftpotentials ausgeschöpft. Das Potential in Deutschland beträgt ca. 25 TWh (<5 %). Ihr Beitrag zur *globalen Konfliktvermeidung* ist, wie bei allen EE, die ihre Energie im Inland gewinnen, hoch, da die notwendigen Energieimporte verringert werden. Allerdings können künftig Konflikte entstehen, wenn Staaten Flüsse zu stark stauen, sodass die Wasserversorgung anderer Staaten gemindert wird. Bei der gesellschaftlichen Verträglichkeit und Sicherheitsfreundlichkeit nehmen WKW einen mittleren Wert ein. Die Kosten des schlimmstmöglichen Unfalls reichen lange nicht an einen Super-Gau eines Atomkraftwerkes heran, können aber bei Großkraftwerken erheblich sein. WKA genießen eine relativ hohe Akzeptanz, es sei denn, ihr Bau führt zu Umsiedlungsmaßnahmen einer großen Zahl von Menschen und/oder zu starken Eingriffen in das Ökosystem.

*Perspektiven der Wasserkraft*

Kleine bis mittelgroße Wasserkraftwerke werden insgesamt sehr positiv bewertet, große Wasserkraftwerke müssen differenzierter betrachtet werden. Derzeit stellt die Wasserkraft *global* die wichtigste EE zur Stromerzeugung dar. Auf ihren Ausbau kann zurzeit nicht verzichtet werden. Die negativen Auswirkungen im Hinblick auf die Umwelt (Biotopzerstörung, Artensterben, Methan-Emissionen), die regionale Wirtschaft (Landverbrauch) und die sozial-kulturelle Entwicklung (Folgen von Umsiedlungen) werden aber teilweise unterschätzt (WBGU 2003: 57). Daher sind die globalen Ausbaupotentiale beschränkt. In Europa besteht noch ein Ausbaupotential; in Deutschland ist das Potential bald ausgeschöpft. Innerhalb von Kommunen existieren nur wenige Wasserkraftwerke (z. B. in Heidelberg). Sollen weitere Großanlagen errichtet werden, müssen künftig verstärkt die Managementregeln der Nachhaltigkeit bei der Planung und Durchführung eingehalten werden. Ein gutes Beispiel hierfür liefert die für das deutsche EEG entwickelte Idee, den Anspruch auf die besondere Stromvergütung an die Verbesserung der Gewässerökologie zu koppeln und damit für bestehende Wasserkraftwerke einen Modernisierungsanreiz zu bieten, der zugleich auch zu ökologischen Verbesserungen führt. Langfristig stellen Windkraftanlagen und Wasserkraftwerke ideale Kombinationstechniken dar, da der nachts durch Windkraftanlagen nicht benötigte Strom zum Hochpumpen von Wasser in Speicherseen genutzt werden könnte, da die Leistung der Wasserkraftwerke im Gegensatz zu Windanlagen entsprechend des Lastganges (Verbrauchs) steuerbar ist.

### 4.4 Biomasse

Biomasse ist das gesamte organische Material der Erde. Es umfasst alle Lebewesen, Pflanzen und abgestorbenen Organismen. Da Pflanzen mittels Photosynthese Biomasse aufbauen, ist Biomasse chemisch gespeicherte Sonnenenergie. Sie ist die älteste Form EE, die Menschen nutzen, bereits vor 790.000 Jahren entdeckten Steinzeitmenschen, dass sie durch die Verbrennung von Biomasse – vor allem Holz – Nutzenergie in Form von Wärme gewinnen konnten. Bis heute ist Biomasse die *global* wichtigste EE. Insgesamt deckt sie über ein Zehntel des globalen Endenergieverbrauchs. In den Industrieländern, auch in der *EU* und Deutschland, ist ihr Anteil geringer, immerhin erbringt sie den größten Anteil aller EE vom Endenergieverbrauch.

*Skizze der physikalischen und technischen Grundlagen*

Die wichtigsten technischen Grundlagen sind (Hennicke, Fischedick 2010; Förstner 2011: 192, Quaschning 2013: 292):

*Funktionsweise*: Jährlich wird auf der Erde etwa zehnmal so viel Energie durch die Photosynthese der Pflanzen gespeichert, als der Primärenergieverbrauch der Menschheit beträgt. Zurzeit nutzt die Menschheit etwa vier Prozent der jährlich neu entstehenden Biomasse, zwei Prozent für Nahrungsmittel- und Futtermittelproduktion, ein Prozent für Produkte (Holzprodukte, Papier, Faserstoffe) und ca. ein Prozent für die energetische Nutzung (Quaschning 2013: 295). Die effiziente Nutzung eines Teils dieser Biomasse könnte also einen namhaften Teil der menschlichen Energiebedürfnisse decken. Das gilt allerdings nur solange, wie nicht mehr Biomasse entnommen wird, als gleichzeitig nachwächst, was insbesondere in Afrika und Asien oft nicht eingehalten wird. Die Einsatzmöglichkeiten von Biomasse sind äußerst flexibel und durch die technische Entwicklung der letzten Jahre (Automatisierung, Pelletfeuerung) mit denen von Erdöl und Erdgas in einigen Bereichen vergleichbar.

*Abfälle versus Energiepflanzen:*

(1) *Organische Abfälle* aus Haushalten, Gewerbe, Land- und Forstwirtschaft. Sie können zur Erzeugung von Strom und Wärme verfeuert oder zu Biogas vergoren werden (zur Kurzbewertung s. später).

(2) *Energiepflanzen*: Energiepflanzen sind Pflanzen, die möglichst schnell wachsen und schwerpunktmäßig der Erzeugung von Nutzenergie dienen.

*Biomasse nach Nutzungsformen* (Quaschning 2013: 300):

(1) *Brennstoffe für Heizzwecke* (Holz, Stroh, Schilf). Wir unterscheiden:

 a) Offene und geschlossene *Kamine und Kaminöfen*: Offene Kamine sind zumindest nach einer Seite offene Feuerstellen. Kaminöfen oder geschlossene Kamine verfügen über verschließbare Türen.
 *Kurzbewertung*: Kamine sind sehr schön anzusehen, verfügen aber über einen sehr schlechten Wirkungsgrad (20-30 %) und ein schlechtes Schadstoffemissionsverhalten, die Brennstoffzufuhr ist sehr aufwändig, daher dienen sie in modernen Häusern nur der Wärmeerzeugung in der Übergangszeit oder für ästhetische Zwecke. Geschlossene Kamine und Kaminöfen verfügen über einen deutlich höheren Wirkungsgrad (70-85 %).

 b) *Scheitholzkessel*: Dieser Heizungstyp steht meist im Keller und nutzt große Holzscheite als Brennmaterial.
 *Kurzbewertung*: Scheitholzkessel kommen auf einen hohen Wirkungsgrad (90 %), müssen aber per Hand befeuert werden.

 c) *Holzpelletheizungen* (EN 14961-2): Dieser Heizungstyp nutzt kleine maschinell gepresste Holzstücke als Brennmaterial, was eine automatische Zuführung von einem Lagerraum in den Brenner ermöglicht.
 *Kurzbewertung*: Pelletheizungen kommen im Komfort fast an Öl-Heizungen heran (allerdings müssen ein- bis zweimal jährlich die Asche beseitigt und der Brennerraum gereinigt werden). Sie weisen ein besseres Emissionsverhalten als Kamine und Öfen auf.

(2) *Heiz-, Kraft- und Heizkraftwerke*

 a) *Heizwerke*: Heizwerke erzeugen für eine größere Anzahl von Wohnungen Heizwärme.
 *Kurzbewertung*: Heizwerke verfügen oft über einen etwas größeren Wirkungsgrad und sind pro Leistungseinheit kostengünstiger, dafür müssen Nahwärmenetze gebaut werden, die Wärmeverluste mit sich bringen. Aufgrund der einzuhaltenden gesetzlichen Bestimmungen ist

ihr Schadstoffemissionsverhalten deutlich besser als bei den dezentralen Anlagen.

b) *Kraftwerke*: Kraftwerke erzeugen Strom. In der Technik unterscheiden sie sich wenig von Kohlekraftwerken.
*Kurzbewertung*: Aufgrund des Brennstoffträgers verfügen Biomasseheizkraftwerke über ein deutlich besseres THG-Emissionsverhalten als Kohlekraftwerke. Künftig sollten aber Kraftwerke, wenn irgend möglich, als KWK-Anlagen betrieben werden.

c) *Heizkraftwerke*: Heizkraftwerke erzeugen Strom und nutzen die Abwärme zur Versorgung der umliegenden Gebäude mit Heizung und Warmwasser.
*Kurzbewertung*: Dezentrale Heiz- und Blockheizkraftwerke verfügen über eine sehr günstige Ökobilanz, wenn sie mit THG-emissionsarmen Biobrennstoffen betrieben werden (was zum Teil bei Biomasse aus den Tropen nicht gegeben ist) und durch die verwendete KWK-Technik über sehr hohe Wirkungsgrade verfügen. Biomasse-Heizkraftwerke sind im Gegensatz zu Kohlekraftwerken meist mittelgroße Anlagen von 10 bis 20 MW Leistung (das hängt damit zusammen, dass das EEG nur Strom von Anlagen bis 20 MW vergütet und größere Anlagen i.d.R. nicht mehr durch das regionale Holzangebot betrieben werden können).

(3) *Biogas:* Biogas entsteht bei der Vergärung von Biomasse (z. B. Gülle, Grünmasse und organischen Reststoffen) in feuchter Umgebung unter Luftabschluss. Das so gewonnene Gas besteht aus 50 bis 75 % Methan, 25 bis 45 % Kohlendioxid und einer Anzahl sonstiger Gase (z. B. Stickstoff, Ammoniak, Schwefelwasserstoff). Vor der Nutzung muss dieses Gas gereinigt und in einem Speicher gelagert werden. Die Biogasausbeute hängt von der verwendeten Biomasse ab (z. B. bringt Rindergülle eine Ausbeute von 45 m$^3$ Gas je Tonne, Mais 200 m$^3$ je Tonne (Quaschning 2013: 311). Die Nutzung zur Strom- und Wärmegewinnung erfolgt meist in Gas-, Otto- und Dieselmotoren.
*Kurzbewertung*: Besonders günstig ist die Ökobilanz, wenn Biogas in BHKW eingesetzt wird, da sie neben ihrem treibhausgasarmen Brennstoffeinsatz zusätzlich noch als KWK-Technik verwendet werden.

(4) *Biotreibstoffe*: Biotreibstoffe werden i.d.R. im Verkehrssektor in Verbrennungsmotoren eingesetzt. Wir unterscheiden folgende Arten (Quaschning 2013. 306):

a) *Bioöl*: Für die Gewinnung von Bioöl werden möglichst ölhaltige Pflanzen in Ölmühlen ausgepresst. Am verbreitetsten sind Raps-, Soja- und Palmöl.

*Kurzbewertung*: Die Ökobilanz von Bioöl ist umstritten, da das Input-Output-Verhältnis nicht sehr günstig ist und viele umweltschädliche Inputs (Dünger, Pestizide, Treibstoff zur Gewinnung und Transport) nötig sind. Auch hat Bioöl einen relativ schlechten Wirkungsgrad (pro Hektar Fläche), und die ökonomische Bewertung schneidet relativ schlecht ab, z. B. kann dieses Öl nur in umgerüsteten oder speziellen Motoren eingesetzt werden.

b) *Biodiesel*: Auch bei Biodiesel wird zunächst Bioöl aus Ölpflanzen gewonnen (z. B. Rapsöl), dieses wird dann in einer Umesterungsanlage zu Rapsöl-Methylester (RME) umgeformt. RME kann dann als Ersatzstoff für Dieseltreibstoff in geeignete Motoren eingesetzt werden.
*Kurzbewertung*: Die Ökobilanz von Biodiesel ist umstritten. Das Input-Output-Verhältnis ist nicht sehr günstig und viele umweltschädliche Inputs werden benötigt (Dünger, Pestizide, Treibstoff zur Gewinnung und Transport). Allerdings ist ihre THG-Emissionsbilanz besser als die von Mineralölprodukten. Ihr Wirkungsgrad (pro Hektar Fläche) ist relativ schlecht, z. B. können Windkraft- und PV-Anlagen pro Hektar deutlich mehr Energie erzeugen (allerdings stehen Biomasseanbau und Windenergie nicht unbedingt in Flächenkonkurrenz). Die ökonomische Bewertung schneidet etwas besser ab, da Biodiesel dem Dieselkraftstoff aus Erdöl relativ ähnlich ist. In Deutschland hat Biodiesel einen Marktanteil an allen Kraftstoffen von ca. 4 %.

c) *Bioethanol (Alkohol)*: Zur Gewinnung von Bioethanol werden zuckerhaltige Pflanzenteile zu Alkohol (bzw. zunächst Glukose und Stärke) vergoren. Genutzt werden hierfür insbes. Zuckerrüben, Zuckerrohr und Getreide. Zucker lässt sich direkt zu Alkohol vergären, Glukose und Stärke müssen erst durch Fermentation zu Ethanol umgewandelt werden. Anschließend muss der Rohalkohol durch Destillation und Molekularsiebung auf die notwendige Konzentration gebracht werden.
*Kurzbewertung*: Die Ökobilanz von Bioethanol ist umstritten. Das Input-Output-Verhältnis ist nicht sehr günstig und viele umweltschädliche Inputs werden benötigt (Dünger, Pestizide, Treibstoff zur Gewinnung und Transport). Ihr THG-Emissionsverhalten ist abhängig von der Energie, die verwendet wird, um den relativ energieintensiven Gewinnungsprozess durchzuführen. Ihr Wirkungsgrad (pro Hektar Fläche) ist relativ schlecht, z. B. können Windkraft- und PV-Anlagen pro Hektar deutlich mehr Energie erzeugen. Die ökonomische Bewertung schneidet etwas besser ab, da Bioethanol problemlos Benzin (z. B. bis 10 %) beigefügt werden kann. In Brasilien haben „flexible Fuel Vehicles" eine erhebliche Verbreitung (Ethanolanteil 0 bis 85 %). In der EU müssen die Mineralölkonzerne eine bestimmte

Quote von Ethanol einsetzen. Das hat zum preiswerteren Kraftstoff E10 geführt.

*Zwischenfazit:* Die in a-c erläuterten Kraftstoffe gehören zur sog. 1. Generation der Biokraftstoffe, bei ihnen lassen sich nur die öl-, zucker- oder stärkehaltigen Teile der Pflanzen verwenden. In der ökologischen und ökonomischen Bewertung schneiden sie nicht befriedigend ab. Mit der sog. 2. Generation soll es möglich werden, die gesamten Pflanzen zu nutzen, was das Input-Output-Verhältnis deutlich verbessern könnte (z. B. den Flächennutzungsgrad).

d) *BtL-Kraftstoffe (Biomass-to-Liquid):* Die Biomasserohstoffe werden zunächst vergast. Hierbei entsteht unter Zugabe von Sauerstoff und Wasserdampf bei hohen Temperaturen ein Synthesegas. Nach mehreren Reinigungsstufen und einem Syntheseverfahren (z. B. nach dem Fischer-Tropsch-Verfahren) wird das Gas in flüssige Kohlenwasserstoffe umgewandelt, die in verschiedene Treibstoffprodukte getrennt und veredelt werden. Das Verfahren zählt zur 2. Generation der Biokraftstoffe.

*Kurzbewertung:* Das Verfahren ist relativ aufwändig und trotz jahrelanger Forschung immer noch nicht ausgereift. Die Herstellung ist vergleichsweise teuer (Quaschning 2013: 310).

(5) *Nachwachsende Rohstoffe* mit *Kaskadennutzung* (z. B.: Holz, Hanf, biologische Kunststoffe usw.): Biomasse kann auch als Werkstoff genutzt werden und so nicht-erneuerbare oder energieintensive Materialien ersetzen. Nach dem Ende des Lebenszyklus der Primärprodukte können die Biowerkstoffe als Sekundärrohstoffe erneut eingesetzt werden, bis sie im Sinne einer Kaskadennutzung (nach jedem Recyclingprozess etwas weniger wertvoll) am Ende zur Energiegewinnung dienen.

*Kurzbewertung:* Um Metalle und aus Erdöl stammende Kunststoffe zum großen Teil ersetzen zu können, muss noch viel Forschung investiert werden. Für eine nachhaltige Wirtschaft ist das aber ein unverzichtbarer Strategiepfad. Auf lange Sicht erscheint dieser Weg jedenfalls vielversprechender als die Investition in reine Energiepflanzenplantagen.

(6) *Wiederaufforstung:* Neben der Nutzung der Biomasse als Energieträger leisten Pflanzen einen beträchtlichen Anteil zur Dämpfung der Folgen anthropogener $CO_2$-Emissionen. Jährlich werden fast 8 Mrd. Tonnen Kohlenstoff durch die Verbrennung fossiler Energieträger freigesetzt (ca. 25 Mrd. t $CO_2$). Etwa ein Fünftel davon wird von den Pflanzen und Ozeanen absorbiert. Die Aufforstung von einem Hektar Wald bindet jährlich etwa 10 Tonnen $CO_2$, etwa die Menge, die ein Mensch in einem Industriestaat jährlich emittiert.

*Kurzbewertung*: Da die Kosten für die Aufforstung großer Flächen in Entwicklungsländern teilweise erheblich niedriger sind als die Kosten, die für eine entsprechende $CO_2$-Minderung mit technischen Mitteln in den Industriestaaten aufgewendet werden müssen, darf diese Strategie in Zukunft nicht vernachlässigt werden.

(7) *Biokohle*: Der Einsatz von Biokohle (Pflanzenkohle) gilt bei den Befürwortern als ein erfolgversprechendes Mittel des Klimaschutzes. Hierbei wird Biomasse (z.B. Pflanzenreste) zu Kohle umgewandelt. Die Biokohle kann als Brennmaterial zur Energieerzeugung oder als Dünger in den Boden eingebracht werden (hierdurch wird das von der Pflanze aufgenommene $CO_2$ sehr lange im Boden gebunden).

*Kurzbewertung*: Nach den Untersuchungen des DIW könnte durch den Einsatz von Biokohle in der deutschen Landwirtschaft etwa ein Prozent des für 2030 angestrebten THG-Reduktionsziels erreicht werden. Die Vermeidungskosten sind allerdings mit über 100 Euro pro t $CO_2$ sehr hoch, der erreichbare Zusatznutzen durch die Steigerung der Bodenfruchtbarkeit könnte diese Kosten vermindern (Teichmann 2014/01: 3, s.a. Heup 2014/05: 56).

## *Bewertung der Biomasse*

### *Ökologische Dimension*

In Deutschland hat die Nutzung der Biomasse 2012 25 Mio. t THG in der Stromerzeugung, 36 Mio. t bei der Wärmeerzeugung und 5 Mio. t. im Verkehr vermieden (BMU 2013/07: 26). Bei der weiteren Bewertung der Biomasse müssen wir strikt zwischen der energetischen Nutzung der organischen Abfälle und den Energiepflanzen unterscheiden:

- Die Nutzung *organischer Abfälle* weist eine sehr gute Ökobilanz auf, überall wo Energie aus biotischen Abfällen (Haushalte, Gewerbe, Landwirtschaft) gewonnen wird, insbesondere durch Kaskadennutzung, besteht eine sehr hohe ökologische Verträglichkeit. Sie gelten als klimaneutral, da organische Materialien bei der Verbrennung nur so viele THG-Emissionen freisetzen, wie sie beim Wachstum aufgenommen haben (die gleiche Menge würden sie auch bei der Zersetzung freisetzen). Auch benötigen Abfälle – anders als Energiepflanzen – keinen Dünger, keine Pestizide usw., das heißt, ihr Ressourceneinsatz ist minimal (Ausnahme nur beim Transport). Weiterhin entstehen hier keine Zielkonflikte zu anderen Nutzungsformen (z. B. Nahrungsmittelproduktion). Ihr Potential reicht aber nicht aus, um das Erdgas zu ersetzen.

Diese positive ökologische Bewertung gilt für *Energiepflanzen* nur zum

## 4. Erneuerbare Energien

Teil: Zwar gelten auch sie als klimaneutral, da bei der Nutzung nur so viel an THG-Emissionen freigesetzt wird, wie während des Wachstums der Pflanzen gebunden wurden. Für Anbau, Pflege, Düngung, Ernte, Transport und Verarbeitung wird jedoch Energie aus fossilen Energieträgern eingesetzt (insbes. Kraftstoffe). Gänzlich negativ ist die Bilanz, wenn die Biomasse aus umgewandelten Regenwäldern stammt (BUND u.a. 2008: 314). Auf den Einsatz von so genannten $C_4$-Pflanzen (z. B. Schilfgräser) wurde lange Zeit besonders große Hoffnung gesetzt. Sie haben ein schnelles Wachstum, hohen Ernteertrag, geringen Wasserbedarf und niedrigen Düngemitteleinsatz. Sie können energetisch genutzt und für die chemische Produktion (Lacke, Lösemittel, Kunststoffe) eingesetzt werden (Alt 2002: 54). Ähnliche Hoffnungen wurden mit den *Energiepflanzen der 2. Generation* verbunden. Sie sind extrem genügsam (kein Dünger, keine Pestizide und künstliche Bewässerung nötig). Hierzu gehören z. B. das Jatrophaöl (aus Samen eines aus Südamerika stammenden Strauches) und Algen (die sich sehr schnell vermehren und in Salzwassertanks überall gezüchtet werden können; Viering 2009/04:19). Heute ist der großflächige Anbau von Energiepflanzen insgesamt umstritten. Bei ihnen bestehen Flächennutzungskonkurrenzen zwischen dem Anbau von Pflanzen für Nahrungsmittel-, Rohstoff- und Energienutzung. Diese Konkurrenzen werden sich bei einer steigenden Biokraftstoffquote deutlich verschärfen. Weiterhin steigen die Risiken für Boden, Wasser und Biodiversität (SRU 2007/07: 2). Die Flächenproduktivität ist bei Energiepflanzen schlecht (Vergleich zur Windenergie), bei Biokraftstoffen der 1. Generation sehr schlecht. Die meisten Industrieländer können die geplanten Biokraftstoffquoten (z. B. 12-15 % bis 2020 in Deutschland) nicht auf dem eigenen Territorium erzielen. Das führt zu einem verstärkten Import aus tropischen Regionen mit allen negativen Folgen (Zerstörung des Regenwaldes, der Artenvielfalt, Vertreibung indigener Bevölkerung, THG-Emissionen, WI, RWI 2008/04: 16). Zum Teil wird hier auch die Regenerationsrate überschritten. Die *gesundheitlichen Auswirkungen* sind abhängig vom Technikeinsatz, traditioneller Einsatz in Entwicklungsländern verursacht sehr hohe Schadstoffemissionen. Die Emissionen in modernen Anlagen sind unterschiedlich (Feinstaub bei Holzfeuerung).

*Ökonomische Dimension*

In der Biomasse-Branche (ohne traditionelle Nutzung) finden global ca. 2,4 Mio. Menschen eine Beschäftigung (BMU 2013/07: 85). In Deutschland wurden 2012 2,6 Mrd. € in die Errichtung von Biomasseenergieanlagen investiert, der Umsatz aus dem Betrieb betrug 10,7 Mrd. €. Die Bruttobeschäftigung betrug ca. 129.000 Arbeitsplätze (BMU 2013/07: 30-32). Eine *jederzeitige Ver-*

*sorgungssicherheit* können Biomasseanlagen gewährleisten, da Biomasse speicherbar ist und nach Bedarf Energie abgerufen werden kann. Ihr *Anteil an der globalen* Strombereitstellung beträgt etwa 1,5 %. In der EU-27 produzieren Biomassekraftwerke 133 TWh (4 %), in Deutschland 43 TWh (8 %). Die *Preise* und die *Wirtschaftlichkeit* müssen nach dem Biomasseeinsatzgebieten unterschieden werden: Bei der Stromerzeugung sind die Brennstoffkosten und die öffentliche Förderung bzw. die Einspeisevergütungen nach dem EEG ausschlaggebend. Insbesondere Anlagen, die Gutschriften für vermiedene Entsorgungskosten rechnen können (z. B. Altholz), kommen auf geringere Kosten als fossile Vergleichsanlagen. Die Einspeisevergütung beträgt zwischen 3,98 ct/kWh (10 MW Kraftwerke) bis 14,3 ct/kWh (150 kW). Im Sektor der Wärmeerzeugung könnten künftig steigende Preise für fossile Energien Holzheizungen für eine dauerhaft konkurrenzfähige Technologie sorgen. Allerdings sind die Anlagen teurer und Holz gerät bei steigendem Einsatz für die Wärmeerzeugung in Nutzungsrivalitäten. Der Einsatz im BHKW stellt die ökologisch/ökonomisch sinnvollste Option für Biomasse dar. Deutlich negativer schneidet der Einsatz als Biokraftstoff ab (WBGU 2009: 16). Durch eine zunehmende Ethanolproduktion könnte es zu steigenden Nahrungsmittelpreisen kommen (z. B. Mais). Die *Wirkungsgrade* sind sehr unterschiedlich: Biogas in BHKW eingesetzt, ist sehr effizient (das gilt etwas geringer auch für andere Arten der Biomasse). Als Biokraftstoff eingesetzt, ist die Effizienz deutlich geringer. Im traditionellen Einsatz in Entwicklungsländern ist die Effizienz sehr gering. Bislang wird Biomasse zur Strom- und Wärmeerzeugung aus einheimischen Flächen erzeugt. Biokraftstoffe werden z.T. aus dem Ausland bezogen, so dass der Grad der Abhängigkeit unterschiedlich zu bewerten ist. Die Investitionskosten pro kWh sind vertretbar.

*Sozial-kulturelle Dimension*

*Gesellschaftliche Fehlentwicklungen* sind bei dem großflächigen Anbau von Energiepflanzen möglich. Eine *dauerhafte Versorgungssicherheit* ist gegeben, wenn die Regenerationsrate eingehalten wird, was aber nicht überall der Fall ist. Die globalen *Potentialabschätzungen* weisen eine große Bandbreite auf: Hall (1993) gibt das Weltpotential mit fast 300 EJ/a an, Kaltschmitt u.a. (2013) mit 100 EJ/a, der WBGU schätzt das nachhaltig nutzbare Potential auf 80-170 EJ/a (WBGU 2009: 3) (Zum Vergleich: Der globale Primärenergieverbrauch betrug im Jahre 2010 504 EJ). Das Potential in Deutschland wird mit 4-5 % des heutigen PEV angegeben. Sollen die Quoten höher sein (bis 10 %), müssen zusätzlich Energiepflanzen angebaut werden, bei noch höheren Quoten ist der Import von Biomasse unerlässlich, mit all seinen negativen Folgen für die Natur (SRU 2007/07: 142). Keinesfalls reicht das inländische Potential aus, die fossilen Kraftstoffe zu ersetzen. Das Maß der Dezentralität ist unterschiedlich,

4. Erneuerbare Energien 169

teilweise existieren weite Transportwege von den Plantagen. Ihr potentieller Beitrag zur globalen *Konfliktvermeidung* ist, wie bei allen EE, die im Inland erzeugt werden, hoch. Allerdings können durch die verstärkte Ethanol-Produktion für Biokraftstoffe (insbes. Mais, Raps) zunehmende Nutzungskonkurrenzen auftreten (WI, RWI 2008/04: 5). Biomasseanlagen haben eine hohe Sicherheitsfreundlichkeit. Die Akzeptanz ist unterschiedlich.

*Perspektiven der Biomasse*

Die *Gesamtbewertung* der Biomasse liefert kein eindeutig positives Ergebnis (WI, RWI 2008/04: 15), sie hängt stark von der Verwendbarkeit der gesamten Pflanze und der Herkunft ab.

Diese Bewertung führt zur Forderung, Biomasse in einem *Kaskadenprinzip* zu nutzen: An *erster* Stelle sollte immer die Nutzung als Nahrungsmittel und Rohstoff (z. B. Biokunststoff) stehen, an *zweiter* Stelle das stoffliche Recycling und *drittens* schließlich die energetische Nutzung (BUND u.a. 2008: 319). Bei der energetischen Nutzung ist die mit Abstand *effizienteste Form* des Einsatzes (mit dem höchsten $CO_2$-Minderungseffekt) die Umwandlung in Biogas und der anschließende Einsatz in dezentralen KWK-Anlagen (Hennicke, Fischedick 2010), insbesondere bei der Nutzung von Bioabfällen. Dementsprechend sollte die Kaskadennutzung und die Ausschöpfung der Bioabfälle gefördert werden. Global könnten so 40 bis 85 EJ durch die nachhaltige Nutzung von Abfallstoffen und Energiepflanzen erzeugt werden (besonders hohe Potentiale sieht der WBGU in Mittel- und Südamerika, China und Südostasien; WBGU 2009: 4). In Deutschland könnten durch die konsequente Nutzung der Reststoffe etwa 4-5 % des heutigen Primärenergieverbrauchs gedeckt werden (SRU 2007/07: 35). Unter der Bedingung der Kaskadennutzung wird ein verstärkter Biomasseeinsatz empfohlen (SRU 2007/07: 31, 143).

*Biokraftstoffe der 1. Generation* werden weniger positiv bis negativ bewertet. So kann der massive Anbau von Energiepflanzen zur *Biokraftstoffherstellung* nicht empfohlen werden (der WBGU fordert „einen raschen Ausstieg aus der Förderung von Biokraftstoffen", WBGU 2009: 2). Für dieses Urteil sind u.a. die nicht eindeutige Ökobilanz und die sehr hohen Vermeidungskosten in Höhe von 270 €/t $CO_2$ ausschlaggebend (BMU/Nitsch 2008/ 10a: 9). Die *2. Generation* der Biokraftstoffe und Biobrennstoffe schneidet deutlich besser ab, da pro Flächeneinheit ein deutlich höherer Ertrag geerntet werden kann (Hennicke, Fischedick 2010). Aber die Insolvenz eines weltweit führenden Herstellers von Biokraftstoffen der 2. Generation 2011 zeigt die großen Probleme bei der Realisierung (Wiedemann, 2011/09: 56).

Sehr negativ schneidet die Biomassenutzung ab, wenn es zu *Landnutzungsänderungen* kommt (WBGU 2009: 8). So ist die Nutzung der Biomasse heute global zwar die wichtigste EE, sie wird allerdings in vielen Bereichen nicht nachhaltig genutzt. Diese Form der Nutzung muss verringert werden.

Insgesamt ist das *Potential zur Nutzung* der Biomasse wohl geringer, als von vielen erhofft. Der SRU kommt daher zu folgender Schlussfolgerung: „Der vielfach verbreitete Eindruck, Biomasse könne in absehbarer Zeit einen großen Teil der fossilen Rohstoffe – klimafreundlich – ersetzen, ist wissenschaftlich nicht tragbar." (SRU 2007/07: 1). Wir schließen uns dem Fazit des WBGU an: „(...) dass die weltweit vorhandenen nachhaltigen Potentiale der Bioenergie genutzt werden sollten, solange Gefährdungen der Nachhaltigkeit ausgeschlossen werden können." (WBGU 2009: 1). Hierbei sollte sich die Nutzung künftig (vielleicht ab 2030) auf die Sektoren verschieben, in denen keine anderen Vermeidungsoptionen zur Verfügung stehen (möglicherweise Güterverkehr und Prozesswärme im Industriesektor, Öko-Institut, ISI 2014/04: 26).

Hier noch nicht behandelt, aber zukünftig mit womöglich großem Potential, ist die Nutzung von gezüchteten Algen.

### 4.5 Geothermie

Die Geothermie (aufgrund der Nutzungstiefe auch *Tiefengeothermie* genannt) nutzt die in der Erdkruste befindliche Wärmeenergie. Sie wird zu den EE gezählt, da sie nach menschlichen Zeitbegriffen als unerschöpflich angesehen werden kann. Global gesehen spielt sie zurzeit eine geringe Rolle. Mit einem Schwerpunkt in Nord-Amerika und Asien betrug die weltweite Stromproduktion 2011 70 TWh/a (0,3 % des globalen Stromverbrauchs von etwa 22.000 TWh; BMU 2013/07: 82). In der EU-27 stammten 2011 ca. 6,1 TWh aus der Geothermie (<0,1 % der gesamten Strombereitstellung von 3.280 TWh, BMU 2013/07: 60). In Deutschland wurde z. B. das erste geothermische Kraftwerk mit 250 kW erst im Jahr 2003 in Betrieb genommen (Neustadt-Glewe). Im Jahr 2007 wurden zwei weitere Kraftwerke in Betrieb genommen (Landau mit 2,5 MW Leistung und Unterhaching mit 3,6 MW). Die Gesamtstromerzeugung betrug 2013 0,04 TWh (<0,1 % des Stromverbrauchs; (BMWi 2014/02: 4)).

*Skizze der physikalischen und technischen Grundlagen*

Die wichtigsten technischen Grundlagen sind (Quaschning 2013: 268; Förstner 2011: 160; BMU 2011/05):

*Funktionsweise*: Geothermie nutzt die Erdwärme ab 400 m und tiefer (oft 3.000 bis 4.000 m tief, Förstner 2011: 160). Die Temperatur der Erde nimmt in den oberen Erdschichten um etwa 3°C pro 100 m Tiefe zu. Diese Wärme kann zur Bereitstellung thermischer Energie oder zur Stromerzeugung genutzt werden.

(1) Bei *geothermischen Heizwerken* holt eine Förderpumpe heißes Thermalwasser an die Oberfläche. Dort entzieht ein Wärmetauscher die Wärme und speist sie in ein Nah- oder Fernwärmenetz ein. Hierzu reichen Temperaturen von <100°C aus. Um auf die notwendige Temperatur zu kommen, sind Bohrungen von 2.000 m notwendig.

(2) Bei *Kraftwerken* werden i.d.R. höhere Temperaturen benötigt:
Für eine direkte Dampfnutzung werden 200 bis 300°C benötigt. Hier wird der Wasserdampf an die Erdoberfläche in eine normale Dampfturbine geleitet (Quaschning 2013: 269). Die hierfür notwendigen Tiefbohrungen sind aber sehr kostenintensiv. Daher wird hier oft die ORC-Technik (Organic Rankine Cycle) eingesetzt. Die ORC-Technik verwendet statt Wasser organische Arbeitsmittel, die bereits bei niedrigeren Temperaturen verdampfen und mit dem Dampf Strom erzeugen. Diese Anlagen haben allerdings einen geringeren Wirkungsgrad (<10 %; Quaschning 2013: 270).

(3) Bei *geothermischen HDR-Kraftwerken* (Hot Dry Rock) werden durch Bohrungen bis 5.000 m künstliche Hohlräume geschaffen, in die Wasser eingeleitet wird, das sich auf 200°C erhitzt und anschließend zur Stromerzeugung genutzt wird. Nachdem einige Versuche leichte Erdbeben auslösten, ruhen in Deutschland die geplanten Projekte (Quaschning 2013: 271).

*Bewertung der Geothermie*

*Ökologische Dimension*

Geothermische Kraftwerke emittieren keine THG oder Schadstoffe beim laufenden Betrieb. In Deutschland hat die Nutzung der Geothermie 2012 ca. 1 Mio. t THG vermieden (BMU 2013/07: 26). Die *Naturverträglichkeit* ist gegeben, keine große Flächennutzung oder Artenbelastung. Beim laufenden Betrieb werden kaum *erneuerbare* oder *nicht-erneuerbare Ressourcen* verbraucht. Beim Bau der Anlagen ist der Verbrauch vertretbar. Gesundheitliche Belastungen durch mögliche Erdbewegungen im Zuge von Tiefbohrungen müssen weiter erforscht werden.

*Ökonomische Dimension*

Die Geothermie steckt in den meisten Staaten noch in den Kinderschuhen. Führend sind zurzeit die EU (insbesondere Island), China, USA und die Türkei. Global waren 2012 etwa 180.000 Menschen in der Geothermie beschäftigt, davon in der EU ca. 51.000 und in den USA 35.000 (BMU 2013/07: 85). In Deutschland steht die Technik erst am Anfang. Eine *jederzeitige Versorgungssicherheit* kann die Geothermie gewährleisten, da die Stromerzeugung steuerbar ist. Hierbei ist Tiefenwärme überall verfügbar, aber zurzeit nur bei relativ oberflächennahen Wärmeschichten wirtschaftlich nutzbar (2.000 bis 5.000 m), das ist aber nicht überall gegeben. Die vorhandenen Anlagen können zurzeit nur einen sehr kleinen Anteil des *Stromverbrauchs* decken (global und Deutschland jeweils <1 %). Die *Strom- und Wärmegestehungskosten* sind aufgrund der tiefen Bohrungen relativ hoch. Die Einspeisevergütung nach EEG beträgt 2,5 bis zu 25 ct/kWh. Der Wirkungsgrad ist relativ gering, aber die Energiemenge nach menschlichen Zeitmaßen unerschöpflich Der Einsatz mindert Primärenergieimporte und damit die Zahlungen, die ins Ausland gehen. Die Investitionskosten pro kWh sind noch nicht ausreichend kalkulierbar.

*Sozial-kulturelle Dimension*

*Gesellschaftliche Fehlentwicklungen* sind zurzeit nicht erkennbar. Eine *dauerhafte Versorgungssicherheit* ist gegeben, da theoretisch der gesamte Energiebedarf der Menschheit dauerhaft gedeckt werden könnte. Die gesamte in den oberen 3 km der Erdoberfläche gespeicherte Energie beträgt ein Vielfaches des Weltenergieverbrauchs. Allerdings kann nur ein Teil dieser Energie genutzt werden. Ihr Beitrag zur *globalen Konfliktvermeidung* ist, wie bei allen EE, die ihre Energie im Inland gewinnen, hoch, da die notwendigen Energieimporte verringert werden. Kriege um Geothermieanlagen sind sehr unwahrscheinlich. Seit deutlichen Erdstößen in Basel 2006 nach Erschließungsarbeiten im Untergrund ist ihre Sicherheitsfreundlichkeit noch nicht gewährleistet.

### Perspektiven der Geothermie

Diese Energie hat den Vorteil, überall auf der Erde vorhanden zu sein. Günstig lässt sie sich bei Anomalien nutzen, d.h. an Stellen mit höherer Temperatur in geringer Tiefe. Hauptprobleme sind die hohen Kosten für die Bohrungen, die geringen Wirkungsgrade und mögliche Instabilitäten des Untergrunds. Ob die Geothermie künftig einen namhaften Anteil der Versorgung übernehmen kann, hängt von der Kostenentwicklung und der Lösung der geologischen Probleme ab. Gelingt dies, wären die Potentiale sehr groß.

## 4.6 Zusammenfassung

Die EE verbrauchen kaum natürliche Ressourcen und setzen über ihren gesamten Lebenszyklus (inkl. Produktion und Entsorgung) relativ wenig Schadstoffe oder Klimagase frei, wenn sie effizient eingesetzt werden. Damit sind sie die einzigen Energietechniken, die den ökologischen Managementregeln der Nachhaltigkeit nahe kommen (Kap. 2). Ein Verzicht auf den konsequenten Ausbau zu einer 100 %-Versorgung mit EE zielte schon deshalb zu kurz, weil die Befriedigung der künftigen Energiebedürfnisse der bevölkerungsreichen Staaten wie China, Indien und Brasilien auch bei effizientesten Energietechniken zu unvertretbaren Belastungen führen würde. Somit kann nach den Managementregeln der Nachhaltigkeit eine nachhaltige Energiepolitik nur eine 100 %-Versorgung mit EE bedeuten. Bei jeder Energieerzeugung aus fossilen Energieträgern werden Treibhausgase emittiert und nicht-erneuerbare Rohstoffe verbraucht. Dies bringt ökologische, ökonomische und sozialkulturelle Folgen mit sich, die den ethischen Prinzipien (Paradigmen) und Managementregeln der Nachhaltigkeit widersprechen.

Wenn die EE-Techniken (z. B. Windkraftwerke) künftig aus Sekundärmaterialien oder erneuerbaren Materialien und mit Hilfe von EE gefertigt werden, könnten sie alle Managementregeln einhalten und damit als nachhaltige Produkte angesehen werden. Dementsprechend müssen im Zuge einer nachhaltigen Energiepolitik parallel zur maximalen Steigerung der Energieeffizienz Techniken zur Nutzung der EE eingeführt werden, die bis 2050 allmählich zur 100 %-Versorgung ausgebaut werden. Das Potential hierzu ist vorhanden. Hennicke/Fischedick kommen dementsprechend zu einem eindeutigen Urteil:

„Nur die erneuerbaren Energien können im Verbund mit einer deutlichen Steigerung der Energieeffizienz langfristig alle ökologischen, ökonomischen und sozialen Dimensionen einer nachhaltigen Energieversorgung erfüllen" (Hennicke, Fischedick 2007: 19).

Eine 100 %-Versorgung ist aber nicht nur aus Klimaschutzgründen zwingend, sondern auch technisch und wirtschaftlich machbar. Damit stellt die Energiewende ein risikoarmes Investitionsvorhaben mit großen wirtschaftlichen Chancen dar (IWES 2014/01: 4).

Hierbei werden aufgrund der starken Preisdegression die Wind- und Solarenergie nach fast allen Energieszenarien die wichtigste Rolle im Transformationsprozess zur 100 %-Versorgung spielen (SRU 2013/10: 38). Am globalen Strommix werden sie zusammen 55-70 % erbringen (2050). In Europa wird die Solarenergie dann mit 16-35 % voraussichtlich die zweitgrößte Bedeutung nach der Windenergie haben (UBA 2012/08: 100). So steuerten 2013 von den insgesamt in Deutschland produzierten 153 TWh EE-Strom 35 % die Windenergie, 31 % die Biomasse (inkl. Abfälle), 20 % die Photovoltaik und 14 % die Wasserkraft bei (BMWi 2014/02: 4). Nur in Ländern mit besonderen geographischen Gegebenheiten werden Wasser oder Geothermie diese Rolle übernehmen.

*Tabelle 12: EE-Techniken zur Stromerzeugung in Deutschland*

| | Anteil* | Einspeisevergütung degressiv in ct /kWh | Volllaststunden | Akzeptanz** | Bemerkungen |
|---|---|---|---|---|---|
| Photovoltaik | 5% | Ab 4/2014: 9,2 (10 MW) bis 13,3 (<10 kW) | 850 | 95% | Hat das größte Potential, aber Infrastruktur nötig |
| Windkraft Onshore | 9% | 8,53 | 1400 | 94% | Gutes Preis-Leistungs-Verhältnis, aber Infrastruktur nötig |
| Windkraft Offshore | 0,1% | 15 – 19 | 2400 | 94% | Hohe Kosten, aber beständige Leistung |
| Wasserkraft | 4% | 12 (< 0,5 MW) 8 (0,5 – 2 MW) 3 (> 50 MW) | 4800 | 98% | Bestes Preis-Leistungs-Verhältnis, aber in Deutschland niedriges Ausbaupotential |
| Biomasse | 8% | 3,98 (10 MW) – 14,3 (150 kW) | 5200 | 74% | Leistung steuerbar, aber Energiepflanzen umstritten |

* Anteil am gesamten Stromverbrauch 2013; **Sprechen sich für den Einsatz in Deutschland aus.
Quellen: Eigene Zusammenstellung aus (BMU 2013/07), (EU-Kommission 2011) und (BMWi 2014/02: 4).

So können wir festhalten, dass die Realisierung der Energiewende nicht an dem mangelnden Erzeugungspotential oder der Technik der EE scheitert. Im nächsten Kapitel wollen wir uns anschauen, welche sonstigen technischen Bedingungen für eine 100 %-Versorgung erfüllt werden müssen.

*Basisliteratur und Internet*

BMU (2013/07): Erneuerbare Energien in Zahlen, Broschüre, www. bmu.de

Förstner, U. (2011): Umweltschutztechnik, Heidelberg.

Hennicke, P.; Fischedick, M. (2010): Erneuerbare Energien, München.

Kaltschmitt, M.; Streichler, W.; Wiese, A. (2013): Erneuerbare Energien – Systemtechnik, Wirtschaftlichkeit, Umweltaspekte, 5. erweiterte Auflage, Berlin Heidelberg.

Quaschning, V. (2013): Erneuerbare Energien und Klimaschutz. Hintergründe – Techniken und Planung, Ökonomie und Ökologie, Energiewende, 3. aktualisierte und erweiterte Auflage, München.

Rogall, H. (2012): Nachhaltige Ökonomie, 2. überarbeitete und stark erweiterte Auflage, Marburg.

# 5. Notwendige Infrastruktur[1]

Da nur EE den Kriterien einer nachhaltigen Energiepolitik entsprechen, muss in den nächsten 35 Jahren mittels eines Transformationsprozesses eine 100 %-Energieversorgung mit EE erreicht werden (Kap. 2). Das ist aber kein einfaches Ziel, da eine moderne Industriegesellschaft eine jederzeit sichere Energieversorgung benötigt. Das ist besonders schwierig im Strombereich sicherzustellen, da jederzeit genauso viel Strom zur Verfügung stehen muss, wie verbraucht wird. Bei einem Unterschied zwischen Stromangebot und -nachfrage bricht das Netz zusammen. Die dramatischen Konsequenzen, die ein großflächiger und langfristiger Stromausfall zur Folge haben könnte, wurden erst in jüngster Zeit durch eine Studie des Büros für Technikfolgenabschätzung des Bundestages der Öffentlichkeit vor Augen geführt (Deutscher Bundestag 2011).

In der öffentlichen Diskussion werden immer wieder Stimmen laut, die EE müssten in den Markt integriert werden, d.h. sich den gegenwärtigen Marktstrukturen anpassen. Die meisten EE (insbesondere Wind- und Sonnenenergie als künftige Hauptenergieträger) können aber nicht jederzeit Strom produzieren, ihr Angebot ist vielmehr volatil (schwankend). Daher liegt eine der größten technischen Herausforderungen für die 100 %-Versorgung mit EE darin, Lösungen für die kostenangemessene Sicherstellung der jederzeitigen Energieversorgung zu finden. Der einzige erfolgversprechende Weg hierzu besteht darin, das heutige Energiesystem den volatilen EE anzupassen (SRU 2013/10: 20). Hierzu wird – als weitere notwendige Bedingung einer 100 %-Versorgung mit EE – eine umfängliche Infrastruktur (im Fachjargon Systemdienstleistungen genannt) benötigt. Wir wollen die folgenden *Systemdienstleistungen* untersuchen, die stufenweise als Kombinationslösung ausgebaut werden könnten:

(1) Umbau der gesamten Energieversorgung auf Strom aus EE,

(2) Bau flexibler Kraftwerke,

(3) Einführung eines Verbrauchsmanagements,

(4) nationaler und internationaler Netzausbau,

(5) Bau von Stromspeichern (inkl. Wasserstoff- und andere Gassysteme).

---

[1] Dieses Kapitel basiert auf der Veröffentlichung Rogall 2012, Kap. 11, die Überarbeitung erfolgte unter Mitarbeit von Nils Ohlendorf.

*Besonderheiten der Stromversorgung*: Strom muss anders als andere leitungsgebundene Versorgungssysteme (z. B. Gas, Wasser) immer genau in der Höhe zur Verfügung gestellt werden, wie nachgefragt wird, eine Veränderung der Geschwindigkeit (Wasser) oder des Drucks (Gas) existiert hier als Ausgleichsmechanismus nicht. Wird mehr Strom nachgefragt, bricht der Stromfluss (das Netz) zusammen, wird weniger nachgefragt, müssen die Produktionsanlagen (Kraftwerke) gedrosselt oder abgeschaltet werden. Hierbei muss die Netzfrequenz immer bei 50 Hz gehalten werden. Kommt es zu einem plötzlichen Frequenzabfall (weil plötzlich die Nachfrage ansteigt oder ein Kraftwerk ausfällt), wird dieser kurzfristig (durch Speicher) ausgeglichen. Nach kurzer Zeit müssen dann flexible Kraftwerke die Stromlücke ausfüllen. Hierzu existiert nicht nur ein deutsches, sondern auch ein europäisches Verbundnetz, in dem alle Kraftwerke mit der gleichen Frequenz arbeiten und so (in Maßen) für eine gemeinsame Netzstabilität sorgen können (Beck, Springmann 2013: 46).

*Quellen der Versorgung*: Will ein Stromversorger seine Endkunden (Unternehmen, öffentliche und private Haushalte) mit Strom beliefern, hat er drei Möglichkeiten, diesen Strom zu beschaffen:

a) *Eigenproduktion*: In diesem Fall benötigt der Versorger eigene Produktionskapazitäten (Kraftwerke, EE-Anlagen).

b) *Erwerb an den Strombörsen*: Hierbei bieten die Stromanbieter an, eine bestimmte Menge Strom zu einem festgesetzten Zeitpunkt ins Netz einzuspeisen, findet er hierzu einen Käufer, ist der Vertrag abgeschlossen (physikalisch erhält der Käufer den Strom nicht, da aufgrund der Naturgesetze erzeugter Strom immer zu dem nächstliegenden Nachfrager fließt).

c) *Bilateraler Erwerb* (Over-the-Counter-Geschäft): Hierbei verpflichtet sich ein Anbieter zu einem ausgehandelten Preis eine bestimmte Menge Strom zu einem festgesetzten Zeitpunkt ins Netz einzuspeisen.

*Strombörse*: Über die verschiedenen Strombörsen werden die Großhandelsstrommengen verkauft:

Der *kurzfristige Stromhandel* für Deutschland wird seit 2008 über die Börse European Power Exchange in Paris und der Energy Exchange Austria in Wien abgewickelt.

Der *mittelfristige Stromhandel* erfolgt am Terminmarkt der Börse Power Derivative Energy.

*Voll-* und *Grenzkosten*: Bei einer Vollkostenrechnung werden alle Kosten, die einem Unternehmen zur Geschäftstätigkeit entstehen, aufaddiert. Bei einer Grenzkostenrechnung werden nur die Kosten erfasst, die für Produktion des *nächsten* Guts erstehen. Bei Unternehmen, die Strom produzieren, sind das meist nur die, notwendigen Brennstoffkosten, z. B. für eine kWh.

*Merit-Order-Effekt*: Reihenfolge der Kraftwerke, die nach den Grenzkosten der Stromproduktion in Betrieb genommen werden.

# 5. Notwendige Infrastruktur

*Abbildung 7: Merit-Order-Effekt*

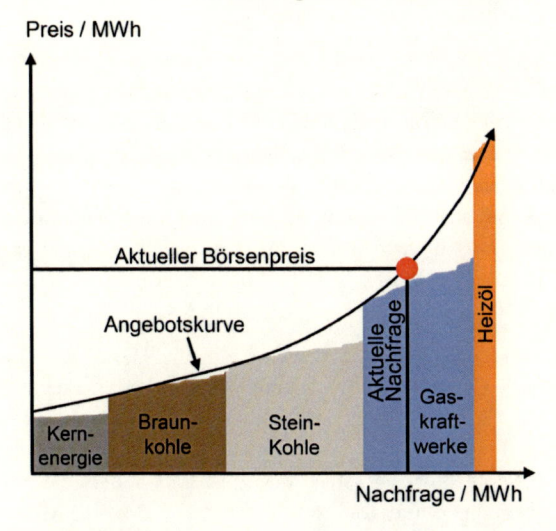

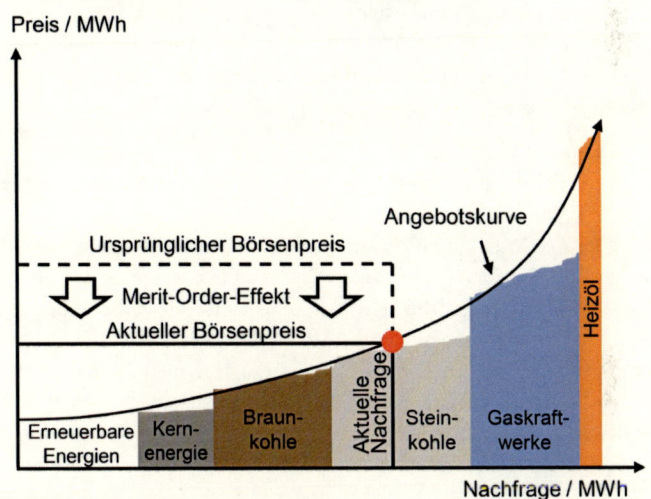

Quelle: Eigene Erstellung: Niemeyer, Rogall 2014.

Da die Versorger den Strom möglichst preiswert erwerben (z. B. an der Börse), laufen folgende Entscheidungsprozesse ab:

*(1) Ermittlung des Strompreises an der Börse*: Der Marktpreis entsteht durch Angebot und Nachfrage und wird jede Stunde neu ermittelt. Nachts ist die Nachfrage aus Unternehmen und Haushalten gering, aber Windkraftwerke erzeugen auch dann Strom, und Betreiber von inflexiblen Kohlekraftwerken wollen ihre Kraftwerke möglichst durchgehend Strom erzeugen lassen, da das

An- und Abschalten dieser Kraftwerke sehr zeit- und kostenaufwändig ist. So ist i.d.R. der Strompreis nachts sehr niedrig und am Tag relativ hoch.

*(2) In welcher Reihenfolge wird der Strom verkauft*: Die Stromanbieter (inkl. Netzbetreiber) bieten zunächst den Strom an, den sie betriebswirtschaftlich am kostengünstigsten produzieren können und dann in Reihenfolge der steigenden Kosten. Hierbei werden nur die Grenzkosten berücksichtigt (da die anderen Kosten immer anfallen, auch wenn das Kraftwerk keinen Strom produziert). Somit wird zunächst Strom aus EE verkauft, da die Grenzkosten bei Sonne und Wind nahe Null liegen. Danach wird Atomstrom, dann Kohlestrom (aufgrund der sehr geringen THG-Emissionspreise) und schließlich Strom aus Gaskraftwerken verkauft (wenn hierzu die Nachfrage groß genug ist).

*(3) Welche Kraftwerke verkaufen keinen Strom:* Wenn die Marktpreise nicht mindestens die variablen Grenzkosten eines Kraftwerks decken, werden diese Anlagen stillgelegt (außer für kurze Übergangszeiten). Das sind zurzeit oft gasbetriebene Kraftwerke (bei denen z. B. Grenzkosten von 6 ct/kWh anfallen). Werden zu viele Kraftwerke stillgelegt, steigt der Preis, weil anders die Nachfrage nicht befriedigt werden könnte. Der Marktpreis (z. B. 5 ct/kWh) wird also jeweils mindestens die Grenzkosten der teuersten Stromerzeugungsanlage decken, die noch Strom verkaufen kann. Wenn die Anlagen mit sehr niedrigen Grenzkosten (EE und Kohle) die Nachfrage decken können, sinkt folglich der Strompreis an der Börse.

*(4) Folgen des Merit-Order-Effekts*:
a) Bei steigendem EE-Anteil und gleichbleibender Stromnachfrage sinkt der Strompreis (weil das Angebot steigt).
b) Das führt zwingend zu einem paradox anmutenden Effekt: Wenn die Strompreise sinken, die Einspeisevergütungen für die EE aber gesetzlich festgelegt sind, muss die EEG-Umlage (die Haushalte und kleine Gewerbetreibende zahlen) im gleichen Umfang steigen, wie der Strompreis an der Börse sinkt.
c) Gleichzeitig sinken die Anreize, Gaskraftwerke zu bauen (da ihre Betriebszeiten immer geringer werden), obgleich diese als flexible Höchstlast- und Reservekraftwerke mit zunehmendem Anteil von EE immer notwendiger werden.

## 5.1 Umbau der Energieversorgung auf EE-Strom

Ein Energieversorgungssystem, das eine 100 %-Energieversorgung mit EE anstrebt, muss auf die naturgegebenen Stärken und Schwächen der EE ausgerichtet werden. Alle anderen Energietechniken müssen daran angepasst werden, da Naturgesetze nicht veränderbar sind.

## 5. Notwendige Infrastruktur

Die wichtigsten EE (Sonne und Wind) können effizienter Strom als Kraftstoffe und Wärme herstellen, auch lässt sich Strom über Netze relativ einfach transportieren. Daraus folgt, dass das Energieversorgungssystem (auch der Wärmemarkt und die Mobilität) bei einer 100 %-Versorgung auf Strom umgestellt werden muss, um dort fossile Energien zu ersetzen (Öko-Institut, ISI 2014/04:13), d.h. Strom wird zur wichtigsten Energieform (SRU 2013/10: 19). In der Vergangenheit war eine energetische Grundkenntnis, dass man möglichst niemals Niedrigtemperaturwärme (für Heizung und Warmwasser) mit Strom erzeugen sollte, da die konventionellen Kraftwerke mit sehr großen Verlusten Strom herstellten, der abermals unter Verlusten in Wärme umgewandelt wird. Diese Grunderkenntnis verliert mit zunehmendem EE-Anteil an Bedeutung, ab einem EE-Anteil von 40-50 % gilt sie nicht mehr. Sobald mehr EE-Strom erzeugt wird als verbraucht werden kann, sollte überschüssiger EE-Strom in Wärme umgewandelt und (anders als Strom) relativ kostengünstig für andere Tage gespeichert werden. Aus dieser Tatsache ergibt sich folgender *Strategiepfad*:

(1) *Schnellstmöglicher Ausbau der EE zur „100 %-Versorgung"*: Die Stromerzeugung aus EE wird so schnell wie möglich weiter ausgebaut. Onshore-Windkraftwerke (aus Kostengründen) und PV-Anlagen (Akzeptanz) haben hierbei eine gewisse Priorität. Hierbei muss die Kapazitätsplanung so erfolgen, dass diese EE auch in wind- und sonnenschwächeren Zeiten einen namhaften Anteil der Stromversorgung gewährleisten können.

(2) *Einsatz von Wärmepumpen in Neubauten und bei Sanierungen*: Immer, wenn mehr EE-Strom erzeugt als nachgefragt wird (z. B. nachts), soll der Strom im Wärmemarkt eingesetzt werden (vorzugsweise in Wärmepumpen mit Wärmespeichern, Müller 2013/10: 46, s.a. ISE 2013/11: 5). Hintergrund ist die Tatsache, dass Wärme wesentlich kostengünstiger zu speichern ist als Strom (Schmid 2013/02: 62). Hierzu müssen die vorhandenen Instrumente eingesetzt werden, damit alle künftigen Neubauten und grundlegend sanierten Gebäude ihre Wärmeversorgung durch Wärmepumpen oder gasbetriebene KWK-Anlagen erhalten.

(3) *Elektromobilität*: Parallel zum Ausbau der Elektromobilität wird das Förderinstrumentarium so ausgestaltet werden müssen, dass die Batterien der Fahrzeuge insbesondere in lastschwachen Zeiten aufgeladen werden (insbes. nachts). Denkbar wäre darüber hinaus z. B. ab dem Jahr 2035, sollte dann eine Mehrheit der Pkw elektrisch betrieben werden, im Fall von starken Lastspitzen einen Teil des in den Pkw-Batterien gespeicherten Stroms durch Rückspeisung ins Stromnetz zu nutzen. So hätten 40 Mio. Elektromobile in Deutschland eine Anschlussleistung von ca. 120 Gigawatt (Schmid 2013/02: 62; hiervon könnten 10 %-25 % genutzt wer-

den, so dass die Batterien nie unter 75 % ihrer Kapazität geraten). Noch wichtiger wäre aber ihre Funktion, in Zeiten von Lastspitzen den überschüssigen Strom abzunehmen.

*Bewertung*: Durch diesen Strategiepfad werden sinnvolle Verwendungsmöglichkeiten für Strom aus EE geschaffen (ISE 2013/11: 5), so dass es fast nie zum Abregeln der Wind- und PV-Anlagen kommen muss. Insofern werden die EE- Stromkapazitäten künftig nicht auf 100 %, sondern auf eine deutlich höhere Versorgung konzipiert, damit ihre Stromerzeugung auch dann ausreicht, wenn z.B. der Wind schwächer weht. Hierdurch wird der Stromverbrauch trotz aller Effizienzmaßnahmen nicht in dem Umfang abnehmen, wie die früheren Szenarien annahmen (Öko-Institut, ISI 2014/04: 33).

### 5.2 Flexible Kraftwerke

Als flexible Kraftwerke kommen insbesondere die hocheffizienten kleineren und mittleren GuD-Kraftwerke (5 – 200 MW) und BHKW (10 KW – 5 MW) in Frage, die in KWK mit Wärmespeichern stromgeführt gesteuert werden sollten (Attig 2013/11: 18, s.a. ISE 2013/11: 5; zur Bedeutung dieser Strategie s. DLR, IWES, IfnE 2012/03: 5). In diesem Fall benötigt die Anlage einen Wärmespeicher, der die jederzeitige Wärmeversorgung der Kunden sicherstellt. Die Speicher sollten bedarfsgerecht für ein bis zwei Tage geplant werden. Tendenziell lohnen sich aufgrund der Kostendegression bei zunehmender Wärmekapazität eher größere Wärmespeicher (bei quadratisch wachsender Oberfläche nimmt das Volumen um den Faktor 3 zu; Attig, 2013/11: 18). Da neue Fernwärmenetze relativ kostenaufwändig sind, raten wir den Kommunen, wo möglich, von dem Instrument des Anschluss- und Benutzungszwangs Gebrauch zu machen (14).

*Kraftwerkstypen, nach Regelgeschwindigkeit:*

(1) *Grundlastkraftwerke:* G. sind auf den Dauerbetrieb ausgelegt und nur eingeschränkt regelungsfähig, weil das Anschalten/Anfahren dieser Kraftwerkstypen sehr lange dauert und kostspielig ist. Hierbei handelt es sich um große Stein- und Braunkohle- sowie Atomkraftwerke. *Vorteil*: Sie produzieren betriebswirtschaftlich (unter Herausrechnung der externen Kosten) kostengünstigen Strom. *Nachteile*: Sie externalisieren sehr hohe Umweltkosten und können nicht die Angebotslücken der EE decken, da sie schlecht regelbar sind.

(2) *Mittellastkraftwerke*: M. können besser geregelt werden als Grundlastkraftwerke, daher werden sie verwendet, um länger anhaltende Stromschwankungen (z. B. einige Stunden) auszugleichen. Hierbei handelt es sich um

größere Gasturbinen oder GuD-Kraftwerke, zum Teil mittelgroße Steinkohlekraftwerke. Sie produzieren betriebswirtschaftlich den Strom etwas teurer.

(3) *Spitzenlastkraftwerke*: S. können innerhalb von wenigen Sekunden bis Minuten in der Stromproduktion hoch- und runtergefahren werden und sich so der Nachfrage und dem nicht-steuerbaren EE-Angebot anpassen. Sie werden daher eingesetzt, um kurzfristige Stromspitzen abzufangen. Hierbei handelt es sich um gasbetriebene Kraftwerke und Pumpspeicherkraftwerke. Da sie den Strom teurer produzieren, kommen sie nur zum Einsatz, wenn die Stromnachfrage (und damit auch der Strompreis) sehr hoch sind.

*Bewertung*: Derartige Kraftwerke stellen eine sehr gute Brückentechnologie dar. Zunächst mit Erdgas betrieben, kann der EE-Anteil durch Biogas allmählich erhöht werden, allerdings reichen die Potentiale für eine Vollversorgung nicht aus. Daher könnte ab 2025/30 eine Verknüpfung mit der Power-to-Gas-Strategie sinnvoll sein (Kap. 5.5). Der dann aus EE-Strom gewonnene Wasserstoff oder das Methan könnten dann weiter in den GuD-Kraftwerken und BHKWs eingesetzt werden (Sauer 2013/4: 14).

Die Umsetzung dieser Strategie kann allerdings nur mit der Änderung der Rahmenbedingungen gelingen. Zwar wurde mit dem Kraft-Wärme-Kopplungs-Gesetz (KWKG 2013) eine Förderung von Wärmespeichern eingeführt, die eine stromgeführte Fahrweise von KWK-Anlagen ermöglicht (UBA 2013/03: 162), aufgrund der seit einigen Jahren fallenden Strompreise an der Strombörse können aber die Gaskraftwerke nicht mehr wirtschaftlich betrieben werden. Ohne eine Änderung der Marktbedingungen werden daher die notwendigen Gaskraftwerke *nicht* gebaut (Heide 2014/02, Vorholz 2013/08: 23). Um diese Fehlallokation zu verhindern, könnte die Finanzierung einer Kapazitätsvorhaltung (Leistungsmarkt) für flexible Kraftwerke notwendig werden (Leprich 2013/11: 37). Eine neuere Studie kommt zu dem Fazit, dass die Einführung eines dezentralen Leistungsmarktes zu fallenden Systemkosten und Endkundenpreisen führt (Enervis 2014: 7). Alternativen hierzu wären die Verschärfung der Verpflichtung der Netzbetreiber, durch den Bau von flexiblen Gaskraftwerken für die Netzstabilität zu sorgen (Wenzel 2014/04: 9) oder eine deutliche Verteuerung der Kohle.

*Wärmespeicher:* Thermische Energiespeicher dienen der Speicherung von Wärme und Kälte, wir unterscheiden folgende Arten:

(1) *Sensible Wärmespeicher*: Bei S.W. wird dem Speichermedium Wärme oder Kälte zugeführt und später wieder entzogen. Das Medium ändert hierdurch seine Temperatur. Das am häufigsten verwendete Speichermedium ist Wasser, da es relativ viel Wärme speichern kann, sehr preiswert und ungefährlich ist.

Durch den Temperaturunterschied zur Umgebung kommt es zu Energieverlusten, die durch Isolation vermindert werden.

a) *Kurzspeicher*: Kleine und mittlere Speicher (50-6.000 l) können warmes Wasser (ca. 70°C) bis zu vier Tage auf Gebrauchstemperatur im Haushalt halten (> 40°C).

b) *Langzeitspeicher*: Größere Speicher können Wärme auch über viele Wochen speichern (Janzing 2010/10: 47).

(2) *Latentwärmespeicher*: Diese verändern ihre Temperatur nicht, sondern beruhen auf chemisch-physikalischen Phasenübergängen (z. B. Wechsel von festen auf flüssigen Zustand). Die verwendeten speziellen Salze und Paraffine können beim Schmelzen sehr viel Wärme aufnehmen, die beim Erstarren wieder abgegeben wird (sehr hohe Speicherdichte). Da sie keine Temperaturveränderungen aufweisen, haben sie auch keine Speicherverluste. Damit eignen sie sich sehr gut als Langzeitspeicher, bislang sind aber die möglichen Lade- und Entladezyklen begrenzt und das Medium ist erheblich teurer als Wasser.

(3) *Thermochemische Wärmespeicher*: Dieser auch Sorptionsspeicher genannte Speicher besitzt als Medium ein Granulat aus Silicagel, das stark Wasser anzieht und dabei Wärme abgibt. Im Sommer wird es getrocknet und nimmt dabei Wärmeenergie auf.

### 5.3 Verbrauchsmanagement

Ein Verbrauchsmanagementsystem (Demand Side Management, DSM) hat die Aufgabe, Lastspitzen auf lastärmere Zeiten zu verlagern und eine Interaktion zwischen den Bauteilen im künftig dezentraleren Stromversorgungssystem zu ermöglichen (Netze, Erzeugungsanlagen, Speicher, Verbraucher). Hierzu werden „intelligente Stromnetze" („Smart Grid") benötigt, die die Hardware mit moderner Informations- und Kommunikationstechnik verknüpfen (AEE 2012/05: 19). Um Lastspitzen auf lastärmere Zeiten zu verlagern, bieten sich zwei Alternativen:

(1) *Verlagerung des Verbrauchs mittels Fernregelung*: Hierdurch soll die Stromnachfrage – insbesondere die industrielle gewerbliche – flexibler auf die Erzeugungsschwankungen reagieren und damit zum Lastausgleich beitragen (SRU 2013/10: 18).

(2) *Verlagerung von Lastspitzen durch unterschiedliche Stromtarife*: Hierzu müssen sog. „intelligente" Stromzähler (Smart Meter) installiert werden, die die jeweiligen Stromtarife anzeigen und damit die Verbraucher zu einer selbstständigen Verlagerung der Verbräuche bewegen.

*Bewertung*: Für die Bewertung von DSM-Modellen muss zwischen gewerblichen Stromkunden und privaten Haushalten unterschieden werden:

a) *Gewerbliche Stromnachfrager* sind relativ preiselastisch und bei größeren stromintensiven Geräten durchaus bereit, einen Teil der Last für kurze Zeit zu verlagern (z.B. eine Stunde). Anwendungsbeispiele für beide Formen sind: Kühlräume und große Gefriertruhen, Waschmaschinen, Geschirrspülmaschinen und bestimmte Produktionsanlagen. Z. B. verbraucht der größte Aluminiumhersteller Deutschlands im Jahr etwa 5 TWh Strom für seine Elektrolyseöfen, die auch zwei bis drei Stunden ohne Stromzufuhr weiter arbeiten könnten. Der Verband der Elektrotechnik (VDE) schätzt das Lastverschiebungspotential des Gewerbes auf 24 bis 25 GW (fast ein Drittel der Höchstlast). Die Höchstlast in Deutschland beträgt nachts etwa 40 GW und maximal 75 bis 80 GW am Tag (sie tritt meistens im Winter am frühen Abend zwischen 17.00 und 19.00 Uhr auf; AEE 2012/05: 13). Perspektivisch könnte so diese Form der Lastverlagerung einige Großspeicher und Netze überflüssig machen (Janzing 2013/11: 50).

b) *Private Haushalte*: Hier ist die Akzeptanz für eine Fernsteuerung unsicher (wird vom Hausmann vielleicht als Fremdbestimmung erlebt). Dies gilt auch für einen differenzierten Strompreis (will der Hausmann wirklich vor Einschalten eines Gerätes erst nach dem aktuellen Strompreis schauen?). So müssten die Anreize wahrscheinlich relativ hoch sein. Stromhändler haben aber aufgrund des heutigen Tarifsystems kein Interesse, Kunden billigen Börsenstrom zu verkaufen (Janzing 2013/11: 48). *Uwe Leprich* steht daher der Steuerungswirkung von Stromtarifen skeptisch gegenüber (Leprich 2013/06: 35). Dennoch müssen laut EU-Vorgabe bis 2022 alle etwa 200 Mio. Haushalte der Mitgliedsländer mit „intelligenten" Stromzählern (Smart Meter) ausgestattet sein (AEE 2012/05: 20).

In den nächsten Jahrzehnten könnten aber *neue flexible Verbraucher* entstehen, mit deren Hilfe ein großer Teil der Wind-Strom-Überschüsse sinnvoll genutzt werden könnten (E-Wärmepumpen s. Kap. 3.4 und 5.1 sowie E-Mobile). Experten der RWTH Aachen schätzen, dass 20 Mio. Pkw eine Speicherfunktion von ca. 70 GW Leistung bieten könnten (AEE 201210: 9).

## 5.4 Ausbau der Netze

*Erstens: Nationaler Stromtransport*

Bei dem Ausbau der nationalen Netze müssen wir unterscheiden in:

(1) *Verteilnetze* sorgen insbes. auf der Lokal- und Regionalebene dafür, dass Strom zu den Nachfragern gelangt.

(2) Konventionelle *Übertragungsnetze* sorgen für den Stromtransport über weite Strecken.

(3) *Übertragungsnetze in HGÜ-Technik* (Hochspannungs-Gleichstrom-Übertragung): Sie sind in der Lage, große Strommengen über weite Entfernungen relativ verlustfrei zu transportieren (z. B. von der Nord- und Ostseeküste nach Nordrhein-Westfalen). Das Hauptargument für diese Technik ist die Tatsache, dass aufgrund der geographischen Gegebenheiten das EE-Angebot in Deutschland sehr unterschiedlich ausfällt: Während in den relativ wenig industrialisierten Küstengebieten sehr hohes und preisgünstiges Angebot an Windstrom herrscht, was in den nächsten Jahren zu einer lokalen >100 %-Deckung führen wird, ist in den industrialisierten Ballungsgebieten die Stromnachfrage höher als die Erzeugung, so dass Strom vom Norden in den Süden transportiert werden muss. In der Planung sind zurzeit drei Nord-Süd-Verbindungen in HGÜ-Technik. Das Umweltbundesamt geht davon aus, dass die vorhandenen 35.000 km Höchstspannungsnetz in Deutschland bis 2022 um 3.500 bis 4.100 km neue Trassen ergänzt werden müssen (UBA 2012/08: 12).

*Struktur der Energiewirtschaft*: Die Energieversorgung ist heute in drei Sektoren geteilt, die zum Teil nicht dem gleichen Eigentümer gehören dürfen (hier modellartig vereinfacht).

(1) *Erzeuger*: In Deutschland darf jeder (unter Einhaltung der rechtlichen Bestimmungen zum Umweltschutz, Sicherheit usw.) Strom erzeugen und nach den rechtlichen Bestimmungen verkaufen. Heute existieren viele Tausende Stromproduzenten (EVUs, Stadtwerke, Betreiber von Windparks, Betreiber von PV-Anlagen).

(2) *Netzbetreiber*: N. sind Eigentümer der Gas- oder Stromnetze. Durch *Konzessionsverträge* mit den Kommunen erhalten sie das Recht, alleine das öffentliche Straßenland für den Leitungsbau und -betrieb zu nutzen (Position eines natürlichen Monopols).

(3) *Energievertrieb*: In Deutschland darf jeder (unter Einhaltung der rechtlichen Bestimmungen) Strom kaufen und an Endkunden verkaufen.

*Stromnetze*: S. transportieren Strom vom Erzeuger zum Verbraucher. Hierbei werden unterschiedliche Arten unterschieden (VKU 2012/09: 22, Bundesnetzagentur):

## 5. Notwendige Infrastruktur

- *Übertragungsnetze* (Höchstspannung 380 oder 280 kV) für weite Entfernungen (national bis europaweit, zuständig sind die Übertragungsnetzbetreiber, Länge in Deutschland ca. 35.000 km)
- *Überregionale Verteilnetze* (Hochspannung 110 oder 60 kV) für mittlere Entfernungen (Länge in Deutschland ca. 95.000 km).
- *Regionale Verteilnetze* (Mittelspannung 30 oder 20 kV) für kurze Entfernungen (Länge in Deutschland ca. 510.000 km).
- *Lokale Verteilnetze* (Niederspannung 0,4 oder 0,23 kV, Länge in Deutschland ca. 1.150.000 km).

Die vier *Übertragungsnetzbetreiber* (ÜNB) in Deutschland sind für die überregionale Versorgungssicherheit und damit Frequenzregelung verantwortlich: 50 Hertz (Eigentümer: ein belgischer Netzbetreiber und ein australischer Infrastrukturfonds), Amprion (Commerzbank und Versicherungskonzerne), Tennet (niederländischer Staat) und TransnetBW (Tochter des Energiekonzerns EnBW).

Nach Angaben der Bundesnetzagentur sind die Höchstspannungsleitungen in Deutschland durchschnittlich über 30 Jahre alt, die Leitungen mit 220 kV über 50 Jahre. Grundlage der Ausbauplanungen ist der Bundesbedarfsplan, der als Bundesbedarfsplanungsgesetz für verbindlich erklärt wurde. Hiernach sollen in den nächsten zehn Jahren die vorhandenen Netze um 2.800 km erweitert und weitere 2.900 km verstärkt und verbessert werden. 36 Vorhaben sollen vordringlich umgesetzt werden (AEE 2013/07b: 30).

*Bewertung*: Aufgrund von Bürgerprotesten, langen Genehmigungsverfahren und wirtschaftlichen Unsicherheiten (die Netzentgelte werden staatlich reguliert) verläuft der Ausbau insbes. der Übertragungsnetze zurzeit schleppend (von den für 2009 bis 2015 geplanten 1.855 km waren bis Ende 2013 nur 300 km fertiggestellt, Wenzel 2014/02: 2). Auch kommen verschiedene Studien zu dem Ergebnis, dass der forcierte Ausbau der Übertragungsnetze zurzeit vor allem dazu dient, Kohlestrom aus Grundlastkraftwerken über weite Strecken zu transportieren und damit die Energiewende eher zu verlangsamen (VDE 2012/06, Jarass, Obermair 2014). Daher folgen wir *Uwe Leprich*, der sich dafür ausspricht, dass sich Deutschland zunächst (bis z. B. ein 40 %-Anteil an EE erreicht ist) auf den Ausbau der konventionellen *Übertragungs-* und *Verteilnetze* konzentriert. Andere Studien unterstützen diese Forderung und schlagen die Einführung eines zeitnahen Kapazitätsmanagements vor, mit dem sich die Aufnahmekapazität für Wind- und Solarstrom relativ schnell auf ein Vielfaches steigern ließe (Agora Energiewende 2013/12: 4). Bei dem Ausbau der Übertragungsnetze ist zu prüfen, ob eine Teilverlagerung als Erdkabel erfolgen sollte, um die Akzeptanz der Anwohner zu erhöhen und damit das Genehmigungsverfahren zu beschleunigen.

*Zweitens: Internationale Vernetzung*

Durch den Ausbau der Übertragungsnetze (380 kV) könnten große EE-Strommengen, die im Erzeugerland zu diesem Zeitpunkt nicht genutzt werden, zu Nachfragern in anderen Ländern geleitet werden (z. B. Windenergie vom Atlantik oder Solar-Strom aus Nord-Afrika nach Deutschland, s. Kap. 4.1). Eine andere Variante besteht in der Leitung von überschüssigem Sonnen- und Windstrom z. B. aus Deutschland nach Norwegen oder in den Alpenraum, um hier in Pumpspeicherkraftwerken gespeichert und im Bedarfsfall abgerufen zu werden. Hierzu müssten die Übertragungsnetze erheblich ausgebaut werden. Die Dringlichkeit dieses Ausbaus wird am Beispiel Polens unterstrichen: Da die deutschen Stromleitungen unzureichend sind, fließt Strom aus deutschen Windkraftanlagen in windstarken Zeiten gemäß der physikalischen Gesetze in polnische Stromleitungen, was dort zu Überlastungen des Netzes führt. Polen und Tschechien haben angekündigt, zukünftig Phasenschieber einzubauen, die den grenzüberschreitenden Stromfluss verhindern (Wetzel 2012/12). Das Fraunhofer Institut ISE kommt bei seinen Untersuchungen zum Ergebnis, dass bei einer $CO_2$-Reduktion um mehr als 80 % (gegenüber 1990) eine transnationale Kooperation „vermutlich eine wesentlich kostengünstigere Option als die Installation aufwändiger Wandlungsketten mit vergleichsweise geringer Gesamteffizienz" darstellt (ISE 2013/11: 38). Mit Wandlungsketten ist wahrscheinlich die Power-to-Gas-Strategie gemeint (Kap. 5.5).

*Bewertung*: Hier gilt die gleiche Bewertung wie bei Erstens. Die zu erwartenden Akzeptanzprobleme sind nur durch eine frühzeitige Einbeziehung der durch die Stromtrassen beeinträchtigten Bürger zu lösen. Der SRU sieht in einer europaweiten Vernetzung die kostengünstigste Option für eine effiziente Nutzung der EE (SRU 2013/10: 40). Wir schließen uns daher dem SRU und *Uwe Leprich* an, die dem regionalen und europäischen Netzausbau eine besondere Bedeutung beimessen (SRU 2013/10: 40, Leprich 2013/06: 34).

## 5.5 Stromspeicher

Im Jahr 2010 standen der deutschen Elektrizitätswirtschaft Stromspeicher mit einer Leistung von ca. 11 GW und einer Kapazität (davon 8,9 GW Pumpspeicherkraftwerke und 2,2 GW sonstige Wasserkraftwerke) zur Verfügung, die zusammen ca. 0,040 TWh Strom speichern können (AEE 2011/12: 5). Wie hoch der Speicherbedarf im Zuge einer 100 %-Versorgung mit EE genau ist, kann nicht mit Sicherheit gesagt werden. Sicher scheint nur, dass er deutlich höher ist als die heutigen Kapazitäten.

*Speicher*: S. können Energie aufnehmen und nach einer bestimmten Zeit wieder als nutzbare Energie abgeben. Das Verhältnis zwischen der in den Speicher eingespeisten Energiemenge zu der später entnommenen wird als Wirkungsgrad des Speichers bezeichnet.

Die *Anforderungen* an Stromspeicher sind je nach Einsatzbereich sehr unterschiedlich: Einige Speicher werden dazu verwendet, um Stromschwankungen im Millisekundenbereich auszugleichen, andere um für einige Stunden die Netzfrequenz zu sichern (AEE 2012/03: 6).

### Erstens: Mechanische Stromspeicher

Bei diesen Speichern wird Strom in mechanische Energie (kinetische, Druckvolumen usw.) umgewandelt. Im Bedarfsfall wird diese gespeicherte Energie zurück in Strom umgewandelt.

(1) *Pumpspeicher-Wasserkraftwerke (PSW)*: Die PSW stellen mit einer Leistung von 8,9 GW und einer Speichermenge von 40 GWh die größte Speicherkapazität in Deutschland dar (ca. 85 % der gesamten Stromspeicherkapazität, AEE 2011/12: 9). Die vorhandenen Pumpspeicherkraftwerke kommen auf Wirkungsgrade von 60-85 % und relativ geringen Stromgestehungskosten (4-10 ct/kWh) (SRU 2013/10: 45).
*Kurzbewertung*: Derartige Pumpspeicher (Technik s. Kap. 4.3) sind effizient und die zurzeit kostengünstigste Speicherform (Höfling 2010/4: 19), besitzen aber ein unzureichendes Potential in Deutschland (Ausbau nur bis 10 GW möglich, SRU 2013/10: 45).

(2) *Speicherwasserkraftwerke*: Diese Wasserkraftwerke werden an natürlichen Flussläufen errichtet. Sie stellen mit 1,3 GW die zweitgrößten Stromspeicher dar. Diese Wasserkraftwerke können für mehrere Stunden das Wasser aufstauen (Technik Kap. 4.3).
*Kurzbewertung*: Sehr hoher Wirkungsgrad, vertretbare Kosten, unzureichendes Potential in Deutschland. Ob man Wasserkraftwerke an Flüssen überhaupt als Speicher ansehen kann, ist allerdings fraglich, da sie keinen überschüssigen Strom speichern können, sondern nur die Möglichkeit bieten, die Stromerzeugung früher oder später zu starten.

(3) Nutzung von *Pumpspeicher-Wasserkraftwerken im Ausland:* Einen deutlichen Betrag für die Speicherprobleme könnte die Speicherung des in Deutschland produzierten (Sonnen- und Wind-)Stroms in Norwegen leisten. Hier stehen hohe Speicherpotentiale in den Fjorden zur Verfügung.
*Kurzbewertung:* Sehr hoher Wirkungsgrad, vertretbare Kosten. Allerdings reicht das Potential nicht aus, um alle überschüssige Energie Europas in Spitzenzeiten zu speichern. Weiterhin muss auch hier wie in allen Teilen Europas mit Widerstand der regionalen Bevölkerung gerechnet werden, wenn sie nicht ausreichend einbezogen wird (Asendorpf 2011/09: 37).

(4) *Druckluftspeicher* in Salzstöcken (CAES – Compressed Air Energy Storage): Hier wird EE-Strom dazu verwendet, um Luft in einen Salzstock (Salzkavernen) zu pressen (z. B. nachts 50-200 bar), zu laststarken Zeiten treibt diese Luft eine Turbine an und erzeugt Strom. Die bei diesem Prozess entstehende Abwärme kann künftig genutzt und damit der Wirkungsgrad von heute 40 % auf 62 bis 70 % gesteigert werden. Den Wirkungsgrad von Pumpspeichern können sie allerdings nicht erreichen (SRU 2013/10: 46).
*Kurzbewertung:* Zurzeit noch unzureichender Wirkungsgrad (Schmid 2013/02: 63) und unzureichendes Potential in Deutschland. Möglicherweise kommt es zu Zielkonflikten, wenn die in Deutschland knappen Salzkavernen mit Wasserstoff aus überschüssigem EE-Strom gefüllt werden sollen. Die im Vergleich zu anderen Speichern künftig geringeren Stromgestehungskosten von ca. 13 ct/kWh (AEE 2012/03:11) sprechen dafür, diese Option weiter im Auge zu behalten.

(5) *Speicher in der Entwicklung:* Hierzu gehören a) Tiefsee-Pumpspeicher, bei denen eine Kugel mit einem Durchmesser von 10 bis 20 Metern im Meer versenkt wird. Bei Strombedarf strömt das unter hohem Druck stehende Wasser in das Kugelinnere und treibt dabei eine Turbine an (Schmid 2013/02: 64). b) Weiterhin wird geprüft ob die stillgelegten Kohlegruben (Tagebau und Steinkohlebergwerke) zur Speicherung genutzt werden können (hierbei treten allerdings Umweltrisiken auf, SRU 2013/10: 46).
*Bewertung:* Die vorhandenen Pump- und Wasserkraftwerke in Deutschland sind prinzipiell in der Lage, relativ kostengünstig einen kleinen Teil des Speicherbedarfs in einer 100 %-Energieversorgung mit EE zu decken. Das inländische Ausbaupotential reicht aber für eine 100 %-Energieversorgung mit EE nicht aus.

## Zweitens: Elektrochemische Stromspeicherung

Bei diesen Speichern wird Strom aus EE mittels eines Elektrolyseprozesses in chemische Energie umgewandelt (d.h. Energie wird in chemischen Verbin-

## 5. Notwendige Infrastruktur

dungen gespeichert). Im Bedarfsfall wird diese gespeicherte Energie zurück in Strom umgewandelt:

1) *NiCd- und Bleiakkumulatoren* (für kleine bis mittlere Anwendung, z. B. Autobatterien oder Batterien für Dach-PV-Anlagen) kommen auf Wirkungsgrade von 80 % (2013) bis 90 % (2020). Die Speicherkosten betragen ca. 20 ct/kWh (2013), 8 ct/kWh (2020). Die Lebensdauer wird mit 7 Jahren (2013), 12 Jahren (2020) angegeben (etwa 3000 Ladezyklen) (Heup, Rentzing 2013/06: 39).
*Kurzbewertung*: Bewährt sind diese Batterien in Pkw und diversen Kleinanwendungen. Sie können sehr schnell zugeschaltet werden und eignen sich daher besonders gut zur kurzfristigen Netzstabilisierung oder zur Speicherung von dezentralen PV-Anlagen im Keller von Haushalten. Sie können aber nur eine relativ geringe Energiemenge speichern und eine begrenzte Anzahl von Ladezyklen verkraften. Weiterhin kommt es zur Selbstentladung, weshalb bei langfristiger Speicherung die Wirkungsgrade relativ gering sind.

2) *Lithiumbatterien* (für kleine bis mittlere Anwendung) kommen auf Wirkungsgrade von 92 % (2013) bis 95 % (2020). Die Speicherkosten betragen ca. 30 ct/kWh (2013), 5 ct/kWh (2020). Die Lebensdauer wird mit 10 Jahren (2013), 20 Jahren (2020) angegeben (bis zu 10.000 Ladezyklen) (Heup, Rentzing 2013/06: 39).
*Kurzbewertung*: Die Lithiumbatterien haben eine deutlich höhere Energiedichte als die bisherigen Akkumulatoren und eine geringe Selbstentladerate. Einer weiteren Erhöhung der Leistungsdichte könnten aber aus Sicherheitsgründen Grenzen gesetzt sein (AEE 2012/03: 6).

3) *Redox-Flow-Akkumulatoren*: RFA sind beliebig dimensionierbar und speichern Energie nahezu verlustfrei.
*Kurzbewertung*: Sie sind eine interessante Option zur Langfristspeicherung in der Zukunft. Zurzeit sind die Systeme aber noch nicht technisch ausgereift (AEE 2012/03: 19).

4) *Batterien in der Entwicklung*: Große Hoffnungen (inbes. für den Fahrzeugbau) werden in die Neuentwicklungen gesetzt, z.B.
a) die relativ preisgünstigen *Natrium-Ionen-Batterien* ab 2015 mit 0,3 kWh/kg,
b) die *Lithium-Schwefel-Batterien* ab 2020 mit 0,6 kWh/kg und
c) die *Lithium-Luft-Batterien* ab 2020/25 mit 1 kWh/kg (Rentzing 2014/04: 42).
*Bewertung*: Diese Speicherformen sind insbes. für die dezentrale Versorgung mit Energie sinnvoll, z. B. im Einfamilienhausbereich mit PV-Anlagen (s. Kap. 4.1), in der Landwirtschaft mit PV-/Windkraftanlagen

oder im Fahrzeugbau. Weniger geeignet erscheinen sie bislang zur regionalen oder nationalen Stabilisierung der nicht-steuerbaren EE, da sie aufgrund der hohen Kosten noch nicht wirtschaftlich einsetzbar sind (SRU 2013/10: 48). Eine Reihe von Autoren beurteilt auch die Zukunft der Batterietechnik für den großtechnischen Einsatz aus Kostengründen skeptisch (Schmid 2013/02: 64).

*Drittens: Kurzzeitige Speicherung*

Kurzeitspeicher dienen der kurzzeitigen Netzstabilisierung. Eingesetzt werden:

(1) *Hochleistungskondensatoren:* Diese Speicher haben sehr hohe Wirkungsgrade (bis 95 %), aber Selbstentladungsraten von ca. 10 % pro Tag. Die Investitionskosten sind mit bis zu 20.000 €/kWh sehr hoch (AEE 2012/03). Hochleistungskondensatoren kommen insbesondere im Fahrzeugbau zur Kurzzeitspeicherung von Bremsenergie zum Einsatz (Sauer 2006:19).

(2) *Schwungmassenspeicher:* Bei der Energiespeicherung mittels eines Schwungmassenspeichers wird die elektrische Energie in kinetische Energie umgewandelt. Die verbreitetste Form eines Schwungmassenspeichers ist das Schwungrad. Zur Speicherung wird das Schwungrad mit Hilfe des überschüssigen Stromes beschleunigt. Zur anschließenden Stromentnahme treibt das Schwungrad einen Generator an. Die Vorteile dieser Speicherform sind der hohe Wirkungsgrad, die hohe Lebensdauer (einige Millionen Zyklen) und die hohe Kapazität (bis zu 1 MW ist im Handel erhältlich). Die Selbstentladungsrate kann jedoch bei bis zu 100 % am Tag liegen. Eingesetzt werden Schwungradspeicher bspw. bei Hebevorrichtungen oder im Nahverkehr (Sauer 2006: 20).

*Bewertung:* Diese Speicher dienen nicht der stunden- oder tagelangen Speicherung von überschüssigem EE-Strom, sondern dem Ausgleich von sehr kurzfristigen Netzschwankungen.

*Viertens: Neue Speicherarten in der Entwicklung*

Viele Länder haben die Wichtigkeit von Speichern erkannt, daher wird an verschiedenen Speichertechniken geforscht. Für eine endgültige Bewertung ist es aber noch zu früh. Hier gehören u.a.: *Hohl-Kugel-Speicher im Meer:* Die bis zu 200 m im Durchmesser großen Kugeln nutzen in bis zu 2.000 m Tiefe den enormen Wasserdruck, um in wind- und sonnenarmen Zeiten über Turbinen Strom zu erzeugen. In windstarken Zeiten wird das Wasser wieder ausgepumpt. Der Wirkungsgrad soll bei 80 % liegen (Schlandt 2011/06: 12). Weiterhin *Superkondensatoren auf Basis aromatischer Polymere* und Speicher auf *Graphen-Basis*.

### Fünftens: Power-to-Gas

Bei fast allen geschilderten Speicherformen – Ausnahme Pumpspeicherkraftwerke – tritt eine Selbstentladung auf, die dafür sorgt, dass eine längere Speicherung nur schwer möglich ist. Daher wird von vielen Experten die Herstellung von Gas aus überschüssigem EE-Strom als wesentliche Zukunftsoption angesehen (Attig 2013/11: 19, ISE 2013/11: 6, SRU 2013/11: 19). Hierfür kommt zurzeit insbes. die Erzeugung von Wasserstoff oder in einem weiteren Schritt die Herstellung von Methan in Frage.

*Power to Gas, Wasserstoff*: Wasserstoff ist ein „sauberer" Sekundärenergieträger, der zur Erzeugung von Wärme und Strom verbrannt werden kann. Hierbei werden keine Schadstoffe oder Treibhausgase freigesetzt. Um Wasserstoff herzustellen, wird Wasser durch Elektrolyse in Wasserstoff und Sauerstoff gespalten. Der hierfür notwendige Strom muss aus EE-Strom-Überschüssen stammen (z. B. Solarenergie oder Windkraft), da sich sonst kein ökologischer Vorteil ergibt (die direkte Nutzung von EE-Strom ist in jeder Beziehung günstiger). Wasserstoff aus fossilen Energien zu gewinnen, ist klimaschädlicher, als die fossilen Energien direkt zu nutzen.

*Power-to-Gas, Methan* ($CH_4$): Bei dieser Technik wird aus überschüssigem EE-Strom in einem zweistufigen Verfahren Methan gewonnen, das durch die vorhandenen Erdgasleitungen zu den Nutzern (Haushalte, Gewerbe) zur Wärmeerzeugung oder zur Verstromung transportiert werden kann (zu den technischen Details dena 2013/12). Da der Synthetisierung von Methan die Erzeugung von Wasserstoff vorhergeht, ist der Wirkungsgrad des Prozesses logischerweise geringer als bloße Synthese von Wasserstoff. Dennoch bilden die höhere Energiedichte und die bereits vorhandene Infrastruktur entscheidende Vorteile der Methanisierung. In Versuchsanlagen wird bereits erfolgreich Methan synthetisiert.

### Herstellung und Nutzung

Überschüssiger EE-Strom (mittags durch PV oder nachts durch Wind) wird genutzt, um mittels Elektrolyse Wasserstoff zu gewinnen. Dieser Wasserstoff kann unterschiedlich eingespeist/genutzt werden:

(1) *Direkte Nutzung von Wasserstoff, Kurzbewertung*: Da Wasserstoff sehr flüchtig ist und aufgrund seiner Molekularstruktur teilweise Stahl- und Kunststoffleitungen durchdringen kann, sind der direkte Transport und die Speicherung nur begrenzt möglich. Bislang kann er nur zu einem Anteil von max. 5 % in das bereits vorhandene Erdgasnetz eingespeist werden (ob ggf. auch höhere Anteile möglich sind, wird derzeit erforscht). Soll die Energiedichte von Wasserstoff gesteigert werden, kann sie:

a) durch hohen Druck (z. B. 350 oder 750 bar) verdichtet oder b) verflüssigt werden (hierzu sind allerdings -253°C nötig, die 20 bis 40 % der im Wasserstoff gespeicherten Energie verbrauchen; Quaschning 2013: 329). Diese Alternativen müssten im Fahrzeugbau genutzt werden, da die Speicher sonst zu groß wären. Die direkte Nutzung von Wasserstoff ist kostengünstiger als das alternative Verfahren der Methanisierung. Damit kann das Erdgas treibhausgasneutral gestreckt werden. Da Wasserstoff aber eine sehr geringe Energiedichte pro Volumen hat, würden bei einer großtechnischen Nutzung (>5 %) größere Speicher als bei herkömmlichen Energieträgern benötigt, daher wäre der Bau einer eigenen Infrastruktur vonnöten.

(2) *Methanisierung, Kurzbewertung*: Alternativ zur direkten Nutzung kann Wasserstoff durch eine Reaktion mit Kohlendioxid in synthetisches Erdgas (Methan) umgewandelt werden. Das Methan kann zu 100 % in das bestehende Erdgasnetz geleitet werden (in Deutschland 400.000 km Leitungsnetz und zahlreiche unterirdische Speicher). Hierdurch ergibt sich ein Speicherpotential von 332 TWh. So können die Leitungen und Speicher den deutschen Erdgasverbrauch von 5 Monaten decken (Quaschning 2013: 332). Das benötigte Kohlendioxid kann aus der Umgebungsluft, Biogasanlagen oder aus Kraftwerken und der Industrie gewonnen werden (VKU 2013/05: 01). Bei der Speicherung von Methan tritt keine Selbstentladung auf, d.h. dieser künstliche Speicher kann auch langfristig z.B. mehrere Monate verlustfrei Energie speichern. Allerdings treten bei den Umwandlungsprozessen erhebliche Wirkungsgradverluste auf (der Gesamtwirkungsgrad bei einer Rückverstromung liegt so bei nur 30 %), bei einer Nutzung von Methan als Gas bei 45 bis 50 % (SRU 2013/10: 44). Auch die Investitions- und Betriebskosten sind noch sehr hoch: 2.500 bis 6.000 €/kW (Elektrolyse plus Rückverstromung), während Pumpspeicherwerke bereits für 60 €/kW realisiert werden können (Pehnt, Höpfer 2009/05: 2). Das führt zu erheblichen Gesamtkosten.

*Fazit und Perspektive*: Mit der Verwendung von solarem Wasserstoff und anschließender Methanisierung ließen sich langfristig alle Speicherprobleme der EE im Strom- und Wärmesektor lösen. Die Technik ist aber nach heutigem Stand zu ineffizient zur wirtschaftlichen Nutzung. Solange sich dies nicht ändert, ist die direkte Nutzung von EE-Strom (auch im Wärme- und Mobilitätssektor) wesentlich effizienter und kostengünstiger (SRU 2013/10: 44). Daher ist der nennenswerte Einsatz dieser Technik erst bei sehr hohen Überschüssen bei den EE (z. B. >50%) oder einer deutlichen Kostensenkung wahrscheinlich, vielleicht in 20 Jahren (VKU 2013/05: 23). Das Fraunhofer Institut hält aufgrund der niedrigen Gesamtwirkungsgrade transnationale Kooperationen z. B. mit Norwegen auch künftig für wesentlich kostengünstiger als die Power-to-Gas-Strategien (ISE 2013/11: 38). *Zusammengefasst* halten wir einen Aufbau eines großtechnischen Power-to-Gas-Systems vor 2025/30 nicht für sehr wahrscheinlich. Trotzdem müssen schon wesentlich früher zahlreiche Pilotanlagen errichtet werden, um ausreichende Erfahrungen mit dieser Technik zu sammeln.

*Zwischenfazit*

Anders als dies in der öffentlichen Diskussion den Anschein hat, sind bis zu einem Anteil der EE an der Stromversorgung von deutlich über 40 % *keine zusätzlichen Speicher* notwendig (VDE 2012/06). So können derzeit nicht einmal die sehr kostengünstigen Pumpspeicherkraftwerke wirtschaftlich betrieben werden (Sauer 2013/04: 12). Der SRU sieht auch in der Zukunft nicht, wie Reserven oder Speicher für selten eintretende Perioden sehr niedriger Einspeisung sich über den Strompreismarkt refinanzieren könnten (SRU 2013/10: 19). Vielmehr dienen Speicher bis zu einem EE-Stromanteil von 40 bis 80% nicht dem Klimaschutz, sondern der besseren Auslastung von Kohlekraftwerken (VDE 2012/06). Auch der ehemalige Direktor des Fraunhofer Instituts für Windenergie und Energiesystemtechnik hält den Bedarf an Speichern zurzeit für „weit überschätzt" (Schmid 2013/02: 64).

Wenn der EE-Anteil über 40 % gestiegen ist, werden zusätzliche Speicher nötig. Eine besondere Option bieten dann die Power-to-Gas-Strategien. Hierzu müssen bereits heute weitere Forschungen betrieben werden, da von den Stromgroßspeichertechnologien heute wohl nur die Pumpspeicherkraftwerke wirklich als ausgereift angesehen werden können. Ihre Speicherkapazitäten lagen 2011 aber nur bei 0,04 TWh. Bei einer 100 %-Versorgung mit EE müssten die Speicherkapazitäten auf mindestens 40 TWh (in der Quelle sind 20-40 TWh für 85 % EE angegeben) ausgebaut werden (IWES 2011/02: 12).

*Tabelle 13: Vergleich von Stromspeichern in Deutschland*

|  | Pumpspeicherk. | Druckluft | Wasserstoffspeicher |
|---|---|---|---|
| Einsatzgebiet | Spitzenlast, Minutenreserve | Spitzenlast, Minutenreserve | Langzeitspeicher, Spannungsregulierung |
| Wirkungsgrad in % | 65-85% | 40%, bei Wärmespeicherung 62-70% | 30-40% |
| Leistung pro Anlage | 2,3-1.060 MW | Geplant bis 1.000 MW | kW- bis GW-Bereich |
| Speicherkapazität | z.Z. insgesamt 40 GWh | z.Z. 0,580 GWh | Abhängig von Investitionen |
| Selbstentladung | 0-0,5% pro Tag | 0-10% pro Tag | 0-1% pro Tag |
| Zyklenzahl | Unbegrenzt | Unbegrenzt | Unbegrenzt |
| Marktstadium | Marktreif | Entwicklung. nötig | Nur Prototypen |
| Entwickl. potential | Unterirdische Pumpspeicher | Wirkungsgradoptimierung, 27 TWh | Unsicher |
| Kosten | 4-10 ct/kWh | 10-23 ct/kWh | 53 ct/kWh |

Quellen: Eigene Zusammenstellung aus AEE 2012/03 und SRU 2013/10.

*Tabelle 14: Vergleich von Stromspeichern in Deutschland*

|  | Blei-Säure-Akku | Lithium-Ionen-Akku | Redox-Flow-Batterien |
|---|---|---|---|
| Einsatzgebiet | Spitzenlast, Schwarzstart*, Minutenreserve | Spitzenlast, Schwarzstart*, Minutenreserve | Langzeitspeicher; Spannungsregulierung |
| Wirkungsgrad | 63-90% | 90-95% | 70-80% |
| Leistung | Als Akku-System: bis 17 MW | Ab 1kW – mehrere MW | 30kW-10MW |
| Speicherkapazität | 1 kWh-40 MWh | Bis 50 kWh (Elektromobilität) | Bis 5 MWh, Planungen bis 120 MWh |
| Selbstentlad. | 5% pro Monat | 5% pro Jahr | Keine Selbstentladung |
| Zyklenzahl | 50-2.000 (in Ausnahmefällen 7.000) | 500-3.000 (bei 80%iger Entladung) | 10.000 |
| Marktstadium | Marktreif | Marktreif: Laptops/ Handys, Automobile | Prototyp, vereinzelt marktreif |
| Entwickl.-potential | Lebensdauererhöhung, Leistungsfähigkeit | Energiedichte, Kostenreduktion | Kostenreduktion, Dichtung |
| Kosten | 37,4 ct/kWh | 132,2 ct/kWh | 30,5-101,5 ct/kWh |

* Energienutzung ohne Startenergie.   Quelle: AEE 2012/03

## 5.6 Zusammenfassung

Eine 100 %-Versorgung benötigt eine umfassende Infrastruktur, die dafür sorgt, dass trotz der volatilen EE (insbesondere Sonne und Wind) die Versorgungssicherheit gewahrt bleibt. Da die notwendige Infrastruktur sehr hohe Investitionen erfordert, empfehlen wir folgenden zeitlichen Ablauf (s.a. Leprich 2013/09):

(1) *Zügiger Umbau des Energieversorgungssystems auf EE-Strom:* Im Mittelpunkt stehen hier zunächst Onshore-Windkraftwerke und PV-Anlagen (der überschüssige Strom wird im Wärmesektor eingesetzt), wo möglich, dezentral.

(2) Parallel hierzu sollte der Ausbau von *flexiblen KWK-Anlagen* mit Wärmespeichern (GuD-Kraftwerke und gasbetriebene BHKW) erfolgen.

(3) Als nächster Schritt bietet sich die Einführung eines *Verbrauchsmanagementsystems* (z.B. Smart Grid) an, wobei gewerbliche Nachfrager und neue Verbraucher (E-Mobilität und Wärmepumpen) im Mittelpunkt stehen.

(4) Parallel hierzu sollte der Ausbau der *Stromnetze* erfolgen (zunächst der Verteil- und konventionellen Übertragungsnetze), ab 2020 verstärkt der europäischen Übertragungsnetze. Hierbei sollte sich Deutschland auch um Kooperationspartner z. B. in Norwegen bemühen.

(5) *Ab 2020/25 Bau von Speichern* (inkl. Power-to-Gas-System). Heute sind nur Pumpspeicherkraftwerke für große Strommengen technisch ausgereift und wirtschaftlich vertretbar. Der Bau von anderen Speichertechniken ist bis zu einem EE-Anteil von deutlich über 40 % auch nicht notwendig. Darüber hinaus könnten weitere Speichertechniken unverzichtbar werden. Hierbei ist eine Kooperation mit Norwegen und/oder eine konsequente Power-to-Gas-Strategie nicht aus den Augen zu verlieren. Der solare Wasserstoff/Methan könnte dann in den flexiblen KWK-Anlagen eingesetzt werden (s. (2), Sauer 2013/04: 14).

*Basisliteratur*

Leprich, U. (2014): Transformation des bundesdeutschen Stromsystems im Spannungsfeld von Wettbewerb und regulatorischem Design, in: Rogall u.a.: Jahrbuch Nachhaltige Ökonomie 2014/15, Marburg 2014.

Rogall, H. (2012): Nachhaltige Ökonomie, 2. überarbeitete und stark erweiterte Auflage, Marburg.

SRU (2013/10): Den Strommarkt der Zukunft gestalten, Sondergutachten.

# 6. Bewertung der technischen Bedingungen

## 6.1 Zusammenfassende Bewertung der EE

Eine *zusammenfassende Bewertung* der EE kommt zu folgendem Ergebnis:

*Ökologische Dimension:*

(1) *Klimaerwärmung:* Nur die meisten EE sind annähernd klimaneutral (wenn die Anlagen ebenfalls durch EE hergestellt wurden). Fossile Energietechniken hingegen emittieren nicht nur beim Bau, sondern auch während des laufenden Betriebs stetig THG. Daher können die Klimaschutzziele nur auf einer weitestgehend auf EE beruhenden Energieversorgung erreicht werden (SRU 2013/10: 17).

(2) *Naturbelastung:* Die Naturbelastungen durch EE sind unterschiedlich. Gegenüber den atomaren und fossilen Energieträgern schneiden sie aber i. d. R. deutlich besser ab (einzelne Ausnahmen treten bei großen Wasserkraftwerken und dem Abholzen von Tropenwäldern zur Gewinnung von Energiepflanzen auf).

(3) *Verbrauch nicht-erneuerbaren Ressourcen:* Der Verbrauch bei der Herstellung ist unterschiedlich. Gegenüber den konventionellen Energieträgern schneiden sie aber in einer Lebenszyklusbetrachtung deutlich besser als die anderen Energietechniken ab, da sie beim Betrieb keine zusätzlichen Ressourcen benötigen (einzelne Ausnahmen treten bei Energiepflanzen auf).

(4) *Übernutzung der erneuerbaren Ressourcen:* EE benötigen nur sehr wenig erneuerbare Ressourcen (einzelne Ausnahmen treten bei Energiepflanzen auf).

(5) *Gesundheitliche Risiken:* Gegenüber den atomaren und fossilen Energieträgern schneiden die EE deutlich besser ab (begrenzte Risiken treten bei großen Wasserkraftwerken und der Verwendung von Pestiziden beim Anbau von Energiepflanzen auf). Die EU hebt hervor, dass Maßnahmen zur Verringerung des Einsatzes fossiler Energien zugleich die Luftqualität deutlich verbessern. Bis 2050 könnte durch die Erreichung der Klimaschutzziele zugleich die Gesundheitskosten (Sterblichkeit durch Luftschadstoffe) um weitere 38 Mrd. € gesenkt werden (Europäische Kommission 2011/03: 14).

*Ökologische Nachteile* der EE sind (noch): Einzelne EE weisen Zielkonflikte zwischen Nachhaltigkeitskriterien und Nutzung zur Energieerzeugung auf, die künftig stärker berücksichtigt werden müssen. Besondere Probleme existieren bei der stärkeren Nutzung der Wasserkraft und der schnellen Ausweitung des Einsatzes der Biomasse als Kraftstoff (z. B. Flächennutzung für Energiepflanzen versus Nahrungsmittelproduktion und Naturschutz sowie Schutz der Tropenwälder). So sollte Biomasse nicht zur Erzeugung von Kraftstoff, sondern als Biogas in Kraft-Wärme-Anlagen genutzt werden (SRU 2007/07). Auch darf das hohe Potential der EE nicht zu der Vorstellung verleiten, die EE könnten bei sonst konstanten Strukturen einfach an die Stelle der bisherigen (fossilen und atomaren) Energieträger treten. Denn auch wenn die Wirkungsgrade der verschiedenen Techniken noch deutlich erhöht werden können, würde ein weltweit steigender Energieverbrauch auch mittels EE nur mit großem Umweltverbrauch möglich sein (Flächenverbrauch, seltene Metalle, Landschaftsveränderungen). Darüber hinaus sind transnationale Stromnetze und später auch Speicher erforderlich. Hierdurch können die Probleme mit der fluktuierenden Sonnen- und Winderzeugung gelöst werden (allerdings zeigen die Kraftwerks-abschaltungen im Sommer 2003 aufgrund des mangelnden Kühlwassers, dass auch konventionelle Kraftwerke nicht immer die Versorgungssicherheit gewährleisten). Daher kommt quasi als notwendige Bedingung jeder „solaren Strategie" die Effizienz- und Suffizienzstrategie hinzu.

Als *Zwischenfazit für die ökologische Dimension* können wir festhalten, dass nur EE die ökologischen Kriterien der Nachhaltigkeit (fast ganz) erfüllen können: Sie leisten schon heute einen wirkungsvollen Beitrag zur Senkung der Inanspruchnahme natürlicher Ressourcen. Gelingt es, global bis 2050 (oder kurz danach) das fossile Zeitalter zu beenden und eine 100 %-Versorgung aus EE zu gewährleisten, kann das 2°C-Ziel wahrscheinlich noch erreicht werden.

Ökonomische Dimension:

(6) *Volkswirtschaftliche Auswirkungen*: Die vorliegenden Studien zeigen, dass der Transformationsprozess zur 100 %-Versorgung mit EE realisierbar ist und teilweise sogar erhebliche ökonomische Vorteile gegenüber der traditionellen Energiewirtschaft aufweist. Die Transformation zu einer 100 %-Versorgung ist mit erheblichen Innovationsschüben verbunden. Das Geld, das für die Forschung und Investition von EE-Anlagen ausgegeben wird, bleibt zum großen Teil im Inland und schafft ein selektives Wachstum mit zusätzlicher Beschäftigung:

a) *Umsätze*: Die EE sind in den vergangenen 15 Jahren von einer unbedeutenden Nischenbranche zu einem wichtigen wirtschaftlichen Sektor geworden. *Global* betrugen die Umsätze der EE-Branche 538 Mrd.

## 6. Bewertung der technischen Bedingungen

€ (2008), in der *EU-27* 137 Mrd. € (2011; (BMU 2013/07: 74)), in *Deutschland* 45,5 Mrd. € (StaBA 2013/11/06). Die umsatzstärksten EE-Branchen sind hier die PV, gefolgt von der Biomasse und der Windenergie (BMU 2013/07: 74). Wenn es Deutschland gelingt, seinen Weltmarktanteil zu halten, wird sich der Gesamtumsatz der deutschen Hersteller von EE-Anlagen von 16 Mrd. € (2009) auf 15 bis 53 Mrd. € (2020) und 15 bis 73 Mrd. € (2030, alles in Preisen von 2005) erhöhen. Damit könnte die deutsche EE-Branche die Beschäftigtenzahlen von 382.000 (2011) auf bis zu 683.000 (2020) und bis zu 733.000 (2030) steigern (BMU 2012/08).

b) *Investitionen:* Weltweit wurden 269 Mrd. USD im EE-Sektor investiert. Spitzenreiter waren China (65,1 Mrd.), gefolgt von den USA (35,6 Mrd.) und Deutschland (22,8 Mrd. USD) (BMU 2013/07: 54). Werden die Investitionen für energetische Maßnahmen im Gebäudesektor hinzuaddiert, erhöht sich die beschäftigungswirksame Investitionssumme allein in Deutschland nochmals um 40 bis 45 Mrd. Euro pro Jahr (Öko-Institut 2014/04: 29).

c) *Beschäftigung: Global* waren 2011 etwa 6 Mio. Menschen im EE-Sektor beschäftigt (sehr grobe Schätzung, BMU 2013/07: 85). Bis 2030 könnte die Beschäftigung auf fast 17 Mio. anwachsen (IRENA in FES 2014/05: 6). In der *EU-27* waren ca. 1,2 Mio. (BMU 2013/07: 75), davon in *Deutschland* 382.000 Menschen beschäftigt (Summe aus Herstellung, Betrieb, Wartung, Beratung usw.; UBA 2013/07: 32). Bis 2030 könnte sich die Beschäftigtenzahl auf 520.000 bis 640.000 erhöhen (AEE 2013/06: 25).

(7) *Bedürfnisbefriedigung mit nachhaltigen Produkten, jederzeitige Versorgungssicherheit:* Allein die Windenergie in erschließbaren Gebieten könnte den Weltenergiebedarf um das Drei- bis Fünffache decken, die nutzbare Solarenergie sogar um das 15- bis 20 Fache (FES 2014/05: 6). Die jederzeitige Versorgungssicherheit durch EE stellt sich als größte Herausforderung dar. Wie wir im Kap. 5 gesehen haben, lässt sich dieses Problem aber durch eine moderne Infrastruktur lösen (Stichpunkte: Umbau der Energiewirtschaft, flexible gasbetriebene Kraftwerke, Lastmanagement, Ausbau der Stromnetze und Speicher).

(8) *Wirtschaftlichkeit, Preise und externe Kosten, Subventionen, Konzentration, Effizienz:*

a) *Wirtschaftlichkeit, Preise und externe Kosten:* Die Wirtschaftlichkeit verschiedener Energiesysteme kann nur in einer Lebenszyklusbetrachtung unter Einbeziehung der externen Kosten und der Differenzkosten zu den fossilen Energien sinnvoll verglichen werden.

Aus einer kurzsichtigen *betriebswirtschaftlichen Perspektive* sind EE, verglichen mit den konventionellen Energien, zum Teil immer noch teurer (allerdings kann bei einer Vollkostenrechnung über die gesamte Lebenszeit eine neue Windkraftanlage an einem guten Standort in Deutschland bereits kostengünstiger Strom erzeugen als ein neues Steinkohle- oder GuD-Erdgaskraftwerk, Bode, Groscurth, arrhenius Institut 2014/04: 22-23). Für eine perspektivische Betrachtung der betriebswirtschaftlichen Kosten ist wichtig zu wissen, welche die Hauptkosten eines Energiesystems sind. Bei den EE-Systemen machen die Investitionskosten den größten Anteil der Gesamtkosten aus. Bei der Wind- und Sonnenenergie liegt der Anteil bei nahe 95 %. Bei den fossilen Kraftwerken hingegen machen die Brennstoffkosten etwa 70 % der Gesamtkosten aus (UBA 2012/08: 15). *Deutschland* hat für seine fossilen Energieimporte im Jahr 2000 insgesamt 39 Mrd. Euro aufgewendet, im Jahr 2012 waren es bereits 94 Mrd. Euro. Kumuliert beliefen sich die Nettoimportkosten von 2000 bis 2013 auf 833 Mrd. Euro. Diese Kosten könnten sich bis 2040 auf 252 Mrd. Euro pro Jahr erhöhen, kumuliert von 2013 bis 2030 auf 2.300 Mrd. Euro (Bukold 2013/12: 4). Bei einer angenommenen Fortsetzung der Entwicklung stehen also Kosten von 100 bis 200 Mrd. Euro pro Jahr für die Energieimporte den 22 bis 25 Mrd. Euro EEG-Umlage gegenüber. Eine wichtige Maßzahl für die Entscheidung, wie schnell die EE-Techniken ausgebaut werden, sind die *Differenzkosten* zwischen den Gestehungskosten von Strom aus *künftig* gebauten Kohlekraftwerken und künftig gebauten EE-Anlagen. Alte Anlagen miteinander zu vergleichen, macht ökonomisch keinen Sinn, da diese Kosten in der Vergangenheit entstanden sind und daher weder geändert werden können, noch für die Zukunft relevant sind (ökonomisch: versunkene Kosten). So beeinflusst der weitere Zubau von PV-Anlagen die EE-Umlage nur noch geringfügig (z. B. steigt 2016 die EE-Umlage pro Gigawatt PV-Leistung wahrscheinlich nur noch um 0,016 ct/kWh (Prognos 2012). Hintergrund dieser Entwicklung sind die erstaunlichen Kostensenkungen der EE in den letzten 15 Jahren (die Preise für PV-Module sind zwischen 2008 bis 2012 um bis zu 76 % gefallen, die Turbinenpreise pro MW sanken von 2009 bis 2011 um 25 %, UBA 2012/08: 15). Allein zwischen Anfang 2010 und Anfang 2012 stiegen die Stromgestehungskosten von Kohlekraftwerken um 9 %, während die Kosten bei der PV um 44 % und bei der Onshore-Windenergie um 7 % sanken (UBA 2012/08: 17). Bis 2050 wird bei neuinstallierten PV-Anlagen mit einer weiteren Kostensenkung um 75 % gerechnet. Bei den anderen EE um bis zu 50 %. Damit wird die Onshore-Windenergie gemeinsam mit der PV die niedrigsten spezifischen Investitionskosten (€/kW) der EE aufweisen (UBA 2012/08: 17). Der SRU geht davon aus, dass eine 100 %-Versorgung mit EE-Strom bis 2050 zu betriebswirtschaftlichen Kosten möglich sein wird, die unter denen einer konventionellen Stromversorgung liegen, da anzunehmen ist, dass die Preise für fossile Energieträger in den nächsten Jahrzehnten weiter steigen werden (SRU 2013/10: 3, s.a. ISE 2013/11: 5). Das UBA schätzt, dass die betriebswirtschaftlichen Kosten für EE-Strom 2030 bei 7,6 ct/kWh liegen, die von neuen Erdgas- und Kohlekraftwerken bei 9 ct/kWh. Wir halten als *Zwischenfazit* fest, dass eine Stromversorgung aus EE-Anlagen – auch unter Vernachlässigung der externen Kosten – kumuliert über die nächsten 35 Jahre auch betriebswirtschaftlich kostengünstiger ist als eine Fortsetzung der konventionellen Energiewirtschaft mit all ihren Kosten (Importkosten, Subventionen, allerdings ohne Berücksichtigung von Netzausbau- und Speicherkosten, UBA 2012/08: 20, s.a. Arrhenius 2014/03: 5).

Unter *Einbeziehung der externen Kosten* ist eine 100 %-Versorgung durch EE schon heute wirtschaftlicher (UBA 2012/08: 21), da die externen Kosten der EE deutlich niedriger als die der traditionellen Energiesystem sind. Nach den vorliegenden Studien wurden durch den Einsatz der EE bereits heute in Deutschland Umweltschäden in Höhe von 10,5 Mrd. € vermieden (BMU 2013/07: 47). Zwar steht die Nachhaltige Ökonomie der Monetarisierung von Umweltkosten skeptisch gegenüber (Rogall 2012, Kap. 2.4), verwendet aber, um einen groben Eindruck von den unterschiedlichen Größenordnungen zu geben, die Berechnungen anderer Autoren. Der FÖS schätzt die Gesamtkosten (Marktpreise plus externe Kosten) einer kWh aus Wasserkraftwerken 2012 auf etwa 7,6 ct, aus Windkraftwerken 8,1 ct/kWh, aus Erdgaskraftwerken 9,0 ct/kWh, aus Kohlekraftwerken 15,3 ct/kWh und aus Atomkraftwerken mindestens 16,4 ct/kWh (FÖS 2012/09: 3). Nach den Schätzungen des Umweltbundesamtes betragen allein die Umweltkosten der Stromerzeugung von Braunkohle-Strom 11 ct/kWh, die von Onshore-Windkraftanlagen 7,5 ct/ kWh (UBA 2012/08: 5). So sparte der Einsatz von EE bei der Stromerzeugung 2011 8 Mrd. € externe Umweltkosten ein. Allein die Kosten eines ungebremsten Klimawandels könnten bis 2050 jährlich bis zu 20 % des globalen BIP kosten, während die Begrenzung der THG auf ein vertretbares Maß nur etwa 1 % des BIP kosten würde (Stern 2006).

b) *Subventionen*: Fossile Energieträger wurden 2012 *global* mit 544 Mrd. USD subventioniert (FES 2014/05: 5). Die finanzielle Förderung der Markteinführung von EE betrugen hingegen 101 Mrd. USD (IEA in FES 2014/05: 5). Die Subventionen für das konventionelle Energiesystem betrugen in *Deutschland* 1970 bis 2012 kumuliert rund 611 Mrd. Euro (Pressebox 2013/01).

c) *Konzentration, regionale Wertschöpfung*: Konventionelle Energien – insbesondere der Stromerzeugung – basieren zum größten Teil auf großtechnischen Anlagen, die aufgrund der hohen Investitionssummen eine Konzentration auf (wenige) große Konzerne begünstigen. EE bieten eine große Chance, diesen Konzentrationsprozess umzukehren. Weiterhin sorgen sie durch ihren dezentralen Aufbau für eine regionale Wertschöpfung, die sich oft gerade in bislang strukturschwächeren Gebieten besonders positiv auswirkt (z. B. werden Landwirte zugleich Energiewirte, lokale Betriebe schaffen Arbeitsplätze, die Kaufkraft in der Region steigt, AEE 2013/07b: 26, s.a. Kap. 14).

d) *Effizienz*: Die Effizienz (Wirkungsgrad) von EE-Anlagen ist unterschiedlich hoch. Dieser Umstand ist nicht so bedeutend wie bei den konventionellen Anlagen, da bei den EE nach dem Aufbau der Anlagen i. d. R. keine weiteren Ressourcen mehr eingesetzt werden müssen. Konventionelle Energietechniken sind hingegen auf den laufenden Einsatz von nicht-erneuerbaren Energieträgern angewiesen.

e) *Gesamtkosten*: Die Mitgliedsländer der EU geben jährlich ca. 350 Mrd. Euro für Energieimporte aus. Sollte die *EU* bis 2050 ihre Klimaschutzziele erreichen, könnte sie pro Jahr 550 Mrd. € (DIW 2014/06: 101) für die fossilen Energieträger-Importe einsparen. Dazu kommen Subventionen für die fossilen und atomaren Energien mit 150 Mrd. €, weitere 38 Mrd. € für die verminderte Sterblichkeit (EU Kommission 2011/03: 14). Weiterhin würden sich die externen Kosten (Klimaflüchtlinge, Artensterben) um dreistellige Mrd. Euro-Beträge verringern, da ein globales Erreichen der 2°C-Grenze wahrscheinlich ist.

(9) *Abhängigkeit:* Heute wird dieser Aspekt viel zu wenig in der energiepolitischen Diskussion berücksichtigt. Eine Transformation zur 100 %-Versorgung mit EE könnte die enorme Abhängigkeit der EU und Deutschlands von fossilen Energieimporten schrittweise verringern. Die Mitgliedsländer der *EU* importierten 2012 Öl und Gas im Wert von ca. *400* Mrd. € (EU-Kommission 2014/01: 2). Ohne einen deutlichen Ausbau der EE könnte dieser Betrag in den nächsten Jahren auf 550 Mrd. € steigen (DIW 2014/06:100). *Deutschland* konnte 2012 durch den Einsatz von EE 496 TWh Primärenergie einsparen (für Strom 323 TWh, Wärme 152 TWh, Verkehr 22 TWh, BMU 2013/07: 28). Damit könnten die EU und Deutschland auch die steigenden Energiepreise deutlich abfedern.
*Deutschland* sparte 2012 durch den Einsatz von EE Brennstoffimporte von insgesamt 10 Mrd. € (für Strom 3,9 Mrd. €, Wärme 4,9 Mrd. €,

## 6. Bewertung der technischen Bedingungen

Verkehr 1,2 Mrd. €, BMU 2013/07: 29). Die Gesamtkosten für die Energieimporte betrugen 94 Mrd. Euro. Nach einem Szenario von Bukold könnten sich diese Kosten bis 2040 auf 252 Mrd. Euro pro Jahr erhöhen, kumuliert von 2013 bis 2030 auf 2.300 Mrd. Euro (Bukold 2013/12: 4), diese Summe ließe sich bei einer 100 %-Versorgung einsparen.

(10) *Infrastruktur, Investitionen*: Die Investitionen in EE haben sich global von 2004 auf 2011 verfünffacht (500 % Wachstum) und betrugen 2011 bereits 257 Mrd. USD. Nach den vorliegenden Szenarien werden sich die globalen *Investitionen* für EE von 103 Mrd. € (2009) auf 419 Mrd. € (2020) und 590 Mrd. € (2030, alles in Preisen von 2005) entwickeln. Betrachtet man den Weltmarkt für alle umweltfreundlichen Energietechniken (EE, effiziente Anlagen, Energiespeicher), sieht die Entwicklung noch beeindruckender aus: Das UBA schätzt, dass das aktuelle Weltmarktvolumen von etwa 313 Mrd. USD (2011) auf 1.060 Mrd. USD (2025) steigen wird (geschätztes jährliches Wachstum von ca. 9,1 %; UBA 2012/08: 22).

*Ökonomische Nachteile der EE sind noch:* Da die Umweltkosten der konventionellen Energien externalisiert werden können, sind die betriebswirtschaftlichen Kosten zum Teil noch höher. Daher kann sich ohne zusätzliche politisch-rechtliche Instrumente eine 100 %-Versorgung aus EE in akzeptabler Zeit nicht durch Marktmechanismen durchsetzen. Weiterhin ist der Strom- und Wärmebedarf z.T. nicht jederzeit lieferbar (Abhängigkeit von Wind und Sonne), daher wird hier der Bau einer neuen Infrastruktur (Systemdienstleistungen) zwingend (Kap. 5).

*Als Zwischenfazit für die ökonomische Dimension* können wir festhalten, dass die EE auf lange Sicht auch ökonomisch vorteilhafter als die konventionellen Energien sind. Sie initiieren Innovationsprozesse, bieten große Entwicklungschancen für einzelne Branchen und teilweise auch regionalwirtschaftliche Impulse. Sie haben hierdurch große Beschäftigungseffekte und ermöglichen auf lange Sicht *Kostensenkungen* durch den geminderten Ressourcenverbrauch (ein Teil finanziert sich durch die eingesparten Energiekosten). Unter Berücksichtigung der externen Kosten sind alle untersuchten EE schon heute meist kostengünstiger als die konventionellen Energien. In den Entwicklungsländern können sie teilweise einen Beitrag zur Armutsbekämpfung darstellen und eine dezentrale Mindestversorgung mit Energie ermöglichen. Industrie- und Schwellenländer können nach Ausschöpfung der Effizienzstrategien und der Kostenminderungspotentiale bei den EE ihre Leistungsbilanz verbessern. Während ein fossiles Kraftwerk zum Betrieb laufend Energie als Brennstoff benötigt, können die EE während ihrer Lebenszeit tatsächlich mehr Energie „erzeugen", als zu ihrer Herstellung aufgewendet wurde. Heute beträgt die „energetische Amortisatonszeit" einer Windkraftanlage wenige Monate und von PV-Anlagen wenige Jahre. Die aus den 1970er Jahren stammenden Untersuchungen, nach denen die Herstellung z. B. von Solaranlagen mehr Energie verbrauchen soll, als die Anlagen in ihrer Laufzeit erzeugen, sind überholt. Dennoch benötigen sie aufgrund der Externalitäten für eine Übergangszeit weitere ökologische Leitplanken. Damit stellt die Energiewende ein risikoarmes Investitionsvorhaben mit großen wirtschaftlichen Chancen dar (IWES 2014/01: 4).

*Sozial-kulturelle Dimension*

(11) *Fehlentwicklungen*: Eine möglichst dezentrale 100 %-Versorgung mit EE hat deutlich mehr Akteure und Energieerzeugungsstandorte als die konventionelle Energieerzeugung und Verteilung. Machtkonzentrationen sind daher eher geringer.

(12) *Dauerhafte Versorgungssicherheit*: Das nachhaltig nutzbare *Potential* der EE könnte langfristig den Energieverbrauch der Menschheit zu vertretbaren Kosten decken. Die vorliegenden Studien zeigen, dass bis 2050 eine vollständig auf EE beruhende Stromerzeugung nicht nur technisch möglich ist, sondern eine jederzeit sichere Stromversorgung garantieren kann (UBA 2012/08: 8). Diese Ergebnisse gelten auch für *Deutschland*.

(13) *Zentralisierung, Flexibilität*: Ein forcierter dezentraler Ausbau der EE würde eine dezentrale und flexible Versorgung begünstigen (BMU 2013/07: 48).

(14) *Globale Konflikte*: Eine 100 %-Versorgung mit EE würde die Abhängigkeit von den fossilen Energieträgern allmählich vollständig abbauen. Ab dem Jahr 2050 müssten sich die Industriestaaten (inkl. die EU und Deutschland) an keinen gewaltsamen Konflikten um Energieträger mehr beteiligen.

(15) *Technische Risiken*: Die technischen Risiken von EE sind erheblich niedriger als die von fossilen und atomaren Energieumwandlungstechniken.

*Sozial-kulturelle Nachteile* sehen wir nicht, allerdings werden im Zuge der Schaffung der notwendigen Infrastruktur noch viele Diskussionen erfolgen.

Als *Zwischenfazit für die sozial-kulturelle Dimension* wollen wir festhalten: Die *Akzeptanz* der EE ist insgesamt hoch, da ein Komfortverzicht für die Konsumenten nicht nötig ist. So sprechen sich 84 % der deutschen Bevölkerung für eine sichere und schnellstmögliche 100%-Versorgung mit EE aus, 74 % fordern, dass dezentrale EE in Bürgerhand Vorrang haben sollten (TNS Emnid 2013). Gesellschaftliche Fehlentwicklungen können zurzeit nicht erkannt werden. Dies ermöglicht auch, Bündnispartner bei Teilen der Wirtschaft und Unterstützer bei den Konsumenten zu finden. Die EE leisten einen hohen, künftig sehr hohen Beitrag zur *dauerhaften Versorgungssicherheit*, da sie zum größten Teil heimische Energien darstellen und ihr *Potential* sehr viel höher ist, als das noch vor zehn Jahren für möglich gehalten wurde. Bis 2050 könnte eine 100 %-Deckung der Industrie- und Schwellenländer, bis Ende des Jahrhunderts der Menschheit gewährleistet werden. Allein die Sonne liefert 15.000-mal mehr Energie, als weltweit verbraucht wird. Durch die deutliche Senkung des Ressourcenverbrauchs wird ein hoher Beitrag für die globale *Konfliktvermeidung* geleistet (Adelphi consult, WI 2007). Das wird durch die Tatsache unterstützt, dass insgesamt die EE global homogener verteilt sind als andere Energieträger (manche Gegenden verfügen über mehr Sonneneinstrahlung, andere über Wind oder Biomasse, Geothermie ist überall vorhanden). Die *Sicherheitsfreundlichkeit* ist sehr hoch, große Gefährdungen sind ausgeschlossen (z. B. bleiben Terrorangriffe und Sabotage in den Wirkungen meist begrenzt) (zu den sicherheitsrelevanten Aspekten des Umbaus der Energieversorgung DLR, IWES, IfnE 2012/03: 34).

### 6.2 Bewertung der Contra-Argumente

Wie wir noch sehen werden, setzen sich die meisten traditionellen Energieunternehmen und ihre Verbände sowie Teile der Politik und Wissenschaft trotz der globalen und nationalen Gefahren, die von der konventionellen (atomaren und fossilen) Energiewirtschaft ausgehen, für die Beibehaltung dieser Strukturen ein. Früher hieß es schlicht, eine 100 %-Versorgung mit EE ist unmöglich. Heute werden andere Argumente dazu verwendet, den Ausbau der EE zu verlangsamen. Wir wollen einige dieser Argumente bewerten:

*Ökologische Dimension:*

(1) *Alternative zwischen einer konventionellen Energieversorgung und einer Versorgung aus EE*: Diese Alternative existiert aufgrund der globalen Gefahren der konventionellen Energien nicht.

*Ökonomisch-technische Dimension:*

(2) *Der Ausbau der EE zur 100 %-Versorgung und eine nachhaltige Energiepolitik sind zu teuer*: Dieses Argument ist falsch, weil es eine Reihe von Fehleinschätzungen beinhaltet:

   a) *Subventionen werden nicht einbezogen*: Um die konventionellen Energien auf den Energiemärkten durchzusetzen, wurden sie von Anfang an subventioniert, allein in Deutschland erhielt:

- der Kohlebergbau (Stein- und Braunkohle zusammen) seit 1950 398 Mrd. €,
- die Atomtechnik 213 Mrd. € (Übernahme der Entwicklungskosten und der Haftungsrisiken sowie der steuerfreien Nutzung der Kernbrennstäbe und der Schaffung von Rückstellungen). Hinzu kommen andere Fördertatbestände, wie die Übernahme von Haftungsrisiken (die sonst durch teurere Versicherungen abzudecken wären, Arrhenius 2014/03: 5).

b) *Sozial-ökologische (externe) Kosten werden nicht mitberechnet*: Wenn man die externen Kosten der konventionellen Energien für das 20. und 21. Jahrhundert zusammenrechnet (was aus ethischen Gründen schwierig ist: Was kosten ausgestorbene Arten, was der Untergang von Inseln und Staaten, was 500 Millionen Klimaflüchtlinge?), kommen wir auf Kosten von vielen Billionen Euro (Stern 2006). In keinem Kostenvergleich zwischen EE und konventionellen Energien werden diese Kosten miteinbezogen.

c) *Falsch gesetzte Leitplanken sorgen für Energiepreisanstieg bei den Haushalten*: Die Energiepreise sind seit der Jahrtausendwende für die Haushalte stark gestiegen. In der öffentlichen Diskussion wird oft der Eindruck erweckt, daran sei vor allem das EEG schuld. Tatsächlich muss man aber bei den Energiepreisen immer die Art der Energie unterscheiden:

- *Erdöl- und -gaspreise für den Wärmemarkt sowie die Kraftstoffe für den Verkehr* haben mit den Preisentwicklungen auf dem Strommarkt wenig zu tun. Sie hängen von den steigenden globalen Energiepreisen seit der Jahrtausendwende ab, die auf eine steigende globale Rohstoffnachfrage zurückzuführen sind. So wendet Deutschland jährlich fast 100 Mrd. Euro für Energieimporte auf (2012: 94 Mrd. €, Bukold 2013/12: 4). Hier liegt Politikversagen vor, da die Politik seit den 1970er Jahren keine ausreichenden Leitplanken gesetzt hat, um die Effizienzpotentiale bei den Fahrzeugen und Gebäuden auszuschöpfen.
- Ein ähnliches Politikversagen liegt bei den stark gesunkenen *Strompreisen* auf den Strombörsen vor. Die Politik lässt es zu, dass aufgrund mangelnder Leitplanken (zu großzügiger cap im Emissionshandel, fehlende Schadstoffsteuer) Kohle- und Atomstrom auf der Strombörse zu preiswert verkauft werden, so dass die Differenz zwischen Börsenstrompreis und eingespeistem EE-Strompreis immer größer wird. Diese steigende Differenz muss durch die EEG-Umlage von den Haushalten getragen werden, was zu Akzeptanzverlusten führt. Um die hohe EEG-Umlage zu ver-

hindern, hätte die Politik die externen Kosten der konventionellen Energien durch eine Schadstoffsteuer internalisieren und bzw. oder ein Emissionshandelssystem einführen müssen, das auf einen Preisverfall (z. B. aufgrund Wirtschaftskrise und Erfolg der EE) automatisch durch Wegfall an Emissionsrechten reagiert. Auch wird ein immer größerer Anteil von Unternehmen von der EEG-Umlage befreit, so dass die Haushalte diesen Teil auch noch tragen müssen.

d) *Eine nachhaltige Energiepolitik geht nicht zu Lasten der Wettbewerbsfähigkeit der Wirtschaft*: Für 92 % der Wertschöpfung in der europäischen Industrie liegen die Energiekostenanteile im Durchschnitt bei 1,6 % des Umsatzes (DIW 2014/06: 91). Daher würde selbst eine Energiepreiserhöhung um 50 % kaum Auswirkungen zeigen. Energieintensive Sektoren können sich fast vollständig von der EEG-Umlage (2014: 6,24 ct/kWh) befreien lassen (gilt für Unternehmen des produzierenden Gewerbes, die mehr als 1 GWh/a verbrauchen und deren Stromkosten 14 % der Gesamtkosten übersteigen, insgesamt 2.100 Unternehmen). Weiterhin wirken sich höhere Energiepreise effizienzsteigernd aus, so dass in der Summe keine Unterschiede in der Wettbewerbsfähigkeit bestehen. Dabei wirkt unterstützend, dass eine derartige Energiepolitik nicht zu Lasten der Wettbewerbsfähigkeit dieser Länder geht (DIW 2014/06: 91). Vielmehr bedeutet eine nachhaltige Energiepolitik zugleich eine Steigerung der Innovationskraft dieser Länder. So gehört z. B. die Zementherstellung zu den $CO_2$-intensivsten Produktionsprozessen (ca. 5 % der weltweiten $CO_2$-Emissionen stammen hiervon). Hier kommen heute die Schwellenländer Indien, Thailand und China mit ihren modernen Anlagen auf die höchste Energieproduktivität, während die USA, UK und Polen auf die schlechteste Produktivität kommen. Generell zeigen die vorliegenden Untersuchungen, dass höhere Energiepreise im Allgemeinen zu einer effizienteren Nutzung von Energie führen und diese Länder so weniger Energie zur Herstellung der gleichen Wirtschaftsleistung benötigen (DIW 2014/06: 98).

Die Transformation zu einer 100 %-Versorgung ist mit erheblichen Innovationsschüben verbunden, die ansonsten ausbleiben würden. Das Geld, das für die Forschung und Investition von EE-Anlagen ausgegeben wird, bleibt zum großen Teil im Inland und schafft ein selektives Wachstum mit Beschäftigung. Z. B. importieren die Länder der EU jährlich Energieträger im Wert von 350 Mrd. Euro, ein Betrag, der in den nächsten Jahrzehnten ohne den deutlichen Ausbau der EE erheblich steigen würde (DIW 2014/06: 100).

f) *EE waren zu teuer*: EE waren tatsächlich anfangs sehr kostenintensiv. Diese Kosten stellen aber ökonomisch betrachtet versunkene Kosten (sunk costs) dar. Für Investitionsentscheidungen müssen immer die gegenwärtigen oder künftigen Kosten herangezogen werden. Hier schneiden insbesondere Sonne und Wind betriebswirtschaftlich vertretbar bis relativ günstig, volkswirtschaftlich (mit externen Kosten) am günstigsten von allen Energiesystemen ab.

g) *Die EE-Umlage ist die Ursache des Strompreisanstiegs für Haushaltskunden.*
*Bewertung*: Die Hauptursache für die Preiserhöhung des Haushaltsstroms waren in der letzten Dekade die steigenden Weltmarktpreise für fossile Energieträger. Die in der jetzigen Dekade steigende EE-Umlage hängt mit folgenden Faktoren zusammen: Die EE-Umlage finanziert die Differenzkosten zwischen fossilem und EE-Strom. Der fossile Strom ist aber nur daher so billig, weil er seine Umweltkosten externalisieren kann und die Politik ökologische Leitplanken unzureichend errichtet hat (z. B. keine ausreichende Steuer auf fossile Energieträger nach Kohlenstoffgehalt und kein ausreichend funktionierendes Emissionshandelssystem) (SRU 2013/10: 23). Fielen diese Faktoren weg, wäre die zu tragende EEG-Umlage bedeutend niedriger.

(3) *Erneuerbare Energien können keine sichere Energieversorgung gewährleisten*: Hintergrund dieser Argumentation ist die Tatsache, dass die Hauptträger einer 100 %-Versorgung (Wind und Sonne) sehr volatil sind. Auch wird behauptet, durch den Atomausstieg bis 2020 würden nicht genügend Kraftwerkskapazitäten für eine sichere Versorgung zur Verfügung stehen.
*Bewertung*: Die heutige Situation auf dem Strommarkt ist trotz des Abschaltens von acht Atomkraftwerken 2011 nicht von einer Deckungslücke, sondern von Überkapazitäten in Höhe von ca. 5-10 Gigawatt geprägt. Diese Überkapazitäten an traditionellen Kraftwerken (Atom- und Kohlekraftwerken) sorgen dafür, dass der Strompreis sehr stark gesunken ist und hierdurch die EEG-Umlage zugenommen hat. Weiterhin sorgt sie dafür, dass große Mengen klimaschädlichen Braunkohlestroms ins Ausland verkauft werden (DIW 2013/48: 25). Nähert sich Deutschland einer 100 %-Versorgung mit EE, wandelt sich die Situation. Aber auch dann kann eine Mehrebenenstrategie sehr wohl die jederzeitige Versorgung garantieren (Kap. 5). Hierzu gehören: der Umbau der Energieversorgung auf EE-Strom (Überschüsse kommen in den Wärmemarkt), gekoppelt mit flexiblen Gas-Kraftwerken im KWK-Betrieb, einem Lastmanagement, einem Ausbau der Netze und Speicher.

(4) *Vor dem weiteren Ausbau von EE müssen erst große Transportnetze von Nord nach Süd fertig gestellt und ausreichende Speicherkapazitäten fertig gestellt sein.*
*Bewertung*: Zurzeit benötigt Deutschland keinen beschleunigten Netzausbau, da mögliche regionale Netzengpässe beherrschbar sind (DIW 2013/48: 25). Ab 2020 könnte sich das aber ändern. Zunächst müssen hauptsächlich die Verteilnetze ausgebaut werden. Erst später müssen europaweite Netze dazu treten (Kap. 5.4). Ähnliches gilt für den Speicherausbau, zurzeit sind weder aus technischen noch aus wirtschaftlichen Gründen Speicher notwendig. So können derzeit nicht einmal die sehr kostengünstigen Pumpspeicherkraftwerke wirtschaftlich betrieben werden. Erst wenn die EE mehr als 40 % des Stromverbrauchs decken, ändert sich diese Situation (Sauer 2013/04: 8).

(5) *Eine dezentrale Energieerzeugung ist eine Illusion*, stattdessen sollte Deutschland (und die Welt) auf EE-Großprojekte setzen (die so teuer und komplex sind, dass nur Großkonzerne, vor allem sie selbst, diese umsetzen könnten). Z. B. werden vorgeschlagen (Scheer 2012: 71):

a) Auf die Fertigstellung großer *Übertragungsnetze* (von Nord nach Süd in Deutschland oder europaweit) zu warten, bis der Ausbau von EE weiter betrieben wird.
*Bewertung* s. Punkt 6.

b) *Offshore-Windparks auf hoher See*, statt Onshore-Windkraftwerke:
*Bewertung*: Offshore-Windparks sind sehr teuer und haben aufgrund der Vorgaben (Abstand zur Küste) mit erheblichen technischen Problemen zu kämpfen. Daher wird der Ausbau der Offshore-Windkraft als *Voraussetzung* für weitere EE-Anteile abgelehnt. Allerdings steht hier die Lernkurve erst am Anfang, daher wird aufgrund der spezifischen Vorteile (hohes Potential, gleichmäßigere Stromerzeugung) ein langsamer Ausbau empfohlen.

c) *Solarkraftwerke in der Sahara*: Das 2009 vorgestellte Desertec-Projekt plant den Bau von solarthermischen Kraftwerken und Windparks in Nord-Afrika. Der dort erzeugte Strom soll über 3.000 bis 5.000 km langen Übertragungsnetzen nach Europa geleitet werden. Bis 2050 sollen so etwa 15 % der europäischen Stromversorgung sichergestellt werden.

*Bewertung*: Im Zuge des Transformationsprozesses zur 100 %-Versorgung wird es wahrscheinlich auch zu Großprojekten kommen, z. B. zum Netzausbau und Offshore-Windparks, auf sie zu warten, würde aber den Transformationsprozess völlig unnötig verlangsamen.

*Sozial-kulturelle Dimension*

(6) *Die Energiewende dürfe nur nach internationalen Vereinbarungen umgesetzt werden*: Keine einzige technische Großerfindung (Dampfmaschine, Eisenbahn, Stromversorgung, Automobil, Fließband, Flugzeug, Rundfunk und Fernsehen, Computer, Raumfahrt, Internet, Umweltschutztechniken) ist nach oder aufgrund einer internationalen Vereinbarung zustande gekommen. Technischer Fortschritt vollzieht sich vielmehr immer aufgrund von innovativen Volkswirtschaften, die ihre Techniken global verbreiteten. Warum sollte das ausgerechnet bei den EE anders sein. Wer dieses Argument verwendet, nutzt es meistens nur, um den Strukturwandel zu verhindern.

(7) *Die Bürger lehnen den Ausbau der Onshore-Windkraftwerke ab.*
*Bewertung*: Dieses Argument wird immer wieder in die Diskussion gebracht, lässt sich aber durch die vorliegenden Befragungen nicht belegen. Trotz einzelner lokaler Widerstände ist die allgemeine Haltung der Bevölkerung zum Ausbau der Onshore-Windenergie positiv (AEE 2013/06).

(8) *Die EEG-Umlage belastet die Armen zu stark*: Deutschland zahlt für seine Energieimporte jährlich um die 100 Mrd. Euro, mit steigender Tendenz, hier wird in der veröffentlichten Meinung wenig über die Lage von Menschen mit niedrigen Einkommen gesprochen. Auch gegen Niedriglöhne und prekäre Beschäftigungsverhältnisse wurde lange Zeit nichts getan. Umwelt- und Energiepolitik kann die Sozialpolitik nicht ersetzen. Wer Menschen mit niedrigen Einkommen zu belastet sieht, muss gezielt die Transferzahlungen (Arbeitslosengeld II, Wohngeld, Bafög) erhöhen und nicht die Investitionen in EE verlangsamen.

## 6.3 Szenarien für eine 100 %-Versorgung mit EE

Früher erstellten Wissenschaftler Prognosen, um wirtschaftliche und technische Entwicklungen vorauszusagen. Sehr oft entwickelte sich die Realität aber ganz anders, weil Geschehnisse auftraten, die zu einer anderen Entwicklungsrichtung führten. Z. B. schätzten Wissenschaftler Anfang der 1970er Jahre, dass der Energieverbrauch künftig genauso schnell steigen würde wie in den 1950er und 60er Jahren, sie forderten daher den schnellen Ausbau von Kraftwerken. Aufgrund der beiden Ölpreiskrisen (1973 und 1979) und den darauf folgenden Rezessionen entwickelte sich der Energieverbrauch dann wesentlich langsamer.

In der Folgezeit wurde die *Methode der Szenarien* entwickelt, mit deren Hilfe die Wissenschaft nicht mehr angibt, was in 20 Jahren sein wird, sondern welche verschiedenen Entwicklungen möglich wären, wenn die Rahmenbedingungen sich ändern oder geändert werden. Z. B. wurden, um zu sehen ob Deutschland seine energiepolitischen Ziele erreichen kann und welche zusätzlichen Instrumente hierzu nötig wären, zahlreiche Szenarien entwickelt, die wir zum Teil in unseren Strategiepfaden verarbeitet haben. Bei der Nutzung von Szenarien müssen wir uns immer vor Augen halten, dass technisch-wirtschaftliche und damit auch gesellschaftliche Entwicklungen über 30/40 Jahre hinaus (oft viel kürzer) nicht mit Sicherheit vorauszusehen sind. Niemand hat vor 40 Jahren (1974) voraussehen können, welche bedeutende Rolle die IuK-Technologie nach der Jahrtausendwende spielen wird (Handys, PCs und Laptops, Internet und E-Mail-Verkehr). Dafür verliefen andere Entwicklungen weitaus langsamer oder schwächer als erwartet (z. B. Fusions- und Atomtechnologie, Roboter- und Weltraumtechnologie). Daher empfiehlt es sich, auch für den Transformationsprozess zur 100 %-Versorgung nicht alles (Techniken, Investitionssummen, Quoten usw.) im Einzelnen festlegen zu wollen. Das Ziel muss klar sein, aber nicht jeder einzelne Pfad dorthin.

*Szenarien:* S. sind eine von der Zukunftsforschung entwickelte Methode, alternative Zukunftspfade zu beschreiben. Sie beschreiben also nicht, wie sich die Realität entwickeln wird, sondern wie sie sich unter bestimmten Bedingungen entwickeln könnte (z. B.: Wie würde sich der Energieverbrauch in Deutschland entwickeln, wenn die öffentliche Hand keine weiteren Maßnahmen zur Effizienzsteigerung ergreifen würde, versus der Entwicklung, wenn eine konsequente Nachhaltigkeitsstrategie verfolgt würde).

Als wichtigstes Klimaschutz-Szenario sehen wir das *UBA-Szenario Treibhausgasneutrales Deutschland von 2013* an. Das UBA kommt hier zu dem Ergebnis, dass die Emissionen im *Energiesektor* von 1.028 Mio. t $CO_2$-Äquivalente (1990) auf nahe 0 (2050) sinken, indem sie (inkl. große Teile der Wärmeversorgung und Mobilität) vollständig auf EE umgestellt und die Effizienzpotentiale zugleich weitestgehend ausgeschöpft werden (UBA 2013/10). Als ähnlich wichtig zeigt sich die Umstellung der Grundstoffindustrie (Metallindustrie und Baustoffe wie Zement und Kalk) auf EE-Techniken (SRU 2013/10: 54).

Das „Klimaschutzszenario 90" (KS 90) des Öko-Instituts und des ISI zeigt, wie bis zum Jahr 2050 eine 90 %-THG-Minderung in Deutschland erreicht werden kann. Wie bei den anderen Szenarien stehen die Ausschöpfung der Effizienzpotentiale, ein umfassender Ausbau der EE und die hierfür notwendigen politisch-rechtlichen Instrumente im Mittelpunkt.

*Bewertung:* Diese, wie weitere Szenarien (z. B. DLR, IWES, IfnE 2010/12: Leitstudie 2010 oder DLR, IWES, IfnE 2012/03) zeigen, dass die Emissionsminderungsziele von 80 bis 95 % (bis 2050) nur erreicht werden können, wenn die Effizienz- und EE-Ausbaupotentiale gleichermaßen ausgeschöpft werden, hierzu müssen die ökologischen Leitplanken (politisch-rechtlichen Instrumente) deutlich konsequenter eingesetzt werden. *Manfred Linz* und *Gerhard Scherhorn* gehen allerdings davon aus, dass alle in den letzten Jahren erstellten Energieszenarien unter einer Überschätzung der technologischen Lösungen leiden. Aus ihrer Sicht können die Effizienz- und Konsistenzstrategie (EE) allein die Klimaschutzziele nicht erreichen (wegen der Rebound-Effekte), vielmehr müssen diese Strategien um eine Verringerung der Nachfrage nach Energiedienstleistungen ergänzt werden (Linz, Scherhorn 2011/ 03).

*Abbildung 8: Szenario 100 %-Versorgung mit EE*

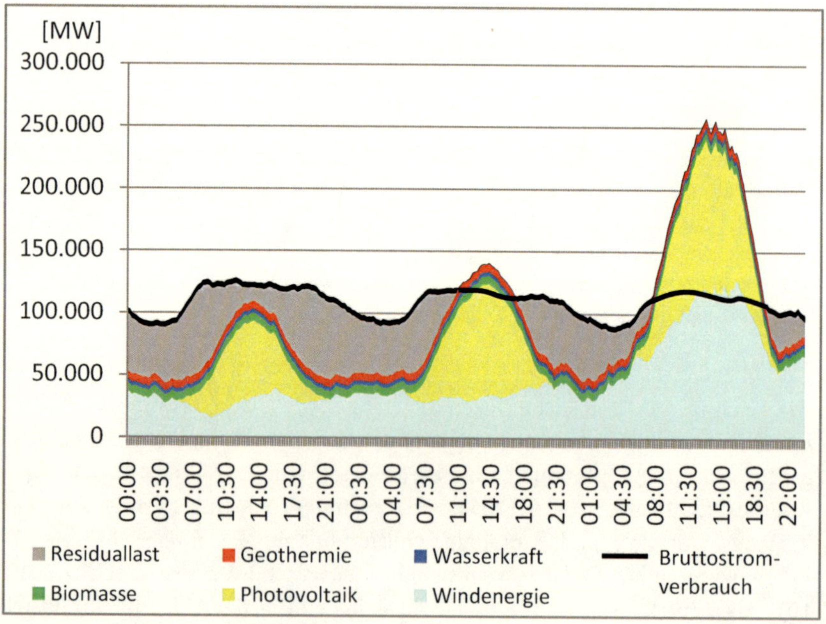

Drei-Tages-Verlauf, Sommer 2060 in Deutschland.
Quelle: Eigene Erstellung Niemeyer, Rogall auf Grundlage der Daten der vier Übertragungsnetzbetreiber vom 20.-22. Juni 2012: 50 Hertz Transmission 2013a, Amprion 2013a, TenneT TSO 2013a, TransnetBW 2013a und DLR, IWES, IfnE 2012/03: 156.

Die Abbildung 8 setzt das *Szenario 2011 THG* 95 um. Hier wird modellhaft vereinfacht gezeigt, wie an drei Tagen im Sommer 2060 die Stromnachfrage gedeckt werden könnte. Wie man sieht, trägt hierbei (wie in fast allen

Szenarien) die Windenergie und PV die Hauptlast. Das ist sehr günstig, weil über das Jahresmittel Wind und Sonne eine hohe negative Korrelation aufweisen, d.h. der Wind weht am stärksten, wenn die Sonne am schwächsten scheint und umgekehrt (100%-EE-Stiftung 2014/02, in der Abbildung nicht zu sehen).

Die übrigen EE (Biomasse, Geothermie, Wasser) können nur einen Teil der Spitzenlast decken. Dort, wo die EE nicht ausreichen, kommt die Residuallast zum Zuge (graue Fläche: Biogas/Methan betriebene BHKW und GuD in KWK mit Wärmespeicher sowie andere Speicher, siehe Kap. 5.1 und 5.5). An zwei Tagen des Szenarios entstehen Stromüberschüsse (Fläche über der schwarzen Linie), die für die E-Mobilität sowie Wärme und Kühlung verwendet werden.

Das Szenario „*Strukturwandel des deutschen Energiesystems*" (SW HiEff) des WI zeigt, wie eine THG-Emissionsminderung um 85 % bis 2050 zu erreichen ist. Hierbei werden das deutsche Energiesystem insbesondere auf EE umgebaut und die Effizienzpotentiale ausgeschöpft (UBA 2014/01: XV).

### 6.4 Herausforderungen nach Sektoren

Die Herausforderungen, die das Ziel einer 100 %-Versorgung mit EE (Klimaneutralität) mit sich bringen, sind in den einzelnen Sektoren sehr unterschiedlich. Zu einer wirtschaftlich vertretbaren Transformation der Wirtschaft ist es wichtig, die unterschiedlichen Investitionszyklen in den verschiedenen Sektoren zu berücksichtigen. Einige Produkte (inkl. Gebäude und Anlagen), die heute gebaut werden, sind in 35 Jahren noch in Benutzung, andere Produkte haben noch mehrere Generationen Weiterentwicklungspotential vor sich. Wenn bis 2050 eine 90-95 %-THG-Minderung erreicht werden soll, müssen also alle Produkte so viele Jahre früher klimagasneutral sein, wie ihre Lebensdauer beträgt. So haben *Gebäude* eine Lebenszeit von 50 bis 100 Jahren (25 bis 50 Jahre bis zu einer grundlegenden Sanierung), daher muss die Wärmeschutzsanierung des Bestandes auf einen klimaneutralen Standard ab sofort erfolgen. *Kraftwerke* werden nur alle 25 (Gas) bis 50 Jahre (Kohle) durch eine neue Generation ersetzt, damit dürfen ab sofort keine neuen Kohlekraftwerke mehr errichtet werden. *Heizungsanlagen* werden meist nach 12 bis 20 Jahren durch eine neue Anlage ersetzt, das heißt ab 2030 dürfen keine fossilen Heizungen mehr verkauft werden. *Pkw* werden nach 12 bis 15 Jahren durch eine neue Generation ersetzt, das heißt hier haben die Entwicklungsabteilungen noch zwei Investitionszyklen, um die erdölbasierte Technik zu beenden und ab 2035 vollständig durch klimaneutrale Fahrzeuge zu ersetzen. Elektrische Geräte werden nach 7 bis 12 Jahren ersetzt, hier folgt noch eine Reihe von Generationen, um die Effizienzpotentiale auszuschöpfen (alles Schätzwerte):

1) *Stromherstellung*: Der *globale* Stromverbrauch aus fossilen Energien und damit die THG-Emissionen wachsen bislang ungebremst. Die Erfolge beim Ausbau der EE werden durch das Wachstum des Stromverbrauchs zum größten Teil kompensiert, so dass der EE-Anteil nur sehr langsam steigt. In der *EU* sieht diese Entwicklung etwas besser aus. Auch wenn der Stromverbrauch weiter wächst, konnten die THG-Emissionen durch Effizienzsteigerungen und das noch schnellere Wachstum der EE gesenkt werden. In *Deutschland* sind im Stromsektor bislang die größten Erfolge beim EE-Ausbau zu bilanzieren, der EE-Anteil stieg von 2 % (1990) auf 25,4 % (2013). Nach dem Klimaschutzszenario 2050 könnte die Windenergie ihre Stromerzeugung von ca. 53 TWh (2013) auf 259 TWh (2050) steigern. Die Photovoltaik könnte die Erzeugung von 30 TWh (2013) auf 64 TWh und die Biomasse ihren Beitrag von 48 TWh stabilisieren, weitere Beiträge würden die restlichen EE liefern (BMU 2013/07: 18; Öko-Institut, ISI 2014/04: 12), andere Szenarien gehen von noch höheren Beiträgen der EE aus. Hierbei wird deutlich, dass die Sicherheit der Stromversorgung durch EE steigt, wenn die EE möglichst dezentral über ganz Deutschland verteilt sind (100%-EE-Stiftung 2014/02). Als Zwischenfazit können wir festhalten, dass eine 100 %-Versorgung mit EE im Stromsektor bis 2050 in den OECD-Ländern (auch in Deutschland) wirtschaftlich und technisch möglich ist (s. Kap. 6.3, Szenarien), wenn die hierzu nötigen ökologischen Leitplanken von der Politik eingeführt (Kap. 7) und ausreichend hohe Investitionen in den Ausbau der EE und die Infrastruktur fließen (Kap. 4 und 5). Notwendige Bedingung hierzu ist allerdings, dass keine neuen Kohlekraftwerke in Betrieb gehen und die vorhandenen nach einer Lebensdauer von 30 bis 45 Jahren, spätestens aber 2050 stillgelegt werden (Öko-Institut, ISI 2014/04: 12).

2) *Wärmemarkt* (inkl. Warmwasser): Die *globale* Wärmeversorgung aus fossilen Energien und damit die THG-Emissionen wachsen bislang ungebremst. Die Erfolge beim Ausbau der EE werden durch das Wachstum des Verbrauchs zum größten Teil kompensiert, so dass der EE-Anteil nur sehr langsam steigt. In der *EU* sieht diese Entwicklung etwas besser aus. Auch wenn der Verbrauch im Wärmesektor weiter wächst, konnten die THG-Emissionen durch das noch schnellere Wachstum der EE gesenkt werden. In Deutschland ist der EE-Anteil im Wärmemarkt mit 2 % (1990) auf 10 % (2013) wesentlich langsamer gestiegen als im Stromsektor. Das lag insbesondere daran, dass es im Wärmemarkt kein dem EEG vergleichbares Instrument gab. Immerhin wurden bereits in den beiden ersten Jahren nach in Kraft treten des EEWärmeG in mindestens der Hälfte aller Neu-

bauten EE eingesetzt (BMU 2012/12: 7). Gelingt es, die Effizienzstrategie (Niedrigstenergiehausstandard) durch ökologische Leitplanken auch im Bestand durchzusetzen, kann eine 100 %-Versorgung mit EE bis 2050 noch gelingen (Kap. 3.5).

3) *Verkehr*: Der *globale* Kraftstoffverbrauch aus fossilen Energien und damit die THG-Emissionen wachsen bislang ungebremst. Die Erfolge beim Ausbau der EE werden durch das Wachstum des Verbrauchs mehr als kompensiert, so dass der EE-Anteil kaum steigt. In der *EU* sieht diese Entwicklung nicht wesentlich besser aus. In *Deutschland* ist der EE-Anteil im Verkehrssektor von 0 % (1990) auf 7 % (2007) gestiegen, seitdem sinkt er wieder. Eine 100 %-Versorgung im Verkehrsbereich wird auch in Zukunft erheblich schwieriger zu bewerkstelligen sein als im Stromsektor. Ziel bleibt aber ein vollständiger Ausstieg aus dem erdölbasierten Verkehr und die vollständige Ausschöpfung der Effizienzpotentiale (Leichtbau, Rückgewinnung der Bremsenergie). Hierzu bieten sich aus heutiger Sicht die folgenden Optionen:

– *Umstellung auf Biokraftstoffe*: Eine vollständige Umstellung auf Biokraftstoffe entspricht nicht den Kriterien der Nachhaltigkeit (relativ schlechte Ökobilanz und mangelndes Potential in Deutschland, Biokraftstoffe aus dem Ausland z. T. sehr schlechte Ökobilanz). Ein höherer Biokraftstoffanteil als 10-15 % scheint in den meisten Ländern unwahrscheinlich.

– *Umstellung auf den Umweltverbund*: Durch die Verteuerung des motorisierten Individualverkehrs und der weiteren Steigerung der Attraktivität des Umweltverbundes (Öffentlicher Nahverkehr, Fahrrad) könnte der Anteil des Umweltverbundes an den gesamten Verkehrsleistungen (insbes. in den Großstädten) weiter steigen. In den kommenden 20 Jahren ist eine vollständige Übernahme des Personenverkehrs aber sehr unwahrscheinlich, danach unsicher.

– Umstellung auf Fahrzeuge mit *Brennstoffzelle*: Die Option Brennstoffzelle plus solarer Wasserstoff ist aus Kostengründen unsicher, aber ab 2030/40 nicht ausgeschlossen.

– *Umstellung auf Elektrofahrzeuge*: Vom Stromverbrauch her stellt die Umstellung auf Elektrofahrzeuge kein Problem dar. Für 10 Mio. Fahrzeuge wären etwa 3 Prozent des Stromverbrauchs von heute notwendig, die insbesondere nachts aus Windkraftanlagen zur Verfügung gestellt werden könnten (AEE 2013/06:17). Die Verkaufszahlen der Plug-in-Hybrid-Fahrzeuge und E-Mobile sind zurzeit aufgrund der hohen Kosten und geringeren Reichweiten sehr gering, eine deutliche Zunahme ist zurzeit nicht in Sicht. Das könnte sich aber durch die jetzt sichtbar werdenden Erfolge in der Batterieentwicklung (Kap. 5.5) innerhalb der nächsten 10 Jahre ändern. So bieten seit 2014 fast alle großen Automobilhersteller alltagstaugliche Plug-in-Hybrid-Fahrzeuge oder Elektrofahrzeuge an. Ohne die Einführung von ökologischen Leitplanken, die die Rahmenbedingungen für den Erwerb von E-Mobilen deutlich verändern, wird der Umbau des Fahrzeugparks in den kommenden 20 Jahren nur langsam erfolgen. Aus heutiger Sicht bietet die Elektromobilität aber die größten Potentiale. Noch schwieriger stellt sich der *Güterverkehr* dar, der zum allergrößten Teil über die besonders belastenden Lkw erfolgt. Über die bekannten Effizienzsteigerungen hinaus kann hier nur eine Substitutionsstrategie von der Straße auf die Schiene, mit Ausbau von Güterverteilzentren mit Klein-Lkw für die Feinverteilung eine erfolgreiche Perspektive bieten.

4) *Sonstige Sektoren*: Weitere wichtige Sektoren, die energiebedingte und nicht-energetisch bedingte THG emittieren (im Buch aber weniger im Mittelpunkt stehend), sind:

- *Prozessbedingte Industrieemissionen*: Hier können die Power-to-Gas-Strategie und die CCS-Technologie fossile Energieträger substituieren bzw. die THG-Emissionen senken (Öko-Institut, ISI 2014/04: 13).

- *Emissionen der Landwirtschaft und LULUCF*: Die THG-Emissionen (inkl. der nicht-energiebedingten) der Landwirtschaft betragen in Deutschland immerhin 67 Mio. t $CO_2$-Äquivalente pro Jahr. In diesem Sektor ist eine 80-95 %-Reduzierung der THG besonders schwierig. Als langfristige Ansatzpunkte werden genannt: abnehmende Tierhaltung, Verminderung der Emissionen aus Böden, Reduzierung des Stickstoff-Mineraldüngereinsatzes und damit der Lachgasemissionen (Öko-Institut, ISI 2014/04: 23). Der *LULUCF-Sektor* (Landnutzung, Landnutzungsänderung und Forstwirtschaft) könnte durch eine gezielte Änderung der Bodenpolitik (Verminderung der Umwandlung von Brach- und Grünland in Siedlungsfläche und Ackerland, Wiederherstellung von Feuchtgebieten usw.) eine Senkenfunktion erhalten (durch die $CO_2$-Emissionen gebunden werden (Öko-Institut, ISI 2014/04: 24).

## 6.5 Zusammenfassung

Eine zusammenfassende *Bewertung* der EE kommt zu dem Ergebnis, dass sie nicht nur das Potential haben, die Menschheit mit angemessenen Energiedienstleistungen zu versorgen, sondern darüber hinaus eine Reihe von wesentlichen Vorteilen gegenüber den atomaren und fossilen Energien aufweisen. So können die wirtschaftspolitische Abhängigkeit von fossilen und atomaren Energieträgern vieler Länder und ein Teil der Ursachen für gewaltsame internationale Konflikte beendet werden. Da die EE – effizient eingesetzt – kaum natürliche Ressourcen verbrauchen und über ihren gesamten Lebenszyklus relativ wenig Schadstoffe oder Klimagase freisetzen, sind sie die einzigen Energietechniken, die den ökologischen Management-regeln der Nachhaltigkeit nahe kommen. Wenn die EE-Techniken künftig aus Sekundärmaterialien oder erneuerbaren Materialien und mit Hilfe von EE gefertigt werden, könnten sie alle Managementregeln einhalten und damit als nachhaltige Produkte angesehen werden. Dementsprechend muss im Zuge einer nachhaltigen Energiepolitik parallel zur maximalen Steigerung der Energieeffizienz die Nutzung der EE bis 2050 allmählich zur 100 %-Versorgung ausgebaut werden. Den größten Anteil werden hierbei die Wind- und Sonnenenergie übernehmen. Nur in Ländern mit besonderen geographischen Merkmalen werden die Wasserkraft und die Geothermie diese Rolle einnehmen.

# 7. Zwischenfazit Abschnitt II

Als Ergebnis dieses Abschnitts halten wir fest, dass die Hauptprobleme der Energiewende zur 100 %-Versorgung nicht die fehlenden Techniken darstellen. Vielmehr befinden sich die Haupthemmnisse auf der Akteursebene, die wir im Weiteren erläutern wollen.

*Basisliteratur und Internet*

Agentur für Erneuerbare Energien (AEE): http://www.unendlich-viel-energie.de/

Rogall, H. (2012): Nachhaltige Ökonomie, 2. überarbeitete und stark erweiterte Auflage, Marburg.

# ABSCHNITT III:

# DIREKTE AKTEURE

Im vorangegangenen Abschnitt II haben wir die wirtschaftlich-technischen Bedingungen einer 100 %-Versorgung mit EE kennen gelernt. Hierbei haben wir gesehen, dass die EE das Potential haben, bis 2050 eine sichere Versorgung der Industrie- und Schwellenländer zu ermöglichen, wenn die Effizienzpotentiale ausgeschöpft, die EE konsequent ausgebaut und eine ausreichende Infrastruktur errichtet werden. Hierzu sind erhebliche Investitionen notwendig und neue Rahmenbedingungen mittels ökologischer Leitplanken erforderlich.

In dem folgenden Abschnitt III geht es um die Frage, welche Chancen die direkten Akteure haben, die Rahmenbedingungen ausreichend zu verändern, und welche Hemmnisse hierbei auftreten.

# 8. Leitplanken für die Energiewende[1]

## 8.1 Ursachen des Marktversagens

In den 1970er Jahren, als die traditionelle Ökonomie die Übernutzung der natürlichen Ressourcen nicht erklären konnte, entstand zunächst die *Neoklassische Umweltökonomie*, in den 1980er Jahren die *Ökologische Ökonomie* und seit Ende der 1990er Jahre die *Nachhaltige Ökonomie* (s. Kap. 2.1). Diese Schulen zeigen, warum Marktprozesse bei der Nutzung natürlicher Ressourcen zu Fehlallokationen führen müssen.

*Grenzen des nachhaltigen Konsumentenverhaltens*

Viele Umweltpolitiker und -wissenschaftler hoffen, dass alle Wirtschaftsakteure durch *Aufklärung und Bewusstseinsbildung* erkennen, dass die Übernutzung der Natur die Lebensgrundlagen von Milliarden Menschen und anderen Lebewesen zerstören wird und sie sich deshalb z. B. in ihrem Energieverbrauch deutlich einschränken. Heute wissen wir aber, dass das *Konsumentenverhalten durch eine Reihe von Faktoren bestimmt wird*, die dafür sorgen, dass Menschen sich nur bedingt von sich aus nachhaltig verhalten können: (1) ökonomische Faktoren (Einkommen, Preise, Zinsen), (2) sozial-kulturelle Einflüsse (Schichtzugehörigkeit, Image der Produkte), (3) psychologische Faktoren (Erwartungen, Unterbewusstsein, Gene), (4) idealistische Ziele.

Aus der Umweltökonomie wissen wir, dass die *sozial-ökonomischen Faktoren* (z. B. die Externalisierung von Kosten) dafür sorgen, dass es für den einzelnen Menschen schlicht nicht rational ist, sich nachhaltig zu verhalten (z. B. weil umweltfreundliche Produkte teurer sind oder Nutzenverzicht bedeuten). Wenn z. B. eine Öl-/Gas-Heizung Wärme betriebswirtschaftlich preiswerter zur Verfügung stellt als EE (da die Folgekosten der Klimaerwärmung nicht im Ölpreis enthalten sind), werden die meisten Menschen die klimaschädliche Heizungsart wählen. Diesen sozial-ökonomischen Faktoren kann sich kaum jemand vollständig entziehen. In der Konsequenz führt das regelmäßig zu einem Marktversagen.

---

[1] Dieses Kapitel basiert auf der Veröffentlichung Rogall 2012, Kap. 7.

*Sozial-ökonomische Faktoren:* Das wirtschaftliche Verhalten von Menschen wird stark von sozial-ökonomischen Faktoren wie den Preisen und dem Image von Gütern beeinflusst. Durch sie lässt sich erklären, warum Menschen die natürlichen Ressourcen (ihre Lebensgrundlagen) systematisch übernutzen und damit zerstören. Zu den wichtigsten Faktoren gehören:

(1) *Externalisierung sozial-ökologischer Kosten* (Überwälzung von Kosten und Nutzen ohne Bezahlung): Wenn Menschen wirtschaften, kann sich dies positiv oder negativ auf die Gesellschaft auswirken. Bei *negativen externen Effekten* entstehen Kosten, für die nicht der Verursacher, sondern andere Gesellschaftsmitglieder aufkommen müssen (z. B. Emission von Treibhausgasen). Wenn diese Kosten nicht im Produktpreis enthalten sind, werden die Güter unter den (volkswirtschaftlichen) Kosten verkauft. Die zwingende ökonomische Folge sind eine Übernachfrage und somit Fehlallokation (z. B. ineffiziente Verwendung der Ressourcen).

(2) *Öffentliche Güterproblematik*: Ö.G. sind Güter, bei denen Nichtrivalität vorliegt und das Ausschlussprinzip nicht angewendet werden kann. Aufgrund dieser Merkmale ist die Erhebung einer Zahlung für die Nutzung weder sinnvoll (da sie unbegrenzt vorhanden sind) noch möglich. Viele Ökonomen sehen die natürlichen Ressourcen als öffentliche Güter an, obgleich ihre Knappheit (Nutzenrivalität) spätestens seit den 1970er Jahren nicht mehr zu leugnen ist. Güter, die keinen oder einen zu geringen Preis haben, werden jedoch zu stark nachgefragt. Eine nicht effiziente Nutzung und Übernutzung (d.h. Fehlallokation) ist die ökonomisch zwingende Folge. Damit die natürlichen Ressourcen effizient und dauerhaft genutzt werden können, müssen sie als meritorische Güter behandelt werden (für deren Sicherstellung der Staat zu sorgen hat).

(3) *Sonstige sozial-ökonomische Faktoren:*

a) *Gefangenendilemma in der Umweltökonomie*: Das G. zeigt, warum Menschen sich oft nicht nachhaltig (umweltgerecht) verhalten. Auf die Nutzung eines Gutes zu verzichten, dessen Umweltkosten externalisiert werden, ist nicht zweckrational (z. B. auf eine Flugreise oder den Kauf eines energieineffizienten Fahrzeugs zu verzichten). Der Wirtschaftsakteur wird oftmals nicht auf seine umweltschädliche Handlung verzichten, weil er ansonsten eine Einbuße seiner Lebensqualität oder Wettbewerbsnachteile befürchtet. Zudem kann er nicht sicher sein, dass sein Verzicht zu einer Umweltverbesserung führt, da zu befürchten ist, dass alle anderen Akteure sich weiter umweltschädlich verhalten (der Verzicht auf die eigene Flugreise bewirkt nichts). Gesamtwirtschaftlich führt dieses Verhalten zu einer Fehlallokation (Übernutzung). In der Politik äußert sich das Gefangenendilemma zu der Empfindung, dass ein Land oder eine Stadt allein nichts gegen z. B. die Klimaveränderung ausrichten kann, sodass sie ihre politischen Potentiale nicht ausschöpfen. Die Politik ordnet sich der vermeintlichen Sorge vor Wettbewerbsverschlechterung unter (z. B. Verlagerung von Unternehmen). Statt eines Innovationswettlaufs um die effizientesten Maßnahmen obsiegt die Symbolpolitik.

b) *Diskontierung*: Unter D. wird eine Methode der neoklassischen Ökonomie verstanden, mit der ein in der Zukunft auftretender Schaden in der Gegenwart bewertet bzw. errechnet werden soll. Empirisch lässt sich nachweisen, dass Menschen künftige Kosten/Schäden abzinsen (abwerten). So bewerten Menschen Schäden und Nutzen der Zukunft kleiner, als sie tatsächlich sind. Diese Verhaltensweise erklärt (ökonomisch), warum Menschen gegen gravierende Umweltgefahren (z. B. Klimaveränderungen) nur unzureichende Maßnahmen ergreifen.

*Meritorische Güter:* M.G. sind Güter, die der Nutzenrivalität, aber oft nicht dem Ausschlussprinzip unterliegen, und deren ausreichende Ausstattung einen positiven Effekt für die Gesellschaft hat, die Wirtschaftsakteure aber nicht die hierfür notwendigen Geldmittel aufwenden. Damit tritt ein Marktversagen auf. Daher muss der Staat (die Politik) mittels Gesetzen und Abgaben für ihre Sicherung (ausreichende Ausstattung) sorgen. Bekannte Beispiele sind Infrastruktureinrichtungen (z. B. Bildungseinrichtungen), soziale Sicherungs-, Arbeits-, Verkehrssysteme und innere Sicherheit sowie Verteidigung, und natürliche Ressourcen (von einigen auch als Gemeingüter bezeichnet). In diesen Fällen muss der Gesetzgeber zu allgemeinverbindlichen Regelungen kommen (Abgaben und gesetzliche Pflichten z. B. Gurtanschnallpflicht im Pkw). Der Begriff stammt ursprünglich von Musgrave (1975: 76, s.a. Rogall 2012: 69).

*Marktversagen*: M. ist ein ökonomischer Begriff, der den Umstand beschreibt, dass aufgrund diverser Ursachen nicht alle gesellschaftlichen Ziele durch Marktprozesse erreicht werden können (Fehlallokation). Marktversagen liegt also vor, wenn der Marktmechanismus nicht zu den wirtschaftspolitisch gewünschten Ergebnissen führt.

*Marktversagen, Formen:* Ohne sozial-ökologische Leitplanken führen Marktwirtschaften immer zum Marktversagens z.B. (1) Übernutzung und Verbrauch der natürlichen Ressourcen, (2) Wirtschaftskrisen, Arbeitslosigkeit, (3) instabile Preise und Finanzmärkte, (4) unzureichende Finanzierung meritorischer Güter und excessive Nutzung demeritorischer Güter, (5) Fehlentwicklungen in Wirtschaft (Korruption, Machtkonzentration, Missachtung der Arbeitnehmerrechte), (6) ungleiche Einkommens- und Vermögensverteilung, Armut, (7) fehlender Wettbewerb, wirtschaftliche Machtkonzentration, (8) Leistungsbilanzungleichgewichte (Rogall 2013: 151).

*Bewertung*: Da die sozial-ökonomischen Faktoren bei fast allen Kaufentscheidungen eine Rolle spielen, muss man hier nicht mehr vom Marktversagen als Ausnahme, sondern als Regelfall ausgehen. Daher handelt es sich hier auch um ein Theorieversagen, denn der Markt ist eben kein verlässliches Instrument einer optimalen Allokation für bestimmte Güter (Balderjahn 2013: 35), z. B. natürliche Ressourcen. Daraus folgt, dass es ohne ökologische Leitplanken zu keiner Nachhaltigen Entwicklung (hier: nachhaltigen Energiepolitik) kommen kann (Grunwald 2010).

*Abbildung 9: Warum der homo cooperativus Leitplanken benötigt*

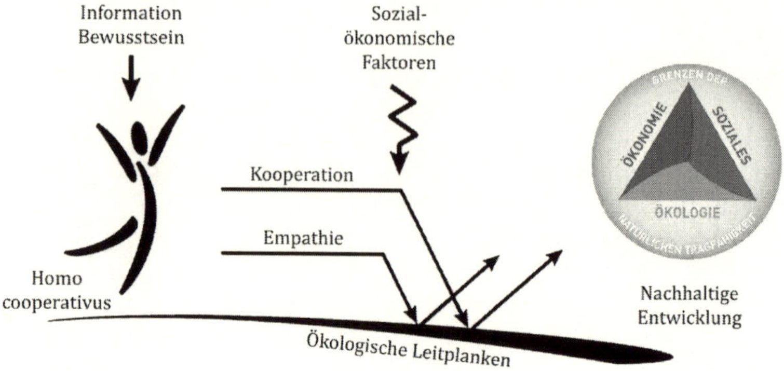

Quelle: Eigene Erstellung Rogall, Treschau, Niemeyer 2008/2014.

## Umweltbewusstsein – Verhalten

Die Erkenntnisse der Umweltökonomie wurden in den 1990er Jahren durch zwei große Untersuchungen empirisch bestätigt. Die Ergebnisse zeigten, dass sich hohes *Umweltbewusstsein* und *umweltschädliches Verhalten* keinesfalls ausschließen. Überspitzt formuliert könnte man die Forschungsergebnisse sogar wie folgt zusammenfassen: Je umweltbewusster sich jemand fühlt, umso schlechter fällt tendenziell seine persönliche Umweltbilanz aus. Dieses Ergebnis mag zunächst erstaunen, ist aber relativ einfach zu erklären: Die Umweltbewussten verfügen im Durchschnitt über eine wesentlich höhere Ausbildung als die weniger Umweltbewussten, hierdurch verfügen sie in der Regel über besser bezahlte Berufe. Ihr höheres Einkommen führt zu größeren Wohnungen und Pkws sowie längeren und häufigeren Flugreisen. Dies kompensiert meist ihre Bemühungen, sich umweltfreundlicher zu verhalten (Kulke 1993; Bodenstein u.a. 1998). Innerhalb der Gruppe der gehobenen Einkommensbezieher weisen die „Umweltbewussten" allerdings eine bessere Umweltbilanz auf.

Die Ergebnisse dieser Untersuchungen werden untermauert, wenn man die *Besorgnis der Bevölkerung vor den Umweltgefahren ihren Verhaltensweisen* gegenüberstellt. Zum Umweltbewusstsein in Deutschland führt das BMU alle zwei Jahre eine repräsentative Meinungsbefragung durch. Hierbei wird der

## 7. Leitplanken für die Energiewende

Klimaschutz von der deutschen Bevölkerung seit vielen Jahren als ein besonders wichtiges Thema angesehen. Leider wurden in der Untersuchung für das Umweltbewusstsein 2010 und 2012 viele Fragestellungen verändert (BMU 2010/11 und BMU, UBA 2013/01), so dass die Daten weniger aussagekräftig sind und teilweise nicht verglichen werden können, über die Zeit können aber folgende Ergebnisse festgestellt werden:

- 98 % beurteilen Klimaschutz bzw. die Reduktion von klimaschädlichen Gasen als eher wichtig oder sehr wichtig (BMU 2006/11).

- 85-87 % stimmen der Aussage „wir brauchen einen konsequenten Umstieg auf EE" (voll und ganz oder eher) zu (BMU 2006/11: 27; BMU 2008/12: 30).

- 62-76 % befürchten eine *Umweltkatastrophe* „wenn wir so weitermachen wie bisher" (BMU 2006/11: 17; BMU 2008/12: 15).

- 57 % glauben, dass „die Gefahr von *Kriegen um Rohstoffe* (Öl, Metalle)" zunimmt, nur 4 % nahmen an, dass sie abnimmt (BMU 2008/11: 16), BMU, UBA 2010/11: 30)

- 56-77 % äußern „Besorgnis um die nächste Generation" (BMU 2006/11: 17; BMU; UBA 2010/11: 29).

- 64 % sehen die *Existenz* (!) der Menschheit bedroht (BMU 2008/12: 25).

Die Bevölkerung ist also alarmiert. *Gleichzeitig* aber:

- bezogen 2008 nur *3* % (BMU 2008/12: 30), 2012 20 % der deutschen Haushalte Strom aus EE (BMU, UBA 2013/01: 43).

- sind nur 8 % (2010) der Deutschen bereit, bis zu 20 % mehr für klimaverträgliche Produkte zu zahlen, *2* % (!) bis zu 30 %. Eine relative Mehrheit von *49* % ist überhaupt nicht bereit, einen Aufpreis zu zahlen (BMU 2010/11: 39). Auch flogen 2010 24 Mio. Menschen innerhalb Deutschlands (Finkenzeller 2011/03: 34).

Als *Hauptverursacher* sahen die Befragten 2008 die Industrie an durch ihre umweltbelastende Produktionsweise (92 % sehr oder eher stark), den Flugverkehr (83 %), die Energieversorger (81 %), die Autoindustrie (75 %) und den Staat aufgrund unzureichender Gesetze (67 %, BMU 2008/12: 34). Das Potential *für einen eigenen Beitrag* wird hingegen niedriger eingeschätzt („indem weniger geflogen wird": 61 %, indem Autofahrer weniger und langsamer fahren: 58 %, BMU 2010/11: 21).

*Grenzen des nachhaltigen Unternehmensverhaltens*

Auch die Mehrzahl der *Unternehmen* hat bislang keine nachhaltige Energie- und Klimaschutzpolitik betrieben. Zwar haben einzelne Unternehmen – z. B. im Rahmen von Öko-Audits – beispielgebende Verbesserungen in ihren Produktionsmethoden durchgeführt, insbesondere dort, wo sich die Investitionen kurzzeitig amortisieren. Auf Grund der falschen Rahmenbedingungen entwickeln sie aber nur selten wirklich nachhaltige Produkte. So produziert z. B. kaum ein Automobilkonzern ein 2-Liter-Auto und wirbt mit ganzer Kraft für ein gesellschaftliches Mobilitätsumdenken. Unter anderem deshalb haben Fahrzeuge mit über 100 PS immer noch ein größeres Prestige als 2-Liter-Leichtbau-Fahrzeuge. Viele haben darüber hinaus Umweltschutzmaßnahmen nur in einem Umfang durchgeführt, dass sie als Beispiel eine Kunden manipulierende „Umwelt-PR", nicht aber eine vollständige Umstellung der Energieversorgung auf EE vorgenommen haben. Nachhaltigkeit von Produkten und Produktionsprozessen muss sich durch die gesamte Wertschöpfungskette (inkl. aller Vorprodukte) eines Unternehmens ziehen. Hier haben es gemeinnützige Genossenschaften, Stiftungen, Stadtwerke und zum Teil Personengesellschaften (z. B. Familienunternehmen) natürlich leichter als Kapitalgesellschaften. Gemeinnützige Genossenschaften, Stiftungen und Stadtwerke orientieren sich eher am Kostendeckungsprinzip (mit angemessenem Gewinn) und der Förderung ihrer Mitglieder bzw. der kommunalen Daseinsvorsorge sowie zum Teil an Zielen des Gemeinwohls. Personengesellschaften sind keinem Druck ihrer Eigentümer ausgesetzt und können neben betriebswirtschaftlichen Zielen auch Nachhaltigkeitsgesichtspunkte verfolgen. Bei Kapitalgesellschaften ist das shareholder-value-Prinzip im Zentrum der Unternehmensziele, von vielen immer noch mit Gewinnmaximierung gleichgesetzt. Nur dort, wo die Vorstände nachweisen können, dass eine nachhaltige Orientierung auch den Gewinnen nutzt, sind Maßnahmen in Richtung Nachhaltigkeit möglich. Dieses Verhalten der meisten Unternehmen spiegelt sich in einem negativen Image bei der Bevölkerung wider: Fast alle Bürger halten die umweltbelastenden Produktionsweisen der Industrie und die Energieversorger mit ihren Kraftwerken für die Verursacher von Umweltverschmutzung (s. oben). 83 % beurteilen das Klima-Engagement der Industrie als eher nicht genug oder nicht genug (BMU 2008/12: 28). *Thomas Loew* kommt daher zu dem Schluss:

> „Unternehmen (können) allein aufgrund derartiger normativer Forderungen allenfalls in geringfügigem Umfang aktiv werden. Unternehmen können nur dann umfassende Lösungsbeiträge leisten, wenn die Märkte oder Gesetzgeber sie dazu zwingen oder wenn sie Möglichkeiten identifiziert haben, mit Lösungsbeiträgen Wettbewerbsvorteile für sich zu realisieren." (Loew 2013).

## 7. Leitplanken für die Energiewende

*Zwischenfazit – Forderungen der Bevölkerung*

Aus diesen Untersuchungen zieht die Nachhaltige Ökonomie den Schluss, dass eine nachhaltige Energiepolitik nur durch ökologische Leitplanken (politisch-rechtliche Instrumente) durchgesetzt werden kann (Deutscher Bundestag 2013/05: 160, Sondervotum). Konsumenten können einen Beitrag leisten, und tun das zum Teil auch, eine 100 %-Versorgung mit EE ist aber von ihnen auf lange Zeit nicht zu erwarten. *Armin Grunwald* bringt diese Erkenntnis auf den Punkt: „Der Nachhaltigkeit droht eine Abschiebung in den Bereich des privaten Handelns. Dies wäre jedoch ihr Ende." (Grunwald 2010: 178). Er fordert vielmehr „eine Politisierung der Nachhaltigkeit, im Sinne des politischen Engagements der Bürger (...)" (Grunwald 2011: 18). Diese Erkenntnisse teilt, wie die Ergebnisse aus den Befragungen des BMU zeigen, eine sehr große Mehrheit der Bevölkerung:

– Eine sehr große Mehrheit (82 %) stimmt der Aussage zu: „Die Politik müsste viel stärkeren Druck auf die Wirtschaft ausüben, um eine klimaverträgliche Produktionsweise zu erreichen, auch wenn dadurch die Wirtschaft in einzelnen Bereichen belastet wird." (BMU 2008/12: 30).

– 58 % glauben nicht, dass die Bundesregierung genug im Klimaschutz tut (BMU 2000/06: 31).

– 47 % (2002) bis 67 % (2006) fordern, dass Deutschland im Klimaschutz voran gehen sollte (BMU 2002/06: 50; BMU 2006/11: 25).

*Bewertung*: Aus diesen empirischen Daten ziehen wir den Schluss, dass sich die Mehrheit Maßnahmen für eine Transformation zu einer 100 %-Versorgung mit EE wünscht, die für alle Wirtschaftsakteure gelten, weil sie bei individuellen Maßnahmen nicht sicher sein können, dass sich die Mehrheit gleichermaßen zukunftsfähig verhält. Damit nimmt sie eine Position ein, wie sie die Umweltökonomie und Nachhaltige Ökonomie theoretisch erklärt. Die richtige Konsequenz aus den o.g. Untersuchungen ist also nicht, dass die ökologisch bewussten Menschen als Heuchler anzusehen sind, sondern zu erkennen, dass eine Strategie, die allein auf das Bewusstsein der Menschen setzt, zu kurz greift, da die Mehrheit hierdurch überfordert wird. Auf Grund dieser Erkenntnisse zieht die Nachhaltige Ökonomie die Konsequenz, dass es einer schrittweisen Umgestaltung der Rahmenbedingungen für Produzenten und Konsumenten bedarf, so dass für die Transformation der Energiewirtschaft zu einer 100 %-Versorgung mit EE die richtigen Anreize gesetzt werden.

## 8.2 Überblick über die Instrumente, Kriterien

Um dem Leser einen Überblick über die Instrumente für eine nachhaltige Energiepolitik zu geben, haben wir die vorhandenen Instrumente modellhaft in drei Kategorien gegliedert. Viele dieser Instrumente sind Mischungen aus den Kategorien, da der Gesetzgeber zunehmend Ordnungsrecht durch umweltökonomische Komponenten flexibilisiert. Wir bleiben aber aus didaktischen Gründen bei der traditionellen Kategorisierung.

*Abbildung 10: Energiepolitische Instrumente – Überblick*

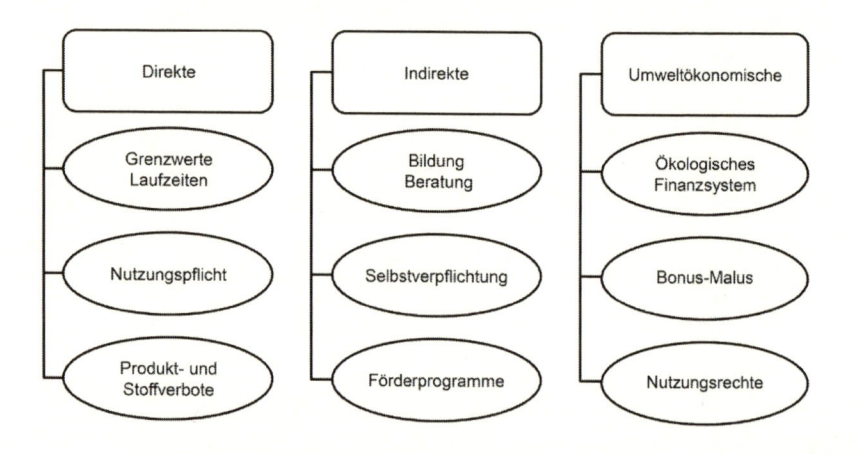

| Direkte | Indirekte | Umweltökonomische |
|---|---|---|
| Grenzwerte Laufzeiten | Bildung Beratung | Ökologisches Finanzsystem |
| Nutzungspflicht | Selbstverpflichtung | Bonus-Malus |
| Produkt- und Stoffverbote | Förderprogramme | Nutzungsrechte |

Quelle: Eigene Erstellung Rogall, Engelhardt 2014

Im Weiteren werden ausgewählte Instrumente bewertet. Hierzu wurden verschiedene Kriterienkataloge entwickelt (Wicke 1993; Endres 1994: 100; Bartmann 1996: 117). Wir gliedern die Instrumente modellhaft in Kategorien und verwenden die *Kriterien* im Kasten.

*Kriterien zur Bewertung von Umweltschutzinstrumenten*

(1) *EU-Konformität* (für EU-Mitgliedsstaaten notwendige Bedingung)
(2) *Ökologische Wirksamkeit* (Bewertung, ob durch den Einsatz dieses Instruments das Umweltqualitätsziel erreicht wird)
(3) *Ökonomische Effizienz* (Prüfung, ob das umweltpolitische Ziel mit volkswirtschaftlichem Nutzen bzw. mit möglichst geringen volkswirtschaftlichen Kosten erreicht wird)
(4) *Dynamische Anreizwirkungen* (Bewertung, ob das Instrument in der Lage ist, Anreize dafür zu liefern, dass die Verursacher von Umweltbelastungen sich nicht nur bis zum heutigen Stand der Technik, sondern fortlaufend um eine Verbesserung der Umweltsituation und des Ressourcenverbrauches bemühen)
(5) *Praktikabilität, Flexibilität und Akzeptanz* (Praktikabilität heißt Administrierbarkeit der Instrumente, Flexibilität meint die relativ schnelle Anpassungsmöglichkeit an neue Entwicklungen, die Akzeptanz bezieht sich auf die Mehrheit der Bevölkerung).

## 8.3 Direkt wirkende Instrumente

Direkt wirkende Instrumente greifen direkt in das Verhalten der Akteure ein (z. B. erzwingen sie die Einhaltung von Schadstoffemissionsgrenzwerten). Durch ihre Einführung (z. B. im Bundes-Immissionsschutzgesetz und den dazugehörigen Verordnungen) entstand die moderne Umweltschutzindustrie, die eine große Anzahl nachsorgender Techniken (z. B. Filteranlagen, Katalysatoren) entwickelte und zu einem Umweltschutzsektor führte.

*Instrumente, direkt wirkende:* Unter d. I. werden politisch-rechtliche Instrumente verstanden, die mittels ordnungsrechtlicher Pflichten (Ge- und Verbote) direkt das Verhalten der Akteure verändern (z. B. die Einhaltung von bestimmten Schadstoffemissionsgrenzwerten beim Betrieb von Anlagen). Sie beruhen auf dem *Verursacher- und Vorsorgeprinzip*. In der Diskussion um das wirkungsvollste Instrumentarium für eine Nachhaltige Entwicklung wurde oft davon ausgegangen, dass diese *ordnungsrechtlichen Maßnahmen* zu reaktiv sind und tendenziell den „Stand der Technik" festschreiben, da sie nur auf festgestellte Gefahren reagieren, statt vorsorgend neue Techniken zu initiieren. Diese Ausrichtung der direkten Instrumente kann sich aber ändern, wenn es gelingt, sie durch in die Zukunft reichende Stufenkonzepte zu Gunsten der *Verstärkung des Vorsorgeprinzips* weiter zu entwickeln. Sie können auch mit umweltökonomischen Instrumenten kombiniert werden.

## III. Direkte Akteure

*Erstens: Grenzwerte, Laufzeiten*

Umweltorientierte Grenzwerte und Qualitätsstandards (inkl. Höchstverbrauch, Mindestnormen usw.) dienen insbesondere der Ressourceneffizienzsteigerung von Produkten, Anlagen und Gebäuden. Hierdurch soll sichergestellt werden, dass bei konstantem oder steigendem Output der Ressourcen- und Energieverbrauch trotzdem absolut immer weiter sinkt. In Europa existieren faktisch für alle bewohnten Gebäude sowie zahlreiche Anlagen und Produkte derartige ökologische Leitplanken. Beispiele sind:

(1) *Grenzwerte für Gebäude, Anlagen und Produkte*: So bestimmen die EU-Richtlinie *RL 2010/31/EU* und die deutsche Energieeinsparverordnung (EnEV), wie viel Wärmeenergie ein neues *Gebäude* verbrauchen darf (Kap. 3.4). Das Bundes-Immissionsschutzgesetz (BImSchG) mit den dazugehörigen Verordnungen legt fest, wie hoch die Emissionen von Feuerungsanlagen und Kraftfahrzeugen sein dürfen. Das Energieverbrauchsrelevante-Produkte-Gesetz (EVPG) legt auf der Grundlage der ErP-Richtlinie (sog. Ökodesign-Richtlinie 2009/125/EG, geändert durch 2012/27/EU) die Höhe des Energieverbrauchs energiebetriebener Geräte fest (z. B. der Stand-by-Verbrauch von TV und PC). Möglich wäre die Einführung von Obergrenzen für den spezifischen $CO_2$-Ausstoß ($CO_2$-Grenzwerte) jedes Kraftwerks (Leprich 2013/11: 37) oder die Einführung von Mindestwirkungsgraden.

(2) *Restlaufzeiten (oder Maximallaufzeiten)*: Möglich wäre die Einführung von Gesamt- oder Restemissionsmengen für Kraftwerke. Alternativ könnten Flexibilisierungsanforderungen an Kraftwerke festgelegt werden (DIW 2014/26: 603; s.a. Kap 3.1).

*Bewertung*: Obwohl die genannten Instrumente bei der Bewertung positiv abschneiden, wird das Potential bislang nur zu einem Teil ausgeschöpft. Die Argumente für diese zögerliche Politik erstaunen angesichts der prognostizierten Klimafolgekosten. Der Bestandsschutz für alte Kraftwerke wurde in der Vergangenheit abgeschafft, warum soll das bei alten Bauwerken anders sein? Das Argument, bei einer gesetzlichen Verpflichtung könnten Wärmeschutzmaßnahmen nicht mehr gefördert werden, ist ein Scheinargument, da eine Verpflichtung zur Einhaltung der EnEV 2009 oder 2014 für alle Bestandsbauten ab dem Jahr 2025 in der EnEV eingeführt und anschließend die Einhaltung des Niedrigenergiehausstandards besonders hoch gefördert werden könnten. Wir gehen davon aus, dass mit der Einführung weiterer Energiehöchstverbräuche oder $CO_2$-Emissionen zu rechnen ist. Besonders wichtig wären derartige Standards für bestehende Gebäude, Energieerzeugungssysteme, Haushaltsgeräte und Kraftfahrzeuge. Sinnvollerweise wären diese Höchstverbräuche in Form von Stufenplänen dynamisch zu gestalten.

## 7. Leitplanken für die Energiewende

*Zweitens: Nutzungspflichten*

Nutzungspflichten für bestimmte Techniken bieten sich immer an, wenn diese Techniken einen namhaften Beitrag zur Umweltentlastung leisten, sich aber auf dem Markt nicht in einer akzeptablen Zeit durchsetzen und der Einsatz umweltökonomischer Instrumente nicht sinnvoll erscheint (z. B. auf Grund mangelnder Akzeptanz). Ein sinnvoller Einsatz dieses Instruments ist die Einführung von Nutzungspflichten für EE im Wohnungssektor als Standardtechnik. Hierbei werden die Bauherrn bzw. Eigentümer verpflichtet, im Zuge von Wohnungsneubauten oder eines Heizungsaustausches einen festgelegten Prozentsatz des Wärmebedarfs (Brauchwasser- und Raumerwärmung) durch EE zu decken. Derartige Regelungen können statt Nutzungspflichten auch Vorrangregelungen (oder Baupflichten) genannt werden. Ein erster Regelungsansatz dieser Art fand sich im Berliner Energiespargesetz von 1995, das die Landesregierung zum Erlass einer *Solaranlagenverordnung* mit einer Baupflicht für thermische Solaranlagen für alle Neubauten ermächtigte (Abgeordnetenhaus 1995 Drs. 1995/03 und 1995/09). Dieses Instrument wurde zwar nicht in Berlin, aber von Barcelona und dann von der spanischen, anschließend portugiesischen Nationalregierung aufgegriffen und eingeführt (Rogall 2003/09). Im Sommer 2008 verabschiedete dann der Bund das Erneuerbare-Energien-Wärmegesetz (EEWärmeG), welches eine anteilige Nutzungspflicht für EE für Neubauten einführte (ab 2009). Da neue Fernwärmenetze relativ kostenaufwändig sind, wird den Kommunen geraten, überall, wo landesrechtlich möglich und baulich sinnvoll, von dem Instrument des *Anschluss- und Benutzungszwangs* Gebrauch zu machen, wo ihnen die Landesgesetze die Kompetenz hierzu einräumen (Kap. 3.4 und 14).

*Bewertung:* Dieses Instrument schneidet bei der Bewertung seiner Art nach grundsätzlich positiv ab, das EEWärmeG schöpft aber das Potential nicht aus. Die EE-Nutzungspflicht ist relativ schwach ausgestaltet, da es möglich ist, sie ersatzweise durch einfachen Anschluss an (fossil betriebene) Fernwärmenetze oder durch vergleichsweise geringfügige Unterschreitung der baulichen Wärmeschutzstandards zu erfüllen (BMU 2008/07). So wurden in den ersten beiden Jahren nach in Kraft treten des Gesetzes nur in etwa 50 % aller Neubauten EE zur Wärmeversorgung eingesetzt (in 27 % aller Bauten Wärmepumpen, in 20 % Solarthermie-Anlagen, in 5-7 % Biomasse-Anlagen; BMU 2012/12: 7). Daher sollte das Gesetz novelliert werden mit dem Ziel, die Nutzungspflicht auch für alle Hauseigentümer wirksam werden zu lassen, deren Heizungsanlagen älter als 12 Jahre sind oder ausgetauscht werden. Weiterhin sollte die EE-Einsatzquote stufenweise erhöht werden. Der Verzicht auf EE sollte bei Fernwärmebezug nur zulässig sein, wenn die KWK-Anlagen festgelegte Quoten von Biogas oder Wasserstoff/Methan nachweisen können.

## Drittens: Produkt- und Stoffverbote

Einsatz- bzw. Verkaufsverbote bezogen sich lange Zeit nur auf Stoffe, die die menschliche Gesundheit stark belasten. Seit der Einführung des FCKW-Verbots wuchs aber die Erkenntnis, dass der Einsatz aller Stoffe, die die Umwelt unverhältnismäßig belasten, durch wirksame Instrumente auf ein vertretbares Maß reduziert werden muss. Für unser Buch sind Einsatz-/Verkaufsverbote von energieineffizienten Produkten besonders relevant. Auf der Grundlage der Ökodesign-Richtlinie treten zunehmend mehr Mindesteffizienzstandards und Produktverbote in Kraft (z. B. Glühbirnen, Staubsauger usw.).

*Bewertung*: Dieses Instrument schneidet bei der Bewertung positiv ab, mit weiteren Produktverboten ist innerhalb der nächsten 20 Jahre zu rechnen. Hinsichtlich der Zumutbarkeit gibt es meist nur dort Probleme, wo keine geeigneten Substitute vorhanden sind. Fast immer sind jedoch geeignete Ersatzprodukte verfügbar, und die höheren Kosten wirken sich in der Regel nur geringfügig auf die Endprodukte aus (oder die Investitionskosten werden durch geringere Verbrauchskosten aufgewogen).

## Bewertung der direkt wirkenden Instrumente

Die Kategorie der direkt wirkenden Instrumente weist eine Reihe von Vor- und Nachteilen auf, die im Weiteren *bewertet* werden sollen. Zu den *Vorteilen* gehören:

– *Hohe ökologische Wirksamkeit:* Eine hohe Reaktionssicherheit und schnelle Wirksamkeit sind (in der Theorie) gewährleistet. Anders als bei den indirekten Instrumenten oder den umweltökonomischen Instrumenten ist die Reaktion der Umweltakteure (Produzenten und Konsumenten) aufgrund der gesetzlichen Festlegung sicher (solange ein Mindestmaß an Kontrolle sichergestellt ist).

– *Hohe Praktikabilität und bedingte Akzeptanz:* Die Einhaltung von Ge- und Verboten kann (in der Theorie) leicht kontrolliert werden. In der Realität sorgt das sog. Vollzugsdefizit (z. B. mangelnde personelle und sachliche Ausstattung der Kontrollbehörden) oft für eine unzureichende Überprüfung der Auflagen. Viele Umweltschutzgesetze, in denen Grenzwerte für Emissionen festgesetzt wurden, betreffen nur die gewerbliche Wirtschaft, insbesondere die Energieversorgungsunternehmen und das verarbeitende Gewerbe (z. B. Großfeuerungsanlagenverordnung von 1983/2003). Diese Maßnahmen stoßen i.d.R. auf eine hohe Akzeptanz bei der Bevölkerung, da sie sich hierdurch nicht betroffen fühlt bzw. das Gefühl hat, dass alle im gleichen Umfang betroffen sind, anders als bei den umweltökonomischen Instrumenten, die teilweise eine negative Verteilungswirkung haben (BMU

2008/12). Die Unternehmen betrachteten diese staatlichen Eingriffe zunächst sehr ablehnend. Das hat sich im Zuge der Diskussion um die umweltökonomischen Instrumente teilweise gewandelt. Generell ist die Akzeptanz einer betroffenen Gruppe abhängig von der Eingriffstiefe der Instrumente, den entstehenden Kosten und Nutzen sowie der Einsicht in die Maßnahme und von der veröffentlichten Meinung. In den letzten Jahrzehnten wird eine Tendenz zur allmählichen Flexibilisierung direkt wirkender Instrumente deutlich. Es treten Stufenregelungen in Kraft oder die Betroffenen können zwischen verschiedenen Varianten wählen (z. B. in der EnEV höherer Wärmeschutz oder der Einsatz von EE).

Zu den *Nachteilen* der direkt wirkenden Instrumente gehören:

– *Ökonomische Ineffizienz:* Die angestrebten Umweltschutzziele werden nicht immer mit den geringstmöglichen gesellschaftlichen Kosten erreicht. Dieses Argument war lange Zeit zutreffend, was aber bei einer 100 %-Versorgung mit EE nicht mehr zwingend ist, da möglicherweise für dieses Ziel auch Maßnahmen ergriffen werden müssen, die auf Basis der heutigen Rahmenbedingungen nicht zu den kostengünstigsten gehören..

– *Bedingt mangelnde dynamische Anreize:* Auflagen zeigten in der Vergangenheit zwar eine schnelle Wirkung, blieben aber fast immer reaktiv und waren selten in der Lage, Entwicklungsprozesse in Gang zu setzen. Somit zementierten sie tendenziell den Stand der Technik. Neben den mangelnden dynamischen Anreizen wird dies oft durch eine mangelnde Innovationsbereitschaft verursacht (einige Kritiker sprechen vom „Schweigekartell der Oberingenieure"). Die Folge ist nicht selten ein sog. time-lag zwischen dem Auftreten der ersten Regelungsdefizite und dem Inkrafttreten neuer Regelungen. Überall, wo es gelingt, künftig entsprechend des Vorsorgeprinzips anspruchsvolle Stufenpläne einzuführen, kann diese Position aber als überholt angesehen werden (z. B. die kontinuierliche Verschärfung der Emissionsgrenzwerte von Kfz nach den EuroNormklassen 1 bis 5). Natürlich können derartige Stufenpläne durch die Kombination mit umweltökonomischen Instrumenten z. B. der Kfz-Steuer weiter dynamisiert werden.

Als *Zwischenfazit* wollen wir festhalten, dass die Potentiale dieser Instrumentenkategorie nicht ausgeschöpft sind und die Ansätze zur Flexibilisierung erst am Anfang stehen (zur Notwendigkeit eines Kohlekraftwerks-Ausstiegsgesetzes siehe Kap. 3.1).

## 8.4 Indirekt wirkende (weiche) Instrumente

Indirekt wirkende Instrumente zielen darauf ab, mittels Anreizen oder Informationen das Verhalten der Wirtschaftsakteure zu verändern. Hierbei bleibt der Anreiz unterhalb der Mehrkosten für die zu fördernde Umwelttechnik oder der Verhaltensänderung. Weiterhin wird bei den indirekt wirkenden Instrumenten das Verursacherprinzip teilweise zu Gunsten des Gemeinlastprinzips vernachlässigt (z. B. Förderprogramme). Ob die Unternehmen oder Konsumenten auf die Instrumente reagieren, bleibt ihnen überlassen.

*Instrumente, indirekt wirkende, weiche*: Unter i.I. werden politisch-rechtliche Instrumente verstanden, die auf dem Kooperationsprinzip beruhen und mittels Anreizangeboten (deren wirtschaftlicher Wert unterhalb der Mehrkosten liegt) und Informationen versuchen, die Akteure zu einem umweltfreundlichen Handeln zu bewegen. Sie genießen eine hohe Akzeptanz, aufgrund der sozialökonomischen Faktoren ist ihre ökologische Wirksamkeit jedoch unzureichend. Sie können aber eine positive vorbereitende Rolle für weitergehende Maßnahmen im Rahmen eines Instrumentenmixes spielen.

### *Energiebildung, -beratung und -information*

Ziel dieser Instrumente ist die Änderung des Konsumenten- und Produzentenverhaltens mittels Aufklärung und Information.

*Bewertung*: Gut aufbereitete Informationen schärfen das Bewusstsein für umweltrelevante Entwicklungen, verstärken das Potential der ökologisch sensibilisierten Konsumenten. Eine besondere Rolle spielt hierbei die zunehmende Vernetzung der pro-aktiven Nachhaltigkeitsakteure in den Verbänden und Bürgergruppen, der Wissenschaft, den Medien und der Politik (Rogall 2003: 242). Dennoch bleibt die Wirkung dieser Instrumente begrenzt, da sie auf die Bereitschaft zur Verhaltensänderung der Akteure setzen. Das Hauptziel dürfte wohl, neben der Vorbereitung auf eine allgemeine Lebensstiländerung, die Erhöhung der Akzeptanz gegenüber weiterreichenden Maßnahmen des Gesetzgebers sein.

### *Zielvorgaben, Selbstverpflichtungen, Verträge*

Diese Kategorie von indirekt wirkenden Instrumenten wurde insbesondere in den 1980er und 90er Jahren eingesetzt. Wir unterscheiden die folgenden Formen:

(1) *Zielvorgaben:* Z. veröffentlicht der Bundesumweltminister meist ohne rechtliche Bindungswirkung und bisher i.d.R. ohne größere Resonanz bei den Wirtschaftsakteuren (z. B. das Ziel, die THG bis 2050 um 80 bis 95 % zu senken). Sie dienen daher zumeist als Vorankündigung für weiterreichende Maßnahmen.

(2) *Selbstverpflichtungen:* S. sind rechtlich unverbindliche Zusagen von Unternehmen oder Unternehmensverbänden gegenüber dem Staat, um so gesetzliche Bestimmungen – je nach Sichtweise – unnötig zu machen bzw. ihre Verabschiedung zeitlich zu verzögern. In den 1980er und 1990er Jahren hat die deutsche Wirtschaft etwa 70 Selbstverpflichtungen (inkl. formeller Verträge) und über 20 interne Selbstverpflichtungen sowie 19 Branchenverpflichtungen im Rahmen der Selbstverpflichtung der Industrie zum Klimaschutz abgegeben (UBA 1999). Hinzu kommen zahlreiche internationale Selbstverpflichtungen (z. B. Prinzipien des Global Compact). In den letzten Jahren ist die Anzahl der Selbstverpflichtungen allerdings stark zurückgegangen.

Der Sachverständigenrat für Umwelt (SRU) beurteilte das Instrument der Selbstverpflichtungen kritisch und empfiehlt, den Einsatz nur „äußerst selektiv und befristet" zu erproben (BMU 1996/ 02: 11). Dieser Position schlossen sich das DIW und *Jänicke* an. Diese Bewertung wurde durch eine Vielzahl fehlgeschlagener Selbstverpflichtungen bestätigt. Die eklatantesten Beispiele hierfür waren:

a) *Klimaschutz*: Im November 2000 verpflichteten sich die Energiewirtschaft und Industrie, ihre $CO_2$-Emissionen bis 2010 um 45 Mio. t gegenüber 1998 zu senken. Als das BMU im Zuge der Einführung des Emissionshandelssystems 2004 diesen Wert festschreiben wollte, lehnte die Wirtschaft dies ab.

b) $CO_2$-*Minderung des Flottenverbrauchs (Kraftstoffverbrauch)*: Im Jahr 1998 verpflichteten sich die europäischen Pkw-Hersteller, den $CO_2$-Ausstoß ihrer neu zugelassenen Pkw im Mittel bis 2008 von 165 auf 140 g/km zu reduzieren. Die Zusage wurde nicht eingehalten Durch die Selbstverpflichtung konnten die Hersteller eine rechtliche Lösung der EU um 10 Jahre verzögern.

c) *Bau von Solaranlagen in Berlin*: Im Jahr 1997 verpflichtete sich die Berliner Wirtschaft, genauso viele thermische Solaranlagen zu bauen, wie durch die Baupflicht nach der Solaranlagenverordnung (auf der Grundlage des Berliner Energiespargesetzes) zustande gekommen wären. Nach Aussage des örtlichen Solarverbandes UVS betrug die Erfüllungsquote 2003 etwa 5 %, die Vertreter der Berliner Wirtschaft geben eine Erfüllungsquote von 50 % an (siehe Rogall 2003/09: 24).

*Bewertung*: Das Scheitern dieser Selbstverpflichtungen war vorauszusehen, da die sozial-ökonomischen Faktoren, denen auch die Unternehmen unterliegen, sich als zu wirkungsmächtig erweisen. So beteiligen sich folgerichtig viele Unternehmen nicht an der Umsetzung der verabredeten Ziele. Zahlreiche Verbände schlossen Selbstverpflichtungen ab, obgleich sie gar nicht über die notwendigen Durchsetzungssanktionen verfügten, um diese dann auch durchzusetzen. Somit wollen wir als *Zwischenfazit* festhalten, dass die in den 1990er Jahren herrschende Euphorie für derartige Formen der Selbstregulierung heute einer realistischeren Einschätzung über die Grenzen dieses Instrumentes gewichen ist (BMU 2008/08a: 20), so dass wir zusammenfassend Selbstverpflichtungen als ein Instrument des ausgehenden 20. Jh. ansehen, als der politische Wille zur Ergreifung wirksamerer Maßnahmen nicht vorhanden war. Wir können sie bestenfalls als ergänzende Instrumente bezeichnen, die i.d.R. nur Wirkungen erzielen können, wenn die Maßnahmen relativ kostengünstig sind und die Politik glaubwürdig auf die baldige Einführung weiterführender Instrumente verweisen kann.

Eine andere Form von Selbstverpflichtungen sind *Unternehmenskooperationen*, die auf freiwilliger Basis Umweltschutzmaßnahmen durchführen, ohne dafür den Verzicht von staatlichen Maßnahmen einzufordern (z. B. Initiative *Corporate Social Responsibility* – CSR, Global Reporting Initiative, Social Accountability 8000).

*Bewertung*: Derartige Initiativen sind zu begrüßen. Sie können in einzelnen Marktbereichen sinnvolle Impulse entfalten. Jedoch sind auch die Grenzen offensichtlich, waren doch von den 65.000 transnationalen Konzernen mit ihren 850.000 Tochterfirmen nur etwa 2-3.000 im Jahre 2006 an derartigen Kooperationen beteiligt (Milke 2006: 10). Weiterhin geht es nach den vorliegenden Untersuchungen einem großen Teil derjenigen, die sich beteiligten, nur um ein „grünes" Image. Ernst zu nehmen sind nur die Unternehmen, die sich einer strikten Informationspflicht, Transparenz und unabhängigen Kontrolle unterziehen sowie die Einhaltung sozial-ökologischer Mindeststandards sicherstellen (WI 2005: 229).

(3) *Umweltverträge*: So genannte *UV* sind im Unterschied zu den Selbstverpflichtungen rechtlich verbindlich. Sie müssen alle Merkmale eines Vertrages erfüllen.

*Bewertung*: Nach der Untersuchung von *Knebel u.a.* 1999 bieten diese Ordnungsrecht ersetzenden Umweltverträge gegenüber Rechtsverordnungen *keine* greifbaren Vorteile, da sie vergleichbaren verfahrensmäßigen Anforderungen unterliegen, ohne aber an deren Regelungsreichweite und -intensität sowie Durchsetzbarkeit heranzureichen. Seit der Jahrtausendwende werden kaum noch Umweltverträge abgeschlossen.

*Förderprogramme*

Wir untergliedern Förderprogramme in Forschungsprogramme und Markteinführungsprogramme.

(1) Ziel der staatlichen *Forschungs- und Entwicklungsförderung* ist die Initiierung eines technischen Fortschritts (hier: umweltfreundliche Produkte und Verfahren), der ohne öffentliche Förderung nicht zu erzielen ist. Dieses Instrument wird eingesetzt, u.a. wenn der politische Wille zur Festsetzung von strengeren Grenzwerten fehlt und den Unternehmen der Forschungsaufwand zu kostenintensiv ist. Mittlerweile existiert eine Reihe von Umweltschutz-Förderprogrammen bei der EU sowie bei den Bundes- und den Länderministerien.

*Bewertung*: Durch derartige Programme lässt sich zwar der Stand der Technik weiterentwickeln, eine Garantie für die Markteinführung ergibt sich aber hieraus nicht, vielmehr treten oft Mitnahmeeffekte auf (Rogall 1994/06: 115). Außerdem werden viele Forschungsergebnisse von der Industrie für Jahrzehnte „auf Eis gelegt", da aus ihrer Sicht die wirtschaftliche Notwendigkeit für eine Markteinführung noch nicht gegeben ist.

(2) Um eine Marktdurchsetzung zu erreichen, greifen der Staat (Bund und Länder) und die Kommunen oft zu *Markteinführungsprogrammen (Subventionen)*, die mit steuerlichen Erleichterungen, Zinssubventionierungen oder nicht rückzahlbaren Zuschüssen den Erwerb von umweltfreundlicheren Techniken fördern. Für uns sind insbesondere die KfW-Programme „Energieeffizientes Sanieren", und „Energieeffizientes Bauen" sowie das „Marktanreizprogramm" für EE im Wärmesektor relevant. Um auch einkommensschwachen Haushalten die Chance zu geben, energieeffiziente Kühlgeräte anzuschaffen, hat das BMUB 2014 ein Kühlgeräte-Tausch-Programm eingeführt, hierbei erhalten Bezieher von Arbeitslosengeld II und Wohngeld einen Zuschuss in Höhe von 150 Euro für den Erwerb eines Geräts der Effizienzklasse A+++.

*Bewertung*: Subventionen für Umweltschutzinvestitionen entsprechen nicht dem Verursacherprinzip und stehen regelmäßig unter dem öffentlichen Sparzwang (so wurde z.B. die steuerliche Abzugsfähigkeit von privaten Wärmeschutzsanierungen aus dem Koalitionsvertrag 2013 gestrichen). Wenn der Politik die Kraft zur Durchsetzung direkter oder neuer ökonomischer Instrumente fehlt, ist dieses Instrument oft die einzige Möglichkeit, Fortschritte bei der Marktdurchsetzung umweltfreundlicher Technik zu erreichen (z.B. Förderprogramme für Solaranlagen). Daher stellten Förderprogramme am Ende des 20. Jh. auch einen wesentlichen Bestandteil der Umweltpolitik dar. Im 21. Jh. wird diese Bedeutung voraussichtlich zurückgehen, weil Wirksamkeit und Effizienz zu gering sind und die öffentliche Hand immer stärker an ihre finanziellen Belastungsgrenzen stößt. Positiver werden Förderprogramme für Einkommensschwache Haushalte bewertet.

### Interne Maßnahmen der öffentlichen Hand

Hierzu zählen wir alle Maßnahmen, die zunächst nur die öffentliche Hand betreffen, aber große Auswirkungen in der Folge haben können:

(1) *Öffentliche Nachfrage* (BMU 2009/01a: 15): Die öffentliche Hand (Bund, Länder, Gemeinden) kann nicht nur die Rahmenbedingungen ändern, sondern auch als einer der größten Nachfrager umweltfreundliche Produkte erwerben. Im besten Fall können sie hierdurch die Anbieter zu weiteren Forschungen anregen und für die Änderung des Produktsortiments sorgen. Nach einer Untersuchung von McKinsey liegt das treibhausgasrelevante Beschaffungsvolumen der öffentlichen Hand bei etwa 50 Mrd. € (McKinsey 2008/11).

(2) *Programme, Zielfestlegungen*: Derartige Beschlüsse und Veröffentlichungen stellen eine Art Selbstverpflichtung der öffentlichen Hand dar, sie können einen erheblichen Druck auf die politischen Entscheidungsträger entwickeln (z. B. Beschlüsse zur Klimaschutzpolitik).

### Sonstige indirekte Instrumente

Es existieren zahlreiche weitere indirekt wirkende Instrumente, die das Ziel haben, mittels Anreizen (z. B. Imageverbesserungen) die Unternehmen zum umweltgerechteren Verhalten zu bewegen. Als Beispiele sollen genannt sein: *Kennzeichnung von Produkten (Signets)* oder *Öko-Audits* (in freiwilliger Form nach ISO 14.000 bzw. EMAS oder künftig obligatorisch).

### Bewertung der indirekt wirkenden Instrumente

Eine Bewertung der Kategorie der indirekt wirkenden Instrumente kann nur modellhaft erfolgen. Zu den *Vorteilen* gehören:

– *Hohe Flexibilität, Praktikabilität und Akzeptanz*: Indirekt wirkende Maßnahmen sind i.d.R. leicht umkehrbar und in bestehende Strukturen integrierbar. Sie sind politisch und verwaltungstechnisch leicht durchsetzbar, da ihre Regelungstiefe häufig recht gering ist. Aufgrund der geringen Eingriffstiefe der Maßnahmen ist die Akzeptanz meist sehr hoch und die Widerstände sind gering (Jänicke 2008: 22). Auch konnten die Förderprogramme der Vergangenheit zahlreiche innerbetriebliche Umweltschutzinvestitionen, die Entwicklung umweltfreundlicherer Produkte und Unternehmensansiedlungen befördern.

Diesen stehen entscheidende *Nachteile* gegenüber:

– *Geringe ökologische Wirksamkeit:* Die vorher genannten Vorteile (geringe Regelungstiefe usw.) beinhalten gleichzeitig ökologische Nachteile. Da eine Verhaltensänderung in der Entscheidungsfreiheit der Umweltakteure verbleibt, ist die ökologische Wirksamkeit der Maßnahmen meist sehr gering. „Viele der ‚weichen' oder ‚freiwilligen' Maßnahmen waren wenig effektiv, verursachten hohe Transaktionskosten und bedurften am Ende der Organisationskapazität des Staates." (Jänicke 2008: 62). Umweltökonomisch ist diese negative Bewertung aufgrund der sozial-ökonomischen Faktoren zwingend (keine Änderung der falschen Preissignale, Gefangenendilemma, Trittbrettfahrersyndrom). Nur ein Teil der Wirtschaftsakteure kann aufgrund ethischer Einstellungen diese Faktoren teilweise überwinden. Um eine Akzeptanz für weiterreichende Maßnahmen zu erreichen, ist eine Steigerung der Umweltinformationen und -bildung aber nicht zu vernachlässigen.

– *Mangelnde ökonomische Effizienz und dynamische Anreizwirkung:* Gerade bei Förderprogrammen sind i.d.R. hohe Mitnahmeeffekte zu verzeichnen, da viele Unternehmen sich zu Maßnahmen entscheiden und erst anschließend prüfen, ob sie hierfür auch noch eine Förderung erhalten können. Die anderen indirekten Maßnahmen sind in ihrer ökologischen Wirksamkeit nicht messbar, und daher ist auch die ökonomische Effizienz nicht berechenbar. Problematisch ist auch, dass bei einigen Instrumenten dieser Art (z. B. den Förderprogrammen) praktisch das Verursacherprinzip durch das Gemeinlastprinzip ersetzt wird. Auch können indirekt wirkende Instrumente die Akteure nicht ausreichend zu fortlaufenden Bemühungen um eine Verbesserung der Umweltsituation bewegen, da sie meistens auf eine einzelne Maßnahme ausgerichtet sind oder die Anreize zu kontinuierlichen Maßnahmen nicht ausreichen (z. B. Öko-Audit).

Als *Zwischenfazit* kann festgehalten werden, dass die indirekt wirkenden Instrumente alleine nicht in der Lage sind, die Rahmenbedingungen für Produzenten und Konsumenten zu verändern (d.h. sie sind keine tauglichen Leitplanken). Das wird sich aufgrund der *sozial-ökonomischen* Faktoren auf absehbare Zeit auch nicht ändern. Somit können sie (z. B. Umweltbildung oder Förderprogramme) nur im Sinne von ergänzenden Maßnahmen verstanden werden, z. B. um die Akzeptanz für weiterreichende Maßnahmen zu erhöhen und den Informationsstand bei den Wirtschaftsakteuren zu erhöhen. Allerdings haben sie in der Vergangenheit oft dafür gesorgt, dass überhaupt Maßnahmen für die Umwelt ergriffen wurden. Damit haben sie in Zeiten umweltpolitischer Stagnation wenigstens das Umweltthema in der Öffentlichkeit gehalten. Gleichwohl kann ein Umweltziel (in unserem Beispiel eine 100 %-Versorgung mit EE für die Wärmeerzeugung) über direkt wirkende (hier: Nutzungspflichten) oder umweltökonomische Instrumente (vergleichbar dem EEG für Strom aus EE) wesentlich effektiver erreicht werden. Dieser ernüchternden Bewertung schließt sich das BMU an (BMU 2008/08a: 20). Obgleich neoklassische Umweltökonomen aufgrund ihrer theoretischen Erkenntnisse zu dem gleichen Fazit kommen müssten, sprechen sich viele (aus eher dogmatischen Gründen: Konsumentensouveränität trotz Marktversagens) für indirekt wirkende Instrumente aus.

### 8.5 Umweltökonomische Instrumente

Wenn das Marktversagen bei den meritorischen Gütern (z. B. den natürlichen Ressourcen) zum Staatseingriff zwingt, müssen die demokratisch legitimierten Entscheidungsträger Instrumente einführen, die die Rahmenbedingungen so ändern, dass ein Marktversagen unterbleibt. Die umweltökonomischen Instrumente könnten hierzu einen wichtigen Beitrag leisten.

> *Instrumente, umweltökonomische:* Unter U.I. werden politisch-rechtliche Instrumente verstanden, die, anders als die ordnungsrechtlichen Maßnahmen, den Akteuren weiterhin überlassen, wann und wie sie handeln wollen. Anders als die indirekt wirkenden Instrumente sollen sie aber einen *spürbaren* Anreiz zur Verhaltensänderung geben (im Sinne einer Änderung der Rahmenbedingungen). Sie haben das Ziel, das *Verursacherprinzip* durchzusetzen und im Sinne des *Vorsorgeprinzips* zu einer umweltverträglichen Produkt- und Produktionsgestaltung beizutragen, so dass die Managementregeln der Nachhaltigkeit und festgelegte Umweltstandards eingehalten werden können. Viele umweltökonomische Instrumente beinhalten ordnungsrechtliche Bestandteile, so dass hier allmählich Mixinstrumente entstehen (z. B. die Emissionsgrenze (cap) beim Emissionshandelssystem oder die Einführung von Verboten, von denen umweltfreundlichere Produkte und Fahrzeuge im Sinne von Benutzervorteilen ausgenommen werden).

Durch die umweltökonomischen Instrumente sollen die Rahmenbedingungen der Wirtschaftsakteure geändert werden, so dass die heute stattfindende Fehlallokation (z. B. die ineffiziente Nutzung des kostbaren Rohstoffes Öl zum Heizen und Fahren) verhindert wird und die Handlungsziele (Standards) der Nachhaltigkeit erreicht werden können. In dem Internalisierungsmechanismus liegt auch der entscheidende Unterschied zu den indirekt wirkenden Instrumenten. Während diese allein mit positiven (materiellen oder immateriellen) Anreizen versuchen, die Akteure zu einer Verhaltensänderung zu bewegen, beruht das hier betrachtete Instrumentarium auf dem Funktionsprinzip, umweltschädliche Produkte im Sinne des Verursacherprinzips gezielt wirtschaftlich spürbar zu benachteiligen. Daher zählen finanzielle Fördermaßnahmen des Staates nicht zu den umweltökonomischen Instrumenten.

*Erstens: Ökologisierung des Finanzsystems*

Das Ziel der Ökologisierung des Finanzsystems beruht auf dem Gedanken, die heute externalisierten Umweltkosten zu internalisieren. Da die externalisierten Kosten nicht exakt zu berechnen sind (vgl. Monetarisierungsprobleme, Rogall 2012, Kap. 2.4), sollte dies nach der Methode des Standard-Preis-Ansatzes erfolgen. Hierdurch soll es möglich werden, die Grenzen der natürlichen Tragfähigkeit und die Managementregeln der Nachhaltigkeit einzuhalten. Eine Ökologisierung des Finanzsystems umfasst mehrere *Einzelinstrumente* wie Ökologische Steuerreform (ÖSR), Umweltabgaben, Senkung umweltschädlicher Subventionen, streckenabhängige Straßenbenutzungsgebühren, Bonus-Malus-Systeme.

*Standard-Preis-Ansatz:* Der S-P-A geht auf die Ökonomen Baumol und Oates zurück. Die demokratisch legitimierten Entscheidungsträger legen hiernach einen bestimmten Umweltstandard fest (z. B. die Höhe des Verbrauchs an natürlichen Ressourcen oder die THG-Emissionen), der dann über die Erhebung von Umweltabgaben erreicht werden soll. Die Höhe der Abgaben wird bei einem mehrjährigen Trial-and-Error-Verfahren variiert, bis schließlich die Abgabenhöhe gefunden ist, mit der der Umweltstandard eingehalten wird. In weiterentwickelter Form können auch andere Instrumente eingesetzt werden, die dann den Ressourcenverbrauch regulieren. Der Ansatz von *Baumol* und *Oates* wurde von einzelnen neoklassischen Ökonomen aufgegriffen (z. B. Siebert 1978: 76), besonders konsequent wird er aber von der Nachhaltigen/Ökologischen Ökonomie vertreten.

*Ökologische Steuerreform (ÖSR)*

In der *EU* hat die Mehrzahl der Mitgliedstaaten bereits in den 1980er und 1990er Jahren Ökologische Steuerreformen durchgeführt. Zu einer gemeinsamen gesamteuropäischen Lösung kam es aufgrund des Einstimmigkeitsprinzips in der EU bei Steuerfragen gleichwohl nicht. Im Jahr 2003 wurde eine *Mindestbesteuerung* auf Strom, Kraft- und Brennstoffe für alle Mitgliedstaaten eingeführt (BMU 2003/05a: 273). Weiterhin wurde die Möglichkeit zur Einführung von Kerosinsteuern für Flüge im Inland und zwischen den Mitgliedstaaten eröffnet. In *Deutschland* wurde um die Jahrtausendwende eine ÖSR eingeführt.

*Ökologische Steuerreform* (ÖSR): Im Rahmen einer ÖSR werden (1) ökologisch kontraproduktive Subventionen abgebaut (alle Subventionen, die den Ressourcenverbrauch fördern wie z. B.: Kerosinsteuerbefreiung, Diesel- und Kohlesubventionen, volle Absetzbarkeit von Dienstwagen); (2) umweltorientierte *Abgaben* (insbes. Steuern) auf Energie, Rohstoffe und Schadstoffe eingeführt und kontinuierlich über einen vorher festgelegten längeren Zeitraum jährlich erhöht. Die hierdurch erzielten Steuermehreinnahmen werden (3) dazu verwendet, andere Abgaben zu verringern (z. B. die Sozialabgaben von Arbeitnehmern und Arbeitgebern) und (4) teilweise ökologische Investitionen zu fördern (z. B. Wärmeschutzprogramm). Ziel dieses Instruments ist die Realisierung einer „fünffachen Dividende". Da bei diesem Instrument der angestrebte Umweltstandard durch Abgaben erreicht werden soll, spricht man von einer *Preislösung*.

*Deutsche ÖSR:* Von 1999 bis 2003 wurden in fünf Stufen steigende Öko-Steuern auf Strom (von 0 auf 2,05 ct/kWh) und Kraftstoffe (von 50 ct auf 65 ct/Liter) sowie auf Heizöl (einmalige Erhöhung um 2,05 ct/Liter) und Erdgas (zweimalige Erhöhung auf 0,55 ct/kWh) erhoben. Seit 2003 wurden einzelne ökologisch schädliche Subventionen gesenkt (z. B. wurden die ÖSR-Steuerermäßigungen für die gewerbliche Wirtschaft von 80 % auf 40 % reduziert und bis 2012 die Kohlesubventionen von 3,3 auf 1,8 Mrd. € gekürzt sowie die Pendlerpauschale verringert und die Eigenheimförderung abgeschafft). Heute werden die öffentlichen Haushalte zu etwa 63 % aus Abgaben finanziert, die den Faktor Arbeit belasten, während umweltorientierte Steuern nur etwas über 5 % betragen. Das schafft deutliche Fehlanreize zur Erhöhung der Arbeitsproduktivität bei Vernachlässigung der Ressourcenproduktivität. Dabei ist der Anteil der Umweltabgaben von 6,5 % (2003) auf 5,1 % (2013) der Gesamtabgaben gefallen (FÖS 2014/01: 2).

*Bewertung*: Heute lässt sich die *Bewertung* der Ökologischen Steuerreform (ÖSR) in Deutschland auch empirisch vornehmen (BMU 2004/02; UBA 2005/10). Modellhaft kann man von einer fünffachen Dividende sprechen: (1) Weniger Umweltbelastung durch Senkung des Ressourcenverbrauchs, (2) mehr Arbeitsplätze durch Senkung der Personalkosten, (3) Stärkung der sozialen Sicherungssysteme durch Verbreiterung der Finanzierungsbasis, (4) Kostenentlastung und Verringerung der wirtschaftlichen Abhängigkeit sowie (5) Beitrag für die internationale Friedenssicherung durch die Senkung der Ressourcenimporte (detailliert Rogall 2012, Kap. 7.3). Aus Sicht der Nachhaltigen Ökonomie spricht daher alles für eine konsequente Fortsetzung dieses Instruments, das Potential hierfür ist noch lange nicht ausgeschöpft. Da die Akzeptanz dieses Instruments aber aus parteipolitischen Gründen untergraben wurde, ist die Chance für eine Fortsetzung allerdings gering. Wahrscheinlich müssen zunächst weitere Schritte der Ökologisierung des Finanzsystems im Zuge von Einzellösungen (Umweltabgaben, Abschaffung von umweltschädlichen Subventionen oder einer Ökologisierung der Umsatzsteuer) erfolgen.

*Schadstoffsteuer statt Energiesteuer*

Kernidee der neu einzuführenden Schadstoffsteuer ist die Ersetzung aller Energiesteuern (inkl. der sog. Öko-Steuer) durch eine Schadstoffsteuer. Die Höhe der Steuer soll sich nach den Schadstoffemissionen richten, die bei der Energieumwandlung der Energieträger frei gesetzt werden.

*Bewertung*: Mit der Umwandlung der verschiedenen Energiesteuern in eine Schadstoffsteuer würden mehrere positive Effekte erzielt werden (Scheer 2012: 194):

(1) *Beseitigung des Begriffsparadoxon der Öko-Steuer*: Eine Steuer bezieht sich immer auf eine Handlung (z. B. Kauf eines Gutes) oder Einkunftserzielung (Einkommen), nicht aber auf den Finanzierungszweck, es heißt Einkommensteuer, nicht Schul- oder Sozialhilfesteuer. Da eine Steuer als Belastung wahrgenommen wird, ist der Begriff Öko-Steuer gleich doppelt ungünstig gewählt. Eine Schadstoffsteuer hingegen zeigt schon begrifflich, was belastet werden soll: Schadstoffe inkl. Treibhausgase (mit all ihren Belastungen Klimaerwärmung, Gesundheitsgefährdung, atomare Risiken, Wasserverschmutzung usw.).

(2) *Effektive Lenkungswirkung*: Eine Schadstoffsteuer erzielt eine gestaffelte Lenkungswirkung auf Produzenten und Konsumenten. Sie gibt Anreize (a) Energie effizienter einzusetzen, um hierdurch Steuern zu sparen, (b) schadstoffintensive Energieträger (insbes. Kohle und Kernenergie) durch weniger schadstoffhaltige Energieträger (z. B. Gas, Biomasse) und schadstofflose Energieträger (Wind, Sonne) zu substituieren.

Zusätzlich könnte ein Teil der Einnahmen der Schadstoffsteuer zur Kompensation der EEG-Umlage bei Transfereinkommensbezieher verwendet werden (z.B. durch eine Erhöhung des Arbeitslosengeldes II und Wohngeldes). Die Schadstoffsteuer bringt aus unserer Sicht nur zwei *Probleme* mit sich:

Es muss eine Schadstoffformel entwickelt werden, die, mit den bekannten Bewertungsproblemen, die Risiken auf eine monetäre Einheit bringt, hiermit muss ein Verhältnis von Treibhausgasen zu Schadstoffen zu atomaren Gefahren gebildet werden. Das birgt großen Konfliktstoff in sich und würde weitgehende Lobbyaktivitäten freisetzen.

*Weiterhin* müssen (bei Lenkungserfolg der Steuer) die Einnahmeausfälle der öffentlichen Haushalte kompensiert werden. Das könnte durch eine dynamische Erhöhung der Steuer kompensiert werden.

*Einzelne Umweltabgaben*

Unter Umweltabgaben werden verbindlich festgelegte Zahlungen auf umweltschädliche Produkte und Handlungen (z. B. Abwasser) an die öffentliche Hand verstanden, mit dem Ziel, einerseits eine umweltpolitische Lenkungswirkung (z. B. Senkung des Verbrauchs) und andererseits die Finanzierung damit im Zusammenhang stehender umweltfreundlicher Maßnahmen erreichen zu können. U.a. folgende Umweltabgaben wurden bereits eingeführt oder sind in der Diskussion:

(1) *Emissionsabhängige Kfz-Steuer*.
*Bewertung*: Die Kfz-Steuer ist seit längerem eingeführt, aufgrund der Ausgestaltung ist ihre Lenkungswirkung sehr gering.

(2) *Abwasserabgaben*: Abwasserabgaben wurden im Zuge der Verabschiedung des Abwasserabgabengesetzes in drei steigenden Stufen eingeführt. *Bewertung*: Ihre Lenkungswirkung war relativ hoch, da viele Unternehmen mit großen Abwassermengen daraufhin Wasserkreislaufsysteme installierten und der Wasserbrauch deutlich sank.

(3) *Nutzungsentgelte für globale Umweltgüter*, z. B. die Nutzung des internationalen Luftraumes, der Weltmeere, des Weltraumes. Denkbar ist dieses Instrument sowohl in Gestalt von Emissionsabgaben als auch von reinen Nutzungsentgelten (WBGU 2002).
*Bewertung*: Diese Abgaben scheinen sehr geeignet, um Finanzmittel für internationale Klimaschutzprojekte zu generieren. Die Abgaben werden so hoch erhoben, dass hierdurch eine direkte Lenkungswirkung erzielt werden kann. Es erscheint zurzeit jedoch unwahrscheinlich, dass die Abgaben so hoch erhoben werden, dass hierdurch eine direkte Lenkungswirkung erzielt werden kann.

Als *Zwischenfazit* wollen wir festhalten, dass einzelne Umweltabgaben Einnahmen zur Förderung von Umweltschutzmaßnahmen generieren können. Eine ausreichende Dynamik für eine umfassende ökologische Umstrukturierung der Industriegesellschaft kann nur in Kombination mit anderen Instrumenten geleistet werden.

> *Umweltabgaben*: Unter Umweltabgaben werden verbindlich festgelegte Zahlungen auf umweltschädliche Produkte und Handlungen (z. B. Abwasser) an die öffentliche Hand verstanden, die mit dem Ziel eingesetzt werden, einerseits eine umweltpolitische Lenkungswirkung (z. B. Senkung des Verbrauchs) und ande-

rerseits die Finanzierung damit im Zusammenhang stehender umweltfreundlicher Maßnahmen erreichen zu können. Wir unterscheiden folgende Abgabenarten:

(1) *Steuern*: Steuern werden in der Finanzwissenschaft definiert als: „Zwangsabgaben ohne Anspruch auf Gegenleistung". In der Regel gilt das Nonaffektationsprinzip, nach dem bei der Erhebung einer Steuer keine bestimmte Ausgabe finanziert werden soll, da der Gesetzgeber in seiner Haushaltsverantwortung (Beschluss der Haushaltsgesetze) nicht eingeschränkt werden darf. So dient die Kfz-Steuer nicht dem Straßenbau oder die Hundesteuer nicht der Beseitigung von Hundekot (Bajohr 2007: 28). Steuern mit partieller Lenkungswirkung im Umweltbereich sind z. B. die Mineralölsteuer und die Stromsteuer.

(2) *Beiträge und Gebühren*: Sie dienen der Finanzierung einer konkreten öffentlichen Leistung. Hierbei werden *Beiträge* unabhängig von der Nutzungsdauer oder -intensität der öffentlichen Leistung erhoben (z. B. Krankenkassenbeiträge). *Gebühren* werden hingegen als Äquivalent für eine konkrete Gegenleistung erhoben (z. B. Abfall- oder Abwassergebühren).

(3) *Sonderabgaben*: Sonderabgaben sind Abgaben, die der Finanzierung einer bestimmten öffentlichen Leistung dienen oder einen Lenkungszweck verfolgen. Das Bundesverfassungsgericht in Karlsruhe hat an die Erhebung von Sonderabgaben eine Reihe von Bedingungen geknüpft. So müssen die Einnahmen einer Sonderabgabe den Abgabepflichtigen zugutekommen (sog. Gruppennützigkeit). Unter diesen Voraussetzungen ist z. B. die Erhebung einer Sonderabgabe bei den Autofahrern zur Finanzierung des öffentlichen Nahverkehrs nicht statthaft. Die Abgabe darf nur von einer von der Allgemeinheit abgrenzbaren homogenen Gruppe erhoben werden. Aufgrund dieses Prinzips verbot das Bundesverfassungsgericht Anfang der 1990er Jahre den sog. „Kohlepfennig", der von allen Stromkunden gezahlt wurde, um den deutschen Kohlebergbau zu subventionieren. Das Gericht sah die Stromkunden nicht als eine von der Allgemeinheit abgrenzbare Gruppe an und forderte, dass die Kohlesubventionen aus Steuermitteln finanziert werden müssten. Weiterhin muss eine Sonderabgabe eine spezifische Beziehung zwischen den Abgabepflichtigen und dem Finanzierungsziel aufweisen. Mit diesen Bedingungen wurde die Erhebung von Sonderabgaben sehr eingeschränkt. Daher haben die Sonderabgaben auch nie die Bedeutung von Steuern gewonnen.

## *Abbau umweltschädlicher Subventionen*

Verwendet man den weiten Subventionsbegriff, dann subventioniert der deutsche Staat umweltschädliche Handlungen jährlich mit über 400 Mrd. € (2008: 411 Mrd. €). Die größten Subventionen fallen mit 23 Mrd. für den Verkehrssektor an (z. B. Steuerausnahmen im Luftverkehr ca. 11 Mrd. €, Dienstwagenprivileg 9 Mrd. €, Dieselsteuerermäßigung 7 Mrd. €, Entfernungspauschale 4 Mrd. €), gefolgt vom Energiesektor mit 18 Mrd. € (z. B. Energiesteuerausnahmen für das produzierende Gewerbe ca. 5 Mrd. €) und dem Bau- und Wohnungssektor mit ca. 7 Mrd. € (Bär u.a. 2011/10: 11). Wird ein engerer Subventionsbegriff benutzt, betragen die umweltschädlichen Subventionen immerhin noch 48. Mrd. € (BMU, UBA 2011/09: 52).

*Bewertung*: Die Abschaffung von Subventionen entfaltet sicherlich keine ausreichende Dynamik, um allein einen Umbau der Industriegesellschaft zu bewirken. Gleichwohl stellt sie einen Beitrag zur intergenerativen Gerechtigkeit dar.

*Subventionen*: S. sind Finanzhilfen oder Steuervergünstigungen des Staates an Wirtschaftsakteure. Es wird unterschieden in einen engen Subventionsbegriff, bei dem die Empfänger direkt profitieren, und einen weiteren Subventionsbegriff, bei dem der Staat auf die Internalisierung der externen Kosten verzichtet. Während die Bundesregierung bei ihrem zweijährigen Subventionsbericht den engen Subventionsbegriff verwendet, benutzt die Nachhaltige Ökonomie den weiten Subventionsbegriff, da der Staat aus ihrer Sicht die Aufgabe hat, das Marktversagen und damit die Fehlallokation zu verhindern.

*Benutzergebühren*

Eine besondere Form der Umweltabgaben sind Benutzergebühren, die nicht nur für einzelne Straßen, Brücken usw. möglich sind, sondern auch generell für die Nutzung von Einrichtungen der Verkehrsinfrastruktur. Ziel der ambitionierten Modelle des Roadpricing ist es, nicht nur den Straßenneubau und die Instandhaltung durch die Benutzer zu finanzieren, sondern auch die (externalisierten) Kosten internalisieren zu lassen. Durch die Mautmittel werden Steuergelder frei, mit denen der Ausbau des schienengebundenen Personen- und Güterverkehrs finanziert werden könnte. In vielen Ländern existieren streckengebundene Benutzungsgebühren zur Finanzierung von Brücken oder Autobahnen (z. B. Italien, Frankreich). In Deutschland wurde eine emissionsabhängige Maut zunächst für den Schwerlastverkehr auf Autobahnen eingeführt. Die Einführung einer Maut in den belasteten Innenbereichen der Großstädte wird diskutiert. Bereits eingeführt ist sie in London, Singapur, den skandinavischen Städten Bergen und Stockholm sowie im australischen Melbourne. Die Gebührenerfassung erfolgt an „Maut-Stellen" oder durch elektronische Erfassungssysteme.

*Bewertung*: Mautsysteme sind wegen der umwelt- und verteilungspolitischen Ungenauigkeit umstritten (z. B. zahlt ein SUV-Fahrer mit 12-Liter-Kraftstoffverbrauch ebenso viel wie ein Kleinwagenfahrer mit 4-Liter-Verbrauch). In Deutschland wird die Einführung meist nicht diskutiert, um die externen Kosten zu internalisieren, sondern um zusätzliche Mittel für den Autobahnbau zu generieren.

*Zwischenfazit*

Auf die Internalisierung der externen Effekte mittels der Ökologisierung des Finanzsystems hat die Umweltwissenschaft lange Zeit große Hoffnungen gesetzt. Den Lobbys ist es aber gelungen, dieses Instrumentarium in der Öffentlichkeit als ungerecht („nur die Armen werden von den Öko-Abgaben betroffen") zu diskreditieren, und dies hat die Politik veranlasst, kaum noch weitere Umweltabgaben einzuführen. Nach einer neuen Studie des FÖS (Forum Ökologisch-Soziale Marktwirtschaft) finanziert sich der deutsche Staat zu ca. 62,5 % über Abgaben, die den Faktor Arbeit belasten, während der Umweltsteueranteil sogar von 6,5 % (2003) auf 5,1 % (2013) gesunken ist. Deshalb fordert das FÖS eine „Ökologische Finanzreform", die mittelfristig eine Umschichtung von den Arbeitskosten zu den Umweltabgaben in Höhe von 50 Mrd. €/a bewirken könnte (FÖS 2014/01: 2).

*Zweitens: Bonus-Malus-Systeme (BMS)*

*Grundlagen*

Bonus-Malus-Systeme sind ein relativ neues Instrument, für deren Einsatz noch nicht viele realisierte Beispiele existieren, das aber aufgrund seiner Vorteile zurzeit häufig diskutiert wird.

> *Bonus-Malus-Systeme* (BMS): BMS basieren auf der Idee, dass umweltfreundliche Produkte durch Geldzahlungen (Bonus) wettbewerbsfähig werden, z. B. indem die Erzeuger von „Öko-Strom" eine kostendeckende Vergütung erhalten. Finanziert wird der Bonus nicht durch den Staat (wie bei staatlichen Förderprogrammen/Subventionen), sondern durch den „Malus", d.h. durch eine erhöhte Belastung von weniger umweltfreundlichen Standardprodukten.

*Bewertung:* Dieses Instrument weist eine Reihe wichtiger *Vorteile* auf:

(1) Es setzt zielgerichtet das Verursacherprinzip um (nur wer umweltschädliche Produkte kauft, zahlt). In der Variante des reinen Bonussystems werden die Belastungen (der „Malus") gleichmäßig auf alle Endverbraucher verteilt.

(2) Bonus- und Maluszahlungen gehen nicht über die öffentlichen Haushalte (daher stellen die Bonuszahlungen auch keine Subventionen dar) und

(3) die Politik ist daher etwas weniger geneigt, Umweltschutz nach der eigenen „Kassenlage" zu betreiben.

(4) Es ist besonders effektiv, weil Menschen (verursachergerecht) für umweltbelastende Handlungen Geld zahlen, das andere Menschen erhalten, die sich weniger umweltschädlich verhalten. Das führt bei sehr vielen Menschen dazu, dass sie in die weniger umweltschädlichen Produkte investieren, um den Bonus zu erhalten und den Malus zu sparen

*EEG 2000-2013*

Ein besonders erfolgreiches Bonus-System wurde in Deutschland mit dem *Erneuerbare-Energien-Gesetz* (EEG) von 2000 eingeführt. Mit seiner Hilfe konnte der Anteil der EE an der Stromerzeugung binnen weniger Jahre sehr stark gesteigert werden (SRU 2013/10: 20, vgl. Kap. 4.1).

> *Erneuerbare-Energien Gesetz (EEG) – Ursprünglicher Kern*: Das EEG von 2000 beruhte auf folgenden Prinzipien:
>
> 1) Die Netzbetreiber mussten *Anlagen*, die EE-Strom erzeugen, an das Stromnetz anschließen und den erzeugten Strom in das Netz aufnehmen.
>
> 2) Sie mussten den eingespeisten EE-Strom mit einer gesetzlich festgelegten Einspeisevergütung vergüten. Diese Einspeisevergütung wird 20 Jahre lang gezahlt.
>
> 3) Die Vergütung war kostendeckend (d.h. die Kredite für die Anlage konnten i.d.R. refinanziert werden und der Stromverkauf warf einen angemessenen Gewinn ab).
>
> 4) Es existierte keine Begrenzung des EE-Ausbaus.

*Bewertung*: Das EEG in seiner ursprünglichen Form hatte folgende *Vorteile*:

(1) *Ökologische Wirksamkeit:* Nach dem heutigen Kenntnisstand existiert kein Instrument, das so effektiv das Ziel einer 100 %-Versorgung mit EE erreichen kann. Das zeigte der schnelle Ausbau der EE seit Einführung des EEG. Dies hängt damit zusammen, dass das EEG eine hohe Investitionssicherheit und Rentabilität für Kapitalanbieter sichert (Investitionskosten sind bekannt, laufende Kosten gering, Erlöse über 20 Jahre relativ sicher). Eine Untersuchung der EU-Kommission zeigte, dass kein anderes Instrument so erfolgreich war (DIW u.a. 2008).

(2) *Ökonomische Effizienz:* In der von der EU-Kommission angestellten Vergleichsbetrachtung zu anderen in der EU angewandten Instrumenten (wie Ausschreibungs- und Quotenmodellen) stellte sich heraus, dass das EEG-Modell die höchste ökonomische Effizienz erzielte (die größten

Steigerungserfolge bei den geringsten Kosten). Die Stromgestehungskosten des „Öko-Stroms" konnten – auch durch gezielt in das Gesetz integrierte Degressionsfaktoren – erheblich gesenkt werden, so dass es möglich wurde, die Mindestvergütungen schrittweise herabzusetzen. Diese hohe Effizienz hängt damit zusammen, dass die Anlagenbetreiber keine Risikoaufschläge erheben müssen und hierdurch von den Banken zinsgünstige Kredite erhalten.

(3) *Dynamische Anreizwirkungen:* Das EEG hatte eine hohe dynamische Anreizwirkung, da die Einspeisevergütungen für Neuanlagen i.d.R. jedes Jahr abgesenkt wurden.

(4) *Praktikabilität und Flexibilität:* Das EEG ist sehr praktikabel (die Vergütung funktioniert relativ problemlos) und flexibel (bei technischen Änderungen können die Einspeisevergütungen verändert werden).

Aufgrund des großen Erfolgs dieses Gesetzes haben bereits 23 EU-Staaten staatlich fixierte Einspeisevergütungen oder -prämien eingeführt, nur vier Länder verfügen 2014 noch über Quotenmodelle (Ancygier u.a. 2013/05: 21). Weltweit haben 66 Staaten festgelegte Einspeisevergütungen für EE eingeführt (DIW 2014/06: 91), 27 Provinzen haben vergleichbare Regelungen eingeführt (REN21 2012: 12). Der SRU bezeichnet daher das EEG als „Dreh- und Angelpunkt für die Transformation" (SRU 2013/10: 28).

*Erneuerbare Energien Gesetz (EEG) – Novellierungen*

Das EEG wurde seit seiner ursprünglichen Verabschiedung 2000 mehrfach novelliert. Die meisten Novellierungen beinhalteten einen schnelleren Abbau der Einspeisevergütungen. Grundlegendere Novellierungen erfolgten 2009 u.a. mit der Einführung der Marktprämie, die die Betreiber von EE-Anlagen seitdem statt der Einspeisevergütung erhalten können, und 2012, als ein Deckel für die EEG-Förderung für PV-Strom auf eine Leistung von 52 GW begrenzt wurde.

*Marktprämie:* Die Marktprämie wurde eingeführt, um für EE-Betreiber einen Anreiz zu schaffen, auf die EEG-Vergütung zu verzichten und stattdessen den EE Strom direkt zu vermarkten (selbst zu verkaufen). Hierbei bildet sich sein *Gesamterlös* für den EE-Strom aus dem Großhandelspreis + der Marktprämie. Die Höhe der Marktprämie wird jeweils auf Monatsbasis im Nachhinein berechnet. Hierbei werden die *durchschnittlichen* Erlöse von EE-Strom ermittelt und die Differenz zur im EEG festgelegten Einspeisevergütung ausbezahlt. Gelingt es einem EE-Betreiber, seinem Strom zu einem überdurchschnittlichen Preis zu verkaufen (z.B. weil zu diesem Zeitpunkt die Nachfrage besonders hoch ist), kann er den Betrag über dem Durchschnittspreis als Sondereinnahme verbuchen.

III. Direkte Akteure

*Auseinandersetzung mit der Kritik am ursprünglichen EEG*

*Der Hauptnachteil* liegt (ironisch formuliert) in seinem beispiellosen Erfolg. Das führte zu einem erheblichen Widerstand aller Akteure, die ihre Interessen mit der konventionellen Energiewirtschaft verknüpft haben. So werden seit einigen Jahren immer neue Kampagnen gestartet, um das EEG zu diskreditieren. Seit 2012 werden die *zunehmenden Kosten der EEG-Umlage* für die sozial schwachen Haushalte kritisiert (die EEG-Umlage beträgt 2014 6,24 ct/kWh).

*Bewertung*: Diese Kritik ist zum Teil nur vorgeschoben, um das EEG zu diskreditieren. Dieser *Kritik ist entgegenzuhalten*:

(1) Die EE erhalten nur einen Bonus, weil die atomaren und fossilen Energien ihre Umweltkosten externalisieren können, sonst wären sie preiswerter als die fossilen Energien.

(2) Strom aus Kohlekraftwerken wurde billiger, weil der Preis von $CO_2$-Zertifikaten stark gesunken ist. Damit wird aber auch die Differenz zwischen dem auf der Strombörse zu erzielenden Preis und der gesetzlich fixierten EEG-Vergütung immer höher, diese Differenz wird durch die EEG-Umlage, den die Endkunden zu zahlen haben, ausgeglichen (Strompreis-Paradoxon).

(3) Dieser Zusammenhang basiert auf dem Merit-Order-Effekt: Die Preise an der Strombörse richten sich danach, welche Kraftwerke/ Erzeugungsanlagen zur Deckung des Bedarfs in Anspruch genommen werden müssen. Jeder Stromerzeuger bietet seinen Strom an der Börse zu einem Angebotspreis an. Ist das Stromangebot groß, weil viel EE-Strom und viel billig produzierter Braunkohle- oder Atomstrom verfügbar ist, so ergibt sich ein niedriger Börsenpreis, weil Strom aus teurer produzierenden Erzeugungsanlagen nicht benötigt wird.

(4) Die stromintensiven Industrien wurden von der Finanzierung der EE weitgehend befreit, diese Summe müssen die privaten Haushalte und alle nicht privilegierten Unternehmen zusätzlich zahlen.

(5) Schließlich kann Umwelt- und Energiepolitik nicht die Sozialpolitik ersetzen (wer Transfereinkommensbezieher als zu belastet sieht, muss die Transferzahlungen erhöhen). Daher fordert ein Bündnis aus Kirchen, Gewerkschaften, Wohlfahrts-, Verbraucher- und Umweltverbänden, die Befreiung der Unternehmen von der EEG-Umlage abzuschaffen, die sozialen Transfers um die EEG-Umlage aufzustocken, gesetzliche Mindestlöhne und eine kostenlose Energieberatung (Reuter 2013/08: 16).

(6) Wie die folgende Abbildung 11 zeigt, handelt es sich bei der EEG-Umlage größtenteils um die Lasten der Vergangenheit, künftig sind die Einspeise-

vergütungen deutlich geringer (hier am Beispiel der Stromeinspeisung aus PV, die Einspeisevergütung aus Wind ist zum Teil noch geringer; das BMWi gibt andere Zahlen an: 17 ct/kWh durchschnittliche Altanlagen, künftig 12 ct/kWh Neuanlagen BMWi 2014/06).

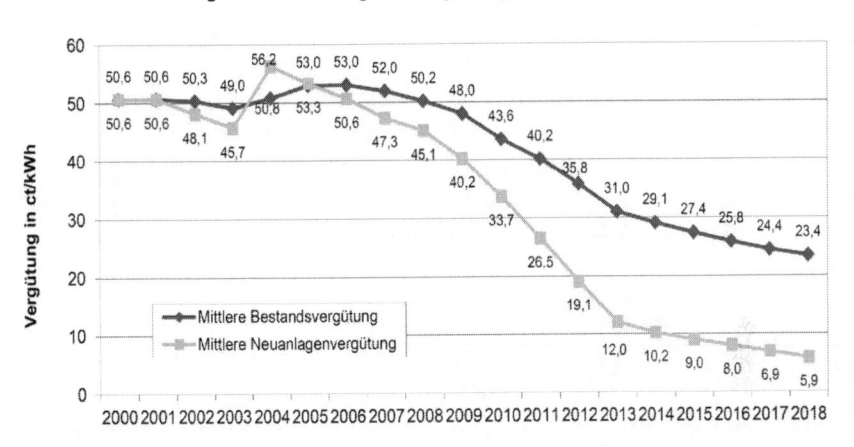

*Abbildung 11: Entwicklung der Vergütungen für PV-Strom*

[Diagramm: Vergütung in ct/kWh, Jahre 2000–2018.
Mittlere Bestandsvergütung: 50,6; 50,6; 50,3; 49,0; 56,2; 53,0; 53,0; 52,0; 50,2; 48,0; 43,6; 40,2; 35,8; 31,0; 29,1; 27,4; 25,8; 24,4; 23,4.
Mittlere Neuanlagenvergütung: 50,6; 50,6; 48,1; 45,7; 50,8; 53,3; 50,6; 47,3; 45,1; 40,2; 33,7; 26,5; 19,1; 12,0; 10,2; 9,0; 8,0; 6,9; 5,9.]

Quelle: Kelm u.a. 2014: 31.

2014 wurde von dem ehemaligen Bundesumweltminister *Klaus Töpfer* und dem *Öko-Institut* der Vorschlag vorgelegt, einen Teil der EEG-Umlage durch einen EEG-Vorleistungsfonds zu finanzieren (vergleichbar dem Wiederaufbaufonds der Nachkriegszeit oder im Zuge der deutschen Wiedervereinigung, Töpfer 2013/11; Öko-Institut 2014/03). Dieser Vorschlag wurde zunächst verworfen, er könnte aber im Zuge der Diskussion wieder aufgegriffen werden. Er scheint überdenkenswert, da die hohen Kosten für die frühen PV-Anlagen keine Konsumausgaben der heutigen Generation zu Lasten künftiger Generationen darstellen, sondern notwenige Investitionen (sonst wären die großen technischen Entwicklungen der PV nicht erzielt worden). Die Finanzierung langlebiger Investitionen (z. B. öffentliche Infrastruktur) wird schon immer (mittels Kredite) über mehrere Jahrzehnte verteilt.

Eine weitere Kritik beschäftigt sich mit der *Rechtsnatur des EEG* und ist daher von vielen Laien nicht durchschaubar. Wir folgen *Brandt* (2014/03: 65), der sich hiermit wie folgt auseinandersetzt:

(1) *Die EEG-Umlage sei eine Sonderabgabe* (mit allen vom Bundesverfassungsgericht festgelegten Einschränkungen).

*Bewertung*: Die EEG-Umlage ist keine Sonderabgabe, da es keine öffentlich-rechtliche Zahlungspflicht an eine staatliche Einrichtung regelt, sondern eine privatrechtliche Zahlung von Endkunden an die Übertragungsnetzbetreiber.

(2) *Die kostendeckende Einspeisevergütung nach EEG sei eine Subvention.*
*Bewertung*: Die Einspeisevergütung ist keine Subvention, da die Vergütung nicht aus einem öffentlichen Haushalt stammt (Kernbestandteil des Subventionsbegriffs).

(3) *Das EEG-Fördersystem sei eine* (EU-rechtlich verbotene) *Beihilfe.*
*Bewertung*: Eine Beihilfe ist eine finanzielle Begünstigung eines Privaten durch den Staat. Hier gilt die gleiche Bewertung wie bei (2), die EEG-Einspeisevergütung ist wie die EEG-Umlage ausschließlich privatrechtlicher Natur (öffentliche Mittel werden an keiner Stelle eingesetzt). Damit ist das Fördersystem keine Beihilfe.

*Nutzung des erzeugten EE-Stroms*

Nach dem bisherigen Konzept des EEG hatten Erzeuger von EE-Strom drei verschiedene Möglichkeiten, ihren Strom zu nutzen. Sie können:

(1) *Den Strom selbst nutzen*, die Betreiber müssen dann diesen Strom nicht von einem Stromanbieter erwerben.

(2) *Den Strom ins Netz einspeisen*, das Gesetz garantiert ihnen dann für 20 Jahre eine gesetzlich festgelegte (wirtschaftlich ausreichende) Mindestvergütung. Die Netzbetreiber müssen diesen Strom ins Netz aufnehmen und vergüten. Um einen Anreiz zur Kostensenkung zu geben, erhalten Anlagen, die später errichtet werden (z. B. 2016 statt 2015), eine niedrigere Vergütung. Die Differenzsumme zwischen dem an der Strombörse zu erzielenden Preis und der gesetzlich fixierten Einspeisevergütung wird über ein ausgeklügeltes System gleichmäßig auf die Mehrzahl der Endverbraucher verteilt (ausgenommen sind Unternehmen, die einen besonders hohen Anteil der Stromkosten an ihren gesamten Herstellungskosten haben).

(3) *Den Strom selbst vermarkten*, z. B. an der Strombörse verkaufen oder an einen Großabnehmer vermarkten. Sie erhalten dann eine Markt- und Flexibilisierungsprämie statt der festgelegten Einspeisevergütung.

*EEG 2014*

Aufgrund der öffentlichen Kritik an der steigenden EEG-Umlage hat die Große Koalition 2014 das EEG grundlegend novelliert (daher der von einigen verwendete Begriff 2.0). Das novellierte EEG (wie es als Entwurf zu Redaktionsschluss des Buches vorliegt, aber noch nicht in Kraft ist) bringt folgende *zentrale Veränderungen* mit sich (eine detaillierte Kommentierung können wir hier noch nicht bieten):

1) *Direktvermarktung*: Alle Betreiber größerer Neuanlagen zur Erzeugung von EE-Strom müssen ihren Strom selbst vermarkten (Zwang zur Direktvermarktung, Bagatellgrenze sinkt von 500 kW 2014 auf 100 kW 2017). Im bisherigen System war das die Aufgabe der Übertragungsnetzbetreiber. Die Förderung der EE findet danach nicht mehr durch eine gesetzlich fixierte Einspeisevergütung statt, sondern über einen Zuschuss (Marktprämie) zu den erzielten Verkaufserlösen (§ 15a EEG). Hierdurch soll erreicht werden, dass die EE-Betreiber ihr Angebot der Nachfrage anpassen („Marktintegration der EE" genannt).

*Bewertung:* Zu dieser Änderung existieren unterschiedliche Positionen: a) Die *Befürworter* begrüßen die Direktvermarktung (SRU 2013/10: 20). Einen erhöhten Aufwand und steigende Unsicherheit befürchten sie nicht, da sich nicht die Investoren um die Vermarktung kümmern werden, sondern Stromhändler. Die Förderung der EE soll durch eine Marktprämie erfolgen, so „dass die Erzeuger (...) mindestens mit den gleichen Erlösen rechnen können wie bisher" (SRU 2013/10: 24). Hier stellt sich allerdings die Frage, wie durch ein zusätzliches Unternehmen (das seine Kosten decken und Gewinn erzielen will) Geld gegenüber dem jetzigen System eingespart werden soll.

b) Die *Kritiker* halten dem entgegen, dass sich das Sonnen- und Windangebot nicht von Marktpreisen beeinflussen lässt, sondern von Naturgesetzen abhängt. Sie befürchten, dass der Zwang zur Direktvermarktung den Aufwand und die Unsicherheit der Investoren erhöht, die hierdurch auf Investitionen in EE-Anlagen verzichten könnten. Weiterhin wird befürchtet, dass die Direktvermarktung dazu führt, dass EE-Betreiber ihre Anlagen häufiger außer Betrieb nehmen (abregeln), während die Betreiber von Grundlastkraftwerken (Braunkohle) ihre Anlagen weiter betreiben. In der Folge würden die Flexibilitätsanreize für die konventionellen Kraftwerke geschwächt. Darüber hinaus wird befürchtet, dass das Marktprämienmodell die EE-Anlagenbetreiber zugunsten von Direktvermarktungs-Oligopolen schwächt. Zusammengefasst kann die verpflichtende Direktvermarktung verhindern, dass das Potential der EE ausgeschöpft wird, d.h. die Energiewende wird verlangsamt (IZES 2014/03).

2) *Deckelung des EE-Ausbaues*: Der Ausbaukorridor für EE wird im Gesetz festgelegt. Überschreitet eine EE-Technik bis 2017 das Ausbauziel, wird die Vergütung schneller verringert:

- Der Ausbau der *Onshore*-Windkraftwerke wird gedeckelt (im Entwurf 2.400 bis 2.600 MW pro Jahr). Werden mehr Anlagen errichtet, sinkt die Vergütung schneller. Werden Anlagen modernisiert (Repowering genannt), wird nur die Leistungserhöhung berechnet.
- Die *PV* bleibt gedeckelt (im Entwurf: 2.600 MW/Jahr). Der Bau von Freiflächen-Anlagen wird durch die Einführung des Ausschreibungsmodells auf jährlich 400 MW begrenzt.
- Bei der *Bioenergie* wird die Förderung auf die Nutzung von Abfall- und Reststoffen konzentriert. Das soll zu einem jährlichen Zubau in Höhe von 100 MW führen.
- *Wind-Offshore*-Anlagen erhalten ein Ausbauziel (im Entwurf: 6.500 MW bis 2020 und 15.000 MW bis 2030).

Darüber hinaus sollen die Bundesländer das Recht erhalten, länderspezifische Mindestabstände zwischen Windkraftanlagen und Wohnbebauung festzulegen (diese Regelung will Bayern nutzen, um so große Abstände einzuführen, sodass ein weiterer Bau von Windkraftanlagen in Bayern quasi unmöglich wird).

*Bewertung*: Damit bestimmen über die Ausbaudynamik der EE nicht mehr die an die Investoren gerichteten Anreize, sondern die politischen Mehrheiten in den Bundesländern. Es besteht die Befürchtung, dass diese Maßnahme zu einer Verunsicherung bei den Investoren führt und in der Folge nicht einmal die abgesenkten Ziele erreicht werden.

3) *Der Ausbau der EE soll auf die kostengünstigsten Techniken konzentriert werden*: Im Zentrum soll künftig der Ausbau der Windenergie und der PV liegen. Die Biomasse-Förderung soll sich auf Abfall- und Reststoffe konzentrieren. Die hohe EE-Vergütung für Wind-Offshore-Anlagen soll aber erhalten bleiben.

*Bewertung*: Dass Sonne und Wind in einer 100 %-Versorgung die Hauptlast tragen werden, ist unter den EE-Experten nicht umstritten. Dass aber ausgerechnet die kostengünstigsten Energien (Onshore-Wind und PV) einen Deckel erhalten sollen und die Förderung von Windenergie an Land weiter (um 10 bis 20 %) gekürzt werden soll, während die teure Offshoretechnik erst 2018 und 2019 und dann jeweils nur um 1 Cent/kWh gekürzt werden soll, wirkt in sich nicht schlüssig.

4) *Einführung eines Ausschreibungsmodells*: Ab 2016 soll die Förderhöhe (die Marktprämie statt der festgelegten Einspeisevergütung) über Ausschreibungen ermittelt werden.

*Bewertung*: Diese Änderung des EEG wird unterschiedlich bewertet. Die *Befürworter* des Modells begrüßen den Preisdruck, der hiervon ausgeht (nur die preiswertesten erhalten den Zuschlag). Die *Kritiker* befürchten, dass die Einführung des Ausschreibungsmodells die Unsicherheit der Investoren erhöhen und damit für eine Verringerung der Ausbaugeschwindigkeit sorgen könnte, da die Planungen von Anlagen teurer werden (die Planer müssen Risikoaufschläge einplanen für die Anlagen, die nicht gebaut werden). Auch kann niemand (auch kein Investor) mehr von einer garantierten Vergütungshöhe ausgehen. Weiterhin begünstigt ein Ausschreibungsmodell große Unternehmen, die hierfür eine eigene Abteilung aufbauen können, während kleine Unternehmen (z.B. Energiegenossenschaften) hierdurch abgeschreckt werden.

5) *EEG-Umlage für Eigenverbrauch von EE-Strom*: Betreiber von neuen PV-, Windkraft- und KWK-Anlagen sollen für den Strom, den sie erzeugt haben und selbst verbrauchen, 40 % der EEG-Umlage zahlen. Kohle- und Gaskraftwerke sollen die volle Umlage zahlen
*Bewertung*: Kritiker vergleichen die Umlage auf selbstverbrauchten Strom mit der Erhebung von Umsatzsteuer auf Äpfel aus dem eigenen Garten und nennen die geplante Regelung „Sonnensteuer" (Wenzel 2014/05: 10).

6) *Ausbau der EE soll an den Netzausbau gekoppelt werden*: Noch nicht im EEG festgelegt, aber nach dem Eckpunktepapier des Ministeriums (BMWi 2014/01) avisiert, ist eine Koppelung der Ausbauraten an die Fortschritte des Netzausbaus.
*Bewertung*: Diese Verknüpfung werden einige Netzausbaugegner möglicherweise als Nötigung empfinden.

*Ausblick:* „Mit der grundlegenden Reform des EEG im Jahr 2014 soll das Ausmaß und die Geschwindigkeit des Kostenanstiegs spürbar gebremst werden" (BMWi 2014/03: 5). Dieses Ziel verkennt die Bedeutung der Investitionen in EE, die dazu führten, dass z.B. die Gestehungskosten des PV-Stroms in nur 15 Jahren um 80 bis 90% gesunken sind. Ab dem Jahr 2020 werden in Deutschland jährlich die jeweils ältesten (teuersten) Anlagen aus der EEG-Vergütung ausscheiden, weil die 20-jährige Einspeisevergütung endet. Die meisten Anlagen werden aber weiter Strom liefern, deren Gestehungskosten unterhalb aller atomaren und fossilen Energiesysteme unterbietet. Je geringer der jährliche Zubau von – immer preiswerteren Anlagen – umso langsamer sinkt die durchschnittliche Vergütung für PV-Strom (ISE 2014/04: 10). Die Kritiker der Novellierung des Gesetzes befürchten, dass nicht mehr der stetige Ausbau der EE im Mittelpunkt des Gesetzes steht, sondern – einseitig berechnete – Kostenaspekte. Sie glauben, dass die Kernelemente der Novellierung des EEG – Direktvermarktung, Ausschreibung, Deckelung des Ausbaus – zu einer größeren Unsicherheit für die Investoren und Banken führen könnten, die darauf mit einer Risikoprämie für ihre Investitionen und höheren Zinsen für die Kredite reagieren werden (Leuphana, Nestle 2014/04: vii; ISE 2014/04: 11). Damit könnten die Änderungen – im Gegensatz zu den Zielen – nicht zu einer Kostensenkung, sondern zu einer Verteuerung des Transformprozesses führen. Ob hierdurch die durchaus ambitionierten Ziele (2025: 40-45 % und 2035: 50-60 % EE-Strom) befördert oder eher verhindert werden, ist zumindest unsicher. Daher haben die Bundesländer im Bundesrat knapp 100 Änderungsanträge zur Gesetzesnovelle eingebracht (Mihm 2014/05), und das BMUB fordert in seinem Aktionsprogramm Klimaschutz 2020: „Die Wirkung des novellierten EEG ist (…) kontinuierlich zu prüfen." (BMUB 2014/04: 8), bei negativen Auswirkungen müsste das Gesetz erneut novelliert werden. Ein Vergleich von neun unterschiedlichen Studien durch das IASS kommt zu teilweise anderen positiveren Bewertungen (IASS 2014/02).

*Gesamtbewertung von Bonus-Malus-Systemen*

Bonus-Malus-Systeme wurden bislang nur selten eingeführt. Sie eignen sich überall, wo das Ordnungsrecht und Umweltabgaben nicht auf die notwendige Akzeptanz stoßen, aber effektive ökologische Leitplanken notwendig sind. Mit dem EEG wurde bewiesen, dass mit diesem Instrument hohe Investitionen initiiert werden können. Daher sollte dieses Instrument auch eingeführt werden, um die notwendige Wärmeschutzsanierung des Gebäudebestandes zu sichern.

### Drittens: Handelbare Naturnutzungsrechte

Zum besseren Verständnis wollen wir dieses relativ neue Instrument in verschiedene Bereiche gliedern.

*Handelbare Naturnutzungsrechte* (auch Lizenz- oder Zertifikatsmodelle genannt): H.N. sind ein umweltökonomisches Instrument, das die wirtschaftlichen Rahmenbedingungen der Akteure so verändert, dass ein politisch festgelegtes Naturnutzungsziel volkswirtschaftlich effizient erreicht wird. Die Grundidee stammt von Crocker (1966) und Dales (1968), es basiert auf folgenden Bausteinen (hier am Beispiel des $CO_2$-Emissionshandelssystems):

1) Durch den Staat (oder auf globaler Ebene durch die Staatengemeinschaft) wird eine Höchstgrenze (cap) für die Nutzung natürlicher Ressourcen festgelegt (hier die jährliche Emissionsmenge an Treibhausgasen).
2) In dieser Höhe werden Naturnutzungsrechte (Lizenzen) vergeben (hier: Emissionsrechte). Die Verteilung der Lizenzen erfolgt durch Auktion (Kauf) oder durch kostenfreie Vergabe entsprechend früherer Emissionen (sog. „Grandfathering"). Beim Grandfathering werden bestimmte Abzüge vorgenommen (sonst käme es ja nicht zu einer Reduktion), oder die Emissionsrechte werden stufenweise verringert.

3) Die Naturnutzer (Staaten oder Unternehmen) können die Naturnutzungsrechte untereinander handeln (cap and trade). Übersteigen z. B. die Emissionen eines Nutzers die Anzahl seiner Lizenzen, kann sich der Nutzer (z. B. das Unternehmen) entscheiden, ob er in Minderungsmaßnahmen investiert oder weitere Lizenzen erwirbt.

Eine Messung der Emissionsmengen ist nicht notwendig, da jeder fossile Energieträger bei der Verbrennung eine spezifische Menge an $CO_2$ freisetzt. Die Berechnung der jährlichen Emissionsmengen erfolgt also aufgrund der verkauften Energieträger.

Da hier der zu erreichende Standard durch die festgelegte Emissionsmenge (den cap) erreicht wird, spricht man von einer *Mengenlösung*. Durch dieses Instrument soll die Naturnutzung einen Preis erhalten und über marktwirtschaftliche Mechanismen (Preis) für eine effiziente Minderung der Umweltbelastungen führen.

Anwendung findet dieses Instrument in den USA für $SO_2$-Emissionen aus Kraftwerken im Rahmen des Clean Air Act. In Europa wurde ein $CO_2$-Emissionshandelssystem (ETS) eingeführt, das 2008 in eine 2. Phase und 2013 bis 2020 in eine 3. Phase überführt wurde.

*Bewertung*: Das Instrument verfügt theoretisch über eine hohe ökologische Wirksamkeit als auch über eine ökonomische Effizienz. Die ökologische Wirkung (Effektivität) wird durch die Festsetzung der Höchstmenge (cap) der zugelassenen Naturnutzungsrechte bestimmt. Die ökonomische Effizienz ergibt sich durch den freien Handel dieser Rechte, der dafür sorgt, dass immer dort in Vermeidungsmaßnahmen investiert wird, wo es am kostengünstigsten ist (ökonomisch: wo die Grenzvermeidungskosten am geringsten sind). Jedes Unternehmen hat die Wahl, Lizenzen zu erwerben oder in Vermeidungsmaßnahmen zu investieren (in diesem Fall wird ein Teil der Investitionen durch den Verkauf der Lizenzen finanziert).

*Das $CO_2$-Emissionshandelssystem in Europa (European Emissions Trading Scheme, ETS)*

Vor dem Hintergrund der Beschlüsse des Kyoto-Protokolls 1997 wurde in der EU das Emissionshandelssystem 2005-2012 (erste Periode: 2005-2007, zweite Periode: 2008-2012) für energieintensive Branchen eingeführt (z. B. Stromerzeugung, Metall-, Zement- und Papierindustrie). Damit war das System von vornherein nicht für die Gesamtemissionen von Treibhausgasen konzipiert, sondern für etwa 45-50 % der Emissionen. Immerhin erhielten die $CO_2$-Emissionen das erste Mal einen Preis und die vom System einbezogenen Branchen eine Emissionshöchstgrenze.

Für die *dritte Periode* (2013-2020) gelten folgende zentrale Bestimmungen (Richtlinie 2009/29/EG):

(1) Es existiert nur noch ein einheitlicher europäischer Handelsraum mit einer Emissionsobergrenze (2013: 1.974 Mio. t $CO_2$-Äquivalente). Eine zentrale europäische Institution koordiniert die Verteilung der Zertifikate.

(2) Der Gesamt-cap wird bis 2020 um 21 % gegenüber 2005 (dem neuen Basisjahr) gesenkt, die europäische Gesamtzahl der Emissionsrechte sinkt jährlich um 1,74 %.

(3) Die Stromwirtschaft muss von Anfang an 100 % der Emissionsrechte ersteigern, die anderen energieintensiven Branchen und die neuen Beitrittsstaaten der EU folgen sukzessive. Bis zum Ende der Periode werden alle Zertifikate versteigert. Dabei erhalten Anlagen, für die ein hohes Abwanderungsrisiko gesehen wird („Carbon Leakage"), bis zum Ende der Periode eine kostenlose Zuteilung nach Benchmarks.

(4) Der Emissionshandel wird auf weitere Branchen ausgeweitet (Aluminiumhersteller, Flugverkehr) und um zwei weitere Treibhausgase (Stickoxid und Perfluorkohlenstoffe) erweitert (BMU 2009/02: 97).

Bei einer Fortsetzung der beschlossenen linearen Senkung der Zertifikatmenge um 1,74 % pro Jahr (zwischen 2005 und 2020) können die EU-Klimaschutzziele (80-95 % THG-Minderung bis 2050) nicht annähernd erreicht werden. Um für das längerfristige Ziel im Plan zu bleiben, müsste die Reduktion für den Emissionshandelssektor bis 2020 bei mindestens 30 % liegen. Das Problem verschärft sich durch ein grundlegendes Konstruktionsproblem des EU-ETS: Es sieht keine Anpassung der jährlichen Minderung an die energiewirtschaftliche Bedarfssituation vor: Wenn der Bedarf an fossilen Energien sinkt, weil mehr EE-Strom angeboten wird oder weniger Energie benötigt wird, bleibt es trotzdem bei dem gleichen cap – mit der Folge, dass die Zertifikatepreise in den Keller gehen und der Anreiz für innovative Investitionen ausbleibt. Diese strukturelle Schwäche des Systems zeigt sich sehr deutlich seit 2011. Bei der Berechnung des caps in der dritten Periode war man von einem Zertifikationspreis von 30 €/t $CO_2$ ausgegangen, tatsächlich ist der Preis aber von 2011 15 € auf die Größenordnung von 2 € in 2013 gefallen (Neuhoff, Schopp 2013/11: 3). Dieser Preisverfall ist insbesondere auf die Wirtschaftskrise 2008/09, den Erfolg der EE und den im EU-ETS großzügig vorgesehenen Zustrom von Emissionsgutschriften auf Grund von bestimmten Investitionen der Unternehmen in anderen Ländern zurückzuführen. Durch den Preisverfall der $CO_2$-Zertifikate sinkt auch der Preis des Stroms aus fossilen Energien an der Strombörse. Um den weiteren Preisverfall zu stoppen, beschloss das EU-Parlament 2013 Zertifikate für 900 Mio. t $CO_2$ vorübergehend vom Markt zu nehmen (sog. Backloading). 2014 wurden die ersten Zertifikate für 400 Mio. t $CO_2$ zurückgehalten, 2015 sollen Zertifikate für 300 Mio. t und 2016 Zertifikate für 200 Mio. t $CO_2$ aus dem Markt genommen werden (BMUB 2014/03/17). Damit wurde der vollständige Zusammenbruch des Systems verhindert, ein Fortschritt in der Klimaschutzpolitik aber nicht erreicht, da die Zertifikate in den Jahren 2019 und 2020 wieder in das System fließen – und weil der Zertifikateüberschuss im Markt weit höher liegt, nämlich bei einer Menge, die über 2 Mrd. t $CO_2$ entspricht (Neuhoff, Schopp 2013/11: 9).

Im *Jahr 2014* legte die Europäische Kommission ihre Vorschläge für die THG-Reduktionsziele bis 2030 vor, demnach soll bis dahin eine Reduktion (gegenüber 1990) von 40 % erreicht sein. Die vom ETS eingeschlossenen Sektoren sollen eine THG-Minderung von 43 % (gegenüber 2005) erbringen. Daraus ergibt sich eine Absenkung des caps von jährlich 2,2 %. Zwischen 2013 und 2020 sind bislang 1,74 % vorgesehen. Des Weiteren soll für Anfang 2021 eine Marktstabilitätsreserve für das Emissionshandelssystem geschaffen werden. Durch diese wäre es möglich, die Anzahl der Zertifikate auf dem Markt je nach Wirtschaftslage (Ab- oder Aufschwung) mit einem festgelegten Mechanismus nach oben oder unten anzupassen (EU-Kommission 2014/01). Die Bewertung des europäischen Emissionshandels (ETS) erfolgt in der Literatur kontrovers. Während die Umweltverbände das System als gescheitert ansehen oder den gesamten Ansatz für falsch halten (Scheer 2012: 73), beurteilt das Kieler Institut für Weltwirtschaft (IfW) die Ergebnisse positiv (die Emissionen der teilnehmenden Industrieunternehmen seien gefallen, ihr Einsatz fossiler Brennstoffe sinke, ihre Wettbewerbsfähigkeit hätte nicht abgenommen, ifw 2014/04).

*Bewertung*: Ob diese positiven Entwicklungen ursächlich durch das ETS erfolgten, ist allerdings unsicher. Daher halten wir fest, dass unabhängig davon, wie man das Instrument prinzipiell und einzelne Erfolge beurteilt, die großen Erwartungen, die viele mit dem System verknüpften, bis heute nicht erfüllt wurden. Zurzeit stellt sich die Frage, ob der EU-Emissionshandel noch reformierbar ist. Wegen seiner den Klimaschutz derzeit bremsenden Wirkung ist eine Reform aus unserer Sicht unumgänglich – sofern es nicht durch bessere Alternativen ersetzt werden kann. Notwendig wäre in jedem Falle sowohl eine wesentlich strengere Bemessung der Reduktionsanforderungen, außerdem ein Mechanismus zur automatischen Anpassung an einen strukturell bedingt sinkenden Bedarf an fossilen Energien (insb. durch EE und Energieeffizienz). Die von der EU-Kommission angedachten Verbesserungen sind dafür zu schwach. An eine denkbare Ausweitung des ETS auf andere Sektoren ist ohne die Behebung dieser Schwächen nicht zu denken (UBA 2014/03: 187). Soll das System erhalten werden, muss der Zertifikationspreis statt der erwarteten 30 €/t $CO_2$ und den 2 bis 3 € in 2013 auf 130 €/t erhöht werden (Öko-Institut, ISI 2014/04: 11). Hierzu existieren eine Reihe von Reformvorschlägen:

Einführung eines $CO_2$-Mindestpreises (z.B. wie im Vereinigten Königreich mittels einer nationalen zusätzlichen Steuer auf Emissionen), oder von Mindestwirkungsgraden (z.B. 58 Prozent Neuanlagen und 40 Prozent Altanlagen).

*Umsetzung in Deutschland*

In Deutschland erfolgte die rechtliche Umsetzung durch das Treibhausgas-Emissionshandelsgesetz (TEHG) und das Zuteilungsgesetz (ZuG). Die Zertifikate wurden zunächst kostenlos nach dem sog. Grandfatheringprinzip ausgegeben, d. h. als Bemessungsgrundlage dienten die Emissionsmengen der Vorjahre (detailliert BMU 2007/02: 9, Rogall 2012, Kap. 7). In der *zweiten Periode* (2008/2012) wurden etwa 9 % der Lizenzen versteigert oder am Markt veräußert. Der Großteil der Lizenzen wurde nach wie vor kostenlos ausgegeben, wobei zwischen Kraftwerken und sonstigen Industrien unterschieden wurde (detailliert Rogall 2012, Kap. 7.3). Im Rahmen der fossilen Stromerzeugung wurde die Zuteilung in Deutschland danach bemessen, welche $CO_2$-Emissionen die verschiedenen Energiearten haben. Das führte real zu einer Bevorzugung von Kohle und hierbei insbesondere Braunkohle gegenüber weniger klimaschädlichem Erdgas. In der *dritten Periode* (2013-2020) erfolgt die Festlegung des cap wie beschrieben auf der EU-Ebene, die Zertifikate müssen im Regelfall käuflich erworben werden.

*Bewertung*: Deutschland hat in den beiden ersten Zuteilungsperioden, als es für die Zuteilung noch zuständig war, den schwerwiegenden Fehler gemacht, den in dem System liegenden Anreiz zum Umstieg von Kohle auf Gas zunichte zu machen. Dieser Fehler hat dazu geführt, dass es den großen Energieversorgern noch lange Zeit lukrativ erschien, in neue Kohlekraftwerke zu investieren. Das erschwert heute und künftig die klimapolitisch notwendige Umsteuerung in der Energiewirtschaft.

*Weitere Emissionshandelssysteme*

Seit der Jahrtausendwende haben sich neben dem europäischen System mehrere nationale und regionale Systeme etabliert. *Japan* versucht seit Jahren, ein Emissionshandelssystem einzuführen. Aufgrund sehr starker Industrielobby und schwacher Umweltverbände ist es aber bislang nur zu unverbindlichen Systemen ohne markante Wirkung gekommen (Rudolph 2011/12). Weiterhin existieren das New Zealand Emissions Trading System sowie regionale und lokale Systeme (die Greenhouse Gas Initiative im Nordosten der USA und das System in der Stadt Tokyo, Rudolph 2011/04: 2). Weitere wurden in mehreren chinesischen Provinzen, Südkorea, Australien und Kalifornien eingeführt (Neuhoff, Schopp 2013/11: 3). Besonders interessant ist das kalifonische Emissionshandelssystem. Es umfasst nicht nur die Emissionen aus Teilen der Industrie und der Stromerzeugung, sondern bezieht auch die

Stromimporte und ab 2015 den Transport- und Gebäudesektor mit ein (85 % der gesamten THG-Emissionen; Rudolph 2014/02: 9).

*Globaler Emissionshandel*

Für die globale Ebene geht man nicht von einem Zertifikatehandel zwischen Unternehmen aus, sondern zwischen Staaten (so nach dem Kyoto-Protokoll). Einige Autoren hoffen, dass der Emissionshandel zwischen den Staaten auf mittlere Sicht (z. B. mit einem denkbaren Kyoto-II-Protokoll) zu dem wichtigsten globalen Klimaschutzinstrument wird (Wicke u.a. 2006). Hierzu muss es aber gelingen, alle Industriestaaten und die bevölkerungsreichen Schwellenländer mit einzubeziehen (z. B. ist China seit 2008 der größte $CO_2$-Emittent). Für die Schwellenländer setzt das voraus, dass das Grandfatheringprinzip aufgegeben wird und alle Menschen die gleichen Emissionsrechte pro Kopf erhalten (Warum sollten sich die Schwellenländer sonst an einem Abkommen beteiligen?, Wicke u.a. 2006). Der WBGU hat hierzu 2009 seinen Budgetansatz für ein internationales Klimaabkommen vorgestellt, der einen tragfähigen Kompromiss zwischen den Interessen der Industrieländer, der Schwellen- sowie der Entwicklungsländer darstellen könnte (WBGU 2009, s.a. WBGU 2011: 11 und Ekardt u.a. 2012: 28). Ein derartiges System der „persönlichen" Emissionsrechte könnte einer Abgabenlösung deutlich überlegen sein, da Umweltabgaben auch dann von vielen Menschen als sozial unverträglich angesehen werden, wenn der größte Teil durch Senkung der Sozialabgaben kompensiert wird. Auch müssen Abgaben regelmäßig (jährlich) ausreichend erhöht werden (mindestens um real 3-5 %,), um eine ausreichende Wirkung zu entfachen. Derartige Steigerungen sind aber nur schwer durchsetzbar (Massarrat 2006: 222).

*Budgetansatz des WBGU (2009)*: Da die Treibhausgase z.T. sehr lange in der Atmosphäre verweilen (erst nach 1.000 Jahren ist etwa die Hälfte abgebaut; WBGU 2009: 3), dürfen ab 2010 bis zur Jahrhundertmitte nur noch etwa 750 Mrd. t $CO_2$ in die Atmosphäre freigesetzt werden (Gesamtbudget), um mit 67 % Wahrscheinlichkeit zu erreichen, dass das 2°C-Ziel eingehalten werden kann. Aus ethischen Gründen (Verursacher-, Vorsorge- und Gleichheitsprinzip) und um eine ausreichende Akzeptanz in der Weltgemeinschaft zu schaffen, muss das $CO_2$-Gesamtbudget gleichmäßig über einen gleichen Pro-Kopf-Schlüssel auf die Staaten der Welt verteilt werden. Das entspricht von 2010-2050 durchschnittlichen $CO_2$-Emmissionsrechten von 2,7 t pro Kopf. Nach der Ausschöpfung des Budgets darf nur noch eine sehr kleine Menge $CO_2$ ausgestoßen werden, so dass die Ära der fossilen Energieerzeugung noch in der ersten Hälfte dieses Jahrhunderts beendet werden muss. Am Ende des Budgetzeitraumes (2050) müssen die Staaten ihre Emissionen auf 1 t $CO_2$/Kopf reduziert haben. Alle Emissionen darüber hinaus müssten sie von anderen Staaten erwerben. Um diese Ziele zu erreichen, müssen u.a. globale und nationale Zwischenziele verbindlich festgelegt werden (damit die notwendigen Handlungen nicht verschoben werden) und eine Weltklimabank eingerichtet werden, die die Verpflichtungen und den Emissionshandel überwacht und sanktioniert. Der *Kompromiss* besteht darin, dass der Budgetzeitraum erst 2010 beginnt und die Industrieländer somit für ihre Emissionen in der Vergangenheit keine Emissionsrechte erwerben müssen. Würde der Zeitraum auf das Jahr 1990 (international gültiges Basisjahr) datiert, hätten die USA, Deutschland und Russland ihre Emissionsrechte schon überzogen, Japan hätte das Limit erreicht (WBGU 2009: 25). Für diese Berücksichtigung ihrer Interessen müssten die betroffenen Länder in einen globalen Klimafonds einzahlen. Auf der anderen Seite beziehen sich die Emissionsrechte auf die Bevölkerung ebenso auf 2010, so dass die Entwicklungsländer einen zusätzlichen Anreiz erhalten, ihre Bevölkerungsentwicklung zu stabilisieren. Konsequenz des Budgetansatzes ist es, dass die Menschheit nicht alle zur Verfügung stehenden fossilen Energieträger nutzen darf.

*Bewertung*: Vorschläge, die auf dem Gerechtigkeitsprinzip beruhen (wie der WBGU-Vorschlag), verstärken die Ablehnungshaltung der USA. Aus dieser Sackgasse führt aus der Sicht von *Stiglitz*, nur ein WTO-Sanktionsverfahren wegen Öko-Dumping heraus. Stiglitz verweist auf die existierende, mit dem WTO-Vertrag kompatible Möglichkeit, auf Grund der Nichteinhaltung von Umweltanforderungen wegen der darin enthaltenen Wettbewerbsverzerrungen besondere Einfuhrzölle zu erheben („Border Adjustments"). So beinhaltet das Montrealer Protokoll Handelssanktionen gegen Staaten, die sich nicht an das FCKW-Herstellungsverbot halten. Ein anderes Beispiel ist das von den USA angedrohte Einfuhrverbot von Garnelen, wenn Thailand nicht künftig Netze verwendet, die die Meeresschildkröten schützen. Die WTO unterstützte damals die Position der USA und erklärte den Grundsatz, dass die Erhaltung der globalen Umwelt ein so hohes Gut sei, dass der ungehinderte Marktzugang ausgesetzt werden kann, wenn von dem Export eines Landes eine Gefahr für die Umwelt ausgeht. Darauf aufbauend fordert Stiglitz Maßnahmen gegen dieses Öko-Dumping, eine Position die damals für die USA und heute für alle Staaten gilt:

> „Europa, Japan und andere Länder, die dem Kyoto-Protokoll beigetreten sind, sollten daher die Einfuhr US-amerikanischer Güter, bei deren Produktion Treibhausgase die Atmosphäre unnötig belasten, beschränken oder diese Güter mit Zöllen belegen. Der Schutz von Meeresschildkröten ist ein wichtiges Anliegen, aber der Schutz der Erdatmosphäre ist unendlich wichtiger. Wenn im ersten Fall Handelssanktionen gerechtfertigt sind, wie die USA behaupten, dann sind sie im zweiten Falle erst recht angezeigt." (Stiglitz 2006: 225).

Derartige Anti-Dumping-Zölle (sog. Grenzsteuerausgleich) sind in unterschiedlichen Formen denkbar (z. B. im Rahmen des Emissionshandels oder der Energiebesteuerung). Es ist zu befürchten, dass die Weltgemeinschaft an derartigen Maßnahmen nicht vorbeikommt, da bei dem bisherigen Schneckentempo der Verhandlungen noch viele Jahrzehnte für ausreichende Maßnahmen benötigt würden und nach den Erkenntnissen des Weltklimarates nur noch wenige Jahre zur Verfügung stehen (IPCC 2007/04 und 2013).

*Emissionshandelssystem auf der ersten Handelsstufe*

Als Alternative zum bisherigen Emissionshandelssystem spricht sich der Sachverständigenrat für Umweltfragen (SRU) für die Einführung eines Emissionshandelssystems auf der ersten Handelsstufe aus (d.h. bei den Produzenten und Importeuren fossiler Energieträger). Die Begrenzung des heutigen Systems auf wenige Sektoren stellt aus seiner Sicht eine signifikante Schwäche dar, da hier nur ein Teil der Emissionen erfasst wird. Durch den Emissionshandel auf der ersten Stufe müssen deutlich weniger Unternehmen erfasst und kontrolliert werden, weiterhin würden alle Stufen des Einsatzes und alle Einsatzgebiete von energiebedingten $CO_2$-Emissionen betroffen und zu Maßnahmen angeregt (SRU 2002 und SRU 2008/06: 146).

*Bewertung*: Wir folgen der Forderung des SRU und sprechen uns für ein derartiges EU-weites System aus. Befürworter dieser Lösung müssen allerdings wissen, dass auch hiermit die Lenkungswirkungen in einigen Sektoren unzureichend wären. Erstens wäre – wie in der Vergangenheit – der politisch festgelegte cap wahrscheinlich zu wenig ambitioniert. Zweitens sind einige Energieverbräuche (z. B. Kraftstoffe) so hoch besteuert, dass das Emissionshandelssystem hier nur eine geringe Lenkungswirkung entfalten könnte.

*Viertens: Quotenmodelle*

Bei einem Quotenmodell werden die Anbieter einer Branche verpflichtet eine vom Gesetzgeber festgelegte Quote einzuhalten. In unserem Buch sollen die Stromerzeuger bzw. die Stromeinzelhändler einen fixierten Anteil ihrer Stromproduktion bzw. ihres Stromabsatzes aus EE-Quellen decken (Schwarz u.a. 2008: 4). Der Nachweis der Quotenerfüllung wird über Zertifikate erbracht, d.h. der Stromeinzelhändler erwirbt die Zertifikate vom EE-Stromerzeuger (er kann hierbei auf den Kauf von EE-Strom verzichten und nur das Zertifikat erwerben, der EE-Erzeuger verkauft seinen Strom dann extra). Damit werden in der Theorie jeweils die kostengünstigsten EE genutzt, d.h. das EE-Ziel wird effizient erreicht. In der Konsequenz soll hiermit für eine bestimmte Fördersumme der größtmögliche Anteil an EE erzielt werden.
*Bewertung*: Was sich in der Theorie zunächst einfach und sinnvoll darstellt,

hat sich in der Realität aber gerade als nicht effizient herausgestellt (Bofinger 2013/09). Das hat verschiedene Ursachen: (1) Ein Investor einer EE-Anlage weiß – anders als beim EEG – nicht, ob er den mit seiner Anlage erzeugten Strom überhaupt verkaufen kann. Daher wird er – wie bei allen risikohaften Investitionen – einen Risikoaufschlag nehmen müssen, d.h. Quotenmodelle werden oft kostenintensiver als Modelle der fixierten Einspeisevergütung sein. (2) Wer die Quote nicht einhält, muss Strafe zahlen, d.h. oft werden die EE-Ausbauziele nicht erreicht. Daher haben alle Länder mit einer fixen Einspeisevergütung höhere EE-Ausbauraten vorzuweisen, als die Länder mit Quoten. (3) Da nur die preiswertesten EE-Anlagen Strom verkaufen können, werden alle anderen EE-Techniken nicht gebaut und können daher auch keine Kostendegressionen erreichen, d.h. PV-Anlagen wären immer teuer geblieben. Die Untersuchungen in der EU zeigen, dass in allen Ländern mit Quote (Italien, Großbritannien, Polen, Belgien) die Strompreise höher und die installierte Leistung von Onshore-Windkraftwerken meist niedriger als in den Ländern mit fixen Einspeisevergütungen sind (DIW 2012/45). Eine Quote würde aufgrund der mangelnden Investitionssicherheit dafür sorgen, dass keine neuen Privat-, Bürger- und Genossenschaftsanlagen mehr gebaut würden (Kap. 16 und 17). Damit halten wir als Zwischenfazit fest, dass ein Umstieg auf ein Quotenmodell – anders als in der Öffentlichkeit oft dargestellt – kein überzeugendes Instrument zur Erreichung der Klimaschutzziele darstellt.

*Sonstige Umweltökonomische Instrumente*

Es existiert noch eine Reihe weiterer umweltökonomischer Instrumente z. B.: Benutzervorteile oder eine technikneutrale Prämie für EE-Strom, die aber für unser Buch weniger relevant sind (detaillier Rogall 2012, Kap. 7).

## 8.6 Zusammenfassung

Das Kapitel hat gezeigt, dass sich die Wirtschaftsakteure aufgrund der sozialökonomischen Faktoren nur schwer nachhaltig verhalten können, Marktversagen genannt. Diesen sozial-ökonomischen Faktoren kann sich kaum jemand vollständig entziehen, da sich die Mehrheit der Akteure bei der Auswahl von Gütern zweckrational verhält, d.h. meistens das betriebswirtschaftlich preiswertere Produkt bevorzugt. So können wir festhalten, dass heute theoretisch und empirisch bewiesen ist, dass der Markt keine nachhaltige Energiepolitik ermöglichen kann, vielmehr das Marktversagen in diesem Sektor zwingend und strukturell bedingt ist. Somit wird es ohne ökologische Leitplanken

## 7. Leitplanken für die Energiewende

durch einen „gestaltenden Staat" (WBGU 2011: 7) keine 100 %-Versorgung mit EE geben.

Im *Stromsektor* ist Deutschland bereits ein Stück des Weges in Richtung einer 100 %-Versorgung mit EE vorangekommen. Der sehr schnelle Ausbau der EE (Kap. 4) war bislang dem sehr effektiven Instrument *EEG* zu verdanken. Kritische Autoren bewerten die EEG-Novellierung 2014 als „Energiewende rückwärts" (Vorholz 2013/12: 26). Daher müssen die Folgen der Novellierung geprüft und ggf. das Gesetz erneut novelliert werden. Zusätzlich ist ein Ausstieg aus der Kohlenutzung unverzichtbar (derzeit ist allerdings eine gegenteilige Entwicklung sichtbar, das relativ klimaschutzfreundliche Erdgas wird durch Kohle verdrängt). Um einen Kohleausstieg bis 2040 zu erreichen, empfiehlt der SRU der Bundesregierung, sich auf europäischer Ebene nachdrücklich für einen effektiveren Emissionshandel einzusetzen. Hierzu gehören auch anspruchsvollere Klimaschutzziele (z. B. Minderung der THG-Emissionen bis 2030 um -45 % und ein EE-Anteil am Endenergieverbrauch von 40 %, SRU 2013/10: 22). Wenn eine ausreichende und schnelle Reform des *ETS* nicht gelingt, sollte Deutschland umgehend dem britischen Beispiel folgen und eine nationale $CO_2$-*Besteuerung* einführen, deren Höhe sich an dem Kohlenstoffgehalt der Energieträger orientiert (SRU 2013/10: 22). Als erster Schritt könnten die Ausnahmetatbestände im Energiesteuergesetz für Stromerzeugungsanlagen abgeschafft werden. Alternativ hierzu könnte eine *Schadstoffsteuer* eingeführt werden.

Schwieriger sieht es im *Wärmemarkt* aus. Hier geht der Ausbau nur sehr langsam voran. Das liegt vor allem an den mangelnden Instrumenten: (1) *Keine Nutzungspflichten für EE im Bestand* (z. B. bei Heizungsaustausch mittels Erneuerbare-Energie-Wärmegesetz), (2) *kein Bonusmodell analog zum EEG*, finanziert durch Abgaben auf Öl und Gas, (3) *unzureichende Förderprogramme* für Wärmeschutzsanierung und EE-Einsatz, keine steuerliche Absetzbarkeit, (4) *keine Effizienzrichtlinie*, die sicherstellt, dass Versorger in Effizienztechniken investieren.

Noch schwieriger stellt sich der *Verkehrssektor* dar. Der EE-Anteil stagniert hier seit Jahren und ohne massive Anreize werden sich die Elektrofahrzeuge in den nächsten 20 Jahren nicht auf den Märkten durchsetzen. Im Güterverkehr sieht es noch schlechter aus.

Die Bundesregierung sieht daher die Realisierungschancen der Klimaschutzziele ähnlich skeptisch (BMUB 2014/03/17a) und hat 2014 die Entwicklung eines zusätzlichen Aktionsprogramms „Klimaschutz 2020" angekündigt (BMUB 2014/04). Als wesentlicher Bestandteil des Programms werden eine anspruchsvolle Reform des Emissionshandels und der kontinuierliche Ausbau der EE benannt, die Einführung neuer Instrumente aber nicht angekündigt.

Der SRU und der WBGU fordern die Verabschiedung eines *Klimaschutzgesetzes* mit einem klar formulierten Leitbild (z. B. 100 %-Versorgung mit EE bis 2050). Das Klimaschutzgesetz sollte Klimaschutzziele in allen Sektoren der deutschen Volkswirtschaft (Verkehr, Landwirtschaft, Industrie, Gewerbe, Handel, Dienstleistungen und Wärme) in Zehnjahresschritten festschreiben und durch einen Monitoringprozess kontrollieren (SRU 2013/10: 25). Darüber hinaus sollte eine Klimaverträglicheitsprüfung für alle Gesetzesvorhaben eingeführt werden (WBGU 2011: 10). Wir unterstützen diese Forderung, empfehlen aber, automatisch wirkende Sanktionen in das Gesetz aufzunehmen, die sich dynamisch entwickeln, wenn die Ziele nicht eingehalten werden.

*Übersicht 8: Instrumente der Umweltschutzpolitik – Zusammenfassung*

| Kategorie | Instrument | Beispiel |
|---|---|---|
| 1. Direkt wirkende (Gebote und Verbote) | – Grenzwerte<br>– Nutzungspflichten<br>– Produkt- ud Stoffverbote | – Wärmeschutzstandard in EnEV<br>– EE in Wärmenutzungsgesetz<br>– Glühbirne, Schwermetalle |
| 2. Indirekt wirkende (weiche) (Anreize und Informationen) | – Umweltbildung, Information<br>– Selbstverpflichtungen<br>– Förderprogramme<br>– Interne Maßn. der öffentl. Hand | – Ausbildung, Publikationen<br>– $CO_2$-Emissionen Pkw<br>– Kreditprogramme<br>– Beschaffung, Programme |
| 3. Umweltökonomische (neue Rahmenbedingungen) | – Ökologisierung des Finanzsystems (Abgaben)<br>– Bonus-Malus-Systeme<br>– Handelbare Naturnutzungsrechte | – Abwasserabgabengesetz, Ökologische Steuerreform<br>– EEG<br>– Emissionshandelsystem |

Quelle: Eigene Zusammenstellung Rogall 2014.

Wir halten als *Zwischenfazit* fest, dass eine nachhaltige Energiepolitik nur durch ökologische Leitplanken erzielt werden kann. Hierzu stehen viele politisch-rechtliche Instrumente zur Verfügung. Mit wenigen Ausnahmen (z. B. EEG) sind aber bislang alle Instrumente inkonsequent eingeführt worden. Daher sind die wesentlichen Handlungsziele einer nachhaltigen Energiepolitik (Reduzierung der THG-Emissionen bis 2020 um 40 % und eine 80-95 %-Reduzierung der THG-Emissionen bzw. eine 100 %-Energieversorgung mit EE bis 2050) mit der bisherigen Politik nicht zu erreichen. Dabei halten wir uns immer vor Augen, dass Deutschland als Mitgliedstaat der Europäischen Union auch im Bereich der Energiepolitik den rechtlichen Normen der EU unterliegt. Deshalb ist es unverzichtbar – neben der nationalen Vorreiterrolle

– auch auf der europäischen Ebene die politisch-rechtlichen Rahmenbedingungen entsprechend der Klimaschutzziele umzubauen.

*Basisliteratur*

Rogall, H. (2012): Nachhaltige Ökonomie, 2. überarbeitete und stark erweiterte Auflage, Marburg.

# 9. Grundlagen der Akteursanalyse[1]

## 9.1 Modell der direkten und indirekten Akteure

*Erläuterung des Modells*

In einer pluralistischen Gesellschaft existiert keine einzelne Akteursgruppe, die alle Macht vereint. Vielmehr gibt es eine Reihe von Gruppen, die versuchen, den Transformationsprozess zu einer nachhaltigen Energiepolitik zu fördern und zu beschleunigen und andere, die ihn verlangsamen und verwässern. Niemand, der Entscheidungsprozesse der Energiepolitik verstehen will, kommt an der Auseinandersetzung mit ihren Interessen und Mitteln zur Interessendurchsetzung vorbei. Hierzu haben wir in einem Modell die Akteursgruppen und Akteure in *direkte* und *indirekte Akteure* gegliedert (wir folgen hier der Einteilung von Rogall 2003 und 2012). Die folgende Abbildung 12 zeigt eine idealtypische Darstellung der direkten und indirekten Akteursgruppen (zur Funktion von Modellen Kristof 2014: 208).

*Abbildung 12: Direkte und indirekte Akteure aus der nationalen Sicht*

Quelle: Eigene Erstellung Rogall, Niemeyer 2014, nach Rogall 2003.

[1] Dieser Text basiert auf der Veröffentlichungen Rogall 2003 und 2012, Kap. 6.3.

III. Direkte Akteure

Die politischen Akteursgruppen werden direkte Akteure genannt, weil nur sie sozial-ökologische Leitplanken (Rechtsnormen) in Kraft setzen können, ohne die es keinen Transformationsprozess zu einer 100 %-Versorgung mit EE geben kann. Wie wir im Abschnitt IV sehen werden, können die für diese Transformation ebenfalls unverzichtbaren indirekten Akteursgruppen (z. B. die Energiegenossenschaften und Kommunen) ohne die richtigen Rahmenbedingungen (z. B. kostendeckende Einspeisevergütung für EE) den Transformationsprozess nicht zum Erfolg führen.

*Direkte Akteure:* Als d.A. werden alle Menschen in Institutionen verstanden, die unmittelbar mit der Inkraftsetzung und Überprüfung von Rechtsnormen befasst sind: Bundestag, Bundesregierung, Bundesländer und Bundesrat, die EU. In einer gewissen Grauzone befinden sich die obersten Gerichte (die Gesetze auf ihre Verfassungskonformität überprüfen und durch ihre Urteile den unmittelbaren Gesetzgeber zu Verabschiedung von Gesetzen anhalten können) und bestimmte internationale Organisationen (z. B. der Sicherheitsrat und die WTO), die mit ihren Beschlüssen und Sanktionen gesetzesgleiche Normen erlassen (Rogall 2003).

*Indirekte Akteure:* In einem pluralistisch verfassten System wie dem der Bundesrepublik existiert darüber hinaus eine Vielzahl von weiteren wichtigen Akteursgruppen, die Rechtsnormen zwar nicht in Kraft setzen können, aber durch ihren Einfluss auf die direkten Akteure über ein großes Machtpotential verfügen. Diese Akteure und Akteursgruppen werden hier indirekte Akteure genannt: Verwaltungen, Kommunen, Massenmedien, politische Parteien, Interessenvertretungen der Wirtschaft, Nicht-Regierungsorganisationen (NGOs) sowie die Verbraucher und Verbraucherverbände.

### *Abgrenzungen*

Es existiert eine Reihe von Akteursgruppen, die sich in einer Grauzone zwischen direkten und indirekten Akteuren befinden. Hierzu gehören:

— *Die globalen Akteure*: Sie können keine Rechtsnormen verabschieden. Wir zählen sie dennoch zu den direkten Akteursgruppen, da einige Akteursgruppen (z. B. die WTO und Weltbank) über große Macht verfügen und über die Nationalstaaten immer wieder verbindliche Rechtsnormen erwirken.

— *Die Gerichte*: Auch sie können keine Rechtsnormen erlassen, zählen aber in der Staatstheorie zu den drei Gewalten eines Staates und zumindest die Bundesgerichte haben immer wieder neue Rechtsnormen über ihre Grundsatzurteile erwirkt.

– *Die Verwaltungen:* Ob Verwaltungen und Politik zwei verschiedene Akteursgruppen sind oder die Verwaltung ein integraler Bestandteil der Politik ist, ist umstritten. Aufgrund unserer Beobachtungen schließen wir uns der Position von Jänicke und Luhmann an, die davon ausgehen, dass es sich um zwei unterschiedliche Akteursgruppen handelt (Jänicke 1986: 43). Verwaltungen setzen die rechtlichen Normen um, überwachen die Einhaltung und bereiten Entscheidungen der Regierungsmitglieder vor. Anders als in einigen Theorien dargestellt, verfolgen die Mitarbeiter in den Verwaltungen dabei eigennützige und inhaltliche Interessen. Verwaltungsmitarbeiter, insbesondere in den gehobenen Positionen, verfügen aufgrund ihrer Fachkenntnis und Unkündbarkeit über ein höheres Machtpotential, als es der Öffentlichkeit bewusst ist. Aufgrund ihres großen Einflusses auf die Ausgestaltung und Umsetzung von Umweltschutzmaßnahmen hängt die Umsetzung vieler Maßnahmen und Instrumente ganz entscheidend von ihrem Know-how und Engagement ab. Oft kommt es zu erheblichen Konflikten zwischen den Verwaltungen, die den Ressortegoismus (inkl. ihrer fachlichen Interessen) ebenso pflegen wie die Politiker (z.B. Wirtschaftsministerium versus Umweltministerium-BMU). Dementsprechend haben die Verwaltungen auch ganz unterschiedliche Tätigkeiten für oder gegen den Transformationsprozess zur 100 %-Versorgung mit EE durchgeführt, z.B. haben Mitarbeiter des BMUB und seiner nachgeordneten Behörden engagierte Stellungnahmen und Gesetzesentwürfe geliefert. Trotz ihres starken Einflusses auf die Ausformulierung von Rechtsnormen und deren Umsetzung in der Tagespolitik sind die einzelnen Verwaltungsmitarbeiter, aber auch ganze Behörden, dem Druck der anderen Akteursgruppen (z.B. der Contra-Akteure) ausgesetzt. Teilweise unterliegen sie daher den gleichen Faktoren des Politikversagens, wie wir in diesem Kapitel und am Ende des Abschnitts darstellen (z. B. dem öffentlichen Druck der Medien oder über die Politik ausgesetzt). Bei Interessengegensätzen versuchen die anderen Akteursgruppen, öffentlich die Aussagen der Verwaltungsmitarbeiter in Zweifel zu ziehen oder Imageschäden anzudrohen. Der Druck von der politischen Spitze ihrer Verwaltung kann bis zum Verbot jeglicher Stellungnahmen (sog. Maulkorb) und der Androhung bzw. tatsächlichen Versetzung innerhalb der Verwaltung gehen. Zudem sind die Verwaltungsmitarbeiter ähnlichen Korruptionsversuchen ausgesetzt wie die Politik. Dennoch verfügen die Verwaltungsmitarbeiter über ein größeres Potential für die Energiewende als manch andere Akteure. Anders als Politiker, Verbandsvertreter, freiberufliche Wissenschaftler usw. haben sie einen relativ sicheren Arbeitsplatz, der nicht durch wechselnde Mehrheiten gefährdet ist. Dies macht sie allerdings auch besonders anfällig für diverse Formen der „inneren Emigration".

*Bewertung*: Verwaltungen sind keine homogene Akteursgruppe, die einen bestimmten Nachhaltigkeitsgrad vertritt. Vielmehr setzt sich die Mehrheit für eine mittlere Position zwischen schwacher und starker Nachhaltigkeit ein. Die relative Sicherheit und ihr hohes Know-how machen sie zu wichtigen Bündnispartnern für eine konsequente Nachhaltigkeitsstrategie. Sie in informelle Netzwerke einzubinden, von ihnen inhaltliche Hilfestellungen und Hintergrundinformationen für Aktionen und Strategieentwicklungen zu erbitten, bietet große Chancen. Diese Aussage gilt besonders für die Mitarbeiter der Bundesbehörden und Mitarbeiter in den Fachgremien, die aufgrund ihres Expertenwissens auch unabhängiger gegenüber tagespolitischen oder wahlkampfmotivierten Positionen von Parteien sind.

Die direkten Akteure, ihre Interessen und Maßnahmen zur Interessendurchsetzung werden wir im vorliegenden Abschnitt erläutern. Ein Teil der indirekt wirkenden Akteure wird anschließend im darauf folgenden Abschnitt IV behandelt.

### 9.2 Theorien menschlicher Verhaltensweisen

Um eine theoretische Grundlage dafür zu erhalten, wie sich Menschen in Organisationen (z. B. in der Regierung oder in Parlamenten) verhalten, skizzieren wir vier Ansätze (Rogall 2003: 94):

(1) Die *traditionelle Ökonomie* ging ursprünglich davon aus, dass der Staat – ohne eigene Interessen – als Sachwalter der Gesellschaft handelt. Hierbei wurde – ohne es zu formulieren – unterstellt, dass auch die in ihm handelnden Personen, d.h. die Politiker, keine eigenen Interessen verfolgen.

(2) Die *ökonomische Theorie der Politik* (in Deutschland auch *neue Politische Ökonomie* genannt) geht davon aus, dass alle Mitglieder von Organisationen und Institutionen zweckrational handeln, d.h. ihre Entscheidungen (wie bei allen Wirtschaftsakteuren) nur eigennutzstrebend motiviert sind. Dabei werden allen Akteursgruppen voraussehbare *spezifische Interessen* unterstellt, z. B. Politiker (Machtausweitung, Stimmenmaximierung), Unternehmen (Wettbewerbsverbesserung durch Kostensenkung), Wähler (Umweltschutz, der keine Einschränkungen für sie selbst bringt), Verwaltungsmitarbeiter (Budgetausweitung und ruhiges Leben; Rudolph 2003)).

(3) Der *Systemansatz* von *Luhmann* geht davon aus, dass das Verhalten von Menschen durch die sozialen Subsysteme bestimmt wird, in denen sie leben (insofern werden Menschen nur als austauschbare Funktionen ihrer Systeme angesehen, die über keine eigenen Entscheidungsalternativen verfügen).

(4) Im Rahmen der *Nachhaltigen Ökonomie* empfehlen wir, diesen monokausalen Erklärungen eine multifaktorielle Analyse entgegenzusetzen. Ausgangspunkt ist hierbei die Ansicht, dass die Handlungen aller Akteure (allerdings unterschiedlich stark) von eigennützigen Zielen (wie höherem Einkommen, dem Streben nach Prestige- und Machtzuwachs) *und* inhaltlichen Zielen (idealistische, sachliche oder Qualitätsziele) bestimmt sind. Hierbei spielen eigennützige Ziele und der soziale Kontext, in dem sich die Akteure bewegen, eine starke, allerdings nicht die alleinige Rolle (Rogall 2003: 94).

### 9.3 Direkte Akteure

Eine nachhaltige Marktwirtschaft soll die Funktionsmängel einer kapitalistischen Marktwirtschaft (Marktversagen) und einer Zentralverwaltungswirtschaft vermeiden (Rogall 2013, Kap. 7). Das ist in der Theorie folgerichtig, weil in einem demokratischen Staat alle Entscheidungen vom Willen des Souveräns (dem Volk) ausgehen sollten. In einer repräsentativen Demokratie wählt der Souverän seine Vertreter in Parlamente, die mit den *Mitteln der direkten Akteure* ihren Willen per Mehrheitsentscheidungen durchsetzen (in der Realität kann das so natürlich nicht für jede einzelne Frage durchgeführt werden, sondern die Wähler wählen Wahlprogrammpakete oder Richtungen). Als Vertreter des Souveräns stellt das Parlament die 1. Gewalt dar, die die Regierungen wählt, alle Gesetze beschließt und über weitere Mittel verfügt.

*Offizielle Mittel der direkten Akteure:* Die direkten Akteure entscheiden – im Rahmen der Verfassung – über alle Rechtsnormen. Hierzu verfügen sie über zahlreiche Mittel, ihre Ziele durchzusetzen. Als wichtigste direkte Akteure sollen genannt sein:

*Abgeordnete (Parlamente):*

1) wählen die Regierung und kontrollieren sie,

2) beschließen die öffentlichen Haushalte mit (in denen die Einnahmen und Ausgaben der Gebietskörperschaften festgelegt werden),

3) beschließen die für alle Einwohner und Organisationen gültigen Gesetze,

4) beschließen Parlamentsaufträge, mit denen die Regierungen zu bestimmten Handlungen oder Unterlassungen aufgefordert werden.

Zu diesen offiziellen Mitteln der Parlamente kommen die diversen informellen und halb informellen Mittel, mit denen die Abgeordneten das Regierungshandeln beeinflussen (Gespräche, Abstimmungen in Partei- und Parlamentsgremien, öffentliche Stellungnahmen und anderer Druck).

*Minister (Regierungen als Spitze der Exekutive):*

1) verfügen über einen Verwaltungsapparat, der die Rechtsnormen umsetzt (einführt und sanktioniert),

2) nehmen über Ein- und Ausgaben erhebliche Lenkungswirkungen wahr

3) bereiten alle parlamentarischen Entscheidungen vor,

4) erlassen im Rahmen der Verfassung und der Gesetze niederrangige Rechtsnormen wie Verordnungen, Richtlinien usw.

Zu diesen offiziellen Mitteln der Regierungen kommen noch sehr viele weitere informelle Mittel, den Regierungswillen durchzusetzen.

Die Durchsetzung von Partikularinteressen durch kleine aber einflussstarke Gruppen ist in einer demokratischen Verfassung nicht vorgesehen. Daher wird in der Verfassungstheorie auch immer der Mehrheitswille der Bevölkerung durchgeführt. Bislang ist es in der Realität aber nur selten gelungen, eine vollkommene Demokratie herzustellen und langfristig aufrechtzuerhalten. Daher ist auch vor einer Idealisierung der parlamentarischen Demokratie zu warnen. In der Realität sind Demokratien immer unvollkommen, geprägt von ständigen Suchprozessen und Konflikten, aber wahrscheinlich erfolgreicher als alle anderen bekannten Systeme. Hierbei kommt es sehr oft zu unzureichenden und von Partikularinteressen beeinflussten politischen Entscheidungen. Dies wird *Staats-* oder *Politikversagen* genannt (zur Theorie des Staatsversagens siehe Jänicke 1986).

*Politik- oder Staatsversagen:* P. liegt vor, wenn die Politik bei dringlichen Problemen und Marktversagen (1) nicht eingreift und mit effektiven Instrumenten das Marktversagen ausgleicht oder (2) mit unzulänglichen Mitteln eingreift (nur so tut, als wenn sie handeln würde, Show- oder Symbolpolitik genannt) oder (3) falsche Prioritäten setzt (z. B. hohe Militärausgaben oder Steuersenkungen statt Erhöhung der Bildungsausgaben). Die Theorie des Staatsversagens ist ursprünglich als wirtschaftsliberale Antwort auf die Theorie vom Marktversagen entstanden, um damit Forderungen nach Staatseingriffen abzuwehren. Wir behandeln das Thema, um zu erläutern, warum die Politik ihrer Verantwortung zum nachhaltigen Umbau der Volkswirtschaften nicht ausreichend nachkommt.

*Symbolpolitik*: S. meint eine Politik, die dazu neigt, für öffentlich thematisierte Probleme Maßnahmen zu verabschieden, die der Öffentlichkeit das Gefühl geben, es würden Lösungsstrategien erarbeitet. Tatsächlich werden aber Maßnahmen verabschiedet, die wenig Wirkung zeigen, oder die Rechtsnormen werden inkonsequent formuliert oder nicht umgesetzt.

## 9.4 Theorieansätze zum Politikversagen

Aus Platzgründen wollen wir uns hier auf eine Zusammenfassung der verschiedenen Theorien des Politikversagens beschränken (detailliert Jänicke 1986 und Jänicke 1996; Rogall 2003 und 2011: 295).

*Erstens: Traditionelle (alte) Theorien*

Die Faktoren des Staats- bzw. Politikversagens nach den *traditionellen Theorien* lassen sich wie folgt zusammenfassen:

1) *Unfähigkeit und Inkompetenz der Politiker*: Zu viele Politiker verfügen nicht über eine ausreichende Qualifikation und Berufserfahrung. Eine Weiterqualifizierung findet nicht im ausreichenden Umfang statt.

2) *Amoralität und Eigennutzdenken*: Der Mehrheit der Politiker wird vorgeworfen, dass sie sich eigennutzstrebend verhält und dass sie das Gemeinwohl (inkl. das künftiger Generationen) außer Acht lässt.

3) *Ineffizienz staatlicher Eingriffe*: Viele Ökonomen gehen davon aus, dass staatliche Eingriffe immer ineffizient sind, weil eine Trennung zwischen Nutzer und Zahler vorliegt, keine Erfolgskontrollen stattfinden, keine Effektivitätsanreize existieren (Bartmann 1996: 71).

*Bewertung*: Diese Erklärungsansätze erscheinen zu undifferenziert. Daher haben verschiedene Autoren weiterführende Theorien entwickelt.

*Zweitens: Ökonomische Erklärungsansätze*

Die ökonomischen *Faktoren und Ausprägungen des Politik- bzw. Staatsversagens* lassen sich nach *Stiglitz* (1999: 184) wie folgt zusammenfassen:

(1) *Unvollkommene Information*: Für die Verwirklichung vieler Ziele (z.B. gerechte Sozialpolitik) benötigt der Staat Informationen, über die er nur lückenhaft verfügt. Um sich diese zu verschaffen, muss er teilweise erhebliche Finanzmittel aufwenden, die ihm dann für seine eigentlichen Aufgaben fehlen (z.B. Beamtenapparat für die Überprüfung der Einkommensverhältnisse von Haushalten, die staatliche Transfereinkommen wie Sozialhilfe oder Arbeitslosengeld II beziehen wollen).

(2) *Mangelnde und falsche Leistungsanreize im öffentlichen Sektor*: Ein oft beobachtetes Phänomen ist die Tatsache, dass die Mehrheit der Menschen mit ihrem Gemeineigentum viel weniger sorgfältig umgeht als mit ihrem Privateigentum (Ökonomen bezeichnen dieses Verhalten als *Allmendedilemma*). Das gilt auch für die Mitarbeiter im öffentlichen Dienst. Da sie sich selten einer Wettbewerbssituation ausgesetzt sehen, Beschäftigungsrisiken geringer sind und die Gehaltsentwicklung oft stärker vom Alter,

als von der Leistung abhängt, ist das Risiko der Leistungseinschränkung besonders groß. Da die Anzahl weniger von der Größe der Aufgaben abhängt als von den Steuereinnahmen, neigen Beamte und Angestellte dazu, alle politischen Initiativen zu verhindern, die ihre Arbeit erhöhen könnten.

*Bewertung*: Die Umkehrung, dass private Unternehmen immer effizienter und sorgfältiger verfahren, trifft nicht zu. Denken wir nur an die fehlgeschlagenen Privatisierungen von Wasser- und Verkehrsunternehmen oder an internationale Holzkonzerne, die schonungslos und nicht-nachhaltig ihre Wälder abholzen.

(3) *Verschwendung im öffentlichen Sektor:* Politiker werden i.d.R. für vier Jahre gewählt. Um sich eine sichere berufliche Laufbahn zu schaffen, müssen sie in der Zeit ihrer Mandatsausübung entweder enge Kontakte zu ehemaligen oder potenziellen Arbeitgebern halten (was unter demokratietheoretischen Gesichtspunkten eher kritisch ist) oder Maßnahmen ergreifen, die dafür sorgen, dass sie auch nach der nächsten Wahl wieder ein Mandat ausüben können. Hierzu unterstützen sie oft Projekte, die ihrer Klientel oder ihrem Wahlkreis zugute kommen, aber unnötige Belastungen für den Staatshaushalt zur Folge haben (z.B. Bau von unnötigen Autobahnen). Die Notwendigkeit zur Wiederwahl macht Politiker auch besonders anfällig für die Beeinflussung durch Lobbygruppen.

(4) *Unbeabsichtigte Fehlsteuerung aufgrund von Ausweichverhalten:* Nicht selten führt eine staatliche Maßnahme zu einer unerwünschten Reaktion der Wirtschaftsakteure. Ein etwas exotisches aber schönes Beispiel ist der sog. *Kobra-Effekt*: Die britische Kolonialverwaltung in Indien zahlte eine Prämie für jede getötete Schlange, um so der Schlangenplage Herr zu werden. In der Folge begannen die Inder Kobras zu züchten, um die Prämie zu erhalten. So existierten zu keinem Zeitpunkt mehr Kobras in Indien als damals.

*Drittens: Ökonomische Theorie der Politik*

Die ökonomische Theorie der Politik (in Deutschland auch n*eue Politische Ökonomie* genannt), geht davon aus, dass alle Mitglieder und Vertreter von Organisationen und Institutionen zweckrational handeln, d.h. ihre Entscheidungen (wie bei allen Wirtschaftsakteuren) nur eigennutzstrebend motiviert sind. Dabei werden allen Akteursgruppen voraussehbare spezifische Interessen unterstellt (Rogall 2009: 240):

– Politikern: Machtausweitung, Stimmenmaximierung,

– Unternehmen: Wettbewerbsverbesserung durch Kostensenkung,

- Wählern: Umweltschutz, der nichts kostet und keine Einschränkungen mit sich bringt,
- Verwaltungsmitarbeiter: Budgetausweitung oder ruhiges Leben.

*Viertens: Sozioökonomische Erklärungsansätze*

Die sozioökonomische Position sieht als Symptome des Staatsversagens die spezifische Interventionsschwäche des Staates, wenn es um die Verwirklichung von vorsorgeorientierten Konzepten geht und die interessenbezogene Politik der Mandatsträger und Bürokratien. Als wesentlich sind hierzu die Arbeiten von *Jänicke* zu nennen (Jänicke 1986 und 1996). Hier werden insbesondere die „Privilegien" (strukturellen Vorteile) der transnationalen Konzerne gegenüber den nationalstaatlichen Institutionen benannt:

(1) *Privileg der globalen Wahlmöglichkeit*: Standorte (Kommunen) konkurrieren um die Industrie. Hierdurch können Kosten und Probleme abgewälzt werden.

(2) *Privileg eines verminderten Innovationsdrucks*: Industrielle Machtstrukturen sorgen für Innovationsschwächen.

(3) *Privileg des verminderten Akzeptanzdrucks*: Rücksichtnahmen, die über das einzelwirtschaftliche Rentabilitätskalkül hinausgehen, sind selten zwingend.

(4) *Weitere Faktoren, die den Interventionsspielraum des Staates beschränken*: Die Zeitperspektive in parlamentarischen Systemen reicht über den Zyklus von Legislaturperioden kaum hinaus, die Interessen künftiger Generationen werden nur schwach artikuliert und vertreten, die Prävention wird zugunsten der Symptombekämpfung vernachlässigt.

*Fünftens: Erklärungsansätze der Nachhaltigen Ökonomie*

Die Erklärungsansätze der Nachhaltigen Ökonomie wollen wir erst am Ende des Abschnitts III im Zwischenfazit erläutern. Hier soll dann auch erläutert werden, wie es den Pro-Akteuren immer wieder gelingt, auch Erfolge zuwege zu bringen.

## 9.5 Zusammenfassung

In einer modernen Demokratie existieren kein Akteur und keine Akteursgruppe, die alle Macht auf sich vereint. Wir haben die Akteursgruppen in direkte (alle, die Rechtsvorschriften in Kraft setzen und kontrollieren können) und indirekte Akteursgruppen (die dies nicht können, aber Einfluss auf die

Formulierung der Rechtsnormen nehmen) gegliedert. Damit tragen die direkten Akteure die Verantwortung für die Ausgestaltung der ökologischen Leitplanken (politisch-rechtlichen Instrumente) ohne die es keine Energiewende geben kann. Nirgends auf der Erde existiert aber ein Staat, in dem die direkten Akteure nur nach der Zukunftsfähigkeit von Strukturen entscheiden, sondern überall kommt es zu interessengeleiteten Entscheidungen (Politikversagen genannt). Für die Erläuterung der Ursachen dieses Politikversagens haben wir eine Reihe von Theorieansätzen skizziert. Am Ende des Abschnitts werden wir diese Ansätze durch eigene Erklärungsansätze ergänzen. Dabei wollen wir auch die Faktoren benennen, ohne die die erstaunlichen Erfolge der Politiker und Verwaltungsmitarbeiter nicht zustande gekommen wären.

*Basisliteratur*

Rogall, H. (2003): Akteure der nachhaltigen Entwicklung, München.

Rogall, H. (2012): Nachhaltige Ökonomie, 2. überarbeitete und stark erweiterte Auflage, Marburg.

# 10. Die globale Ebene[1]

## 10.1 Institutionelle Grundlagen

Die Klimaerwärmung und ineffiziente Nutzung nicht erneuerbarer Ressourcen stellen globale Probleme dar. So ist es – anders als bei den Schadstoffemissionen – für den Treibhauseffekt völlig unerheblich, ob die Treibhausgase gleichmäßig verteilt von allen Staaten oder nur von einem einzigen Staat emittiert werden. Diese Tatsache führt dazu, dass viele Akteure meinen, auf nationale Anstrengungen verzichten zu können und erst ein globales, für alle Staaten verbindliches Klimaschutzabkommen fordern, bevor sie eigene Anstrengungen unternehmen. Diese Strategie – unabhängig davon, dass sie vielleicht nur vorgeschoben ist, um eine nationale Klimaschutzpolitik zu verhindern – führt, aus verschiedenen Gründen, in eine Sackgasse. Um diese Aussage zu verstehen, müssen wir uns zunächst die globalen Entscheidungsstrukturen und die Interessen der Akteure vor Augen führen.

Die Anzahl der internationalen Organisationen des UN-Systems ist heute unüberschaubar. Keine dieser Organisationen kann Rechtsnormen erlassen, die sofort für alle Menschen und Organisationen rechtswirksam sind. Globale Rechtsnormen können nur durch Verhandlungen und Verträge – die dann von allen Staaten als nationales Recht beschlossen werden müssen – eingeführt werden. Um diese Verhandlungen vorzubereiten, können die globalen Akteure wichtige Beiträge leisten. Einige Organisationen verfügen über so viel Macht, dass sie fast alle Staaten – außer die ganz großen – zwingen können, ihre Beschlüsse umzusetzen, wie z. B. die WTO, der IWF und die Weltbank. Daher zählen wir sie auch zu den direkten Akteuren, obgleich sie tatsächlich zwischen den direkten und indirekten Akteuren stehen.

*Institutioneller Rahmen der globalen Ebene:* Nach dem 2. Weltkrieg wurden viele internationale Organisationen gegründet. Ihre Anzahl beträgt heute mehrere Hundert quasi-staatliche und einige Tausend nicht-staatliche Organisationen. Daher können hier nur wenige ausgewählte Organisationen skizziert werden.

*Vereinte Nationen* (United Nations, UN): Die UN wurde im Jahr 1945 als Weltfriedensorganisation gegründet. 2013 gehörten ihr 193 Mitgliedsstaaten an (nahezu alle Staaten der Welt), (Berié u.a. 2012: 578). Im Folgenden werden einige umweltpolitisch relevante UN-Einrichtungen genannt (Eigene Erstellung

---

[1] Dieses Kapitel basiert auf den Veröffentlichungen Rogall 2003 und 2012, Kap. 9. Hier bin ich Lisa Mair für ihre Anregungen zu Dank verpflichtet.

aus Berié u.a. 2012, zur Akteursanalyse dieser internationalen Organisationen siehe Rogall 2003: 163 ff.):

*a) Generalversammlung* (UNGA, UN General Assembly): Die Generalversammlung ist das oberste Organ des UN-Systems, hier sind alle Mitgliedsländer mit einer Stimme vertreten. Die Beschlüsse der Generalversammlung sind völkerrechtlich zwar nicht verbindlich, haben aber dennoch einen gewissen politischen Einfluss.

*b) Wirtschafts- und Sozialrat* (ECOSOC, Economic and Social Council): Der ECOSOC koordiniert UN-Sonderorganisationen (z. B. die FAO, Food and Agriculture Organization) und Kommissionen (z. B. die CSD, Commission for Sustainable Development, deren Hauptaufgabe es ist, die Fortschritte der Rio-Beschlüsse zu beobachten). Er verfügt aber über keine rechtlichen oder finanziellen Mittel.

*c) Umweltprogramm* (UNEP, UN Environment Programme): Das UNEP wurde 1972 gegründet (Sitz: Nairobi, Kenia). Es ist keine eigenständige Organisation, sondern wie der Name schon sagt ein Programm der UN mit 600 Mitarbeitern, einem Haushalt von 451 Mio. USD und einem Exekutivdirektor als Leiter. Die Hauptaufgabe besteht in der Förderung internationaler Abkommen zur Schaffung eines Umwelt-Völkerrechts.

*d) Zwischenstaatlicher Ausschuss für Klimaänderungen,* auch *Weltklimarat* genannt *(IPCC,* Intergovernmental Panel on Climate Change): Der IPCC wurde 1988 gegründet (Sitz: Genf, Schweiz). Er ist keine vollwertige UN Organisation, sondern ein Ausschuss mit 11 hauptamtlichen Mitarbeitern im Sekretariat, einem Haushalt von 5,5 Mio. USD und einem Vorsitzenden als Leiter. Seine Hauptaufgabe besteht in der Sammlung (keine eigene Untersuchungen) von Forschungsergebnissen zur Klimaerwärmung, Abschätzung der Folgen der Erwärmung und der Entwicklung von Vorschlägen zur Beeinflussung des Klimawandels. Mitglieder sind 195 Staaten. An den Berichten arbeiten Hunderte Wissenschaftler aus allen Ländern der Welt mit (IPCC 2014).

*Wichtige Organisationen, die nicht unmittelbar zum UN-System gehören:* Es existieren zahlreiche energiepolitisch relevante Verbände und Organisationen – teils mit Lobbycharakter –, die mit Stellungnahmen und Studien die Energiepolitik beeinflussen, z. B.:

– Die *Internationale Atomenergiebehörde* (IAEA, International Atomic Energy Agency): Die IAEA wurde 1956 als rechtlich, organisatorisch und finanziell selbstständige Organisation gegründet (Sitz: Wien, Österreich). Sie arbeitet mit der UN zusammen. Ihre Hauptaufgabe ist die Förderung der internationalen Zusammenarbeit im Bereich der Nutzung der Kernenergie.

– Die *Welthandelsorganisation* (WTO, World Trade Organisation, Sitz: Genf, Schweiz): Bereits im Jahr 1947 schlossen 23 Staaten das GATT-Abkommen (General Agreement on Tariffs and Trade), mit dem der Abbau aller Handelshemmnisse erreicht werden sollte. In acht sog. Liberalisierungsrunden wurden die existierenden Zölle weltweit erheblich gesenkt. Die WTO ist im Jahr 1994 aus dem GATT hervorgegangen (sie ist damit unabhängig vom UN-System). Die Kernprinzipien und Regelungen des GATT blieben erhalten, ergänzt um Regelungen für den Handel mit Dienstleistungen (General Agreement on Trade in Services (GATS)) und zum Schutz des geistigen Eigentums (Trade-Related Aspects of Intellectual Property Rights (TRIPS)). Die WTO umfasst 159 Mitgliedstaaten (Stand: 2013). Die *Hauptaufgaben* der WTO sind die Organisation der internationalen Handelsbeziehungen durch bindende Regelungen auf der Basis des Freihandels und die Prüfung der Handelspraktiken der Mitgliedsländer. Bei Nichteinhaltung der WTO-Bestimmungen müssen die Mitgliedstaaten mit Sanktionen rechnen, die bis zu Strafzöllen oder Einfuhrbeschränkungen reichen, die der benachteiligte Staat erheben kann. In Konfliktfällen entscheidet ein gerichtsähnlich aufgebautes Streitschlichtungsgremium der WTO (Dispute Settlement Body), ob die Maßnahmen der Mitgliedstaaten WTO-konform sind oder nicht. Mit diesen Kompetenzen und Sanktionsmitteln hat die WTO ein für internationale Organisationen einmaliges Machtinstrument erhalten, das im Ergebnis mit dem Potential des Sicherheitsrates der UN vergleichbar ist (Rogall 2011, Kap. 23.2).

## 10.2 Entwicklung der Klimaschutzdiskussion

*Beginn*

Eigentlich ist die Gefahr der Klimaveränderung durch menschliche (anthropogene) Eingriffe nicht neu. Bereits *1858* hat *Spotswood Wilson* darauf hingewiesen, dass die Veränderung der Sauerstoff- und Kohlendioxidanteile in der Atmosphäre zu einer Erwärmung der Erde führen werde. Dennoch wurden die Gefahren der Klimaveränderung erst ab Ende der 1970er Jahre diskutiert, insbes. in der Weltmeterologieorganisation (WMO) und dem Umweltprogramm der UN (UNEP) (zu den Ursachen, Symptomen und Gefahren s. Kap. 1.3). Die *erste Weltklimakonferenz (1979)* fand in Genf statt, der IPCC wurde 1988 gegründet. Es folgte eine Reihe von internationalen Konferenzen, durch die das Thema publik wurde. Im Fokus der Verhandlungen stand die Entwicklung eines *Klimaregimes*, in dessen Mittelpunkt ein *multinationaler/s Klimaschutzvertrag/-abkommen* mit verbindlichen Treibhausgasminderungen stehen sollte.

*Regime*: Ein R. stellt ein System von Prinzipien, Normen, Regeln, Verfahrensweisen und Institutionen dar, das die Akteure aufstellen oder akzeptieren, um Handlungen in einem definierten Problemfeld internationaler Beziehungen zu regulieren und zu koordinieren. Derartige R. existieren in vielen Handlungsfeldern der internationalen Beziehungen, z. B. Handel, Währungen, Menschenrechte, Umwelt. Im Umweltschutz sind insbesondere die R. zum Schutz der Ozonschicht (erstes globales, verbindliches Umweltregime mit Modellcharakter) und zum Artenschutz von Bedeutung (Chasek u.a. 2006: 31). Völkerrechtlich verbindlich werden diese R. meistens durch Konventionen oder multinationale Umweltabkommen.

*Konventionen*: K. sind völkerrechtlich verbindliche Verträge zwischen den Nationalstaaten, die durch sog. Protokolle konkretisiert werden können, im Umweltbereich können sie auch multinationale Umweltabkommen genannt werden.

*Multinationale Umweltabkommen/Verträge* (Multinational Environmental Agreements – MEAs): MEAs sind völkerrechtlich verbindliche Verträge zwischen den Nationalstaaten. Um auf die Wirtschaftsakteure Rechtswirkung zu erlangen, müssen sie in nationales Recht überführt werden. Eine internationale Gerichtsbarkeit gibt es nur, soweit die vertragschließenden Staaten Entsprechendes vereinbart haben.

### *Verbindliche Klimaschutzverträge*

Als völkerrechtlich verbindliche Verträge zum Klimaschutz existieren bislang nur die Klimarahmenkonvention und das Kyoto-Protokoll.

(1) Die *Klimarahmenkonvention* (KRK) wurde 1992 auf der UN-Konferenz für Umwelt und Entwicklung in Rio de Janeiro verabschiedet. Sie beinhaltet in Artikel 2 die Verpflichtung, die Stabilisierung der Treibhausgaskonzentration in der Atmosphäre auf ein Niveau zu erreichen, auf dem eine gefährliche anthropogene Störung des Klimasystems verhindert wird. 195 Vertragsstaaten haben sich bis heute zu diesem Ziel bekannt. Konkrete Zeit- und Maßnahmenpläne wurden aber nicht beschlossen. Die darauf folgenden Weltklimakonferenzen wurden nummeriert von COP-1 (in Berlin) bis heute COP-19 (Warschau) (COP – Conference of the Parties – Vertragsstaatenkonferenz).

(2) Im *Kyoto-Protokoll* (1997) wurden, aufbauend auf der Klimarahmenkonvention, das erste Mal für eine Reihe von Industriestaaten Minderungsziele verabschiedet (die USA z.B. hatten sich damals für eine Reduktion der eigenen Treibhausgase um 7 % ausgesprochen), auf Sanktionen einigte man sich aber nicht. Das Kyoto-Protokoll wies schon bei der Verabschiedung zahlreiche Mängel auf (viel zu geringe $CO_2$-Minderungsziele: 5,2 % bzw. 1,8 % unter dem Niveau von 1990 bis 2008-12, keine Sanktionsmechanismen, die Schwellenländer waren nicht beteiligt; Wicke u.a. 2006; Massarrat 2006). Weiterhin wurden flexible Mechanismen zur Emissionsminderung eingeführt, die den möglichen Erfolg des

9. Die globale Ebene 283

*Kyoto-Protokolls* weiter verwässerten. Die Verhandlungsdelegation der USA stimmte dem Protokoll zu, der Kongress ratifizierte das Abkommen aber nicht, ohne dass die Vertragsstaaten Sanktionen einführten (z. B. $CO_2$-Ausgleichszolle auf alle Exportprodukte der USA). Ohne die USA – mit ihren hohen Emissionen – konnte das Kyoto-Protokoll erst 2005 in Kraft treten, nachdem alle anderen Vertragsstaaten zugestimmt hatten.

*Flexible Mechanismen zur Emissionsminderung (Kyoto-Mechanismen)*: Um die in Kyoto festgelegten Emissionsminderungen leichter (kostengünstiger) zu erreichen, wurden Mechanismen eingeführt, die es den Ländern ermöglichen, einen Teil ihrer THG-Minderungen im Ausland zu erzielen oder mit Emissionsrechten zu handeln:

– *Joint Implementation*: Industrieländer können ihre in Kyoto festgelegten Minderungsziele erreichen, indem sie ein Klimaschutzprojekt in einem anderen Industrieland (dies muss ebenfalls das Kyoto-Protokoll ratifiziert haben) durchführen (z.B. in Ost-Europa). Dies geschieht in Form von Minderungszertifikaten, die dem investierenden Land angerechnet werden.

– *Clean Development Mechanism* (CDM): Dieser Mechanismus funktioniert wie „Joint Implementation" mit dem Unterschied, dass die Klimaschutzprojekte in einem Entwicklungsland, welches sich nicht im Kyoto-Protokoll zur Emissionsminderung verpflichtet hat, durchgeführt werden.

– *Emissionshandel*: Dieses Instrument ermöglicht es den Industrieländern, mit Emissionsrechten zu handeln (s. Kap. 7.5 BMUB 2014/03).

*Fortsetzung der Verhandlungen*

Nachdem die globale Klimaschutzpolitik nach Kyoto fast 10 Jahre stagnierte, schien *2006/2007* eine neue Dynamik in den Prozess zu kommen. 2006 wurde der Bericht des ehemaligen Chefvolkswirtes der Weltbank *Sir Nicolas Stern* veröffentlicht, der die Folgen der Klimaerwärmung so eindringlich schilderte wie nie zu vor. Auch zeigt er, dass die Klimaerwärmung zu einer globalen Depression führen wird. Zu einer dauerhaften Wirtschaftskrise, die in ihren Auswirkungen nur mit der großen Depression der 1930er Jahre vergleichbar sei. Ein knappes Jahr später wurde der *vierte Sachstandsbericht des IPCC* veröffentlicht, der die Notwendigkeit einer sofortigen Energiewende nochmals dramatisch verdeutlichte. Daraufhin wurde Klimaschutz als zentrale globale Aufgabe anerkannt und 2008 beschäftigten sich alle bedeutenden internationalen Gremien mit der Klimaerwärmung (z. B. UN-Sicherheitsrat, Regierungschefs auf dem Treffen der G8-Staaten, UN-Vollversammlung). Der IPCC und der ehemalige US-Vizepräsident *Al Gore* erhielten den Friedensnobelpreis. Trotz aller Bemühungen und Erfolge im Einzelnen scheiterte aber dann doch die mit großen Hoffnungen versehene *COP-15 2009 in Kopenhagen*. Dort sollte ein für alle Länder verbindliches Kyoto-Nachfolgeabkommen beschlossen werden. Aus Sicht vieler Kommentatoren war das der Super-Gau des globalen Klimaschutzes. Einige Experten hatten diese Entwicklung allerdings vorausgesehen, waren doch die Interessengegensätze der beteiligten Staaten schon vorher sichtbar. Bis dahin hatten von den westlichen Industriestaaten nur Deutschland und Großbritannien ihre Minderungsziele erreicht. Zwar hatten auch die Transformationsstaaten des ehemaligen RGW-Blocks Ost-Europas erhebliche THG-Minderungen zu verzeichnen, diese stammten aber nicht aus Klimaschutzmaßnahmen, sondern aus dem Zusammenbruch der Wirtschaft dieser Staaten (Quaschning 2013: 64).

Seitdem versuchten sich einige globale Akteure in der Schadensbegrenzung: Auf dem *Weltklimagipfel in Cancun (Mexico 2010)* wurde beschlossen, die Erwärmung bis 2100 auf 2°C (gegenüber dem vorindustriellen Niveau) zu beschränken. Dazu darf die $CO_2$-Konzentration nicht auf mehr als 450 ppm anwachsen (anschließend darf die Menschheit aufgrund der langen Verweildauern vieler THG fast gar keine THG mehr emittieren). Auf der *Weltklimakonferenz im südafrikanischen Durban (2011)* einigten sich die Vertreter von 194 Staaten darauf, bis spätestens 2015 ein internationales Klimaschutzabkommen zu vereinbaren, das erstmals Verpflichtungen für die Schwellenländer beinhalten und 2020 in Kraft treten sollte. Nach der Konferenz trat erstmals ein Land (Kanada) aus dem Kyoto-Abkommen aus, weil es Strafzahlungen wegen Nicht-Einhaltung der Minderungsziele befürchtete. Auch der *Erdgipfel „Rio +20" 2012* brachte keine tiefgreifenden Fortschritte. Aus Angst vor einem erneuten Scheitern wurde die Abschlusserklärung der Konferenz (bei der es um Maßnahmen zur Nachhaltigen Entwicklung, nicht nur zum Klimaschutz ging) bereits in den Vorverhandlungen verabschiedet (einen Tag *vor* dem Eintreffen der Staats- und Regierungschefs). Auf der darauf folgenden Weltklimakonferenz in *Doha (2012)* konnte ein Scheitern nur durch einen Kompromiss verhindert werden, der das Kyoto-Protokoll bis 2020 verlängerte (Kyoto II). Einige Staaten traten der zweiten Verpflichtungsperiode nicht mehr bei, alle Staaten, die sich schon bis dahin einer verbindlichen THG-Minderung verweigert hatten, blieben bei ihrer Haltung. Das Scheitern der Klimakonferenz in *Warschau 2013* – trotz des fundierten Klimaberichts 2013, der auf einen sofortigen Handlungsbedarf pocht – wurde dann von einigen Autoren als vorläufiges Ende der globalen Klimaschutzpolitik angesehen. Es wurden keine Ergebnisse erzielt und Japan trat von seinen Klimaschutzverpflichtungen zurück. Auch die weltweit größten Emittenten (China und USA) haben sich bis heute zu keinen Emissionsminderungen verpflichtet. Damit bleiben als Vertragsstaaten nur die EU-Staaten und einzelne kleine Industriestaaten übrig, auf die insgesamt nur 15 % der globalen

THG-Emissionen entfallen. Ein Teil der globalen Klimaschutzakteure hofft jetzt, dass es *2015 in Paris* zur Verabschiedung eines neuen Klimaschutzvertrages kommt, der dann 2021 in Kraft treten soll.

*Bewertung*: Die globale Klimaschutzpolitik liegt zurzeit darnieder und befindet sich quasi 20 Jahre zurückgeworfen in einem Vor-Kyoto-Zustand. So ist es kein Wunder, dass die jährliche Zunahme der $CO_2$-Emissionen aus fossilen Brennstoffen sich von 1 % in den 1990er Jahren – statt wie beschlossen zu sinken – sogar auf 3 % (2000-2011) erhöht haben (Berié 2012: 694). Insofern handelt es sich bei zunehmender Klimaerwärmung nicht nur um das größte bekannte Marktversagen (Stern 2006), sondern auch um ein ebenso großes Politikversagen.

*Soll-Ist-Vergleich*

Wie im Kapitel 2.3 gezeigt, existieren auf der globalen Ebene nur wenige Trends, die Anlass zur Hoffnung geben:

- Der *globale PEV* wächst ungebremst. Seit dem Jahr 2000 steigt er jährlich um ca. 2,3 %. Vom Endenergieverbrauch deckt das Erdöl ca. 32 %, die Kohle 28 %, das Erdgas 21 % und die EE ca. 17 %.

- Die *THG-Emissionen* haben sich hierzu parallel entwickelt, seit 1990 haben sich die Emissionen mehr als verdoppelt.

- Den *größten EE-Anteil* leistet die feste Biomasse (ca. 12 %), gefolgt von der Wasserkraft (ca. 3 %), die sonstige Biomasse (z. B. Kraftstoff) kommt zusammen auf 1 %, Wind und sonstige EE auf nicht einmal 1 % (BMU 2013/07: 76). Bislang (2000-2010) stieg die Energiebereitstellung der EE relativ kontinuierlich, da aber der Energieverbrauch ähnlich zunahm, konnte der Anteil der EE nur sehr langsam ansteigen (vgl. Kap. 2 und 4).

- Im *Stromsektor* (global 2011: ca. 22.000 TWh Gesamtverbrauch) liegt der EE-Anteil geringfügig höher bei 20 %. Den höchsten Anteil erbringen die Wasserkraftwerke (ca. 16 %), mit weitem Abstand gefolgt von der Windenergie (ca. 2 %) und Biomasse (<1 %).

- Die *größten Investoren im EE-Sektor* sind mittlerweile China (2012: 65 Mrd. USD), USA (2012: 36 Mrd. USD) und Deutschland (2012: 23 Mrd. USD). Insgesamt wurden global 2012 269 Mrd. USD im EE-Sektor investiert (BMU 2013/07: 84).

*Bewertung*: Offensichtlich ist die Weltgemeinschaft weit von einer positiven Entwicklung entfernt, ganz zu schweigen von einer 100 %-Versorgung mit EE (zu den Voraussetzungen einer globalen Energietransformation s. FES 2014/05).

### Klimaschutzpolitik einzelner Staaten

Ein internationaler Vergleich zeigt, dass in den letzten Jahren neben der EU weitere Staaten mit einer nachhaltigen Energie- und Klimaschutzpolitik begonnen haben. Sie investieren zunehmend in EE und erschließen Energieeffizienzpotentiale in Industrie, Gebäuden und Verkehr. Einige beginnen, politisch-rechtliche Instrumente einzuführen, die den Transformationsprozess zur 100 %-Versorgung unterstützen sollen. Dabei wirkt unterstützend, dass eine derartige Energiepolitik nicht zu Lasten der Wettbewerbsfähigkeit dieser Länder geht (DIW 2014/06: 91). So haben sich – obgleich hierzu kein internationales Abkommen existiert – mittlerweile 138 Staaten (wenn auch unzureichende) Ausbauziele im Bereich der EE gesetzt. Immerhin 66 Staaten haben gesetzlich festgelegte Einspeisevergütungen für EE eingeführt (DIW 2014/06: 91). Auch die Investitionen in EE haben in vielen Ländern stark zugenommen, so entfielen zwischen 2009 und 2012 39 % der weltweit installierten Windkraftwerke auf China und 21 % auf die USA (DIW 2014/06: 94). Eine Reihe von Staaten und Bundesstaaten (Provinzen) hat Emissionshandelssysteme oder Kohlenstoffsteuern eingeführt. Im Bereich der Gebäudeeffizienz schneiden neben mehreren EU-Staaten (z. B. Dänemark und Deutschland) auch Japan und Süd-Korea gut ab (DIW 2014/06: 93). 2014 hat die US-amerikanische Administration einen Aktionsplan zur Senkung der THG-Emissionen beschlossen, der u.a. vorsieht, die $CO_2$-Emissionen der Kraftwerke bis 2030 um 30 % zu senken. Nur wenige Tage danach erklärte auch China, mehr für den Klimaschutz tun zu wollen.

### Interessen der globalen Akteure

Die fossile und atomare Energiewirtschaft (mit allen von ihr abhängigen und ihr zuarbeitenden Sektoren) tätigt jährlich Umsätze von mehreren Billionen USD und beschäftigt mehrere Millionen Menschen. Ohne ihre Arbeit könnte heute kein Industrie- und Schwellenland der Welt wirtschaften. Ihre Bedeutung kann also kaum überschätzt werden. Das ist eine Tatsache. Es ist aber auch sicher, dass die Menschheit nur noch etwa ein Drittel der heute bekannten fossilen Energieträger verbrennen darf. Will die Menschheit eine dramatische Klimakatastrophe verhindern, muss sie einen großen Teil der bekannten Energieträger ungenutzt lassen und stattdessen so schnell wie möglich mit dem sofortigen Transformationsprozess zu einer 100 %-Versorgung mit EE bis 2050 beginnen. Die Botschaft für die Staaten, die über fossile und atomare Energiereserven verfügen, ist klar: Sie sollen auf riesige Steuereinnahmen und Beschäftigung verzichten. Dazu kommt der ungeheure Druck der fossilen und atomaren Energiewirtschaft, die alle Instrumente der indirekten Akteure einsetzt, um den Transformationsprozess zu verlangsamen (vgl. Abschnitt IV).

Die Interessen der Politiker auf der globalen Ebene sind damit ähnlich wie in der EU und den Nationalstaaten. Das heißt, dass die Akteure auf der internationalen Ebene keine homogenen Akteursgruppen mit einheitlichen Positionen sind, sondern sich aus Fraktionen mit divergierenden inhaltlichen Zielen und nationalen Egoismen zusammensetzen. Die Handlungen der Entscheidungsträger (in den internationalen Verhandlungen und Organisationen) sind von ähnlichen gemeinnützigen (idealistischen) und eigennützigen Zielen bestimmt wie die der anderen Akteure. Ihre *Mittel* zur Interessendurchsetzung sind allerdings sehr beschränkt (zu den Bedingungen und Hemmnissen internationaler Verträge s. Rogall 2012, Kap. 9).

## 10.3 Zusammenfassung

Obgleich es sich bei der Klimaerwärmung um eines der dringendsten Probleme der Menschheit im 21. Jh. handelt, sind die bislang getroffenen Maßnahmen völlig unzureichend und es ist nicht sicher, ob es in absehbarer Zeit überhaupt zu einem neuen völkerrechtlich verbindlichen Klimaschutzvertrag zwischen allen Staaten kommen wird. Klimaschützer verweisen aber zu Recht darauf, dass eine Kosten- und Nutzenrechnung – von den ethischen Fragen ganz zu schweigen – den Transformationsprozess zu einer 100 %-Versorgung mit EE zwingend macht. Die Wirtschaftsakteure (Mehrheit der Konsumenten, Unternehmen und Politiker) wollen dem nicht folgen, da sie den *Faktoren des Politikversagens* unterliegen (s. Zwischenfazit Abschnitt III): Sie sehen die betriebswirtschaftlichen, nicht die volkswirtschaftlichen Kosten der konventionellen Energien. Sie bewerten den gegenwärtigen Konsum höher als den künftigen Nutzen des Klimaschutzes. Die Vertreter der Entwicklungsländer möchten erstmal alle Menschen mit Strom versorgen, bevor sie sich mit anderen Problemen beschäftigen (der Klimaerwärmung). Die Vertreter der *Schwellenländer* wollen den Aufholprozess zu den Industrieländern nicht verlangsamen, die *Industrieländer* die Wettbewerbsnachteile zu den Schwellenländern nicht vergrößern. Damit scheint sehr wahrscheinlich, dass die Weltgemeinschaft sich ohne Vorbilder – die ihnen zeigen, dass der Transformationsprozess auf lange Sicht Vorteile bringt – erst zu spät (weil die Treibhausgase zum Teil sehr lange in der Atmosphäre verweilen) zum Umbau entscheidet. Zusammengefasst: „Die Welt gibt erst mal auf." (Prinzler, Vorholz 2013/ 11: 25).

Derzeit sehen viele Autoren eigentlich nur *zwei Alternativen,* die doch noch zum Erfolg führen könnten:

*Erstens* die *„Hoffnung" auf Katastrophen*: Auch wenn sich das nahezu zynisch anhört, aber auf absehbare Zeit rechnen viele Autoren nur dann mit global ernstzunehmenden Maßnahmen zur Absenkung der absoluten THG-

Emissionen und einem Umbau zur 100 %-Versorgung mit EE, wenn es zu unübersehbaren Katastrophen kommt, z.B. dem Untergang mehrerer Metropolen oder Staaten wie Bangladesch und Vietnam aufgrund des steigenden Meeresspiegels. Sollte aufgrund einer dramatischen Zuspitzung der Klimafolgen ein globales Klimaschutzregime doch noch umgesetzt werden, müssten die Bestimmungen und die Institutionalisierung mindestens so weitreichend sein wie die der 1994 aus dem früheren GATT-Vertragswerk hervorgegangenen *WTO* (World Trade Organization), die über eine eigene Gerichtsbarkeit verfügt und deren Entscheidungen durch Strafzölle sanktioniert werden können.

*Zweitens: der erfolgreichere Weg der EE: Hermann Scheer* – einer der wichtigsten Wegbereiter einer 100 %-Versorgung mit EE – hielt den gesamten globalen Verhandlungsansatz für verfehlt. Er sah das Konsensprinzip, das derartigen Weltabkommen innewohnt, als völlig untauglich für die notwendigen Reduktionsziele an (Scheer 2012: 74). Er forderte, wie wir, eine Strategie zur Umsetzung der 100 %-Versorgung mit EE in Deutschland und Europa, die anderen Ländern die Hoffnung gibt, diesem Weg zu folgen.

Ein Zeichen dafür, dass die Konzentration auf einen eigenen Weg zur 100 %-Versorgung – ohne Abwarten auf die Weltgemeinschaft – der richtige Pfad ist, sind die vielen THG-Minderungsverpflichtungen von einzelnen Bundesstaaten in den USA, in Mexico, Südkorea, China und Südafrika (Matthes 2013/03: 43). Auch zeigt ein internationaler Vergleich, dass neben der EU weitere Staaten (z. B. die USA, China und Japan) zunehmend in EE investieren und Energieeffizienzpotentiale in Industrie, Gebäuden und Verkehr erschließen. Weiterhin beginnen einige Staaten, politisch-rechtliche Instrumente einzuführen, die den Transformationsprozess zur 100 %-Versorgung mit EE beschleunigen sollen. Dabei wirkt unterstützend, dass eine derartige Energiepolitik nicht zu Lasten der Wettbewerbsfähigkeit dieser Länder geht (DIW 2014/06: 91). Vielmehr bedeutet eine nachhaltige Energiepolitik zugleich eine Steigerung der Innovationskraft dieser Länder.

*Basisliteratur*

Rogall, H. (2012): Nachhaltige Ökonomie, 2. überarbeitete und stark erweiterte Auflage, Marburg.

Scheer, H. (2012): Der energetische Imperativ: 100% jetzt: Wie der vollständige Wechsel zu erneuerbaren Energien zu realisieren ist, München.

# 11. Die Rolle der EU[1]

## 11.1 Institutionelle Grundlagen

Die beiden Weltkriege brachten nicht nur ein unvorstellbares Elend mit sich (allein der 2. Weltkrieg ca. 60 Mio. Tote), sondern auch den historischen Abstieg der europäischen Staaten in die 2. Liga der Weltmächte. Anschließend waren sich fast alle Politiker und die Bevölkerung einig, dass durch eine enge wirtschaftliche Kooperation ein dauerhafter Frieden auf dem europäischen Kontinent gesichert werden sollte. Zunächst stellte der Vereinigungsprozess eine beispiellose Erfolgsstory dar: Im Zuge der vergangenen 60 Jahre entwickelte sich die EU von einer kleinen Wirtschaftskooperation (1952 Gründung der Europäischen Gemeinschaft für Kohle und Stahl, 1958 Gründung der Europäischen Wirtschaftsgemeinschaft) zu einem großen Staatenbund. Die EU hat z. Z. 28 Mitgliedsländer (daher wird sie gelegentlich „EU-28" genannt) und insgesamt ca. 506 Mio. Einwohner (Eurostat 2014), die etwa ein Fünftel (18,6 %) des globalen Bruttoinlandsproduktes erzeugen (Eurostat 2014/04). Auch wenn die USA die EU nur bedingt als gleichberechtigten Partner ansehen und die bevölkerungsreichen Schwellenländer versuchen, Europa wirtschaftlich und politisch zu überflügeln, hat der Staatenbund doch immer noch das wirtschaftlich-technische Potential, eine globale Vorreiterrolle in dem Transformationsprozess zu einer 100 %-Versorgung mit EE zu spielen.

*Institutioneller Rahmen der Europäischen Union*: Die Gründung und Fortentwicklung der Europäischen Union (EU) erfolgte auf der Grundlage der *Verträge von Maastricht* (1992), *Amsterdam* (1997), *Nizza* (2003) und *Lissabon* (2009). Da es keine EU-Verfassung gibt, bilden die *EU-Verträge* die rechtliche Grundlage der Union. Die wichtigsten *europäischen Verträge* sind der „Vertrag über die Europäische Union (EUV)", der die Grundlagen für die *politische* Zusammenarbeit als Union legt, und der „Vertrag über die Arbeitsweise der Europäischen Union (AEUV)". Der AEUV regelt die *Rechtsverhältnisse* innerhalb der EU (Rechte der EU-Organe und der Mitgliedsstaaten, Grundregeln der Wirtschaftsordnung sowie der Politiken usw.). Der AEUV ermächtigt die EU zur Rechtsetzung insbesondere auf dem Gebiet der *Binnenmarktpolitik* (Art. 114), der *Umweltpolitik* (Art. 191/ 192) und der *Energiepolitik* (Art. 194). Soweit

---

[1] Dieses Kapitel basiert auf der Veröffentlichung Rogall 2012, es handelt sich um eine Gemeinschaftsarbeit mit Stefan Klinski, wir danken Lisa Mair für ihre Anregungen.

die EU davon Gebrauch macht, sind die Mitgliedsstaaten an die EU-Regelungen gebunden.

Unterhalb der „Quasi-Verfassungsebene" der EU-Verträge erlässt die EU *Rechtsnormen* in Form von

a) *EU-Richtlinien* (die von den Staaten in innerstaatliches Recht umgesetzt werden müssen) und

b) *EU-Verordnungen* (die direkt wirkendes Recht darstellen; die Mitgliedsstaaten dürfen hier nicht eigenständig tätig werden). Von der Wirkung her sind sie vergleichbar mit innerstaatlichen Gesetzen.

*Entscheidungsprozesse in der EU: Die drei für die Gesetzgebung entscheidenden Organe der EU sind:*
1) *die Kommission,*
2) *der Rat (= Ministerrat) und*
3) *das EU-Parlament.*

Zu 1) Die *EU-Kommission* bildet die Exekutive der EU. Sie ist insofern am Gesetzgebungsverfahren beteiligt, als ihr das alleinige Initiativrecht (= Vorschlagsrecht für neue Verordnungen und Richtlinien) zusteht. Sie arbeitet ähnlich wie eine Regierung, ist aber nicht parteipolitisch zusammengesetzt. Vielmehr werden die einzelnen Kommissare von den Mitgliedsstaaten gestellt (früher je Staat ein Kommissar, ab 2014 eine geringere Zahl in einem Rotationsverfahren). Der Kommissionspräsident wird erstmals 2014 direkt vom EU-Parlament gewählt.

Zu 2) Im *Rat* kommen die nationalen Fachminister als Vertreter der Regierungen der Mitgliedsstaaten zusammen. Früher war der Rat alleiniges Gesetzgebungsorgan, heute gilt in den meisten Politikbereichen, dass Gesetzesvorschläge sowohl im Rat als auch im Parlament der Zustimmung bedürfen. Soweit nicht Einstimmigkeit vorgeschrieben ist (was z. B. im Steuerrecht so ist), gilt für Entscheidungen des Rates ein komplizierteres Verfahren nach einem speziellen Berechnungsschlüssel, in dem die Anzahl der Stimmen im Rat und die dadurch repräsentierte Bevölkerungszahl gewichtet werden (seit 2014 eine Mehrheit von 55 %, durch die 65 % der Bevölkerung repräsentiert werden, Art. 16 EUV).

Zu 3) Im *EU-Parlament* (alle 5 Jahre direkt von der Bevölkerung der Mitgliedsstaaten gewählt) genügt regelmäßig eine einfache Mehrheit für eine Entscheidung. Gemeinsam mit dem Rat werden Vorschläge der Kommission angenommen oder bearbeitet. So muss die EU-Kommission vom Parlament bestätigt werden und der EU-Etat beschlossen werden. Auch internationale Verträge (z.B. das Freihandelsabkommen TTIP) bedürfen der Zustimmung des Parlaments. Dem EU-Parlament kommt jedoch (noch) nicht die zentrale Stellung im Gesetzgebungsprozess zu, wie es in demokratischen Staaten sonst üblich ist und dem rechtsstaatlichen Grundsatz der Gewaltenteilung entsprechen würde. In einigen wichtigen Politikbereichen wie beim Steuerrecht liegt die Entscheidungskompetenz nach wie vor allein bei Organen der Exekutive (der EU-

Kommission und dem Ministerrat). So darf das Parlament keine eigenen Rechtsnormen einbringen.

Die Bedeutung des EU-Rechts für die Mitgliedsländer darf nicht unterschätzt werden. Das EU-Recht hat i. d. R. Vorrang gegenüber dem nationalen Recht der 28 Mitgliedsstaaten. In diesem Sinne legt z. B. für Deutschland Art. 23 GG ausdrücklich fest, dass der Bund durch Gesetz mit Zustimmung des Bundesrates Hoheitsrechte auf die EU übertragen kann. Deutschland hat hiervon durch die Zustimmungsgesetze für die EU-Verträge Gebrauch gemacht. Einer Zustimmung des Bundes zu jeder einzelnen Regelung bedarf es aufgrund der EU-Verträge daher nicht.

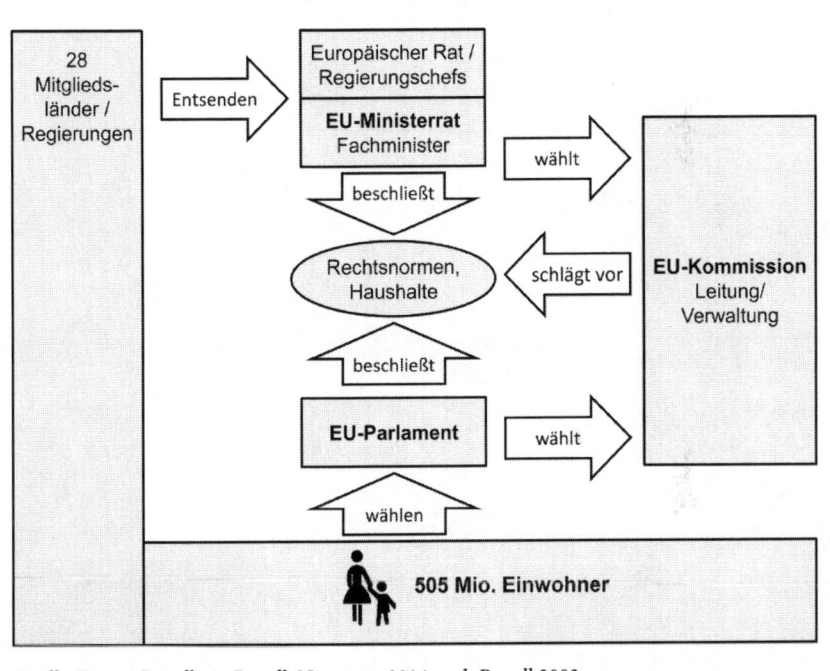

*Abbildung 13: Struktur der Organe der EU*

Quelle: Eigene Erstellung Rogall, Niemeyer 2014 nach Rogall 2003.

## 11.2 Entwicklung der Klimaschutzpolitik

Nachhaltige Energie- oder Klimaschutzpolitik gehörte über lange Zeit nicht zu den klassischen Politikfeldern, so dass es nicht verwundert, dass sich zunächst keine konzentrierten Zuständigkeiten auf Ebene der nationalen Ministerien und in der EU-Kommission herausbildeten. In Deutschland waren die Zuständigkeiten auf mehrere Ministerien verteilt (insb. Wirtschafts-, Umwelt-, Verkehrs- und Bauministerium). In der EU-Kommission sind vor allem die „Generaldirektionen" (= von einzelnen EU-Kommissaren geleitete Abteilungen, auch Kommissariate genannt) für Wettbewerb, Industrie, Klimaschutz (seit 2009), Energie und Verkehr relevant. In Deutschland wurde von der Großen Koalition Ende 2013 beschlossen, (fast) alle energierelevanten Zuständigkeiten im Bundeswirtschaftsministerium (BMWi) zu konzentrieren. Auf der EU-Ebene sind die Zuständigkeiten nach wie vor zersplittert.

Die EU beansprucht für sich seit Beginn der Klimaschutzdiskussion Ende der *1980er* Jahre eine Vorreiterrolle im Politikfeld des Klimaschutzes. Sie entwickelte zunächst eine ambitionierte Klimaschutzpolitik, die sie in den globalen Klimaschutzkonferenzen offensiv vertrat (z. B. auf der Rio-Konferenz 1992 und den Verhandlungen um das Kyoto-Protokoll 1997).

Im Jahr 2009 verabschiedete die EU ein Richtlinienpaket („Klima- und Energiepaket 2020"): Danach sollen die *THG-Emissionen* um mindestens *20 %* (gegenüber 1990) und der *PEV ebenfalls* um *20 %* gesenkt sowie der EE-Anteil auf 20 % des Endenergieverbrauchs erhöht werden (sog. „20-20-20-Ziele"). Im gleichen Jahr beschloss der Rat als langfristiges Ziel die Minderung der THG-Emissionen bis 2050 um 80-95 % (gleiches Ziel wie Deutschland).

*Tabelle 15: EU-Vorgaben zur THG-Reduktion einzelner Sektoren*

| THG-Emissionen gegenüber 1990 | 2030 | 2050 |
|---|---|---|
| Insgesamt | -40 bis -44 % | -79 bis -82 % |
| Stromerzeugung ($CO_2$) | -44 bis -68 % | -93 bis -99 % |
| Industrie ($CO_2$) | -34 bis -40 % | -83 bis -87 % |
| Verkehr (inkl. Luftfahrt, ohne See | +20 bis -9 % | -54 bis -67 % |
| Wohnen u. Dienstleistungen ($CO_2$) | -37 bis -53 % | -88 bis -91 % |
| Landwirtschaft (nicht $CO_2$) | -36 bis -37 % | -42 bis -49 % |
| Andere nicht-$CO_2$-Emissionen | -72 bis -73 % | -70 bis -78 % |

Quelle: Europäische Kommission 2011/03.

*2011* bekräftigte und präzisierte die EU-Kommission die Grundlinien ihrer Klimaschutzpolitik, indem sie erklärte, sich dem 2°C-Ziel für 2050 verpflichtet zu fühlen und eine THG-Emissionsminderung um 80-95 % bis 2050 (gegenüber 1990) anzustreben (EU-Kommission 2011/03, „Energy Roadmap"). Sie betonte, in diesem Sinne bis 2050 eine wettbewerbsfähige $CO_2$-arme Wirtschaft entwickeln zu wollen. Um die Ziele zu operationalisieren, wurden Emissionssenkungen für einzelne Sektoren vorgegeben (vgl. Tabelle) und konkrete Maßnahmen zur Erreichung der Ziele angekündigt.

*2013* legte die Kommission einen Fortschrittsbericht über die Entwicklung des Ausbaus der EE vor. Hierin bemängelte die Kommission, dass „zentrale Hemmnisse für das Wachstum der EE langsamer als erwartet beseitigt wurden, so dass zusätzliche Anstrengungen der Mitgliedsstaaten erforderlich sind." Weiterhin befürchtete die Kommission, „dass die Investitionen künftig zurückgehen oder sich verzögern können, wenn die Mitgliedstaaten nicht weitere Maßnahmen ergreifen, um ihre Ziele zu erreichen." Hintergrund ist die Tatsache, dass Investitionen in EE mehrjährige Vorlaufzeiten haben und somit jede Störung oder Verunsicherung starke Auswirkungen auf den Ausbau der EE in einigen Jahren haben wird (EU-Kommission 2013/03: 4).

*2014* formulierte die EU-Kommission in einer Mitteilung einen „Rahmen für die Klima- und Energiepolitk im Zeitraum 2020 bis 2030 (sog. „Weißbuch"). Der Rahmen sieht ein THG-Reduktionsziel von 40 % (gegenüber 1990) bis 2030 vor und einen EE-Anteil von 27 % (EU-Kommission 2014/01: 5).

*Bewertung:* Nachdem die Kommission also 2013 die Mitgliedsstaaten – ohne sichtbaren Erfolg – zu zusätzlichen Handlungen ermahnt hatte, zog sie daraus die Konsequenz, alle nationalen Ziele aufzugeben (anders als 2011 wurde nur noch der EU-Durchschnittszielwert von 27 % formuliert). Diese Änderung würde wahrscheinlich dazu führen, dass eine Reihe von EU-Ländern ihre Anstrengungen zum EE-Ausbau weiter reduzieren würde. Auch ein Ziel zur Steigerung der Energieeffizienz bis 2030 findet sich im „Weißbuch" nicht mehr. In einer Bewertung dieser Mitteilung durch das DIW kommt das Forschungsinstitut zu dem Ergebnis, dass die Ziele und Szenarien der EU-Kommission auf nicht plausiblen Kostenschätzungen und falschen Technikeinschätzungen beruhen. Z. B. werden die Atomstromkosten viel zu niedrig angesetzt, es wird von einer großtechnischen Einsatzfähigkeit der CCS-Technik ausgegangen (DIW 2014/10: 179, s. a. Kap. 2.5) und die technische und preisliche Entwicklung der EE missachtet (z. B. rechnet die EU-Kommission mit einer Preisdegression beim PV-Strom in 2050, die bereits heute erreicht ist). Die Autoren der DIW-Studie kommen daher zu dem Fazit, dass die EU bei der Erreichung des Emissionsziels für 2030 erhebliche Probleme bekommen wird und das Ziel für 2050 (80-95 % Emissionsminderung) vollständig verfehlt wird.

Das *EU-Parlament* hat allerdings andere Ziel-Vorstellungen zur EU-Klimaschutzpolitik, so dass erst um die Jahreswende 2014/15 – nach Europawahl und Neubesetzung der Kommission – abzusehen sein wird, wie die europäische Klimaschutzpolitik sich weiterentwickelt.

*Soll-Ist-Vergleich*

Wie erläutert hat sich die EU *bis 2020* drei wichtige Ziele gesetzt: Minderung ihrer *THG-Emissionen* um 20 %, Ausbau des *Anteils der EE* am Endenergieverbrauch auf 20 % und Erhöhung der *Energieproduktivität* (Effizienz) um 20 %. *Bis 2050* sollen die THG-Emissionen um 80-95 % gesenkt werden. Zwischen 1990 und 2012 wurden die folgenden Fortschritte erreicht:

- Die *THG-Emissionen* gingen zwischen 1990 und 2012 um 18 % zurück. Aufgrund der bislang eingeführten Maßnahmen geht die EU-Kommission davon aus, dass die Minderung bis 2020 bei 24 % und bis 2030 bei 32 % liegen wird (EU-Kommission 2014/01).
  *Bewertung*: Der Großteil der Emissionsminderungen erfolgte in den Wendejahren aufgrund der Transformationskrise in Mittel- und Osteuropa (inkl. neuer Bundesländer) und der globalen Finanz- und Wirtschaftskrise 2008 bis 2012. Zwischen 1993 und 2007 blieben die Emissionen weitgehend unvermindert (DIW 2014/10: 179). Ein Vergleich der bisherigen Entwicklung mit den Prognosen und Zielen der EU zeigt, dass die EU (trotz der Wirtschaftskrisen) 22 Jahre (1990 bis 2012) benötigte, um eine Reduktion von 18% zu erreichen. Die restliche Reduktion von 62 bis 77 % soll jetzt innerhalb von 38 Jahren (von 2013 bis 2050) gelingen. Daraus kann zumindest der Schluss gezogen werden, dass die bislang verabschiedeten Instrumente bei weitem nicht ausreichen, das Ziel für 2050 erreichen zu können.

- Der *Anteil der EE* am Endenergieverbrauch stieg bis 2012 auf 13 %. Die EU-Kommission rechnet mit einem weiteren Ausbau auf 21 % (2020) und 24 % (2030) (EU-Kommission 2014/01).
  *Bewertung*: Damit werden immer noch 87 % des Endenergieverbrauchs aus atomaren und fossilen Energien gedeckt. Nach der Prognose der Kommission wäre eine 100 %-Versorgung bis 2050 nahezu unmöglich zu erreichen. Nur den EE-Spitzenreitern Schweden (47 %), Lettland (33 %) und Österreich (31 %) (BMU 2013/07) kann hier ein sehr positiver Zwischenstand bescheinigt werden.

- Die *Energieintensität* hat sich zwischen 1995 und 2011 um 24 % verringert, d.h. die Energieeffizienz/-produktivität hat um 24 % zugenommen.
  *Bewertung*: Dieses 20 %-Ziel wurde also erreicht.

- Im *Stromsektor* liegt der EE-Anteil in der EU bei 20 % (2011).
  *Bewertung*: In diesem Bereich ist die Dynamik der EE auch am größten, so hat sich der EE-Anteil an der Strombereitstellung seit 1990 (12 %) bis 2011 fast verdoppelt. Hier liegen Österreich (66 %), Schweden (60 %) und Portugal (47 %) vorne (alle Werte 2011). Die Schlusslichter sind hier Malta, Zypern und Luxemburg. Den höchsten Anteil an der Strombereitstellung

2011 aus EE erbrachten die Wasserkraftwerke (ca. 46 %), gefolgt von der Windenergie (ca. 27 %), Biomasse (ca. 20 %) und PV (7 %) (alle Zahlen eigene Zusammenstellung aus BMU 2013/07). Eine besondere Dynamik entfaltet die Windenergie. So wurden 2013 Windkraftwerke mit einer Leistung von über 11 GW neu installiert (32 % der Leistung aller Kraftwerksneubauten), gefolgt von PV-Anlagen, die 31 % aller Kraftwerksneubauten ausmachten. Der fossile Kraftwerksausbau stand erst auf Platz drei (Erdgaskraftwerke 22 %) und vier (Kohle 5 %) (Janzing 2014/ 03: 70).

*Tabelle 16: EE-Politik in ausgewählten Ländern der EU-28*

| Land | Anteil EE 2011 | Ziele 2020* |
|---|---|---|
| 01. Schweden | Endenergieverbrauch: 47 % Stromverbrauch: 60 % | 49 % |
| 02. Lettland | Endenergieverbrauch:33 % Stromverbrauch: 45 % | 40 % |
| 03. Finnland | Endenergieverbrauch: 32 % Stromverbrauch: 29 % | 38 % |
| 04. Österreich | Endenergieverbrauch: 31 % Stromverbrauch: 66 % | 34 % |
| 05. Estland | Endenergieverbrauch: 26 % Stromverbrauch: 12 % | 25 % |
| 06. Portugal | Endenergieverbrauch: 25 % Stromverbrauch: 47 % | 31 % |
| 07. Dänemark | Endenergieverbrauch: 23 % Stromverbrauch: 36 % | 30 % |
| 25. Belgien | Endenergieverbrauch: 4 % Stromverbrauch: 9 % | 13 % |
| 26. Vereinigtes Königreich | Endenergieverbrauch: 4 % Stromverbrauch: 9 % | 15 % |
| 27. Luxemburg | Endenergieverbrauch: 3 % Stromverbrauch: 4 % | 11 % |
| 28. Malta | Endenergieverbrauch: 0 % Stromverbrauch: 0 % | 10 % |

*EE-Anteil am Endenergieverbrauch laut Richtlinie 2009/28/EG
Quelle: BMU 2013/07 (auf ganze Zahlen gerundet).

Die Tabelle zeigt die großen Unterschiede im EE-Anteil am Endenergie- und am Stromverbrauch. Auch wird der Abstand zu den Zielen bis 2020 gezeigt, die von einigen Ländern schon nahezu erreicht wurden (von Estland sogar bereits übertroffen), bei anderen jedoch noch in weiter Ferne liegen. Deutschland lag 2011 mit einem EE-Anteil von 12 % am Endenergieverbrauch lediglich auf Platz 13, beim Strom mit einem EE-Anteil von damals 21 % war es Platz 12 (weiter hinten, als man aufgrund der starken Bemühungen denken könnte). Was die Tabelle in diesem Kontext nämlich nur andeutungsweise zeigt, sind die sehr unterschiedlichen Grundvoraussetzungen der einzelnen Staaten. Maßgebliche Unterschiede im Ist-Zustand der EE-Anteile wurzeln bspw. in unterschiedlichen Potentialen für Wasserkraftwerke (ein großer Anteil von Schwedens Energieerzeugung basiert auf Wasserkraft). Andersherum liegt beispielsweise Großbritanniens aktueller EE-Anteil am Endenergieverbrauch nur bei 4 %, aufgrund der hervorragenden Bedingungen für Windenergieanlagen wurde jedoch als ambitioniertes, aber durchaus realistisches Ziel ein Anteil von 15 % für das Jahr 2020 festgelegt.

*Politisch-rechtliche Instrumente*

Damit die EU ihre Ziele erreicht, wurde in den vergangenen Jahren eine Reihe von energie- und klimarelevanten Rechtsnormen erlassen, die wir im Kapitel 7 als Instrumente erläutert haben und sie hier nur benennen wollen:

*Übersicht 9: Politisch-rechtliche Instrumente der EU zum Klimaschutz*

| Zur Energieeffizienz |
|---|
| - *Emissionshandel* (Richtlinie 2009/29/EG).<br>*Bewertung*: Die 1. und 2. Phase des Emissionshandels bewirkten faktisch keine Emissionsminderungen. Aufgrund des drastischen Preisverfalls der Emissionsrechte und der strukturellen Mängel (insbes. keine automatische Anpassung des caps) hat das Instrument bislang auch in der 3. Periode keine positiven Ergebnisse erbracht und seine Steuerungswirkung zum größten Teil verloren (Kap. 7.5). |
| - *Förderung von KWK-Anlagen* (Richtlinie 2004/08/EG).<br>*Bewertung*: Der Erfolg ist begrenzt. |
| - *Vorgaben für nationale Energieeffizienzinstrumente* (Richtlinie 2012/27/EU, Energieeffizienz-RL). Die Richtlinie verpflichtet die Mitgliedsstaaten dazu, auf nationaler Ebene „Energieeffizienzverpflichtungssysteme" einzuführen. Damit ist gemeint, dass die Energieversorger oder die Netzbetreiber dazu verpflichtet werden, mit eigenständigen Förderaktivitäten zu erreichen, dass sich der Energieverbrauch ihrer Kunden |

jährlich um 1,5 % vermindert. Wie sie ihre Kunden zur Energieeinsparung bewegen, bliebe den verpflichteten Unternehmen überlassen. Sie könnten dazu z.B. Prämien für den Erwerb hocheffizienter Geräte einführen oder Zuschüsse zur Wärmedämmung vergeben.

*Bewertung:* Die Richtlinie wurde durch einen Kompromiss abgeschwächt, der es den Mitgliedsstaaten ermöglicht, die Energieeinsparziele auch durch andere Maßnahmen zu erreichen – ohne die Energieversorger hierzu zu verpflichten. Ob ihnen das gelingt, ist aber sehr unsicher.

- *Energieffizienz im Gebäudebereich* (Richtlinie 2010/31/EU). Hiernach müssen die Mitgliedsstaaten ihre Bauvorschriften dahingehend ändern, dass alle Gebäude ab Ende 2020 hohe Energiestandards einhalten (Niedrigstenergiehausstandard).

  *Bewertung:* Die Richtlinie ist relativ unverbindlich, da sie keine bindenden Standards festgelegt hat (z. B. Verbot des Einsatzes fossiler Energieträger oder 20 kWh/(m²*a)) und nicht für den Bestand gilt. Wenn die Mitgliedsstaaten den Niedrigstenergiehausstandard als Nullenergiehausstandard festlegen würden, könnte die Richtlinie aber dennoch langfristig eine hohe Wirkung entfalten.

- *Ökologische Mindeststandards* zur Beschaffenheit von Produkten (Richtlinie 2009/125/EG, geändert durch 2012/27/EU): Nach der sog. Ökodesign-Richtlinie (ErP-Richtlinie) sollen Produkte bezogen auf den gesamten Produktlebenszyklus umweltverträglich gestaltet werden; u. a. wurden Grenzwerte für den maximal zulässigen Verbrauch von elektrischen Geräten erlassen.

  *Bewertung:* Die Durchführungsverordnungen zur Ökodesign-Richtlinie beinhalten erste richtige Ansätze, die Stufenregelungen sind aber unzureichend. Eine stringentere Orientierung an den effizientesten verfügbaren Technologien im Sinne eines Top-Runner-Ansatzes oder die Verschärfung der einzuhaltenden Standards würde die Forschungstätigkeit der Unternehmen dynamisieren. Künftig werden Verordnungen zu Durchführungsmaßnahmen für Heizkessel und Warmwasserbereiter erwartet. Z. B. könnte ab 2015 die Brennwerttechnik als Mindeststandard eingeführt werden (UBA 2013/03: 52).

*Zur Förderung der EE:*

- *Nutzung von Energie aus erneuerbaren Quellen* (Richtlinie 2009/28/EG). Die Richtlinie führte verbindliche nationale Ziele für den Anteil von EE am Endenergieverbrauch des Jahres 2020 ein (sie ersetzte die Richtlinie 2001/77/EG).

  *Bewertung:* Die Ziele sind nicht ambitioniert genug, die Instrumente zu schwach, Sanktionsmittel gegenüber den Mitgliedsstaaten faktisch nicht gegeben. Die Einführung weiterer verbindlicher Ziele z. B. ein 5-Stufenplan zu einer 100 %-EE-Energieversorgung bis 2050 würde diesen Prozess beschleunigen.

- *Einführung von Biokraftstoffquoten* in Diesel- und Ottokraftstoffen (Richtlinie 2003/30/ EG).
  *Bewertung*: Diese Richtlinie ist sehr umstritten. Die Gefahr ist groß, dass die Quoten durch Importe aus Ländern erreicht werden, die mit einer sehr negativen Ökobilanz ihren Urwald roden und dafür Palmölplantagen pflanzen.

*Zur finanziellen Förderung von Energieeffizienz und EE:*

- *EU-Förderung*: Im EU-Recht gibt es viele allgemeine Förderprogramme, die auch für Forschung und Entwicklung oder Anwendung von EE sowie für Energieeffizienzmaßnahmen oder Klimaschutzprojekte relevant sein können. Die EU-Kommission hat hierzu aber keinen „großen Fonds" aufgelegt und betrachtet diesen Politiksektor auch nicht als zentrales Handlungsfeld ihrer eigenen Förderpolitik.

Das EU-Recht ist aber für nationalstaatliche Förderaktivitäten auch insoweit bedeutsam, als sich aus dem in Art. 107 AEUV verankerten grundsätzlichen *Verbot staatlicher Beihilfen* Begrenzungen ergeben können. Danach sind den Mitgliedsstaaten eigene Fördermaßnahmen grundsätzlich verboten, wenn diese im EU-Wettbewerb stehenden Unternehmen zugute kommen. Den Mitgliedsstaaten ist es zwar ohne weiteres erlaubt, Privatbürger zu „subventionieren", aber nicht Unternehmen. Speziell für Maßnahmen der Energieeffizienz und des Einsatzes von EE kommen insoweit allerdings einige Erleichterungen zum Tragen, denn nach der „Allgemeinen Gruppenfreistellungsverordnung" (EU-VO Nr. 800/2008) ist es den Mitgliedstaaten gestattet, entsprechende Aktivitäten bis zu einem bestimmten Umfang finanziell zu fördern. Dabei muss es sich aber immer um Beihilfen für bestimmte Investitionen handeln (nicht zum laufenden Betrieb), und es wird immer nur der Ausgleich eines Anteils an den Mehrkosten im Vergleich zu konventionellen Investitionen abgedeckt. Noch gewisse weitere Spielräume geben die Leitlinien der EU-Kommission für Umweltschutz von 2008 (EU-Kommission 2008). Mitte 2013 hat die Wettbewerbsabteilung der EU-Kommission bei Unterstützung durch das Energiekommissariat einen neuen Entwurf für „Leitlinien für staatliche Umwelt- und Energiebeihilfen 2014-2020" vorgelegt, der wiederum weitergehende Spielräume eröffnen soll, aber andererseits auf der Annahme beruht, dass nationale EE-Fördersysteme wie Einspeisetarife staatliche Beihilfe seien und deshalb einer Genehmigung durch die EU-Kommission bedürften (EU-Kommission 2013). Dem steht entgegen, dass das EEG auf Grundlage einer Entscheidung des EuGH bisher nicht als staatliche Beihilfe eingestuft wurde (EuGH, Rs. 379/1998, Urt. v. 13.03.2001). Mit einer Einstufung als Beihilfe würde sich die Wettbewerbskommission der EU quasi einen Genehmigungsvorbehalt hinsichtlich der Ausgestaltung nationaler Fördersysteme für EE verschaffen (vgl. Stiftung Umweltenergierecht 2014). Ende 2014 ist mit einer endgültigen Entscheidung der Kommission über den Entwurf zu rechnen.

*Bewertung*: Die aktuelle Entwicklung zur EU-Beihilfepolitik zeigt auf, dass innerhalb der EU-Kommission starke Interessenkonflikte zwischen den Abteilungen für Wettbewerb, für Energie und für Umweltschutz bestehen. Setzen sich die „Wettbewerber" und die Kommission für Energiepolitik durch, so kann das darauf hinauslaufen, dass die nationalen Förderpolitiken für EE in ihrer Wirksamkeit stark beeinträchtigt werden. Das Ergebnis ist offen.

Quelle: Eigene Zusammenstellung Rogall 2014.

*Interessen*

Die Interessenbasis innerhalb der EU ist weitaus komplexer, undurchsichtiger und divergenter als auf nationaler Ebene. In der EU treffen mittlerweile 28 Mitgliedsstaaten mit gemeinsamen Zielen und Haltungen, aber auch mit dezidiert unterschiedlichen Auffassungen zu wichtigen Einzelthemen, mit verschiedenen gesellschaftlichen und rechtlichen Traditionen und mit teilweise stark ausgeprägten nationalen Eigeninteressen aufeinander. Es gibt eine Vielzahl von unterschiedlichen Sprachen, deshalb hat sich unter der EU-Bevölkerung keine gemeinsame Kommunikation „von unten" herausbilden können. Angesichts dieser Ausgangssituation erstaunt es, dass sich die EU mit einer in Grundzügen gemeinsamen Politik überhaupt so weit hat entwickeln können. Hintergrund sind vor allem drei „große" gemeinsame Interessen: Das Bestreben nach dauerhaftem Frieden in Europa, der Wunsch, auf Grundlage einer gemeinsamen Wirtschaft in der EU ein hohes Maß an Wohlstand für die jeweils eigene Bevölkerung erreichen zu können und in der Welt als ein ernst zu nehmender Machtfaktor akzeptiert zu werden.

Vor dem Hintergrund der Bedrohung des Klimas hat sich unterhalb dieses Daches der Gemeinsamkeiten so etwas wie eine grundsätzliche politische Einsicht entwickeln können, dass es einer am Nachhaltigkeitsziel orientierten Politik bedarf (wie Art. 11 AEUV ausdrücklich anerkennt). Wobei in der EU weder Einigkeit darüber besteht, was darunter genau zu verstehen ist, noch – und vor allem – was das in einzelnen Handlungsfeldern der Politik bedeutet, da es dort doch nicht immer, aber sehr häufig darum geht, mit entgegenlaufenden wirtschaftlichen Einzelinteressen von Unternehmen und Branchen, mit sozialen Folgewirkungen oder – wiederum mit wirtschaftlichen und sozialen Interessen zusammenhängenden – Egoismen einzelner Staaten umgehen zu müssen.

Die Entscheidungsprozesse innerhalb der EU sind in dem Bestreben organisiert, eine konsistente Politik auf Grundlage großenteils divergenter Interessen entwickeln zu können. Das gelingt – teils besser, teils schlechter. Ein besonderes Problem stellt dabei der sprichwörtliche Brüssel-Lobbyismus dar. Da der Ausgang der Rechtsetzungsverfahren in der EU von extrem vielen am Entscheidungsprozess Beteiligten abhängig ist – insbesondere den Vertretern und Mitarbeitern der EU-Kommission, den Regierungen und Ministerien der Mitgliedstaaten sowie den einzelnen EU-Parlamentariern – gibt es aus der Sicht der betroffenen „Wirtschaftsakteure" mit ihren Branchenverbänden viel zu tun. Aus ihrer Sicht ist es von nicht zu unterschätzender Bedeutung, die einzelnen politischen Entscheidungsträger in Richtung ihrer Einzelinteressen zu beeinflussen. Sie nehmen diese Aufgabe auch sehr aktiv an, viele EU-Entscheidungen sind davon (mit-) geprägt. Die Nichtregierungsorganisationen („NGOs") müssen im Wettbewerb des Lobbyismus ihre weit schwächere Finanzkraft mit besseren Argumenten kompensieren. Mitunter gelingt das sogar, zumindest teilweise.

### 11.3 Zusammenfassung und Perspektive

Die *Bewertung* der EU fällt insgesamt sehr ambivalent aus:

*Einerseits* hat sie viele energiepolitische Richtlinien beschlossen, die beispielgebend für andere Industrie- und Schwellenländer sein können. Auch hat sie in den 1990er Jahren eine bedeutende Rolle in der globalen Klimaschutzpolitik gespielt. So ist insbesondere ihr zu verdanken, dass das Kyoto-Protokoll verabschiedet wurde (inkl. der endgültigen Inkraftsetzung; Matthes 2013: 44). *Andererseits* ist sie von einer alle Bereiche umfassenden, in sich konsistenten nachhaltigen Energiepolitik weit entfernt. So wird z. B. die Politik der Marktliberalisierung vorangetrieben, ohne auf die ökologischen Auswirkungen zu achten. Erst anschließend versuchen nachhaltigkeits-orientierte Politiker und Verwaltungsmitarbeiter die Folgen zu dämpfen. Umgekehrt wird bei jeder umweltpolitischen Maßnahme von vornherein geprüft, ob die Prinzipien der Handelsfreiheit eingeschränkt werden. Das heißt, zurzeit wird die Definition einer nachhaltigen Energiepolitik auf den Kopf gestellt. Besonders deutlich wird diese Tatsache an der Lissabon-Strategie aus dem Jahr 2000 (auch in ihrer 2005 geänderten Form): Obgleich jetzt vom „Nachhaltigen Wachstum" gesprochen wird, drängt sich der Eindruck auf, dass dies nicht im Sinne einer dauerhaft umweltverträglichen wirtschaftlichen Entwicklung (einem selektiven Wachstum) verstanden wird, sondern als Synonym von stetigem Wachstum. Auch ist das gesamte Subventionssystem immer noch nicht nach Nachhaltigkeitskriterien strukturiert. Weiterhin zeigen die zahlreichen Beispiele von verwässerten Umweltinitiativen, z. B. die mehrfach gescheiterte Einführung einer Ökologischen Steuerreform (ÖSR) oder das inkonsequente Emissionshandelsystem, die Grenzen der heutigen Strukturen der EU auf.

Wie mit den angestrebten Zwischenzielen der einzelnen Sektoren und den vorhandenen Instrumenten das THG-Emissionsminderungsziel von 80-95 % erreicht werden soll, erschließt sich dem Betrachter nicht. Immerhin sind die Ziele für die *Stromerzeugung* (praktisch keine $CO_2$-Emissionen mehr) sowie *Wohnen und Dienstleistungen* schlüssig und beispielgebend. In der Konsequenz führen sie zu dem Ziel einer 100 %-Versorgung mit EE in diesen Sektoren. Das gilt zumindest dann, wenn davon ausgegangen wird, dass es aufgrund der Risiken in allen EU-Staaten zu einem Atomausstieg und dem Verzicht von flächendeckendem CCS-Einsatz kommt (zurzeit strebt die EU-Kommission allerdings nach 2035 den Einsatz der $CO_2$-Abspaltung und Speicherung im „großen Umfang" an, wenn auch insbesondere für Industrieprozesse). Des Weiteren sollen ab 2021 alle Neubauten praktisch nach Nullenergiehausstandard errichtet werden. Damit ist allerdings das Minderungsziel nicht zu erreichen, da die meisten Gebäude im Jahr 2050 vor 2021 gebaut wurden. Für den Bestand existiert aber kein Instrument. Enttäuschend – vor dem Hintergrund der Interessenlage innerhalb der EU aber nicht erstaunlich – ist, dass eine 100 %-Versorgung in keinem Sektor (nicht einmal im Stromsektor) angestrebt wird. Die EU-Kommission spricht hier von $CO_2$-armen Technologien (die aber nicht definiert werden). Ihr Anteil soll von 45 % (2010), 60 % (2020) und 75-80 % (2030) auf knapp 100 % (2050) steigen.

Noch erstaunlicher sind die Werte zum *Verkehr*. Dieser Sektor darf bis 2030 sogar noch mehr (+20 %) emittieren und soll bis 2050 nur eine Emissionsminderung von -54 bis -67 % erbringen.

Die *Industrie* soll ihre THG-Emissionen bis 2050 um 83 bis 87 % senken. Hierzu sollen ressourcenschonende und energieeffiziente Industrieprozesse und -anlagen, mehr Recycling sowie Technologien zur Verringerung von Nicht-$CO_2$-Emissionen (z. B. Stickoxide und Methan) einen Beitrag leisten. Die Autoren der o.g. DIW-Studie kommen zu dem Fazit, dass die EU bei der Erreichung des Emissionsziels für 2030 erhebliche Probleme bekommen und das Ziel für 2050 (80-95 % Emissionsminderung) vollständig verfehlt wird.

*Perspektivisch überwiegt bei uns dennoch die Hoffnung auf eine nachhaltige Energiepolitik:* Ob künftig als Staatenbund oder eines Tages als Bundesstaat – als Akteursgruppe im globalen Nachhaltigkeitsprozess spielt die EU eine wichtige Rolle. Damit sich diese Hoffnung erfüllt, ist aber eine Reihe von Voraussetzungen zu erfüllen: So müsste die EU-Klimaschutzpolitik als übergeordneter Rahmen gestärkt werden und es müssten in alle Politikfelder Langfristziele (2050) aufgenommen werden, um so der Illusion des „weiter so" einen Riegel vorzuschieben. Bislang stellen sich die EU-Mitgliedsländer der Herausforderung der Transformation vom atomaren und fossilen Energiesystem zur 100 %-Versorgung mit EE sehr unterschiedlich. Während einige Staaten schon traditionell einen sehr hohen Anteil an EE aufweisen, den sie meistens gezielt weiter ausbauen wollen, beteiligen sich andere Staaten nur sehr wenig daran. Aus Platzgründen können wir hier leider nur eine Überblickstabelle bieten. Sollten sich in Einzelfällen nicht alle Staaten an der Veränderung der politisch-rechtlichen Rahmenbedingungen beteiligen wollen, muss sich Europa nicht scheuen, mit möglichst vielen Staaten eine Vorreiterrolle zu übernehmen – wenn nicht anders möglich auch in Form eines eigenen „Wirtschafts- und Nachhaltigkeitsraumes". Wenn sich diese Vorreiterrolle zurzeit nicht realisieren lässt, müsste diskutiert werden, ob die Union vorübergehend in ein „Europa der zwei Geschwindigkeiten" differenziert werden sollte. Hierbei würden einige Länder im Sinne eines „Kerneuropas" schneller im Einigungsprozess voranschreiten (Rogall 2008: 333).

Als *Zwischenfazit* kann festgehalten werden, dass die bislang eingeführten Maßnahmen der EU wichtige Initiativen darstellen, die aber gleichwohl bei weitem nicht ausreichend sind, um die Handlungsziele der EU zu erreichen (Kap. 2). Daher sind deutlich weitergehende Instrumente und Maßnahmen sowohl auf der Ebene der EU als auch auf der Ebene der einzelnen Mitgliedsstaaten notwendig.

*Basisliteratur und Internet*

Eurostat: http://epp.eurostat.ec.europa.eu/portal/page/portal/eurostat/home/

Rogall, H. (2003): Akteure der nachhaltigen Entwicklung, München.

Rogall, H. (2012): Nachhaltige Ökonomie, 2. überarbeitete und stark erweiterte Auflage, Marburg.

# 12. Nationalstaaten – Beispiel Deutschland[1]

## 12.1 Grundlagen

### Verfassung

Die oberste Rechtsnorm eines Staates ist seine Verfassung (in Deutschland das Grundgesetz – GG). Die Mitgliedsstaaten der EU haben allerdings einen Teil ihrer Souveränitätsrechte (so auch die Gesetzeshoheit) zum Teil an die EU abgetreten, so dass hier eine Art von Dualität der höchsten Rechtsnormen entstanden ist. Im Deutschen Grundgesetz war der Schutz der Umwelt nur unvollkommen geregelt, da sich der Verfassungsgeber von 1949 der besonderen Bedeutung des Umweltschutzes noch nicht bewusst war. Er berücksichtigte lediglich einzelne Aufgaben des Umweltschutzes im Rahmen der Kompetenzbestimmungen (§§ 70 ff. GG). Im Übrigen erschienen Belange des Umweltschutzes nur als Unteraspekte von Grundrechten. Seit 1994 hat sich das geändert, als eine ausdrückliche Bestimmung zum Schutze der Umwelt (und damit auch einer vertretbaren Klimaerwärmung) ins Grundgesetz eingefügt wurde (Art. 20 a GG). Dieser Artikel wurde als *Staatszielbestimmung* formuliert, nicht als *Grundrecht* der Bürger. Das heißt, die Institutionen des Staates sind zwar an diese Bestimmung gebunden, die Bürger haben aber kein Klagerecht, wenn sie den Artikel durch staatliches Handeln oder Unterlassen verletzt sehen. Der renommierte Umweltrechtsprofessor *Stefan Klinski* sieht daher keine grundlegende Änderung der früheren Verfassungslage. Aus seiner Sicht existiert ein Anspruch der Bürger auf Umweltschutz – aufgrund der Verfassung – nur, soweit sich dieser aus einem (anderen) Grundrecht ergibt. Z. B. aufgrund der Grundrechte auf *Leben und körperliche Unversehrtheit* (Art. 2 Abs. 2 Satz 1 GG) sowie auf *Eigentum* (Art. 14 Abs. 1 GG). Zu beachten ist hierbei, dass die Grundrechte grundsätzlich nicht absolut gelten, sondern immer die unterschiedlichen Grundrechte miteinander abgewogen werden müssen (so sehen manche Unternehmer durch die Umweltschutzgesetze ihr Recht auf freie Berufsfreiheit Art. 12 GG beeinträchtigt, sie fordern daher freie Umweltnutzungsrechte). Für diese grundrechtliche Konfliktlage zwischen Umweltschutz einerseits und Umweltnutzungsrechten andererseits hat der Gesetzgeber durch politische Entscheidung in den Umwelt-Fachgesetzen jeweils bestimmte Regelungen festgelegt.

---

[1] Dieses Kapitel basiert auf den Veröffentlichungen Rogall 2003 und 2012, Kap. 6. 1.

*Staatsstrukturbestimmungen (zentrale Verfassungsprinzipien)*: Unter St. versteht man die als Verfassungsauftrag formulierten Ziele eines Gemeinwesens, die im Unterschied zu den Grundrechten aber nicht vor dem Bundesverfassungsgericht einklagbar sind. Hiernach gelten nach Art 20 GG folgende Strukturbestimmungen für Deutschland:

(1) Die Bundesrepublik Deutschland ist ein *demokratisches Gemeinwesen* mit den Prinzipien:
   – *Volkssouveränität* (der letzte, nicht weiter zu legitimierende Wille geht vom Volk aus).
   – *Mehrheitsentscheidungen:* In einer parlamentarischen Demokratie wird der Mehrheitswille des Volkes durch die Wahl der Parlamente in einem Mehrparteiensystem umgesetzt (erste Gewalt), die die Regierungen (zweite Gewalt) und die Bundesgerichtshöfe (als Spitze der dritten Gewalt) einsetzen. Die Entscheidungen erfolgen in allgemeinen, unmittelbaren, freien, gleichen und geheimen Wahlen (Art. 38 GG). Das Wahlrecht setzt voraus, dass in einer Demokratie mehrere Parteien existieren. Diese Parteienvielfalt hat in der Grundfreiheit und dem Parteienprivileg des Art. 21 GG seinen Niederschlag gefunden
   – *Freiheits- und Menschenrechte:* In einer Demokratie hat jeder Mensch Freiheitsrechte gegenüber dem Staat. Zu den Freiheitsrechten gehören insbesondere die Grundrechte, die in den ersten 19 Artikeln des Grundgesetzes niedergeschrieben wurden. Aus ihnen folgt, dass eine Demokratie keine „Diktatur der Mehrheit" ist, denn auch die Mehrheit der Bevölkerung kann der Minderheit nicht die Grundrechte entziehen.
   – *Gewaltenteilung:* Jede der drei Gewalten (Legislative, Exekutive, Judikative) verfügt über eigenständige Rechte, die nicht eingeschränkt werden dürfen und der wechselseitigen Kontrolle dienen. Das Prinzip der Gewaltenteilung soll eine Machtkonzentration verhindern (Jarass, Pieroth 2006: Art. 20 GG Rdnr. 23ff.).

(2) *Ökologischer Sozialstaat:* Die Verpflichtung des Staates, „auch in Verantwortung für die künftigen Generationen die natürlichen Lebensgrundlagen" zu schützen (Art. 20a GG), begründet die Staatszielbestimmung einer Nachhaltigen Entwicklung (BMU 1997/02: 10). Zu diesem Ziel haben sich alle Bundesregierungen seit dem Jahr 1994 in ihren Umweltberichten bekannt. Der Artikel enthält eine bindende, verfassungsrechtliche Zielsetzung und ist damit für die Gesetzgebung unmittelbar geltendes Recht. Aus dem Schutzgebot folgt die Verpflichtung des Staates, Eingriffe in die Umwelt zu unterlassen und darüber hinaus die Verpflichtung, Maßnahmen zum Erhalt und der Wiederherstellung der natürlichen Umwelt zu erlassen (Jarass, Pieroth 2006: Art. 20a GG Rdnr. 1ff.). Das gleiche Eingriffsgebot gilt für die soziale Dimension (Art. 20 Abs. 1 GG). Allerdings wurden für beide keine einklagbaren Grundrechte, sondern eine Staatszielbestimmung formuliert.

(3) *Republik, Bundes- und Rechtsstaat*: Der Begriff *Republik* (Art. 20 GG) sagt aus, dass Deutschland kein monarchisches (königliches) Staatsoberhaupt hat. Als *Bundesstaat* ist Deutschland kein *Zentralstaat*, sondern besitzt einen *föderalen Aufbau* mit Bundesländern, die über eigene Verwaltungen und Finanzhaushalte sowie über eigene Gesetzeskompetenzen verfügen. Der Begriff *Rechtsstaat* beinhaltet, dass die Rechtsnormen einer *Hierarchie* unterliegen, nach der keine Rechtsnorm einer höheren Rechtsnorm widersprechen darf (z. B. kein Gesetz der Verfassung, keine Verordnung einem Gesetz). Untereinander sind Rechtsnormen gleich. Es existieren keine wichtigen oder unwichtigen Gesetze.

### Umweltschutzprinzipien

Die Umweltpolitik entwickelte sich Anfang der 1970er Jahre zu einem eigenständigen Politikbereich, der den gleichen Rang zugewiesen bekam wie die anderen öffentlichen Aufgaben. Das erste Umweltprogramm der Bundesregierung von 1971 beschrieb die Umweltpolitik mit einer *Zieltrias*. Vor dem Hintergrund der Erkenntnisse der Umweltökonomie hat sich zur Umsetzung zunächst die Zieltrias des *Verursacher-, Vorsorge- und Kooperationsprinzips* als Grundlage der Umweltpolitik herausgebildet. Angesichts der fortschreitenden Erkenntnisse wird man diese heute durch die Nachhaltigkeitsprinzipien ergänzen müssen (zu den traditionellen Prinzipien der Umweltpolitik vgl. Wicke 1993: 150 und Bartmann 1996: 114). Die Prinzipien sind als solche rechtlich nicht festgelegt, beeinflussen die Ausgestaltung von Rechtsvorschriften aber mitunter stark.

*Umweltschutzpolitik:* Der Begriff U. wurde etwa 1970 in die deutsche Sprache eingeführt. Das erste Umweltprogramm der Bundesregierung von 1971 beschreibt *Umweltpolitik* als Gesamtheit der Maßnahmen, die notwendig sind, um: (1) dem Menschen eine Umwelt zu sichern, wie er sie für seine Gesundheit und für ein menschenwürdiges Dasein braucht, (2) Boden, Luft und Wasser, Pflanzenwelt und Tierwelt vor nachteiligen Wirkungen menschlicher Eingriffe zu schützen, (3) Schäden oder Nachteile aus menschlichen Eingriffen zu beseitigen (Deutscher Bundestag 1971).
Diese *Zieltrias* wird seit der UN-Konferenz für Environment and Development 1992 in Rio de Janeiro als Teil einer Nachhaltigen bzw. dauerhaft aufrechterhaltbaren Entwicklung (Sustainable Development) angesehen. So definieren wir: Umweltpolitik ist die Gesamtheit der Maßnahmen, die notwendig sind, um die Umweltbelastungen auf ein unschädliches Maß zu verringern (die Grenzen der natürlichen Tragfähigkeit zu bewahren) und für eine gerechte Verteilung der natürlichen Ressourcen für alle Menschen und die nachfolgenden Generationen zu sorgen, d.h. soweit wie möglich zu erhalten.

*Erstens: Verursacherprinzip*

Nach dem Verursacherprinzip soll derjenige, der eine Umweltbelastung verursacht, für alle Kosten aufkommen, die zur Verhinderung, zur Wiedergutmachung oder zur Beseitigung von Folgen dieser Belastung entstehen. Es geht also um die verantwortungsgerechte Internalisierung externer Kosten (inkl. Planungs-, Überwachungs-, Vermeidungs- und Beseitigungskosten). Ziel ist die ökologische Modernisierung bzw. Umstrukturierung der Produkte und Produktionsprozesse, so dass künftig die Managementregeln der Nachhaltigkeit eingehalten werden können. Als eine besondere Ausprägung des Verursacherprinzips kann das Nutznießerprinzip verstanden werden. Hiernach zahlt der „Nutznießer" einer staatlichen Maßnahme für den erhaltenen Vorteil. Dieser Gedanke findet z.B. bei dem Handel mit Naturnutzungszertifikaten Anwendung.

Den Gegenpart zum Verursacherprinzip bildet das *Gemeinlastprinzip*, nach dem der Staat im Interesse der Gesamtheit der Bürger für den Ausgleich von Belastungen zu sorgen hat. Das Gemeinlastprinzip ist selbst kein Prinzip der Umwelt- oder Nachhaltigkeitspolitik, seine Anwendung sollte daher auf diejenigen Fälle beschränkt bleiben, in denen eine Anwendung des Verursacherprinzips nicht möglich ist.

*Zweitens: Vorsorgeprinzip*

Das in den 1970er Jahren erstmals ausdrücklich formulierte Vorsorgeprinzip zielt darauf, Umweltschutzmaßnahmen präventiv und an der Quelle der Schädigungen anzusetzen, so dass diese gar nicht erst entstehen können. Insofern beinhaltet es eine Risikominimierungsstrategie (inkl. Vorsichtigkeitsansatz). Das Prinzip spielte eine wesentliche Rolle in der Herausbildung der umweltpolitischen Strategie, die Emissionen von Industrieanlagen und technischen Geräten nach dem fortschreitenden „Stand der Technik" stetig weiter zu vermindern, insbesondere um die Verlagerung von Belastungen durch Umweltschadstoffe an anderen Orten und in der Zukunft gering zu halten. Aus heutiger Sicht geht es weitergehend um die Konzipierung von nachhaltigen, insbesondere energie- und ressourcensparenden Produkten („Ökodesign"), Produktionsprozessen und Verteilungsstrukturen.

*Drittens: Kooperationsprinzip*

Unter Kooperationsprinzip werden die Bemühungen des Staates verstanden, politische Ziele möglichst nicht in Konfrontation, sondern gemeinsam mit den Betroffenen zu entwickeln und umzusetzen. Das Kooperationsprinzip wird von Wirtschaftsverbänden häufig so verstanden, dass sich der Staat aus der Rechtsetzung in Umweltangelegenheiten zurückhalten und den Selbstregulierungskräften der Wirtschaft vertrauen solle. Dieser Deutung schließen wir uns nicht an, weil sie den Erfordernissen einer nachhaltigen Wirtschaft widerspricht. Die wirtschaftsunabhängigen NGOs sehen demgegenüber die möglichst frühzeitige Beteiligung der Zivilgesellschaft an Planungs- und Politikprozessen als Kern des Kooperationsprinzips an. Einen besonderen Ausdruck findet das Kooperationsgebot in rechtlichen Regelungen wie dem Anspruch der Bürger auf den Erhalt behördlicher Umweltinformationen oder der Verbandsklagemöglichkeit von Umweltverbänden bei der Zulassung von umweltbedeutsamen Anlagen nach EU-Richtlinien.

Obwohl es im rechtlichen Raum und im Rahmen der Gesetzgebung mittlerweile viele Formen der Bürger- oder Öffentlichkeitsbeteiligung gibt, werden immer wieder Defizite deutlich, wie sich ebenso im „Kleinen" (z.B. an misslungenen Projektplanungen wie „Stuttgart 21") wie im „Großen" (z.B. an der Intransparenz bei der Aushandlung internationaler Abkommen) zeigt.

## 12.2 Entwicklung der Klimaschutzpolitik

*Phasen*

Die Diskussion um eine nachhaltige Energiepolitik begann in den *1970er Jahren* im Zuge der Anti-Atomkraftbewegung und der Diskussion über die „Grenzen des Wachstums". Vor dem Hintergrund der zunehmenden Anti-AKW-Bewegung setzte der Bundestag 1979 die Enquete-Kommission „Zukünftige Kernenergiepolitik" ein, die einen wichtigen Einfluss auf die weitere gesellschaftliche Diskussion nahm.

Im Laufe der *1980er Jahre* gewann die Klimaschutzdiskussion an Bedeutung. Ein wichtiges Signal, dass Deutschland als wichtiges Industrieland sich dem Klimaschutz verpflichtet fühlt, war *1987* die Einsetzung der Enquete-Kommission des Bundestages „Vorsorge zum Schutz der Erdatmosphäre". Die Berichte dieser Kommission hatten einen wichtigen Einfluss auf die Politik und die damals beginnende gesellschaftliche Diskussion. Im Vorfeld des Weltgipfels in Rio de Janeiro *1992* verabschiedete die Bundesregierung das Ziel, bis 2005 ihre $CO_2$-Emissionen um 25 % zu reduzieren (was nicht erreicht wurde). Seitdem setzte sich Deutschland – bzw. alle Bundesregierungen unabhängig von der jeweils regierenden Koalition – auf internationaler Ebene für Klimaschutzabkommen mit ambitionierten Treibhausgasreduktionszielen ein.

Im Rahmen des Kyoto-Protokolls von *1997* ging Deutschland die Verpflichtung ein, bis zum Jahr 2008/12 seine Treibhausgase um 21 % zu reduzieren (was erreicht wurde). Nach dem Regierungswechsel zur Rot-Grünen

Koalition wurde eine Reihe von beispielgebenden Gesetzen zum Klimaschutz verabschiedet, die die Nachfolgeregierungen nicht rückgängig machten (z. B. das EEG und die Ökologische Steuerreform).

*2010* verabschiedete die Bundesregierung ein Energiekonzept mit sehr ambitionierten Treibhausgasminderungs- und EE-Ausbauzielen. Aufgrund des EEG vervierfachte sich der EE-Stromanteil von 6 % (2000) in nur 13 Jahren auf 25 % (2013).

Durch diesen Erfolg und dem Politikversagen in der Kohle-/Emissionshandelspolitik (s. Kap. 7.5) erhöhte sich die EEG-Umlage deutlich, so dass die Große Koalition *2014* das EEG mit dem Ziel, den Kostenanstieg zu verlangsamen, novellierte (Kap. 7.5).

*Soll-Ist Vergleich der energiepolitischen Ziele*

Die deutschen Bundesregierungen und die sie tragenden Koalitionen haben seit 1990 eine Reihe von energiepolitischen Beschlüssen gefasst, deren Zielerreichung wir im Weiteren untersuchen wollen:

(1) *Primärenergieverbrauch* (PEV gegenüber 1990): Der PEV soll bis 2020 um 20 % und bis 2050 um 50 % gesenkt werden (BMWi 2014/03: 4). In der Realität ist er zwischen 1990 und 2013 (23 Jahre) um 9 % gesunken (0,3 % pro Jahr, AGEB 2014/03: 7)). 2013 ist er um 2,5 % gestiegen (AGEB 2014/03: 2). Aus Sicht des Klimaschutzes sollte der PEV-Verbrauch bis 2050 vollständig aus EE erfolgen, als Unterziel sollten die besonders kohlenstoffhaltigen Energieträger so schnell wie möglich reduziert werden. In der Realität war 2013 Mineralöl mit einem Verbrauch von 4,6 EJ (33 %) immer noch der meistverbrauchte Primärenergieträger (Rückgang gegenüber 1990 um 11 %), gefolgt von Erdgas mit 3,1 EJ (22 %, Zunahme gegenüber 1990 um 35 %), dann Steinkohle mit 1,7 EJ (13 %, Rückgang um 49 %) und Braukohle 1,6 EJ (12 %, Rückgang um 50 %), die EE deckten (aufgrund des Berechnungsverfahrens) 1,6 EJ (12 %) (AGEB 2014/03: 4).

*Bewertung*: Es ist wenig wahrscheinlich, dass in den verbleibenden 7 Jahren das Minderungsziel für 2020 zu erreichen ist, zumal der PEV 2013 wieder angestiegen ist. Die Zahlen zeigen die Größe der Herausforderung vor der die deutsche Klimaschutzpolitik steht.

(2) *Gesamtwirtschaftliche Energieproduktivität:* Der notwendige PEV pro Einheit (€) BIP soll sich nach der nationalen Nachhaltigkeitsstrategie der Bundesregierung Jahr für Jahr verringern (d. h. die Energieproduktivität soll von 1990 bis 2020 von 100 auf 200 steigen, sich verdoppeln, StaBa 2012/02: 6). Aus einem GJ konnte die deutsche Volkswirtschaft 1990 120

Euro BIP erzeugen, im Jahr 2013 179 Euro (durchschnittlich stieg die Energieproduktivität damit um 1,8 % pro Jahr, AGEB 2014/03: 2).

*Bewertung*: Mit der erzielten Energieproduktivitätssteigerung können die energiepolitischen Ziele nicht erreicht werden, da ein großer Anteil durch das wirtschaftliche Wachstum (Steigerung des BIP) kompensiert wird. Zwischen 1990 und 2013 stieg das BIP im Durchschnitt um 1,5 % pro Jahr (AGEB 2014/03: 7).

(3) Die *Sektoren des Endenergieverbrauchs Deutschlands* entwickelten sich unterschiedlich. Im *Jahr 1973* verbrauchte die *Industrie* mit Abstand die größte Energiemenge, gefolgt von den *Haushalten* und dem *Verkehr*. Zwischen *1973 und 2000* sank der Anteil der *Industrie* deutlich (Folge der Ölpreiskrise). Seitdem steigt er wieder. Der Anteil des *Verkehrs* stieg zwischen 1973 und 2000 deutlich, seitdem ist er relativ konstant. Der Energieverbrauch der *Haushalte* nahm von 1990 bis 2001 aufgrund der steigenden Wohnungsgrößen und zunehmenden Singlehaushalte deutlich zu, seitdem sinkt er langsam. Im *Jahr 2012* verbrauchten *Industrie* und *Verkehr* etwa gleich viel. Besonders relevant ist die Entwicklung seit der Überwindung der Wirtschaftskrise (seit 2009). Der Verbrauch der *Industrie* und des *Verkehrs* ist seit 2009 wieder gestiegen, der Verbrauch der Haushalte hingegen gesunken.

*Bewertung*: Daraus folgt, dass die Handlungsziele (Senkung des Energieverbrauchs trotz wirtschaftlichem Wachstum) in der Industrie nicht erreicht wurden, sondern der Energieverbrauch sogar angestiegen ist.

(4) Der Stromverbrauch Deutschlands nahm von 551 TWh (1990) auf 618 TWh (2007) zu, seitdem ist er auf 600 TWh (2013) geringfügig gesunken. Zwischen 1990 und 2013 stieg er im Durchschnitt um 0,4 % pro Jahr (BMWi 2014/03: Tab. 22 und AGEB 2014/03: 7).

*Bewertung*: Aufgrund der Bedeutung der EE, die besonders kostengünstig und unproblematisch Strom erzeugen können, wird der Stromverbrauch künftig – trotz aller Effizienzgewinne – wahrscheinlich kaum zurückgehen, da neue Verbrauchssektoren dazu kommen werden (z. B. Wärmepumpen im Gebäudesektor und E-Mobilität im Verkehrssektor, Quaschning 2013: 108; s.a. Kap. 3.2 und 3.4).

*Tabelle 17: Energieverbrauch nach Sektoren in Deutschland (in EJ)*

| Sektor | 1973 | 1980 | 1990 | 2000 | 2005 | 2010 | 2012 | 1990/2012 |
|---|---|---|---|---|---|---|---|---|
| PEV Gesamt in % | 14,9 (100) | 15,0 (100) | 14,9 (100) | 14,4 (100) | 14,5 (100) | 14,2 (100) | 13,8 (100) | -7 % |
| Endenergieverbr. in % | 9,5 (100) | 9,8 (100) | 9,5 (100) | 9,2 (100) | 9,1 (100) | 9,3 (100) | 9,0 (100) | -5 % |
| davon: | | | | | | | | |
| Industrie in % | 3,8 (40) | 3,6 (37) | 3,0 (32) | 2,4 (26) | 2,5 (27) | 2,6 (28) | 2,6 (29) | -13 % |
| Verkehr in % | 1,6 (17) | 1,9 (19) | 2,4 (25) | 2,8 (30) | 2,6 (29) | 2,6 (28) | 2,6 (29) | +8 % |
| Haushalte in % | 2,4 (25) | 2,5 (26) | 2,4 (25) | 2,6 (28) | 2,6 (29) | 2,7 (29) | 2,4 (27) | 0 % |
| GHD* in % | 1,5 (16) | 1,6 (17) | 1,8 (17) | 1,5 (16) | 1,4 (15) | 1,5 (16) | 1,4 (16) | -22 % |

\* Gewerbe, Handel, Dienstleistungen, vor 1990 Kleinverbrauch;
Quellen: BMWi 1996: 31 und BMWi 2014/03: Tab. 5.

(5) *Verbrauch von Primärenergieträgern in der Stromerzeugung:* Aus Sicht des Klimaschutzes sollte die Stromerzeugung/der Stromverbrauch bis 2050 vollständig aus EE erfolgen, als Unterziel sollten die besonders kohlenstoffhaltigen Energieträger (Kohle) so schnell wie möglich reduziert werden. Tatsächlich hat die Stromerzeugung aus der besonders klimaschädlichen *Braunkohle* von 171 TWh (1990) auf 162 TWh (26 %, 2013) um durchschnittlich 0,2 % pro Jahr *ab*genommen. Seit 2010 nimmt sie aber wieder zu (!). Die mittlerweile *zweitwichtigste Energie* sind die *EE*, die von 20 TWh (1990) auf 152 TWh (24 %, 2013) um jährlich 9,3 % *zu*genommen haben (in anderen Statistiken wird ein Teil der sonstigen Energien noch den EE hinzugezählt). An *dritter Stelle* folgt die *Steinkohle,* die von 141 TWh (1990) auf 124 TWh (20 %, 2013) jährlich um durchschnittlich 0,6 % *ab*genommen hat. 2013 hat sie allerdings erstmals wieder zugenommen. Mittlerweile erst an *vierter Stelle* folgt die *Kernenergie,* die von 153 TWh (1990) auf 97 TWh (15 %, 2013) jährlich um durchschnittlich 1,9 % *ab*genommen hat. An *fünfter Stelle* folgt *Erdgas,* das von 36 TWh (1990) auf 67 TWh (11 %, 2013) jährlich um durchschnittlich 2,7 % *zu*genommen hat (AGEB 2014/03: 4).
*Bewertung*: Die Zahlen zeigen die Herausforderung, vor der die deutsche Klimaschutzpolitik steht, aber auch die großen Fortschritte der EE.

(6) *Senkung der THG-Emissionen* (Ziel: -40 % gegenüber 1990 bis 2020, -80 bis -95 % bis 2050, d.h. auf 5 bis 20 % der Emissionen von 1990):
*Bewertung:* Zwischen 1990 bis 2011 sanken die energiebedingten $CO_2$-Emissionen von 979 Mio. t $CO_2$ auf 743 Mio. t $CO_2$ um 24 %. In den Jahren 2012 und 2013 stiegen sie wieder. Die Bundesumweltministerin warnte 2014 daher davor, dass Deutschland sein Klimaschutzziel 2020 verfehlen könnte. „Mit den bisher beschlossenen Maßnahmen werden wir je nach Wirtschaftsentwicklung nur rund 33 Prozent schaffen" (BMUB 2014/03/17).

(7) *Anteil der EE am Endenergieverbrauch* (Ziel: BR: 60 % bis 2050): Der Anteil der EE ist von 2 % (1990) auf 12 % (2013) gestiegen (BMWi 2014/02: 4).
*Bewertung:* Der Indikator ist auf gutem Wege, das Ziel zu erreichen, weitere Maßnahmen sind aber nötig.

(8) *Anteil der EE am Stromverbrauch* (Ziel: BR: 35 % bis 2020, 80 % bis 2050): Der EE-Anteil ist von 3 % (1990) auf 25,4 % (2013) gestiegen (BMWi 2014/02: 2). Im 1. Quartal 2014 stieg der EE-Anteil am Stromverbrauch auf 27 % (BDEW 2014/05). Die stärkste Wachstumsdynamik in der Stromerzeugung erreichten die Windenergie onshore: 0,071 TWh (1990) auf 53,4 TWh (2013) und die Photovoltaik: 0,001 TWh (1990) auf 30 TWh (2013). Die Stromerzeugung aus Biomasse stieg von 1,434 TWh (1990) auf 47,9 TWh (2013) und die Windenergie offshore von 0 TWH (1990) auf 1 TWh (2013). Die Wasserkraft stieg von 17,426 TWh (1990) auf 21,2 TWh (2012) (BMU 2012/07: 18, BMWi 2014/02: 3).
*Bewertung:* Der Indikator ist auf gutem Weg, das Ziel zu erreichen, weitere Maßnahmen sind aber nötig.

(9) *Wärmebereitstellung:* 2013 wurden in Deutschland 133 TWh Wärme aus EE bereitgestellt (9 % des gesamten Verbrauchs). Mit weitem Abstand führend war die Biomasse mit ca. 116 TWh (88 % der von EE bereitgestellten Wärme), gefolgt von Geothermie (inkl. Wärmepumpen) mit 9,5 TWh (7 %) und Solarthermie mit 6,8 TWh (5 %) (BMWi 2014/02: 5).

(10) *EE im Verkehr:* 2013 wurden in Deutschland 0,45 TWh (5,3 % des gesamten Kraftstoffverbrauchs) durch *Biomasse* erzeugt. Den größten Anteil hiervon deckt Biodiesel mit 2,2 Mio. t (allerdings ist seine Erzeugung seit 2007 sehr deutlich zurückgegangen). Den zweitgrößten Anteil erbringt Bioethanol mit 1,2 Mio. t, mit leicht sinkender Tendenz. Insgesamt geht der EE-Anteil am Kraftstoffverbrauch seit 2007 (7,4 %) zurück (2013: 5,3 %) (BMU 2013/07: 24, BMWi 2014/02: 6). Dafür gewinnt – wenn auch sehr langsam – die Elektromobilität an Bedeutung, dort wo sie mit EE-Strom betrieben wird, kann sie künftig einen wichtigen Beitrag leisten.

## Ursachen der THG-Minderungen in Deutschland

Deutschland hat seine Klimaschutzziele bislang erreicht, das hat u.a. folgende Hauptursachen:

(1) *Wechsel auf THG-ärmere Brennstoffe* (insbesondere Gas): Der Erdgasverbrauch erhöhte sich von ca. 2,3 Exajoule (EJ; 1990) auf 3,3 EJ (2006, seitdem ging er allerdings auf 3,0 EJ leicht zurück (BMWi 2014/03: Tab. 4)). Der Einsatz der Kohle hat sich sehr deutlich reduziert: von 5,5 EJ (1990) auf 3,3 EJ (2012). Das hängt mit der Substitution von Kohleöfen durch Gasbrenner und den sinkenden Kohlesubventionen zusammen.

(2) *Ausbau der EE*: Der Anteil der EE am gesamten Endenergieverbrauch ist von 1990 bis 2013 sehr deutlich gestiegen, besonders im emissionsstarken Stromsektor (vgl. Kap. 4).

(3) *Effizienzsteigerungen:* In fast allen Sektoren der deutschen Volkswirtschaft konnten Effizienzsteigerungen erzielt werden, z. B. in der Energiewirtschaft, in den Haushalten und im verarbeitenden Gewerbe.

Damit hat Deutschland seine Kyoto-Reduktionsziele (–21 %) erreicht.

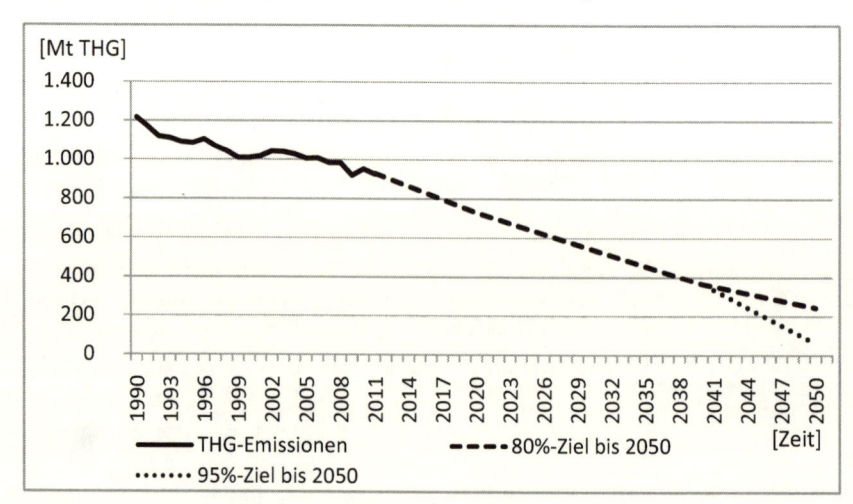

*Abbildung 14: THG-Emissionen: Entwicklung und Ziele*

Quelle: Eigene Erstellung Niemeyer, Rogall auf Grundlage BMU 2013/07.

Die Abbildung 14 zeigt die Entwicklung der THG-Emissionen von 1990 bis 2011 in der Realität und den notwendigen Verlauf, wenn die Klimaschutzziele erreicht werden sollen: –40 % (2020), –55 % (2030), –70 % (2040), –80-95 % (2050) (s. Kap. 2.2).

*Tabelle 18: $CO_2$-Emissionen aus Verbrennung nach Sektoren*

| Sektoren (in Mio. t) | 1990 | 1995 | 2000 | 2005 | 2010 | 2012 | 2012/ 1990 |
|---|---|---|---|---|---|---|---|
| **Gesamt in %** | **978** (100) | **872** (100) | **828** (100) | **803** (100) | **772** (100) | **759** (100) | **-222** (-23) |
| (1) Energiewirt. in % | 423 (43) | 365 (42) | 357 (43) | 375 (47) | 352 (46) | 361 (48) | -62 (-15) |
| (2) Verkehr in % | 162 (17) | 176 (20) | 181 (22) | 160 (20) | 153 (20) | 154 (20) | -8 (-5) |
| (3) Verarb. Gewerbe in % | 176 (18) | 134 (15) | 118 (14) | 109 (14) | 115 (15) | 114 (15) | -62 (-35) |
| (4) Haushalte in % | 129 (13) | 129 (15) | 118 (14) | 111 (14) | 106 (14) | 87 (11) | -42 (-33) |
| (5) Kleinverbraucher in % | 64 (7) | 53 (6) | 45 (5) | 40 (5) | 37 (4) | 43 (6) | -21 (-33) |
| (6) Sonstige in %** | 27 (2) | 13 (2) | 14 (2) | 8 (1) | 7 (1) | k.A. | -20 (-74) |

** Land- u. Forstwirtschaft, Fischerei, andere energiebedingte Emissionen. Quelle: BMWi 2014/03: Tab. 9.

An den Erfolgen der Emissionsminderung waren die *Sektoren* der deutschen Volkswirtschaft sehr unterschiedlich beteiligt:

(1) *Energiewirtschaft*: Der größte Emittent ist mit Abstand der Energiesektor, sein Anteil an den Gesamtemissionen beträgt seit 25 Jahren 42 bis 48 %. In absoluten Werten sind die Emissionen bis 2000 deutlich, seitdem nur noch geringfügig zurückgegangen (2012 und 2013 sogar wieder angestiegen), das liegt vor allem an dem immer noch sehr hohen Anteil an Kohlekraftwerken.

(2) *Verkehr*: Der Verkehr ist der zweitgrößte Emissionssektor. Sein Anteil an den Gesamtemissionen ist bis 2000 deutlich angestiegen, seitdem ist er annähernd konstant. In absoluten Werten sind die Emissionen bis 2000 deutlich angestiegen, seitdem gehen sie sehr langsam zurück. Das liegt vor allem an den allmählich realisierten Effizienzsteigerungen der Fahrzeuge.

(3) *Verarbeitendes Gewerbe*: Der Anteil an den Gesamtemissionen des Verarbeitenden Gewerbes ist bis 2000 deutlich gesunken, seitdem ist er leicht ansteigend. In absoluten Werten sind die Emissionen bis 2000 deutlich gesunken, seit 2005 konnte diese positive Entwicklung nicht fortgesetzt werden. Das liegt vor allem an den Exporterfolgen.

(4) *Haushalte:* Der Anteil der Haushalte an den Gesamtemissionen war bis 2010 relativ konstant, seitdem geht er zurück. In absoluten Werten sind die Emissionen seit 2005 deutlich zurückgegangen. Das liegt vor allem an den allmählich realisierten Effizienzsteigerungen bei den Gebäuden.

## 12.3 Skizze der Klimaschutzinstrumente

Die deutsche Bundesregierung und der Bundestag haben in den vergangenen Legislaturperioden eine Reihe von klimaschutzrelevanten Rechtsnormen erlassen, von denen die wichtigsten genannt, und einer Kurzbewertung unterzogen werden sollen.

*Übersicht 10: Rechtsnormen zur Energiepolitik in Deutschland*

*Zur Effizienzsteigerung*

*Stromerzeugung und Verbrauch:*

1) *$CO_2$-Emissionshandel für ausgewählte Sektoren.*
   Kurzbewertung: Bislang ohne wesentlichen Erfolg (detailliert Kap. 7.5)
2) *Ökologische Steuerreform (ÖSR)* von 1999 bis 2003: Die ÖSR führte jährlich steigende Steuern auf Mineralölprodukte und Strom ein, eine Fortsetzung ist zurzeit nicht geplant.
   Kurzbewertung: Diese Reform hat zu einer Reihe positiver Effekte geführt, als Motor für eine dauerhafte Ökologisierung des Finanzsystems konnte sie aber nur teilweise dienen, da sie nicht konsequent genug eingeführt und fortgesetzt wurde (detailliert Kap. 7.5).
3) *Gesetz über die umweltgerechte Gestaltung energieverbrauchsrelevanter Produkte (EVPG)* vom November 2011: Das Gesetz setzte die neugefasste ErP- oder Ökodesign-Richtlinie der EU (2009/125/EG) in deutsches Recht um und ersetzt das Energiebetriebene-Produkte-Gesetz (EBPG) von 2008. Es schafft die Grundlage für die Anwendung und Durchsetzung europäischer Ökodesign-Anforderungen in Deutschland.
   Kurzbewertung: Das EVPG verbessert gegenüber dem Vorgängergesetz EBPG die Instrumente für die Überprüfung der produktbezogenen Ökodesign-Anforderungen, die von der Europäischen Kommission erlassen werden. Der nationale Gesetzgeber hat bei der Ausgestaltung nur begrenzten Spielraum; die Wirkung des Gesetzes hängt maßgeblich von der Qualität der Effizienzstandards ab, über die auf EU-Ebene entschieden wird.

4) Das *Kraft-Wärme-Kopplungs-Gesetz* von 2002 (KWKG, novelliert 2008 und 2011): Das KWKG führte eine Anschluss-, Abnahme- und Vergütungspflicht von Strom aus KWK-Anlagen für die großen Energieversorgungsunternehmen ein. Damit sollte der KWK-Anteil an der Stromerzeugung auf 25 % bis 2020 erhöht werden.
*Kurzbewertung*: Im Zeitraum 2002 bis 2007 nahm der KWK-Anteil an der Nettostromerzeugung nicht zu. Erst in den Jahren 2008 und 2009 ist die KWK-Quote von ca. 14 auf 15,4 % um 1,5 %-Punkte gestiegen. Bei einer Fortsetzung des Trends ist der Zielwert des Gesetzes nicht zu erreichen. Nach den vorliegenden Szenarien könnte der KWK-Anteil bis 2020 auf 17 bis 21 % steigen (Empfehlungen zur Weiterentwicklung der KWK-Förderung s. Berliner Energieagentur, Prognos 2011/08). Aufgrund der niedrigen Strompreise an der Börse ist aber zurzeit nicht mit einem weiteren Ausbau zu rechnen.

*Wärmeversorgung*:

1) *Energieeinsparverordnung* (EnEV): Auf der Grundlage des Energieeinsparungsgesetzes (EnEG) wurde 2002 die erste EnEV verabschiedet, die die alte Wärmeschutzverordnung (WSchV) und Heizungsanlagenverordnung zusammenfasste. In den Jahren 2007, 2009 und 2014 wurde die EnEV novelliert.
*Kurzbewertung*: Die EnEV führte bei den Neubauten zu einer deutlichen Verminderung des Heizenergiebedarfs *pro Quadratmeter Wohnfläche*, die aber durch die Ausweitung der Wohnflächen zum Teil kompensiert wurde. Die Hauptkritik bleibt die grundsätzliche Nichterfassung der Althausbestände (detailliert Kap. 7.5).

*Verkehrssektor*:

1) *Ökologische Steuerreform* (ÖSR): Mit der ÖSR von 1999 wurde die Mineralölsteuer bis 2003 in fünf Stufen erhöht (BMU 2004/02: 2).
*Kurzbewertung*: Die ÖSR hat zu einem Rückgang des Kraftstoffverbrauchs geführt, als Motor für eine dauerhafte Ökologisierung des Finanzsystems konnte sie aber nur teilweise dienen, da sie nicht konsequent genug eingeführt und fortgesetzt wurde (detailliert Kap. 7.5).

2) *Lkw-Maut*: Mit dem zweiten Maßnahmenpaket zum Energie- und Klimaschutzprogramm der Bundesregierung von 2008 wurde die Lenkungswirkung der *Lkw-Maut* erhöht. Emissionsarme Lkw ($CO_2$- und Feinstaub-Emissionen) zahlen jetzt deutlich weniger als andere Lkw.
*Kurzbewertung*: Die Lkw-Maut konnte die bezweckte Verlagerung des Güterverkehrs von der Straße auf die Schiene nicht erreichen. Kritiker gehen daher davon aus, dass diese nur der Finanzierung der Instandhaltung von Autobahnen dient.

3) *Kfz-Steuer*: Jeder Halter eins Kraftfahrzeugs muss die Kraftfahrzeugsteuer für sein Fahrzeug bezahlen. Die Höhe richtet sich nach dem Hubraum und den Schadstoff- sowie Kohlendioxidemissionen je gefahrenem Kilometer.
*Kurzbewertung*: Die erhoffte Lenkungswirkung kann die Steuerreform aufgrund der Ausgestaltung nicht entfalten, da die Steuersätze viel zu gering sind.

*Zur Förderung der erneuerbaren Energien*

1) *Stromsektor*: Das Erneuerbare-Energien-Gesetz (EEG) von 2000 wurde mehrfach novelliert. Die grundlegendste Änderung erfolgte 2014. Die Gesetzgebungskompetenz des Bundes für das EEG ergibt sich aus Art. 74 Abs. 1 Nr. 24 GG (Klimaschutz als Bestandteil der Luftreinhaltung).
*Kurzbewertung*: Das EEG stellte sich als effektivstes Instrument zum Ausbau der EE heraus. Aufgrund des großen Erfolges dieses Instruments hat die Mehrzahl der europäischen Mitgliedstaaten ähnliche Maßnahmen ergriffen. Die 2014 erfolgte Novellierung ist umstritten (detailliert Kap. 7.5).

2) *Wärmesektor*: Der Wärmesektor blieb aufgrund des Fehlens eines dem EEG gleichwertigen Instruments dahinter zurück. Da das EEG für den Wärmesektor nicht einfach übertragen werden konnte, wurde 2008 das Erneuerbaren-Energien-Wärmegesetz (EEWärmeG) verabschiedet. Mit dem zweiten Maßnahmenpaket zum Energie- und Klimaschutzprogramm der Bundesregierung von 2008 wurde zusätzlich die Novelle der Gaszugangsverordnung verabschiedet, die die Einspeisung von Biogas erleichtert.
*Kurzbewertung*: Die nach EEWärmeG eingeführten Nutzungspflichten betreffen nur Neubauten. Der gesamte Bestand bleibt davon unberührt. Mit dieser Regelung kann das Potential der EE im Wärmesektor nicht ausgeschöpft werden (nicht mal das Ziel der Bundesregierung, bis 2020 14 % des Wärmebedarfs durch EE zu decken; UBA 2013/03: 50). Bis es zu einer befriedigenden Lösung kommt, die die Nutzungspflichten auch im Falle einer Heizungsmodernisierung vorsieht, muss mit Landesregelungen vorlieb genommen werden (s. Baden-Württemberg).

Quelle: Eigene Zusammenstellung Rogall 2014.

*Erneuerbare-Energien-Wärmegesetz* (EEWärmeG): Das Gesetz zur Nutzung erneuerbarer Wärmeenergie von 2008 führt eine Nutzungspflicht von EE für die Wärmeversorgung für alle neuen Bauvorhaben ab 1.1.2009 mit einer Nutzfläche >50 m$^2$ ein (Ausnahmen sind benannt). Die Nutzungspflicht kann durch die nachweispflichtige Nutzung folgender Techniken erfüllt werden: (1) Solare Strahlungsenergie (Deckungsquote mind. 15 % des Wärmebedarfs oder 0,03 m$^2$ Kollektorfläche pro m$^2$ Gebäudenutzfläche für Mehrfamilienhäuser), (2) gasförmige Biomasse bei Nutzung in einer KWK-Anlage (Deckungsquote: mind. 30 %), (3) flüssige Biomasse bei Nutzung in einem Kessel mit der besten verfügbaren Technik (Deckungsquote: mind. 50 %), (4) feste Biomasse (Deckungsquote: mind. 50 %), (5) Wärmepumpen mit einer festgelegten Mindest-Jahresarbeitszahl von 1,2 bei Gaswärmepumpen und 3,3 bis 4,0 bei strombetriebenen Wärmepumpen (Deckungsquote: mind. 50 %), (6) Durchführung von Ersatzmaßnahmen (Nutzung von Abwärme, Unterschreiten des Primärenergiebedarfs der jeweils gültigen Energiesparverordnung um 175 %, Deckung des Wärmebedarfs aus Nah- oder Fernwärme, Vogler 2008/02).

### *Beispiele des Politikversagens*

Besonders eklatant wird dieses Politikversagen, wenn man sich einzelne Beispiele ansieht, in denen Deutschland sein gesamtes wirtschaftspolitisches Gewicht auf der EU-Ebene einbrachte, um eine konsequente Klimaschutzpolitik zu verhindern. Zur Erläuterung sollen die folgenden *Beispiele* ausreichen:

(1) *EU-CO$_2$-Emissionshandel (ETS)*: Das ETS konnte nie seine erhoffte Wirkung als zentrales Klimaschutzinstrument entfalten, weil die Emissionsmenge (der cap) in allen drei Perioden viel zu hoch angesetzt und keinerlei Koppelung des caps an die Erfolge des Ausbaus der EE beschlossen wurde. 2013 wurde der Preis für Emissionszertifikate so gering, dass das System de facto als Instrument entfiel, ohne dass die Politik ein alternatives Instrument beschlossen hat (z. B. eine Schadstoffsteuer, Kap. 7.5). Deutschland setzte sich nur halbherzig für eine dauerhafte Ertüchtigung des ETS ein.

(2) *EEG*: Das EEG stellt das bislang erfolgreichste Klimaschutzinstrument dar. Aufgrund des großen Erfolgs dieses Gesetzes haben 23 EU-Staaten staatlich fixierte Einspeisevergütungen oder -prämien eingeführt und nur vier Länder verfügen 2014 noch über Quotenmodelle (Ancygier u.a. 2013/05: 21). Dennoch novellierte die Große Koalition 2014 das EEG, sodass die Gefahr besteht, dass sich der Ausbau der EE verlangsamt (vgl. Kap. 7.5).

(3) *EU-Flottenverbrauchsregelung*: Das Europäische Parlament hatte 2012 eine Richtlinie verabschiedet, die (mit zahlreichen Ausnahmeregelungen und Erleichterungen) die $CO_2$-Emissionen der Pkw-Flotte (neu verkaufte Fahrzeuge) ab 2010 auf 95 g/km begrenzte. Den deutschen Premiumherstellern von Pkw ging der erzielte Kompromiss dennoch zu weit, so dass es ihrer Lobby gelang, Ausnahmeregelungen zu verankern und eine Fristverlängerung durchzusetzen.

Aus Sicht der Umweltverbände sorgte dieses Politikversagen dafür, dass Deutschland seine Vorreiterrolle im Klimaschutz verspielt hat. Nach einem Klimaschutz-Ranking von Germanwatch und Climate Action Network Europe rutschte Deutschland 2014 vom 8. auf den 19. Platz ab. Als Grund für das schlechte Ergebnis war die sehr negative Expertenbewertung der deutschen Politik in den politischen Gremien der EU, insbesondere der Reform des ETS sowie der Blockade der EU-Richtlinien für $CO_2$-Grenzwerte bei Pkw und Energieeffizienz. Dänemark führt die Liste an, China und die USA als größte THG-Emittenten belegen den 46. und 43. Platz (Ökologisches Wirtschaften 2014/01: 5).

## 12.4 Zusammenfassung

Die Bewertung der Rolle der deutschen Politik für den Transformationsprozess kann nicht einheitlich erfolgen, da hier Licht und Schatten eng beieinander liegen.

*Einerseits* werden oft ehrgeizige Ziele formuliert (z.B. Klimaschutzpolitik), die aber mit den dann verabschiedeten politisch-rechtlichen Instrumenten kaum zu erreichen sind. Die theoretisch herausgearbeiteten Faktoren des Politikversagens (z.B. Machtfülle der Interessengruppen, Verflechtung von Interessengruppen und Politik, Ressortegoismen, Medienopportunismus) sind empirisch bestätigt. Hinzu tritt die Dominanz der wirtschaftsliberalen Position und der daraus folgenden Deregulierung und Privatisierung sowie der Globalisierung seit den 1980er Jahren. Eine konsequente Änderung der Rahmenbedingungen erfolgt in keiner der drei Nachhaltigkeits-Dimensionen (ökologisch, ökonomisch und sozial-kulturell). Aufgrund mangelnder ökologischer Leitplanken externalisieren die Wirtschaftsakteure nach wie vor die Umweltkosten, die durch Produktion und Konsum entstehen. Die Staaten haben hierzu keine ausreichenden Internalisierungsstrategien entwickelt. In einigen Bereichen kam es sogar zu Rückschritten. Z. B. nahmen die umweltschädlichen Subventionen in Deutschland von 42 Mrd. Euro (2006) auf 48 Mrd. Euro (2008) weiter zu (BMU, UBA 2011: 53). Dort, wo ernstzunehmende Erfolge zu verzeichnen sind, kamen sie erst aufgrund neuer Mehrheiten (EEG, erster

Atomausstieg) oder Katastrophen (endgültiger Atomausstieg nach Fukushima) zustande.

Im Zentrum steht bei der Mehrheit der Politiker nicht der Transformationsprozess, sondern eine möglichst reibungslose Verwaltung des Bestehenden (natürlich trifft das nicht für alle zu, sonst wären die beispielgebenden Erfolge, denken wir nur an das EEG, gar nicht erklärbar). Dennoch werden die Symptome der Klimaerwärmung oft nicht ausreichend als Chancen für die „Wachrüttlung" der Öffentlichkeit und Akzeptanzerhöhung für weiterreichende Maßnahmen wahrgenommen, sondern als lästige Ärgernisse, die möglichst herunterzuspielen sind. Statt Pro-Akteure der Transformation werden viele Politiker oft zu „Symbolpolitikern" und betreiben Show- statt Handlungspolitik. Um die notwendige Anzahl von Erfolgen aufzuweisen, die interessierte Öffentlichkeit und die Umweltverbände nicht zu brüskieren, werden schwache Instrumente eingeführt. Instrumente wie Pilotprojekte, Broschüren, Förderprogramme und Selbstverpflichtungen rufen keinen Widerstand hervor, bewirken allerdings wenig. Hierbei verfolgt jeder Politiker einen Ressortegoismus. Daher werden die politischen Akteure ohne öffentlichen Druck der indirekten Akteure die notwendigen ökologischen Leitplanken auch in Zukunft *nicht* konsequent genug einführen.

*Andererseits* zeigt die Analyse der deutschen EE-Politik auch, dass trotz der teilweise erdrückenden Faktoren des Politikversagens unter bestimmten Bedingungen) Änderungen der politisch-rechtlichen Rahmenbedingungen auf der Bundesebene vorgenommen werden. So haben neue Mehrheiten oder öffentlicher Druck aufgrund dramatischer Ereignisse in Verbindung mit dem engagierten Handeln einiger Politiker und Verwaltungsmitarbeiter zur Ökologischen Steuerreform, dem EEG und dem Atomausstiegsgesetz geführt. 2007 hat die Bundesregierung ein Integriertes Energie- und Klimaprogramm (IEKP) beschlossen, welches durch das Energiekonzept von 2010 weiterentwickelt wurde. Bei konsequenter Weiterentwicklung dieser Programme bieten sie die Chance, die Handlungsziele der Klimaschutzpolitik zu erreichen.

Als *Zwischenfazit* kann festgehalten werden, dass Deutschland die notwendigen Klimaschutzziele verabschiedet und eine Reihe wichtiger Instrumente eingeführt hat. Damit stellen sie wichtige Initiativen dar, die bei weitem nicht ausreichend sind, um die Handlungsziele des Klimaschutzes zu erreichen (Kap. 2). Daher sind deutlich weitergehende Instrumente und Maßnahmen sowohl durch deutsche Initiativen auf EU-Ebene als auch in Deutschland direkt notwendig. Dass dies in der Vergangenheit nicht konsequent genug gelungen ist und vor allem jetzt weiter abgebaut werden soll, wird von uns als Politikversagen gewertet. Dieses Politikversagen hat eine Reihe von Ursachen (vgl. Zwischenfazit Abschnitt III). So steht nach Auswertung der Trends zwischen 1995 und 2013 fest, dass ohne weitere Maßnahmen die langfristigen Klimaschutzziele Deutschlands nicht zu erreichen sind.

*Basisliteratur*

Rogall, H. (2003): Akteure der nachhaltigen Entwicklung, München.

Rogall, H. (2012): Nachhaltige Ökonomie, 2. überarbeitete und stark erweiterte Auflage, Marburg.

# 13. Bundesländer[1]

## 13.1 Grundlagen

Die Regelungen des Grundgesetzes über die Stellung und Kompetenzen der Bundesländer geben den Anschein einer ausgewogenen Machtverteilung. Tatsächlich nimmt die Kompetenz der Bundesländer aber in einer Reihe von Rechtsgebieten immer weiter ab, u.a. weil der Bund mittlerweile in vielen Bereichen der konkurrierenden Gesetzgebung abschließende Gesetze erlassen hat. Andererseits hat durch den Aufbau zahlreicher formeller und informeller Koordinierungsgremien und den Bedeutungsgewinn des Bundesrates eine gewisse Intensivierung der Ländermitwirkung an den bundespolitischen Entscheidungsprozessen stattgefunden (vgl. Barrios, Krennerich 2002: 35). Diese Entwicklung lässt sich generell wie folgt zusammenfassen: Mehr Gewicht bei Bundesentscheidungen bei gleichzeitigem Verlust der Eigenständigkeit (vgl. Rogall 2003: 143).

Im *Energiesektor* gilt diese Aussage nur bedingt. Hier verfügen die Bundesländer über einen größeren Handlungsspielraum als in der Öffentlichkeit bekannt (eigene Zusammenstellung aus AEE 2013/06: 32):

(1) *Ziele und Rahmenbedingungen*: Länder können eigene Klimaschutz- oder Energiegesetze mit eigenen Zielen und Fördermaßnahmen erlassen (z. B. Nordrhein-Westfalen, Baden-Württemberg). Weiterhin verfügen sie über Gesetzeskompetenzen in den Bereichen Bauordnungs-, Raumordnungs-, Landesplanungs- und Kommunalrecht.

(2) *Stromsektor*: Die Rahmenbedingungen für die Stromversorgung sind in Bundesgesetzen (z. B. Energiewirtschaftsgesetz, EEG) geregelt. Die Länder können aber im Rahmen ihrer Raumordnungskompetenz Flächen für Windkraft- und PV-Freiflächen-Anlagen ausweisen sowie die Baubedingungen für andere EE-Anlagen verbessern (z.B. Geothermie- und Biomasseanlagen, Wasserkraftwerke). So nutzen einige Länder ihren Spielraum um den Ausbau der Windkraft zu fördern (Verringerung von Abstandsflächen zur Wohnbebauung, Höhenbegrenzung, Waldnutzung).

(3) *Wärmesektor*: Die Wärmeversorgung ist im Energiewirtschaftsgesetz (EnWG) des Bundes nicht geregelt. Damit liegt die Gesetzgebungskompetenz bei den Ländern. So können sie eigene Regelungen in ihren Bauordnungen festlegen, z. B. zur Nutzungspflicht von EE im Gebäudebe-

---

[1] Dieses Kapitel basiert auf den Veröffentlichungen Rogall 2003 und 2012, Kap. 6. 1.

stand (s. Erneuerbare-Wärme-Gesetz in Baden-Württemberg) oder höhere Wärmeschutzstandards bei Neubauten. Auch das Kommunalrecht liegt in ihrem Kompetenzbereich, so dass sie die Ausweitung von wirtschaftlichen Tätigkeiten von Stadtwerken zulassen und die Kommunen zum Erlass eines Anschluss- und Benutzungszwangs an Nah- und Fernwärmesysteme ermuntern können.

(4) *Verkehrssektor*: Auch hier verfügen die Länder über Gesetzeskompetenzen in den Bereichen Bauordnungs-, Raumordnungs-, Landesplanungs- und Kommunalrecht.

*Bundesländer, politische und rechtliche Stellung*: Die Bundesrepublik Deutschland ist ein föderaler Bundesstaat, in dem die Länder über eigene Parlamente und Regierungen mit Haushaltshoheit, Gesetzeskompetenz und Verwaltungen verfügen. Nach der Verfassung (Grundgesetz) haben sie außer in dem Bereich der ausschließlichen Gesetzgebung (Art. 71 und 73 GG) das Recht, in allen Bereichen Rechtsnormen zu verabschieden, in denen der Bund keine Gesetze erlassen hat (konkurrierende Gesetzgebung, Art. 72 und 74 GG). In anderen Bereichen ist der Bund auf eine koordinierende bzw. rahmensetzende Normsetzung beschränkt (Art. 75 GG).

*Bundesrat, Kompetenzen*: Je nachdem, wie weit ein Bundesgesetz in die Kompetenz und Belange der Länder eingreift, handelt es sich um ein vom Bundesrat:
- *nicht zustimmungspflichtiges Gesetz*: Der Bundesrat kann dieses Gesetz in seiner Beratung zwar ablehnen, eine erneute Beschlussfassung des Bundestages lässt dieses Gesetz aber in Kraft treten, oder ein
- *zustimmungspflichtiges Gesetz*: Lehnt der Bundesrat dieses Gesetz ab, kann der Bundestag dieses Gesetz nur noch in den Vermittlungsausschuss einbringen, der einen Kompromiss erarbeitet.

*Stellung des Bundesrates*: Die Bundesrepublik hat eine stärkere föderalistisch geprägte Gesetzgebung als andere europäische Länder (z. B. Frankreich). Die Landesregierungen entsenden gestaffelt nach der Bevölkerungszahl ihrer Länder zwischen drei und sechs Vertreter in den Bundesrat, der an der Gesetzgebung des Bundes beteiligt ist. Damit wird der Bundesrat – anders als in anderen föderalen Systemen (z. B. dem Senat in den USA) – aus weisungsgebundenen Vertretern der Landesregierungen gebildet (Rogall 2003:144). Seine Rolle darf nicht unterschätzt werden. Schon in der Vergangenheit hat die Bundesmehrheit die Gesetzgebung des Bundes massiv beeinflusst. Diese Rolle könnte das Organ auch in der Energiewende ausüben.

## 13.2 Entwicklung der Klimaschutzpolitik

### Ziele

Fast alle Bundesländer haben in den vergangenen Jahrzehnten Klimaschutzmaßnahmen durchgeführt, die sich aber meist auf weiche Instrumente beschränkten (z. B. Förder- und Beratungsprogramme, Einzelprojekte). Der Mut zu wirklich wirksamen Maßnahmen (z. B. zur Einführung von Nutzungspflichten von EE oder Wärmesanierungspflichten) fehlt bislang. Eine herausragende Ausnahme bildete Baden-Württemberg. Seit wenigen Jahren beginnt sich diese Situation zu wandeln, immer mehr Bundesländer verabschieden ambitionierte Ziele zum Ausbau der erneuerbaren Energien, auch wenn die hierfür nötigen Instrumente oft noch nicht verabschiedet sind.

### Stand des EE-Ausbaus

Der Ausbau der EE erfolgt in den Bundesländern unterschiedlich schnell:

- *Windenergie, Onshore*: Von den 2012 insgesamt installierten Windkraftwerken in Deutschland mit einer Leistung von 30.869 MW (BMU 2013/07: 20), verfügten die Länder Niedersachsen (7.338 MW), Brandenburg (4.814 MW), Sachsen-Anhalt (3.813 MW) und Schleswig-Holstein (3.588 MW) über die größte Leistung (AEE 2013/06: 12).

- *Photovoltaik*: Die 2012 insgesamt installierten PV-Anlagen in Deutschland mit einer Leistung von 32.643 MW (BMU 2013/07: 20), erzeugten 26.380 TWh (4,4% des gesamten Stromverbrauchs). Deutlich über dem Durchschnitt liegen die Länder Bayern (8% des Stromverbrauchs), Rheinland-Pfalz (5,9%) und Baden-Württemberg (5,5%) (AEE 2013/06: 12).

- *Biomasse*: Die 2012 insgesamt installierten Biomasseanlagen (inkl. Deponie- und Klärgas sowie Bioabfälle) zur Stromerzeugung mit einer Leistung von 7.557 MW (BMU 2013/07: 20), erzeugten 43,19 TWh (7,2% des gesamten Stromverbrauchs). Deutlich über dem Durchschnitt liegen die Länder Thüringen (19,3 % des Stromverbrauchs), Mecklenburg-Vorpommern (18,7 %), Schleswig-Holstein (7,9 %) und Sachsen-Anhalt (7,2 %) (AEE 2013/06: 12).

- *Wasserkraft*: Die deutschen Wasserkraftwerke mit einer Leistung von 5.604 MW (BMU 2013/07: 20), erzeugten 2012 21.793 TWh (3,6 % des gesamten Stromverbrauchs). Deutlich über dem Durchschnitt liegen die Länder Bayern und Baden-Württemberg, sie erzeugen zusammen 80 % des Stroms aus Wasserkraftwerken (AEE 2013/06: 12).

324    III. Direkte Akteure

*Maßnahmen und Beispiele*

Beispielgebend für andere haben folgende Länder Nutzungspflichten für EE eingeführt:

1) *Berlin:* 1995 novelliert das Abgeordnetenhaus das *Berliner Energiesparsparung* von 1990 (Abgeordnetenhaus 1995 Drs. 1995/03, Drs. 12/5333). Hiermit wurde der Senat zum Erlass einer *Solaranlagenverordnung* ermächtigt. Diese Verordnung sollte eine Bau-/Nutzungspflicht von thermischen Solaranlagen für alle Neubauten einführen. Der Senat führte die Solaranlagenverordnung aber nicht ein, sondern einigte sich mit der Berliner Wirtschaft auf eine Selbstverpflichtung. Hiernach verpflichtete sich die Wirtschaft, so viele Solaranlagen zu errichten, wie durch die Verordnung zu erwarten wären. Im Jahr 2003 erfolgte eine Auswertung der Selbstverpflichtung. Hierbei kam der örtliche Solarverband auf einen Erfüllungsgrad von 5 % (!), während die Berliner Wirtschaft von 48 % sprach (Rogall 2003/09). In der Zwischenzeit hatte die spanische Stadt Barcelona die Berliner Idee der solaren Baupflicht aufgenommen. Nach erfolgreicher Einführung 2001 hat die spanische Nationalregierung die Baupflicht 2006 eingeführt und 2007 hat Portugal die solare Nutzungspflicht übernommen (Rößler 2007/04: 89). 2008 wurde das Erneuerbare-Energien-Wärmegesetz in Deutschland verabschiedet. Weitere Anläufe zur Einführung einer Nutzungspflicht für erneuerbare Energien im Zuge von Heizungserneuerungen scheiterten in Berlin 2006 und 2010 erneut.
*Bewertung:* Berlin hat mit der Idee der Solaranlagenverordnung einen wichtigen internationalen Impuls gegeben, der leider in der Stadt selbst erst über den europäischen und bundesdeutschen Umweg umgesetzt wird.

2) *Erneuerbare-Wärme-Gesetz in Baden-Württemberg* (EWärmeG von 2007, am 1.1.2008 in Kraft getreten): Das EWärmeG führte eine Nutzungspflicht für EE in Wohngebäuden ein.

*Interessen*

Die Politiker auf der Länderebene unterscheiden sich in ihren *spezifischen Interessen* und *Mitteln zur Interessendurchsetzung* wenig von denen der Bundesebene. Auch wenn ihre Kompetenzen aufgrund der zunehmenden Bundeskompetenzen tendenziell eingeschränkt werden, haben einzelne Bundesländer durchaus *Maßnahmen* und Gesetze verabschiedet, die beispielgebend für die anderen Länder sein können z. B. das Erneuerbare-Wärme-Gesetz von Baden-Württemberg. In der Diskussion um die Novellierung des EEG haben sie 2014 eine Liste mit knapp 100 Änderungswünschen in den Bundesrat eingebracht. Hierzu gehört auch die besonders umstrittene Verpflichtung für alle

EE-Stromerzeuger für neue Anlagen erst ein Ausschreibungsverfahren zu durchlaufen (Mihm 2014/05, s. Kap. 7.5).

### 13.3 Zusammenfassung

Die *Bewertung* der Bundesländer fällt ambivalent aus:

*Einerseits* ist eine konsequente Vorreiterrolle einzelner Bundesländer im Transformationsprozess nur bei wenigen Ländern auszumachen. Stattdessen ist das politische Handeln noch stärker von Symbolpolitik geprägt als auf der Bundesebene. Das wird mit dem Verweis auf Wettbewerbsnachteile gegenüber anderen Bundesländern begründet, liegt aber in der Realität oft an dem Einfluss der Lobbygruppen. Viele Politiker auf der Bundes- und Landesebene hoffen auf den technischen Fortschritt, der oft auch THG-Emissionsminderungen mit sich bringt und weiterreichende Maßnahmen nicht notwendig erscheinen lässt.

*Andererseits* zeigt die Auseinandersetzung um die Zukunft des EEG die bedeutsame Rolle der Bundesländer. Sie könnten ein Rollback der Energiewende verhindern, und in einem zweiten Schritt könnten sie partiell die Lücken des Bundes füllen. Hierbei ist eine aktive Rolle insbesondere von den Ländern zu erwarten, die mit dem Ausbau der EE auch wirtschaftliche Impulse erwarten.

*Basisliteratur*

Rogall, H. (2012): Nachhaltige Ökonomie, 2. überarbeitete und stark erweiterte Auflage, Marburg.

# Zwischenfazit Abschnitt III

*Zusammenfassung der Kapitel*

Der III. Abschnitt hat sich mit den Interessen und Maßnahmen der direkten Akteure beschäftigt:

*Kapitel 7: Leitplanken für die Energiewende* – Die notwendigen Instrumente für den Transformationsprozess zur 100 %-Versorgung: In dem Kapitel wurde gezeigt, dass der Markt (mit seinen Anbietern und Nachfragern) keine nachhaltige Energiepolitik ermöglichen kann, vielmehr das Marktversagen in diesem Sektor zwingend und strukturell bedingt ist. Eine nachhaltige Energiepolitik kann daher nur durch ausreichend konsequente ökologische Leitplanken erzielt werden. Hierzu stehen viele politisch-rechtliche Instrumente zur Verfügung. Ihre Analyse hat aber gezeigt, dass die wesentlichen Handlungsziele einer nachhaltigen Energiepolitik (Stabilisierung der globalen THG-Emissionen bis 2020 und eine 100 %-Energieversorgung mit EE der Industrie- und Schwellenländer bis 2050) mit der bisherigen Politik nicht zu erreichen sind. Das heißt, dass in den kommenden 20 Jahren die Rahmenbedingungen durch politisch-rechtliche Leitplanken (Instrumente) stärker verändert werden müssen, damit die Unternehmen ihre Innovationskraft für die Energiewende einsetzen. Für die Weiterentwicklung der vorhandenen Instrumente haben wir eine Reihe von Vorschlägen unterbreitet.

*Kapitel 8 – Grundlagen der Akteursanalyse:* In einer modernen Demokratie existieren kein Akteur und keine Akteursgruppe, die alle Macht auf sich vereint. Wir haben die Akteursgruppen in direkte (alle, die Rechtsvorschriften in Kraft setzen und kontrollieren können) und indirekte Akteursgruppen (die dies nicht können, aber Einfluss auf die Formulierung der Rechtsnormen nehmen) gegliedert. Damit tragen die direkten Akteure die Verantwortung für die Ausgestaltung der politisch-rechtlichen Instrumente, ohne die es keine Energiewende geben kann. Nirgends auf der Erde existiert aber ein Staat, in dem die direkten Akteure nur nach der Zukunftsfähigkeit von Strukturen entscheiden, sondern überall kommt es auch zu interessengeleiteten Entscheidungen (Politikversagen genannt). Für die Erläuterung der Ursachen dieses Politikversagens haben wir eine Reihe von Theorieansätzen skizziert. Am Ende des Zwischenfazits werden wir diese Ansätze durch eigene Erklärungsansätze ergänzen.

*Kapitel 9 – Die globale Ebene*: Wir halten fest, dass der Stand der Klimaschutzpolitik auf der globalen Ebene nur als erschütternd bezeichnet werden kann: Die Ursachen und globalen Folgen der Klimaerwärmung sind wissenschaftlich nachgewiesen. Trotzdem sind die Politiker der meisten Länder nicht bereit, die ökologischen Leitplanken (politisch-rechtlichen Instrumente) einzuführen, die notwendig sind, um die Klimaerwärmung auf +2°C in diesem Jahrhundert zu begrenzen. Hier eine Veränderung abwarten zu wollen wäre unverantwortbar. Vielmehr müssen alle Länder, die die Klimaerwärmung verlangsamen wollen – unabhängig von den globalen Klimaschutzverhandlungen mit dem Transformationsprozess zur 100 %-Versorgung – mit EE voranschreiten.

*Kapitel 10 – Die Rolle der EU*: Am ehesten kann noch der *EU* eine ernstzunehmende Klimaschutzpolitik bescheinigt werden. Seit den 1990er Jahren hat sie eine Reihe von Richtlinien und Verordnungen erlassen, die erste wichtige Schritte zur Transformation des Energiesystems zu einer 100 %-Versorgung mit EE darstellen. Ohne wesentliche weitere Schritte kann die europäische Transformation aber nicht gelingen. Zurzeit sind hierfür nur wenige Signale zu sehen. Es bleibt das Prinzip Hoffnung.

*Kapitel 11 – Nationalstaaten – Beispiel Deutschland*: Nur wenige Nationalstaaten haben eine wirkliche Vorreiterrolle übernommen. **Deutschland** hat sich in diesem Prozess zum Vorreiter erklärt und tatsächlich auch erste Erfolge zu verzeichnen, selbst wenn einige Erfolge auf historische Einmaleffekte zurückzuführen sind (Zusammenbruch der Industrie in den neuen Bundesländern, Weltwirtschaftskrise 2008/09). Das Land hat eine Reihe wichtiger Instrumente eingeführt, um die Klimaschutzziele zu erreichen. In den Jahren 1999-2002 wurden die Ökologische Steuerreform, das Erneuerbare-Energien-Gesetz und das Atomausstiegsgesetz verabschiedet. 2007 hat die Bundesregierung ein Integriertes Energie- und Klimaprogramm (IEKP) beschlossen, das durch das Energiekonzept von 2010 weiterentwickelt wurde. Weiterhin wurde die Energieeinsparverordnung (EnEV) mehrfach verschärft. Insbesondere das EEG hat zu einem beispiellosen Anstieg des EE-Anteils im Stromsektor geführt (der Verkehrs- und Wärmesektor bleiben allerdings zurück). Nach Auswertung der Trends zwischen 1995 und 2013 steht aber fest, dass ohne weitere Maßnahmen die langfristigen Klimaschutzziele Deutschlands nicht zu erreichen sind. Statt Pro-Akteure der Transformation werden viele Politiker oft zu „Symbolpolitikern" und betreiben Show- statt Handlungspolitik. Um die notwendige Anzahl von Erfolgen aufzuweisen und um die interessierte Öffentlichkeit sowie Umweltverbände nicht zu brüskieren, werden schwache Instrumente eingeführt, die keinen Widerstand hervorrufen, aber auch wenig bewirken (Symbolpolitik genannt). Hierbei verfolgt jeder

Politiker einen Ressortegoismus. Daher werden die politischen Akteure ohne öffentlichen Druck der indirekten Akteure, die notwendigen ökologischen Leitplanken auch in Zukunft *nicht* konsequent genug einführen. So ist nicht sicher, ob die notwendigen ökologischen Leitplanken eingeführt werden und der geplante Transformationsprozess erfolgreich abgeschlossen werden kann.

*Kapitel 12 – Bundesländer:* Die Bundesländer verfügen zum Teil über die Kompetenzen, die offensichtlichen Lücken der Bundespolitik auszugleichen. Wo sie über Kompetenzen verfügen (z.B. im Wärmesektor), wurden sie bislang selten ausreichend genutzt.

### Faktoren des Politikversagens (Nachhaltige Ökonomie)

Zu Beginn des Abschnitts III haben wir die traditionellen Theorien zur Erklärung des Politikversagens skizziert. Hier wollen wir diese um eigene Erkenntnisse ergänzen (Rogall 2003: 117):

(1) *Sozial-ökonomische Faktoren:* Fast alle Wirtschaftsakteure unterliegen den gleichen sozial-ökonomischen Faktoren, wie sie durch die Umweltökonomie und Nachhaltige Ökonomie theoretisch und empirisch bewiesen wurden. Hierzu gehören u.a.

   a) die *Externalisierung der sozial-ökologischen Kosten*, so dass die Güter falsche Preise aufweisen (fossile Energien sind trotz ihrer hohen Folgekosten immer noch zu preiswert), führt zwangsläufig zu einer ineffizienten Nutzung,

   b) die *öffentliche Güterproblematik*, die dafür sorgt, dass die Umwelt wie ein Gut angesehen wird, das keine Knappheit kennt (dabei ist die Aufnahmekapazität der Atmosphäre mit Treibhausgasen sehr begrenzt) sowie

   c) *sonstige sozial-ökologische Faktoren* wie die *Diskontierung* von künftigen Folgeschäden und -nutzen oder das Gefangenendilemma (detailliert Rogall 2012, Kap. 2.2).

Durch diese Faktoren treffen die Wirtschaftsakteure regelmäßig Entscheidungen, die zur Fehlallokation führen.

(2) *Machtfülle einzelner Interessengruppen:* Politiker verzichten auf notwendige Eingriffe, weil die Macht gesellschaftlicher Interessengruppen zu stark scheint (z. B. über Interviews in den Massenmedien oder Androhung der Verlagerung von Arbeitsplätzen). So lassen sich viele direkte Akteure von Interessenvertretern unter Druck setzen (z.B. Kapitaleignern, Managern, Gewerkschaftlern aus der traditionellen Energiewirt-

schaft). Daher wird oft auf eigentlich notwendige politische Vorhaben verzichtet.

(3) *Personelle Durchdringung, Parteispenden und Korruption:* Viele Parlamentarier sind Mitarbeiter von Großunternehmen und Interessenverbänden, obgleich sie mit ihrer parlamentarischen Tätigkeit eigentlich ausgelastet sind und aufgrund der Vertretung verschiedener Akteursgruppen in Interessenkonflikte geraten können. Andere Politiker werden mit Aufsichtsratsmandaten, Beraterverträgen, Spenden und Jobangeboten nach dem Ausscheiden aus der Politik, korrumpiert (personelle Durchdringung genannt, Rogall 2003: 230; Beispiele Rogall 2012, Kap. 6). In den meisten Fällen nimmt die Öffentlichkeit keine Notiz davon, weil die Politiker und hohen Verwaltungsmitarbeiter bereits aus dem Amt geschieden sind. Auf größeres Interesse stößt es, wenn hochrangige Politiker (z.B. aus dem Kanzleramt oder Minister) unmittelbar nach dem Ausscheiden aus dem Amt in die Wirtschaft wechseln und ihre „Verbindungen" mitnehmen. Die Parlamentarier beraten in den parlamentarischen Ausschüssen oft die Gesetze und Verordnungen, die die Interessen ihrer (künftigen) Unternehmen oder Branchen betreffen (besonders häufig im Energie- und Automobilsektor zu beobachten). Durch ihre Einflussnahme werden Lösungsstrategien oft verwässert.

(4) *Medienopportunismus statt fachlicher Fundierung:* Politische Entscheidungen werden aufgrund von Medienberichten, veröffentlichten Meinungsumfragen oder Meinungsäußerungen der Parteibasis und Interessenverbänden getroffen, anstatt anhand von fundierten Analysen und Qualitätszielen (z. B. aufgrund wissenschaftlicher Gutachten). Damit wächst auch das Risiko, dass die Spitzenrepräsentanten von Parteien allein unter dem Gesichtspunkt des „Mediencharismas" ausgewählt werden. Weiterhin besteht die Gefahr, dass Programme auf das zusammengestrichen werden, was keinerlei Widerstände wachruft und durch die Medien optimal vermittelt werden kann. So führten interessengeleitete Artikel dazu, dass die Kernelemente des EEG verändert wurden, statt die Hauptursachen der steigenden EEG-Umlage zu beseitigen (zu preiswerter Grundlaststrom aus Kohlekraftwerken und Ausnahmen für die Industrie). Der Medienopportunismus hat durch die neuen interaktiven Medien (Web 2.0) weiter zugenommen. So erfolgte auch eine Beschleunigung der politischen Entscheidungsprozesse, die aufgrund des gestiegenen Zeitdrucks zu Fehlentscheidungen führen können.

(5) *Opportunismus der Mitte, Visionslosigkeit und Symbolpolitik:* Das Wahlverhalten der vergangenen Jahrzehnte („Wahlen werden in der Mitte gewonnen") bringt die Politiker (inkl. die von ihnen abhängigen Mitarbeiter) dazu, ihre politische Kraft und Fantasie auf die Vermeidung von

öffentlichen Unmutsäußerungen zu konzentrieren. Interessengeleitete sozial-kulturelle und ökonomische Entwicklungen werden als quasi Naturgesetze missinterpretiert, Alternativen nicht mehr gedacht. Statt einer Lösungs- wird oft Symbolpolitik betrieben. Große gesellschaftliche Probleme (z. B. Klimaerwärmung) werden nur aufgrund öffentlichen Drucks angegangen. Auf unpopuläre Maßnahmen (z. B. Öko-Steuern) wird zugunsten wenig wirksamer, aber akzeptierter Maßnahmen (z. B. Förderprogramme, Selbstverpflichtungen) verzichtet.

(6) *Wahrnehmungsprobleme, grenzenloser Optimismus und Glaube an die Technik:* Die Berichte und Studien über die Gefahrenpotentiale globaler Entwicklungen (z. B. der Klimaerwärmung) werden als übertrieben angesehen und nicht ernst genommen. Dort, wo sich Probleme nicht verdrängen lassen, werden sie als technisch lösbar eingeschätzt, womit sich das Problem auf eine reine Zeitfrage reduziert.

(7) *Zielkonflikte zwischen den Politikfeldern und Anpassungsdruck*: Wer z. B. Wohnungsbaupolitiker ist, möchte mit den knappen öffentlichen Mitteln möglichst viele Wohnungen bauen. Eine nachhaltige Flächenpolitik oder strengere Wärmeschutzstandards schränken dieses Ziel ein, so dass sich das Interesse der Wohnungspolitiker zur Durchsetzung höherer Umweltstandards in Grenzen hält. Weiterhin werden aufgrund des öffentlichen Drucks Deregulierungen z. B. im Umweltschutz unterstützt, im eigenen Fachgebiet aber Rechtsnormen gefordert, die den Marktkräften einen Rahmen setzen (z. B. wurde in Berlin von den Wohnungspolitikern eine Baupflicht von Solaranlagen abgelehnt, aber Mieterschutzgesetze als notwendig erachtet). Ein Abgeordneter hat zu Beginn seiner Karriere nur wenig Einfluss auf die Entscheidungsfindung seiner Fraktion. Bis er in den Fraktionsvorstand kommt oder ein Regierungsamt übernimmt, hat er sich oft seinen Vorgängern angepasst.

(8) *Beharrung auf dem derzeitigen Lebensstil, Ablehnung von Änderungen, die Kosten verursachen könnten*: Politiker entscheiden oft nicht aufgrund wissenschaftlicher Erkenntnisse, sondern aufgrund des öffentlich Drucks (s. Punkt 4) und nach Meinungsäußerungen ihrer Wähler oder Parteibasis. Diese wollen aber zum Teil nicht auf ihren Lebensstil verzichten und Teile ihres Einkommens für Klimaschutzinvestitionen zu verwenden, damit die besonders betroffenen Menschen in Afrika und Asien, an den Küsten und in den Dürregebieten überleben können. Statt gezielt die Menschen, die unter einer höheren EEG-Umlage leiden, zu entlasten, wird bisher die gesamte Energiewende verlangsamt.

(9) *Kulturelle Einstellungen*: Politikversagen (das Nicht-Handeln von Politikern trotz Marktversagen) hängt auch mit dem Kulturraum zusammen, in dem die Probleme auftreten. In den Skandinavischen Ländern existiert

zu vielen Themen die Bereitschaft der Menschen, einen relativ hohen Anteil ihres Einkommens für die öffentliche Hand zur Finanzierung von meritorischen Gütern zur Verfügung zu stellen und sich an gesellschaftliche Spielregeln zu halten. Dieses kooperative Grundverständnis von einer Gesellschaft erleichtert der Politik sozial-ökologische Leitplanken einzuführen, die die Mehrzahl der Bürger akzeptiert. Andere Kulturräume wie die USA haben ein anderes Verhältnis zu sozial-ökologischen Leitplanken. Die Mehrheit lehnt dort alles, was über Mindeststandards geht, als Freiheitsbeschränkung ab. So existieren nur in einzelnen Bundesstaaten Energiemindeststandards für Gebäude und Produkte, die Kraftfahrzeuge sind im Durchschnitt noch ineffizienter als die europäischen. Dieser verschwenderische Lebensstil wird von der Mehrzahl als eine Art Grundrecht angesehen. Daraus folgt, dass alle Gesetzesvorhaben, die diesen Lebensstil verändern könnten, auf Widerstand stoßen. Deutschland befindet sich kulturell zwischen der US-amerikanischen und skandinavischen Gesellschaft. Auch hier existieren wirkungsmächtige Interessengruppen, die eine Veränderung der traditionellen Wirtschaftsweise und ihrer Dogmen (inkl. dem Energiesystem) sowie eine Transformation zu einer 100 %-Versorgung mit EE unter allen Umständen verhindern wollen. Allerdings ist in Deutschland die Mehrheit der Bevölkerung – unabhängig von ihrer parteipolitischen Orientierung – für Umwelt- und Klimaschutzgesetze. Jedoch dürfen diese ihnen keine zu großen Opfer abverlangen.

(10) *Wirtschaftsliberale Dogmen:* Auch wenn die wirtschaftsliberalen Dogmen seit der globalen Finanz- und Wirtschaftskrise 2008/09 etwas an Einfluss verloren haben, beeinflussen diese doch immer noch sehr stark die Entscheidung von Politikern. So die Vorstellung, private Unternehmen könnten immer volkswirtschaftlich effizienter arbeiten als öffentliche. Gewinnmaximierung (mit ungleicher Verteilung), Preismechanismus und Selbstheilungskräfte der Märkte wären die erfolgreichsten Allokationsmechanismen. Der Staatsanteil müsse gesenkt werden. Diese Dogmen haben je nach kultureller Ausprägung in verschiedenen Ländern unterschiedliche Wirkungen (z. B. USA-Skandinavische Länder).

(11) *Vorurteile gegen EE*

    a) *Expertenpessimismus*: Viele direkte Akteure trauen den EE einfach nicht zu, dass sie eine 100 %-Versorgung übernehmen könnten (dieser Technikpessimismus ist nicht neu, wir werden weiter unten ein paar interessante Zitate aus der Vergangenheit zur Illustration der Aussage bieten).

    b) *EE sind zu teuer*: Ein Teil der direkten Akteure tritt auf die Bremse, weil die Akteure Sorgen haben, der Transformationsprozess zur

100 %-Versorgung könnte zu kostspielig verlaufen und damit für die Vorreiter erhebliche globale Wettbewerbsnachteile mit sich bringen.

Zur Illustration für a) haben wir aus dem Buch von *Hermann Scheer* einige Zitate übernommen, die zeigen, wie sehr sich Experten irren können. So erklärte 1878 die Western Union, die damals größte Telekommunikationsgesellschaft:

> „Das Telefon hat zu viele ernsthaft zu bedenkende Mängel für ein Kommunikationsmittel. Das Gerät ist von Natur aus von keinem Wert für uns." (aus Scheer 2012: 50).

*Lord Kelvin*, Präsident der Royal Society, erklärte 1895, dass niemand Flugmaschinen konstruieren könne, die schwerer seien als Luft, und

*Harry Warner*, einer der größten Filmproduzenten der Welt, erklärte 1927 zur Tonfilmtechnik:

> „Wer zur Hölle will die Schauspieler sprechen hören?"

Ähnliche Aussagen existieren von Computerherstellern über die Wahrscheinlichkeit, dass Menschen Computer zu Hause betreiben würden. Oder der damaligen Computertitan IBM, der den Kauf von Microsoft ablehnte, weil dezentrale Techniken wie PCs chancenlos gegen Großtechniken (-Rechnern) seien (alles aus Scheer 2012: 50).

(12) *Knappe Ausstattung und komplexe Rechtsgrundlagen*: Während die personelle und sächliche Ausstattung der Ministerialbürokratie und der wirtschaftlichen Interessengruppen in den letzten 50 Jahren enorm gewachsen ist, hat sich die Ausstattung der Abgeordneten nur wenig verändert. Gesetzesvorhaben lassen sich aber heute nur mit einer umfangreichen Kenntnis der vorliegenden Rechtslage erarbeiten. Dies führt teilweise dazu, dass die Parlamentarier geneigt sind, „Formulierungshilfen" von Verbänden dankbar aufzunehmen oder die Gesetzesentwürfe der Verwaltungen kritiklos zu übernehmen.

## *Spezifische Faktoren*

Neben diesen Faktoren des Politikversagens, die auf allen Ebenen wirken von der globalen bis zur Bundesländerebene, wollen wir noch ein paar spezifische Faktoren benennen:

## Zwischenfazit

*Globale Ebene*: In den Schwellenländern unterliegen die Politiker mindestens ebenso den Faktoren des Politikversagens, wie wir sie für die Industrieländer zusammengefasst haben. Diese wollen wir ergänzen um:

- Die Bevölkerung ist nicht bereit, die Geschwindigkeit ihrer „Aufholjagd" gegenüber den Industrieländern zu verlangsamen, so dass sie nicht in die zunächst betriebswirtschaftlich teureren EE investieren.

- Die besonders einflussreichen Schwellenländer Russland, China, Indien und Indonesien verfügen über relativ viel billige und leicht erschließbare Kohlevorkommen. Daher kommt bei ihnen das Doppelargument pro EE (Klima UND Ressourcenschutz) nicht zum Tragen.

*Bewertung*: Die Schwelländer (insbes. China und Indien) argumentieren (zu Recht) mit der historischen Verantwortung der Industriestaaten. Diese hätten 250 Jahre den allergrößten Anteil an Treibhausgasen emittiert und verfügten außerdem über den Wohlstand, das heutige Energiesystem umzubauen. Diese Argumente sind richtig, und diesen Transformationsprozess müssen die Industriestaaten auch so schnell und konsequent wie überhaupt möglich vollziehen. Das Pochen auf ihre Argumente hilft den Schwellenländern aber wenig, da die Einhaltung des 2°C-Ziels die Industriestaaten ohne die Hilfe der Schwellenländer allein NICHT schaffen können.

*EU-Ebene*: Für die europäische Ebene wollen wir folgende spezifische Faktoren festhalten:

- *Geistige Ausrichtung*: Die EU war ursprünglich eine Kooperation von Staaten zur Erreichung rein wirtschaftlicher Ziele. So bilden, wie schon in den früheren Gründungsverträgen, Rechte, die zum Zwecke der Durchsetzung eines wettbewerbsoffenen Binnenmarkts geschaffen wurden, das „Herzstück" des AEUV (Vertrag über die Arbeitsweise der Europäischen Union): die *Warenverkehrsfreiheit* sowie die *Arbeitnehmerfreizügigkeit*, die *Niederlassungs-, Dienstleistungs-* und *Kapitalverkehrsfreiheit*. Die Mitgliedsstaaten sind nur unter relativ engen Voraussetzungen befugt, Einschränkungen dieser Freiheitsrechte aufrechtzuerhalten oder zu gewähren. Die von Beginn an hervorgehobene Stellung der speziellen wirtschaftlichen Grundfreiheiten in den europäischen Verträgen steht in einem Spannungsverhältnis zur Nachhaltigkeitsmaxime, weil sie eine einseitige Vorstrukturierung der Politik in eine bestimmte Richtung in sich birgt, die auch über viele Jahre für die EU- bzw. EG-Wirtschaftspolitik charakteristisch war. Diese strukturelle Schieflage hat durch die spätere Hinzunahme von anderen politischen Zielsetzungen und Aufgaben, insbesondere auch durch die ausdrückliche Nachhaltigkeitsforderung im heutigen AEUV, eine Relativierung erfahren. Sie prägt aber noch immer das Gesamtgefüge des Europarechts und stellt für die Herausbildung einer Nachhaltigkeitspolitik eine schwierige – gleichwohl nicht unüberwindbare – Hürde dar (Rogall 2012 Kap. 9.7).

- *Partikularinteressen*: Die politischen Vertreter der Mitgliedsstaaten vertreten (meistens im Rat, manchmal auch im Parlament) nicht die gemeinsam beschlossenen Ziele der EU, sondern die Partikularinteressen eines für sie besonders wichtigen Wirtschaftssektors. So verteidigten über viele Jahre die Mittelmeerländer die Subventionen für Olivenöl und Frankreich Agrarsubventionen generell. Im Energiebereich fallen immer wieder Deutschland und Polen mit ihrer Blockadepolitik auf. Deutschland reklamiert oft eine Vorreiterrolle im Klimaschutz. Sollen aber die Grenzwerte für die $CO_2$-Emissionen von Pkw gesenkt werden, intervenieren deutsche Spitzenpolitiker, um die Absenkung zu verhindern, weil dies den Interessen der Automobilkonzerne widersprechen würde. Polen hat mehrere Beschlüsse zu konsequenterer Klimaschutzpolitik verhindert (z. B. verhinderte Polen mit seinem Veto 2012 die Verabschiedung der Climate Roadmap, die das EU-THG-Reduktionsziel von 20 % auf 25 % bis 2020 erhöht hätte. Hintergrund ist die Tatsache, dass in Polen die Stromerzeugung zu 95 % auf (meist einheimischer) Kohle beruht (Berié 2012: 701)). So fallen konsequente Instrumente zur Umsetzung des Transformationsprozesses zur 100 %-Versorgung mit EE immer wieder den Partikularinteressen einzelner Mitgliedsstaaten zum Opfer.

*Nationale Ebene am Beispiel Deutschland und seine Bundesländer:* Die Politiker auf der Bundes- und Länderebene unterscheiden sich in ihren spezifischen Interessen und Mitteln zur Interessendurchsetzung wenig untereinander.

*Konsequenzen*: Die direkten Akteure handeln also oft nach den Interessen der indirekten Akteure, insbesondere der Wirtschaftsverbände. Um das psychisch durchhalten zu können, verdrängen viele Politiker ihre eigenen Ideen, Ideale und Auffassungen. Ergebnis dieser Beeinflussungsprozesse ist ein Politikversagen, das sich oft als *Symbolpolitik* zeigt. Diese Symbolpolitik gaukelt den Menschen vor, die Politik würde die Probleme lösen, in Wirklichkeit aber nur Maßnahmen durchführt, welche die Rahmenbedingungen nicht wirklich ändern. Entscheidungen werden verschleppt oder Kompromisse formuliert, die allgemein akzeptiert sind, aber keine strukturellen Änderungen bewirken können (Rogall 2003: 106; Jänicke 1986 spricht vom Staatsversagen und der Interventionsschwäche des Staates).

Als *Zwischenfazit* halten wir fest, dass die Politiker aller Ebenen von den Faktoren des Politikversagens beeinflusst werden und es daher immer wieder zu inkonsequenten Entscheidungen kommt (*Symbolpolitik*). Wir wollen aber nicht vergessen, dass es immer wieder auch zu erstaunlichen Erfolgen kommt, bei denen es gelingt, sozial-ökologische Leitplanken zu installieren, die das Marktversagen beseitigen oder wenigstens vermindern. Im Weiteren wollen wir beschreiben, welche Faktoren für einen derartigen Erfolg eine Rolle spielen.

### Faktoren des Erfolgs

Die vergangenen 40 Jahre Umweltschutzpolitik zeigen, dass unter bestimmten Bedingungen sehr wohl Schritte in Richtung einer nachhaltigen Politik möglich sind. Die Beispiele sind vielfältig und reichen von den 1970er Jahren bis in die Gegenwart: das Bundesimmissionsschutzgesetz mit seinen vielen Verordnungen, die EnEV, die Ökologische Steuerreform, das Erneuerbare-Energien-Gesetz, das Atomausstiegsgesetz. Diese Rechtsnormen haben erhebliche Investitionen in die ökologische Modernisierung initiiert. Aufgrund der Berliner Gesetzesinitiative zum Erlass einer Solaranlagenverordnung im Jahre 1995 – die sich nicht umsetzen ließ – wurde 1999 in der spanischen Stadt Barcelona eine Baupflicht für thermische Solaranlagen auf allen Neubauten erlassen. Nachdem sich zahlreiche Städte wie Madrid, Sevilla usw. dieser Initiative angeschlossen hatten, haben Spanien und Portugal diese Nutzungspflichten national eingeführt. Seit 2009 existiert eine Nutzungspflicht zum Einsatz von erneuerbaren Energien im Wärmebereich auch in Deutschland („manchmal benötigen Nachhaltigkeitspolitiker das Spiel über die Bande"). Ein wichtiges Vorbild für diese optimistische „Strategie des langen Atems" war die Friedens- und Entspannungspolitik der 1970er Jahre. Über viele Jahre waren Entspannungspolitiker (wie *Willy Brandt, Egon Bahr* u.v.a.) großen persönlichen Anfeindungen und einem gesellschaftlichen Widerstand ausgesetzt. Heute ist ihre historische Leistung über alle Parteigrenzen hinweg unbestritten. Aus diesem schweren Weg müssen die Pro-Akteure einer 100 %-Versorgung lernen.

Statt zu resignieren, müssen sie sich auf ein *langjähriges Werben* für EE mit höherer Lebensqualität einstellen. Ein perfektes Drehbuch für eine erfolgreiche Nachhaltigkeitspolitik existiert aber nicht. Vielmehr geht es darum, in Zeiten von Rückschlägen „standzuhalten" und zu Zeitpunkten größerer Veränderungsakzeptanz – z. B. aufgrund der sich verschärfenden Umweltkrise – mutig die institutionellen und politisch-rechtlichen Rahmen-bedingungen zu verändern.

Von *Martin Jänicke* (1996) sind in der Vergangenheit in einem internationalen Vergleich *Erfolgsfaktoren* formuliert worden, die hier aktualisiert werden:

– *Ökonomische Bedingungen*: In vielen Bereichen existiert ein positiver Zusammenhang zwischen dem Wohlstandsniveau eines Landes (gemessen als

BIP pro Einwohner) und den Umweltschutzstandards. Dies kann allerdings kausal auch auf den technischen Stand eines Landes zurückzuführen sein. Bei einer Reihe von Indikatoren, wie Energie- und Ressourcenverbrauch sowie verschiedenen Emissionen: Treibhausgase und verkehrsbedingte Stickoxide besteht ein negativer Zusammenhang, d.h. je höher das wirtschaftliche Wachstum ausfällt, desto höher wird der Energieverbrauch.
*Bewertung*: Die Wettbewerbsfähigkeit der deutschen Wirtschaft bietet dem Land die Möglichkeit, die Vorreiterrolle in der EU und damit in der Welt im Transformationsprozess zu übernehmen und noch mutiger als bislang vorzubringen. Weil viele Länder aufgrund des deutschen Erfolgsmodells folgen.

- *Politisch institutionelle Handlungsbedingungen*: Als Beispiel werden hier die partizipativen Strukturen und die Offenheit der Willensbildungsmechanismen genannt, z. B. die Form der praktizierten Bürgerbeteiligung an Entscheidungsprozessen oder die existierenden Klagebefugnisse.
*Bewertung:* In Deutschland ist seit Ende der 1960er Jahre allmählich eine Bürgergesellschaft entstanden, die sozial-ökologische Transformationsprozesse unterstützt. Auch wenn sie allein die Transformation nicht umsetzen kann, ist sie doch ein unverzichtbarer Bündnispartner.

- *Kulturelle Einflüsse, Wissen und Bewusstsein*: Protestantische Länder schneiden im allgemeinen Umweltschutzstandard vergleichsweise besser ab als katholische. Eindeutig scheint der Zusammenhang zwischen Informationsleistungsfähigkeit eines Landes und dem Umwelterfolg („Wissensbestand, Vermittlung, Denkprozesse"). Als zentral wird hierbei die Intensität der Umweltberichterstattung eines Landes betrachtet.
*Bewertung:* Hier gilt die gleiche Bewertung wie zuvor.

- *Situative Handlungsbedingungen*: Äußere Einflüsse, wie bekannt werdende „Skandale" und „Störfälle" oder neue Mehrheiten in den Parlamenten (z. B. sozial-liberale oder Rot-Grüne-Koalitionen) bzw. Veränderung im Parteiensystem (z. B. Einzug der Grünen in die Parlamente in den 1980er Jahren) oder Verbandsaktivitäten (Aktionen von Greenpeace) sind ebenfalls wichtige Faktoren. Diese Einflüsse sowie das Entstehen von anderen Problemkreisen (Themenkonkurrenz) können den Erfolg und Misserfolg zentral bestimmen.
*Bewertung:* Neue Mehrheiten (z. B. Rot-Grüne-Koalitionen, Schwarz-Grüne-Koalition) bieten sicherlich die Möglichkeit für ein bis zwei Jahre den Transformationsprozess zu beschleunigen. Eine Große-Koalition könnte die Möglichkeit bieten, auch unpopuläre aber notwendige Entscheidungen zu fällen – ob hierzu die notwendige Kraft aufgebracht wird, ist ungewiss.

– *Lead-Märkte*: Immer wieder gelingt es einzelnen Industriestaaten Umweltschutztechniken zu entwickeln, die eine deutliche Umweltverbesserung bewirken und gleichzeitig einen Innovationsschub bedeuten (z. B. Rauchgasentschwefelung, Katalysatoren, PV- und Windenergieanlagen).
*Bewertung*: Jänicke leistet mit dem seit den 1990er Jahren entwickelten Forschungsansatz einen wesentlichen Beitrag zur Erklärung, warum trotz aller Hemmnisse und Faktoren des Politikversagens Erfolge im Umweltschutz möglich werden.

Neben den von *Martin Jänicke* herausgearbeiteten Erfolgsfaktoren hat die *Nachhaltige Ökonomie* folgenden Erfolgsfaktoren herausgearbeitet (Rogall 2003):

1) *Öffentliche Problemwahrnehmung*: Eine wichtige Bedingung für eine erfolgreiche Nachhaltigkeitspolitik ist die Problemwahrnehmung durch die Öffentlichkeit. Die Analyse zeigt aber, dass die Existenz eines globalen Problems (z. B. Klimaveränderung) selbst dann *nicht* ausreicht, wenn die Folgen so gravierend sind, wie von den Klimaexperten erwartet. Vielmehr bedarf es immer neuer lokalisierbarer Ereignisse (Katastrophen), um das öffentliche Interesse wach zu halten. Kommt es zu einer derartigen Reihe von wahrgenommenen Geschehnissen, kann der öffentliche Druck so groß werden, dass Regierungen unabhängig von ihrer parteipolitischen Ausrichtung zum Handeln genötigt werden (s. 1980er Jahre Großfeuerungsverordnung nach dem „Waldsterben", endgültiger Atomausstieg nach Fukushima 2011).

2) *Richtiger Zeitpunkt und ausreichende Reichweite*: Markt- und Akteursversagen verhindern eine systematische Problemlösungspolitik. Nach großen Umweltskandalen sowie neuen Mehrheiten kann ein günstigster Zeitpunkt zur Einführung neuer politisch-rechtlicher Instrumente kommen. Diese müssen bereits vorher sorgfältig vorbereitet sein und dann mit positiver Medienbegleitung zügig eingeführt werden, denn das „Zeitfenster" zur Änderung von Rahmenbedingungen ist immer klein (das gilt auch für eine mögliche „Nachhaltigkeits-Koalition" ab 2017). Hierbei ist darauf zu achten, dass die Instrumente mit einem dynamischen Faktor versehen werden (z. B. unbegrenzte dynamische Erhöhung von Umweltabgaben, gekoppelt an andere wirtschaftliche Größen wie die Inflationsrate). Die Erfahrung zeigt, dass Mehrheiten zur Änderung einmal eingeführter Instrumente *immer* schwer zu erreichen sind.

3) *Bündnisfähigkeit*: Ein weiterer zentraler Faktor ist die Bündnisfähigkeit der Akteure. Wer weitere Bündnispartner zur Druckausübung gewinnen kann (Parteien, Medien, Institutionen, innerbetriebliche Partner, berühmte Persönlichkeiten usw.), hat eine größere Chance, seine Positionen gesell-

schaftlich durchzusetzen als eine einzelne Akteursgruppe. Für die Bedeutung dieser Strategie sprechen die vielen erfolgreichen Beispiele (Rekommunalisierung der Stromnetze und die schnelle Zunahme des EE-Anteils, auch aufgrund bürgerschaftlichen Engagements, s. Kap. 14-16).

4) *Überzeugendes Engagement*: Nicht zu unterschätzen ist die Bedeutung subjektiver Kriterien, wie das überzeugende Engagement der Spitze einer Akteursgruppe. Dort, wo die Mitarbeiter, Mitglieder und Bündnispartner spüren, dass Nachhaltigkeit kein „Imagethema", sondern ein ernst gemeintes „Kernthema" ist, sind sie auch eher bereit, eigenes Engagement zu entwickeln und Hemmnisse zu überwinden.

5) *Neuer institutioneller Rahmen auf internationaler Ebene*: Wichtig ist auch die Vernetzung der Pro-Akteure auf internationaler Ebene. Hierbei geht es neben der Bündnissuche insbesondere um die Stärkung des Einigungsprozesses der EU, damit sie stärkeres Gewicht in den internationalen Verhandlungen erhält. Eine Nachhaltige Entwicklung benötigt globale ökologische und soziale Mindeststandards und eine Institution, die mit Sanktionsmechanismen (vergleichbar der WTO) ausgestattet ist. Hinzu müssen eine internationale Gerichtsbarkeit und die Stärkung der Nichtregierungsorganisationen (NGOs) treten.

6) *Wirtschaftliche Innovationen und Vorreiterrolle*: Anknüpfend an *Martin Jänicke* möchten wir noch einmal betonen, dass immer dann, wenn eine Umweltschutztechnik technische Innovationen auslöst, die sich auch auf andere Wirtschaftssektoren auswirken oder exportiert werden können (z. B. Windenergie und PV), wächst auch die Chance, dass diese Technik weitere Umweltschutzgesetze bewirkt oder sich auch ohne weitere Leitplanken verbreitet.

7) *Win-Win Situation erzeugen*: Eine geplante Maßnahme muss zumindest einem Teil der Wirtschaftsakteure neue Geschäftsfelder (incl. Umsatz und Gewinne) bieten, die somit in der Folge ein Interesse an der Fortsetzung dieser Politik entwickeln.

## Strategiepfade und Maßnahmen

Teile der Akteursanalyse über die Faktoren des Politikversagens klingen vielleicht sehr pessimistisch, zur Resignation besteht aber dennoch kein Anlass, da mit fortschreitender Bedrohung der natürlichen Lebensgrundlagen die Bereitschaft, die Rahmenbedingungen zu ändern, wachsen wird. Hierzu sind folgende Strategien wichtig:

1) *Pro-Akteur werden:* Direkte Akteure, die die Notwendigkeit einer 100 %-Versorgung erkannt haben, dürfen sich nicht mit einer neutralen Rolle (Schiedsrichterfunktion) zwischen den Akteursgruppen zufrieden geben, sondern müssen versuchen, aktiv die Rahmenbedingungen zu verändern.

2) *Netzwerke aufbauen, Basis verbreitern:* Die Pro-Akteure müssen Win-Win-Strategien entwickeln und umsetzen, mit deren Hilfe weitere Bündnispartner in Unternehmen, Gewerkschaften und der Bürgergesellschaft gewonnen werden können. Dabei dürfen sie sich nicht scheuen, auch mit Politikern und Mandatsträgern anderer politischen Ebenen zusammenzuarbeiten.

3) *Rahmenbedingungen verändern:* Gelingt dieses Bündnis, ist alle Kraft auf die Einführung neuer Instrumente zu lenken. Es sind Prozesse zu initiieren, die sich selbst verstärken und möglicherweise neue Bündnispartner entstehen lassen (z. B. aus den Wirtschaftssektoren, die sich mit EE beschäftigen). Es darf allerdings nicht übersehen werden, dass sich Instrumente nie idealtypisch durchsetzen lassen, daher müssen immer neue Maßnahmen erdacht und im Sinne eines Instrumentenmixes umgesetzt werden. Hierbei sind Ereignisse zu nutzen, um neue politisch-rechtliche Instrumente durchzusetzen (z. B. sog. „Umweltkatastrophen", Koalitionsverhandlungen, neue EU-Richtlinien u.ä.). Die politisch-rechtlichen Instrumente zur Beschleunigung des Transformationsprozesses dienen auch dazu, die Anzahl der Menschen, die ein wirtschaftliches Interesse an der Fortsetzung des Prozesses entwickeln, zu vergrößern. Hierzu gehört auch die *Stärkung der Bündnispartner* z. B. durch die Umschichtungen von Haushaltsmitteln, um die Umweltverbände bei ihrem Aufbau zu einem starken Interessensverband zu unterstützen (z. B. durch die Erhöhung von Projektmitteln zur Förderung der Umweltberatung oder eine institutionelle Förderung).

4) *Ausweitung der Basis:* Der Anteil der Menschen, die ein Eigeninteresse an der Umsetzung einer konsequenten Nachhaltigkeitsstrategie haben, sollte erweitert werden, indem durch die ökologische Modernisierung der Volkswirtschaft in diesem Bereich Arbeitsplätze und Nachfrage geschaffen werden. Die Bedeutung dieser Strategie sieht man jetzt besonders, nachdem die Contra-Akteure der 100 %-Versorgung mit Hilfe einer Anzahl von direkten Akteuren versucht, die Energiewende deutlich zu verlangsamen. Die ausgeweitete Basis lässt sich aber nicht einschüchtern, sondern organisiert mit Hilfe anderer direkter Akteure (z. B. die Bundesländer) und indirekten Akteuren (z. B. den Umwelt- und EE-Verbänden) Widerstand.

5) *Internationale Perspektive:* Die nationalen Akteursgruppen sollten die internationale Perspektive nicht aus den Augen verlieren. Sie könnten ver-

suchen, die internationalen Institutionen zu stärken bzw. neue Organisationen und Allianzen zu gründen, bei denen nur noch die Staaten beteiligt sind, die eine Vorreiterrolle übernehmen wollen (Aufgabe des Universalismus). Hierzu ist der Vereinigungsprozess in Europa zu verstärken, zur Not für einen Übergangszeitraum auch im Sinne einer Vorreiterfunktion in einem „Europa der zwei Geschwindigkeiten". Es könnte ein *nachhaltigkeitsorientierter* Wirtschafts- und Politikraum geschaffen werden, der durch seine Erfolge in der Steigerung der Lebensqualität seiner Bürger zu einem Vorbild für andere Regionen wird.

*Fazit*

Die Wissenschaftler des IPCC verweisen zu Recht darauf, dass eine Kosten- und Nutzenrechnung – von den ethischen Fragen ganz zu Schweigen – den Transformationsprozess zu einer 100 %-Versorgung mit EE zwingend macht. Viele Wirtschaftsakteure (Konsumenten, Unternehmen und Politiker) wollen dem aber nicht folgen, da sie den Gegenwartskonsum höher bewerten als den künftigen Nutzen des Klimaschutzes. Ökonomen nennen dieses Phänomen Diskontierung (perspektivische Verkleinerung von künftigen Kosten und Nutzen gegenüber der Gegenwart). Diese Position formuliert die Mehrheit der Politiker auf der globalen Ebene sehr nachdrücklich. Die Vertreter der *Entwicklungsländer* möchten erst mal alle Menschen ihrer Staaten mit Strom versorgen, erst dann könne man sich mit anderen Problemen beschäftigen (der Klimaerwärmung), die Vertreter der *Schwellenländer* wollen den Aufholprozess zu den Industrieländern nicht verlangsamen, die *Industrieländer* die langsam entstehenden Wettbewerbsnachteile zu den Schwellenländern nicht vergrößern. Damit scheint sehr wahrscheinlich, dass die Weltgemeinschaft sich ohne Vorbilder – die ihnen zeigen, dass der Transformationsprozess auf lange Sicht mehr Vorteile bringt als die konventionelle Energiewirtschaft – erst zu spät (weil die Treibhausgase zum Teil sehr lange in der Atmosphäre verweilen) zum Umbau entscheiden werden.

# ABSCHNITT IV:

# INDIREKTE AKTEURE

*Prämissen der Bewertung der indirekten Akteure*

Im Abschnitt III haben wir gesehen, dass die *direkten Akteure* über ökologische Leitplanken die für die 100 %-Versorgung notwendigen Rahmenbedingungen schaffen müssen. Alleine umsetzen können die direkten Akteure die Energiewende nicht. Hierzu bedarf es auch zahlreicher anderer Akteure: innovative Unternehmer und Manager, engagierte Kommunalpolitiker und Bürger. Zu glauben, diese würden alle die gleichen Interessen verfolgen, wäre naiv. Daher wollen wir uns einige besonders wichtige Akteursgruppen in den folgenden Kapiteln ansehen.

Die indirekten Akteure (auch intermediärer Sektor genannt, Wirtschaftsverbände, NGOs usw.) haben zur Durchsetzung ihrer Interessen eine Reihe von *Mitteln*, die sie je nach ihrer wirtschaftlichen und politischen Stärke unterschiedlich intensiv einsetzen können. Durch diese Mittel nehmen sie Einfluss auf die Entscheidungen von Politik und Verwaltung (z. B. auf die Referentenentwürfe von Rechtsnormen).

*Mittel der indirekten Akteure zur Interessendurchsetzung* (Rogall 2003):
(1) *Manipulation der öffentlichen Meinung und Erzeugung von öffentlichem Druck:* Öffentlichkeits- und Pressearbeit, Veranstaltungen, öffentlichkeitswirksame Aktionen und Drohungen (z. B. Produktionsstandorte zu verlagern) sowie die Finanzierung und Veröffentlichung von interessenorientierten Gutachten und Stellungnahmen sowie bezahlter Journalismus und Androhung von Standortverlagerung.

(2) *Informeller Einfluss auf die Politik und Behörden:* Erstellung und „Zuspielung" von „Formulierungshilfen" für Gesetze. „Kontaktpflege" von Politikern und oberen Mitarbeitern der Verwaltungen (z. B. Einladung zu besonderen Anlässen, spezielle Informationen usw.).

(3) *Personelle Durchdringung* (Einschleusung von Mitarbeitern in die Politik): Mitarbeiter von Verbänden und großen Unternehmen werden zum politischen Engagement ermuntert und im Falle der Mandatsübernahme durch großzügige Regelung zur Nutzung der Infrastruktur, Freistellungen usw. gefördert. Ein weiteres Mittel zur Durchdringung ist die Entsendung von Verbandsmitarbeitern in Fachgremien (Ausschüsse, Arbeitskreise, Kommissionen), in denen Richtlinien, Empfehlungen usw. für Politik und Verwaltungen erarbeitet werden. Hier bringen die Verbandsvertreter neben ihrem fachlichen Know-how natürlich auch die Verbandsinteressen ein.

(4) *Vorteilsgewährung:* Eine häufig in der Öffentlichkeit kritisierte Form der Einflussnahme sind Spenden an Parteien oder einzelne Politiker. Je höher und regelmäßiger derartige Geldleistungen erfolgen, desto größer wird für Politiker die Gefahr, von derartigen Zahlungen abhängig und damit erpressbar zu werden. Hierzu gehören auch die Vergabe von Beraterverträgen an Abgeordnete und die Verschaffung von Aufsichtsratsmandaten in Unternehmen. In besonderen Fällen werden auch Angebote für eine Stellung bei der Akteursgruppe unterbreitet. Eine völlig inakzeptable Form der Beeinflussung stellen alle Formen der *Korruption* dar (Geldzahlungen an Politiker oder Verwaltungsmitarbeiter für die Beeinflussung von Entscheidungen).

(5) *Sonstige Mittel:* Vorlage von mündlichen und schriftlichen Stellungnahmen im Rahmen der Anhörungen bei Gesetzesvorhaben (Verwaltungs- und Parlamentsanhörungen), Verschleppung von Netzübernahmen.

Die Mehrzahl der skizzierten Mittel gilt in einer pluralistischen Demokratie als legal. Ihr Einsatz wird nur von wenigen Akteuren verfolgt (z. B. Journalisten und die Antikorruptionsorganisation Transparency). Dennoch muss sich der Leser vor Augen führen, dass überall, wo Einfluss auf einen gesetzgeberischen Prozess genommen wird, der über eine reine Meinungsäußerung hinausgeht, dieser Einfluss verfassungsrechtlich bedenklich ist.

# 14. Überregionale Unternehmen und Verbände

## 14.1 Energiekonzerne und Wirtschaftsverbände

*Traditionelle Energiewirtschaft – globale Ebene*

Die globale Energiewirtschaft können sich die Leser als eine Münze mit zwei Seiten vorstellen: *Einerseits* stellt sie sich als riesiger Wirtschaftssektor dar. Die Energiewirtschaft (mit allen von ihr abhängigen und ihr zuarbeitenden Sektoren) tätigt jährlich Umsätze von mehreren Billionen USD und beschäftigt mehrere Millionen Menschen. Ohne ihre Arbeit könnte heute kein Industrie- und Schwellenland der Welt wirtschaften, ihre Bedeutung kann also kaum überschätzt werden. *Andererseits* schafft diese traditionelle Energiewirtschaft die großen globalen Probleme, die wir im Kapitel 1.3 beschrieben haben. So darf die Menschheit nur noch etwa 750 Gigatonnen $CO_2$-Äquivalente von 2010 bis 2050 emittieren (WBGU 2009: 2, andere Studien gehen von 1.000 Gt aus), ein Bruchteil der Menge, wenn alle fossilen Ressourcen verbrannt werden. Will die Menschheit eine dramatische Klimakatastrophe verhindern, darf sie die vorhandenen Reserven nicht mehr aufbrauchen, sondern muss sie ungenutzt in der Erde lassen und stattdessen so schnell wie möglich mit dem sofortigen Transformationsprozess zu einer 100 %-Versorgung mit EE bis 2050 beginnen. Die Konsequenz für die fossile und atomare Energiewirtschaft ist klar, sie soll auf dreistellige Billionenbeträge Umsätze und Billionen USD Gewinne verzichten, die bis zum Ende des Jahrhunderts anfallen würden, könnten sie so weiter machen wie bisher. Das werden sie von sich aus nicht tun. Die führenden Energiekonzerne gehören zu den umsatzstärksten und profitabelsten Unternehmen weltweit. Von den Top 10 der umsatzstärksten stammen acht aus der Energiebranche (allein die 15 größten hatten 2012 einen Umsatz von über 6.000 Mrd. USD, doppelt so hoch wie das gesamte BIP Deutschlands; Berié 2012: 660). So sind 90 Konzerne (durch ihre Produkte) für 63% der weltweiten THG-Emissionen verantwortlich (FES 2014/05: 6). Mit ihrer Wirtschaftsmacht verfügt die fossile und atomare Energiewirtschaft über eine übergroße, demokratisch nicht legitimierte Macht, die sie auch nutzt, um den Transformationsprozess zu verlangsamen.

## Entstehung der EVU in Deutschland

In den 1930er Jahren wurden mit dem Energiewirtschaftsgesetz die *Energieversorgungsunternehmen* (EVU), die Strom produzieren, zu großen Konzernen zusammengefasst und zu Gebietsmonopolen erklärt. Seit der Reform des Gesetzes 1997 wurde der Strommarkt formal liberalisiert, da die Gebietsmonopole der EVU zunächst abgeschafft wurden und die Stromkunden ihre Anbieter selbst aussuchen konnten. Tatsächlich wechselten aber nur die wenigsten Haushalte ihre Anbieter. Die EVU behielten die Stromnetze und verstärkten durch Aufkäufe kommunaler Stadtwerke ihre Oligopolstellung. Die ehemals neun EVU schlossen sich zu vier zusammen (RWE, E.ON, Vattenfall Europe, EnBW). Sie verfügen heute hauptsächlich über einen atomaren und kohlebetriebenen Kraftwerkspark von großen Grundlastwerken.

*Energiewirtschaftsgesetz* (EnWG): Das ursprüngliche Energiewirtschaftsgesetz von 1934 hatte das Ziel, die flächendeckende Versorgung des gesamten Landes mit bezahlbarer Elektrizität sicherzustellen. Zu diesem Zweck sah es vor, dass die Strom- und Gasversorgung auf regionaler Ebene durch jeweils *ein* Energieversorgungsunternehmen (EVU) gewährleistet wird, dem vor Ort ein *Monopolstatus* gewährt wurde und das gleichzeitig verpflichtet war, alle Verbraucher zu staatlich überwachten Preisen mit ausreichend Strom bzw. Gas zu beliefern. Auf dieser Grundlage entstanden örtlich bzw. regional begrenzt tätige Monopolunternehmen (wie in Berlin die Bewag), die meist sowohl als Betreiber des örtlichen Verteilnetzes als auch als Erzeuger und Anbieter gegenüber den Endkunden auftraten.

Das *heutige Energiewirtschaftsgesetz* entstand aufgrund der Vorgaben des EU-Rechts zur Liberalisierung der Strom- und Gasmärkte in verschiedenen Stufen. 1996 wurde die EU-Richtlinie 1996/92/EG (erste Elektrizitätsbinnenmarkt-Richtlinie) beschlossen, die eine schrittweise Liberalisierung des innereuropäischen Elektrizitätsmarktes vorgab. (Abschaffung der Energieversorgungsmonopole und die Öffnung der Strommärkte für alle Anbieter). Hintergrund war die Hoffnung, dass sich hierdurch ein funktionierender Preiswettbewerb im Elektrizitätsmarkt entwickeln würde, der zu einer deutlichen Strompreissenkung führen sollte. So wurde in Deutschland im Jahr 1998 das Vorgängergesetz gleichen Titels abgelöst. Es erfolgte eine Freigabe des Strom- und später auch des Gasmarktes für in- und ausländische Anbieter. 2005 folgte eine zweite, sehr umfängliche Novellierung des EnWG, im Jahr 2011 dann die dritte.

*Die vier großen EVU*:
- *E.ON* (zusammengeschlossen 2000 aus Bayernwerk und Preußen Elektra): 2012 verfügte E.ON über eine Gesamterzeugungskapazität in Höhe von 68.000 MW. Damit erzeugte E.ON 277 TWh Strom, der EE-Anteil betrug 26,2 TWh (10 %). Die Gesamtinvestitionen betrugen 7 Mrd. €, davon 1,8

Mrd. € für EE (Janzing 2013/07: 69, E.ON 2014). Im Geschäftsjahr 2013 lag die installierte EE-Kapazität bei 2.111 MW (11,4 %; Eigenauskunft in E21 2014/05: 12).

- *RWE AG:* 2012 verfügte RWE über eine Gesamterzeugungskapazität in Höhe von 52.000 MW, davon 4.100 MW EE. Damit erzeugte RWE 227 TWh Strom. Der Kohlestromanteil betrug 140 TWh (61,7 %), der Atomstromanteil 30,7 TWh (13,5 %) und der EE-Anteil 12,4 TWh (5,5 %). Im Geschäftsjahr 2013 lag die installierte EE-Kapazität bei 3.496 MW (6,0 %; Eigenauskunft in E21 2014/05: 12). Damit ist RWE der größte Kohle-Stromproduzent Deutschlands. Weitere Kohlekraftwerke sind im Bau (Hamm 1.600 MW Steinkohle, Niederaußem 1.100 MW Braunkohle). Die Gesamtinvestitionen betrugen 5,1 Mrd. €, davon 1,0 Mrd. € für EE (Janzing 2013/06: 70). Im Jahr 2013 hat der Konzern erstmals in seiner Geschichte einen Verlust ausweisen müssen (knapp 3 Mrd. €). Hintergrund waren die einbrechenden Erträge insbesondere bei Strom aus Kohle- und Gaskraftwerken. Der Vorstand will daher eine Reihe von Gas- und Kohlekraftwerken ganz oder vorübergehend stilllegen (Die Welt 2014/03).
- *Deutsche Vattenfall* (von dem Schwedischen Staatskonzern zusammengeschlossen aus HEW und Bewag): 2012 verfügte über eine Gesamterzeugungskapazität in Höhe von 14.460 MW, davon 3.016 MW EE. Damit erzeugte der Konzern 69 TWh Strom, der EE-Anteil betrug 4,3 TWh (6%) (Vattenfall 2013: 129). Im Geschäftsjahr 2013 betrug der EE-Stromanteil von Vattenfall Continental/UK bei 7 % (Eigenauskunft in E21 2014/05: 12). Die Gesamtinvestitionen betrugen 3,45 Mrd. €, davon 0,502 Mrd. € für EE (Janzing 2013/08: 69).
Vattenfall hat die Bundesrepublik zweimal auf insgesamt 14 Mrd. € Schadensersatz beim Internationalen Zentrum zur Beilegung von Investitionsstreitigkeiten (ICSID) verklagt: Einmal gegen die Umweltschutzgesetze Deutschlands, die den Bau eines Kohlekraftwerks bei Hamburg behindern, und zweitens wegen des Atomausstiegs (Assheuer 2014/05: 46). Hintergrund ist das Investitionsschutzabkommen zwischen Schweden und Deutschland.
- *EnBW* (Vorläufer Badenwerk 1912 gegründet): Nach dem Verkauf an einen französischen Energiekonzern kaufte das Land Baden-Württemberg 2011 die Eigentumsanteile zurück. 2012 erzeugte EnBW 59 TWh Strom. Bis 2010 wurden 51 % der Stromerzeugung aus Atomkraftwerken gewonnen. 2012 betrug der Anteil des Atomstroms noch 44 %, der EE-Anteil 12 % (Janzing 2013/05: 70). Der EE-Anteil an den Erzeugungskapazitäten lag Ende 2013 bei 19,1 % (Eigenauskunft in E21 2014/05: 12). Bis 2020 soll der EE-Anteil auf 40 % ausgebaut werden (Mastiaux 2014/03: 10).

*Investitionsschutzabkommen*: Seit vielen Jahren schließen Staaten I. ab mit dem Ziel, ihre Unternehmen im Ausland vor Enteignungen zu schützen. Konflikte werden durch das Internationale Zentrum zur Beilegung von Investitionsstreitigkeiten (ICSID) – einer Art Gericht – behandelt. Vor dem ICSID können

Unternehmen ausländische Staaten auf Schadensersatz verklagen, wenn diese Gesetze zum Schutz ihrer Bürger erlassen (z.B. Umwelt- und Gesundheitsschutz, Sozialgesetzgebung), die ihren Gewinn schmälern könnten. Ursprünglich wurden diese Abkommen nur mit Staaten abgeschlossen, die keine Rechtsstaaten waren (daher existiert zurzeit auch kein derartiges Abkommen mit den USA, das würde sich aber mit dem Freihandelsabkommen TTIP ändern). Mit Investitionsschutzabkommen können Staaten zur Aufgabe einer eigenständigen Umwelt- und Sozialpolitik gezwungen werden. Anders als inländische Gerichte unterliegt das ICSID keiner Verfassung, gegen die Urteile können keine Rechtsmittel eingelegt werden. Derzeit sind 185 Verfahren beim ICSID anhängig (Kohlenberg u.a. 2014/02: 15).

## Neue Rahmenbedingungen für die Energiekonzerne

Seit einigen Jahren ändern sich die Rahmenbedingungen der großen Stromkonzerne in Deutschland grundlegend, so dass ihr Aktienwert zwischen 2008 und 2013 um etwa 70 % gesunken ist (Tenbrock 2013/09: 21). Dieser *Wandel* hat u.a. folgende Ursachen:

*Ökologische Dimension*

(1) *Falscher Kraftwerkspark*: Wie beschrieben, müssen Netzbetreiber zunächst EE-Strom in ihre Netze aufnehmen (verkaufen). Die großen EVU haben aber in den vergangenen Jahrzehnten fast ausschließlich in Kondensationskraftwerke ohne KWK investiert, die nicht kompatibel mit dem steigenden EE-Stromanteil sind (Müller, Strasser 2011: 11).

    a) Ihre Kraftwerke sind zu inflexibel, daher können sie sich auch nicht an die volatilen EE anpassen und werden zum Hemmschuh der Energiewende.

    b) Durch den Kraftwerkspark (Kohlekraft) sind die durchschnittlichen $CO_2$-Emissionen pro kWh der vier großen EVU noch immer auf einem nicht zukunftsfähigen Niveau (WI 2013/09: 25).

(2) *Unzureichender Anteil von EE-Anlagen*: Die EVU haben den schnellen Erfolg der EE nicht für möglich gehalten, vielleicht auch geglaubt, sie könnten ihn durch Lobbys verhindern. Daher haben sie nicht in ausreichendem Maße in EE-Anlagen investiert. Ihre Anteile von erzeugtem EE-Strom waren 2012 weit unterdurchschnittlich in Relation zum gesamten EE-Anteil (24 %): E.ON 5 %, RWE 8 %, EnBW 12 %, Vattenfall 29 % (Tenbrock 2013/09: 21).

*Ökonomische Dimension*

(3) *Abschaffung der Gebietsmonopole*: Seit der „Liberalisierung" des Strommarktes 1997 können alle Stromkunden ihre Anbieter selbst aussuchen. In den letzten Jahren verlieren die vier großen EVU aufgrund günstigerer Konkurrenzangebote immer mehr Kunden.

(4) *Neue Konkurrenten*: Seit der Jahrtausendwende hat sich die Anzahl der Anbieter erhöht:

a) Kommunen versuchen, ihre *Stadtwerke* zurück zu erwerben oder neu zu gründen. Diese versuchen, die Netze zu kaufen und errichten flexible dezentrale Erzeugungskapazitäten (s. Kap. 14 und 15).

b) Seit 2009 werden jährlich über 100 neue *Energiegenossenschaften* gegründet, die in der Regel in neue EE-Anlagen investieren (Kap. 16).

c) Zahlreiche private Haushalte, Bauern und Betreibergesellschaften haben PV- und Windkraftanlagen errichtet. Sie sehen sich heute als *„Energiewirte"* (Kap. 17).

(5) *Unwirtschaftliche Produktion*: Bei steigendem EE-Anteil wird die Nachfrage für das atomare und fossile Stromangebot der EVU geringer. Damit wächst das Risiko, dass neue Kohlekraftwerke (unflexible Grundlastkraftwerke, vgl. Kap. 4.1) nicht mehr wirtschaftlich betrieben werden können, da sie zum Teil in sonnen- und windreichen Zeiten den Strom ihrer Grundlastkraftwerke zu sehr geringen Preisen verkaufen müssen. Die EVU müssen dann ihren Kohlestrom faktisch zu jedem Preis auf der Strombörse verkaufen (weil das Herunter- und wieder Hochfahren der Kraftwerke noch teurer ist) (Quaschning 2013: 94).

(6) *Trennung von Stromproduktion und Netzbetrieb*: E.ON, RWE und Vattenfall haben ihre Hochspannungsnetze aufgrund eines europäischen Kartellverfahrens verkauft. Die neuen Eigentümer heißen 50Hertz (Eigentümer sind ein belgischer Netzbetreiber und ein australischer Infrastrukturfonds), Amprion (Commerzbank und Versicherungskonzerne), Tennet (niederländischer Staat) und TransnetBW.

*Sozial-kulturelle Dimension – Schlechtes Image*

Die Energiekonzerne haben jahrzehntelang auf der Grundlage ihrer großen wirtschaftlichen und politischen Stellung ihre Macht ausgespielt und politische Entscheidungen massiv beeinflusst. Hierdurch haben sie immer wieder umweltpolitische Auflagen verzögert. Im Endergebnis haben sie hierdurch aber ein massives Akzeptanzproblem erhalten. So glaubt die Mehrzahl der Bevölkerungen nicht, dass sie ehrliche Akteure der Energiewende werden können und wünscht sich eher (74 %), dass sich Bürger lokal an der Energiewende beteiligen können (Emnid 2013/10) oder Stadtwerke (Röber 2012: 84). Ein derartiges Image kommt nicht von ungefähr. So existieren zahlreiche Artikel, die sich mit den unfairen Methoden der EVU beschäftigen, die mit diversen Tricks versuchen, die Konzessionsverträge mit den Kommunen zu behalten (s. Kap. 14). So befanden sich Ende 2012 von den insgesamt ca. 73.000 MW EE-Leistung nur etwa 5 % im Besitz der 4 großen EVU. 2014 wurde öffentlich bekannt, dass E.ON, RWE und Vattenfall gegen die 2010 eingeführte Brennelementesteuer (sie sollte einen Teil der Zusatzgewinne der AKW-Betreiber abschöpfen) wegen Verfassungswidrigkeit geklagt haben. Anschließend schlugen sie der Bundesregierung vor, alle Atommeiler in eine vom Bund getragene Stiftung zu übertragen, sie würden dafür ihre Klagen zurückziehen und die seit Jahren steuerfrei angelegten Rückstellungen in Höhe von 30 Mrd. Euro abtreten. Würde dieser Vorschlag realisiert, würden alle Risiken der Stilllegung und des Rückbaus der Atommeiler sowie der Endlagerung des atomaren Abfalls auf den Bund (die Steuerzahler) abgewälzt (Knuf, Doemens 2014/05: 2). Alle im Bundestag vertretenen Parteien lehnten diesen Vorschlag ab. Die Sicht vieler Kritiker zeigt, dass die Energiekonzerne, auch mit ihren neuen Vorständen, sich wenig am Gemeinwohl orientieren.

Als *Zwischenfazit* können wir festhalten, dass die deutschen Energiekonzerne auf die Energiewende nicht vorbereitet waren und daher nicht sicher ist, welche energiewirtschaftlichen Perspektiven sie haben werden.

### *Übertragungsnetzbetreiber*

Die vier *Übertragungsnetzbetreiber* (ÜNB) in Deutschland existieren erst seitdem die vier Stromkonzerne sich von ihren Netzen trennen mussten. Entstanden sind vier Konzerne, die für die überregionale Versorgungssicherheit und damit Frequenzregelung verantwortlich sind: 50 Hertz, Amprion, TransetBW und Tennet.

*Bewertung*: Lange Zeit sind sie in der öffentlichen Diskussion wenig wahrgenommen worden. Prinzipiell kann man aber davon ausgehen, dass sie aufgrund gleicher Ausbildung, beruflicher Erfahrung und personeller Verknüpfung die gleichen Interessen verfolgen wie die vier Energiekonzerne. Die Einschätzung hat sich durch die Vorlage des „Szenariorahmens für die Netzentwicklungspläne 2014" bestätigt. Das Dokument setzt auf eine stärkere Nutzung der Braunkohle und schränkt die Nutzung der Erdgaskraftwerke ein. Statt wie bisher von der Stilllegung von Braunkohlekraftwerken nach 50 Jahren auszugehen (bislang angenommene technische Lebensdauer), soll nunmehr die Reichweite des dazugehörigen Tagebaus berücksichtigt werden. Damit wird ein Energiemix angestrebt, der mit den Klimaschutzzielen der Bundesregierung nicht kompatibel ist (DIW 2014/26: 606).

## Kohlebergbau

Seit Mitte des 19. Jahrhunderts bis zum 2. Weltkrieg stellte die Kohle den wichtigsten globalen Energieträger dar, das gilt auch für Europa. Nach dem Krieg wurde Kohle zum Teil durch Erdöl und Erdgas substituiert. Im Bündnis mit der Stahlindustrie und der Stromwirtschaft blieb ihr Einfluss aber bedeutend. In den letzten Jahren erfährt der Kohlebergbau *global* betrachtet sogar einen Aufschwung. So stieg die Kohleförderung stetig von 4.700 Mio. t (2000) auf 7.865 Mio. t (2012), insgesamt um 67 %. Hauptproduzenten sind China und die USA (Berié 2012: 664).

Auch in der 150-jährigen Industriegeschichte *Deutschlands* hat der Kohlebergbau (meist im „natürlichen" Bündnis mit der Stahlindustrie und Energiewirtschaft) lange Zeit eine sehr wichtige und mächtige Rolle gespielt. Erst in den 1980er und 1990er Jahren, als die Kohlegewinnung im Inland immer kostspieliger und eine eigene Energieversorgung als Ziel unwichtiger wurde, verlor die Branche an politischem Einfluss. Aber auch heute noch stammen in Deutschland über ein Viertel des Stroms aus Braunkohle und ein Fünftel aus Steinkohle (Tabelle 6).

Mit der sog. „Kohlepolitischen Verständigung" des Bundes, Nordrhein-Westfalen, Saarland, RAG AG und der IG Bergbau, Chemie, Energie wurde beschlossen, die deutschen Steinkohlesubventionen im Jahr 2018 zu beenden. Das führt zur Beendigung des aktiven Steinkohlebergbaus in Deutschland (UBA 2013/03: 194). Die Folgekosten werden die ehemaligen Bergbaugebiete aber noch lange zu tragen haben. Auf Grund der Absenkung des Gebiets müssen die Zechen ständig ausgepumpt werden, da sich das Ruhrgebiet ansonsten in eine Seenlandschaft verwandeln würde.

*Bewertung*: In Deutschland wird die Beendigung der (Stein-)Kohlesubventionen und damit des Steinkohlbergbaus aller Voraussicht nach zu einer deutlichen Schwächung der Kohlebergbaulobby führen. Wie sich die Macht der gesamten Kohlelobby in Deutschland entwickelt, ist unsicher. Zumindest bis 2030 wird Kohle – aufgrund der betriebswirtschaftlich niedrigen Kosten – wahrscheinlich mit über einem Viertel zur Stromversorgung beitragen. Danach muss ihr Anteil weiter sinken, sollen die Klimaschutzziele erreicht werden. Auf der globalen Ebene ist ihr Einfluss bislang ungebrochen. Mit der sich verschärfenden Klimaerwärmung ist aber mit einem zunehmenden öffentlichen Druck auf Verzicht der Kohlenutzung zu rechnen. Ihr Verhalten und der allmähliche Imageverlust ähneln dem der Tabakindustrie.

### Traditionelle Wirtschaftsverbände

Das Spektrum der Interessenverbände ist sehr weit gefasst. Wir wollen uns hier aber nur mit den Interessenverbänden der Wirtschaft beschäftigen, die sich zu energiepolitischen Fragestellungen äußern. Eine ausführliche Akteursanalyse der Verbände würde den Rahmen des vorliegenden Buches sprengen, daher müssen wir uns mit einem kleinen Überblick einiger Positionen zur Energiewende begnügen. In der Vergangenheit hat die Mehrzahl der Wirtschaftsverbände eher eine rigide Position zum Umweltschutz und den EE eingenommen. Heute bekennen sich fast alle verbal zur Notwendigkeit von Umweltschutz, Nachhaltiger Entwicklung (Rogall 2003, Kap. 5) sowie zur Energiewende. Staatliche Instrumente, die die Rahmenbedingungen so verändern würden, dass die Klimaschutzziele auch zu erreichen sind, werden aber abgelehnt (z. B. Schadstoffsteuer, Fortsetzung des EEG, Nutzungs- und Sanierungspflichten im Gebäudebestand).

*Verbände*: V. stellen keine eigene Rechtsform dar, i.d.R. sind sie rechtlich in Form eines Vereins organisiert. Sie sind freiwillige Vereinigungen mit auf Dauer angelegten Zielen und Organisationsapparaten, die im Zuge der modernen Demokratie entstanden sind, um die Interessen gegenüber anderen Akteursgruppen mit abweichenden Interessen gegenüber der Politik, Verwaltung und der Öffentlichkeit durchzusetzen. In der wissenschaftlichen Diskussion werden vier Typen unterschieden: Wirtschaftsbereich und Arbeitswelt, sozialer Bereich, Freizeit und Erholung, Kultur und Wissenschaft. Schätzungen zufolge existieren in Deutschland über 200.000 Interessenvereinigungen, etwa 5.000 Verbände im politisch engeren Sinne und über 1.500 Verbände, die offiziell beim Deutschen Bundestag (als Lobbyisten) „akkreditiert" sind.

*Wirtschaftsverbände:* In Deutschland existieren 17 Spitzenverbände der Wirtschaft, sie beschäftigen etwa 150.000 Personen. Ihr Organisationsgrad (Anteil der Unternehmen, die Mitglied sind) variiert zwischen 70 und 90 %.

*Die drei großen Dachverbände der Wirtschaft:*

- *Bundesverband der Deutschen Industrie* (BDI, Sitz in Berlin): Der BDI ist die Spitzenorganisation der deutschen Industrie und industrienahen Dienstleister. Im BDI sind 38 Branchenverbände zusammengeschlossen, die insgesamt mehr als 100.000 deutsche Unternehmen mit gut acht Millionen Beschäftigten vertreten (BDI 2013). Er stellt die politisch einflussreichste und wirksamste Organisation der deutschen Wirtschaft dar. Der Verband ist in der Rechtsform des eingetragenen Vereins organisiert.

- *Bundesvereinigung der Deutschen Arbeitgeberverbände (BDA)*: Der BDA ist der Dachverband der etwa 1.000 Arbeitgeberverbände, die die Tarifverhandlungen mit den Gewerkschaften führen.

- Der *Deutsche Industrie- und Handelskammertag (DIHT)*: Der DIHT ist der dritte Spitzenverband der deutschen Wirtschaft. Er ist die nationale Interessenvertretung der 80 deutschen Industrie- und Handelskammern. Neben der Abteilung Industrie, Strukturpolitik und Umweltschutz existieren noch mehrere Ausschüsse, die sich mit Umweltfragen beschäftigen.

(1) Der *Deutsche Industrie- und Handelstag (DIHT)* mit seinen vielen *Industrie- und Handelskammern (IHK)*: Die IHK sind Körperschaften des öffentlichen Rechts, alle Unternehmen in ihrem Zuständigkeitsbereich unterliegen einer Zwangsmitgliedschaft. Damit sind sie zur politischen Neutralität verpflichtet. Das hindert sie aber nicht daran, sehr einseitig Position für die konventionelle Energiewirtschaft zu beziehen und gegen die Interessen ihrer Zwangsmitglieder aus der EE-Branche zu verstoßen. Der Konflikt eskalierte 2013, nachdem die IHK NRW (Zusammenschluss der 16 IHK in NRW) ein energiepolitisches Positionspapier veröffentlicht hatte und nach längeren Auseinandersetzungen mehrere Unternehmen der EE-Branche eine Unterlassungsklage gegen das Papier einreichten. Die DIHK unterstützt die Position der IHK NRW, z. B. forderte deren Präsident 2013 mehrfach die Solarförderung umgehend einzustellen und die Onshore-Stromförderung massiv einzuschränken (Wehrmann 2013/11: 14). 2013 forderte die DIHK-Vollversammlung in einer Resolution den Bund und die Länder auf,

„schnellstmöglich den Rahmen für die Energiewende neu zu gestalten."
Konkret wurde hierzu u.a. gefordert: „die Stromsteuer (sollte) deutlich gesenkt werden." „Die EEG-Umlage muss (…) sinken."
(DIHK 2013/11).

*Bewertung*: Bekanntlich ist eine Senkung der EEG-Umlage rechtlich nicht möglich, da die Übernahme der EE-Einspeisevergütungen durch Steuermittel eine (durch die EU) verbotene Beihilfe darstellen würde und eine nachträgliche Senkung der Einspeisevergütung für bestehende Anlagen den Rechtsstaatsprinzipien (Vertrauensschutz) zuwiderlaufen würde. In jüngster Zeit vertreten einzelne IHK in Norddeutschland – in denen sich Vertreter der EE-Branche organisieren – eine EE freundlichere Position. Die weitere Entwicklung bleibt abzuwarten (Wehrmann 2014/02: 74).

(2) *Verband der Chemischen Industrie (VCI)*: Der VCI forderte 2013 in einem Positionspapier u.a. „ein sofortiges Aussetzen der Förderung für Neuanlagen und Reform des EEG." „Erneuerbare Energien in den Markt integrieren, (…), Förderung und Ausbau der Erneuerbaren Energien sollten künftig europaweit erfolgen."
*Bewertung*: Mit der sofortigen Aussetzung der gesetzlichen Einspeisevergütung für EE-Strom, hat der Verband die radikalste Position unter allen Verbänden bezogen. Hinter der Forderung der europaweiten Förderung verbirgt sich die Hoffnung der vollständigen Ersetzung des EEG durch den (bislang unwirksamen) Emissionshandel. Damit versucht der Verband – ohne es direkt zu formulieren –, die Energiewende zur 100 %-Versorgung mit EE zu verhindern.

(3) *Bundesverband der Energie- und Wasserwirtschaft (BDEW)*: Im BDEW sind alle Unternehmen der Energie- und Wasserwirtschaft organisiert, so auch die vier großen Stromkonzerne. Der BDEW spricht sich für die Abschaffung des EEG in der bekannten Form aus und fordert stattdessen ein Ausschreibungsmodell (Quotenmodell). Bei diesem Modell soll politisch eine bestimmte Maximalmenge an Zubau von EE festgelegt werden und ausgeschrieben werden. Die jeweils günstigsten Anbieter erhalten dann den Zuschlag (Altegör 2013/12: 19).
*Bewertung*: Mit der Durchsetzung dieser Forderung könnte – ohne dass dies explizit gefordert wird – die Energiewende deutlich verlangsamt werden (s. Kap. 7.5).

(4) *Verband kommunaler Unternehmen (VKU)*: Auch der VKU vertritt ein Ausschreibungs-/Quotenmodell (Altegör 2013/12: 19) und begrüßt den im novellierten EEG 2014 vorgesehenen Zwang zur Direktvermarktung ab 2017 (VKU 2014/04/08).
*Bewertung*: Wie wir im Kapitel 14 sehen werden, sind die kommunalen Stadtwerke wichtige Akteure der Energiewende, müssten aber ihre Investitionen beim Bau von EE-Anlagen stark erhöhen, um tatsächlich Vorreiter zu werden. Die Forderung nach einem Ausschreibungsmodell und die Unterstützung des Zwangs zur Direktvermarktung sprechen aber eher dafür, dass auch sie die Geschwindigkeit der Energiewende bremsen wollen. Das wird durch Forderung nach Direktvermarktung auch für Kleinanlagen (die Bagatellgrenzen sollen wegfallen) noch betont (VKU 2014/04/08). Diese Bewertung wird durch eine Umfrage unter den VKU-Mitgliedsunternehmen 2014 unterstrichen: 87 % stimmten der Aussage „Die Systematik der Förderung von EE muss grundlegend geändert werden" voll und ganz oder überwiegend zu. 89% stimmten der Aussage „die Betreiber von EE-Anlagen müssen einen stärkeren Beitrag zur Systemverantwortung leisten" zu. 60% sahen ein „Ausschreibungsmodel als zielführend oder eher zielführend zur Förderung der EE" an und nur 20% sprachen sich für festgelegte Vergütungssätze aus (VKU 2014/04/01).

### *Interessen – Mittel der Durchsetzung*

Die *Interessen* von Wirtschaftsverbänden werden in der Wissenschaft unterschiedlich formuliert:

a) *Ökonomische Theorie der Politik*: Umweltschutzkosten minimieren, neue Instrumente verhindern;

b) *Politikwissenschaft*: „Herrschaft der Verbände" oder legitimer Pluralismus;

c) *Nachhaltige Ökonomie*: eigennützige und inhaltliche Ziele.

Die vier großen Energiekonzerne Deutschlands gehörten über Jahrzehnte zu den profitabelsten Unternehmen mit sicheren Gewinnen. Damit sich diese Situation nicht ändert, haben sie und die Wirtschaftsverbände fast alle *Mittel der Interessendurchsetzung* eingesetzt, die den indirekten Akteuren zur Verfügung stehen. Hierzu gehören:

(1) *Manipulation der öffentlichen Meinung*:

Mit ihrer Öffentlichkeits- und Pressearbeit sowie gekauften *Veröffentlichungen von interessenorientierten Gutachten* und *Stellungnahmen* verbreiten sie Argumente gegen die Energiewende, die von vielen Bürgern, Politikern und Journalisten aufgenommen werden (Scheer 2012: 70 spricht von gezielter Desinformation). Stichpunkte:

a) EE sind gegenüber konventionellen Energien zu teuer (früher Atom- heute Kohlestrom). Die Energiewende dürfe nur nach internationalen Vereinbarungen umgesetzt werden.

b) Vor dem weiteren Ausbau von EE müssen erst große Transportnetze von Nord nach Süd fertig gestellt und ausreichende Speicherkapazitäten fertig gestellt sein.

c) Eine dezentrale Energieerzeugung ist eine Illusion, stattdessen sollte Deutschland (und die Welt auf EE-Großprojekte setzen (die so teuer und komplex sind, dass nur Großkonzerne, vor allem sie selbst, diese umsetzen könnten)). Z. B. werden vorgeschlagen (Scheer 2012: 71):

– Offshore-Windparks auf hoher See statt Onshore-Windkraftwerke.

– Solarkraftwerke in der Sahara.

d) *Drohungen* gegenüber der Politik und Öffentlichkeit: z. B. Entlassungen, Verlagerung von Produktionsstandorten aufgrund zu teurer Energie. Bei Verhandlung über Konzessionsverträge versuchen sie, mit Drohungen (Arbeitsplatzverluste, Rückzug aus dem Sponsoring) die Konzessionsverhandlungen zu beeinflussen (Berlo, Wagner 2013/ 02: 6).

(2) *Informeller Einfluss auf die Politik und Behörden*: Erstellung und „Zuspielung" von „Formulierungshilfen" für Gesetze. „Kontaktpflege" von Politikern und oberen Mitarbeitern der Verwaltungen (z. B. Einladung zu besonderen Anlässen, spezielle Informationen usw.).

(3) *Personelle Durchdringung* (Einschleusung von Mitarbeitern in die Politik):

a) *Direkte Durchdringung*: Mitarbeiter von Verbänden und großen Unternehmen werden zum politischem Engagement ermuntert und im Falle der Mandatsübernahme durch großzügige Regelung zur Nutzung der Infrastruktur, Freistellungen usw. gefördert.

b) *Entsendung von Verbandsmitarbeitern in Fachgremien* (Ausschüsse, Arbeitskreise, Kommissionen), in denen Richtlinien, Empfehlungen usw. für Politik und Verwaltungen erarbeitet werden. Hier bringen die Verbandsvertreter neben ihrem fachlichen Know-how natürlich auch die Verbandsinteressen ein.

(4) *Vorteilsgewährung:*

a) *Spenden*: Spenden an Parteien, einzelne Politiker oder Kommunen. Je höher und regelmäßiger derartige Geldleistungen erfolgen, desto größer wird für Politiker und die Kommunen die Gefahr, von derartigen Zahlungen abhängig und damit erpressbar zu werden. So üben die EVU immer wieder Druck auf die Kommunen aus damit diese auf eigene Stadtwerke und Netzbetreibung verzichten (Kap. 14 und 15, Berlo, Wagner 2013/02: 6).

b) *Beraterverträge*: Vergabe von Beraterverträgen an Abgeordnete und die Verschaffung von Aufsichtsratsmandaten in Unternehmen.

c) *Beschäftigung*: Angebote für eine herausragende Stellung bei der Akteursgruppe bei dem Ausscheiden aus der Politik. Beispiele aus der jüngsten Vergangenheit sind: Der Wechsel einer ehemaligen Staatsministerin im Kanzleramt 2008 zum Bundesverband der Energie- und Wasserwirtschaft (BDEW 2012/01), in der sie Hauptgeschäftsführerin wurde. Oder eines früheren Staatsministers im Kanzleramt zu Daimler 2013. Die Staatsanwaltschaft Berlin ermittelt wegen möglicher Vorteilsannahme, da der ehemalige Minister während seiner Tätigkeit mit einem Geschäft zwischen Bund und Daimler betraut war.

d) *Direkte Korruption*: Geldzahlungen an Politiker oder Verwaltungsmitarbeiter für die Beeinflussung von Entscheidungen.

(5) *Sonstige Mittel*, z. B. *Verschleppung von Netzübernahmen, hierzu gehören die folgenden Taktiken*:

a) Die EVU umgehen die Bestimmungen des Energie- und Kartellrechts und versuchen durch missbräuchliches Verhalten die Netze zu behalten.

b) Sie fordern weit überzogene Netzpreise (Berlo, Wagner 2013/02: 6).

c) Sie geben netzrelevante Daten nur sehr verzögert heraus (Berlo, Wagner 2013/02: 6).

d) Vorlage von mündlichen und schriftlichen Stellungnahmen im Rahmen der Anhörungen bei Gesetzesvorhaben (Verwaltungs- und Parlamentsanhörungen).

Mit diesen Mitteln versuchen, sie die Strukturen der Energieversorgung mit ihren Techniken und Entscheidungen beizubehalten. Die Energiewende mit dem Ausbau dezentraler EE gefährdet aber diese Strukturen. Deshalb versuchen sie – nach einer langen Phase der grundlegenden Ablehnung – heute alles, um die Geschwindigkeit der Wende zu verlangsamen (Scheer 2012: 23).

### Zusammenfassung und Zwischenfazit

Zurzeit sind die EVU für die Energiewende nicht gut gerüstet. Da sie bis zuletzt erbittert gegen den Umbau der Energiewirtschaft gekämpft und alle Mittel zur Interessendurchsetzung eingesetzt haben, traut ihnen die Mehrheit der Bürger keinen ausreichend schnellen und glaubwürdigen Wandel zu, so dass sie künftig massiv weiter an Bedeutung verlieren könnten. Viele Kritiker sind verblüfft, wie grundlegend eine führende Branche ihr gesamtes Renommee innerhalb kurzer Zeit vollständig verspielen kann. Diese Bewertung teilt auch der frühere Wirtschaftsminister Müller:

> „Die Unternehmen hätten ja den Aufbau von regenerativen Energien frühzeitig selbst in die Hand nehmen können". „Stattdessen haben sie aber immer darauf spekuliert, wenn Rot-Grün mal nicht mehr die Bundesregierung stellt, dass der Vertrag aus meiner Zeit geändert und die Laufzeit der KKW's verlängert wird." (Müller in Böhmer, Tichy 2014/04).

Diese Änderungen der Rahmenbedingungen haben auch ein Teil der Stromkonzerne erkannt und seine Vorstände ausgetauscht. Sie versuchen jetzt, ihre energiepolitischen Ziele neu auszurichten. Wie glaubwürdig und ernst gemeint diese Bekundungen sind, wird die Zukunft zeigen.

## 14.2 Gewerkschaften

### Grundlagen

Ähnlich wie andere bedeutende wirtschaftliche Interessenverbände verfügen die Gewerkschaften über umfangreiche *Mittel zur Interessendurchsetzung*, welche sich nur partiell von denen der wirtschaftlichen Interessengruppen unterscheiden. Zu den *formalen Mitteln* gehört die Fertigung von Stellungnahmen zu Anhörungen von Gesetzesvorhaben. Der *öffentliche Druck* spielt für die Gewerkschaften sicherlich eine besonders wichtige Rolle. Hierzu gehören eine intensive Öffentlichkeitsarbeit (Herausgabe eigener Veröffentlichungen, Pressemitteilungen und -gespräche) und öffentlichkeitswirksame Aktionen. Gewerkschaften üben auch einen *informellen Einfluss* aus, der nicht unterschätzt werden darf. Hierzu gehören Gespräche mit Politikern und die personelle Durchdringung der Politik (Vertreter in Sachverständigenräten, Kandidaturen von Gewerkschaftsmitarbeitern für Parteifunktionen und Mandate).

*Gewerkschaften*: G. sind freiwillige, auf Dauer angelegte Vereinigungen von abhängig Beschäftigten, die ihre wirtschaftlichen, sozialen und politischen Interessen vertreten. Damit gehören sie zum notwendigen Bestandteil einer demokratischen Gesellschaft.

In Deutschland existieren verschiedene Arbeitnehmerorganisationen. Die wichtigsten sind: der DGB – Deutscher Gewerkschaftsbund mit 7,7 Mio. Mitgliedern – und der DBB – Deutscher Beamtenbund mit 1,2 Mio. Mitgliedern.

Der *Deutsche Gewerkschaftsbund (DGB)* ist eine sog. Einheitsgewerkschaft, in der Mitglieder aller politischen Parteien organisiert sind. Sie versuchen, Positionen ihrer Gewerkschaft in ihre Partei einzubringen, wie sie umgekehrt Parteipositionen in die Gewerkschaften einbringen. Er ist als Dachverband von sieben Einzelgewerkschaften mit insgesamt ca. 7,7 Mio. Mitgliedern (Ende 2001) die größte gewerkschaftliche Organisation.

*Die wichtigsten Einzelgewerkschaften sind heute:* IG Metall (2,3 Mio. Mitglieder), Ver.di (2,1 Mio. Mitglieder), IG Bergbau, Chemie, Energie (0,7 Mio. Mitglieder) und die IG Bauen-Agrar-Umwelt (0,3 Mio. Mitglieder, DGB 2014; zur Geschichte der Gewerkschaften s. Uellenberg 1996 und Schneider 2000).

*Energiepolitische Diskussion*

In der Energiewende spielen die Gewerkschaften eine ambivalente Rolle. Während einige der Energiewende sehr positiv gegenüberstehen und z. B. der DGB sich besonders für einen Ausbau einer dezentralen Stromversorgung einsetzt (s. Position des Deutschen Gewerkschaftsbundes (DGB) zur Energiepolitik 2011), stehen andere, insbesondere die IG Bergbau, Chemie, Energie den Zielen sehr skeptisch gegenüber und versuchen, den Transformationsprozess zu verlangsamen.

Schon in der Vergangenheit geriet die *IG Bergbau, Chemie, Energie* immer wieder in Konflikte zwischen der Vertretung von Partikularinteressen und gesellschaftlichen Reformansprüchen (z. B. Auseinandersetzung um die Nutzung der Kernenergie, Zukunft der Chlorchemie und Verwendungseinschränkungen von PVC-Materialien, Subventionen für Braun- und Steinkohle sowie Ausgestaltung der Ökologischen Steuerreform). Insbesondere wenn Gewerkschaftsfunktionäre zugleich bei einem der vier großen Energiekonzerne tätig sind, kommen sie in erhebliche Interessenkonflikte. Oft vertreten sie dann eher die Interessen der traditionellen Energiewirtschaft. Bekanntestes Beispiel der jüngsten Vergangenheit ist der langjährige ehemalige Stellvertretende Vorsitzende der IG Bergbau, Chemie, Energie und Aufsichtsratsmitglied bei Vattenfall, der 2013 erklärte, er habe als neuer Bundestagsabgeordneter in den Koalitionsvertrag das Bekenntnis zur Kohlenutzung hineinformuliert („Die konventionellen Kraftwerke (Braunkohle, Steinkohle, Gas) als Teil des nationalen Energiemixes sind auf absehbare Zeit unverzichtbar"). Im Rahmen einer Reform des EEG-Gesetzes plädiert der IG BCE dafür, Verbraucher und energieintensive Unternehmen nicht weiter zu belasten und betont dabei die Sicherung der Arbeitsplätze. Durch die Befreiung von der EEG-Umlage würden wieder gleiche Wettbewerbsbedingungen in Europa hergestellt, so der neue Vorsitzende der IG BCE. Der DGB hingegen setzt sich für ein neues System zur Finanzierung der EEG-Kosten ein, damit die Bezahlbarkeit der Strompreise und eine gerechte Verteilung der Kosten gewährleistet werden.

*Zusammenfassung und Zwischenfazit*

In der Energiewende spielen die Gewerkschaften eine ambivalente Rolle. Während einzelne Einzelgewerkschaften und der DGB der Energiewende positiv gegenüberstehen, stehen andere insbesondere die IG Bergbau, Chemie, Energie den Zielen sehr skeptisch gegenüber und versuchen, den Transformationsprozess zu verlangsamen. Hier sind die inhaltlichen Unterschiede zu den großen Energiekonzernen und ihren Verbänden oft marginal.

### 14.3 Wissenschaftliche Institute

In Deutschland existieren zahlreiche wissenschaftliche Institute, die sich mit energiepolitischen Fragestellungen beschäftigen. Auf den alten Werturteilsstreit (dürfen Wissenschaftler nur positive Aussagen treffen oder auch Analysen vor dem Hintergrund von normativen Positiven durchführen) wollen wir hier nicht eingehen. Auch wollen wir nicht der Frage nachgehen, ob Institutionen und Institute, die sich gegen eine 100 %-Versorgung mit EE aussprechen, diese Position vertreten, weil sie besonders viele Aufträge aus der konventionellen Energiewirtschaft erhalten oder einfach nur skeptischer gegenüber den EE sind.

*Positive versus normative Analyse*: Aussagen lassen sich in zwei Typen unterscheiden: Erstens *positive Aussagen*, die beschreiben, wie die Welt zu beobachten ist, ohne eine Wertung zu beinhalten (der Stromsektor emittiert in Deutschland etwa die Hälfte aller THG-Emissionen). Zweitens *normative Aus-*

*sagen*, die Bewertungen beinhalten (z.B. das genossenschaftliche Prinzip „one man one vote" ist einer Demokratie angemessener als eine Kapitalgesellschaft, in der sich das Mitspracherecht nach der Höhe der Kapitalbeteiligung richtet).

Ein zentraler Unterschied zwischen normativen und positiven Aussagen besteht in ihrer Überprüfbarkeit. Während positive Aussagen auf ihre empirische Gültigkeit überprüft werden können, lassen sich normative Aussagen nicht allein anhand von Zahlenangaben untersuchen. Hier spielen ethische Einstellungen und politische Werte eine Rolle.

Einige Wirtschaftswissenschaftler behaupten, dass sich wissenschaftliches Arbeiten auf positive Analysen beschränken sollte (Mankiw 2004: 32) und somit Theorien immer „wertfrei" sein müssten. Andere Autoren, wie etwa der Nobelpreisträger *Gunnar Myrdal* (1898-1987), finden eine solche Aussage realitätsfern, denn ihrer Meinung nach bildet jeder Mensch seine Entscheidungen und Vorstellungen vor dem Hintergrund eines bestimmten Wertesystems. Zudem ließe sich kaum leugnen, dass viele Theorien den Interessen einzelner Gruppen der Gesellschaft dienen. Eine Wertung durch die Wissenschaftler könne sich schon bei der Festsetzung der bestimmten Variablen und Zeiträume auswirken, die untersucht werden sollen. Zum Beispiel wählen viele Ökonomen die Faktoren und Basisjahre so aus, dass sich ihre theoretischen Aussagen am ehesten stützen lassen. Daher fordert Myrdal die Offenlegung des jeweiligen Wertesystems (Myrdal 1958: 169, detailliert Rogall 2011: 32).

In der Realität existieren zahlreiche Institute und Institutionen, die in der Vergangenheit Positionen vertreten haben, die objektiv den Interessen der konventionellen Energiewirtschaft nutzten. Wir wollen sie Contra-Akteure der Wissenschaft nennen. *Becker* zählt die folgenden Institutionen zu den Gegnern des EEG: Das IFO-Institut, die Monopolkommission, das Bundeskartellamt. Neben diesen Institutionen existieren noch viele Medien, die besonders intensiv Artikel gegen eine 100 %-Versorgung mit EE publizieren (Becker 2014/01: 17).

Zu den besonders wichtigen Pro-Akteuren kann man u.a. die Agentur für EE, die Fraunhofer Institute ISI und IWES, das IZES, das Öko-Institut, das Potsdamer Institut für Klimafolgenforschung (PIK) und das Wuppertal-Institut zählen.

## 14.4 EE-Unternehmen und -Verbände

*Grundlagen*

Zu den Unternehmen der EE-Branche wollen wir alle Unternehmen zählen, die einen namhaften Anteil ihres Umsatzes (min. 33 %) mit Produkten der EE erzielen. Zu den EE-Verbänden zählen wir alle Vereinigungen, die die Interessen der EE-Branche vertreten, alle Umweltverbände, die Klimaschutz zu einem wichtigen Schwerpunkt ihrer Arbeit erklärt haben. Regional arbeitende Unternehmen, Vereine und Initiativen werden im Kap. 16 und 17 behandelt.

*Wirtschaftsverbände der EE-Unternehmen*

Wie die o.g. Wirtschaftsverbände sind auch die Verbände i.d.R. als Vereine organisiert. Wir wollen hier nur die wichtigsten benennen:

Der *Bundesverband Erneuerbare Energie e.V. (BEE)* ist der *Dachverband* der Erneuerbare-Energien-Branche in Deutschland. Er wurde 1991 gegründet und fungiert als Zusammenschluss der Fachverbände aus den Bereichen Wasserkraft, Windenergie, Bioenergie, Solarenergie und Geothermie. Der BEE vertritt die Interessen der Branche gegenüber Politik und Öffentlichkeit. Langfristiges Ziel des BEE ist es, die Energieversorgung in Deutschland vollständig auf EE umzustellen. Deshalb setzt sich der Verband auf allen politischen Ebenen für bessere Rahmenbedingungen für die Erneuerbaren ein und wirkt auf ihren Vorrang gegenüber endlichen und fossilen Energieträgern hin. Zurzeit sind 26 Verbände mit insgesamt über 30.000 Einzelmitgliedern und Firmen Mitglieder des Bundesverbandes (http://www.bee-ev.de/BEE/ BEE.php). Wichtige Einzelverbände sind u.a. (http://www.bee-ev.de/BEE/Mit glieder/index.php):

- Der *Bundesverband WindEnergie* e.V. ist Partner von 2.500 Unternehmen der Branche und vertritt rund 20.000 Mitglieder. Rund 20.000 MW der in Deutschland installierten Leistung werden durch den BWE repräsentiert. Damit ist er weltweit der größte Verband im Bereich EE.

- Der *Bundesverband BioEnergie* e.V. (BBE) wurde 1998 als Dachverband des deutschen Bioenergiemarktes gegründet, er vereint die einzelnen Fachverbände und Unternehmen der festen, flüssigen und gasförmigen Bioenergieträger.

- Der *Bundesverband Solarwirtschaft* e.V. (BSW-Solar) vertritt die Interessen von rund 1000 Solarunternehmen in Deutschland.

*EE-Unternehmen*

Die Unternehmen der EE-Branche sind zu einem ernst zu nehmenden Wirtschaftssektor geworden. In den Jahren zwischen 2009 und 2013 wurden in Deutschland jährlich Investitionen in Höhe von 16 bis 26 Mrd. € getätigt. 2013 betrugen die Umsätze aus dem Betrieb von EE-Anlagen 15 Mrd. €, an erster Stelle mit Biomasse-Anlagen 11 Mrd. €, gefolgt von Windenergie 1,4 Mrd. und PV 1,3 Mrd. € (BMWi 2014/02: 10). Insgesamt fanden im EE-Sektor (inkl. Forschung und Verwaltung) 2012 378.000 Menschen eine Beschäftigung (BMU 2013/07). Zu diesen Unternehmen der EE-Branche kommen noch zahlreiche Initiativen und Unternehmen, die zum Teil idealistische und zum Teil gewerbliche Ziele verfolgen (zahlreiche Beispiele s. Welzer, Rammler 2013).

*„Politische" Verbände mit Schwerpunkt EE*

Die wichtigsten *politischen Verbände* (NGOs), die sich schwerpunktmäßig mit EE beschäftigen, sind u.a.:

– *Klima-Allianz Deutschland*: Zusammenschluss von über 110 Organisationen. Hierzu gehören Kirchen, Entwicklungsorganisationen (z. B. Brot für die Welt), Umweltverbände (z. B. BUND, WWF), Gewerkschaften, Verbraucherschutzorganisationen, Jugendverbände, Wirtschaftsverbände (z. B. BAUM) und andere Gruppierungen. Unter dem Zielkatalog findet sich die Forderung nach einer vollständig auf EE basierenden Energieversorgung und einer 90 THG-Emissionsminderung bis 2050.

– *Eurosolar/World Council for Renewable Energy WCRE* (1988 gegründet): Gemeinnützige Europäische Vereinigung für Erneuerbare Energien. Ziel: Vollständige Ersetzung der atomaren und fossilen Energiewirtschaft durch EE (http://www.eurosolar.de/de/index.php/er-uns-mainmenu-87). Eurosolar ist ein besonders wichtiger Akteur, weil hier viele Politiker aus fast allen Parteien organisiert sind.

– Die *Deutsche Gesellschaft für Sonnenenergie* e.V. (DGS) wurde 1975 in München gegründet. Sie ist bundesweit aktiv. Die rund 2.800 individuellen Mitglieder und Mitgliedsunternehmen sind regional in 36 Sektionen und 6 Landesverbänden organisiert.

– Hinzu kommen zahlreiche Vereine und Initiativen, die sich lokal oder regional für den Ausbau von EE einsetzen.

*Umweltverbände – EE ein Schwerpunkt*

Hinzu kommen die zahlreichen Umweltverbände (NGOs), die in ihrer Mehrzahl auch zu den EE eine fundierte Position vertreten und hinter ambitionierten Energiezielen stehen, hier nur eine kleine Auswahl:

- *Greenpeace*: Greenpeace ist eine international agierende Umweltorganisation mit einem hohen Bekanntheitsgrad, die 1971 gegründet wurde und in mehr als 40 Ländern vertreten ist. Allein in Deutschland gibt es mehr als 580.000 Fördermitglieder.

- *WWF*: Der WWF International wurde 1961 (als World Wildlife Fund) gegründet. Er gehört zu den großen global agierenden Umweltverbänden mit über 40 Ländervertretungen, und 455.000 Förderern in Deutschland.

- *DNR – Deutscher Naturschutzring*: Der DNR ist der Dachverband der wichtigsten im Natur-, Tier- und Umweltschutz tätigen Verbände in Deutschland. Im Jahr 1950 gegründet, gehören ihm heute 96 Mitgliedsverbände an.

- *BUND* (Bund für Natur- und Umweltschutz Deutschland): wurde 1975 gegründet, er hat heute fast 500.000 Mitglieder. Er ist Mitglied des DNR und *Friends of the Earth International*, dem weltweit größten Netzwerk unabhängiger Umweltgruppen.

- *Deutsche Umwelthilfe (DUH)*: Die DUH will ein Forum für Umweltorganisationen, Politiker und Entscheidungsträger aus der Wirtschaft sein, um zum Schutze von Natur und Umwelt nachhaltige Wirtschaftsweisen zu entwickeln.

- *Germanwatch*: Der Verband engagiert sich seit 1991 in umwelt- und entwicklungspolitischen Arbeitsfeldern mit dem Fokus auf eine globale Gerechtigkeit.

Im Frühjahr 2014 veröffentlichten wesentliche Umwelt- und Erneuerbare Energien-Verbände ein gemeinsames Positionspapier „Energiewende im Stromsektor erfolgreich fortführen". U.a. werden hier ein „weitgehend kohlenstofffreies Energiesystem" und eine Reihe von Kernpunkten für die EEG-Novellierung gefordert. Erstaunlicherweise findet sich hier keine explizite Forderung zu einer 100 %-Versorgung mit EE (Deutsche Umwelthilfe 2014/01).

## Interessen und Mittel

Die NGOs verfügen, wenn auch aufgrund der geringeren Geldmittel in bescheidener Form, über die gleichen *Mittel* wie die Wirtschaftsverbände. Hinzu tritt ihre hohe Glaubwürdigkeit in der Öffentlichkeit.

## Zusammenfassung und Zwischenfazit

Die *Tätigkeiten* der NGOs für den Transformationsprozess sind unersetzbar. Sie haben Alternativen zur konventionellen Energieversorgung entwickelt und dazu beigetragen, dass die Mehrzahl der Bürger sich für eine 100 %-Versorgung mit EE ausspricht. Ohne ihre Aktionen wäre es wahrscheinlich nicht zum Atomausstieg gekommen und viele notwendige ökologische Leitplanken nicht eingeführt worden. Heute bilden die NGOs einen substanziellen Bestandteil der modernen Demokratie. Ihre regelmäßige Kritik wird von vielen Akteuren als wichtige Anregung empfunden und nicht mehr von Vornherein abgetan.

Diese positive Entwicklung darf aber nicht darüber hinwegtäuschen, dass sich die ursprüngliche Hoffnung einiger Autoren, die Gründungen von NGOs würden zu einer allgemeinen Zunahme des Partizipationsniveaus in der Gesellschaft führen, nicht erfüllt hat. Obgleich die Gründung von Bürgerinitiativen und NGOs heute eine gängige Praxis der Bürgerbeteiligung darstellt, ist der Anteil von tatsächlich aktiven Bürgern doch relativ gering geblieben. Dies liegt vor allem daran, dass viele Menschen die ehrenamtliche Mitarbeit in NGOs als anstrengend, zeitraubend, nicht selten erfolglos und frustrierend erleben (Wiesendahl 2002: 40). Damit unterscheidet sich diese Arbeit allerdings nicht von der ehrenamtlichen Arbeit in anderen Organisationen. Sie sind im Verhältnis zu den Unternehmen und ihren Interessenverbänden oft kein gleichgewichtiger Mitspieler, da die Mittel- und damit die Personalausstattung extrem ungleichgewichtig sind. Während alle Umweltverbände über wenige hundert hauptamtlich Beschäftigte verfügen, arbeiten in den ca. 5.000 Einzelverbänden der Wirtschaft (inkl. den Kammern) etwa 120.000 hauptamtliche Verbandsmitarbeiter (Alemann 2001: 173). In den ersten 20 Jahren der Auseinandersetzung um eine „Solare Energiewirtschaft" reichte das ehrenamtliche Engagement einzelner Bürger aus, um wichtige Impulse zu geben. Viele Verwaltungsmitarbeiter und Wirtschaftsvertreter wussten damals über die Anforderungen einer nachhaltigen Energiepolitik auch nicht viel mehr, als sich ein engagierter Bürger in einigen Monaten anlesen konnte. Diese Situation hat sich einschneidend verändert. Das Anprangern von Fehlentwicklungen und holzschnittartige Lösungsansätze reichen nicht mehr aus. Oft gehen die Konflikte um rechtliche, ökonomische und technische Detailfragen, für die Expertenwissen notwendig ist. Während die Wirtschaftsverbände hierfür ausreichend ausgestattet sind, reicht die finanzielle Basis der NGOs oft nicht aus. Dennoch besteht aus unserer Sicht für eine *Resignation kein Anlass*. Die NGOs haben maßgeblich dazu beigetragen, einen öffentlichen Druck zu erzeugen, wie er notwendig war, um die Energiewende einzuleiten. Darüber hinaus üben viele Verbände schon heute eine wichtige politikberatende Rolle aus. Hierbei gelingt es ihnen z.T., ihre strukturellen Defizite durch Engagement und im Bündnis mit Wissenschaftlern das sich entwickelnde Know-how auszugleichen. Ihr wichtigster Vorteil gegenüber anderen Akteursgruppen ist ihre Glaubwürdigkeit, die sich daraus speist, dass sie in einer zweckrational handelnden Welt relativ uneigennützig die Interessen der natürlichen Lebensgrundlagen und künftiger Generationen wahrnehmen. Dies sorgt dafür, dass sie interne Informationen aus Verwaltungen und Unternehmen erhalten und ihr Image in der Öffentlichkeit ausgesprochen positiv ist. So können sie dazu beitragen, dass bei Entscheidungen, die im Widerstreit sozialer, ökonomischer und ökologischer Erfordernisse gefällt werden, Umweltbelange eine Lobby erhalten (Rogall 2012, Kap. 6).

## 14.5 Zusammenfassung

Unternehmen und Verbände der traditionellen Energiewirtschaft sind tendenziell gegen staatliche Eingriffe, zumindest wenn sie ihren Interessen zuwiderlaufen (bei der Kohle- und Atomkraftsubventionierung wurde die Forderung auf Verzicht staatlicher Handlungen seltener vorgebracht). Hierbei fordern die Verbandsvertreter nicht das Ende der Energiewende (da keine einzige im Bundestag vertretene Partei dies vertritt), sondern sie verstecken ihre Ziele hinter dem angeblichen Gemeinwohl (z. B. der Effizienz von Instrumenten, geringere Kosten). Tatsächlich verfolgen diese Formulierungen aber den Zweck, die Energiewende zu verlangsamen bzw. zu stoppen. Ein schönes Beispiel ist die Forderung nach Ersetzung des EEG durch ein Quotenmodell, obgleich sich das Quotenmodell in der Realität als sehr ineffektiv und teurer herausgestellt hat und daher z. B. von Großbritannien durch ein EEG-ähnliches Instrument ersetzt wurde. Ihre Mittel zur Interessendurchsetzung sind enorm. Trotzdem konnten sie bislang die Energiewende nicht verhindern, sondern nur verlangsamen.

Im Ergebnis waren die Umwelt- und EE-Verbände im Bündnis mit den Pro-Akteuren der Politik in den vergangenen 20 Jahren erfolgreicher. Im Zusammenspiel haben sie erreicht, dass heute über ein Viertel des Strombedarfs durch EE gedeckt wird. Dieses positive Zwischenfazit darf nicht vergessen werden, auch wenn es in den nächsten Jahren zunächst schwieriger werden sollte.

*Basisliteratur*

Hennicke, P.; Fischedick, M. (2010): Erneuerbare Energien, 2. aktualisierte Auflage, München.

Rogall, H. (2012): Nachhaltige Ökonomie, 2. überarbeitete und stark erweiterte Auflage, Marburg.

# 15. Kommunen

## 15.1 Rechtliche und politische Grundlagen

Wie für alle anderen Akteure, gehen die Rahmenbedingungen für die Kommunen (im Buch immer inkl. der Regionen verstanden) von der globalen Ebene, von der EU, dem Bund und den Ländern aus. Auf der globalen Ebene entstehen die Preise der Primärenergieträger, von der EU werden die energierelevanten Richtlinien beschlossen, vom Bund und den Ländern die Gesetze und Verordnungen verabschiedet, die ihnen Kompetenzen einräumen und Grenzen setzen. Auf diese Rahmenbedingungen haben die Kommunen so gut wie keinen Einfluss. Innerhalb dieses Rahmens können sie aber frei entscheiden. Aufgrund dieses Potentials können sie einen deutlichen Beitrag zur THG-Minderung leisten. Diese Spielräume nutzen bislang nicht ausreichend viele Kommunen aus. Grundvoraussetzung für die Wahrnehmung ihrer Verantwortung gegenüber künftigen Generationen ist aber die rechtliche Möglichkeit, handeln zu dürfen (Longo 2010: 65). Auf den ersten Blick räumt die verfassungsrechtliche Garantie der kommunalen Daseinsvorsorge eine hohe formalrechtliche Position ein. Wie wir zeigen werden, sind den Kommunen aber in der Realität durch die schlechte Mittelausstattung, die Kompetenzbegrenzung durch das Bundesrecht und die unten erläuterten Hemmnisse oft in ihrer Verantwortungswahrnehmung behindert.

*Kommunen* (Gemeinden): K. sind Gebietskörperschaften und damit juristische Personen (Organisation mit eigener Rechtspersönlichkeit). Damit ist für sie charakteristisch, dass alle Menschen, die auf dem Gemeindegebiet leben, Zwangsmitglieder der Gemeinde sind und sich an ihr Recht halten müssen. Kommunen erhalten ihre Kompetenzen und Strukturen durch die Landesgesetze. Daher ist das sog. Kommunalrecht je nach Bundesland auch sehr unterschiedlich. Im Rahmen ihrer kommunalen Selbstverwaltung sind sie für alle Belange der örtlichen Gemeinde zuständig. Diese Aufgaben der Daseinsvorsorge sind verfassungsrechtlich garantiert (Art. 28 Abs. 2). Hierzu werden alle Aufgaben der Grundversorgung der Bürger gerechnet. Um diese Funktion wahrnehmen zu können, verfügen sie über eine Satzungskompetenz, die ihnen gestattet, im Rahmen der Gesetze generell-abstrakte Normen zu erlassen, die alle Personen auf ihrem Gemeindegebiet binden. Weiterhin verfügen sie über die Planungshoheit über die baulichen und sonstigen Nutzungen der Grundstücke auf dem Gemeindeterritorium (detailliert Longo 2010: 95). Über eine eigene Rechtskompetenz, in die Grundrechte der Bürger (z. B. in die Eigentumsrechte) einzugreifen, verfügen die Kommunen aber nach herrschender Rechtsauffassung nicht. Einige Autoren gehen sogar so weit, dass Kommunen zu allen wirtschaftlichen Tätigkeiten einer kompetenzrechtlichen Ermächtigung bedürfen. Diese Position ist aber umstritten (Longo 2010: 116). Da die Aufgaben der Daseinsvorsorge verfassungsrechtlich garantiert sind, können Kommunen Stromnetze kaufen.

*Daseinsvorsorge:* Der Begriff ist von Forsthoff in die Rechtswissenschaft eingeführt worden (Longo 2010: 128). Unter kommunaler Daseinsvorsorge wird die Sicherstellung von Gütern und Dienstleistungen verstanden, an denen ein besonderes öffentliches Interesse besteht (auch als meritorische Güter bezeichnet). Hierzu zählen die Versorgung mit Energie, Wasser, Telekommunikationsinfrastruktur, öffentlichem Nah- und Fernverkehr, Abfall- und Abwasserentsorgung, Kulturangebote, Gesundheits- und Sozialdienste (VKU 2012/09: 20).

## 15.2 Chancen und Hemmnisse

*Chancen einer 100 %-Versorgung mit EE*

Bis vor einigen Jahren waren nur wenige Kommunen und Stadtwerke Hauptakteure der Energiewende. Die Mehrzahl investierte nur unzureichend in EE (Leprich 2013/08: 39). Die Beispiel gebenden Vorreiter sollen hier aber nicht vergessen werden, z. B. die Gemeinde Schönau.

*Seit der Jahrtausendwende* hat sich dieses Bild gewandelt. Immer mehr Gebietskörperschaften werden sich ihrer Verantwortung für eine nachhaltige Energiewirtschaft wieder bewusst. Die Kommunen und Regionalverbände sind hierbei besonders wichtig, da sie die nächste Ebene zu den Wirtschaftsakteuren darstellen. Sie verfügen zwar nicht über Gesetzeskompetenzen; dennoch hat eine Reihe deutscher Städte seit Ende der 1980er Jahre – verstärkt seit Anfang der 2000er Jahre – Satzungen und Maßnahmen zum effizienteren Energieverbrauch und zur Förderung der EE ergriffen. Viele (aber längst nicht alle) Kommunen in Deutschland haben eine 100 %-Versorgung mit EE zu einem zentralen Politikfeld erklärt. Einige sind in den letzten Jahren diesem Ziel deutlich näher gekommen (einige haben dies bereits heute erreicht). Für alle Kommunen, die dieses Ziel erreichen wollen, aber noch am Anfang ihres Transformationsprozesses stehen, wollen wir in diesem Kapitel die Chancen, Strategiepfade und Hemmnisse analysieren. Hierbei umfasst die Senkung des Verbrauchs fossiler und atomarer Energien (zugleich der THG-Emissionen) immer die drei Strategiepfade der Nachhaltigen Ökonomie (Effizienz, Konsistenz/EE, Suffizienz). Wie im Kapitel 2 erläutert, verfolgen wir mit dem Ziel einer 100 %-Versorgung mit EE nicht das Ziel, alle Kommunen energieautark zu gestalten, vielmehr geht es um Deutschland bzw. Europa. In diesem Sinn soll bis 2050 keine Kommune mehr Energie aus fossilen und atomaren Energien verbrauchen, dabei können sie auch EE von außerhalb beziehen, allerdings so dezentral wie möglich. Für diese *Kommunen und Gemeinden* kann sich eine Reihe von Vorteilen ergeben. Diese Vorteile wiederholen sich in anderen Kapiteln, deshalb haben wir sie hier in einer Übersicht zusammengefasst.

*Übersicht 11: Chancen einer 100 %-Versorgung für Kommunen*

*Ökologische Dimension*

1) *Beitrag zur Verlangsamung der Klimaerwärmung:* Der Einsatz von fossilen Energieträgern und damit auch die THG-Emissionen gehen zurück. Wirtschaftsakteure (Kommunen, Unternehmen, Bürger), die in EE investieren (eine 100 %-Versorgung anstreben), leisten damit einen sehr wichtigen Beitrag zum klimaverträglichen Umbau der Volkswirtschaft.

2) *Beitrag zur Schonung der Natur:* Der stufenweise Ausstieg aus der atomaren und fossilen Energiewirtschaft schont auch die Natur. Im Vergleich zu den schweren Schäden, die die fossile und atomare Energiewirtschaft (über den gesamten Zyklus von der Suche bis zur Abfallbeseitigung) verursacht, sind die EE relativ naturverträglich. Einschränkungen muss man hier bei großen Wasserkraftwerken und Energiepflanzen in Plantagen machen.

3) *Beitrag zur Reduzierung des Ressourcenverbrauchs:* Fossile Energieträger werden durch erneuerbare Energien ersetzt. Im Vergleich zu dem laufenden Verbrauch an nicht erneuerbaren Ressourcen, den die fossile und atomare Energiewirtschaft verursacht, sind die EE relativ ressourceneffizient.

4) *Geringer Verbrauch erneuerbarer Ressourcen:* EE verbrauchen – wie die fossilen Kraftwerke – relativ wenig erneuerbare Ressourcen. Im Vergleich zu dem laufenden Verbrauch an nicht erneuerbaren Ressourcen, den die fossile und atomare Energiewirtschaft verursacht, sind die EE relativ ressourceneffizient.

5) *Reduzierung von Schadstoffemissionen im Gemeindegebiet:* Im Vergleich zu den hohen Schadstoffemissionen, die die fossile und atomare Energiewirtschaft verursacht, sind die EE sehr gesundheitsfreundlich. Der Einsatz von fossilen Energieträgern und damit auch die Freisetzung von

Schadstoffemissionen gehen zurück.

*Ökonomische Dimension*

6) *Schaffung von Arbeitsplätzen:* Die Installation, Wartung und der Betrieb von EE-Anlagen schafft Aufträge und Beschäftigung bei den regionalen Unternehmen (Handwerker, Techniker, Zulieferer), da Gebäudeisolierungen und die Montage von EE nicht von Konzernen und ausländischen Anbietern stattfinden, sondern von Anbietern aus der Region. Damit findet auch eine Stärkung der lokalen Arbeits- und Ausbildungssituation statt (IÖW 2013/08). Z. B. werden Landwirte zugleich Energiewirte, lokale Betriebe schaffen Arbeitsplätze, die Kaufkraft in der Region steigt, AEE 2013/07b: 26).

7) *Lokale Wertschöpfung und Unterstützung der Regionalwirtschaft, das Einkommen bleibt in der Region:* Aus (6 und 8) ergibt sich eine Stärkung der kaufkräftigen Nachfrage und damit des gesamten örtlichen Gewerbes. Nicht zu vernachlässigen ist der Umstand, dass aufgrund der steigenden Preise der fossilen Energieträger seit der Jahrtausendwende steigende Anteile der Einkommen von Haushalten und GHD ins Ausland abgeflossen und damit der regionalen Nachfrage entzogen worden sind. Eine nachhaltige Energiepolitik sorgt dafür, dass die Energieausgaben und Kapital (für die Investitionen) in der Region verbleiben. Weiterhin wurde durch Studien des IÖW deutlich, dass der größte Anteil (66 %) der direkten Wertschöpfung durch den Ausbau von EE 2012 von insgesamt 16,9 Mrd. € den Kommunen zugute kommt (11,1 Mrd. €; IÖW 2013/08: 7; das BMU 2013/07: 30 kommt zu deutlich höheren Wertschöpfungswerten in Deutschland).

8) *Energieversorgung zu angemessenen und voraussehbaren Preisen:* Wirtschaftsakteure, die in EE investieren, leisten einen sehr wichtigen Beitrag zur Transformation in eine nachhaltige Energieversorgung der Volkswirtschaft. Auf lange Sicht können sie sich von den unvorhersehbaren Preisentwicklungen der globalen Energiemärkte unabhängig machen, da die Preise der EE vorhersehbarer sind. Wie sich die Preise für fossile Energien in den kommenden 35 Jahren entwickeln, ist – außer der Tendenz (steigend) – unsicher. Es könnten sich Knappheitspreise, insbes. für Energieträger, die auf Rohölbasis basieren, ergeben, die zu hohen Belastungen (Kaufkraftabfluss) für Haushalte und GHD führen können. Energie aus Sonne, Wind und Geothermie steigt hingegen im Preis nicht. Sie verursachen nur einmalig die Investitionskosten und während des Betriebs 1-2 % Wartungskosten. Weiterhin leisten sie einen großen Beitrag für eine Energieversorgung ohne bzw. geringe externe Kosten.

9) *Abhängigkeit:* Wirtschaftsakteure, die in EE investieren, leisten einen sehr wichtigen Beitrag, die Region und damit auch Deutschland und Europa unabhängiger von fossilen und atomaren Energieträgern zu machen (nach BMU 2013/07: 28 konnte Deutschland 2012 immerhin 1.786 TWh durch den Einsatz von EE einsparen, das waren 10 Mrd. €).

10) *Stärkung der Gemeindefinanzen, notwendige Investitionen:* Kommunen können durch Pachteinnahmen, Erlösen aus der Einspeisung von EE-Strom in das Netz und Gewerbesteuer Einnahmen generieren.

*Sozial-kulturelle Dimension*

11) *Fehlentwicklungen in Wirtschaft, Politik und Gesellschaft, Demokratische Steuerung, Kontrolle und Know-how:* Wirtschaftsakteure, die in EE investieren, leisten einen sehr wichtigen Beitrag, die nicht legitimierte Macht großer Energiekonzerne zu verringern. Kommunen und Regionen, die eine 100 %-Versorgung anstreben, erleben eine Zufriedenheitssteigerung der Bevölkerung und einen Imagegewinn in den Medien und der Bevölkerung.

12) *Dauerhafte Versorgungssicherheit:* Wirtschaftsakteure, die in EE investieren, leisten einen sehr wichtigen Beitrag, um für die Region und damit für Deutschland und Europa eine dauerhaft sichere Energieversorgung zu sichern.

13) *Lokale und dezentrale Orientierung, Einbeziehung der Bürger, breite Eigentümerstreuung:* Dezentrale EE sorgen für eine soziale Teilhabe der Haushalte an der Energieerzeugung. Wirtschaftsakteure, die in EE investieren, leisten einen sehr wichtigen Beitrag, um für die Region und damit Deutschland und Europa eine dezentrale Energieversorgung zu ermöglichen.

14) *Beitrag zur Konfliktvermeidung, Stärkung des Zufriedenheitsgefühls der Bürger:* Wirtschaftsakteure, die in EE investieren, leisten einen sehr wichtigen Beitrag, um die Region und damit Deutschland und Europa unabhängiger von Energieimporten zu machen und sich daher Konflikten um Ressourcen zu entziehen.

15) *Technische Risiken werden vermindert:* Im Vergleich zu den großen Risiken der fossilen und atomaren Energiewirtschaft sind die EE sicherheitsfreundlich. Einschränkungen muss man hier bei großen Wasserkraftwerken einräumen.

Quelle: Eigene Zusammenstellung Rogall 2014.

## Hemmnisse und Lösungsansätze

In den vergangenen 15 Jahren haben viele Kommunen erkannt, dass auch sie Verantwortung für die Verlangsamung der Klimaerwärmung tragen und beschlossen, auf eine 100 %-Versorgung mit EE zu wechseln. Derartige Beschlüsse können in der Regel nur gegen erhebliche Widerstände durchgesetzt werden. Noch erheblich schwieriger ist die tatsächliche Umsetzung dieses Ziels. Folgende *Hemmnisse*, die wir aus der Literatur zusammengestellt haben, treten immer wieder auf:

(1) *Mangelnde politisch-rechtliche Instrumente*: Ein großes Hemmnis liegt in den unzureichenden ökologischen Leitplanken der EU, des Bundes und der Länder (vgl. Kap. 3).
*Bewertung und Lösungsansatz*: Dieses Problem könnte sich in der Tat als das größte Hindernis auf dem Weg zu einer 100 %-Versorgung herausstellen. Lokalpolitiker und engagierte Menschen der Bürgergesellschaft können hier nur so viel Druck wie möglich auf die Landes- und Bundespolitiker ausüben, dass es nicht zu einer Verlangsamung der Energiewende kommt.

(2) Schwache *Innovations- und Regulierungsregime*: Ein weiteres Hemmnis sind das Politik- und Verwaltungsversagen im Bereich der Schaffung der notwendigen überregionalen Infrastruktur (Ausbau Verbrauchsmanagement, Kombinationskraftwerke, Vernetzung mit Europa, Sicherung flexibler Kraftwerke u.v.a.m., Kap. 5) und die Vorurteile gegenüber den EE.
*Bewertung und Lösungsansatz*: Aufgrund der Durchdringung der Politik und Verwaltung mit Mitarbeitern und der „Denke" der traditionellen Energiewirtschaft werden die Befürworter der Energiewende immer wieder mit Hemmnissen rechnen müssen. Das wichtigste Gegenmittel hiergegen ist, beharrlich weiterzuarbeiten und Vorbilder zu suchen, in denen der Transformationsprozess erfolgreich gestaltet wird.

(3) *Mangelnde Rahmenbedingungen für den Betrieb von Brückentechniken*: Viele Kommunen sind unsicher, welche fossilen Kraftwerke noch gebaut und wirtschaftlich betrieben werden können. Z. B. werden zur Netzstabilisierung dringend flexible Gaskraftwerke benötigt, die später mit Biogas betrieben werden können. Aufgrund des Merit Order Effekts ist aber unsicher, ob die Gaskraftwerke auf ausreichend hohe Jahresbetriebsstunden kommen. Auch kann Kohlestrom aufgrund der externalisierten Kosten und der niedrigen $CO_2$-Zertifikationspreise preiswerter als Strom aus Gaskraftwerken angeboten werden (Kap. 7.5).
*Bewertung und Lösungsansatz*: Für Kommunen handelt es sich hier um Rahmenbedingungen, die sie nur über Landes- und Bundestagsabgeordnete beeinflussen können.

(4) *Betriebswirtschaftlich preiswerte Energieversorgung vor Klima- und Ressourcenschutz:* Viele Kommunen unterliegen aufgrund der sozial-ökonomischen Faktoren dem Politikversagen. Sie messen z. B. dem Klimaschutz eine geringere Bedeutung bei als einer kurzfristig preiswerteren Energieversorgung (die die sozial-ökologischen Kosten externalisiert). *Bewertung und Lösungsansatz:* Wie wir gezeigt haben, überwiegen auf Dauer die Chancen einer EE-Versorgung.

### *Erfolgsfaktoren*

Zusammenfassend wollen wir festhalten, dass die wichtigsten *Faktoren für den Erfolg* einer Kommune als Vorreiter zu einer 100 %-Versorgung u.a. sind:

1) *Auf der Akteursebene*: Engagierte Bürger und NGOs, innovative, engagierte Politiker und Manager.

2) *Auf der institutionellen Ebene:* Eigene Stadtwerke, eine realistische, wirtschaftlich tragfähige Langfristplanung.

3) *Notwendige Rahmenbedingungen*: Ohne das EEG hätte es den großen Ausbauerfolg der EE nicht gegeben. Ohne das EEG wird der Erfolgsprozess in einer Stagnation münden.

In kleineren Orten und Städten bleiben die Pro- und Contra-Akteure überschaubar („man kennt sich"), das ist in Großstädten anders, hier sind die Widerstände, aber auch wirtschaftlich technische Probleme meist größer.

## 15.3 Strategiepfade zur 100 %-Versorgung

Für alle Kommunen, die sich trotz der Hemmnisse entschieden haben, das Ziel einer 100%-Versorgung mit EE zu verfolgen, haben wir die folgende Strategie entwickelt. Hierbei muss sich jeder Akteur bewusst bleiben, dass dieses Ziel nicht in einem Zuge erreicht werden kann, vielmehr handelt es sich um einen Transformationsprozess, der viele Jahre und Einzelprojekte benötigt. Damit dieser Prozess nicht im Sande verläuft, muss ein Prozessablauf institutionalisiert werden, der unabhängig von wechselnden Personen in Leitungsfunktionen von allen Prozessbeteiligten als dauerhafte Aufgabe ihrer Arbeit verstanden wird.

*Übersicht 12: Energiekonzept zur 100 %-Versorgung – Idealtypisch*

---

I. *Planung und Start*

(1) Aufbau der institutionellen Voraussetzungen

(2) Entwicklung eines Leitbildes und eines Energiekonzepts

(3) Vermittlung des Konzepts (Mitarbeiter)

(4) Beteiligung der Akteursgruppen

II. *Umsetzung des Energiekonzepts:*

(5) Durchführung von Einzelprojekten

(6) Erfolgskontrolle (Monitoring)

(7) Öffentliche Vermittlung der Ergebnisse

(8) Beschluss über neue Projekte.

---

Quelle: Eigene Erstellung Rogall 2014.

*Projekt*: Ein P. ist ein zeitlich, räumlich und sachlich abgegrenztes Vorhaben, das geplant wurde, um ein definiertes Ziel zu erreichen. Insofern sollte jedes Projekt eine Steuerung, ein erreichbares Ziel, sinnvolle Projektschritte und nach Abschluss der Arbeiten eine Auswertung und Dokumentierung beinhalten. Hierbei unterscheiden wir in *Großprojekte* (oder Programme), die eine Reihe von Einzelprojekten umfassen können, und Einzel- oder Unterprojekte.

*Planung und Start*

*Erstens: Aufbau der institutionellen Voraussetzungen*

Nach den bisherigen Erfahrungen mit derartig ambitionierten Entwicklungsprozessen empfiehlt es sich, den Transformationsprozess durch folgende Strukturen zu steuern:

(1) *Beschluss der Stadtverordnetenversammlung* zur 100 %-Versorgung, der alle Teile der politischen Leitung und Verwaltung der Kommune bindet.

(2) *Verantwortung*: Der Transformationsprozess zur 100 %-Gemeinde sollte zur „Chefsache" gemacht werden, d.h. bei der politischen Spitze der Kommune (Bürgermeister) angesiedelt werden. Alternativ hierzu kann ein *Dezernat* oder eine *Klimaschutzagentur* den Transformationsprozess koordinieren. Das empfiehlt sich überall dort, wo sich der Bürgermeister und ein unmittelbarer Mitarbeiter nicht mehr auf die Steuerung, Planung, Umsetzung und Beratung einer nachhaltigen Energiepolitik konzentrieren können. Da kein Mensch, der durch seine „normalen" Aufgaben ausgelastet ist, einen derartigen Transformationsprozess über Jahre nebenher erfolgreich steuern kann, empfiehlt es sich, eine *Stabsstelle* (Energie- oder Klimaschutzleitstelle, mit dem Energiebeauftragten als Vorgesetzten) einzurichten, alternativ hierzu kann die Stabsstelle auch bei der Stadtverordnetenversammlung angesiedelt werden.

(3) *Steuerungsgruppe*: Weiterhin sollte eine Steuerungsgruppe mit den wichtigsten Entscheidern eingerichtet werden, die alle weiteren Arbeiten koordiniert (Schäfer 2012: 79), z. B. der Oberbürgermeister, der Leiter der Stabsstelle, jeweils ein bis zwei Mitglieder jeder Fraktion der Stadtverordnetenversammlung, weitere Dezernenten.

(4) *Klimarat*: Zusätzlich empfiehlt es sich, einen „Klimarat" einzurichten, zu dem die Mitglieder der Steuerungsgruppe, unabhängige Sachverständige und einzelne Bürgervertreter gehören.

*Leitbild*: Ein L. ist eine Erklärung einer Organisation über ihre Ziele und das Selbstverständnis. Sie soll den Mitgliedern und Stakeholdern eine möglichst präzise Auskunft über die Ausrichtung der Organisation geben.

*Zweitens: Leitbild, Ist-Analyse, Energiekonzept*

Bevor eine Kommune mit einzelnen Maßnahmen zur Energieeinsparung oder dem Bau von Systemen zur Nutzung der EE beginnt, empfiehlt es sich, ein *Leitbild* oder ein *Qualitätsziel* der künftigen Energiepolitik zu entwickeln, in der Öffentlichkeit zu diskutieren und von der Bürgervertretung (Stadtverordnetenversammlung) zu beschließen.

Anschließend (oder auch davor) empfiehlt es sich, eine möglichst detaillierte *Ist-Analyse* über die Energieverbräuche, THG-Emissionen und Energieerzeugungsanlagen in den verschiedenen Sektoren durchzuführen. Die Daten sollten mindestens über ein Jahr erfasst werden und wenn möglich über mehrere Jahre zurück aufgelistet werden (für den Stromverbrauch liegen die Daten beim Netzbetreiber vor, für den Wärmeverbrauch und den Kraftstoffverbrauch der Privaten werden oft Schätzungen notwendig). Soweit wie möglich sollten dann die dezentralen Energieerzeugungsanlagen (inkl. der EE) erfasst werden.

Aus dem Leitbild und den ermittelten Daten sollte ein *Energiekonzept* entwickelt werden (z. B. für eine nachhaltige Energieversorgung oder 100 %-Versorgung). Ein derartiges Konzept beinhaltet eine Reihe von Handlungszielen und mehrere Einzelprojekte (Maßnahmenkatalog). Da der Erfolg des Konzepts auch von der Akzeptanz der kommunalen Akteure abhängt, kann die Entwicklung nicht als Verabschiedung eines unveränderbaren 10-Jahresplanes angesehen werden, sondern es handelt sich um einen Prozess, in dem die Handlungs- und Projektziele regelmäßig kontrolliert und überarbeitet werden (z. B. alle fünf Jahre).

*Drittens: Vermittlung des Leitbildes und des Konzepts*

Damit die Energiewende zur 100 %-Versorgung mit EE gelingen kann, müssen die zuständigen Mitarbeiter der Verwaltung zu Pro-Akteuren werden, die bereit sind, aktiv an dem Transformationsprozess mitzuwirken. Hierzu müssen sie von dem Ziel und dem Weg dorthin überzeugt werden und sich mit ihren Ideen einbringen können.

*Viertens: Beteiligung der Akteursgruppen*

Aufgrund der Prinzipien einer Nachhaltigen Entwicklung (nachhaltige Demokratie) und um die Akzeptanz der Bevölkerung für die notwendigen Investitionen einer nachhaltigen Energieversorgung zu erhöhen, empfiehlt es sich, die Bevölkerung über alle geplanten Schritte zu informieren und an den Entscheidungen zu beteiligen. Hierzu könnten als Maßnahmen gehören:

1) Einrichtung einer *Energieberatung vor Ort*: In zentral gelegenen Beratungsstellen und Beratungen in der Wohnung.

2) *Herausgabe einer Info-Zeitschrift*

3) Berufung eines *Klimaschutzbeirates mit Bürgerbeteiligung*

4) *Befragung der Bürger über die Klimaschutzziele der Kommune*

5) Einladung zu *Bürgerversammlungen,* auf denen über die Ergebnisse der bisherigen Planung und Befragung informiert wird

6) *Unterstützung bei der Gründung und dem Aufbau einer Energiegenossenschaft.*

Sind die Voraussetzungen geschaffen, sollte mit dem Umsetzen des Energiekonzepts in Form einzelner Projekte begonnen werden. Hierbei ist in Großprojekte (z.B. Aufbau einer eigenen Energieversorgung, Wärmeschutzsanierung des Gebäudebestands) und Einzelprojekte im Rahmen der Großprojekte zu unterscheiden.

### Großprojekt: Aufbau einer eigenen Energieversorgung

Wenn die Gemeinden oder Regionen über eine Effizienzstrategie hinausgehen wollen und eine „Null-Emissionsregion" oder eine 100 %-Gemeinde (www. 100-ee.de) werden wollen, sollten sie eine eigene Energieversorgung durch die Gründung eines Stadtwerks, einer Netzbetreiber-Gesellschaft oder durch die Unterstützung der Gründung einer Energiegenossenschaft aufbauen. Die Energieerzeugung – insbesondere die Stromerzeugung – stellt den Sektor mit den größten THG-Emissionen dar und ist daher das wichtigste Handlungsfeld. Er muss auch deshalb Priorität erhalten, weil die Kommune als Eigentümer eines Energieversorgungsunternehmens direkte Entscheidungshoheit über die Anlagen zur Stromerzeugung erhält.

*Erstens: Schaffung der Institutionellen Voraussetzungen*

Eine Kommune kann nur in Form eines Eigenbetriebes selbst Kraftwerke bauen und betreiben. Nach den bisherigen Erfahrungen empfiehlt es sich aber, ein Stadtwerk zu gründen, das die unmittelbaren Aufgaben der Energieversorgung übernimmt. Es empfiehlt sich, dieses in der Rechtsform einer GmbH zu gründen, weil hier die Durchgriffsrechte des Eigentümers auf die Geschäftspolitik des Unternehmens besonders stark ausgeprägt sind (Kap. 16). Kommunen, die bereits über Stadtwerke verfügen, können sich den mühseligen Gründungsprozess sparen, müssen aber die Geschäftsführung und Mitarbeiter von der neuen Leitidee überzeugen. Hierzu empfiehlt es sich, den 100 %-Beschluss in der Gesellschaftsversammlung zu wiederholen und anschließend alle Teile des Unternehmens zu binden. Im weiteren Prozess sind das Leitbild der nachhaltigen Energiepolitik in das Unternehmensziel und die Verträge der leitenden Angestellten (Geschäftsführer, Prokuristen und Abteilungsleiter) aufzunehmen und mit Anreizsystemen zu versehen. Um die gehobene und mittlere Leitungsebene (vergleichbar der Abteilungs-, Referats- und Gruppenleiterebene) mit einzubeziehen, empfiehlt es sich, verschiedene Formen der Mitarbeiteraktivierung einzusetzen (Zukunftswerkstätten, Steuerungs- und Projektteams).

*Zweitens: Stufenkonzept zur 100 %-Versorgung*

Wie beschrieben, kann eine 100 %-Versorgung – insbesondere für Städte – nicht mit einem einzigen Schritt erreicht werden, sondern benötigt eine Vielzahl von Einzelprojekten (zu den rechtlichen Fragen im Zusammenhang mit regionalen Energiekonzepten s. Gawron 2014/02). Hierbei gehen wir davon aus, dass historisch gewachsene Großstädte auch nach Ausschöpfung aller Potentiale einer nachhaltigen Energiepolitik nicht energieautark sein können, sondern auf Energie von außen angewiesen sind (Haas u.a. 2013: 14, s.a. das Beispiel München). Idealtypisch empfehlen sich folgende Arbeitsschritte:

(1) *Einführung eines mehrjährigen Klimaschutzprogramms (Strategie)*: Strebt eine Kommune oder eine Region eine 100 %-Versorgung mit EE an, empfiehlt es sich, ein umfassendes Klimaschutzprogramm zu erarbeiten, das die Ziele und eine Reihe von Einzelprojekten umfasst. Die Umsetzung des gesamten Programms auf der Arbeitsebene kann schnell zu einer Überforderung führen. Einzelne Projekte, die in eine Gesamtstrategie eingebunden sind, schaffen überschaubare Arbeitszusammenhänge und Erfolgserlebnisse nach Erreichen des Projektziels.

(2) *Bau von GuD-Kraftwerken und BHKW als KWK mit Wärmespeichern* (vgl. Kap. 3.1 und 5.2).
*Bewertung:* Um das wirtschaftliche Risiko und die Öko-Bilanz möglichst positiv zu gestalten, wird den Kommunen empfohlen, wo es landesrechtlich möglich ist und eine ausreichend hohe Bebauungsdichte vorliegt, einen Anschluss- und Benutzungszwang für kraftwerksnahe Gebiete einzuführen. Dieser gilt sofort für Neubaugebiete und mit einer angemessenen Übergangszeit (z. B. 10 Jahren) auch für Bestandsbauten.

(3) *Ausstieg:* Schnellstmöglicher Ausstieg aus allen Verträgen und Erzeugungssystemen, die aus Atom- oder Kohlekraftwerken Strom erzeugen (z. B. für die öffentlichen Gebäude).
*Bewertung:* Diese Maßnahme kann jede Kommune durchführen, um damit eine Vorbildfunktion zu übernehmen.

(4) *Schrittweise Erhöhung des Anteils der EE-Techniken:* Die Kommunen verfügen über ein hohes rechtliches Potential, die Eigentümer von Wohngebäuden zum Einbau von EE zur Wärmegewinnung zu verpflichten. Im Strombereich können sie selbst (bzw. über ihre Stadtwerke, Kap. 15) Investoren in diesem Bereich werden. Je nach den geografischen Bedingungen (Wind- und Sonnenverhältnisse, Potential der örtlichen Biomasse und Geothermie) empfiehlt es sich, entsprechende Prioritäten zu setzen.

In der Realität werden diese Schritte nicht hintereinander, sondern je nach den Gegebenheiten parallel erfolgen.

## Drittens: Kommunen mit KWK-Anlagen

Kommunen, die über eigene Erzeugungsanlagen mit Nah- und Fernwärmenetzen und die landesrechtliche Kompetenz verfügen, sollten parallel zum Ausbau dieses Netzes durch einen Anschluss- und Benutzungszwang stufenweise den Anteil fossilen Erdgases senken und den Anteil des Biogases, später des Wasserstoff-/Methananteils erhöhen. Für alle Stadtwerke ist es wichtig zu wissen, dass ihre KWK-Anlagen, die heute bei der Berechnung ihrer THG-Emissionen Gutschriften für die Nah- oder Fernwärme erhalten, in den nächsten Jahren diese sukzessive verlieren. Hintergrund ist die Tatsache, dass mit der Zunahme des EE-Anteils die THG-Emissionen des deutschen Strommix sinken (es sei denn, der wegfallende AKW-Strom würde zum größten Teil durch Kohle ersetzt werden). Damit sinken die Emissionen der durchschnittlichen Stromerzeugung plus moderner Gasbrenner zur Wärmeerzeugung.

Bei einem zunehmenden Anteil von Biogas muss geprüft werden, woher das Biogas bezogen werden kann. Nach den Nachhaltigkeitskriterien schneidet eine Biogasproduktion auf der Grundlage des anfallenden Bioabfalls der Region (Haushalte, Gewerbe, Landwirtschaftsbetriebe) am besten ab. Wo das Potential nicht ausreicht, ist ein begrenzter zusätzlicher Einsatz von Energiepflanzen (unter Berücksichtigung der Nachhaltigkeitskriterien) zu prüfen.

## Viertens: Kommunen ohne KWK-Anlagen

Kommunen ohne KWK-Anlagen sollten prüfen, ob der Bau eines Nah- oder Fernwärmesystems wirtschaftlich vertretbar ist. Wichtigstes Kriterium ist hierbei die Bebauungsdichte. Für Kommunen, die fast nur aus Einfamilienhäusern bestehen, wird dies oft nicht darstellbar sein. In diesem Fall muss im Leitbild und der Energiekonzeption geplant werden, wie eine 100 %-Versorgung schrittweise nur mit EE-Anlagen möglich ist.

## Fünftens: Bau von Anlagen für Strom aus EE

Der Rahmen für den Bau und wirtschaftlichen Betrieb von Stromerzeugungsanlagen aus EE wird in Deutschland durch das EEG gesetzt. Hierbei können die Kommunen selbst nur begrenzt eigene Anlagen bauen und betreiben, das können aber ihre Stadtwerke tun. Kommunen, die keine Stadtwerke besitzen, können Bürger und Vereine über die Gründung von Energiegenossenschaften und EE-Vereinen beraten. Eine weitere Förderung kann ideell (mittels Knowhow und Beratung) und materiell (zur Verfügungstellung von Räumen, Karten usw.) erfolgen:

(1) *Flexible KWK-Anlagen mit steigendem EE-Anteil:* Kommunen können flexible BHKW und GuD-Anlagen in KWK-Betrieb bauen und ihr be-

stehendes Fern- oder Nahwärmenetz ausweiten oder neu errichten. Da diese Anlagen, wenn sie mit Erdgas betrieben werden, ihre ökologischen Vorteile im Zuge des steigenden EE-Stromanteils verlieren und nicht als EE anzusehen sind, müssen die Betreiber dieser Anlagen einen steigenden Anteil an Biogas oder Wasserstoff/Methan einsetzen. Um die Fern- oder Nahwärmenetze wirtschaftlich betreiben zu können, empfiehlt es sich – sofern landesrechtlich möglich – einen Anschluss- und Benutzungszwang zu erlassen, da Einzelheizungen (Gas-, Sonne, Biomasseheizung usw.) in einem Fern- und Nahwärmenetz dafür sorgen, dass das Netz unnötig weit gebaut und die Leitungskosten an dem einzelversorgten Gebäude vorbei von den Fernwärmebeziehern zu tragen sind.

(2) *Solarenergie:* Wollen Kommunen den Bau von PV-Anlagen fördern, empfiehlt es sich, zunächst eine Potentialabschätzung durchzuführen und ein Solarkataster (Darstellung, wo Potentiale liegen) zu erstellen. Hierzu kann man das an der Fachhochschule Osnabrück entwickelte SUN-AREA Verfahren nutzen, das auf Grundlage von Laserscannerdaten für jedes Gebäude einer Stadt oder eines Landkreises vollautomatisch die Solareignung auf Dachflächen prüft. Nach den bisherigen Erfahrungen kann man davon ausgehen, dass etwa 20 % der Gebäudegrundflächen für die PV-Nutzung geeignet sind (Arge Potsdam 2010: 94). Eine Großstadt wie Potsdam (etwa 160.000 Einwohner) kommt hiernach auf ein theoretisches Potential von 223 GWh PV-Strom pro Jahr (>40 % des gesamten Stromverbrauchs der Stadt). Das entspricht einer $CO_2$-Reduktion von ca. 111.000 t jährlich (Arge Potsdam 2010: 102). Bei kleineren Kommunen im ländlichen Umfeld mit Scheunendächern wäre das theoretische Potential entsprechend höher.

Kommunen können diese Daten auf einer Website (grundstücksgetreu) veröffentlichen und für die Nutzung des Potentials werben. Hierzu bieten sich auch Solarstrombörsen an, bei denen Hauseigentümer ihre Dächer zur Verpachtung für PV-Anlagen anbieten können. Darüber hinaus können Kommunen Dächer von öffentlichen Gebäuden für den Bau von PV-Anlagen ausschreiben oder direkt kostengünstig vermieten.

PV-Anlagen und flexible KWK-Anlagen mit Wärmespeicher ergänzen sich sehr sinnvoll, da PV-Anlagen den allergrößten Anteil ihrer Stromerzeugung im Sommer zwischen 9.00 und 18.00 Uhr erbringen (s. Kap. 4.1), wenn die Wärmenachfrage relativ gering ist und daher die KWK-Anlagen relativ ineffizient arbeiten (ARGE Potsdam 2010: 70).

Der Bau von thermischen Solaranlagen kann durch verschiedene Maßnahmen sehr wirkungsvoll gefördert werden, Allerdings können diese Anlagen in Konkurrenz in Nah- und Fernwärmegebieten führen (ARGE Potsdam 2010: 71).

(3) *Windenergie:* Kommunen können Gebiete ausweisen, auf denen Windkraftanlagen gebaut werden können. Auch können sie sich an der Finanzierung (insbes, Eigenkapital), Planung und Errichtung (über ihre Stadtwerke) innerhalb und außerhalb ihrer Gemeindegrenzen beteiligen (s. Beispiel München). Windkraftanlagen und flexible KWK-Anlagen mit Wärmespeicher ergänzen sich sehr sinnvoll.

(4) *Viertens Biomasse:* Kommunen können Erfahrungsberichte von „Bioenergiedörfern" suchen und auswerten. Weiterhin können sie außerhalb von Nah- und Fernwärmegebieten konventionelle Heizungssysteme verbieten (s. Kap. 3.4) und damit alternative Heizungssysteme fördern. In Nah- und Fernwärmegebieten wirken sich Holzheizungen wirtschaftlich negativ aus.

*Bioenergiedorf:* In einem Bioenergiedorf wird das Ziel verfolgt, möglichst die gesamte Wärme- und Stromversorgung eines Ortes auf die Basis des erneuerbaren Energieträgers „Biomasse" zu stellen und die Bioenergieanlagen in Eigenregie zu betreiben. Das Institut für Bioenergiedörfer Göttingen geht von folgender Definition eines Bioenergiedorfes aus (IBEG 2014):

- Es wird mindestens so viel Strom durch Biomasse erzeugt, wie in dem Ort verbraucht wird.

- Der Wärmebedarf des Ortes wird mindestens zur Hälfte auf Basis von Biomasse abgedeckt. Um eine hohe Energieeffizienz zu erreichen, sollte dies durch Kraft-Wärme-Kopplung erfolgen.

- Die Bioenergieanlagen befinden sich zu mehr als 50 % im Eigentum der Wärmekunden und der Biomasse liefernden Landwirte. Möglichst alle Beteiligten sollten Anteile an den Bioenergieanlagen besitzen.

- Die Biomasse stammt nicht aus Maismonokulturen oder von gentechnisch veränderten Pflanzen. Unter Maismonokultur verstehen wir, wenn die Fruchtfolge auf einem landwirtschaftlichen Schlag nur aus Mais besteht.

### Großprojekt: Maßnahmen im privaten Gebäudebereich

Die Wärmeerzeugung für Gebäude verursacht durch die Verbrennung von fossilen Energien sehr hohe THG-Emissionen. Die Höhe der Emissionen ist abhängig von:

1) den Wärmeschutzstandards der Gebäude,

2) dem Wirkungsgrad (Effizienz) der Heizungsanlagen und

3) den eingesetzten Brennstoffen bzw. dem EE-Anteil für Wärmezwecke.

Da wir es in diesen Bereichen mit erheblichem Marktversagen zu tun haben, kann eine nachhaltige Energiepolitik nur mittels ökologischer Leitplanken erfolgen. Hierfür verfügen die Kommunen über unterschiedliche rechtliche Kompetenzen. Bei der Untersuchung ihrer Kompetenzen müssen wir deutlich zwischen Bestimmungen im Neubau und im Bestand unterscheiden (detailliert Longo 2010).

*Energetische Verpflichtungen:* Die Gesetzgeber (EU, Bund) können die Eigentümer von Gebäuden verpflichten, energetische Mindeststandards einzuhalten. Im Rahmen der Bundesgesetze haben auch die Länder und Kommunen dieses Recht. Hierzu gehören u.a. (1) Wärmestandards (Wärmeenergieverbrauch z. B. pro $m^2$ Nutzfläche), (2) Pflichten zur Nutzung erneuerbarer Energien (z. B. bei der Erzeugung von Wärme), (3) Pflichten zur effizienten Energienutzung (Anschluss- und Benutzungszwang an eine Nah- oder Fernwärmeversorgung).
Zu den verfassungsrechtlichen Grundlagen des kommunalen Handels für den Klima- und Ressourcenschutz s. Longo 2010: 89.

*Neubau*

Aufgrund der EU-Richtlinie *2010/31/EU* müssen ab 2021 alle Neubauwohnungen annähernd klimaschutzneutral sein. Noch ist nicht ganz sicher, welchen Wert die dann gültige EnEV vorschreiben wird (wahrscheinlich nahe am heutigen Null-Energiehausstandard). Da die Kommunen im Wärmesektor über eine erstaunlich hohe Rechtskompetenz verfügen, können sie auf Grundlage des Baurechts *energetische Verpflichtungen* schon heute für Neubauten auf ihrem Territorium einführen. Neben höheren Wärmeschutzstandards geht es vor allem darum, den EE-Anteil zu erhöhen. Hierzu bieten sich die folgenden Potentiale:

(1) *Privatrechtliche Verträge:* Hierbei vereinbart die Kommune mit den Bauherren vertraglich fixierte energetische Verpflichtungen beim Kauf von öffentlichen Grundstücken.
*Bewertung*: Voraussetzung für diese Maßnahme ist, dass die Kommune über Grundstücke verfügt und der politische Wille vorliegt, diese Verpflichtungen durchzusetzen. Da viele Kommunalpolitiker besorgt sind, dass die potentiellen Bauherren dann in Nachbargemeinden gehen, unterbleibt diese Maßnahme in der Regel (zu den existierenden Beispielen s. Longo 2010).

(2) *Städtebauliche Verträge*: Hierbei vereinbart die Kommune mit den Erwerbern von Nicht-Bauland vertraglich fixierte energetische Verpflichtungen, dafür werden die Grundstücke in Bauland umgewandelt.
*Bewertung*: Die Bewertung fällt genauso wie in (1) aus.

(3) *Aufnahme von Pflichten in die Bebauungspläne nach Baugesetzbuch.* Hierzu existieren verschiedene Rechtskompetenzen für die Kommunen:

   a) *Nutzungspflichten für EE*: Z. B. kann die Gemeinde vorschreiben, dass in einem im Bebauungsplan festgelegten Gebiet alle Neubauten thermische Solaranlagen haben müssen (Longo 2010: 309).

   b) *Brennstoffverbote*: Kommunen können zum Zwecke der Immissionsminderung bestimmte Brennstoffe (z. B. Kohle und Heizöl) in ausgewiesenen Gebieten verbieten und damit den Bau von hocheffizienten Heizungsanlagen (inkl. Kombinationsanlagen mit EE) unterstützen.

   c) *Anschluss- und Benutzungszwang durch Vorranggebiete*: Auf der Grundlage des § 16 EEWärmeG können Kommunen – wenn eine landesrechtliche Ermächtigung hierzu vorliegt – einen Anschluss- und Benutzungszwang an ein Netz der öffentlichen Nah- und Fernwärmeversorgung zum Zweck des Klima- und Ressourcenschutzes festlegen (UBA 2013/03: 48).

(4) *Erlass von Satzungen mit energetischen Verpflichtungen*: Hierbei können die Kommunen alle Bauherren von Gebäuden verpflichten, Maßnahmen beim Bau der Gebäude zu ergreifen, die über die bundesrechtlichen Bestimmungen (z. B. der EnEV oder des EEWärmeG) hinausgehen, z. B. Anlagen zur Nutzung von EE einzubauen (z. B. Solaranlagen).

*Voraussetzung* für den Erlass einer derartigen Satzung für das Gemeindegebiet ist das Vorliegen einer *kommunalen Aufgabe* nach Art. 28 Abs. 2 S. 1 GG und einer bundes- oder länderrechtlichen *Befugnisnorm* (Longo 2010: 343). Weiterhin müssen die geforderten Maßnahmen wirtschaftlich vertretbar sein.

*Kommunale Aufgabe nach Art. 28 Abs. 2 S. 1 GG*: Eine derartige Aufgabe liegt vor, wenn die Gemeinde eine Maßnahme im Rahmen der Daseinsvorsorge und auf die örtliche Gemeinschaft bezogen durchführt. D.h. rein globale Anliegen wie der Klima- und Ressourcenschutz (Beitrag zur Weltrettung) werden nicht als Begründung für energetische Verpflichtungen angesehen. Hinzu treten muss immer das Ziel, die Maßnahmen zum Zweck der Förderung der Lebensumstände der örtlichen Gemeinschaft durchzuführen, z. B. der dauerhaften Energieversorgungssicherheit dienen. Weitere Ziele in diesem Zusammenhang können eine lokale Energieerzeugung und eine lokale Wertschöpfung sein (Longo 2010: 344).

*Befugnisnorm*: Durch Gesetz eingeräumte Erlaubnis für Gemeinden, durch Satzungen Rechtsnomen zu setzen, z. B. die Eigentumsrechte von Eigentümern einzuschränken und ihnen Gebote aufzuerlegen (z. B. Baupflichten für Solaranlagen). Eine derartige Kompetenzermächtigung ist notwendig, weil Art. 20a GG

(Pflicht des Staates, die natürlichen Lebensgrundlagen zu schützen) keine ausreichende Kompetenzbefugnis für die Gemeinden darstellt (Longo 2010: 345).

*Wirtschaftliche Vertretbarkeit*: Eine wirtschaftliche Vertretbarkeit wird nach der herrschenden Rechtsmeinung angenommen, wenn die Gesamtkosten der geforderten energetischen Maßnahmen (z. B. Baupflicht für Solaranlagen) nicht 5 % des objektiven Grundstücks- und Gebäudewertes übersteigen. Hierbei werden die Kosten für die in der Lebenszeit der Anlage eingesparten fossilen Energieträger abgezogen (die eingesparten Kosten sind allerdings schwer zu ermitteln, da die künftigen Energiepreise unsicher sind).

Für Neubauten oder Gebäuden mit hohem Modernisierungbedarf bieten sich hocheffiziente *Wärmeversorgungssysteme* an (hierbei sollte ein hoher Wärmeschutzstandard Voraussetzung sein). Hierzu gehören: *Anschluss an bestehende gasbetriebene KWK-Kraftwerke mit Wärmespeicher und wachsendem Biogas/EE-Wasserstoff-Anteil*: Städten, die bereits derartige Wärmeversorgungssysteme und eine landesrechtliche Ermächtigung besitzen, wird empfohlen, nach Baurecht ein Gebiet mit Anschluss- und Benutzungszwang für Fern- und Nahwärme zu beschließen und das bestehende System im Rahmen des ökonomisch und ökologisch Sinnvollen auszuweiten (hierbei sind die Wärmeverluste dieser Leitungssysteme zu berücksichtigen). Hierdurch wird für eine 100 %-Fernwärmeversorgung in dem Fernwärmegebiet gesorgt. Da die $CO_2$-Emissionen von Fernwärme relativ (zu dem durchschnittlichen $CO_2$-Emissionen von Strom) zunehmen, empfiehlt es sich, einen steigenden Anteil von Biogas, später Wasserstoff oder EE-Methan, zu verwenden. Da diese flexiblen Kraftwerke bei steigendem EE-Anteil eine bedeutende Rolle für eine sichere Stromversorgung übernehmen werden (Kap. 5.1), empfiehlt es sich, die KWK-Anlagen mit einem Wärmespeicher zu versehen. Überall dort, wo keine Fern- und Nahwärmesysteme existieren und auch ein Neubau (z. B. aufgrund einer geringen Bebauungsdichte) nicht sinnvoll erscheint, sollten die Gemeinden den Bau von Kohle- und Heizölbrennern verbieten und hierdurch (und durch Beratung) den Bau von dezentralen hocheffizienten Heizungsanlagen fördern, z. B. „Solare"-Wärmepumpen, Biomasseanlagen, Micro-BHKW usw. (s. Kap. 3.4).

*Bestand*

Die Wärmeschutzsanierung des Gebäudebestandes ist aufgrund der hohen THG-Emissionen und des hohen Endenergieverbrauches ein sehr wichtiges Handlungsfeld. Dieses Handlungsfeld ist aber nicht nur besonders wichtig, sondern auch besonders schwierig, weil die Kommunen kaum über Kompetenzen verfügen, die eine ausreichende Aussicht auf Erfolg garantieren. Sie können faktisch keine *privatrechtlichen Verträge* abschließen, da die Grundstücke ja schon bebaut sind. Damit bleibt den Kommunen nur die Möglichkeit, Einfluss auf ihren kommunalen Wohnungsbestand (wenn vorhanden) zu nehmen und über Beratungsprojekte die Hauseigentümer über die Vorteile der Wärmeschutzsanierung und die hierfür existierenden Förderprogramme des Bundes zu informieren.

*Weitere Großprojekte*

*Erstens: Energieeffiziente Geräte in Haushalten/GHD*

Der zweitgrößte Energieverbrauch (inkl. seiner THG-Emissionen) in den privaten Haushalten entsteht durch elektrische und elektronische Geräte. Für diesen Sektor verfügen die Kommunen über keine Kompetenzen, direkte oder umweltökonomische Instrumente einzuführen. Ihnen bleiben nur wenige indirekte Instrumente. Hierzu zählen: Energieberatung und Information (z. B. in einer Beratungsstelle), Klimaschutzinvestitionsprogramm, Events (Baumpflanzungen, Bürgerfeste), mobile Beratungsstände (z. B. Infostände auf Straßenfesten).

*Zweitens: Maßnahmen im öffentlichen Sektor*

Wenn eine Kommune keine eigene Energieversorgung aufbauen kann, der politische Gestaltungswille für weitreichende Maßnahmen im Gebäudesektor zunächst nicht vorhanden ist oder diese Strategiepfade auf gutem Wege sind, empfiehlt es sich, die Potentiale des öffentlichen Sektors konsequent auszuschöpfen. Hierzu gehören die folgenden Langfristprojekte und Strukturveränderungen:

(1) Austausch der öffentlichen Beleuchtung (inkl. in allen öffentlichen Gebäuden) auf LED-Beleuchtung.

(2) Einführung eines Klimachecksystems für alle Beschlüsse der Stadtverordnetenversammlung.

(3) Aufnahme von Klimaschutzstandards in alle Ausschreibungen (inkl. Investitionen), Klimacheck, Schulungsprogramme für die Verwaltung.

(4) Einführung eines Bonus-Malus-Systems in der Vergütung der Entscheidungsträger aller öffentlichen Einrichtungen und Unternehmen.

(5) Einführung eines Klimaschutzmonitorings.

(6) Einrichtung eines Klimaschutzfonds.

(7) Langfristprojekt Wärmeschutzsanierung aller öffentlichen Gebäude auf Nullenergiehausstandard.

(8) Langfristprojekt PV-Anlagen auf alle öffentlichen Gebäude.

(9) Langfristprojekt Umrüstung des öffentlichen Fuhrparks.

(10) Langfristprojekt Austausch aller elektrischen und elektronischen Geräte auf A+++-Standard.

(11) Förderung und Ausbau des Umweltverbundes (Fußgänger-, Fahrrad, ÖPNV-Verkehr) durch Ausweisung von Fußgängerzonen, Fahrradrouten, ÖPNV-Vorrangsysteme (eigene Bereiche für Bus und Bahn).

Weniger empfohlen werden Förder- oder Subventionsprogramme, sie entsprechen nicht dem Verursacherprinzip und sind nicht sehr effizient (hohe Mitnahmeeffekte).

*Drittens: Verkehr und Industrie*

Der Verkehrssektor und die Industrie weisen die zweit- und dritthöchsten THG-Emissionen auf. In diesen beiden Bereichen sind die Kompetenzen der Kommunen aber sehr begrenzt.

Dass alle Kommunen auf die Ansiedlung von energieintensiven *Industrien* verzichten, um damit die THG-Emissionen niedrig zu halten und eine 100 %-Versorgung mit EE leichter zu ermöglichen, kann für ein Industrieland wie Deutschland keine sinnvolle Strategie sein. Die Industrie klimaneutral zu gestalten, wird daher als eine europäische und bundesweite Aufgabe angesehen (s. Kap. 3 Effizienzstrategie und Stromversorgung für alle mit EE Kap. 4).

Im *Verkehrssektor* sind die Steuerungspotentiale für größere Kommunen etwas größer, sie können den Umweltverbund (Gehen, Fahrrad, ÖPNV) durch verschiedentliche bauliche und organisatorische Maßnahmen fördern und ausbauen. Künftig wird hier eine Strategie der E-Mobilität eine besondere Rolle spielen.

## 15.4 Beispiele erfolgreicher Kommunen

In Deutschland gibt es über 100 Gemeinden und Regionen, die sich zu vollständigem Umstieg auf EE verpflichtet haben. Nach Angaben ihres Netzwerks deNet repräsentieren sie 18 Millionen Einwohner und 28 % der deutschen Fläche (Grefe u.a. 2011/12: 27). Aus Platzgründen wollen wir hier nur wenige ausgewählte Pioniere benennen:

- *Schönau (Baden-Württemberg)*: Einer der ältesten Vorreiter ist *Schönau*, hier ging die Initiative von einer Bürgerinitiative aus (1986 „Eltern für atomfreie Zukunft"), nach jahrelangen Auseinandersetzungen mit dem damaligen Stromversorger wurden 1994 die Elektrizitätswerke Schönau GmbH (EWS) gegründet, die das Stromnetz erwarben (www.ewsschoenau.de).

*Bewertung:* Das Beispiel von Schönau war sehr wichtig, weil es zeigt, dass eine dezentrale 100 %-Versorgung mit EE möglich ist. In der Folgezeit wurden viele EE-Engagierte von diesem Beispiel inspiriert.

– *Landkreis Barnim* (Brandenburg, etwa 200.000 Einwohner): Der Landkreistag von Barnim hat 2008 eine Null-Emissions-Strategie beschlossen, nach der der Landkreis bis 2020 eine 100 %-Versorgung mit EE aufbauen will. Hauptträger dieses Transformationsprozesses sind mehrere Gemeinden (z. B. Wandlitz) und mehrere Stadtwerke (z. B. Bernau, Barnimer Energiegesellschaft) sowie eine Reihe von Vereinen. Durch diese Investitionen konnte eine Gesamtleistung von 367 MW errichtet werden (Barnimer Energiegesellschaft). Damit können mehrere Kommunen des Landkreises bereits heute mehr EE-Strom erzeugen, als die Einwohner verbrauchen, mit einer Erzeugung von deutlich über 50.000 MWh/a kommt Werneuchen auf eine Deckungsquote von 694 %, Biesenthal auf 382 %, Britz-Chorin auf 321 %, Eberswalde auf 227 %. Bei einer Erzeugung von 20.000 bis 50.000 MWh kommt Ahrensfelde auf eine Deckungsquote von 275 % und Wandlitz auf 93 % (Barnimer Energiegesellschaft 2013/12).

– *Weitere Kommunen, die eine klimaneutrale Energieversorgung (100 %-EE-Versorgung) anstreben:* Hierzu gehören u.a.: *Jühnde* in Niedersachsen (Schwerpunkt Wärme und Strom durch Biomasse), *Morbach* (das schon heute 300 % des eigenen Stromverbrauchs durch EE erzeugt; BMU 2011/10: 39).

Eine 100 %-Versorgung mit EE ist in Großstädten schwieriger; wir wollen trotzdem einzelne benennen, die sich auf den Weg zur 100 %-Versorgung gemacht haben:

– *Berlin:* Berlin ist einer der drei Stadtstaaten in Deutschland und damit Bundesland und Kommune. Die Landesregierung (Senat) will bis 2050 die $CO_2$-Emissionen um mindestens 85 % gegenüber 1990 reduzieren. Die energiebedingten $CO_2$-Emissionen betrugen 1990 7,9 t /Einwohner, bis 2050 sollen sie auf 1,7 t $CO_2$ reduziert sein (SenStadt 2014, Amt für Statistik Berlin Brandenburg 2012). 2014 legte eine Arbeitsgemeinschaft von Forschungsinstituten die Machbarkeitsstudie „Klimaneutrales Berlin 2050" vor, in der gezeigt wird, wie die Stadt dieses Ziel erreichen könnte (ARGE Berlin 2014/03). Als klimaneutral wird hier eine THG-Emission von unter 2 t $CO_2$-Äquivalente pro Kopf definiert.

– *München:* Am Beispiel der Stadt München hat das Wuppertal Institut gezeigt, dass die deutschen Kommunen ihre energiebedingten THG-Emissionen bis 2050 um 80 bis 90 % senken könnten (WI 2009/03, s.a. Kap. 15.6).

*Stadtübergreifend ist* das „*100 %-Erneuerbare-Energie-Regionen*"-Projekt (100ee-Region) orientiert. Das langfristig angelegte Projekt begleitet seit 2007 Kommunen und Regionen, die unter Einbeziehung der Effizienz- und Suffizienzstrategie eine schrittweise 100 %-Versorgung mit EE anstreben (Strom, Wärme, Mobilität). Das Projekt wird vom IdE – Institut dezentrale Energietechnologien in Kassel durchgeführt. 2012 existierten etwa 130 Regionalverbünde, Landkreise und Gemeinden, die als 100ee-Regionen oder Stadtregionen anerkannt waren, in ihnen lebten ca. 19 Mio. Menschen. Der Anerkennung geht ein Bewerbungsverfahren voraus, in dem die Region oder Kommune ihre Ziele, den Ausbaustand mit EE, die weitere Planung u.v.a.m. angeben muss (Hoppenbrock, Fischer 2012/12, www.100-ee.de, Moser 2011).

*Bewertung*: Dieses Projekt erscheint uns besonders wichtig, weil es über die kommunale Ebene hinausgeht und einen Kompetenzpool darstellt.

## 15.5 Zusammenfassung

In den Jahrzehnten vor der Jahrtausendwende waren nur wenige Kommunen und Stadtwerke Akteure der Energiewende. Selten investierten sie ausreichend in EE und dezentrale KWK-Anlagen (Leprich 2013/08: 39). Seit der Jahrtausendwende hat sich dieses Bild gewandelt. Immer mehr *Gebietskörperschaften* werden sich ihrer Verantwortung für eine nachhaltige Energiewirtschaft wieder bewusst. Seitdem sind die Kommunen (immer inkl. den Regionen) wesentliche Akteure der Energiewende. Sie verfügen zumindest über das Potential, einen Teil der Lücken, die von der globalen bis zur Bundesländerebene existieren, zu füllen und die Transformation zur 100 %-Versorgung voranzutreiben. Ohne sie wird die Transformation kaum zu schaffen sein. Eine große Anzahl von Kommunen hat die Verantwortung auch angenommen. Sie sind Vorbilder für andere Kommunen geworden. Dennoch hat die Mehrheit bislang ihre Potentiale zur $CO_2$-Reduzierung bei weitem noch nicht ausgeschöpft und ist daher aufgefordert, ihre Symbolpolitik zu Gunsten einer nachhaltigen Energiepolitik zu wandeln. Besonders erfolgreich sind bislang die Vorhaben verlaufen, in denen die Kommunen „100 %-Beschlüsse" gefasst haben und noch (oder wieder) über kommunale Stadtwerke verfügen. Notwendige Voraussetzung für die Fortsetzung der positiven Entwicklung sind allerdings die richtigen Rahmenbedingungen, die der Bund und die EU schaffen müssen.

*Basisliteratur*

Rogall, H. (2012): Nachhaltige Ökonomie, 2. überarbeitete und stark erweiterte Auflage, Marburg.

# 16. Kommunale Unternehmen – Stadtwerke

### 16.1 Rechtliche Grundlagen

Stadtwerke finden ihre rechtliche Grundlage in dem Selbstbestimmungsrecht der Kommunen nach dem deutschen Grundgesetz und dem EU-Gründungsvertrag. Der Umfang ihrer Geschäftsfelder wird in den Gemeindeordnungen der Bundesländer geregelt (Gemeindewirtschaftsrecht). Daher sind die Tätigkeiten von Kommunen und Stadtwerken in den einzelnen Bundesländern sehr unterschiedlich. In einigen Bundesländern (z. B. in Sachsen und Niedersachsen) dürfen Stadtwerke keine Leistungen in Nachbargemeinden anbieten. In anderen Bundesländern (z. B. Sachsen-Anhalt und Rheinland-Pfalz) sind diese Tätigkeitsbegrenzungen abgeschafft worden (Reck 2012: 27, VKU 2012/09: 15). Stadtwerke werden in unterschiedlichen Rechtsformen betrieben. Am häufigsten wird die Rechtsform der GmbH (67 %) gewählt, am zweit häufigsten die GmbH & Co. KG (25 %). Insbesondere die GmbH erlaubt einen dauerhaften Einfluss der Kommune auf den Geschäftsbetrieb. Gleichzeitig hat die GmbH eine eigene Rechtspersönlichkeit und sie unterliegt nicht der kameralistischen Buchhaltung der Kommune (z. B. können Rückstellungen und Rücklagen gebildet werden). Die Haftung ist auf das Stammkapital begrenzt (WI 2013/09: 12).

*Natürliche Monopole* (unterschiedlich definierter Begriff der Volkswirtschaftslehre): Als N. M. werden Unternehmen angesehen, die zur Leistungserstellung eine umfangreiche Infrastruktur benötigen (sehr hohe Fixkosten aufweisen). Diese Infrastruktur mehrfach zu errichten, würde zu hohen volkswirtschaftlichen Kosten führen. Daher wurden überall dort, wo Leitungen und Netze zum Transport von Gütern und Informationen benötigt werden, im 19. Jh. Unternehmen gegründet, die für ein festgelegtes Gebiet eine Monopolstellung zum Bau und Betrieb dieser Anlagen erhielten (Investitionssicherheit). Um den Missbrauch dieser Monopolstellung zu minimieren, verblieben diese Unternehmen lange Zeit im staatlichen oder kommunalen Eigentum.

*Stadtwerke* (auch Gemeinde- und Regionalwerk oder kommunale Unternehmen genannt): Ein Stadtwerk ist ein kommunales Unternehmen ohne gesetzlich festgelegte Rechtsform, jedoch meist in der Rechtsform der GmbH. Weiterhin befindet es sich vollständig oder überwiegend im Eigentum der Kommune. Stadtwerke sind damit Teil der Kommunalwirtschaft, die ihre verfassungsrechtliche Fundierung in der Garantie der selbständigen Daseinsvorsorge des Art. 28 (2) GG findet. Der EU-Gründungsvertrag von Lissabon (seit 2009 in

Kraft) hat die Bedeutung der Kommunalwirtschaft gestärkt, da er die kommunale Selbstverwaltung im Primärrecht der EU verankert und den weiten Spielraum der Kommunen bei der Organisation der Daseinsvorsorge betont (Reck 2012: 25). Sie hat die Aufgabe, die Grundversorgung der Wirtschaftsakteure (Unternehmen und Haushalte) mit allen oder Teilen der Daseinsvorsorge zu versorgen. Hierzu gehören: Strom, Gas, Trink- und Abwasser, Abfallbeseitigung, öffentlicher Nahverkehr u.a.m. Künftig könnten die Bereiche Breitbandversorgung und Elektromobilität dazu kommen (Reck 2012: 14). Im Körperschaftsteuerrecht werden Unternehmen mit diesen Tätigkeiten als „Versorgungsbetriebe" bezeichnet. Sie unterliegen nicht dem Gewinnmaximierungsprinzip, sondern dem Kostendeckungsprinzip mit angemessener Gewinnabsicht. Charakteristisch für ihr Sachvermögen (Infrastruktur und Anlagen) ist die lange Kapitalbindung. So werden die Leitungen und Netze für Gas, Strom, Wärme und Wasser für viele Jahrzehnte geplant und betrieben. Dabei wird ihre Geschäftstätigkeit durch das Gemeindewirtschaftsrecht begrenzt: Sie müssen einen spezifischen öffentlichen Zweck erfüllen, das Verhältnismäßigkeitsprinzip zur Leistungsfähigkeit der Gemeinde einhalten und das Subsidiaritätsprinzip berücksichtigen (Reck 2012: 27).

In der ökonomischen Literatur findet sich interessanterweise die Diskussion, wie die Tätigkeit von Stadtwerken ökonomisch legitimiert werden kann (Eichhorn 2012: 93). Diese Diskussion irritiert, weil sich in der höchsten deutschen Rechtsnorm, dem Grundgesetz, kein Artikel findet, der von einer Vorrangstellung von privaten gegenüber öffentlichen Unternehmen spricht. Umgekehrt wird das Selbstbestimmungsrecht der Gemeinden, alle Angelegenheiten der örtlichen Gemeinschaft in eigener Verantwortung zu regeln, ausdrücklich garantiert (Art. 28, Abs. 2 GG).

### 16.2 Entwicklungsphasen der Stadtwerke

*Entstehung von Stadtwerken*

Kommunale Tätigkeiten für die Bürger (z. B. Sicherung von sauberem Trinkwasser und Abfallbeseitigung) sind für die letzten 4.000 Jahre belegt (Reck 2012: 17). Kommunale Betriebe, die Aufgaben der Daseinsvorsorge übernahmen, existieren seit den 1850er Jahren (Ambrosius 2012: 35). Da Privatunternehmen wenig geeignet schienen, die öffentliche Infrastruktur effizient und missbrauchslos aufzubauen und zu betreiben (Probleme der natürlichen Monopole), wurden in Deutschland kommunale, später auch nationale Unternehmen gegründet, die diese Aufgaben übernahmen. Hierdurch wurde bis zum Ende des 20. Jahrhunderts eine im internationalen Vergleich sehr gute Infrastruktur effizient aufgebaut und betrieben. Zunächst waren diese Stadtwerke oft Teil der kommunalen Verwaltung. Sie besaßen keinerlei Selbständigkeit (keine eigene Vermögensrechnung und Entscheidungskompetenz). 1938 wurde der Begriff Stadtwerke und ihre Funktionen in der Eigenbetriebsverordnung rechtlich fixiert (Ambrosius 2012: 35). Bis Ende der 1970er Jahre wurden sie dann als typische Form der zuverlässigen Daseinsvorsorge angesehen (Brede 2012: 306).

*Phase der Privatisierung*

In den *1980er und 90er Jahren* änderten sich die Stadtwerke und ihr Umfeld in zweierlei Hinsicht: (1) Die Mehrheit der Stadtwerke wurde in rechtlich selbständige *Kapitalgesellschaften* (z.B. AG und GmbH) überführt. Betrug ihr Anteil 1952 erst 5 % waren es 2009 59 % (VKU in Ambrosius 2012: 42). Ziel war, den Stadtwerken größere unternehmerische Handlungsspielräume einzuräumen und unabhängiger von der Tagespolitik zu machen. (2) Gleichzeitig verstärkten sich in der wissenschaftlichen und politischen Diskussion wirtschaftsliberale Positionen, die staatliches (und kommunales) Handeln per se als ineffizient ansahen. Ihnen wurde vorgeworfen, Monopolrenten in Form von Ineffizienzen und Privilegien für die Beschäftigten (hohe Einkommen, Personalausstattung usw.) zu Lasten ihrer Kunden durchzusetzen (Röber 2012: 82). Andere kritisierten die Übersteuerung durch die Politik und die Versorgung „verdienter" Kommunalpolitiker mit Aufsichtsrats- und Geschäftsführerpositionen („Parteibuchwirtschaft"). Politisch fand diese Diskussion ihren Niederschlag in der EU-Binnenmarktrichtlinie und der daraus folgenden Reform des deutschen Energiewirtschaftsrechts 1998 (Bräunig, Gottschalk 2012: 55). Damit wurde die Monopolstellung der Stadtwerke beendet. In dieser Zeit veräußerten viele Kommunen ihre Stadtwerke ganz oder teilweise an *Private*, insbesondere an die vier großen EVUs. Großstädte wie Berlin, Hamburg, Stuttgart und Bremen verkauften ihre Energieversorger vollständig. Mit den Privatisierungen wurden die folgenden *Hoffnungen* geknüpft (Bauer u.a. 2012: 14; Mühl-Jäckel 2012: 35):

(1) *Einwerbung von privatem Kapital* zur verbesserten Investitionstätigkeit.

(2) Erschließung von *privatem Know-how* und Innovationskraft.

(3) Kostenminimierung durch *Effizienzsteigerungen* (damit auch Preissenkungen).

(4) Verbesserung der *Servicequalität*.

(5) Entlastung der verschuldeten *Kommunalhaushalte* durch die Verkaufserlöse und der Wegfall von möglichen Defiziten, die bei den Eigenbetrieben entstehen können.

(6) *Flexibilisierung* der Personalstrukturen.

### Beispiele gescheiterter Privatisierungen

Die mit großen Hoffnungen gestarteten Privatisierungen von staatlichen und kommunalen Unternehmen stellten sich teilweise sehr schnell als Fehlentscheidungen heraus. Zu den spektakulärsten Fällen zählen die Privatisierung der britischen Wasserbetriebe sowie der britischen und neuseeländischen Bahnen in den 1990er Jahren (Riesen 2007, Schmilewski 2008/05). Leider wurden sie nur selten detailliert dokumentiert. Als Beispiele aus Deutschland sollen ausreichen:

(1) *Wasser- und Abwasserversorgung Potsdam*: 1998 wurde in Potsdam eine Public Private Partnership mit dem Konzern Eurowasser (Tochter von Krupp und Suez) geschlossen. Diese Privatisierung scheiterte schon nach zwei Jahren, da die Hoffnungen nicht erfüllt wurden: Eurowasser bezahlte den Kaufpreis (167 Mio. DM/85 Mio. €) nicht aus ihrem Kapital, sondern durch einen Kredit, der durch die Wassergebühren über 20 Jahre (in Höhe von 400 Mio. DM/205 Mio. €) finanziert werden sollte. Statt zu einer Preis- und Kostensenkung kam es über eine vertraglich festgelegte Preisklausel zu wiederholten erheblichen Preissteigerungen. Der Preis für das Wasser stieg von ursprünglich 6,86 DM/m$^3$ (1997) auf 8,80 DM/m$^3$ (1999). In Aussicht gestellt waren weitere Preiserhöhungen auf 10,18 DM/m$^3$ (2000), 2017 sollten die Preise 16,40 DM/m$^3$ betragen. Damit wären die Wassergebühren in kurzer Zeit um 50 % und auf längere Sicht um 140 % gestiegen (Bauer 2012: 14).

(2) *Berliner Wasserbetriebe*: 1999 wurden die Berliner Wasserbetriebe teilprivatisiert. Die Privatisierung führte zu Wasserpreiserhöhungen um bis zu einem Drittel. Möglich wurde dies durch Verträge, mit denen Renditegarantien für die Investoren eingebaut wurden. Das Bundeskartellamt forderte daraufhin aufgrund von „missbräuchlich überhöhten" Trinkwasserpreisen eine Preissenkung. In den Jahren 2012 und 2013 kaufte das Land Berlin auf Grund von Druck aus der Bevölkerung die Anteile vollständig zurück (Thomson 2013/09).

(3) *Bundesdruckerei*: Die Bundesdruckerei, zuständig für die Euro-Herstellung und den Druck bundesdeutscher Ausweispapiere, wurde 2000 mit samt ihrer Tochterunternehmen an einen privaten Investor verkauft. Schon zwei Jahre später war das Unternehmen völlig überschuldet. Rund

acht Jahre später kaufte der Bund die Bundesdruckerei aus nationalen Sicherheitsgründen zurück.

*Bewertung*: Die negativen Erfahrungen mit den Privatisierungen beeinflussen die Meinung der Bürger. So lehnten 2013 70% der Deutschen eine Privatisierung ihrer Stadtwerke ab (Emnid in Böckler Impuls 2013/02: 3).

### Rekommunalisierung in den 2000er Jahren

*Ursachen*

Seit den 2000er Jahren beginnt sich die wissenschaftliche und politische Diskussion wieder zu ändern. Wirtschaftsliberale Positionen, die davon ausgehen, dass private Unternehmen per se effizienter und zum Wohle der Gemeinschaft arbeiten, werden zunehmend hinterfragt und es werden mehr Stadtwerke gegründet als privatisiert. Nach den Recherchen des WI wurden zwischen 2005 und 2012 72 neue Stadt- und Gemeindewerke gegründet. Die meisten Stadtwerke sind in Baden-Württemberg, Nordrhein-Westfalen, Niedersachsen und Bayern entstanden (WI 2013/09: 13). Hinzu kommen 190 Stromnetzübernahmen in den letzten acht Jahren (WI 2013/09: 20). Diese Umkehr hat verschiedene Ursachen (Libbe 2013):

(1) *Niedergang der wirtschaftsliberalen Paradigmen*: Die Finanzkrisen seit Anfang der 2000er Jahre, durch die Weltwirtschaftskrise 2008/09 nochmals deutlich verstärkt, haben den weitverbreiteten Glauben in die Leistungsfähigkeit und Stabilität von Märkten erheblich erschüttert (Röber 2012: 84). Ohne den massiven staatlichen Eingriff hätte die Weltwirtschaftskrise zur ökonomischen Katastrophe geführt.

(2) *Verlorengegangene Hoffnungen der Privatisierungen*: Die Hoffnungen, die mit den Privatisierungen verknüpft waren (höhere Investitionen, geringere Preise durch höhere Effizienz), erfüllten sich nicht:

    a) Die *Theorie*, dass private Eigentümer sorgfältiger mit ihrem Eigentum umgehen als öffentliche Eigentümer (ökonomisch bekannt als Allmendeproblem), hat sich als ideologisch motivierter Irrtum herausgestellt. Gerade die Holzkonzerne gehen nicht nachhaltig mit „ihren" Tropenwäldern um. Hinzu kommen zahllose Beispiele von privatisierten Unternehmen, die – statt wie angenommen – ihre Gewinne zu reinvestieren, die Überschüsse an ihre Shareholder abführten und damit von der Substanz der Infrastrukturinvestitionen der öffentlichen Betriebe lebten. Besonders brisante Beispiele sind die in Großbritannien privatisierte Bahn und die Wasserbetriebe. Auch in Deutschland sind Qualitätsverschlechterungen belegt (Röber 2012: 84).

b) In vielen Fällen wurden die *Preise* nicht gesenkt, teilweise sogar deutlich erhöht (Beispiel Potsdam) und die Gewinne abgeschöpft (Röber 2012: 84).

c) Oft wurden keine Effizienzgewinne erzielt, sondern Kostensenkungen durch eine *Verschlechterung der Sozialstandards der Beschäftigten.* Viele kommunale Politiker haben erkannt, dass die versprochenen Effizienzgewinne in Wirklichkeit nur Standardabsenkungen für die Beschäftigten waren. Prekäre Beschäftigungsverhältnisse und Niedriglöhne sorgten dafür, dass es den Beschäftigten erheblich schlechter geht und der Staat ihre Einkommen in der Folge aufstocken muss. Ihre Altersarmut ist programmiert.

d) *Verschlechterung für die regionalen Wirtschaftskreisläufe:* Mit der Standardabsenkung geht auch die lokale Kaufkraft zurück. Auch zeigen Konzernmanager oft eine deutlich geringere lokale Orientierung bei der Beschaffung (Röber 2012: 85).

(3) *Wiederentdeckung gesellschaftlicher Ziele*: Die Mehrzahl der privaten Unternehmen fühlt sich allein den Shareholdern verantwortlich, öffentliche Unternehmen erfüllen auch gesellschaftliche (z. B. kommunale) Ziele, schon weil hier der örtliche Wählerwille direkter durchgesetzt werden kann.

(4) *Durchsetzung öffentlicher Ziele*: Die Politik erkennt, dass sie sich mit den Privatisierungen eines Großteils ihres Einfluss- und Kontrollpotentials beraubt hat. Viele Politiker glaubten, dass sie durch das Kommunalrecht ihr Steuerungspotential über die privatisierten Unternehmen behalten würden. Das stellt sich aber als Irrtum heraus. Da das Gesellschaftsrecht (Aktien- und GmbH-Gesetz) Bundesrecht ist, haben sie gegenüber dem Kommunalrecht (Bestandteil des Landesrechts) Vorrang („Bundesrecht bricht Landesrecht"). Das gilt auch für die von der Kommune entsandten Aufsichtsratsmitglieder, die hierdurch nicht mehr ihren Wählern oder der Bürgervertretung in erster Linie verpflichtet sind, sondern dem Unternehmen, in dessen Aufsichtsrat sie Mitglied sind. Diese erstaunliche Rechtsposition hat der BGH in einem Urteil 1962 bestätigt:

> „Entsandte Aufsichtsratsmitglieder haben dieselben Pflichten wie gewählte Aufsichtsratsmitglieder. Als Angehörige eines Gesellschaftsorgans haben sie den Belangen der Gesellschaft den Vorzug vor denen des Entsendungsberechtigten zu geben und die Interessen der Gesellschaft wahrzunehmen, ohne an Weisungen des Entsendungsberechtigten gebunden zu sein." (BGHZ, 296 (305) zitiert aus Mühl-Jäckel 2012).

Damit kann die Kommune ihr Steuerungspotential nur begrenzt durch die Entsendung von Aufsichtsratsmitgliedern wahren.

(5) *Wandel des gesellschaftlichen Vertrauens*: Die Umfragen der vergangenen Jahre zeigen, dass die Bürger heute den öffentlichen Unternehmen (insbes. bei der Energie- und Wasserversorgung) wesentlich mehr vertrauen als den privaten Unternehmen. Dies gilt für wesentliche Kriterien wie Zuverlässigkeit, Sicherheit, Nachhaltigkeit, Gemeinwohlorientierung, Förderung der Region (Röber 2012: 84). Das zeigte auch eine Umfrage des Instituts Forsa 2014, nach der vier der fünf beliebtesten Unternehmen von Berlin der öffentlichen Hand gehören (Bombosch 2014/03: 2). Viele Großkonzerne werden hingegen (durch Korruption und Lobbying) als Bremser des gesellschaftlichen Fortschritts angesehen (Waffen-, Tabak-, Automobil-, Pharmazie- und Energiekonzerne).

(6) *Positive Erfahrungen anderer Kommunen* und Erfolgsbeispiele von Neugründungen in Nachbargemeinden (WI 2013/09: 9).

Mit diesem wissenschaftlichen und politischen Wandel begann sich auch die Position zu Gunsten der kommunalen Unternehmen zu ändern. So führten verschiedene erfolgreiche Bürgerentscheide in 2000er Jahren dazu, dass geplante Privatisierungen oder Teilprivatisierungen von Stadtwerken verhindert wurden (z. B. Münster, Hamm, Erlagen, Leipzig). Auch die Mehrzahl der Großstädte, die ihre Stadtwerke veräußert haben, verfolgt heute das Ziel, neue Stadtwerke zu gründen. Heute existieren nach den Erhebungen des VKU in Deutschland ca. 1.000 Unternehmen, die als Stadtwerke angesehen werden können. Seit der Jahrtausendwende haben 202 Städte und Gemeinden ihre in den 1990er Jahren privatisierten Strom- oder Gasnetze zurückerworben. 86 Stadtwerke wurden neu gegründet (Rost 2014/06: 2).

*Rekommunalisierung*: Unter R. werden verschiedene Strategien verstanden, um die kommunale Daseinsvorsorge in eigener Regie (durch Stadtwerke) zu stärken. Hierzu gehören u.a.:

- der Rückkauf von ehemals öffentlichen Unternehmen, die zwischenzeitlich privatisiert waren
- die Neugründung oder Zusammenarbeit von Stadtwerken
- der (Neu-)Erwerb von Konzessionsverträgen mit anschließendem Rückerwerb der Verteilnetze.

*Ursachen der ungleichen Verteilung von Neugründungen*

Als Ursachen für Neugründungen werden angesehen (WI 2013/09: 14):

(1) *Zufriedenheitsgrad* mit der Leistungsqualität des Altkonzessionärs.

(2) *Gemeindeordnungen* der Länder: Diese Gemeindeordnungen regeln, in den Ländern unterschiedlich, wie weit die wirtschaftliche Betätigung einer kommunalen Gebietskörperschaft gehen darf.

(3) *Politische Mehrheitsverhältnisse* in den Kommunalparlamenten: SPD, Grüne und die Linke befürworten grundsätzlich die Strategie der Rekommunalisierung, die Entscheidungen der CDU sind abhängig von dem jeweiligen Koalitionspartner.

(4) *Historische Entwicklung*: In den neuen Bundesländern gibt es auffällig wenige Neugründungen. Das hängt damit zusammen, dass schon nach der Wende 1990 viele Rekommunalisierungen stattgefunden haben.

(5) *Größe der Kommunen*: Die meisten Neugründungen fanden in Kommunen mit 10.000 bis 50.000 Einwohnern statt, die wenigsten Neugründungen in Städten mit mehr Einwohnern (WI 2013/09: 10).

### 16.3 Chancen und Hemmnisse

*Potentialanalyse für eine Nachhaltige Entwicklung*

Aus Sicht der Nachhaltigen Ökonomie steht jeder Mensch und jede Organisation, so auch die Stadtwerke, in der Verantwortung, einen Beitrag zur Verminderung der globalen Probleme des 21. Jahrhunderts – und damit für eine Nachhaltige Entwicklung – zu leisten. Wir greifen hier auf unsere Übersicht 1 zurück und passen sie für Unternehmen an.

*Übersicht 13: Qualitätsziele und Kriterien für Unternehmen*

| Ökologische Dimension | Ökonomische Dimension | Sozial-kulturelle D. |
|---|---|---|
| (1) *Klimaerwärmung*: Ziel (Z): Senkung der TGH-Emissionen bis 2050 auf Null Kriterien (K): THG-Emissionen pro Output* | (6) *Negative Entwicklungen auf dem Arbeitsmarkt*: Z: Dauerhafte, existenzsichernde und menschenwürdige Erwerbsarbeit K: Anteil prekärer Beschäftigungsverhältnisse | (11) *Fehlentwicklungen in Wirtschaft und Politik*: Z: Good Governance K: Korruptionsgrad, Manipulation der Öffentlichkeit, |
| (2) *Naturbelastung*:** Z: Naturverträgliche Leistungserstellung K: Flächennutzung pro Einheit Wertschöpfung | (7) *Mangelnde Bedürfnisbefriedigung*: Z: Versorgungssicherheit mit nachhaltigen Produkten K: Zuverlässigkeit, Garantiezeit | (12) *Unsicherheit*: Z: Dauerhafte Versorgungssicherheit K: Anteil prekärer Beschäftigungsverhältnisse |

| | | |
|---|---|---|
| (3) *Verbrauch nicht erneuerbare Ress.:*<br>Z: Nachhaltige Nutzung<br>K: Verbrauch nichterneuerbarer Ressourcen pro Output, Anteil des verwendeten Sekundärmaterials | (8) *Preise, Gewinn, Konzentration, Effizienz, externe Kosten,:*<br>Z: Angemessene Preise und Gewinn, keine Konzentration und externe Kosten, hohe Effizienz<br>K: Preis- und Kostenentwicklung, Höhe der externen Kosten, Energie- u. Ressourcenproduktivität | (13) *Chancenungleichheit und Zentralisierung:*<br>Z: Keine Diskriminierungen, angemessene Dezentralisierung<br>K: Dezentralität, Flexibilität |
| (4) *Übernutzung der erneuerbaren Ress.:*<br>Z: Einhaltung der Regenerationsrate<br>K: Anteil erneuerbarer Ressourcen, die nachhaltig erzeugt wurden pro Output | (9) *Abhängigkeit, schwache Regionalentwicklung:*<br>Z: Minimierung der Rohstoffimporte, Unterstützung der Regionalwirtschaft<br>K: Importquote, Transportintensität, Anteil der Aufträge in der Region | (14) *Konflikte:*<br>Z: Hohe Akzeptanz bei Mitarbeitern und Stakeholdern<br>K: Kündigungsquote, Quote vom Umsatz für soziale Einrichtungen, Kommunikation |
| (5) *Gesundheitliche Risiken:*<br>Z: Keine Belastungen durch Materialien und Emissionen<br>K: Schadstoffe und Emissionen pro Output | (10) *Infrastruktur:*<br>Z: Produktion meritorischer Güter, z. B. hohe Anzahl an Ausbildungsplätzen und Weiterbildung<br>K: Ausbildungs- und Weiterbildungsquote | (15) *Technische Risiken:*<br>Z: Risikolose Techniken<br>K: Zustimmungsgrad in der Bevölkerung, Kosten des schlimmstmöglichen Unfalls |

\* Gemessen in z. B. kWh, Euro Wertschöpfung; \*\* fokussiert auf die Biodiversität;
Quelle: Eigene Zusammenstellung Rogall, Hitzler 2011.

Die Übersicht kann als Wegweiser für richtungsweisende Unternehmensentscheidungen dienen, nicht aber alle Abwägungsprozesse bei einzelnen Fragen ersparen. Will ein Unternehmen sich nachhaltig umbauen, muss es alle Unternehmensbereiche mit einbeziehen: Steuerung/Managementsysteme, Beschaffung, Produktion, Absatz (Marketing & Vertrieb), Forschung & Entwicklung (FuE) und Personal. Aufgrund ihrer spezifischen Charakteristika sprechen die folgenden Chancen für die Gründung oder die Ausweitung eines Stadtwerks. Das WI hat 10 davon zugleich als wichtigste Ziele einer Rekommunalisierung benannt (WI 2013/09: 21):

*Übersicht 14: Chancen durch die Gründung eines Stadtwerks*

*Ökologische Dimension*

(1) *Beitrag zum Klimaschutz:* Schon heute verfügen die ca. 1.422 Mitgliederunternehmen des VKU über ein Know-how und eine Infrastruktur, die sie zu einem wichtigen Akteur der Energiewende machen. Die kommunalen Unternehmen (inkl. Kooperationen und Beteiligungen) verfügten Ende 2012 über eine installierte Kraftwerkkapazität von ca. 20.000 MW (etwa 13 % der gesamten Nettoleistung; VKU 2014/ 03). Damit haben sie 2012 etwa 55 TWh produziert (<10 % des gesamten Stromverbrauchs). Das ist auf den ersten Blick nicht viel, ihre Struktur unterscheidet sich aber sehr positiv von der der EVU (Praetorius 2012: 132):

*a) KWK-Anlagen:* Ende 2012 produzierten von den 12.281 MW kommunaler Kraftwerkskapazität (ohne Beteiligungen) 7.327 MW (ca. 60 %) als KWK-Anlagen (VKU 2014/03: 8). Sie verfügten über folgende Kraftwerkstypen in KWK: GuD 3,6 GW, Gasturbinen 0,8 GW, Dampfturbinen 3,6 GW, BHKW 0,6 GW (VKU 2014/01, KWK-Monitoringbericht in: WI 2013/09: 24). Nur 3.436 MW (28 %) produzierten Strom als reine Kondensationskraftwerke (VKU 2014/03: 8).

*Bewertung:* Durch ihren hohen KWK-Anteil verfügen die Stadtwerke heute über eine relativ günstige Emissionsbilanz (bei der Berechnung erhalten sie Gutschriften für die Fernwärme). Dabei dürfen die Stadtwerke nicht übersehen, dass mit zunehmendem EE-Anteil in der Stromversorgung ihre Emissionsbilanz relativ schlechter wird (da EE noch wesentlich weniger emittieren). Dem können die Stadtwerke nur vorbeugen, indem sie mehr EE-Anlagen errichten als bislang und einen allmählich steigenden Anteil von Biogas in ihren Gaskraftwerken einsetzen.

*b) Gas- statt Kohlekraftwerke*: Der größte Anteil des Stroms wird nicht in Kohle-, sondern in klimaschonenden Gaskraftwerken erzeugt.

*Bewertung:* Hier gilt die gleiche Bewertung wie bei a).

*c) Flexibler Kraftwerkspark*: Anders als die vier EVU verfügen die Stadtwerke nicht über Grundlastkraftwerke, die weder gut regelbar noch in KWK betreibbar sind, sondern über flexibel einsetzbare mittelgroße Kraftwerke.

*Bewertung:* Dieser Umstand kann nicht hoch genug bewertet werden. Allerdings kommen viele Stadtwerke aufgrund des Merit-Order-Effekts auf der Strombörse in ernsthafte wirtschaftliche Schwierigkeiten, wenn der Gesetzgeber nicht eine Änderung der Rahmenbedingungen herbeiführt (z. B. deutliche Verteuerung der Emissionen der Kohlekraftwerke durch den Emissionshandel oder eine Förderung für flexible Kraftwerke).

*d) Eigenerzeugung*: Die Eigenerzeugungskapazitäten der Stadtwerke könnten weiter wachsen, (2012) befanden sich 3.525 MW im Bau oder im Genehmigungsverfahren, davon 1.386 MW (39 %) KWK-Anlagen, 1343 MW (38%) Kondensationskraftwerke und 796 MW (23%) EE-Anlagen (VKU 2014/03).

*Bewertung*: Diese optimistische Einschätzung der Investitionstätigkeit in flexible KWK betriebene Gaskraftwerke (GuD und BHKW) ist vor dem Hintergrund der in c) geschilderten Entwicklung unsicher geworden.

*e) Hoher Anteil bei Endkunden und damit hohe Effizienzpotentiale*: Stadtwerke haben im Endkundensegment einen Marktanteil von ca. 54 % der Strom-, 51 % der Erdgas- und 54 % der Fernwärmeversorgung. Durch diese Endkundennähe haben sie ein hohes Potential, die örtlichen Effizienzpotentiale auszuschöpfen (WI 2013/09: 22). Das WI kommt bei seinen Untersuchungen zu dem Ergebnis, dass durch Effizienzmaßnahmen über alle Verbrauchssektoren (Haushalte, Industrie, GHD) der jährliche Stromverbrauch von insgesamt 625 TWh um 130 TWh gesenkt werden könnte (WI 2013/09: 22).

*Bewertung*: Um dieses Potential auszuschöpfen, müssen die Stadtwerke weitere Anstrengungen unternehmen.

*f) EE-Anteil*: 1.518 MW (ca. 12 %) ihrer Anlagen (ohne Beteiligungen) erzeugen Strom aus EE. Von den in 2012 investierten 3.525 MW Neuanlagen waren 796 MW (ca. 23%) EE-Anlagen (Stand Ende 2012, VKU 2014/03: 8).

*Bewertung*: Mit ihrem EE-Anteil gehören die Stadtwerke noch nicht zu den wichtigsten Akteuren des Transformationsprozesses zur 100 %-Versorgung. Die 2012 gesteigerten Investitionen in EE-Anlagen zeigen aber, dass sie erkannt haben, dass sie noch deutliche Anstrengungen unternehmen müssen, wollen sie ihrer Vorreiterrolle gerecht werden.

(2) *Beitrag zur Schonung der Natur*: Im Vergleich zu den schweren Schäden, die die großen Energiekonzerne mit ihrem fossilen und atomaren Kraftwerkspark verursachen (über den gesamten Zyklus von der Suche bis zur Abfallbeseitigung), ist der Kraftwerkspark der Stadtwerke relativ naturverträglich. Er muss aber in Richtung einer 100 %-Versorgung weiterentwickelt werden.

(3) *Beitrag zur Reduzierung des Ressourcenverbrauchs*: Auch die gasbetriebenen Kraftwerke (BHKW, GuD-Kraftwerke) der Stadtwerke verbrauchen endliche Ressourcen. Immerhin liegt ihr Wirkungsgrad (in KWK betrieben) bei 85 bis zu 95 % (damit verbrauchen sie erheblich weniger Ressourcen als andere Kraftwerke). Auch stellen diese Kraft-

werke gute Brückentechnologien dar, die nicht nur kompatibel zum Ausbau der EE sind, sondern auch stufenweise größere Anteile von Biogas verwenden können (Kap. 3.1).

(4) *Geringer Verbrauch erneuerbarer Ressourcen:* Stadtwerke verbrauchen relativ wenig erneuerbare Ressourcen. Einschränkungen muss man bei Energiepflanzen in Plantagen machen.

(5) *Beitrag zur Emissionsminderung:* Im Vergleich zu den hohen Schadstoffemissionen, die die fossile und atomare Energiewirtschaft verursacht, sind die eingesetzten Kraftwerke der Stadtwerke relativ gesundheitsfreundlich.

*Bewertung:* Das WI sieht die Erreichung ökologischer Ziele und Gestaltung der Energiewende vor Ort als eines der 10 wichtigsten Ziele der Gründung von Stadtwerken an und hält die vollständige Zielerreichung für sehr wahrscheinlich (WI 2013/09: 22).

*Ökonomische Dimension*

(6) *Schaffung von „normalen" Arbeitsplätzen:* Der VKU hat ca. 1.400 kommunalwirtschaftliche Mitgliedsunternehmen. Sie beschäftigen ca. 250.000 Menschen, davon die meisten im Energiebereich (105.000; VKU 2014/03). Kommunale Unternehmen schaffen oft mehr dauerhaft sichere sozialversicherungspflichtige und tarifgebundene Arbeitsplätze als private Konzerne (keine prekären Arbeitsverhältnisse, kein Lohndumping). Damit findet eine Stärkung der lokalen Arbeits- und Ausbildungssituation statt. Im Bereich der Energieversorgung erwirtschaften sie mit ca. 67.000 Beschäftigten Umsatzerlöse in Höhe von ca. 66 Mrd. Euro (Wübbels 2010/03: 39).

*Bewertung:* Das WI sieht die Schaffung und Sicherung guter Arbeitsplätze als eines der 10 wichtigsten Ziele der Gründung von Stadtwerken an und hält die Zielerreichung für wahrscheinlich (WI 2013/09: 30).

(7) *Zuverlässige Befriedigung der Bedürfnisse der Daseinsvorsorge, regionale Wertschöpfung, Zukunftsmärkte:* Eine zuverlässige Energieversorgung gehört zu den Kernaufgaben der kommunalen Daseinsvorsorge.

*a)* Die Mitgliedsunternehmen des VKU erwirtschafteten 2012 einen Umsatz von etwa 107 Mrd. € und investierten fast 10 Mrd. €. (VKU 2014/03: 8).

*b)* Für ihre Aufgaben erhalten kommunale Unternehmen besonders zinsgünstige Kredite (Wübbels 2010/03: 39).

*c)* Stadtwerke können in Zukunftstechniken investieren, auch wenn diese nicht sofort kostendeckend sind, z. B. Elektromobilität (WI 2013/09: 5).

Stadtwerke verfügen über eine breite Palette von Energiedienstleistungen, wie Beratung und Information über den effizienten Umgang mit Energie, Umstellung auf umweltschonende Heizsysteme oder der Durchführung von Energieaudits (z. B. Verleih von Strommessgeräten; VKU 2012/11).

(8) *Beitrag zur Energieversorgung zu angemessenen Preisen sowie zur Senkung der Konzentration und der externen Kosten:* Stadtwerke unterliegen nicht vorrangig dem Prinzip der Gewinnmaximierung, sondern leisten einen Beitrag zur Daseinsvorsorge (Public Value). Damit müssen die angemessenen Gewinne oft nicht vollständig an die Eigentümer abgeführt werden, sondern verbleiben zum Teil für Investitionen im Unternehmen (Wübbels 2010/03: 39). Das hat Auswirkungen auf die Preise, die nur knapp über der Kostendeckung liegen müssen. Ihr Kraftwerkspark ist meist sehr effizient, der Konzentrationsgrad aufgrund der regionalen Orientierung sehr gering. Sie verursachen i.d.R. relativ geringe externe Kosten.

(9) *Beitrag zur Senkung der Abhängigkeit und Unterstützung der Regionalwirtschaft*: a) Kommunale Unternehmen sorgen für eine regionale Wertschöpfung, die Gewinne bleiben in der Region (WI 2013/09: 5).
b) Kommunale Unternehmen sind oft stärker mit der Regionalwirtschaft vernetzt als Konzerne mit weit entfernten Zentralen. Daher stützen die Stadtwerke mit ihrer Nachfrage die regionale Wirtschaftspolitik (Investitionen, Arbeits- und Ausbildungsplätze). So gehen ca. 80 % der Aufträge von Stadtwerken an den lokalen und regionalen Mittelstand und jeder Arbeitsplatz in der Kommunalwirtschaft sorgt für einen Beschäftigungseffekt in Höhe von 1,8 Arbeitsplätzen in der Regionalwirtschaft (Reck 2012: 15). Das WI sieht die Verbesserung der lokalen Wertschöpfung und die stärkere Einbindung der örtlichen Marktpartner als eines der 10 wichtigsten Ziele der Gründung von Stadtwerken an und hält die vollständige Zielerreichung für sehr wahrscheinlich (WI 2013/09: 26)

(10) *Schaffung von meritorischen Gütern, Einnahmen für die Kommunen:*
a) Durch die teilweise Gewinnabführung an die Kommune können meritorische Güter finanziert werden (ÖPNV, Energieberatung, sozialkulturelle Einrichtungen wie Sport- und Kulturstätten, Krankenhäuser, Senioreneinrichtungen), die andere Kommunen nicht anbieten können.
b) Das gilt auch für die Finanzierung nicht kostendeckender kommunaler Dienstleistungen durch einen Querverbund innerhalb der Stadtwerke (Articus 2012/09: 16). Dieser steuerliche Querverbund ist mit dem Jahressteuergesetz 2009 erstmals gesetzlich verankert worden (VKU 2012 in WI 2013/09: 26).
c) Stadtwerke können neue Geschäftsfelder entwickeln, in dem sie z.B. KWK-Anlagen für eine Nahwärmeversorgung aufbauen (WI 2013/ 09: 5).

*Bewertung:* Das WI sieht die Nutzung des kommunalwirtschaftlichen (steuerlichen) Querverbundes zur Finanzierung wichtiger örtlicher Aufgaben als eines der 10 wichtigsten Ziele der Gründung von Stadtwerken an und hält die vollständige Zielerreichung für sehr wahrscheinlich (WI 2013/09: 26). Die Verbesserung der Einnahmesituation der Kommune wird als ein weiteres der 10 wichtigsten Ziele der Gründung von Stadtwerken angesehen, die Zielerreichung hält das WI für wahrscheinlich (WI 2013/09: 27).

*Sozial-kulturelle Dimension*

(11) *Demokratische Steuerung, Einbeziehung der Bürger, Know-how, stärkere Ausrichtung auf das Gemeinwohl:*
a) Die Kommunen haben als Gesellschafter dauerhaft ein *größeres Steuerungspotential* als Privatunternehmen.
b) Stadtwerke können *wichtige Impulsgeber,* Know-how-Träger und Umsetzungspartner sein (Articus 2012/09: 14, Libbe 2013).
c) Vorstände nehmen Aufgaben der Energiewende an: Neben den traditionellen Aufgaben rückt zunehmend die Energiewende mit den dazugehörigen Herausforderungen in den Fokus der Vorstände und Geschäftsführer. Nach einer Studie von Ernst&Young in Kooperation mit dem Bundesverband der Energie- und Wasserwirtschaft (BDEW 2012/ 01) sind die EE in Verbindung mit der Energiewende 2011 zum wichtigsten Thema geworden. Künftig wollen sich neben dem „Klassiker" Absatz/Marketing/Kundenbetreuung (85 % wollen sich mit diesem Thema in den kommenden 2 bis 3 Jahren auseinandersetzen) 81 % mit dem Thema EE und 63 % mit Maßnahmen zur Steigerung der Energieeffizienz stark oder sehr stark auseinander setzen. Als die wichtigsten traditionellen Aufgaben werden angesehen: Optimierung interner Prozesse (80 %), Strombeschaffung und Portfoliomanagement (75 %), Umsetzung IT-gestützter Prozesse (65 %), Kooperation, strategische Allianzen, Fusionen (62 %), alle anderen Aufgaben werden deutlich seltener als Themen angegeben (Edelmann 2012: 9).
e) Stadtwerke verfolgen eine intensivere *Kommunikation* zu den Bürgern und legen ihre Strategien offen (WI 2013/09: 28).
f) Stadtwerke nehmen häufig ihre interne *soziale Verantwortung* wahr, z. B. schaffen sie Ausbildungsplätze. Ihre externe soziale Verantwortung zeigen sie bei der Unterstützung örtlicher Initiativen (WI 2013/09: 31).
g) Bürger wollen mehr Information und Mitsprache an Entscheidungsprozessen in ihrer Region (Lenk 2012/09: 19). Das kann bei einem kommunalen Stadtwerk eher ermöglicht werden als bei einem Energiekonzern.

*Bewertung*: Das WI sieht die Demokratisierung der Energieversorgung und stärkere Ausrichtung auf das Gemeinwohl (die Wahrung des kommunalen Einflusses) als eines der 10 wichtigsten Ziele der Gründung von Stadtwerken an und hält die vollständige Zielerreichung für sehr wahrscheinlich (WI 2013/09: 28). Ebenso sieht es die Wahrnehmung sozialer Verantwortung als eines der 10 wichtigsten Ziele der Gründung von Stadtwerken an und hält die Zielerreichung für wahrscheinlich (WI 2013/09: 31).

(12) *Beitrag zur dauerhaften Versorgungssicherheit*: Stadtwerke leisten mit ihrem Kraftwerkspark einen Beitrag für eine dauerhafte Versorgung ihrer Region mit nachhaltig produzierter Energie, größere Anstrengungen müssen sie im Ausbau der EE unternehmen.

(13) *Beitrag zu einer dezentralen und flexiblen Energieversorgung*: Aufgrund ihres Kraftwerkparks leisten die Stadtwerke einen großen Beitrag für eine dezentrale und flexible Energieversorgung. Damit sind sie ideale Partner der fluktuierenden EE (Kap. 5.2).

(14) *Beitrag zur Konfliktvermeidung, hohe Akzeptanz bei Mitarbeitern und Stakeholdern, Kunden- und Bürgernähe, Stärkung des Zufriedenheitsgefühls der Bürger:*
*a)* Bürger verbinden mit den Stadtwerken positive Werte wie Zuverlässigkeit, Versorgungssicherheit, lokale Verwurzelung und Verantwortung (Reck 2012: 14). So vertrauten nach einer Studie des VKU 2009 80 % der befragten Bürger ihrem örtlichen Stadtwerk, während nur 25 % privatrechtlichen Großunternehmen Vertrauen entgegenbringen (Wübbels 2010/03: 39; zu den weiteren Voraussetzungen s. Staab 2013).
*b)* Sie verfügen über eine *lokale und dezentrale Orientierung* mit hohen Kenntnissen über die lokalen und regionalen Potentiale und die Bedürfnisse der Bevölkerung (Praetorius 2012: 135). Hierdurch können sie „maßgeschneiderte" Dienstleistungen anbieten und flexibel auf Kundenwünsche eingehen (WI 2013/09: 5).
*Bewertung*: Das WI sieht die Realisierung von Kunden- bzw. Bürgernähe als eines der 10 wichtigsten Ziele der Gründung von Stadtwerken an und hält die vollständige Zielerreichung für sehr wahrscheinlich (WI 2013/09: 34).

(15) *Technische Risiken werden vermindert*: Im Vergleich zu den Atomkraftwerken der EVU sind die Kraftwerke der Stadtwerke sehr risikoarm.

Quelle: Eigene Zusammenstellung aus Praetorius 2012, Reck 2012, Schäfer 2012, VKU 2014/03; Wübbels 2010/03.

Die folgenden *Entwicklungen* bieten für die Gründung von Stadtwerken eine besondere Chance:

a) Die Mehrzahl der ca. 20.000 bestehenden Gas- und Strom-Konzessionsverträge läuft in den nächsten Jahren aus und kann neu vergeben werden (insbes. 2015/16; Libbe 2013).

b) Weiterhin erreichen viele Großkraftwerke das Ende ihrer Lebenszeit, sie könnten durch neue flexiblere Kraftwerke in KWK ersetzt werden. Bis 2020 werden etwa 16 GW an fossilen Altkraftwerken stillgelegt (dena 2008/04), dazu kommen bis 2022 noch ca. 13 GW Atomkraftwerke (DAtF 2014/01).

c) Kredite für die Gründung und den Erwerb der Anlagen, Netze und Konzessionen sind so günstig wie nie zu vor.

*Hemmnisse und Lösungsansätze*

Trotz aller Chancen, die Stadtwerke bieten, muss bei einer Neugründung eine Reihe von Bedingungen erfüllt sein, z. B. eine professionelle Vorbereitung und Umsetzung, ein tragfähiges Unternehmenskonzept, ein akzeptabler Kaufpreis, angemessener Zustand der vorhandenen Bauten und Anlagen, Finanzierungsmöglichkeiten, angemessenes Eigenkapital. Diese Bedingungen wollen wir in diesem Unterkapitel genauer untersuchen.

Nach den vorliegenden Untersuchungen haben viele Stadtwerke die Herausforderungen der Energiewende erkannt und angenommen, was aber längst nicht für alle Stadtwerke gilt. So existiert eine Reihe von *Hemmnissen*, die dafür sorgen, dass die Stadtwerke zwar stark in der dezentralen Energieversorgung in KWK-Technik sind, aber bislang *keine führende Rolle bei dem Transformationsprozess zur 100 %-Versorgung* spielen (eigene Zusammenstellung aus Janzing 2013/03, Lenk, Rottmann 2012, Müller 2008/01, Schöneich 2012). Weiterhin dürfen die etwa 86 Neugründungen von Stadtwerken und 180 Netzübernahmen seit der Jahrtausendwende (Rost 2014/06: 2) nicht dazu verleiten, dass die *Rekommunalisierung der Stromversorgung schon der Regelfall* wäre. Vielmehr machen die Netzübernahmen „nur einen sehr geringen Anteil der über 3.000 in den letzten Jahren ausgelaufenen Stromkonzessionsverträge aus" (Berlo, Wagner 2013/02: 6). So gingen in Baden-Württemberg zwischen 2005 und 2012 von insgesamt 600 neu vergebenen Konzessionsverträgen nur 59 an Stadtwerke (Rost 2014/06: 2). Diese mangelnde Dynamik hat verschiedene Ursachen:

*Rahmenbedingungen:*

1) *Mangelnde politisch-rechtliche Instrumente*: Das größtes Hemmnis für eine erfolgreiche Umsetzung der Energiewende sehen die Energieversorger in den unklaren und nicht verlässlichen politischen Rahmenbedingungen (Edelmann 2012: 11). Hierzu gehören die *mangelnden Rahmenbedingungen für den Betrieb von Brückentechniken* (Edelmann 2012: 11): Zurzeit herrscht große Unsicherheit, welche fossilen Kraftwerke noch gebaut und betrieben werden können. Insbesondere das Investitionsrisiko gasbasierter KWK-Anlagen aufgrund der fehlenden ökologischen Leitplanken, z. B. ausreichend hohe Preise für Emissionszertifikate durch deutliche Senkung des cap auf europäischer Ebene und Förderung für den Vorhalt von flexiblen Kraftwerken. So waren die meisten modernen GuD-Kraftwerke 2013 nicht wirtschaftlich zu betreiben, da die Börsenpreise für Strom stark gesunken sind (WI 2013/09: 52).
*Lösungsansätze:* Die Stadtwerke können – außer den üblichen Kostensenkungsstrategien – wenig zur Veränderung dieser Entwicklung tun. Hier ist der deutsche und europäische Gesetzgeber aufgerufen, dafür zu sorgen, dass der Kohlestrom deutlich teurer wird und/oder die gasbetriebenen Kraftwerke für ihre Flexibilität und Kapazitätsvorhaltung gefördert werden.

2) *Innovations- und Regulierungsregime*: Als zweitwichtigstes Hemmnis wird ebenfalls Politik- und Verwaltungsversagen im Bereich des Netzausbaus und des Ausbaus zu intelligenten Netzen (smart grids) angegeben (Edelmann 2012: 11).
*Lösungsansätze:* Auch hierzu sind der Gesetzgeber und die Regierungen gefragt.

3) *Rechtliche Entwicklungshemmnisse, Beschränkungen durch das Gemeindewirtschaftsrecht*: Obgleich sich in der Verfassung kein Vorrang von privaten Unternehmen gegenüber öffentlichen ableiten lässt, wird in der Literatur davon ausgegangen, dass die Gründung und der Betrieb von Stadtwerken besonders begründet werden müssen. So wird von einigen Autoren aus der Deutschen Gemeindeordnung von 1935 eine allgemeine Schrankentrias für die Stadtwerke abgeleitet. Der erlaubte konkrete Umfang der wirtschaftlichen Betätigung ist in dem Gemeindewirtschaftsrecht der Bundesländer unterschiedlich geregelt. In einigen ist z. B. den Stadtwerken verboten, Produkte und Dienstleistungen zur Stützung oder Diversifizierung ihres Kerngeschäfts anzubieten (VKU 2012/09: 27):

   a) *Begrenzung auf „öffentlichen Zweck"*: Zur Gründung muss ein „öffentlicher Zweck" vorliegen (Daseinvorsorge), der das kommunale Unternehmen erfordert. In EU-Verlautbarungen wird der Begriff „Dienstleistungen von allgemeinem Interesse" verwendet (Schöneich 2012: 87).

Damit ist aus Sicht einiger Autoren eine Ausweitung des Geschäftsbetriebs begrenzt.

b) *Nachrangigkeit öffentlicher Betriebe:* Stadtwerke dürfen aus Sicht einiger Autoren nur gegründet und betrieben werden, wenn Private die Leistungen nicht erbringen können (Subsidiaritätsprinzip).

c) *Begrenzung auf Gemeindegrenzen:* In einigen Bundesländern wurde durch das Gemeindewirtschaftsrecht eine ausdrückliche Beschränkung der wirtschaftlichen Tätigkeit auf den örtlichen Wirkungsbereich der Gemeinde eingeführt (Schöneich 2012: 74).

d) *Begrenzung durch Leistungsfähigkeit:* Das Angebot der Stadtwerke muss in einem angemessenen Verhältnis zur Leistungsfähigkeit der Gemeinde stehen.

*Lösungsansätze:* Den Bundesländern wird empfohlen, ihre Gemeindeordnungen zu novellieren, damit die Arbeit der Stadtwerke verbessert und ausgeweitet werden kann. Stadtwerke, die in Bundesländern liegen, in denen es hierfür keine Mehrheiten gibt, müssen versuchen andere Gemeinden zu finden, die gelernt haben im Rahmen restriktiver Gemeindeordnungen dennoch eine überzeugende Arbeit zu leisten. Anschließend können sie ihre Geschäftstätigkeit allmählich ausweiten. Durch Zusammenschlüsse und Kooperationen können die Grenzen auch gerichtlich geklärt werden, so ein Kläger auftritt.

4) *Konkurrenz:* Mit der Liberalisierung des Strommarktes 1998 hat sich der rechtliche Rahmen für Stadtwerke grundlegend geändert. Waren sie früher Gebietsmonopolisten, müssen heute alle Leistungen im Wettbewerb erbracht werden (Schöneich 2012: 87; Lenk, Rottmann 2012: 203). Das heißt, die Haushalte und Unternehmen können den Stadtwerken jederzeit kündigen und ihre Energielieferanten selbst aussuchen, z. B. auch nach Übernahme des kommunalen Netzes durch ein neugegründetes Stadtwerk. Damit stehen die Stadtwerke unter ständigem Wettbewerbs- und Kostenminimierungsdruck, der manchmal zu Zielkonflikten mit dem gemeinwirtschaftlichen Anspruch führt. So können die Stadtwerke nur bedingt Investitionen durchführen, die sich nicht in absehbarer Zeit amortisieren. Schöneich spricht sich daher dafür aus, die Stadtwerke von den Ansprüchen des Gemeindewirtschaftsrechts zu befreien und sie nur noch nach wirtschaftlichen Gesichtspunkten zu führen (Schöneich 2012: 87). Das ist aber das Gegenteil von dem zurzeit zu beobachtenden Trend, den gemeinwirtschaftlichen Anspruch wieder zu verstärken.

*Lösungsansätze:* Die Stadtwerke müssen alle Maßnahmen der Kundenbindung durchführen.

5) *Zwang zur Ausschreibung:* Anders als bei der Privatisierung dürfen die Konzessionsverträge für die Gas- und Stromnetze nicht mehr durch eine

politische Entscheidung vergeben werden, sondern müssen „diskriminierungsfrei" ausgeschrieben werden. (Janzing 2013/03: 67).
*Lösungsansätze:* Der Gemeinderat/Stadtverordnetenversammlung kann über die Ausschreibekriterien Einfluss auf die Auswahl nehmen.

*Ökonomische Faktoren*

6) *Fehlende Finanzmittel:* Bei vielen Kommunen fordern Politiker und Bürger eine Rekommunalisierung. Es wird aber nicht ersichtlich, woher die finanziellen Mittel hierfür kommen sollen. Röbel geht daher auch davon aus, „dass es sich bei vielen Rekommunalisierungsüberlegungen mehr um eine (…) politische Option handelt" (Röbel 2012: 88). D.h. er geht davon aus, dass eine Rekommunalisierung zwar theoretisch möglich, in der Realität aber nur selten umzusetzen ist.
*Lösungsansätze:* Für die Rekommunalisierung muss die Kommune Kredite aufnehmen, die zurzeit sehr günstige Konditionen haben. Ist der Kaufpreis nicht zu hoch, finanziert sich der Kauf durch die Einnahmen.

7) *Risiken der Rekommunalisierung:* Einzelne Autoren sehen erhebliche Risiken bei der Rekommunalisierung (Kunze 2012: 106):

    a) *Kaufpreisrisiko:* Der vorhandene Eigentümer der Netze verlangt i.d.R. den Sachzeitwert, der aber regelmäßig umstritten ist. Im § 46 EnWG ist nicht eindeutig geregelt, zu welchem Preis ein Netz verkauft werden soll (Berlo, Wagner 2013/02: 8). Letztlich wird die Kaufsumme dann erst in Gerichtsverfahren geklärt. Hinzu kommen Entflechtungs- und Einbindungskosten. Zu diesem Themenbereich gehört auch der angemessene Zustand der vorhandenen Bauten und Anlagen, wenn Sanierungen und Modernisierungen notwendig sind, müssen diese Kosten in die Wirtschaftlichkeitsberechnung einfließen.
    *Lösungsansätze:* Seit einem BGH-Urteil von 1999 sowie einem Leitfaden von Bundeskartellamt und Bundesnetzagentur ist klargestellt, dass nicht der relativ hohe Sachzeitwert, sondern der i.d.R. niedrigere Ertragswert heranzuziehen ist (Berlo, Wagner 2013/02: 8).

    b) *Unternehmenskonzept, Wirtschaftlichkeit:* Ein Stadtwerk benötigt ein Unternehmenskonzept, das sicherstellt, dass es dauerhaft erfolgreich wirtschaften kann.
    *Lösungsansätze:* Hierzu bietet es sich für neugegründete Stadtwerke an, mit anderen kommunalen Unternehmen zu kooperieren und/oder auf externes Beratungswissen zurückzugreifen.
    *Bewertung:* Das WI kommt in seinen Untersuchungen zu dem Zwischenfazit, dass die Risikofelder bei der Übernahme der Netze von den Kommunen beherrschbar sind und Stadtwerk-Neugründungen wie

auch Rekommunalisierungen auch von kleinen und mittleren Kommunen erfolgreich umgesetzt werden können (WI 2013/09: 54).

*Sozial-kulturelle Faktoren:*

8) *Tricks der EVU*: Die EVU versuchen, mit einer Anzahl legaler und illegaler Tricks die Konzessionsvertragsverhandlungen zu beeinflussen, um eine Übertragung der Konzession auf einen neuen Betreiber zu verhindern. Hierzu gehören u.a.:

a) die Forderung nach *zu hohen Netzpreisen* (s. 8a),

b) die Drohungen mit *Arbeitsplatzverlusten*: Es ist vorgekommen, dass Altkonzessionäre, die über weitere Arbeitsstätten über den Netzbetrieb hinaus verfügten, den Kommunen mit dem Abzug drohten, wenn sie die Konzession anderweitig vergaben (Berlo, Wagner 2013/02: 8).

c) *Verweigerung der vollständigen Datenherausgabe*: Seit der Novellierung des § 46 EnWG 2011 haben die Gemeinden einen Anspruch auf rechtzeitige Herausgabe der Daten des alten Netzbetreibers. Es findet sich aber keine Bestimmung, welche Informationen der Altkonzessionär zur Verfügung stellen muss. Diese Rechtsunsicherheit führt oft zu Verzögerungstaktiken (Berlo, Wagner 2013/02: 9).

d) *Drohung oder Durchführung von Gerichtsverfahren*: Es kommt vor, dass der Altkonzessionär die Kommune mit einer Klage bedroht oder eine derartige einreicht, weil die Kommune bei der Ausschreibung eine unzulässige Vorfestlegung getroffen habe (nicht diskriminierungsfrei ausgeschrieben hat). In anderen Fällen wurden die Auswahlkriterien beklagt (Berlo, Wagner 2013/02: 9).

e) *Verweigerung von Konzessionsabgaben*: Wenn bei der Übergabe der Netze an einen neuen Betreiber Verzögerungen eintreten und der alte Betreiber für eine Übergangszeit die Netze betreibt.

f) *Weitere Tricks*: Zu den weiteren Tricks gehört die Verweigerung von Kaufverhandlungen, Verweigerung der Netzübertragung oder Netzentflechtung.

*Lösungsansätze*: Führen die Verhandlungen zu keinem akzeptablen Ergebnis, sollten die Kommunen den Klageweg nicht scheuen.

9) *Rückgang der Gemeinwohlorientierung*: Teile des Managements von Stadtwerken sind sich der Gemeinwohlorientierung ihrer Unternehmensform nicht mehr bewusst. Sie leisten der fortschreitenden Angleichung an private Dienstleister und deren Gewinnmaximierungsorientierung Vorschub und unterstützen die wachsende Distanz ihrer Unternehmen zu den Kommunen (Schöneich 2012: 73). Sie wollen sich von den gemeinwohlorientierten, defizitären Tätigkeitsbereichen trennen und verstehen nicht, dass

sie sich mit dieser Geschäftspolitik als besondere Unternehmensform überflüssig machen.

*Lösungsansätze:* Wenn das Management eines Stadtwerks nicht bereit ist, zu Pro-Akteuren der Energiewende zu werden, sollten sich die politischen Akteure der Kommune nicht scheuen, die Satzung des Stadtwerks und die Verträge mit den leitenden Angestellten zu verändern sowie im Zweifelsfall nach Auslaufen der Verträge engagierte pro-Akteure anzustellen.

10) *Orientierung an alten Zielen und Techniken, mangelndes Innovationspotential*: Viele Manager von Stadtwerken haben eine Ziel- und Technikorientierung, die sich kaum von denen der Manager in den EVUs unterscheidet. Einige sehen sich als reine Stromverkäufer (des Stroms der EVU), andere haben mentale Barrieren, den Ausstieg aus der atomaren und fossilen Kraftwerkstechnik aktiv zu unterstützen (Müller 2008/01). Auch fehlt vielen Stadtwerken das Engagement und das Innovationspotential, zum zentralen Akteur der Energiewende in der Region zu werden.
*Lösungsansätze:* Den Kommunen ist zu empfehlen, in den Verträgen zumindest der ersten und zweiten Führungsebene Bonuszahlungen für die Erreichung festgelegter Ziele vorzusehen und den Vorständen der Stadtwerke regelmäßige Weiterbildungs- und Motivationsschulungen einzurichten (Einsatz moderner Methoden wie Zukunftswerkstätten usw.)

11) *Diffuse Verantwortungs- und Entscheidungsstrukturen* (Schäfer 2012: 78).
*Lösungsansätze:* Nach dem Gemeindebeschluss zur 100 %-Versorgung sollte die Kommune nicht nur die eigenen Entscheidungsstrukturen zur Energiewende neu strukturieren, sondern auch die des Stadtwerks.

12) *Mangelndes Know-how*: Stadtwerke benötigen qualifiziertes Personal, das erst gefunden werden muss. Dieses Personal muss in der Lage sein, die Gründung und den Geschäftsbetrieb professionell vorzubereiten und umzusetzen.
*Lösungsansätze:* Neben der ständigen Weiterqualifizierung der Mitarbeiter – die jedes Unternehmen benötigt – haben sich besonders Stadtwerkkooperationen und die Programme des VKU bewährt (WI 2013/09: 47).

13) *Mangelnde Akzeptanz bei Politik und Bevölkerung*: Bei Teilen der Bevölkerung und Politik herrscht ein Status-Quo-Denken vor, das allen Veränderungen Hemmnisse in den Weg legt und keine Mittel für Investitionen einsetzen will (zu den Kampagnen von Politik und Beschäftigten von privaten Versorgungsunternehmen zur Verhinderung von Rekommunalisierungen siehe WI 2013/09: 51).
*Lösungsansätze:* Ein zentrales Mittel der Energiewende und der dazugehörigen Investitionspläne ist die frühzeitige Information und Miteinbeziehung der Bürger und der lokalen Politik.

*Bewertung:* Uwe Leprich kommt zu dem nüchternen *Zwischenfazit,* dass „Investitionen in dezentrale erneuerbare Energien über viele Jahre hinweg sträflich vernachlässigt (wurden), und auch im Bereich der KWK (...) seit Jahren eher eine Stagnation und ein Rückgang an Know-how zu verzeichnen (sind)." Mit einem Anteil von rund sieben Prozent an der bundesweit installierten Leistung an erneuerbaren Energieanlagen liegen kommunale und regionale Energieversorger weit hinter anderen Akteuren zurück (Leprich 2013/08: 39). Diese Bewertung wird durch eine Umfrage unter den VKU-Mitgliedsunternehmen 2014 unterstrichen: 87 % stimmten der Aussage: „Die Systematik der Förderung von EE muss grundlegend geändert werden voll und ganz oder überwiegend zu". 89 % stimmten der Aussage „die Betreiber von EE-Anlagen müssen einen stärkeren Beitrag zur Systemverantwortung leisten" zu. 60 % sahen ein „Ausschreibungsmodel als zielführend oder eher zielführend zur Förderung von EE" an und nur 20 % sprachen sich für festgelegte Vergütungssätze aus (VKU 2014/03). Damit besteht die ernste Gefahr, dass die Stadtwerke ihre Vorreiterrolle aufgeben wollen und Bremser des Transformationsprozesses werden könnten.

### 16.4 Strategiepfad zur 100 %-Versorgung

Wir haben im Kap. 14.3 einen idealtypischen Strategiepfad zu einer 100 %-Versorgung mit EE beschrieben, diesen wollen wir in diesem Kapitel nicht wiederholen, sondern nur die für Stadtwerke spezifischen Schritte skizzieren.

*Aufbau der institutionellen Voraussetzungen*

Hat eine Kommune einen Beschluss zur 100 %-Versorgung mit EE gefasst, empfehlen sich folgende wichtige Schritte:

*Erstens: Bewerbung des Stadtwerks um den Konzessionsvertrag*

Hat sich das örtliche Stadtwerk im Bieterverfahren um den Konzessionsvertrag durchgesetzt, muss das Stadtwerk die Verteilnetze von dem bisherigen Betreiber erwerben.

> *Netzbetreiber:* Ein Netzbetreiber ist ein Unternehmen, das die Stromnetze erworben hat und betreibt, auf der kommunalen Ebene benötigt der Betreiber hierzu einen Konzessionsvertrag.
> *Konzessionsverträge:* K. werden gemäß § 46 Abs. 2 EnWG zwischen Gemeinden und Strom- bzw. Gasnetzbetreibern geschlossen. Sie berechtigen den Netzbe-

treiber, als einzigen in der Gemeinde, die öffentlichen Verkehrswege für die Verlegung und den Betrieb ihrer Leitungen zu benutzen (d.h. niemand anders darf über öffentlichem Straßenland Leitungen verlegen oder betreiben, Position eines natürlichen Monopols). Allerdings muss der Netzbetreiber den Strom aller Stromerzeuger (gegen eine Gebühr) diskriminierungsfrei durch die Netze leiten. Er kann z. B. nicht nur Strom aus EE weiterleiten oder EE-Strom ablehnen. Üblicherweise werden diese Verträge für 20 Jahre geschlossen. Daher laufen zurzeit auch einige Tausend Verträge in den neuen Bundesländern aus (allerdings haben viele Betreiber auch von der Möglichkeit vorzeitiger Neuabschlüsse Gebrauch gemacht) (Kunze 2012: 99). Die Netzbetreiber unterliegen den Vorgaben der Bundesnetzagentur, den Bestimmungen des EEG u.a. Gesetzen. Ihr Entscheidungsspielraum ist daher begrenzt. Z. B. entscheiden sie nicht darüber, wie viel oder welcher Strom in ihrem Netzgebiet erzeugt oder eingespeist wird (z. B. Atom-, Kohle- oder EE-Strom) oder wie viel die Stromkunden verbrauchen. Sie sind Dienstleister, die Strom von Dritten aufnehmen und Endverbraucher an das Netz anschließen. Auch ihr Einfluss auf den Strompreis ist gering, da sich dieser aus den Kosten. a) der Erzeugung und dem Vertrieb (ca. 38 %), b) den staatlichen Abgaben (ca. 38 %) und c) dem Betrieb der Netzkosten (ca. 24 %) zusammensetzt (Kunze 2012: 103). Die Gewinne sind in dieser Auflistung enthalten.

Wenn ein Konzessionsvertrag ausläuft, müssen die Kommunen dies gemäß § 46 Abs. 3 EnWG spätestens zwei Jahre vor Ablauf der Konzessionsverträge das Vertragsende öffentlich bekannt machen (bei mehr als 100.000 angeschlossenen Kunden im Amtsblatt der EU) und anschließend „diskriminierungsfrei" – unter Angabe vieler Informationen über das Konzessionsgebiet und der vorhandenen Netzinfrastruktur – ausschreiben (über die notwendigen Angaben siehe VKU 2012/09: 30). Bei der Auswahl eines (neuen) Netzbetreibers (Unternehmen, das den Konzessionsvertrag erhält) ist die Gemeinde verpflichtet, das Unternehmen auszuwählen, das am ehesten geeignet erscheint, den Zielen des § 1 EnWG zu entsprechen, d.h. eine möglichst sichere, preisgünstige, verbraucherfreundliche, effiziente und umweltverträgliche Versorgung mit Elektrizität und Gas zu gewährleisten (VKU 2012/09: 32). Aus der Sicht der Bundesnetzagentur und des Bundeskartellamts ist eine Bevorzugung kommunaler Unternehmen ohne sachlichen Grund nicht zulässig (VKU 2012/09: 33).

*Wirtschaftlichkeit der Netzübernahme*: Ob eine Netzübernahme finanziert werden kann, hängt ganz wesentlich vom Kaufpreis des Netzes ab, über den es regelmäßig Konflikte gibt. Während die bisherigen Netzeigentümer oft den *Sachzeitwert* fordern (was würde ein Neubau der Netze kosten), fordern die potentiellen Käufer der Netze, dass sich der Preis an dem Ertragswert orientieren muss (so dass sich der Kauf durch die von der Netzentgeltregulierung festgelegten Netzentgelte finanziert). Hierbei ist der Sachzeitwert in der Regel so hoch, dass die Übernahme nicht wirtschaftlich betrieben werden kann. Eine Entscheidung des Bundesgerichtshofs zu dieser Frage steht noch aus (VKU 2012/09: 35).

*Bewertung*: Die Frage, wie wichtig der Erwerb der Netze für eine 100 %-Versorgung mit EE ist, wird unterschiedlich beurteilt. Die Contra-Akteure geben zu bedenken, dass der Erwerb sehr kostspielig sein kann. – Ist das Eigenkapital gering, muss fast alles über Kredite finanziert werden, die bedient werden müssen. Weiterhin muss der Netzbetreiber jeden Strom, ohne eigene energiepolitische Ziele durchleiten. Die Pro-Akteure verweisen hingegen auf die einmalig günstige Finanzierungssituation, die sich gerade jetzt aufgrund der niedrigen Zinsen anbietet. Auch profitieren die Netzbetreiber aufgrund der staatlich festgelegten Netzentgelte über eine risikofreie gute Einnahme, die eine Amortisation des Kaufpreises in akzeptabler Frist ermöglicht. Werden die Stadtwerke – über eine gezielte Werbekampagne – dann zum meistverkauften Stromanbieter, übernehmen sie zugleich die Grundversorgung, d. h. sie beliefern alle Haushalte, die neu in eine Wohnung einziehen oder nicht eigenständig einen Vertrag mit einem eigenen Stromanbieter abschließen. Nach den Angaben des VKU sind in den letzten Jahren etwa 70 neue Stadtwerke gegründet worden und rund 190 kommunale Netzübernahmen erfolgt.

*Zweitens: Nachhaltiger Auf- oder Umbau der Stadtwerke*

Hat eine Kommune einen 100 %-Versorgungsbeschluss gefasst und ein Stadtwerk gegründet, empfiehlt es sich, das Stadtwerk nachhaltig auf- oder umzubauen. Ohne diesen auf viele Jahre angelegten Prozess können die kommunalen Unternehmen die Herausforderungen des 21. Jahrhunderts nicht erfolgreich angehen, da die Ausbildung und Berufserfahrung des Führungspersonals oft aus dem 20. Jahrhundert stammt und das Alltagsgeschäft die Geschäftsführer und Abteilungsleiter abhält, sich mit den Problemen in 10 oder 20 Jahren zu beschäftigen. Hierdurch entsteht die Gefahr, dass die Stadtwerke ihren besonderen Unternehmenszweck (nachhaltige Energiepolitik vor Ort) nicht glaubwürdig vermitteln können. Um diese Gefahr zu vermeiden und eine Strategie der 100 %-Versorgung mit EE umzusetzen, könnten die folgenden Schritte zur Planung und den Start sinnvoll sein:

1) Beschluss der Gesellschafterversammlung und der Geschäftsleitung zum nachhaltigen Umbau, der alle Mitarbeiter verbindlich zur Mitarbeit verpflichtet.

2) Schaffung der institutionellen/organisatorischen Strukturen zur Steuerung des Umbaus, hierzu gehören die Aufnahme von Umbauzielen in die Verträge der Vorstände/Geschäftsführer, die Einsetzung eines Steuerungsgremiums und mehrerer Projektleiter.

3) Entwicklung eines mobilisierenden Leitbildes und einer Konzeption mit Einzelprojekten.

4) Vermittlung des Konzepts bei den Mitarbeitern.
5) Diskussion mit den Akteursgruppen (s. Übersicht).

Ist die Planung (inkl. der Schritte 1) bis 5) abgeschlossen, erfolgt die Durchführung der Einzelprojekte des Energiekonzepts. Sind einzelne Projekte abgeschlossen, erfolgt eine Erfolgskontrolle (Monitoring), die öffentliche Vermittlung der Ergebnisse und Beschlüsse über neue Projekte.

*Kommunikation und Bürgerbeteiligung*

Für Stadtwerke ist es besonders wichtig, die Unterschiede zu den privaten Energiekonzernen herauszuarbeiten und ihren Kunden zu vermitteln. In unserem Buch bieten wir hierfür eine kleine Übersicht.

*Übersicht 15: Ansatzpunkte Kommunikation und Bürgerbeteiligung*

*Kommunikation*

Um eine besondere Beziehung zwischen Bürgern und Stadtwerken herzustellen, müssen die Stadtwerke regelmäßig im Bewusstsein der Bürger auftauchen und auf ihre Besonderheiten und Chancen aufmerksam machen (z. B. keine Gewinnmaximierer zu sein, sondern nachhaltige Unternehmen für die Bürger). Hierzu können die folgenden Medien dienen:

1) *Internetplattform:* Der Aufbau und die Pflege einer Internetplattform mit sich mindestens wöchentlich ändernden News und einer Vielzahl von praktischen Nachschlagefunktionen dürfte heute Standard sein.
2) *Infoblatt* (Kundenzeitschrift): z.B. vierteljährlich
3) *Infobroschüre:* Ggf. als veröffentlichter Nachhaltigkeitsbericht
4) *Events:* Tag der Offenen Tür, Bürgerfeste, Wettbewerbe, Auszeichnungen.
5) *Energieberatung:* Schaffung eines Fonds, der zinslose Kredite für energieeffizientere Geräte vergibt bzw. das Bundesförderprogramm wirbt und bei der Antragstellung unterstützt. Ausleihung von Strommessgeräten.
6) *Pressearbeit.*

*Bürgerbeteiligung*

Bürger wollen heute nicht mehr nur informiert werden, sondern auch an Entscheidungen beteiligt werden. Hierzu bieten sich folgende Formen an:

1) Einrichtung eines „Runden Tisches" oder eines Beirats nachhaltige Daseinsvorsorge oder nachhaltige Energiepolitik oder 100 %-EE-Gemeinde
2) *Durchführung und Veröffentlichung von Befragungen*
3) *Sprechstunden der Geschäftsführer und Abteilungsleiter am Tag der Offenen Tür*
4) *Diskussionsrunden*
5) *Bürgerfonds zum Aufbau einer 100-EE-Versorgung*
6) *Bürgerfonds „Nachhaltige Stadt":* Einrichtung eines Fonds, aus dem Bürgerinitiativen, die Ortsteile lebendiger und grüner gestalten wollen, eine Anschubfinanzierung beantragen können. Das gilt auch für sozialkulturelle Einrichtungen.

Quelle: Eigene Zusammenstellung

Die Ergebnisse vieler Volksabstimmungen über die Rekommunalisierung zeigen, dass viele Bürger den Rückkauf der Netze unterstützen (z. B. Hamburg 2013). Nur wenn die Rahmenbedingungen sehr schlecht sind (wie z. B. in Berlin), finden sich nicht ausreichend viele Mitstreiter.

*Aufbau von flexiblen Brückentechniken:*

Hierzu bieten sich insbesondere gasbetriebene BHKW oder GuD-Kraftwerke an. Diese sollten – wo immer möglich – als KWK-Anlagen mit Fern- oder Nahwärmeversorgung gebaut werden (als Spitzenlastkraftwerke kommen Gasturbinen in Frage). Wie im Kapitel 5 gezeigt, stellen sie nach den Nachhaltigkeitskriterien eine sehr gute Brückentechnik dar. Werden in 15-20 Jahren auch Wasserstoff/Methansysteme eingeführt (Power-to-Gas, Kap. 5.5), können diese Kraftwerke und Wärmesysteme auch langfristig betrieben werden. Wo derartige Systeme existieren, empfiehlt es sich diese auszubauen. Z. B. können die vorhandenen Leitungen überall um einige hundert Meter verlängert werden. Die Versorgung der neu angeschlossenen Gebäude kann über die frei werdende Energie von wärmeschutzsanierten Gebäuden bzw. gasbetriebenen Spitzenlastkessel oder BHKW erfolgen. Als begleitende Maßnahme zur Erhöhung der Wirtschaftlichkeit empfiehlt es sich nach dem Bundesbaurecht, von der Stadtverordnetenversammlung ein Gebiet mit einem Anschluss- und Benutzungszwang für das Fernwärmesystem zu beschließen. Diese Benutzungspflicht gilt für Neubaugebiete sofort, für Bestandsbauten mit einer angemessenen Übergangszeit (z. B. 10 Jahren). Da mit der Zunahme des Anteils an EE-Strom mit der Lieferung von Strom in Zeiten hoher Nachfrage bei geringem Angebot an der Strombörse immer höhere Preise zu erzielen sein werden, empfiehlt es sich zu prüfen, ob die KWK-Anlagen nicht – wie heute üblich wärmegeführt laufen, sondern stromgeführt. In diesem Fall müssten Kurzwärmespeicher errichtet werden, die in der Lage sind, die Wärmeversorgung jederzeit zu gewährleisten.

### 16.5 Erfolgreiche Beispiele

Seit der Jahrtausendwende wurden wieder viele neue Stadtwerke gegründet oder vorhandene haben die Energiewende (100 %-Versorgung mit EE) zu einer zentralen Aufgabe ihrer Geschäftspolitik erklärt. Hier sollen die folgenden Beispiele skizziert werden:

(1) *München:* Die Stadtwerke München (SWM) wollen bis 2015 alle privaten Haushalte mit Strom aus EE versorgen. Bis 2025 wollen die SWM so viel Ökostrom in eigenen Anlagen produzieren, wie ganz München verbraucht (7,5 TWh, d. h. auch alle Industriekunden sollen mit EE-Strom versorgt werden; Janzing 2013/03: 67). Im Jahr 2015 werden nach jetziger Planung ca. 80 % des EE-Stroms aus Windkraftanlagen, ca. 12 % aus Wasserkraft und ca. 8 % aus sonstigen EE (Solar- und Geothermie, Photovoltaik) stammen (Stadtwerke München). Im Rahmen ihrer „Ausbaubauoffensive Erneuerbare Energien" haben die Stadtwerke seit 2008 bereits EE-Kapazitäten in Höhe von 2,8 TWh/a erstellt. Da diese Kapazitäten nicht auf dem eigenen Territorium errichtet werden können, investieren die Stadtwerke europaweit in EE-Anlagen. (z. B. eine 33 % Beteiligung an der wpd europe, die in 12 europäischen Ländern Onshore-Windparks errichtet, weiterhin eine Anzahl von Onshore- und Offshore-Windparks, die die SWM alleine oder mit Partnern realisieren, darüber hinaus betreiben die SWM mit Partnern in Südspanien ein Solarthermie-Kraftwerk, ein Geothermie-Heizkraftwerk und ein Wasserkraftwerk in München (SWM 2013/08).

(2) *Stadtwerke Stuttgart* (SWS): Die 2011 erneut gegründeten Stadtwerke (die ursprünglichen Stadtwerke wurden 1997 privatisiert) wollen die Strom- und Gasversorgung wieder in die eigene Hand nehmen. Hierzu haben sie sich für 2014 um die Konzession als Netzbetreiber beworben. Bis 2018 wollen die SWS die Mehrzahl der Haushalte mit Gas- und Strom versorgen und damit zum Grundversorger werden. Zurzeit verkaufen sie im Verbund mit den Elektrizitätswerken Schönau Ökostrom an einzelne Haushalte. Bis zum Jahr 2020 sollen 800 Mio. € in neue EE-Anlagen investiert werden. Weiterhin wird ein Förderprogramm für besonders energieeffiziente Kühlschränke (A+++) aufgelegt (50 € Zuschuss bei

Vorlage eines Entsorgungsnachweises des alten Kühlschranks) (Janzing 2013/03: 66).

(3) *Stadtwerke Leipzig:* 2013 produzierten die Stadtwerke durch gasbetriebene GuD-Anlagen in KWK 447,9 GWh. Die Ökostromerzeugung lag bei 292,8 GWh (40 %) (Eigenangabe in E21 2014/05: 12).

## 16.6 Zusammenfassung

Das WI kommt bei seiner Untersuchung über die Stadtwerke zu der Schlussfolgerung, dass die Kommunalisierungsbestrebungen der Städte und Gemeinden – für alle drei Dimensionen der Nachhaltigkeit – sehr sinnvoll sind und der Trend zu neuen Stadtwerken anhalten wird (WI 2013/09: 38 u. 80; s.a. Libbe 2013: 44). Wir schließen uns dieser Einschätzung an, aus unserer Sicht sind die Chancen für eine Aufwertung bestehender Stadtwerke sowie für Neugründungen zurzeit besonders hoch. In Wissenschaft und Politik hat ein deutlicher Meinungsumschwung stattgefunden. Während in den 1980er und 90er Jahren sehr große Hoffnungen mit der Privatisierung und Liberalisierung verbunden waren, verläuft die Diskussion heute differenzierter. Das hängt u.a. mit den Wirtschafts- und Spekulationskrisen und den Erfahrungen mit fehlgeschlagenen Privatisierungen zusammen. Viele Autoren sehen heute, dass sich die Hoffnungen auf eine per se effizientere Wahrnehmung öffentlicher Aufgaben durch Private nicht erfüllt hat (Lenk, Rottmann 2012: 208). Auch erkennt die Politik heute deutlicher, dass sie sich mit der Privatisierung eines Teils ihres Steuerungspotentials beraubt haben. Daher sprechen sich heute viele Politiker und Bürger für eine Rekommunalisierung der Unternehmen der Daseinsvorsorge aus. Da bis 2015/16 in der Mehrzahl der rund 12.000 deutschen Kommunen die Strom- und Gasnetz-Konzessionsverträge auslaufen (neu vergeben werden), könnte es zu einer Renaissance dieser Unternehmensform kommen. Diese Entwicklung wird aber nur eintreten, wenn der Bund und die Länder die hierzu notwendigen Rahmenbedingungen schaffen. Sollten die Stadtwerke ihre Vorreiterrolle aufgeben und in das Lager der Energiewende-Bremser wechseln, würden sie schnell ihr positives Image bei der Bevölkerung verlieren. Wollen sie hingegen den Erwartungen gerecht werden, müssten sie eine neue Dynamik beim Bau von EE-Anlagen an den Tag legen. Zu prüfen wäre, ob die Stadtwerke – über die gesetzlichen Anforderungen hinaus – Beiträge zur weitergehenden naturverträglichen und gesunden Leistungserstellung erbringen könnten.

Halten der Bund und die Länder eine dezentrale Energieversorgung für sinnvoll, könnten sie die Gründung von Stadtwerken und Erweiterung ihrer Geschäftsfelder durch folgende Maßnahmen unterstützen:

(1) Schaffung der notwendigen Rahmenbedingungen (Leitplanken) für eine 100 %-EE-Versorgung:

   a) Novellierung der EU-ETS: Dauerhafte Herausnahme von Zertifikationsrechten, Dynamisierung des cap entsprechend der Zunahme des EE-Anteils, Einführung des Systems auf der 1. Handelsstufe (vgl. Kap. 7.5).

   b) Einführung einer Stromsteuer nach THG-Emissionen oder Schadstoffen.

(2) Förderung des Baus hocheffizienter und flexibler Kraftwerke (GuD-Kraftwerke).

(3) Initiativen des Bundes in den Gremien der EU, damit die Position von Kommunalunternehmen gestärkt wird.

(4) Novellierung des Gemeindewirtschaftsrechts durch die Bundesländer, damit die Gemeinden den notwendigen Gestaltungspielraum für die Neugründung und den Umbau ihrer Stadtwerke einhalten.

*Basisliteratur*

Bräunig, D.; Gottschalk, W. (2012; Hrsg.): Stadtwerke. Grundlagen, Rahmenbedingungen, Führung im Betrieb, Baden Baden.

# 17. Energiegenossenschaften

## 17.1 Rechtsformauswahl

Seit der Jahrtausendwende finden sich immer mehr Bürger, die sich an der Energiewende zur 100 %-Versorgung mit EE beteiligen und hierzu ein eigenes Unternehmen gründen wollen, das sie mit EE versorgt. Hierzu können sie unterschiedliche Rechtsformen wählen. Eine *Kurzbewertung der Rechtsformen* kommt zu folgenden Ergebnissen (Eigene Zusammenstellung aus Staab 2013: 11):

(1) *Aktiengesellschaft* (AG): AGs sind große anonyme Kapitalgesellschaften. Sie verfügen wie alle Kapitalgesellschaften über eine eigene Rechtspersönlichkeit, d.h. sie können als Organisation Verträge schließen, klagen und verklagt werden usw. Nach dem Aktienrecht sind sie ausschließlich den Kapitaleignern verpflichtet (Shareholder Value- oder Gewinnmaximierungsprinzip). Damit sind sie für die Energiewende nur bedingt und für eine dezentrale EE-Versorgung in Bürgerhand nicht geeignet.

(2) *Gesellschaft mit beschränkter Haftung* (GmbH): GmbHs sind Kapitalgesellschaften, die relativ häufig als Rechtsform gewählt werden, da sie folgende Vorteile aufweisen: a) ihre Gründung ist relativ einfach, b) die Haftung der Eigentümer (Gesellschafter) ist auf das Eigenkapital beschränkt, c) die Eigentümer verfügen über eine dauerhafte direkte Kontrolle über den Geschäftsbetrieb (anders als bei den Aktiengesellschaften). Damit sind sie prinzipiell für die Energiewende geeignet. Allerdings ist die Aufnahme neuer Gesellschafter relativ aufwändig, da jedes Mal eine Eintragung ins Handelsregister erforderlich ist. Oder:
*GmbH & Co. KG*: Diese Form der Kapitalgesellschaft wird aus steuerlichen und Haftungsgründen gewählt (wie bei den AGs und GmbHs ist die Haftung auf die Kapitaleinlage begrenzt). Damit sind sie prinzipiell für die Energiewende geeignet. Zu ihrer Gründung wird aber größeres juristisches und steuerliches Know-how als bei GmbHs benötigt (Staab 2013: 13). Trotzdem existiert eine Reihe von Bürgergesellschaften in dieser Rechtsform, die in EE investieren.

(3) *Stiftung*: Die Gründung einer Stiftung kommt in Betracht, wenn die Energieerzeugung mit dauerhaften gemeinnützigen sozialen oder politischen Zielen verknüpft werden soll. Die Gründung ist relativ aufwändig, auch ist ein hohes Gründungskapital notwendig, das die Gründer der Stiftung übertragen (schenken) müssen.

(4) *Gesellschaft bürgerlichen Rechts* (GbR): GbRs sind Personengesellschaften ohne eigene Rechtspersönlichkeit. Alle Gesellschafter haften mit ihrem Privatvermögen. Damit sind sie für die Energiewende und eine dezentrale EE-Versorgung in Bürgerhand in der Anfangsphase geeignet. Bei einem laufenden Geschäftsbetrieb ist die Vollhaftung aber sehr abschreckend und wird demnach keine Breitenwirkung erzielen können. Und:
*Einzelunternehmen*: Einzelunternehmen haben nur einen Eigentümer, der alle Entscheidungen alleine trifft und mit seinem Privatvermögen haftet. Damit ist sie für die Energiewende und eine dezentrale EE-Versorgung in Bürgerhand wenig geeignet.

(5) *Eingetragener Verein* (e.V.): E.V.s sind Personengesellschaften ohne eigene Rechtspersönlichkeit. Hier haftet der Vorstand mit seinem Privatvermögen, die Gründung ist relativ einfach. Damit sind sie für die Energiewende und eine dezentrale EE-Versorgung in Bürgerhand in der Anfangsphase sehr geeignet. Bei einem laufenden Geschäftsbetrieb sind die Vollhaftung und die Grenzen der Gewinnerzielung (ein Verein sollte eigentlich rein ideelle Ziele verfolgen) aber weniger empfehlenswert.

(6) *Eingetragene Genossenschaft* (e.G.): Genossenschaften vereinigen einige Vorteile der anderen Gesellschaftsformen. Sie sind nicht so groß wie AGs und demokratischer strukturiert sowie nicht dem reinen Share-holder-Value-Prinzip verpflichtet, aber in der Haftung begrenzt. Wie wir im Einzelnen zeigen werden, ist diese Gesellschaftsform für die Energiewende und eine dezentrale EE-Versorgung in Bürgerhand sehr geeignet. Daher wollen wir uns in diesem Kapitel mit ihren Chancen und Problemen beschäftigen.

## 17.2 Skizze der Genossenschaftsbewegung

### *Vorläufer und erste Gründungen*

Genossenschaftsähnliche Zusammenschlüsse existierten in allen Zeitaltern der Menschheitsgeschichte. Regelmäßig schlossen sich Menschen zusammen, um gemeinsam etwas für die Verbesserung ihrer Lebensverhältnisse zu tun, wozu die Kräfte des Einzelnen nicht ausreichen. Für das Altertum und Mittelalter sind Agrar-, Bergbau-, Deich-, Fischer-, Handwerker-, Mühlen- und Siedlergenossenschaften belegt (Faust 1977: 17, Brentano 1980: 55). Der Niedergang dieser historischen Kooperationsformen erfolgte in Deutschland zu *Beginn des 19. Jh.* mit dem Zerbrechen der ständischen Ordnung im Zuge der sog. Stein-Hardenbergschen Reformen in Preußen (aufgrund der Niederlage Preußens gegen Frankreich in den napoleonischen Kriegen; Arndt, Rogall 1986: 53).

Die zunehmende materielle Not im Verlauf der industriellen Revolution schuf aber zugleich die Voraussetzungen für die neue Kooperationsform der Genossenschaft. *Geistige Vorläufer* waren Reformer aus verschiedenen gesellschaftspolitischen Richtungen, wie die sog. utopischen Sozialisten, sozial orientierte Christen und Liberale. Männer wie *Johann Pestalozzi* (1746-1827), *Robert Owen* (1771-1858), *Charles Fourier* (1772-1837), *Jean de Simondi* (1773-1842), *William King* (1786-1865), *Victor Huber* (1800-1869), *Louis Blanc* (1813-1882) und *Ferdinand Lassalle* (1825-1864) initiierten durch ihre gesellschaftskritischen Schriften zahlreiche Genossenschaften (Faust 1977: 37). In Großbritannien und in Frankreich waren es vor allem Arbeiter in den schnell wachsenden Industriestädten, die *Mitte des 19. Jh.* die ersten modernen Genossenschaften gründeten. Die Mehrzahl dieser Gründungen zielte neben der konkreten Verbesserung der Lebensbedingungen ihrer Mitglieder zugleich auf eine Umgestaltung der Wirtschaftsordnung. Den dauerhaften Anstoß erhielt die Bewegung von Wollwebern, die sich im Jahr 1843 in einem Konsumverein zusammenschlossen („Redliche Pioniere von Rochdale" genannt). Ihre Prinzipien wurden richtungweisend für alle späteren Genossenschaften. In diesem neuen Unternehmenstyp waren die Konsumenten oder Mieter zugleich Eigentümer. Von nun an sollte nicht mehr die maximale Gewinnerzielung, sondern die Bedürfnisbefriedigung der Mitglieder im Mittelpunkt des Geschäftsbetriebes stehen (Arndt, Rogall 1986: 53).

*Owen, Robert* (1771-1858): Früh-Sozialist, sehr erfolgreicher Unternehmer und „Vater der Genossenschaftsbewegung". Er führte in seiner Fabrik (New Lamark) zahlreiche Reformen durch, die als wesentliche Vorbilder für den modernen Sozialstaat gelten können (u.a. Abschaffung der Kinderarbeit, Schulbildung, Arbeitszeitbeschränkung, Sozialversicherung, Gewerkschaftsbildung). Viele seiner Gedanken wurden von der Genossenschaftsbewegung aufgenommen, die er stark unterstützte. Weiterreichende Alternativmodelle (z. B. die „Gesellschaft der Gleichheit" in den USA) scheiterten (Faust 1977: 73).

### *"Moderne" Genossenschaftsbewegung*

In der *zweiten Hälfte des 19. Jahrhunderts* entwickelte sich diese Unternehmensform relativ erfolgreich. Besonders erwähnenswert sind in Deutschland die Genossenschaftsgründungen von Hermann *Schulze-Delitzsch* (1808-1883, Landwirtschaft), Wilhelm *Raiffeisen* (1818-1888, Kreditgenossenschaften im ländlichen Raum) und die Konsum- und Wohnungsbaugenossenschaften der *Arbeiterbewegung* (Arndt, Rogall 1986: 53).

Zu Beginn der modernen Genossenschaftsgeschichte existierte keine adäquate Rechtsform für diese Art von wirtschaftlichen Zusammenschlüssen. Daher entstand die Forderung nach einer gesetzlichen Grundlage, die die Rechtsfähigkeit dieses Unternehmenstyps gewährleisten sollte. So wurde *1867* im Preußischen Landtag das erste Genossenschaftsgesetz (GenG) verabschiedet, das 1868 vom Norddeutschen Bund und 1871 vom Deutschen Reich übernommen wurde. Nach einer grundlegenden Überarbeitung wurde es 1889 als „Gesetz betreffend die Erwerbs- und Wirtschaftsgenossenschaften" vom Deutschen Reichstag verabschiedet. Im § 1 GenG werden die Ziele auf die „Förderung des Erwerbs oder der Wirtschaft ihrer Mitglieder" beschränkt. Diese Beschränkung auf ökonomische Ziele entsprach der Tradition des deutschen Genossenschaftsrechts. Die Preußische Regierung hat schon bei der Formulierung des ersten Gesetzes von 1868 aus Furcht vor „politischem Missbrauch" entgegen den ursprünglich auch sozial-kulturellen Zielen der Genossenschaftsbewegung streng auf die ökonomische Fixierung geachtet. Trotz des Gesetzes verfolgten die meisten Genossenschaftsgründungen bis in die 1950er Jahre auch sozial-kulturelle Ziele (z. B. Bildung ihrer Mitglieder, Reform des Kapitalismus; Arndt, Rogall 1986: 50). Nach der Verabschiedung des Genossenschaftsgesetzes 1868 und 1889 wurden sehr viele Genossenschaften gegründet, 1900 existierten bereits ca. 14.000, Anfang der 1930 Jahre sogar 52.000. In der Nazizeit schrumpfte die Zahl allerdings deutlich.

Die ersten *Energiegenossenschaften* entstanden in der Weimarer Republik der 1920er Jahre, da es noch keine flächendeckenden Verteilungsnetze und EVUs gab. Viele von ihnen wurden später in Stadtwerke umgewandelt oder dienten als Vorbilder für deren Gründung. Sie büßten ihre Bedeutung in den 1930er Jahren ein, nachdem die Reichsregierung mit dem Energiewirtschaftsgesetz von 1935 die Energiewirtschaft Deutschlands durch neun EVUs mit Gebietsmonopolen (zur Kriegsvorbereitung) neu strukturiert hatte (Flieger, Lange 2012/11: 5).

*Diskussion über die Ziele der 1950er bis 1990er Jahre*

Ende der 1950er Jahre begann eine intensive Diskussion über die Ziele der Genossenschaftsbewegung (Weiser 1953, Komossa 1976, Faust 1977, Novy 1983, zusammengefasst in Arndt, Rogall 1986). Beeinflusst durch den Zeitgeist wurden die sozial-kulturellen und gemeinnützigen Ziele von Genossenschaften bestritten und die Gewinnorientierung in den Mittelpunkt gestellt. In den 1980er Jahren fanden sich nur noch vereinzelt Teile der alten Ideale z. B. bei einigen Wohnungsbaugenossenschaften. Die Genossenschaften waren in ihrer großen Mehrheit zu einer Kapitalgesellschaftsform wie alle anderen geworden. *Energiegenossenschaften* hatten in dieser Zeit keine nennenswerte Bedeutung.

## Neue Genossenschaftsgründungen

Wie so oft in der Ideengeschichte, entsteht nach dem Niedergang einer Bewegung eine neue Bewegung, die sich Teile der Idee zu eigen macht und damit den Keim einer neuen und zugleich alten Idee bildet. So auch bei den Genossenschaften. Wie beschrieben hatte sich diese Unternehmens- und Organisationsform, die ursprünglich immer auch sozial-kulturelle, z.T. sogar gemeinnützige Ziele für die Gesellschaft verfolgte, bis Mitte der 1980er Jahre zum größten Teil an die übrigen Kapitalgesellschaften angepasst. Nur wenige traditionelle Genossenschaften hatten Teile der alten idealistischen Ziele erhalten. Die Gegenbewegung, die wieder an die ursprünglichen Ideale anknüpfen wollte, hatte unterschiedliche Wurzeln. So entstanden schon in den *1970er* Jahren in einzelnen Städten verschiedene „alternative" Unternehmen als „Nachfahren" der Studentenbewegung der 1968er. In den 1980er Jahren entstanden so in einzelnen Städten (z. B. Berlin) neue „alternative" Wohnungsbaugenossenschaften. Dennoch spielte diese Unternehmensform in der öffentlichen Wahrnehmung bis zur Jahrtausendwende keine Rolle mehr. Dieser Eindruck entsprach allerdings nicht der tatsächlichen Bedeutung. So existieren in Deutschland (2011) etwa 7.500 Genossenschaften mit 800.000 Beschäftigten und immerhin 20 Mio. Mitgliedern (jeder vierte Deutsche; Flieger 2012/08).

## 17.3 Charakteristika der Genossenschaft

Aus der Definition von Genossenschaften im § 1 GenG, weiteren Paragrafen des Genossenschaftsgesetzes und der Tradition dieser Unternehmensform ergeben sich folgende Charakteristika und Prinzipien:

(1) *Freiwillige offene Mitgliedschaft*: Jedermann kann jederzeit der Genossenschaft beitreten und unter Auszahlung der Genossenschaftsanteile aus ihr austreten.
*Bewertung*: Damit unterscheidet sich die Genossenschaft von anderen Rechtsformen des Handelsrechts (z. B. die GmbH), bei denen die Gesellschafter entscheiden, wer Miteigentümer werden darf. In Abgrenzung zu anderen Kooperationsformen wird aber bei den Genossenschaften die Freiwilligkeit betont.

*Genossenschaften* sind „Gesellschaften von nicht geschlossener Mitgliederzahl, deren Zweck darauf gerichtet ist, den Erwerb oder die Wirtschaft ihrer Mitglieder oder deren soziale oder kulturelle Belange durch gemeinschaftlichen Geschäftsbetrieb zu fördern" (§1 Genossenschaftsgesetz, GenG von 2009). Eine Genossenschaft ist ein Unternehmen mit eigener Rechtspersönlichkeit (Juristische Person). Das heißt u.a., dass sie eigenes Eigentum und Rechte an Grundstücken erwerben sowie vor Gericht klagen und verklagt werden kann (§ 17 GenG). Zur Kennzeichnung muss es die Bezeichnung „eingetragene Genossenschaft" oder die Abkürzung „eG" im Unternehmensnahmen tragen (§3 des Genossenschaftsgesetzes (GenG) von 2009).

(2) *Förderung der Mitgliedschaft, nicht Gewinnmaximierung*: Im Mittelpunkt des gesetzlichen Begriffs der Genossenschaft steht der Förderauftrag. *Bewertung*: An diesem Begriff hat sich die wissenschaftliche Diskussion über das Wesen und den Umfang der Aufgaben einer Genossenschaft entzündet, eine Debatte die seit dem ersten Genossenschaftsgesetz (1867) bis heute andauert. Während einige Autoren in diesem Begriff nur ein Synonym für erwerbswirtschaftliches Gewinnstreben sehen (dann gebe es keinen Unterschied zu anderen Rechtsformen), umschreibt er nach Ansicht anderer Autoren das „genossenschaftliche Wirtschaftlichkeitsprinzip", das sich grundlegend von anderen Unternehmen unterscheidet (Arndt, Rogall 1986: 53). Danach sollten Genossenschaften gerade nicht nach Gewinnmaximierung, sondern zum Wohle ihrer Mitglieder nach Kostendeckung und angemessenem Gewinn streben (Neudeutsch: Member Value). Überschüsse sollen hauptsächlich für die Entwicklung der Genossenschaft verwendet werden (Brinkmann, Schulz 2011/10: 19). Das wird auch dadurch sichtbar, dass bei dem Eintritt eines Genossen nicht der Spekulationsaspekt im Mittelpunkt stehen kann, da – anders als bei einer Aktiengesellschaft – hier das Eigenkapital nur in der ursprünglichen Höhe ausgezahlt wird, zwischenzeitliche Wertsteigerungen (Gewinne oder Wertsteigerungen des Anlagekapitals, z. B. der Grundstücke) verbleiben in den Genossenschaften. Ob mit der Gewinnbegrenzung die Ziele der erfolgreichen Genossenschaftsbanken und Einkaufsgenossenschaften wiedergegeben werden, kann allerdings zu Recht bezweifelt werden. Immerhin ist seit der Novellierung des GenG von 2006 die Förderung der sozialen und kulturellen Belange der wirtschaftlichen Förderung als Ziel gleichgestellt. Das wirtschaftliche Ziel einer angemessenen Eigenkapitalrendite für die Mitglieder (z. B. 4 %) oder einer möglichst hohen Rendite ist hiermit nicht völlig ausgeschlossen.

(3) *Identitätsprinzip*: Die Zielgruppe des Geschäftsbetriebs der Genossenschaft sind zugleich die Kapitaleigner. Die Einlagen der Mitglieder bilden

das Geschäftskapital.
*Bewertung:* Dieses Prinzip steht im engen Zusammenhang zu dem vorangegangenen, da hierdurch die Eigentümer weniger Interesse an einer Gewinnmaximierung als an einer hohen Qualität und Kostendeckung haben. Das kann – muss aber nicht – auch für die Energiegenossenschaften gelten.

(4) *Demokratieprinzip* (demokratische Kontrolle): Jedes Mitglied hat unabhängig von der Höhe seiner Kapitalbeteiligung nur eine Stimme. Vorstände werden demokratisch gewählt und kontrolliert („*one man one vote*", AEE 2011: 12, § 43 (3) GenG).
*Bewertung:* Dieses Prinzip macht Genossenschaften zu einer demokratischen Gesellschaftsform. Natürlich existieren auch hier wie in allen größeren Organisationen Interessengegensätze zwischen den hauptamtlich für die Genossenschaft arbeitenden Menschen und den einfachen Mitgliedern.

(5) *Gemeinschaftlicher Geschäftsbetrieb und Selbstverwaltung*: Eine Genossenschaft hat einen eigenen Geschäftsbetrieb und ist nicht nur eine ideelle Vereinigung. Die Genossen verwalten ihren Geschäftsbetrieb selbst (heute in Form der Wahl von Vertreterversammlung und Aufsichtsrat).
*Bewertung:* Dieses Prinzip unterscheidet Genossenschaften von allen rein ideellen Organisationen.

(6) *Begrenzte Haftung*: Die Haftung beschränkt sich auf das Vermögen der Genossenschaft (§2 GenG). Im Fall einer Insolvenz werden die Schulden der Genossenschaft durch das bestehende Vermögen der Genossenschaft getilgt. Die Mitglieder der Genossenschaft haften grundsätzlich nur in Höhe ihrer finanziellen Beteiligung an der Genossenschaft. Wenn das Vermögen der Genossenschaft für die Tilgung der Schulden nicht ausreicht, stellt sich die Frage, ob die Mitglieder zusätzliches Geld zur Verfügung stellen müssen. Die sogenannte Nachschusspflicht muss gemäß § 6 Abs. 3 Genossenschaftsgesetz in der Satzung der jeweiligen Genossenschaft geregelt sein. Es kann festgelegt werden, dass die Nachschüsse in unbeschränkter, in einer beschränkten Höhe oder gar nicht zu erfolgen haben.
*Bewertung:* Diese Begrenzung der Haftung ist für sehr viele potentielle Mitglieder einer Genossenschaft sehr wichtig, weil sie das Risiko der Teilnahme begrenzt.

(7) *Selbsthilfe*: Genossenschaften verfolgen das ethische Nachhaltigkeitsprinzip der *Verantwortung*, indem sie bei der Lösung von Problemen (nicht vorhandener menschenwürdiger Wohnraum, unzureichende Versorgung mit EE-Strom) nicht allein auf andere (z. B. den Staat) hoffen, sondern

selber aktiv werden, um Missstände zu beseitigen. Damit verfolgen sie zugleich das Prinzip der wirtschaftlichen Mitwirkung der Mitglieder.

*Bewertung:* Dieses Prinzip wurde in der Vergangenheit oft von konservativen Genossenschaftsbefürwortern verwendet, um sich gegen ökosoziale Leitplanken durch die Politik/den Staat zu wenden. Diese Auseinandersetzung wirkt heute antiquiert, weil wohl für alle Menschen einsichtig sein sollte, dass bis heute kein einziges der großen gesellschaftlichen Probleme allein durch Selbsthilfe gelöst werden konnte, sondern es immer sozial-ökologischer Leitplanken der Politik/des Staates bedurfte. Das gilt für das Wohnungselend der Vergangenheit (was erst durch die städtischen Wohnungsbaugesellschaften und den sozialen Wohnungsbau gelöst werden konnte), den Abbau von Arbeitnehmerrechten (die nicht durch die Produktionsgenossenschaften, sondern durch staatliche Schutzrechte begrenzt werden) und auch den Bau von EE-Anlagen (die ohne das EEG nicht erfolgt wären). So kann von den politischen Rahmenbedingungen als notwendige Bedingung gesprochen werden, die durch die Selbsthilfe/Engagement zur hinreichenden Bedingung werden.

(8) *Wirtschaftliche Beteiligung der Mitglieder*: Die Mitglieder einer Genossenschaft sind an dem wirtschaftlichen Erfolg der Genossenschaft beteiligt.

*Bewertung:* Da der Eintritt relativ einfach ist, kann damit auch ein Beitrag zur gerechten Verteilung von Einkommen und Vermögen geleistet werden.

*Übersicht 16: Organe einer Genossenschaft*

---

Nach dem GenG verfügt eine Genossenschaft über die folgenden Organe:

*Vorstand:* Eine Genossenschaft wird durch den Vorstand gerichtlich und außergerichtlich vertreten. Er besteht aus zwei Personen, die von der Generalversammlung gewählt und abberufen werden. Die Satzung kann eine höhere Anzahl sowie eine andere Art der Bestellung und Abberufung bestimmen. Die Mitglieder des Vorstandes können besoldet oder unbesoldet sein (§ 24 GenG). Der Vorstand leitet die Genossenschaft in eigener Verantwortung. Dabei hat er die Beschränkungen der Satzung zu beachten (§ 27 GenG).

*Aufsichtsrat:* Der Aufsichtsrat besteht, sofern nicht die Satzung eine höhere Zahl festsetzt, aus drei von der Generalversammlung zu wählenden Personen. Sie dürfen keine nach dem Geschäftsergebnis bemessene Vergütung beziehen (§ 36 GenG). Er hat die Geschäftsführung des Vorstandes zu überwachen (§ 38 GenG).

*Generalversammlung:* Die Mitglieder üben ihre Rechte in den Angelegenheiten der Genossenschaft im Rahmen der Gesetze in der Generalversammlung aus. Hierbei hat jedes Mitglied (unabhängig von der Kapitaleinlage) eine Stimme (eine Erhöhung auf bis zu drei Stimmen ist in begründeten Ausnahmefällen möglich) (§ 43 GenG). Die Generalversammlung muss unverzüglich einberufen werden, wenn mindestens ein Zehntel der Mitglieder oder der in der Satzung hierfür bezeichnete geringere Teil (...) eine Einberufung verlangt (§ 45 GenG). Oder:

*Vertreterversammlung:* Bei Genossenschaften mit mehr als 1.500 Mitgliedern kann die Satzung bestimmen, dass die Generalversammlung aus Vertretern der Mitglieder (Vertreterversammlung) besteht (§ 43a GenG).

---

Quelle: Eigene Zusammenstellung nach Genossenschaftsgesetz.

*Hauptkategorien von Genossenschaften*

Die Genossenschaftsbewegung hat eine wechselseitige Geschichte hinter sich. Heute kann man die folgenden Hauptkategorien feststellen (Brinkmann, Schulz 2011/10: 18): Kredit-, Wohnungsbau-, Konsum-, Energiegenossenschaften sowie gewerbliche Genossenschaften.

## 17.4 Energiegenossenschaften

*Charakteristika und Entwicklung*

Mit der Stromliberalisierung seit Ende der 1990er Jahre und verstärkt nach der Verabschiedung des EEG 2000 wurden die Rahmenbedingungen für erfolgreiche Energiegenossenschaften gelegt. Seitdem sind viele dieser traditionellen und doch sehr modernen Unternehmen neu gegründet worden. In Deutschland existierten 2014 etwa 900 Genossenschaften, die im Bereich der EE tätig waren (Energiegenossenschaften oder EG genannt), davon wurden über 850 erst 2006 bis 2014 gegründet (folgende Abbildung). Fast alle EG werden durch Bürger, Kommunen, Landwirte, Unternehmen sowie Kirchen und Vereine gegründet und getragen. Laut dem Deutschen Genossenschafts- und Raiffeisenverband besitzen mehr als 80.000 Bürger Anteile an diesen EG. Ihre Hauptgeschäftsfelder sind Herstellung von EE-Strom (inbes. aus PV-Anlagen) sowie Betreibung von Nahwärme- und Stromnetzen (AEE 2013/04: 4). Auf öffentliches Interesse stießen besonders die Genossenschaftsgründungen, die anschließend versuchten, sich um die Konzessionsverträge in ihren Städten zu bemühen, z. B. in Berlin (Altegör 2014/05: 86).

> *Energiegenossenschaft (EG):* Die E. ist eine Beteiligungsform, die Bürger, regionale Unternehmen und Landwirte für gemeinsame Energieprojekte zusammen bringt (AEE 2011: 2). Um die Interessen der Energiegenossenschaften besser vertreten zu können wurde eine Bundesgeschäftsstelle gegründet (http://www.genossenschaften.de /bundes geschaeftsstelle-energiegenossenschaften).

Die folgende Abbildung 15 zeigt, dass die Gesamtzahl der Energiegenossenschaften seit 2006 Jahr für Jahr zunimmt. Allerdings hat die Anzahl der Neugründungen 2012 und 2013 abgenommen. Kritiker der Novellierung des EEG führen diese Entwicklung auf die Verunsicherung der Bürger über die Zukunft der Energiewende zurück und befürchten künftig einen Einbruch (Alt 2014/03/16).

## 16. Energiegenossenschaften

*Abbildung 15: Energiegenossenschaften in Deutschland*

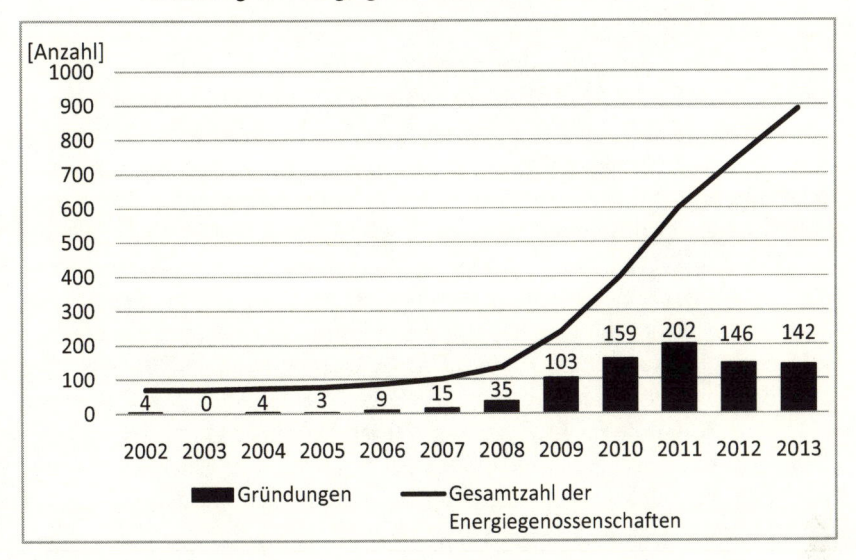

[Anzahl]

| Jahr | Gründungen | Gesamtzahl |
|------|-----------|------------|
| 2002 | 4 | |
| 2003 | 0 | |
| 2004 | 4 | |
| 2005 | 3 | |
| 2006 | 9 | |
| 2007 | 15 | |
| 2008 | 35 | |
| 2009 | 103 | |
| 2010 | 159 | |
| 2011 | 202 | |
| 2012 | 146 | |
| 2013 | 142 | |

Quelle: Eigene Erstellung Rogall, Niemeyer nach AEE 2014.

Die *Renaissance dieser Kooperationsform mit wirtschaftlichen und sozialkulturellen Zielen* hat verschiedene Ursachen. Nach einer (aufgrund der geringen Anzahl allerdings nicht repräsentativen) Untersuchung über die Ziele der Gründung ihrer Energiegenossenschaft wurden am häufigsten die folgenden Ziele angegeben (trend:research, Leuphana 2013/10: 61, Mehrfachnennung möglich):

(1) *Wunsch nach Energiewende*: 27 % wollen eine Energiewende unterstützen, die aus der Atomenergie und den fossilen Energien aussteigt und eine 100 %-Versorgung mit EE anstrebt.

(2) Wunsch nach *gemeinschaftlichem Handeln* in einer Gruppe (27 %)

(3) *Eigener aktiver Beitrag*: 26 % wollen einen eigenen Beitrag zur Energiewende leisten und nicht allein auf „die Politik" warten.

(4) 24 % wollen einen *Beitrag zum Ausbau der EE* und zum Klimaschutz leisten

(5) Ebenfalls 24 % wollen mit ihrem Engagement *die Region stärken*

(6) *Beteiligung am wirtschaftlichen Erfolg*: Ein Teil der Bürgergesellschaft will eine breitere und eigene Beteiligung am wirtschaftlichen Erfolg der Energiewende (18 %)

(7) Jeweils 16 % wollen einen *Beitrag zum Wohle der Allgemeinheit* und Versorgern leisten.

Die Ergebnisse zeigten ein überraschend hohes gesellschaftspolitisches Engagement. Dieses Engagement wurde durch die Novellierung des Genossenschaftsgesetzes 2006 und 2009 unterstützt. Es vereinfachte die Genossenschaftsgründung und legalisierte die sozial-kulturellen Ziele der Genossenschaftsbewegung. Diese Neuerungen ergänzten die bereits vorhandenen positiven Charakteristika: Förderung statt Gewinnmaximierung, gleichberechtigte Stimmrechte, Selbsthilfe, Beschränkung der Haftung, Kontrolle durch den Verband. Das macht aus Sicht der Befürworter die Genossenschaft zur idealen Unternehmensform für die Ziele engagierter Bürger zur Energiewende.

*Bewertung:* Natürlich können Selbstbewertungen von Mitgliedern einer Organisation nur bedingt objektive Aussagen bieten. Auch Mitarbeiter von z. B. Energiekonzernen, Parteien und Verbänden dürften zum Teil zu idealistischen Aussagen über ihre Motivationen kommen. Wir gehen daher davon aus, dass eine angemessene Eigenkapitalverzinsung ebenfalls wichtig ist (s. Kap. 17 und spiegel.de, Leuphana, Nestle 2014/04: V).

### Gründung einer Energiegenossenschaft

Wie gezeigt, sind in den letzten Jahren viele neue Energiegenossenschaften gegründet worden. In der Folge wurde eine Reihe von Publikationen erstellt, die die Gründung detailliert beschreiben. Wir wollen hier nicht alles wiederholen, sondern nur die wesentlichen Meilensteine skizzieren. Wer selber eine Energiegenossenschaft gründen will, kommt am Studium mehrerer Werke und der Hinzuziehung von Expertenwissen mit eigenen Erfahrungen nicht herum (z. B. www.energiegenossenschaften-gruenden.de; Staab 2013, Flieger, Lange 2012/11; George, Berg 2011; Brinkmann, Schulz 2011/10; CD des DGRV-Deutschen Genossenschafts- und Raiffeisenverbandes zur Genossenschaftsgründung, http://www.energiegenossenschaften-gruenden .de/energiegenossenschaften.html).

*Übersicht 17: Gründung einer Energiegenossenschaft*

*Erstens, Vorbereitungsphase*: Bevor engagierte Bürger eine Energiegenossenschaft gründen, sollten sie möglichst viele Vorfragen klären. Hierzu empfiehlt es sich, zunächst eine *Interessengemeinschaft* zu gründen (Verein oder Genossenschaft in Gründung). Dann sollte die Gründungsgruppe:

(1) *Wissen aneignen:* z. B. durch Publikationen über Energiegenossenschaften, sich vom Genossenschaftsverband und Vorgängern beraten lassen,

(2) *Mitgründer suchen:* z. B. Infoblättchen drucken, Infoveranstaltungen durchführen, Infostände auf Festen, Einbeziehung von Medien und Multiplikatoren, wie Vereinsvorsitzenden oder Bürgermeister. So wurden die befragten Energiegenossenschaften im Durchschnitt von 42 Mitgliedern gegründet, die Streuung reicht von 4 bis 427 Gründungsmitgliedern (DGRV 2013/01: 6),

(3) *Qualifikationen ihrer Gruppe* feststellen und überprüfen, welche Ihnen noch fehlt (unter www.energiegenossenschaften-gruenden.de findet sich eine Liste mit erfahrenen Projektentwicklern),

(4) *Unternehmenskonzept* erstellen (prägnante Zusammenfassung des Vorhabens, Geschäftsidee festlegen, Aufbau- und Ablauforganisation konzipieren, Vertriebs- und Marketingkonzept erstellen, Risikoabschätzung, Finanzierungskonzept, erstes Projekt planen).

(5) *Institutionelle Grundlagen* schaffen (hierzu kann die Gründung eines Vereins sinnvoll sein). Hierzu gehören:

a) vorübergehende Zuständigkeiten festlegen,

b) Personen für die Gründung, den Vorstand und Aufsichtsrat der Genossenschaft suchen,

c) Satzung und Geschäftsordnung entwerfen (Ziele, Entscheidungskompetenzen),

d) Vorverträge verhandeln (Banken, Lieferanten).

*Zweitens, Gründungsphase*: Die Gründung erfolgt durch die folgenden Schritte:

(1) Schriftliche *Einladung* mit allen Tagesordnungspunkten.

(2) Verabschiedung und Unterzeichnung der Satzung durch mindestens drei Gründungsmitglieder (mit Unternehmensziel)

(3) Wahl der (gesetzlichen und in der Satzung festgelegten) Organe:
  *a) Vorstand:* mindestens eine ab 20 Mitgliedern zwei Personen

*b) Aufsichtsrat:* darauf kann bis 20 Mitglieder verzichtet werden, ab 20 Mitglieder drei Personen

*c) Generalversammlung/Vertreterversammlung:* die Generalversammlung stellt eine Vollversammlung der Mitglieder dar, auf der zentrale Entscheidungen gefällt werden (z. B. Änderung der Satzung, Genehmigung des Jahresabschlusses, Wahl des Aufsichtsrates). Ab 1.500 Mitglieder kann die Generalversammlung durch eine Vertreterversammlung ersetzt werden. Die Vertreter werden von den Mitgliedern gewählt.

(4) *Prüfung und Eintragung:* Nach der Gründung werden die Unterlagen der Genossenschaft (Satzung, Gründungsprotokoll, Unternehmenskonzept, Unterlagen für Eignung der Vorstands- und Aufsichtsratsmitglieder) durch den Prüfverband geprüft. Anschließend wird die Genossenschaft in das Genossenschaftsregister eingetragen, von da an ist die Genossenschaft eine juristische Person (§§ 11, 11a, 17 GenG).

*Drittens, Betrieb:* Nach der Gründung müssen u.a. die folgenden laufenden Tätigkeiten organisiert werden:

(1) Einrichtung und Organisation der Geschäftsstelle.
(2) Durchführung der ersten Projekte der Genossenschaft.
(3) Mitgliederwerbung (so haben 87 % der befragten Energiegenossenschaften mehr als 50 Mitglieder, die größten Genossenschaften, die an der Befragung des DGRV teilgenommen haben, etwa 7.000 Mitglieder; DGRV 2013/01: 7).
(4) Aufbau von Informations- und Kommunikationsstrukturen mit der Mitgliedschaft und den Bürgern der Region.
(5) Regelmäßige Vorbereitungen der Geschäfts- und Prüfungsberichte: Diese Berichte müssen für die Mitgliedschaft (Generalversammlung) und den Prüfungsverband (den jede Genossenschaft angehören muss) erstellt werden. Der Prüfungsverband prüft die Berichte alle zwei Jahre (ab einer Bilanzsumme von 2 Mio. € jährlich, § 53 GenG).

Alternativ zu diesem Ablaufplan existieren diverse alternative Ablaufmodelle, z. B. das Vier-Phasen-Modell der innova eG (www.innova-eg.de):

(1) *Geschäftsidee* (1.1 Zielgruppen, 1.2 Erstes Projekt).
(2) *Wirtschaftsplan* (2.1 Erträge, 2.2 Kosten, 2.3 Liquiditätsplan).
(3) *Rechtsstruktur* (3.1 Satzung, 3.2 Gründungsveranstaltung).
(4) *Gründungsgruppe* (4.1 Arbeitstreffen, 4.2 Besetzung der Gremien).

Quelle: Eigene Zusammenstellung.

## 17.5 Chancen und Hemmnisse

*Chancen*

Aufgrund ihrer spezifischen Charakteristika sprechen die folgenden Chancen für die Gründung oder die Ausweitung von Energiegenossenschaften. Da die Chancen in verschiedenen Punkten denen der Stadtwerke ähneln, haben wir sie wieder in einer Übersicht zusammengefasst.

*Übersicht 18: Chancen durch die Gründung einer Energiegenossenschaft*

*Ökologische Potentiale*

(1) *Klimaschutz:* Die Mehrzahl der Genossenschaftsgründer strebt einen eigenständigen Beitrag für eine 100 %-Versorgung mit EE an (Volz 2012: 522).

(2) *Naturverträglichkeit:* Im Vergleich zu den schweren Schäden, die die fossile und atomare Energiewirtschaft (über den gesamten Zyklus von der Suche bis zur Abfallbeseitigung) verursacht, sind die Energieerzeugungsanlagen der EG naturverträglicher.

(3) *Nicht-erneuerbare Ressourcen*: EG, die in EE investieren, leisten einen sehr großen Beitrag zur Verminderung des Verbrauchs von nicht-erneuerbaren Ressourcen. Allerdings verbrauchen auch diese Anlagen bei der Produktion Energie und andere Ressourcen. Deshalb sollten EG bei der Auftragsvergabe darauf achten, dass die Anlagen mit Hilfe von EE und Sekundärwerkstoffen produziert werden.

(4) *Erneuerbare Ressourcen*: EG verbrauchen relativ wenig erneuerbare Ressourcen. Einschränkungen muss man bei Energiepflanzen in Plantagen machen.

(5) *Gesundheitliche Auswirkungen*: Im Vergleich zu den hohen Schadstoffemissionen, die die fossile und atomare Energiewirtschaft verursacht, sind die eingesetzten Energieanlagen der EG gesundheitsfreundlich.

*Ökonomische Potentiale*

(6) *Volkswirtschaftliche Auswirkungen, Beschäftigung:* Die Investitionen der EG in EE-Anlagen vor Ort sorgen für eine kommunale Wertschöpfung (Pachteinnahmen für Flächen, Beschäftigung beim Ausbau und Betrieb mit den damit einhergehenden Steuereinnahmen) (vgl. hierzu die Studie des IÖW über die kommunale Wertschöpfung beim Bau von

EE-Anlagen, Hirschl u.a. 2011/3: 17). Auch beim Betrieb sind regional agierende Genossenschaften (analog zu den Stadtwerken, Kap. 15) oft stärker mit der Regionalwirtschaft vernetzt als Konzerne mit weitentfernten Zentralen. Sie sorgen mit ihrer regionalen Beschaffung für Beschäftigung und Umsatz in der Region.

(7) *Zuverlässige Befriedigung der Bedürfnisse der Kunden, wirtschaftlicher Erfolg:*
*a)* Folgende *Gesetze* schaffen gute Bedingungen für EG:
– Die Liberalisierung des Strommarktes (EU-Richtlinie 1996, Novellierung des Energiewirtschaftsgesetzes 1998) sorgte für die Abschaffung der Gebietsmonopole, seitdem kann jeder Stromkunde seinen Stromanbieter selbst auswählen.
– Das EEG von 2000 schuf eine Investitionssicherheit für alle Produzenten von EE-Strom.
– Die Novellierung des Genossenschaftsgesetzes von 2006 vereinfachte Genossenschaftsgründungen.
*b) Höhere Kundenbindung:* Da die Kunden als Genossenschaftsmitglieder zugleich Anbieter sind, existiert hier eine viel höhere Bindung. Da sie regional agieren, verfügen die Genossenschaften über höhere Kenntnisse über die Kundenwünsche (Klemisch, Vogt 2012: 32).
*c) Zusätzliche Ressourcen:* Die Einbindung von Kunden/Genossen in die Genossenschaft erhöht die Bereitschaft, sich am Aufbau der Genossenschaft zu beteiligen und ehrenamtliches Engagement einzubringen (Flieger, Lange 2012/11: 6). Diese ehrenamtlichen Tätigkeiten senken Kosten und stärken damit das wirtschaftliche Fundament der Genossenschaft (zu den sozial-kulturellen Folgen siehe Punkt 11).
*d) Gründungsprüfung durch den Verband erhöht die Chancen auf wirtschaftlichen Erfolg:* Das Unternehmenskonzept einer neuen Genossenschaft wird durch den Genossenschaftsverband geprüft. Hierdurch vermindert sich das Anfangsrisiko.

(8) *Preise, Effizienz, Angemessene Gewinnerzielungsabsicht, Konzentration, externe Kosten:* Genossenschaften unterliegen *nicht vorrangig dem Prinzip der Gewinnmaximierung,* sondern fördern ihre Mitgliedschaft und wollen – je nach Ausrichtung – einen mehr oder weniger großen Beitrag für die Energiewende leisten. Damit werden die angemessenen Gewinne oft nicht vollständig an die Eigentümer abgeführt, sondern verbleiben zum Teil für Investitionen im Unternehmen. Das bedeutet auch, dass die Preise nur angemessen über der Kostendeckung liegen müssen. Aufgrund ihrer regionalen Orientierung und der verwendeten Energieerzeugungsanlagen leisten sie einen hohen Beitrag zur Verringerung der Konzentration in der Energiewirtschaft und den hohen externen Kosten.

(9) *Verringerung der Abhängigkeit, Unterstützung der Regionalentwicklung:* EG verfügen über eine lokale und dezentrale Orientierung mit hohen Kenntnissen über die lokalen und regionalen Potentiale und die Bedürfnisse der Bevölkerung. So stützen sie mit ihrer Nachfrage die regionale Wirtschaftspolitik (Investitionen, Arbeits- und Ausbildungsplätze).

(10) *Einnahmen für die Kommunen:* Kommunen können durch zusätzliche Einnahmen (Gewerbesteuer, Pacht) auch ihre Investitionen in meritorische Güter finanzieren (vgl. Punkt 6). Mindestens ebenso wichtig wie die Gewinnerzielung ist den Mitgliedern von Energiegenossenschaften, an der regionalen Wertschöpfung und der Energiewende mitwirken zu können (trend:research, Leuphana 2013/10: 59).

*Sozial-kulturelle Potentiale*

(11) *Gesellschaftliche Aspekte, Partizipation:* Hierzu gehören u.a.:
*a) Demokratische Steuerung (Kontrolle):* Die Genossenschaftsmitglieder haben als Gesellschafter ein erheblich größeres Mitentscheidungspotential als bei jeder anderen Unternehmensform, bei der sie Kunden sind. Durch das kapitalunabhängige Stimmrecht, haben sie ein demokratisches Mitentscheidungsrecht, das sie zu gleich vor „feindlichen" Übernahmen durch kapitalstarke Unternehmen schützt.
*b) Kooperationskultur:* Aufgrund ihrer lokalen Ausrichtung können die EG erheblich intensiver mit den Bürgern vor Ort kommunizieren (vgl. Punkt 14).
*c) Ehrenamtliches Engagement:* Bei der Gründung, aber auch während des Betriebes, werden in den EG zahlreiche Arbeiten ehrenamtlich durchgeführt, das stärkt das Ehrenamt allgemein und stärkt die gesellschaftliche Kohäsion (den gesellschaftlichen Zusammenhalt).
*d) Stärkung des Zusammenhalts- und Zufriedenheitsgefühls der Bürger:* Gemeinsame Planungs-, und Zielverfolgungsprozesse sowie lokale Zusammenschlüsse stärken das Gemeinschaftsgefühl, hierdurch erhöht sich auch die Identifikation mit dem Projekt und der lokalen Gemeinschaft.

(12) *Dauerhafte Versorgungssicherheit:* EG, die in EE investieren, leisten einen hohen Beitrag für eine dauerhafte Versorgung ihrer Region – und damit Deutschlands und der EU – mit nachhaltig produzierter Energie.

(13) *Chancengleichheit, Dezentralität:* Genossenschaften sind leicht zu gründen, sie ermöglichen durch ihre geringen Beteiligungskosten (Erwerb von Geschäftsanteilen) breiten Bevölkerungskreisen die Möglichkeit, sich an dem wirtschaftlichen Erfolg dieser Unternehmen zu beteiligen. So sind nach der Befragung des DGRV von den insgesamt 136.000

Mitgliedern 92 % Privatpersonen, 3 % sind Unternehmen/ Banken, 3 % Landwirte und 2 % Kommunen und Kirchen (DGRV 2013/01). Damit sind sie als eine Form der „ökologischen Geldanlage" anzusehen. Aufgrund ihrer EE-Anlagen leisten die EG einen Beitrag für eine dezentrale und flexible Energieversorgung. Die Energiegenossenschaften haben insgesamt 1,8 Mrd. Euro investiert, davon 1,2 Mrd. in EE (trend: research, Leuphana 2013/12: 59). 74 % der Deutschen ist es wichtig, dass sich Bürger lokal an der Energiewende beteiligen können und 58 % meinen, dass die Politik die Bürger-Energiegenossenschaften und Bürgerwindparks zu wenig berücksichtigt (Emnid 2013/10). So waren 47 % der bis Ende 2012 installierten EE-Leistung im Eigentum von Bürgern, die etwa 56 TWh (43 % des EE-Stroms) erzeugten (trend: research, Leuphana 2013/12).

(14) *Beitrag zur Konfliktvermeidung:* Werden Bürger/Genossen an der Planung von Energieprojekten beteiligt (Informationsveranstaltungen, Exkursionen, Mitgliederversammlungen, Dialoge, Infoblätter) steigen die Akzeptanz, das Vertrauen und das Gerechtigkeitsgefühl (AEE 2012/ 11).

(15) *Sicherheitsfreundlichkeit:* EG investieren weder in Atom- noch in Kohlekraftwerke. Sie leisten damit einen wesentlichen Beitrag bei der Verminderung technischer Risiken.

*Bewertung:* Die Chancen, die eine EG für die Kommune und die sich beteiligenden Bürger bietet, sind offensichtlich sehr groß.

Quelle: Eigene Zusammenstellung aus Flieger 2012/11, DGRV 2013/01.

### Beispiele

Eine Reihe von erfolgreichen Beispielen bietet die Broschüre Agentur für Erneuerbare Energien (AEE 2013/04). Besonders interessant sind Beispiele, bei denen Kommunen und Energiegenossenschaften gemeinsame Regionalverbände gründen und über die Erzeugung von EE hinausgehen und beginnen, die gesamte Energieversorgung zu übernehmen.

### Hemmnisse und Risiken

Die vorstehende Übersicht hat die großen Chancen der EG gezeigt, so dass sich der unerfahrene Leser fragt, warum nicht jede Kommune in Deutschland die Gründung einer EG unterstützt. Wir müssen uns aber vor Augen führen, dass jedes Projekt, das große Chancen hat, zugleich auch Risiken und Hemmnisse aufweist (vgl. Übersicht 19).

*Übersicht 19: Hemmnisse für Energiegenossenschaften*

---

Politisch-rechtliche Hemmnisse

(1) *Mangelnde politisch-rechtliche Instrumente:* Das größte Hemmnis für eine erfolgreiche Umsetzung der Energiewende sehen viele EG in den unklaren und nicht verlässlichen politischen Rahmenbedingungen (Volz 2012: 522, eigene Beobachtungen).
*Bewertung und Lösungsansatz:* Auch uns scheint das EEG auf absehbare Zeit unverzichtbar. Sollte es zur Wirkungslosigkeit novelliert werden, würden auch die EG keine EE-Anlagen mehr bauen.

Ökonomische Hemmnisse

(1) *Mangelnde Finanzierungsmöglichkeiten und Risiko*: Die schlechten Finanzierungsmöglichkeiten werden als eine Hauptursache für scheiternde Genossenschaftsgründungen angesehen (DGRV 2009). Eine weitere Ursache sind die wirtschaftlichen Risiken.
*Bewertung und Lösungsansätze:*
– *Finanzierung:* Wir empfehlen eine Mischfinanzierung aus Eigen- und Fremdkapital unter Ausschöpfung aller Fördermöglichkeiten und den besten erhältlichen Zinsen.
– Für die Risikominimierung wird empfohlen, ein Risikomanagementsystem einzurichten, bei dem in dem Geschäftsplan neben dem wahrscheinlichsten Fall, auch der beste („best case") und der schlechteste Fall („worst case") mit Zahlenangaben unterlegt werden. Diese Risikoanalyse ist dann mit der tatsächlichen Entwicklung regelmäßig abzugleichen. (DGRV 2009). Für das betriebliche Risiko der Vorstände empfehlen sich Versicherungen.

(2) *Mangelendes Know-how*: Die Gründung einer erfolgreichen EG erfordert sehr viel juristische, technische und betriebswirtschaftliche Fachkenntnisse, über die viele engagierte Bürger nicht verfügen (Brinkmann, Schulz 2011: 26). Noch stärker gilt das für Vorstandsmitglieder.
*Bewertung und Lösungsansatz:* Einige Autoren sprechen von der Tendenz der Überregulierung. Hierbei ist aber nicht außer Acht zu lassen, dass gerade auch die Pflichtüberprüfung dieser Gesellschaftsform ihr sehr hohe Stabilität gibt. Das mangelnde Know-how stellt sich als echtes Problem dar, das aber nicht für alle großen Vorhaben gilt. Ohne

Beratungen und laufende Fortbildungsmaßnahmen wird sich dieses Problem nicht lösen lassen (Flieger 2012: 26).

(3) *Kosten der Pflichtüberprüfung:* Einige Autoren sehen die Kosten der regelmäßigen Pflichtprüfung als eine Ursache der schwierigen Entwicklung von Kleingenossenschaften (Volz 2012: 522). Andere sprechen gar ganz generell von der Tendenz der Überregulierung.
*Bewertung und Lösungsansatz:* Die Pflichtüberprüfung stellt nicht verzichtbare Kosten dar, sondern ist ein wichtiges Argument für viele Mitglieder, die hierdurch verhältnismäßig gut vor Verlusten gesichert sind.

(4) *Bedeutung:* Niemand darf glauben, die Energiegenossenschaften wären schon gleichgewichtige Player in der nationalen Energiepolitik. Bislang sind die vier Energiekonzerne und die Stadtwerke ungleich bedeutendere Akteure. Sie verfügen über die notwendigen finanziellen Reserven, um die Mittel der indirekten Akteure effizient einzusetzen. Die Energiegenossenschaften verfügen hingegen über keinen nennenswerten Verband und Apparat. So genügt ein Blick auf die Website des Deutschen Genossenschafts- und Raiffeisenverband (DGRV, Dachverband der Genossenschaften), um zu sehen, dass die Energiegenossenschaften hier keine Rolle spielen (sie verfügen anders als die vier großen Genossenschaftsverbände über keinen Bundesverband und werden faktisch nicht weiter thematisiert).

*Sozialkulturelle Hemmnisse*

(1) *Zeitlicher Aufwand, Konflikte:* Dort, wo EG ihre Gründung, Planung und Umsetzung der ersten Projekte mit ehrenamtlich arbeitenden Mitgliedern beginnen, sorgt – nach der ersten Gründungseuphorie – der zeitliche Aufwand der Arbeiten und Konflikte innerhalb der Genossenschaft und mit Dritten (Banken, öffentlicher Verwaltung usw.) für eine Überforderung bei den Gründungsmitgliedern.
*Bewertung und Lösungsansatz:* Dieses Problem tritt bei allen großen Organisationen auf, ohne hauptamtlich Beschäftigte kann es nicht gelöst werden. Die hierdurch entstehenden Interessengegensätze zwischen hauptamtlich und ehrenamtlich Tätigen können ohne Idealismus, Transparenz und Kontrolle nicht gelöst werden.

(2) *Mangelnde Akzeptanz der Anwohner:* Obgleich bei allen Befragungen 85 % (2010) aller Deutschen einen *„konsequenten Umstieg auf erneuerbare Energien"* befürworten, kommt es bei konkreten Investitionsvorhaben „in der Nachbarschaft" doch immer wieder zu Akzeptanzproblemen, die das gesamte Projekt verhindern können.

*Bewertung und Lösungsansatz:* Die wirksamsten Mittel gegen Akzeptanzprobleme sind die vollständige Transparenz der Pläne, die Einbeziehung der Anwohner bei Entscheidungsprozessen (z. B. durch Info- und Anhörungsveranstaltungen) sowie die Werbung um Mitgliedschaft in der Genossenschaft (und damit an der Teilhabe der Bürger an dem wirtschaftlichen Erfolg der geplanten Anlagen).

(3) *Aufwändige Kommunikationsprozesse:* Die Mitglieder- und Bürgerbeteiligung, die im vorherigen Kapitel als besonders positiv herausgehoben wurde, kann natürlich als Kehrseite Entscheidungsprozesse verlangsamen und damit zu ökonomischen Belastungen führen.

*Bewertung und Lösungsansatz:* Keine demokratisch verfasste Organisation kommt an diesem Problem vorbei. Die Folge ist ein ständiger Suchprozess zwischen Entscheidungseffizienz und Beteiligung. Wer sich nur für Entscheidungseffizienz ausspricht, wird wahrscheinlich auch nicht in einer Demokratie leben wollen. Wer darauf gar keinen Wert legt, wird auf Dauer seine Ziele wahrscheinlich nicht erreichen.

Quelle: Eigene Zusammenstellung 2014.

## 17.6 Zusammenfassung

Als notwendige Bedingung für die Gründung und erfolgreiche Entwicklung der Energiegenossenschaften können heute das EEG und Engagement der Bürger angesehen werden. Wie das Kapitel gezeigt hat, birgt dieses Engagement sehr große Chancen für die Kommune und die sich beteiligenden Bürger in allen drei Nachhaltigkeitsdimensionen. Auch wenn die Mühen und Hemmnisse nicht unterschätzt werden dürfen, kann zur Ausweitung dieses Engagements nur geraten werden. *Diese Entwicklung birgt eine historische Chance, die durch folgende Fakten unterstützt wird*:

a) Die Mehrzahl der bestehenden Konzessionsverträge läuft in den nächsten 10 Jahren aus und kann neu vergeben werden (insbes. 2015/16; Libbe 2013).

b) Weiterhin erreichen viele Großkraftwerke das Ende ihrer Lebenszeit. Sie könnten durch neue flexiblere Kraftwerke in KWK ersetzt werden.

Dabei darf niemand übersehen, dass der Erfolg der Energiegenossenschaften von den Rahmenbedingungen abhängt. Ohne das EEG wäre es hierzu nicht gekommen. Sollte es zur Abschaffung der Kernbestandteile des EEG kommen, werden weitere Fortschritte stark abgebremst. In Vorbereitung auf die EEG-

Novelle 2014 haben sich mehrere süddeutsche Energiegenossenschaften zum Dachverband „Bürgerwerke eG" zusammengeschlossen.

*Basisliteratur und Internet*

Agentur für Erneuerbare Energien (AEE): http://www.unendlich-viel-energie.de/

Flieger, B., Lange, R. (2013): Bürger machen Energie, online: http://www.mwkel.rlp.de/File/Buerger-machen-Energie-pdf/_1/

DGRV (2013/01): Ergebnisse der Umfrage des DGRV und seiner Mitgliedsverbände

Rogall, H. (2012): Nachhaltige Ökonomie, 2. überarbeitete und stark erweiterte Auflage, Marburg

Staab, J. (2013): Erneuerbare Energien in Kommunen, 2. überarbeitete und erweiterte Auflage, Wiesbaden

# 18. Einzelne Akteure und Gruppen

## 18.1 Privathaushalte – Bürger

*Potentiale*

Die Bevölkerung Deutschlands will in ihrer großen Mehrheit – das zeigen alle Umfragen – eine 100 %-Versorgung mit EE (Emnid 2013/10), da sie ihren Kindern und Enkelkindern eine menschenwürdige Zukunft wünscht. Wer dieses Wollen mit Handlungen umsetzen will, dem bieten sich diverse Möglichkeiten. Wir wollen diese modellartig in drei Handlungsfelder untergliedern (in der Realität kann man in mehreren Feldern gleichzeitig tätig sein, auch existieren mehrere Bereiche, die ineinander übergehen; Krees u.a. 2014/01: 14):

*Erstens: Der Bürger als Konsument*

Jeder Mensch kann die Energiewende unterstützen, indem er seinen Konsum so gestaltet, dass möglichst wenig Energie verbraucht und EE genutzt werden (detailliert Kap. 3 Effizienzstrategie):

(1) *Wohnen*: Jeder kann sich bei seinem Vermieter für eine Wärmeschutzsanierung seines Hauses einsetzen oder selbst etwas hierfür tun. Wer eher eine Suffizienzstrategie verfolgt, kann seine Wohnungsgröße und die Raumtemperatur beschränken. Des Weiteren kann der Konsument beim Kauf von Strom und gegebenenfalls Wärme auf EE umsteigen.

(2) *Produkte*: Jeder kann sich bei seinen Anschaffungen die jeweils energieeffizientesten Produkte erwerben (Nahrungsmittel aus der Region und jahreszeitabhängig, elektrische Geräte der Energieklasse A+++). Wer eher eine Suffizienzstrategie verfolgt, kann seine Ausstattung beschränken und die Essgewohnheiten verändern.

(3) *Mobilität*: Jeder kann bei der Befriedigung seiner Mobilitätsbedürfnisse die jeweils energieeffizientesten Verkehrsmittel nutzen (öffentlicher Personennahverkehr, Busse und Bahnen, energieeffiziente Pkw, E-Mobile mit EE-Strom). Wer eher eine Suffizienzstrategie verfolgt, kann seine Mobilität beschränken, Fahrrad fahren oder laufen.

*Zweitens: Der Bürger als Produzent von EE*

Menschen können die Energiewende unterstützen, indem sie in EE investieren:

(1) *Eigenerzeugung*: Jeder Hauseigentümer kann die Energiewende unterstützen, indem er eine PV- oder TS-Anlage auf seinem Dach installiert und bei der Heizungsart einen möglichst hohen EE-Anteil wählt (z.B. eine EE-Wärmepumpe oder eine Biomassenanlage, detailliert Kap. 3.4 hocheffiziente Heizungsanlagen).

(2) *Zusammenschlüsse*: Jeder Bezieher von Einkommen kann sich an Kooperationen (z. B. Energiegenossenschaften) beteiligen.

Investieren Bürger einzeln oder in Kooperationen in EE-Anlagen, spricht man von *Bürgerenergie*. Von den bis 2012 in Deutschland installierten EE-Anlagen in Höhe von 73.000 MW haben die Bürger in ihrer Region 34,4 % errichtet. Werden die Bürger hinzugezählt, die sich überregional beteiligt haben, steigt der Anteil sogar auf 46,6 % (trend:research, Leuphana 2013/10: 42). Zum Vergleich: nur 5 % der installierten Leistung entfallen auf die „Großen 4" Erzeuger (trend:research 2013). Die meisten Bürger haben in PV-Anlagen investiert. Von den insgesamt ca. 32.000 MW PV-Leistung sind ungefähr 48 % im Eigentum von Bürgern (inklusive überregionaler Investoren). Von den insgesamt ca. 31.000 MW installierter Windkraftleistung befinden sich ca. 50 % in Bürgerhand (inklusive überregionaler Investoren, trend: research, Leuphana 2013/10: 45). So ist mit den mehr als eine Millionen Betreibern einer Solaranlage eine neue Akteursgruppe entstanden (Agora Energiewende 2013/12:12).

> *Bürgerenergie:* Unter Bürgerenergie werden EE aus Anlagen verstanden, die von Bürgern finanziert werden. Zu den Bürgern zählen Privatpersonen, lokale gewerbliche und landwirtschaftliche Einzelunternehmen sowie juristische Personen (außer Konzernen, institutionellen und strategischen Investoren). Sie werden aber nur als Bürgerenergie im engeren Sinne verstanden, sofern sie mindestens 50 % der Stimmrechte halten und aus der Region ansässig sind, in der die Anlagen errichtet werden. Bürgerenergieanlagen im weiteren Sinne sind Anlagen, die von Bürgern finanziert wurden, die sich überregional beteiligen (nach Leuphana, Nestle 2014/04: iii).

*Drittens: Der Bürger als politisch engagierter Mensch*

Jeder Erwachsene kann die Energiewende unterstützen, indem er sich politisch engagiert:

(1) *Politische Parteien*: Alle im Bundestag vertretenen Parteien haben zusammen weniger als zwei Mio. Mitglieder, davon sind etwa 10 % aktiv (besuchen regelmäßig die Versammlungen und diskutieren mit). D.h. nicht einmal 200.000 Menschen fällen alle politischen Entscheidungen (Wahl der Vorstände und Delegierten für Parteitage, Nominierung aller Kandidaten für Wahlämter). Auf den Versammlungen kann jedes aktive Mitglied Anträge für die Energiewende einbringen, Pro-Akteure bei Wahlen unterstützen und Amtsträger befragen, was sie für die Energiewende tun.

(2) *Bürgerinitiativen und Umweltverbände*: Jeder kann sich in Initiativen und Verbänden organisieren und dort für Aktionen für die Energiewende werben.

So wollen wir als *Zwischenfazit* festhalten, dass sich seit der Jahrtausendwende zahlreiche Bürger in Initiativen und Unternehmen zusammengeschlossen haben, die zum Teil idealistische und zum Teil gewerbliche Ziele verfolgen (zahlreiche Beispiele s. Welzer, Rammler 2013).

### Motivation der aktiven Bürger

Wie wir im Kap. 16.4 beschrieben haben, zeigen die Untersuchungen über die Motivationen von Organisationsgründungen der Bürgerenergie, dass den Beteiligten ökologische und sozial-kulturelle Aspekte („Projekte in Gemeinschaft") wichtiger erscheinen als die Erzielung von Rendite. Allerdings wird diese nicht als unwichtig betrachtet (Leuphana 2014/04: iv). Diese Untersuchungsergebnisse decken sich mit den Erkenntnissen der Nachhaltigen Ökonomie. Sie geht nicht davon aus, dass die Mehrzahl der Menschen völlig uneigennützig handelt, vielmehr die meisten eher Eigennutz und ethisch verantwortbares Handeln zusammenbringen möchten.

### Hemmnisse, Lösungsansätze

Konsumenten, d.h. die Bürger eines Landes, unterliegen den gleichen *sozialökonomischen Faktoren* wie alle anderen Akteure (Politiker und Unternehmen). Wenn die Energiepreise „nicht die ökologische Wahrheit sagen" (Weizsäcker), können sie sich nur schwer nachhaltig verhalten. Sie verreisen lieber und kaufen neue Produkte der Unterhaltungselektronik, statt EE-Strom zu beziehen und die Ersparnisse für eine Wärmeschutzsanierung ihres Hauses und eine EE-Heizungsanlage auszugeben.

Viele Menschen, die sich im aktivsten Alter für politisches Engagement befinden, fühlen sich von Beruf oder Ausbildung und Familie überfordert. Sie wollen die Energiewende. Alles was ein zusätzliches Engagement erfordert, ist ihnen jedoch zu viel. Forderungen nach mehr Engagement bringen in dieser Situation nicht viel und erzeugen oft eher das völlige Abschalten als eine Zunahme der Aktivitäten.

Der *Lösungsansatz* heißt, überschaubares aber wirkungsvolles Engagement bieten. Hierbei sollten engagierte Pro-Akteure, die Mitstreiter suchen, die Hürden möglichst niedrig hängen und für Aktivitäten werben, von denen die Mitstreiter möglichst viel partizipieren können. Sind die Aktivitäten überschaubar und bringen eine hohe „Emotionalrendite" ohne wirtschaftliche Kosten mit Möglichkeiten auf berufliches Fortkommen oder wirtschaftliche Erträge, stehen die Chancen gut, weitere Bürger zu motivieren.

*Zusammenfassung und Perspektive*

Die große Mehrheit der Bürger kann sich aufgrund der sozial-ökonomischen Faktoren nicht durchgehend nachhaltig verhalten. Seit Jahrzehnten wächst aber der Anteil von Bürgern, die sich zumindest an der Energiewende beteiligen wollen. Die Aktivisten von ihnen werden weiterhin die Träger der Energiewende sein, solange die Rahmenbedingung, d.h. das EEG in seinen Kernbestandteilen, erhalten bleibt.

## 18.2 Landwirte

*Vom Landwirt zum Energiewirt*

Rund 20 % der Investitionen in EE werden durch Landwirte getätigt. Sie nutzen ihre Flächen hauptsächlich für den Einsatz von Biogas-, Photovoltaik- und Windkraftanlagen, die sie selbst betreiben (AEE 2013/07a) oder als Flächen für Betreibergesellschaften verpachten:

1) *Biomasse*: Die Land- und Forstwirtschaft gelten als wichtigste Lieferanten von Biomasse (Biogas, Biokraftstoffe und feste Brennstoffe) für die energetische Nutzung.
*Bewertung*: Die energetische Nutzung der Biomasse steht aufgrund der Konkurrenz zur Nahrungsmittelproduktion („Tank statt Teller"), den schädlichen Inputs (z. B. Pestizide) und den Monokulturen (früher Raps,

heute Mais) in der Kritik. Daher können Energiepflanzen (anders als land- und forstwirtschaftliche Abfälle) nur dann akzeptiert werden, wenn sie die Kriterien der Nachhaltigkeit einhalten. Ein Ansatzpunkt hierzu ist der Anbau von Wildpflanzen, die höhere Biomasseerträge erzielen können und sich positiv auf die Natur auswirken. Ein weiterer Ansatz ist die Kaskadennutzung von Biomasse (s. a. Kap. 4.4).

2) *Photovoltaik- und Windkraftanlagen*: Viele Landwirte betreiben heute auf ihren Landwirtschaftsflächen eigene Windkraftanlagen sowie auf Scheunendächern mittelgroße PV-Anlagen.
*Bewertung*: Durch die Betreibung eigener EE-Anlagen generieren die Bauern ein relativ sicheres Einkommen.

3) *Eigenversorgung*: Mit dem Einsatz von EE-Anlagen können Landwirte sich selbst kostengünstig mit Energie versorgen.

4) *Verkauf und Verpachtung von Flächen zum Bau von EE-Anlagen*: Viele Landwirte in Norddeutschland haben Teile ihres Landes an EE-Betreibergesellschaften (insbes. für Windkraftwerke) verkauft oder verpachtet. Eine bedeutende Rolle spielen die Landwirte auch beim Netzausbau.

So kommt eine Studie des Thünen-Instituts für ländliche Räume zu dem Ergebnis, dass die ländlichen Regionen maßgeblich zur Stromerzeugung aus EE beitragen und dabei gleichzeitig von den EEG-Vergütungen profitieren (Plankl 2013/11).

### *Interessen und Interessenvertretung*

Wie alle Wirtschaftsakteure versuchen Bauern ihre Einkommen zu erhöhen und zu sichern. Hierzu haben sie sich in Verbänden organisiert: z. B. dem Deutschen Bauernverband (DBV) und der Arbeitsgemeinschaft bäuerliche Landwirtschaft (AbL).
*Bewertung*: In der Vergangenheit galten die Bauernverbände eher als konservativ und gesellschaftlichen Veränderungen wenig zugeneigt. Durch den teilweisen Wandel zum Energiewirt sprechen sich heute auch viele Bauern für einen Ausbau der EE aus.

### *Zusammenfassung und Perspektive*

Eine 100 %-Versorgung mit EE ist auf die großräumigen Flächen der Land- und Forstwirte angewiesen. Die Investitionen der Landwirte in die EE stellen wichtige Eckpfeiler dar.

IV. Bewertung indirekte Akteure

### 18.3 Sonstige Pro-Akteursgruppen

Die Skizzierung der sonstigen Akteursgruppen der Zivil- oder Bürgergesellschaft, die sich für eine 100 %-Versorgung mit EE einsetzen (Bildungsinstitutionen, Wissenschaft, Kirchen, Initiativen) zeigt, dass diese Organisationen spezifische Ziele verfolgen, die kaum zusammenzufassen sind. So bleibt festzuhalten, dass die Hoffnung, die Gruppen der Zivilgesellschaft könnten allein eine ausreichende Macht für eine gesellschaftliche Änderung der Rahmenbedingungen erreichen, naiv ist. Sie sind in ihren Zielen zu heterogen und verfügen nicht über die notwendigen Mittel (Macht). Dennoch haben sie wichtige Beiträge für die Energiediskussion geleistet, und in allen Gruppen sind Menschen vorhanden, die mit den Zielen einer (starken) Nachhaltigkeit sympathisieren. Insbesondere im Bündnis mit den Umweltverbänden und der Politik stellen sie ein zentrales Veränderungspotential dar, auf das nicht verzichtet werden kann.

### 18.4 Zusammenfassung

Die letzten Jahre zeigen, dass viele Menschen bereit sind, in EE-Anlagen zu investieren, wenn die Rahmenbedingungen für ausreichende Anreize sorgen. Der schnelle Ausbau der EE-Stromerzeugung ist gerade nicht den Energieversorgern zu verdanken, sondern den vielen Bürgern, die bereit waren, ihr Geld gewinnbringend UND „ethisch einwandfrei" zu investieren (sie hätten ja auch Aktien von Tabak- und Waffenkonzernen kaufen können). Daher befürchten die Kritiker des EEG 2014, dass die Kernelemente der Novellierung – Direktvermarktung, Ausschreibung, Deckelung des Ausbaus – möglicherweise zu einem existenziellen Risiko für die Bürgerenergie führen kann und daher die Zahl von Bürgerprojekten spürbar senken wird (Leuphana, Nestle 2014/04: vii).

*Basisliteratur*

Rogall, H. (2012): Nachhaltige Ökonomie, 2. überarbeitete und stark erweiterte Auflage, Marburg.

Staab, J. (2013): Erneuerbare Energien in Kommunen, 2. überarbeitete und erweiterte Auflage, Wiesbaden.

# Zwischenfazit Abschnitt IV

Die Unternehmen und Verbände der überregional agierenden *atomaren und fossilen Energiewirtschaft* sind tendenziell gegen staatliche Eingriffe, zumindest wenn sie ihren Interessen zuwiderlaufen (bei der Kohle- und Atomkraftsubventionierung wurde diese Forderung seltener vorgebracht). Ihre Argumente beruhen oft auf Zusammenhängen, die sich für den Laien wohlklingend anhören (effizienter, geringere Kosten), häufig aber den Zweck verfolgen, die Energiewende zu verhindern. Z. B. wird die Ersetzung des EEG durch ein Quotenmodell gefordert, obgleich sich das Quotenmodell in der Realität als sehr ineffektiv und teurer herausgestellt hat und daher z. B. von Großbritannien durch ein EEG-ähnliches Instrument ersetzt wurde. Hierbei fordern die Verbandsvertreter nicht das Ende der Energiewende (da keine einzige im Bundestag vertretene Partei dies vertritt), sondern verstecken ihre Ziele hinter dem angeblichen Gemeinwohl (z. B. der Effizienz von Instrumenten). Ihre Mittel zur Interessendurchsetzung sind enorm. Trotzdem konnten sie bislang die Energiewende nicht verhindern, sondern nur verlangsamen.

Die *Kommunen* sind wesentliche Akteure der Energiewende. Sie verfügen zumindest über das Potential, einen Teil der Lücken, die auf der globalen bis zur Bundesländerebene existieren, zu füllen. Ohne sie wird die Transformation zur 100 %-Versorgung kaum zu schaffen sein. Eine große Anzahl von Kommunen hat die Verantwortung auch angenommen. Sie sind Vorbilder für andere Kommunen geworden. Dennoch hat die Mehrheit bislang ihre Potentiale zur $CO_2$-Reduzierung bei weitem noch nicht ausgeschöpft und ist daher aufgefordert, ihre Symbolpolitik zu Gunsten einer nachhaltigen Energiepolitik zu wandeln. Besonders erfolgreich sind bislang die Vorhaben verlaufen, in denen die Kommunen „100 %-Beschlüsse" gefasst haben und noch (oder wieder) über kommunale Stadtwerke verfügen.

Die alten und neuen *Stadtwerke* könnten wieder an Bedeutung gewinnen, da sie heute wesentlich effizienter und mit hoher Akzeptanz ihrer Kunden sowie oft in flexiblen Kraftwerken in KWK und Erdgas betriebenen Strom erzeugen. Auch bieten sie den Kommunen wirtschaftliche Chancen. Da bis 2015/16 bei der Mehrzahl der rund 12.000 deutschen Kommunen die Strom- und Gasnetz-Konzessionsverträge auslaufen (neu vergeben werden), könnte es zu einer Renaissance dieser Unternehmensform kommen. Sollten sie allerdings ihre Vorreiterrolle aufgeben und in das Lager der Energiewende-Bremser wechseln, würden sie schnell ihr positives Image bei der Bevölkerung verlieren. Wollen sie hingegen den Erwartungen gerecht werden, müssen sie ihre Investitionen für den Bau von EE-Anlagen deutlich erhöhen.

Als besonders geeignete Unternehmensform hat sich die *Energiegenossenschaft* erwiesen. Energiegenossenschaften sind demokratisch organisiert und kommunal orientiert. Auch wenn mittlerweile einige Genossenschaften existieren, die sich in ihrem Gewinnstreben wenig von Aktiengesellschaften unterscheiden, sind die meisten doch auf einen angemessenen Gewinn orientiert.

Vom Erfolg der Energiegenossenschaften nicht zu trennen ist das zunehmende *bürgerschaftliche Engagement*. Dieses bürgerschaftliche Engagement innerhalb und außerhalb von Genossenschaften bietet sehr große Chancen in allen drei Nachhaltigkeitsdimensionen (ökologische, ökonomische, sozial-kulturelle) für die Kommune und die sich beteiligenden Bürger. Dabei darf niemand übersehen, dass der Erfolg der Energiegenossenschaften von den Rahmenbedingungen abhängt. Ohne das EEG wäre es hierzu nicht gekommen. Werden die Kernbestandteile des EEG abgeschafft, wird es hier auch keine weiteren Fortschritte mehr geben.

### *Erfolgsfaktoren*

Ein Kochbuch oder auch nur ein Rezept für den sicheren Erfolg der Pro-Akteure der Energiewende können wir leider nicht bieten. Die Erfolge der Menschenrechts-, Friedens-, Umwelt- und Nachhaltigkeitsbewegung haben unterschiedliche Ursachen und müssen immer im Kontext der jeweiligen historischen Situation betrachtet werden. Eine wesentliche Voraussetzung eines Erfolgs ist heute sicherlich die Mehrheit der sich artikulierenden Bürger (insbes. der neuen Mittelschicht und des Bildungsbürgertums) zu gewinnen. Um dies zu erreichen, können die folgenden Schritte hilfreich sein:

1) *Ziel- und Strategieformulierung*: Um so viele Pro-Akteure (Change Agents) zu finden wie möglich, ist es wichtig, ihnen zu vermitteln, wo sie hin wollen. Sie müssen das Gefühl gewinnen, dass ihr Engagement etwas bewirkt und „Spaß" macht (Kristof 2014: 214).

2) *Schaffung von institutionellen Voraussetzungen*: Ziel ist die Stärkung der Pro-Akteure durch wechselseitige Information, Unterstützung und Abbau von Doppelarbeit. Hierzu gehören die Schaffung von Informationsnetzwerken, der Zusammenschluss von Gruppen zu Dachorganisationen, die Organisation von regelmäßigen Gipfeltreffen zum Informationsaustausch, Planung von gemeinsamen Projekten, die Festlegung von arbeitsteilig organisierten Aktionen, die Schaffung von Nachhaltigkeits-Braintrusts unter Einbeziehung von Wissenschaftlern.

3) *Netzwerke aufbauen und EE-Gruppen in allen Akteursgruppen gründen:* Die Pro-Akteure müssen Bündnispartner in anderen Organisationen suchen und sich mit ihnen zum ständigen Informationsaustausch und zur wechselseitigen Unterstützung vernetzen. Berührungsängste sind dabei abzubauen. Hierbei sind ausgewählte Vertreter in anderen Akteursgruppen (z. B. in Unternehmen und Wirtschaftsverbänden) durch Informationen, Kontaktvermittlung, Mitgliedschaften, Einladungen zu Öffentlichkeitsveranstaltungen usw. besonders zu unterstützen. Wirklich weitreichend wäre der Eintritt aller Akteure einer 100 %-Versorgung mit EE in Parteien und Umweltverbänden. Hier könnten sie sich wechselseitig unterstützen.

4) *Auseinandersetzung mit hemmenden Akteuren:* Po-Akteure dürfen sich nicht scheuen, von den Mitteln der anderen Akteure zu lernen, hierzu gehören u.a.: die Schwächung von einzelnen Gegnern durch ständigen Nachweis von möglichen Widersprüchen in der Argumentation usw., die Verzögerung von Entscheidungen durch neue Fakten, Argumente oder neuen Fragestellungen. Allerdings heiligt der Zweck bekanntlich nicht alle Mittel, so dass hier bestimmte Grenzen gewahrt werden müssen.

5) *Verstärkung der Öffentlichkeitsarbeit:* Die Pro-Akteure können nicht auf einen großen Crash warten, sondern müssen ihre Öffentlichkeitsarbeit und öffentlichkeitswirksame Aktionen weiter verstärken. Hierzu gehört u.a. die Auszeichnung von Akteuren des Jahres (Wissenschaftler, Unternehmer, Politiker) oder eines Landes für die Einführung eines die Rahmenbedingungen verändernden Instruments. Der systematische Aufbau von Kompetenzpoolen, Adressenlisten mit Medienansprechpartnern und Sympathisanten. Informationsveranstaltungen mit Referenten und Teilnehmern aus allen Akteursgruppen. Unterschriftenaktionen, Leserbriefkampagnen, Demonstrationen, Aktionen des zivilen Ungehorsams u.v.a.m.

6) *Lobbyarbeit:* Parallel zu diesen Prozessen sind alle zur Verfügung stehenden Mittel zur Beeinflussung der direkten Akteure zu nutzen, um so ein gesellschaftliches Gegengewicht zu den bislang erfolgreichen Beharrungskräften zu bilden und diese langfristig zu überwinden.

7) *Professionalisierung:* Die ehrenamtlich arbeitenden Akteure müssen alle Möglichkeiten der Weiterqualifizierung nutzen.

8) Konzentration auf die Schaffung der notwendigen Rahmenbedingungen.

*Zusammenfassend* sehen wir als die drei wichtigsten Erfolgsfaktoren an: die Schaffung der richtigen Rahmenbedingungen (ökologische Leitplanken), die Übernahme von Verantwortung einzelner besonders engagierter Bürger und die Bereitschaft von Bürgern, sich in Umweltprojekten zu engagieren.

# Abschnitt V:

# Schlusskapitel

## Zusammenfassung

Will die Menschheit dauerhaft auf der Erde leben, muss sie die natürliche Existenzgrundlage erhalten, d.h. die Grenzen der natürlichen Tragfähigkeit respektieren lernen. Hierzu gehört die Begrenzung des Anstiegs der durchschnittlichen Oberflächentemperaturen auf 2°C. Um dieses Ziel zu erreichen, darf die Menschheit noch 750 bis 1.100 Gigatonnen $CO_2$-Äquivalente bis 2050 emittieren. Werden auch nur die bekannten fossilen Brennstoffreserven verbrannt, werden aber mehr als 2.800 Gigatonnen freigesetzt. Die Konsequenz aus diesem nüchternen Zahlenvergleich ist eindeutig: Will die Menschheit eine dramatische Klimakatastrophe verhindern, darf sie die vorhandenen Reserven nicht mehr aufbrauchen. Um dies zu gewährleisten, müssen die Industrie- und Schwellenländer bis 2050 einen Transformationsprozess durchführen, der am Ende ein treibhausgasneutrales Leben und Wirtschaften ermöglicht (von uns auch nachhaltiger Umbau der Volkswirtschaften genannt). Hierzu müssen z. B. die deutschen Pro-Kopf-Emissionen von heute 11 t/Einwohner auf eine Tonne reduziert werden, was einer 90 %-Reduzierung (gegenüber 1990) entspricht. Die Erläuterung aller Aspekte dieses umfassenden Ziels hätte den Rahmen dieses Buches gesprengt. Daher haben wir uns auf den Aspekt einer nachhaltigen Energiewirtschaft begrenzt. So hat sich das vorliegende Buch mit den Grundlagen einer nachhaltigen Energiepolitik (Abschnitt I), mit ihren Strategiepfaden (Abschnitt II) sowie mit der Bewertung der direkten (Abschnitt III) und indirekten Akteure (Abschnitt IV) beschäftigt. Wir wollen die wichtigsten Ergebnisse wie folgt zusammenfassen:

*Abschnitt I: Grundlagen*

*Kapitel 1) Problemaufriss:* Die heutige Form der Energieerzeugung und -nutzung, die zum allergrößten Teil auf fossilen und atomaren Energieträgern beruht, ist nicht zukunftsfähig.

*Kapitel 2) Nachhaltige Energiepolitik, Ziele, Alternativen:* Nach den Nachhaltigkeitskriterien kann nur eine 100 %-Versorgung mit EE als nachhaltige Energiepolitik bezeichnet werden. So fordern auch 84 % aller Deutschen eine schnellstmögliche 100 %-Versorgung mit EE (Emnid 2013/ 10). Alle bisher in die öffentliche Diskussion gebrachten alternativen Techniken zu den EE können den Kriterien des nachhaltigen Wirtschaftens nicht gerecht werden. Für das 100 %-Ziel haben wir für die OECD-Länder das einprägsame Zieljahr 2050 formuliert. Alle anderen Staaten sollten bis dahin einen großen Teil des Weges zurückgelegt haben. Trotz der extremen Gefahren für das Leben und Wirtschaften der Menschheit nehmen der Primärenergieverbrauch und die THG-Emissionen aber weiterhin schnell zu.

### Abschnitt II: Strategiepfade

*Kapitel 3) Effizienzstrategie:* Die Effizienzstrategie hat sich als ein *wesentlicher Strategiepfad* einer nachhaltigen Energiepolitik herausgestellt. Eine Bewertung kommt zu folgendem Urteil: Durch die konsequente Umsetzung der Effizienzpotentiale kann ein deutlicher Beitrag für die ökologischen Ziele einer nachhaltigen Energiepolitik sowie für die Modernisierung der Volkswirtschaft und einer dauerhaft sicheren Versorgung geleistet werden. Ohne die Ausschöpfung der Effizienzstrategie kann es keine 100 %-Versorgung mit EE geben.

Es existieren allerdings auch *Nachteile* bzw. Grenzen dieses Strategiepfades: Alle Effizienzstrategien stoßen an naturgesetzliche Grenzen. Auch ein halbierter oder gevierteilter Ressourcenverbrauch fossiler oder nuklearer Ressourcen verdoppelt oder vervierfacht zwar die Verfügbarkeit, beseitigt aber nicht das Problem ihrer Endlichkeit und der THG-Relevanz (so darf nur noch ein kleiner Teil der existierenden fossilen Energieträger zur Energiegewinnung eingesetzt werden). Wenn der materielle Güterkonsum immer weiter steigt, werden alle Effizienzgewinne im Laufe der Zeit kompensiert.

Bei den meisten Effizienztechniken reichen die *Marktkräfte* nicht aus, um die Potentiale der Effizienzsteigerung auszuschöpfen. Oft sind die Amortisationszeiten sehr lang oder die Produkte gehen mit Statussymbolen einher, die sich rationalen Kalkülen entziehen. Damit wird der Einsatz von politisch-rechtlichen Instrumenten unverzichtbar. Die Gesamtbewertung spricht für eine sofortige konsequente Umsetzung dieses Strategiepfades. Von der Ausschöpfung ihrer Potentiale sind wir noch weit entfernt. Dennoch muss dem Leser bewusst bleiben, dass die Effizienzstrategie alleine keine nachhaltige Energiepolitik realisieren kann.

*Kapitel 4) Erneuerbare Energien:* Nach der Erläuterung der technisch-wirtschaftlichen Grundlagen und Potentiale haben wir festgestellt, dass die EE das Potential haben alle Großregionen der Welt dauerhaft und wirtschaftlich realisierbar vollständig mit EE zu versorgen. Das gilt auch für Europa und Deutschland.

*Kapitel 5) Notwendige Infrastruktur:* Ein wesentliches Problem der 100 %-Versorgung mit EE ist die jederzeitige Sicherstellung der Versorgungssicherheit. Wie wir gesehen haben, ist dieses Problem aber nicht unüberwindlich. Vielmehr steht ein Konzept für den Ausbau der notwendigen Infrastruktur bereit. Im Zentrum steht hierbei zunächst der Umbau der Energiewirtschaft, so dass EE-Strom die zentrale Rolle erhält (inbes. Onshore-Windkraftwerke und PV-Anlagen). Gleichzeitig sollte der Ausbau von flexiblen in KWK betriebenen BHKW und GuD-Kraftwerken mit Wärmespeichern erfolgen. Überschüssiger EE-Strom sollte im Wärmemarkt und später für die Mobilität eingesetzt sowie ins Ausland verkauft werden. Hierzu ist ein Ausbau der Verteilungs- und Übertragungsnetze nötig. Dann könnte ein europäischer Verbund mit Norwegen eine zentrale Infrastrukturmaßnahme werden. Der Aufbau eines Verbrauchsmanagementsystems rundet diesen Teil ab. Erst wenn die EE den größten Anteil an der Energieversorgung übernommen haben – zwischen 40 und 80 % – erhält der Speicherausbau Priorität. Dann könnten die Power-to-Gas-Strategie und der Bau von anderen Speichern zwingend notwendig werden. Bis dahin dient der Bau von Speichern eher der Auslastung von Braunkohlekraftwerken. Wird die Power-to-Gas-Strategie umgesetzt, könnten auch die empfohlenen BHKW- und GuD-Anlagen in KWK mit Wärmespeichern weiter betrieben werden. Zu diesem Zeitpunkt könnten auch die Offshore-Windkraftanlagen notwendig werden. Auch die Einführung eines Verbrauchsmanagementsystems erscheint sinnvoll.

*Kapitel 6):* Eine zusammenfassende *Bewertung* der EE kommt zu dem Ergebnis, dass sie nicht nur das Potential haben, die Menschheit mit angemessenen Energiedienstleistungen zu versorgen, sondern darüber hinaus eine Reihe von wesentlichen Vorteilen gegenüber den atomaren und fossilen Energien ausweisen. So können die wirtschaftspolitische Abhängigkeit von fossilen und atomaren Energieträgern vieler Länder und ein Teil der Ursachen für gewaltsame internationale Konflikte beendet werden. Da die EE – effizient eingesetzt – kaum natürliche Ressourcen verbrauchen und über ihren gesamten Lebenszyklus relativ wenig Schadstoffe oder Klimagase freisetzen, sind sie die einzigen Energietechniken, die den ökologischen Managementregeln der Nachhaltigkeit nahe kommen. Wenn die EE-Techniken künftig aus Sekundärmaterialien oder erneuerbaren Materialien und mit Hilfe von EE gefertigt werden, könnten sie alle Managementregeln einhalten und damit als nachhaltige Produkte angesehen werden. Dementsprechend müssen im Zuge einer nachhaltigen Energiepolitik parallel zur maximalen Steigerung der Energieeffizienz die Nutzung der EE bis 2050 allmählich zur 100 %-Versorgung ausgebaut werden. Den größten Anteil werden hierbei die Wind- und Sonnenenergie übernehmen. Nur in Ländern mit besonderen geographischen Merkmalen werden die Wasserkraft und die Geothermie diese Rolle einnehmen.

### Abschnitt III: Bewertung der direkten Akteure

*Kapitel 7) Notwendige Leitplanken für die Energiewende:* Das Kapitel zeigt, dass Marktmechanismen alleine nicht zu einer 100 %-Versorgung führen können. Hierzu sind die sozial-ökonomischen Faktoren zu wirkungsmächtig. Nur mit ökologischen Leitplanken, d.h. politisch-rechtlichen Instrumenten durch einen gestaltenden Staat, kann der Transformationsprozess zur 100 %-Versorgung mit EE eingeleitet und erfolgreich vollendet werden. Die Instrumente hierfür sind vorhanden, werden aber bislang in kaum einem Bereich konsequent genug eingesetzt. Überall, wo sich Instrumente als sehr erfolgreich herausgestellt haben (z. B. Ökologische Steuerreform, EEG), haben es die Contra-Akteure geschafft, die Instrumente „einzufrieren", zu verwässern oder zumindest die Fortsetzung öffentlich in Frage zu stellen, allerdings nicht völlig zu verhindern.

*Kapitel 8) Grundlagen der Akteursanalyse:* In einer modernen Demokratie existiert kein Akteur und keine Akteursgruppe, die alle Macht in sich vereint. Wir haben die Akteursgruppen in direkte und indirekte Akteursgruppen gegliedert. Die direkten Akteure tragen die Verantwortung für die Ausgestaltung der ökologischen Leitplanken, ohne die es keine Energiewende geben kann. Nirgends auf der Erde existiert aber ein Staat, in dem die direkten Akteure nur nach der Zukunftsfähigkeit von Strukturen entscheiden, sondern überall kommt es zu Entscheidungen, die auch von Partikularinteressen geleitet werden. Für die Erläuterung der Ursachen dieses Politikversagens haben wir eine Reihe von Theorieansätzen skizziert.

*Kapitel 9) Globale Ebene:* Obgleich es sich bei der Klimaerwärmung um eines der dringendsten Probleme der Menschheit im 21. Jh. handelt, sind die bislang getroffenen Maßnahmen völlig unzureichend und es ist nicht sicher, ob es in absehbarer Zeit überhaupt zu einem Klimaschutzvertrag zwischen allen Staaten kommen wird. Zudem weisen die bisherigen Verträge keine verbindlichen Ziele auf, die bei Nichteinhaltung sanktioniert werden können. Klimaschützer verweisen aber zu Recht darauf, dass eine Kosten- und Nutzenrechnung – von den ethischen Fragen ganz zu schweigen – den Transformationsprozess zu einer 100 %-Versorgung mit EE zwingend macht. Die Wirtschaftsakteure wollen dem nicht folgen, da sie den *Faktoren des Politikversagens* und den sozial-ökonomischen Faktoren unterliegen (s. Zwischenfazit Abschnitt III): Sie sehen die betriebswirtschaftlichen, nicht die volkswirtschaftlichen Kosten der konventionellen Energien. Sie bewerten den gegenwärtigen Konsum höher als den künftigen Nutzen des Klimaschutzes (Problem der Diskontierung). Die Vertreter der *Entwicklungsländer* möchten erst mal alle Menschen mit Strom versorgen, bevor sie sich mit anderen Problemen, wie der Klimaerwärmung, beschäftigen. Die Vertreter der *Schwellenländer* wollen den Aufholprozess zu den Industrieländern nicht verlangsamen und die Vertreter der *Industrieländer* die Wettbewerbsnachteile zu den Schwellenländern nicht vergrößern. Damit scheint es sehr wahrscheinlich, dass sich die Weltgemeinschaft ohne Vorbilder – die ihr zeigen, dass der Transformationsprozess auf lange Sicht Vorteile bringt – erst zu spät zum Umbau entscheidet. Auf absehbare Zeit rechnen viele Autoren nur dann mit global ernstzunehmenden Maßnahmen zur Absenkung der absoluten THG-Emissionen und einem Umbau zur 100 %-Versorgung mit EE, wenn es zu unübersehbaren Katastrophen kommt, z.B. dem Untergang mehrerer Metropolen oder Staaten. Andere fordern hingegen eine aktive Strategie, nämlich die Umsetzung der 100 %-Versorgung mit EE in Deutschland und Europa, die anderen Ländern die Hoffnung gibt, diesem Weg zu folgen.

*Kapitel 10) Die Rolle der EU:* Das Kapitel zeigt, dass die bislang eingeführten energiepolitischen Maßnahmen der EU wichtige Initiativen darstellen, die aber gleichwohl noch nicht ausreichend sind, um die Handlungsziele der EU zu erreichen. Einige Saaten (z.B. Dänemark, Großbritannien und Deutschland) können erste Erfolge vorweisen, aber die Geschwindigkeit des Fortschritts reicht keinesfalls aus, um die Klimaschutzziele zu erreichen und derzeit sprechen sogar einzelne Signale dafür, dass es in den kommenden Jahren zu einer weiteren Verlangsamung der europäischen Klimaschutzpolitik kommen könnte. Daher benötigt die EU deutlich weitergehende Instrumente und Maßnahmen.

*Kapitel 11)* Die Bewertung der Rolle *deutscher Politik* für den Transformationsprozess kann nicht einheitlich erfolgen, da Licht und Schatten hier eng beieinander liegen. Oft werden ehrgeizige Ziele formuliert, die mit den dann verabschiedeten politisch-rechtlichen Instrumenten aber kaum zu erreichen sind. Die theoretisch herausgearbeiteten Faktoren des Politikversagens wurden empirisch bestätigt. Im Zentrum steht bei der Mehrheit der Politiker nicht der Transformationsprozess, sondern eine möglichst reibungslose Verwaltung des Bestehenden (natürlich trifft das nicht für alle zu, sonst wären die beispielgebenden Erfolge, denken wir nur an das EEG, gar nicht erklärbar). Dennoch werden die Symptome der Klimaerwärmung oft nicht ausreichend als Chance für die „Wachrüttlung" der Öffentlichkeit und Akzeptanzerhöhung für weiterreichende Maßnahmen wahrgenommen, sondern als lästige Ärgernisse, die möglichst herunterzuspielen sind. Die Analyse der deutschen EE-Politik zeigt aber auch, dass trotz der teilweise erdrückenden Faktoren des Politikversagens unter bestimmten Bedingungen Änderungen der politisch-rechtlichen Rahmenbedingungen auf der Bundesebene vorgenommen werden. So hat Deutschland eine Reihe wichtiger Instrumente eingeführt, um seine Klimaschutzziele zu erreichen. Besonders hervorzuheben sind die Ökologische Steuerreform, das EEG und die EnEV. Auch hierdurch konnte das Land erhebliche Erfolge bei der Senkung der THG-Emissionen und dem Ausbau der EE erzielen. Damit kann als bewiesen gelten, dass mit den richtigen ökologischen Leitplanken Erfolge möglich sind, die noch vor 20 Jahren als unerreichbar galten. Als *Zwischenfazit* kann festgehalten werden, dass die bislang eingeführten Instrumente wichtige Initiativen darstellen, die aber bei weitem nicht ausreichend sind, um die Handlungsziele des Klimaschutzes zu erreichen. Daher sind deutlich weitergehende Instrumente und Maßnahmen sowohl durch deutsche Initiativen auf der EU-Ebene als auch in Deutschland direkt notwendig. Hierbei sind insbesondere die Folgen des novellierten EEG zu überwachen. Kommt es zu einem Einbruch beim Ausbau der EE, muss das Gesetz erneut novelliert werden.

*Kapitel 12): Bundesländer:* Nur einige Bundesländer haben sich bislang auf den Weg gemacht, die gesetzlichen Lücken der EU und Deutschlands zu schließen. Selbst dort, wo ihnen das Bundesrecht die Kompetenzen einräumt, machen sie nur selten davon Gebrauch (z. B. im Wärmesektor). Allerdings haben einige bereits heute einen weit überdurchschnittlichen EE-Anteil erreicht, an den sie anknüpfen könnten.

Am Ende des Abschnitts haben wir die bekannten Faktoren des *Politikversagens* durch eigene Erklärungsansätze ergänzt. Hier sind wir jedoch nicht stehen geblieben, sondern haben auch die *Erfolgsfaktoren* benannt, ohne die die wichtigen Initiativen der Politiker und Verwaltungsmitarbeiter nicht zu Stande gekommen wären.

## *Abschnitt IV: Bewertung der indirekten Akteure*

*Kapitel 13): Überregionale Unternehmen und Verbände*: In einer pluralistischen Gesellschaft gehört die Interessenwahrnehmung von Unternehmen und Branchen – bis zu einem gewissen Umfang – zu den legitimen Mitteln. Davon machen die Unternehmen und ihre Verbände, die Gewerkschaften und Umweltverbände je nach ihrer materiellen Ausstattung massiven Gebrauch. Wir haben die Interessenverbände in Pro-Akteure (für eine 100 %-Versorgung) und Contra-Akteure (für eine Verlangsamung des Transformationsprozesses bis zur vollständigen Ablehnung) gegliedert. Mittlere Positionen werden hier fast nur von wissenschaftlichen Institutionen vertreten, die allerdings auch oft mit einer der beiden Seiten sympathisieren. Die *Contra-Akteure* haben sich als sehr wirkungsmächtig herausgestellt. Die jährlichen Umsätze aller Unternehmen der fossilen und atomaren Energiewirtschaft gehen global in die Billionen USD. Damit verfügen sie über eine übergroße, demokratisch nicht legitimierte Macht, die sie auch nutzen, um den Transformationsprozess zu verlangsamen. Zumindest in Deutschland vertreten sie aber nicht die gesellschaftliche Mehrheit, sondern lediglich Partikularinteressen. Ihr Image ist dementsprechend schlecht. Mit wesentlich geringerer materieller Ausstattung, aber großer gesellschaftlicher Akzeptanz, haben die *Umwelt- und EE-Verbände im Bündnis mit Pro-Akteuren* in der Politik wesentliche Rechtsnormen durchsetzen können.

*Kapitel 14): Kommunen*: Die Kommunen sind wesentliche Akteure der Energiewende. Sie verfügen über das Potential, einen Teil der Lücken, die von der globalen bis zur Bundesländerebene existieren, zu füllen und die Transformation zur 100 %-Versorgung voran zu treiben. Ohne ihre Initiativen auf der lokalen Ebene wird die Transformation kaum zu schaffen sein. Eine große Anzahl von Kommunen hat die Verantwortung angenommen. Sie sind Vorbilder für andere Kommunen geworden. Dennoch hat die Mehrheit bislang ihre Potentiale zur $CO_2$-Reduzierung bei weitem noch nicht ausgeschöpft. Sie sind daher aufgefordert, ihre Symbolpolitik zu Gunsten einer nachhaltigen Energiepolitik zu wandeln. Besonders erfolgreich sind bislang die Vorhaben verlaufen, in denen die Kommunen „100 %-Beschlüsse" gefasst haben und noch (oder wieder) über kommunale Stadtwerke verfügen.

*Kapitel 15: Stadtwerke:* Noch in den 1980er und 90er Jahren wurden sehr große Hoffnungen mit der Privatisierung und Liberalisierung öffentlicher Unternehmen verbunden. Das hat sich geändert. Viele Autoren sehen heute, dass sich die Hoffnungen auf eine per se effizientere Wahrnehmung öffentlicher Aufgaben durch private Unternehmen nicht erfüllt haben. Daher sprechen sich heute viele Politiker und Bürger für eine Rekommunalisierung der Unternehmen der Daseinsvorsorge aus. Die alten und neuen *Stadtwerke* gewinnen wieder an Bedeutung, da sie heute umweltfreundlicher und mit hoher Akzeptanz ihrer Kunden Strom und Wärme erzeugen sowie andere Dienstleistungen anbieten. So könnte es zu einer Renaissance dieser Unternehmensform kommen. Sollten sie allerdings ihre Vorreiterrolle aufgeben und in das Lager der Energiewende-Bremser wechseln, würden sie schnell ihr positives

Image bei der Bevölkerung verlieren. Wollen sie hingegen weiterhin den Erwartungen gerecht werden, müssen sie eine neue Dynamik beim Bau von EE-Anlagen an den Tag legen.

*Kapitel 16: Energiegenossenschaften*: Durch die Verabschiedung des EEG wurden die Rahmenbedingungen geschaffen, um bürgerschaftlichem Engagement in der Energiewirtschaft zum Erfolg zu verhelfen. Ohne die vielen tausend Bürger in diesem Bereich wären die schnellen Erfolge beim Ausbau der EE niemals möglich gewesen. Als besonders geeignete Rechtsform hat sich die Energiegenossenschaft erwiesen. Diese demokratisch verfasste Unternehmensform fördert das bürgerschaftliche Engagement besonders erfolgreich. So haben die Energiegenossenschaften bedeutend mehr EE-Anlagen als die Energieversorgungsunternehmen errichtet.

*Kapitel 17: Einzelakteure*: Die Mehrheit der Bürger will eine 100 %-Versorgung mit EE. Auch sind viele Menschen bereit, in EE-Anlagen zu investieren. Die notwendige Bedingung hierfür ist aber offensichtlich, dass nicht nur die „Emotionalrendite", sondern auch ein finanzieller Anreiz vorhanden ist. So erfolgte der große Nachfrageschub nach EE-Anlagen erst nach der Verabschiedung des EEG. Sind beide Bedingungen erfüllt, ist ein sehr schneller Ausbau möglich. Der große Erfolg der EE ist nicht den Energieversorgern zu verdanken, sondern den vielen Bürgern, die bereit waren ihr Geld gewinnbringend UND „ethisch einwandfrei" zu investieren. Diese Menschen werden wahrscheinlich weiterhin die Träger der Energiewende bleiben. Auch kann jeder politisch denkende Mensch durch sein eigenes Verhalten einen Beitrag zur Transformation des Energiesystems leisten, sowie als Konsument bewusst die Nachfrage beeinflussen. Als ähnlich wichtig haben sich engagierte Landwirte und sonstige Pro-Akteursgruppen herausgestellt.

### Fazit: Bedingungen für eine 100 %-Versorgung

Auf den nächsten Seiten wollen wir die von uns zusammengetragenen Bedingungen für den Erfolg des Transformationsprozesses zur 100 %-Versorgung mit EE zusammenfassen:

(1) Bündnisse der Pro-Akteure

(2) Ökologische Leitplanken

(3) Einhaltung des Nachhaltigkeitsparadigmas

(4) Ausschöpfung der Potentiale der drei Strategiepfade

(5) Umbau der Energiewirtschaft *sowie* konsequenter Ausbau der EE und der Infrastruktur (Systemdienstleistungen).

*Erstens: Bündnisse der Pro-Akteure*

Die schnellen Fortschritte der Energiewende in Deutschland (insbes. der Anstieg des EE-Stromanteils) wurden durch eine Reihe von Gesetzen ermöglicht, die Rahmenbedingungen der Energiewirtschaft änderten (insbes. das EEG). Die Errichtung dieser ökologischen Leitplanken konnte durch die Zusammenarbeit verschiedener Pro-Akteursgruppen erreicht werden (insbes. Politiker, Verwaltungsmitarbeiter, Wissenschaftler, EE-Wirtschafts- und Umweltverbände sowie engagierte Bürger). Ohne derartige Bündnisse der Pro-Akteure können diese Leitplanken nicht aufrechterhalten und ausgebaut werden. Die wichtigsten Personen sind die direkten Akteure von der globalen bis zur Bundesländerebene (Kap. 9 bis 12). Ohne den Druck der Bürger und dem Engagement der Kommunen werden sie aber die ökologischen Leitplanken nicht konsequent genug ausbauen und aufrechterhalten (Kap. 13 bis 17).

*Zweitens: Ökologische Leitplanken*

Eine 100 %-Versorgung mit EE kann in der noch zur Verfügung stehenden Zeit nicht über Marktkräfte erfolgen. Vielmehr werden ökologische Leitplanken benötigt (Gesetze und Verordnungen), sodass die Ziele einer nachhaltigen Energiepolitik bis 2050 erreicht werden können. Hierzu existiert eine große Anzahl von politisch-rechtlichen Instrumenten, die in der Lage wären die energie- und klimapolitischen Ziele gegen die Marktkräfte durchzusetzen. Bislang wurden diese aber fast immer nicht konsequent genug eingeführt. Das muss sich ändern, sollen die Ziele (und die dazugehörigen Zwischenziele) noch erreicht werden (zu den Vorschlägen siehe Kap. 7).

*Drittens: Einhaltung des Nachhaltigkeitsparadigmas*

Damit die Grenzen der natürlichen Tragfähigkeit nicht überschritten werden, muss die folgende *Formel für nachhaltiges Wirtschaften* eingehalten werden: Die Steigerung der Ressourcenproduktivität muss ständig größer als die Steigerung des Bruttoinlandsprodukts sein (Rogall 2004: 44), so dass Jahr für Jahr der *absolute* Ressourcenverbrauch auch bei wirtschaftlichem Wachstum sinkt (sog. absolute Entkoppelung; BUND u.a. 2008: 101). Die unbedingte Einhaltung dieser Formel bezeichnen wir als *Nachhaltigkeitsparadigma* (detaillierte Erläuterung siehe Kap. 2.1). Auf unser Thema angewendet bedeutet dies, dass die Nutzung der fossilen Energieträger Jahr für Jahr absolut zurückgehen muss, bis sie im Energiesektor 2050 ganz eingestellt ist.

### Viertens: Ausschöpfung der drei Strategiepfade

Um den Transformationsprozess zu einer 100 %-Versorgung mit EE erfolgreich zu gestalten, reicht keine einzelne Strategie aus. Vielmehr müssen alle drei Strategiepfade der Nachhaltigkeit konsequent umgesetzt werden (detailliert Kap. 2.1):

(1) *Effizienzstrategie*: Damit die gesamte Energieversorgung durch EE erfolgen kann, muss als notwendige Bedingung der Energieverbrauch gesenkt werden. Nach den vorliegenden Studien kann durch die Ausschöpfung des Effizienzpotentials der Endenergieverbrauch um 33 % bis 50 % reduziert werden (s.a. Kap. 3).

(2) *Konsistenzstrategie*: Parallel zur Ausschöpfung des Effizienzpotentials erfolgt der Ausbau der EE zur 100 %-Versorgung (Kap. 4). Um eine jederzeitige Energieversorgung sicherzustellen, gehört zu diesem Strategiepfad der Ausbau der notwendigen Infrastruktur (Kap. 5).

(3) *Suffizienzstrategie*: Vertreter der Nachhaltigen Ökonomie gehen davon aus, dass die Industriegesellschaft parallel zur konsequenten Umsetzung der Effizienz- und Konsistenzstrategie einen kulturellen Wandel ihrer Ziele und Werte (ihres Entwicklungsmodells) vollziehen muss. Denn nimmt die materielle Güterproduktion über viele Jahrzehnte weiter stetig zu, werden die Erfolge der Effizienz- und Konsistenzstrategie eines Tages kompensiert. Daher muss in den nächsten Jahrzehnten erreicht werden, dass die *Summe der materiellen Konsumgüter in den Industriestaaten nicht mehr zunimmt*.

### Fünftens: Umbau der Energiewirtschaft

Die heutige (konventionelle) Energiewirtschaft ist von vier großen Energiekonzernen (EVU) geprägt, die über mehr als 2/3 aller Stromerzeugungsanlagen (über 80 % aller atomaren und fossilen Kraftwerke) verfügen. Ihre bisherige Geschäftspolitik, Lobbyarbeit und ihr Kraftwerkspark führten dazu, dass sie einer der größten Hemmnisfaktoren der Energiewende wurden. Sie verfolgen spezifische Interessen und verfügen über wirkungsmächtige Mittel der Interessendurchsetzung (s. Kap. 13). Die anderen Marktakteure (inbes. die Energiegenossenschaften, z.T. die Stadtwerke) sind zwar noch lange nicht so umsatzstark, waren aber bislang die wichtigsten Akteursgruppen des EE-Ausbaus. Ob sich das ändern wird, hängt stark von den künftigen politisch-rechtlichen Rahmenbedingungen ab. Entweder die Energiekonzerne ändern ihre Ziele von Grund auf oder die Politik muss die Rahmenbedingungen so ändern, dass die Unternehmen der Bürger, der Kommunen und der öffentlichen Hand ihre Aufgaben übernehmen können.

*Fazit – zur Diskussion*

Die notwendigen EE-Techniken für den Transformationsprozess zur 100 %-Versorgung stehen bereit. Sie haben das notwendige Potential, die Industrie- und Schwellenländer bis 2050 vollständig und wirtschaftlich verträglich zu versorgen. Durch diese Transformation könnte nicht nur die Klimaerwärmung auf einen gerade noch verträglichen Umfang verlangsamt, sondern auch die sich zuspitzende Ressourcenknappheit mit ihren gewaltsamen Konflikten auf ein beherrschbares Maß reduziert werden.

Da ein wesentlicher Anteil dieser Versorgung durch fluktuierende Energie (insbes. Wind und Sonne) zu decken ist, muss das heutige Energiesystem so umgebaut werden, dass es sich den EE anpasst. Hierzu ist eine umfängliche Infrastruktur nötig, weshalb die Transformation zur 100 %-Versorgung mit EE – wie alle vorangegangenen Transformationen auch – große Investitionen benötigt. Auch das Know-how für diese Infrastruktur ist zum größten Teil vorhanden. Hierbei kann die Menschheit (auch Deutschland als Vorreiter in der Energiewende) nicht auf eine einzelne Strategie setzen, sondern muss den skizzierten Transformationsprozess mit seinen Strategie- und Infrastrukturpfaden konsequent durchführen. Gelingt dies, stellt die Energiewende ein risikoarmes Investitionsvorhaben mit großen wirtschaftlichen Chancen dar (IWES 2014/01: 4).

Ein immer noch mögliches Scheitern der Energiewende wäre also nicht den fehlenden Energietechniken zuzuschreiben, sondern dem Politikversagen von der globalen bis zur Länderebene. Die Faktoren des Politikversagens sind so vielfältig und wirkungsmächtig, dass viele Akteure eine erfolgreiche Transformation zu einer 100 %-Versorgung mit EE für eine Illusion halten. Für eine Resignation sind die Probleme aber zu gefährlich. Auch gelingt es engagierten Politikern in Bündnissen mit der Bürgergesellschaft immer wieder, deutliche Schritte in die richtige Richtung durchzusetzen.

Hierbei ist regelmäßig damit zu rechnen, dass die atomare und fossile Energielobby diese Entwicklung zu hemmen versucht. Die großen Energiekonzerne und ihre Verbündeten in den Wirtschaftsverbänden und der Wissenschaft verfügen über ein großes wirkungsmächtiges Bündel an Mitteln zur Interessendurchsetzung. Ihre Macht ist noch nicht gebrochen. Sie zu unterschätzen, wäre grob fahrlässig (immer wieder gelingt es ihnen Rechtsnormen zum Teil zu verwässern oder die Inkraftsetzung zu verschieben).

Sich auf Rückschläge einzustellen und den Mitteln der Contra-Akteure standzuhalten, ist die große Aufgabe der Bürgergesellschaft im 21. Jahrhundert. Hierzu dienen den Pro-Akteuren die verschiedenen Organisationsformen, von den politischen Parteien, Umweltverbänden bis hin zu den Energiegenossenschaften. Viele Kommunen mit ihren engagierten Politikern und Verwaltungsmitarbeitern sind hierbei wichtige Verbündete. Solange die Rahmenbedingungen dies ermöglichen, werden diese Pro-Akteure weiterhin die Energiewende vorantreiben und sich von den Lobbyisten nicht einschüchtern lassen. Dabei gewinnt ihr Engagement durch die zunehmenden Folgen der Klimaerwärmung weiter an Bedeutung.

Die Contra-Akteure haben für die Lösung des Klimaproblems keine einzige erfolgsversprechende Strategie. Daher haben sie in großen Teilen Europas in den letzten 15 Jahren mehr Auseinandersetzungen verloren als gewonnen.

Die Alternative „weiter so" existiert nicht, da ein „weiter so" nicht zur Beibehaltung des Wohlstandes führt, sondern zum Ende der heutigen Zivilisation führen könnte. Derartige Entwicklungen haben in der Vergangenheit schon mehrfach stattgefunden. Bei den untergegangenen Kulturen reichte die Kraft nicht aus, um sich so zu verändern, dass sie den Niedergang aufhalten konnten. So gingen zahlreiche Großreiche unter, z. B. das Römische Weltreich, es folgte ein viele Jahrhunderte andauernder zivilisatorischer Niedergang.

Jedoch schafften es in der Geschichte auch kleine Gruppen, große Veränderungen hervorzubringen (siehe die Anti-Apartheid- und die Indische Unabhängigkeitsbewegung). So bleibt uns die Hoffnung, dass in den nächsten Jahrzehnten noch einiges erreicht werden kann.

# Literaturverzeichnis und Internetadressen

50Hertz Transmission (2013a): Archiv Photovoltaik, online: http://www.50hertz.com/de/2792.htm

50Hertz Transmission (2013b): Archiv Windenergie, online: http://www.50hertz.com/de/1983.htm

100%-EE-Stiftung (2014/02) 100 Prozent erneuerbar Stiftung: Ungleichzeitigkeit und Effekte räumlicher Verteilung von Wind- und Solarenergie, Kurzfassung, online: http://100-prozent-erneuerbar.de/projekte/raeumliche-aufteilung/

## A

Abgeordnetenhaus (1995/03): Antrag der Fraktion der SPD und der Fraktion der CDU über Novellierung des Gesetzes zur Förderung der sparsamen sowie umwelt- und sozialverträglichen Energieversorgung und Energienutzung in Berlin, Drs. 12/5333.

Abgeordnetenhaus (2006/06): Lokale Agenda 21 – Berlin zukunftsfähig gestalten, beschlossen vom Abgeordnetenhaus am 08. Juni 2006, Drs. 15/5221.

Abdel-Samad, H. (2010): Der Untergang der islamischen Welt – ein Prognose, München.

Adelphi Consult, WI (2007): Die sicherheitspolitische Bedeutung erneuerbarer Energien, Studie im Auftrag des BMU.

AEE (2011/12): Agentur für EE: Erneuerbare-Energien-Projekte in Kommunen, Erfolgreiche Planung und Umsetzung, 5. überarbeitete Auflage, Paper; online: www.kommunal-erneuerbar.de/fileadmin/content/PDF/AEE_Kommunal Erneuerbar_Aufl05_web.pdf

AEE (2012/03) Agentur für EE: Strom speichern, von Mahnke, E.; Mühlenhoff, J.; gefördert durch das BMU; online: http://www.unendlich-viel-energie.de/media/file/160.57_Renews_Spezial_Strom_speichern_mar13_online.pdf

AEE (2012/05) Agentur für EE: „Smart Grids" für die Stromversorgung der Zukunft, Autoren: Kunz, C.; Muller, A.; Saßning, D.; online: http://www.unendlich-viel-energie.de/media/file/161.58_ Renews_Spezial_Smart_Grids_ jun12online.pdf

AEE (2012/10) Agentur für EE: Intelligente Verknüpfung von Strom- und Wärmemarkt, Autoren: Gradmann, H; Müller, A.; online: http://www. unendlich-viel-energie.de/media/file/162.59_Renews_Spezial_Waerme pumpe_online.pdf

AEE (2012/11) Agentur für EE: Akzeptanz und Bürgerbeteiligung für Erneuerbare Energien, Autor: Wunderlich, C.: http://www.kommunal-erneuerbar.de/ file admin/content/PDF/60_Renews_Spezial_Akzeptanz_und_Buergerbeteili gung _nov12. pdf

AEE (2013/04) Agentur für EE: Energiegenossenschaften, Broschüre, Berlin. Online: http://www.unendlich-viel-energie.de/media/file/34.AEE_DGRV_ Energie genossenschaften_2013_web.pdf

# Literaturverzeichnis

AEE (2013/06) Agentur für EE: Bundesländer mit neuer Energie, Jahresreport Föderal, Broschüre, Berlin. Online: http://www.foederal-erneuerbar.de/tl_files/aee/Jahresreport%202013/AEE_Jahresreport_F-E_2013_Einleitungs kapitel.pdf

AEE (2013/07) Agentur für EE: Studienvergleich: Entwicklung von Volllaststunden von Kraftwerken; online: http://www.energie-studien.de/uploads/media/AEE_Dossier_Studienvergleich_Volllaststunden_juli13.pdf

AEE (2013/07a) Agentur für EE: Investitionen landwirtschaftlicher Betriebe in EE-Anlagen. Online: http://www.unendlich-viel-energie.de/mediathek/grafiken/investitionen-landwirtschaftlicher-betriebe-in-erneuerbare-energien-anlagen

AEE (2013/12): Agentur für EE: Studienvergleich : Entwicklung der Stromhandels- und der $CO_2$-Zertifikationspreise. online: www.energie-studien.de

AEE (2014): Agentur für EE Erneuerbare-Energien: Wachstumstrend der Energiegenossenschaften ungebrochen; online: http://www.unendlich-viel-energie.de/presse/pressemitteilungen/wachstumstrend-der-energiegenossenschaften-un gebrochen

AGEB (2013/09) AG Energiebilanzen: Ausgewählte Effizienzindikatoren zur Energiebilanz Deutschland, Daten für die Jahre von 1990 bis 2012, Papier. online: http://www.ag-energiebilanzen.de/

AGEB (2013/12): Energiemix 2013, Pressedienst Nr. 08/2013, online: http://www.ag-energiebilanzen.de/.

AGEB (2014/01): Energieverbrauch in Deutschland. online: http://www.goldseiten.de/bilder/upload/gs52e0f55287a65.pdf

AGEB (2014/03) AG Energiebilanzen: Energieverbrauch in Deutschland im Jahr 2013, online: http://www.ag-energiebilanzen.de/

Agora Energiewende (2013/05): Kostenoptimaler Ausbau der Erneuerbaren Energien in Deutschland, Studie der Consentec und des Fraunhofer IWES. Online: http://www.agora-energiewende.de/fileadmin/downloads/presse/PkOptimie rungsstudie/Agora_Studie_Kostenoptimaler_Ausbau_der_EE_Weboptimiert. pdf

Agora Energiewende (2013/12): Stromverteilnetze für die Energiewende, Empfehlungen des Stakeholder-Dialogs Verteilnetze für Deutschland, Schlussbericht. Online: http://www.agoraenergiewende.de/fileadmin/downloads/publikatio nen/Impulse/Stromverteilnetze/IMPULSE_Stromverteilnetze_fuer_die_Energi ewende.pdf

Alemann von, U. (2001): Das Parteiensystem der Bundesrepublik Deutschland, Opladen, Bonn.

Alt, F. (2002): Das ökologische Wirtschaftswunder, Berlin.

Alt, F. (2014/03/16): EEG-Pläne bremsen Energiegenossenschaften, online: http://sonnenseite.com/index.php?pageID=6&article:oid=a28070&template=p rint_detail.html.

Altegör, T. (2013/12): Energiewende? Ja aber... – Lobbyisten im Energiesektor in: neue energie. Online: http://www.neueenergie.net/politik/deutschland/energie wende-ja-aber

Altegör, T. (2014/05): Jetzt oder nie, in: neue energie, Mai 2014.

Ambrosius, G. (2012): Geschichte der Stadtwerke, in Bräunig, D.; Gottschalk, W. (2012; Hrsg.): Stadtwerke. Grundlagen, Rahmenbedingungen, Führung und Betrieb, Baden Baden.

Amprion (2013a): Photovoltaikeinspeisung, online: http://www.amprion.net/photo voltaikeinspeisung

Amprion (2013b): Windeinspeisung, online: http://www.amprion.net/windenergieeinspeisung

Amt für Statistik Berlin Brandenburg (2012): Kernindikatoren zur nachhaltigen Entwicklung Berlins, Datenbericht 2012, Potsdam.

Ancygier, A.; Bah, I.; Renzig, S.; Wandler, R.; Zimmermann, J.-R. (2013/05): EEG – ein Modell für Europa?, in: Neue Energie (2013/05).

ARGE Potsdam (2010): Gutachten zum Integrierte Klimaschutzkonzept 2010 für die Landeshauptstadt Potsdam. Online: http://www.potsdam.de/sites/default/files/documents/IntegriertesKlimaschutzkonzept2010.pdf

ARGE Berlin (2014/03): Klimaneutrales Berlin 2050, Ergebnisse der Machbarkeitsstudie. Online: http://www.stadtentwicklung.berlin.de/umwelt/klimaschutz/studie_klimaneutrales_berlin/download/KlimaneutralesBerlin_Machbarkeits studie.pdf

Arndt, M.; Rogall, H. (1986): Wohnungsbaugenossenschaften, Berlin.

Arrhenius (2014/03): Institut für Energie- und Klimapolitik, Studie im Auftrag von Germanwatch und Allianz Climate Solution GmbH.

Articus, St. (2012/09): Strategische Perspektiven in der Zusammenarbeit von Kommunen und Stadtwerk, in: VKU (Hrsg., 2012/09).

Asendorpf, D. (2011/09): Norwegen, der Akku Europas, in: Die Zeit 1.9.2011.

Assheuer, T. (2014/05): Die neue Achse der Autoritäten, in: Die Zeit vom 28.5.2014.

Attig, D. (2013/01): Kraft-Wärme-Koppelung als Übergang zu großen Speichern für Erneuerbare Energien, in: Solarzeitalter (2013/01) Scheer-Pontenagel (Hrsg.).

Auswärtiges Amt (2011/06): ECOSOC, online: http://www.auswaertiges-amt.de/DE/Aussenpolitik/Friedenspolitik/VereinteNationen/StrukturVN/ Organe/ECOSOC_node.html.

Avenarius, H. (2002): Die Rechtsordnung der Bundesrepublik Deutschland, Bonn.

# B

Balderjahn, I. (2013): Nachhaltiges Management und Konsumentenverhalten, Konstanz, München.

Bär, H.; Jacob, K.; Meyer, E.; Schlegelmilch, K. (2011/10): Wege zum Abbau umweltschädlicher Subventionen, Expertise im Auftrag der Abteilung Wirtschafts- und Sozialpolitik der Friedrich-Ebert-Stiftung, Broschüre.

Bajohr, St. (2007): Grundriss staatlicher Finanzpolitik, Wiesbaden.

Bardi, U. (2013): Der geplünderte Planet, München.

Barnimer Energiegesellschaft (2013/12): Energiebericht 2013.

Barrios, H.; Krennerich, M. (2002): Bundesländer, in: Nohlen: Politiklexikon, München.

Bartmann, H. (1996): Umweltökonomie – ökologische Ökonomie, Stuttgart.

Bassenge, J.P.; Müller, R. (2009/07): Die Wüste stromt, in: Berliner Zeitung 14.7.2009: 2.

Bauer, H.; Büchner, C.; Hajasch, L. (Hrsg. 2012): Rekommunalisierung öffentlicher Daseinsvorsorge, KWI Schrift 6 des Universitätsverlages Potsdam, Potsdam.

Bauer, H. (2012): Von der Privatisierung zur Rekommunalisierung, in: Bauer u.a.

Baumol, W.; Oates, W. (1971): The Use of Standards and Prices for Protection of the Environment, in: Swedish Journal of Economics, Bd. 73.

BDEW (2012/01): Erneuerbare sind Aufsteiger, in: neue energie, 2011/01.

BDEW (2014/05): Anteil Erneuerbarer Energien am Stromverbrauch steigt im ersten Quartal auf Rekordwert von 27 Prozent, Pressemitteilung 9.5.2014, online: http://www.bdew.de/internet.nsf/id/20140509-pi-bdew-veroeffentlicht-erste-quartalszahlen-zu-erneuerbaren-energien-de.

BDI (2013): Der Bundesverband der Deutschen Industrie; Organisation. Ziele. Struktur, Berlin.

Beck, H. P.; Springmann, J. P. (2013):Das Stromnetz im Zeichen der Energiewende, in: bpb (Hrsg.): Energie und Umwelt, Informationen zur politischen Bildung Nr. 319.

Becker, P. (2014): Die kritischen Eckpunkte des „EEG-Reform"-Gesetzentwurfs: Ein Weckruf, in Solarzeitalter (2014/01, Hrsg.). Online: http://www.eurosolar.de/de/images/stories/SOLARZEITALTER/SZA_1-2014/Becker_SZA_1_2014-2.pdf

Beirat „Umweltökonomische Gesamtrechnungen" beim BMU (2002/03): Umweltökonomische Gesamtrechnungen, vierte und abschließende Stellungnahme zu den Umsetzungskonzepten des Stat. Bundesamtes, Papier.

Berié, E. u.a. (2011): Der neue Fischer Weltalmanach 2012, Frankfurt a.M.

Berié, E. u.a. (2012): Der neue Fischer Weltalmanach 2013, Frankfurt a.M.

Berlekamp, H. (2014/01): Schwarzes Gold, schwarzes Gift, in: Berliner Zeitung vom 6.1.2014.

Berliner Energieagentur, Prognos (2011/08): Zwischenüberprüfung zum Gesetz zur Förderung der Kraft-Wärme-Koppelung, Studie im Auftrag des BMWi; online: http://www.berliner-e-agentur.de/sites/default/files/uploads/presse material/studiezwischenueberpruefungkwkg.pdf

Berliner Zeitung (2014/05): Wenn Kraftwerke hoch am Himmel schweben, Beilage zur Zeitung anlässlich der Berliner Energietage.

Berlo, K.; Wagner, O. (2013/02): Unfair und trickreich: Wie Stromkonzerne mit großer Marktmacht Rekommunalisierungen behindern, in: Scheer-Pontenagel (Hrsg): Solarzeitalter, Periodika.

Binswanger, H.Ch. (2010): Vorwärts zur Mäßigung, 2. Auflage, Hamburg.

Binswanger, H.Ch. (2013): Die Wachstumsspirale: Geld, Energie, Imagination in der Dynamik des Marktprozesses, in: Rogall, H. u.a.: Jahrbuch Nachhaltige Ökonomie, Brennpunkt: Wachstum, 2. überarbeitete Aufl., Marburg.

Binswanger, H. C.; Geissberger, W.; Ginsburg, T. (1979; Hrsg.): Wege aus der Wohlstandsfalle, Frankfurt a. M.

BGR (2013/12): Bundesanstalt für Geowissenschaften und Rohstoffe: Energiestudie 2013.

BMU (1992/06): Agenda 21 – Konferenz der Vereinten Nationen für Umwelt und Entwicklung im Juni 1992 in Rio de Janeiro – Dokumente, Bonn. Online: http://www.bmub.bund.de/fileadmin/bmu-import/files/pdfs/allgemein/application/pdf/agenda21.pdf

BMU (1996/02): Umweltgutachten 1996 des SRU, Kurzfassung, Broschüre Bonn.

BMU (1997/02): Auf dem Weg zu einer Nachhaltigen Entwicklung in Deutschland, Bericht der Bundesregierung anlässlich der UN-Sondergeneralversammlung über Umwelt und Entwicklung 1997 in New York, Broschüre Bonn.

BMU (2000/06): Umweltbewusstsein in Deutschland, Broschüre, Berlin.

BMU (2002/03): Umweltökonomische Gesamtrechnungen – Vierte und abschließende Stellungnahme des Beirats Umweltökonomische Gesamtrechnungen beim BMU, Broschüre.

BMU (2002/04): Erneuerbare Energien und nachhaltige Entwicklung, Berlin.

BMU (2002/06): Umweltbewusstsein in Deutschland 2002, Berlin, online: www.umweltdaten.de/publikationen/fpdf-l/3269.pdf.

BMU (2003/05a): EU-Energiebesteuerung, in: BMU (Hrsg.): Umwelt, Zeitschrift.

BMU (2004/02): Die Ökologische Steuerreform: Einstieg, Fortführung und Fortentwicklung zur Ökologischen Finanzreform, online: www.bmu.de/files/oekosteuerreform.pdf.

BMU (2006/11): Umweltbewusstsein in Deutschland 2006, Broschüre Berlin.

BMU (2007/02): Revidierter nationaler Allokationsplan 2008-2012 für die Bundesrepublik Deutschland, Berlin.

BMU (2008/07): Wärme aus erneuerbaren Energien, Was bringt das Wärmegesetz, Broschüre, Berlin.

BMU (2008/08a): Ökologische Industriepolitik, Broschüre, Berlin.

BMU; Nitsch, J. (2008/10): „Leitstudie 2008" – Weiterentwicklung der „Ausbaustrategie Erneuerbare Energien" vor dem Hintergrund der aktuellen Klimaschutzziele Deutschlands und Europas, Stuttgart. Online: http://www.dlr.de/Portal data/41/Resources/dokumente/institut/system/publications/Leitstudie2008_La ngfassung_2008_10_10.pdf

BMU (2008/12): Umweltbewusstsein in Deutschland 2008, Broschüre, Berlin.

BMU (2009): GreenTech made in Germany 2.0 – Umwelttechnologie-Atlas für Deutschland, München.

BMU (2009/01): Neues Denken – neue energie, Roadmap Energiepolitik, Broschüre, Berlin.

BMU (2009/01a): Nationaler Energieeffizienzplan, Strategie des BMU, Stand: 16.10.2008, Sonderteil, in: BMU (Hrsg.): Umwelt, Zeitschrift.

BMU (2009/01b): Neues Denken – neue Energie, Roadmap Energiepolitik, Broschüre, Berlin.

BMU (2009/01c): Umweltwirtschaftsbericht 2009, Broschüre, Berlin.

BMU (2009/02): Europa beim Klimaschutz weiterhin Vorreiter, in: BMU (Hrsg.): Umwelt Nr. 02/ 2009, Zeitschrift.

BMU (2010/11): Umweltbewusstsein in Deutschland 2010 – Ergebnisse einer repräsentativen Bevölkerungsumfrage, Broschüre.

BMU (2011/05): Geothermische Stromerzeugung, Broschüre, Berlin.

BMU (2011/10): Klimaschutz und Wachstum, Broschüre, Berlin.

BMU (2012/03): Langfristszenarien und Strategien für den Ausbau der erneuerbaren Energien in Deutschland bei Berücksichtigung der Entwicklung in Europa und global (Studie durchgeführt von DLR, IWES, IfnE), Berlin

BMU (2012/08): Erneuerbar beschäftigt, Broschüre, Berlin.

BMU (2012/12): Erfahrungsbericht zum Erneuerbaren-Energien-Wärmegesetz.

BMU (2013/07): Erneuerbare Energien in Zahlen, Broschüre, Berlin.

BMU (2013/10/31): Weltrekord-Solarzelle mit 44,7 % Wirkungsgrad, Newsletter 03/2013.

BMU, UBA (2010/01): Umweltbewusstsein in Deutschland 2010, Broschüre, Berlin.

BMU, UBA (2011/09): Umweltwirtschaftsbericht 2011, Broschüre, Berlin.

BMU, UBA (2013/01): Umweltbewusstsein in Deutschland 2012, Broschüre, Berlin.

BMUB (2014/03/17): EU-Emissionshandel: Reparatur beginnt, Pressemitteilung vom 17.3.2014. Online: http://www.bmub.bund.de/presse/ pressemitteilungen/pm/artikel/eu-emissionshandel-reparatur-beginnt/

BMUB (2014/03/17a): Hendricks betont Handlungsdruck beim Klimaschutz, Pressemitteilung Nr. 046/14.

BMUB (2014/04/02): Hendricks hilft einkommensschwachen Haushalten beim Stromsparen, Pressemitteilung Nr. 057/2014.

BMUB (2014/04/29): Welche Änderungen bringt die Novelle der Energieeinsparverordnung ab 1. Mai 2014 mit sich. Papier.

BMUB (2014/04): Aktionsprogramm Klimaschutz Eckpunkt des BMUB. online: http://www.bmub.bund.de/fileadmin/Daten_BMU/Download_PDF/Klima schutz/klimaschutz_2020_aktionsprogramm_eckpunkte_bf.pdf

BMWi (1996): Energie Daten, Broschüre, Bonn.

BMWi (2013/02): Energie in Deutschland, online: http://www.bmwi.de/Dateien/ Energieportal/PDF/energie-in-deutschland,property=pdf,bereich=bmwi2012, sprache=de,rwb=true.pdf

BMWi (2014/01): Eckpunkte für die Reform des EEG; online: http://www.bmwi-energiewende.de/EWD/Redaktion/Newsletter/2014/01/PDF/eckpunkte-fuer-die-reform-des-eeg.pdf?__blob=publicationFile&v=1

BMWi (2014/02: Erneuerbare Energien im Jahr 2013, online: http://www.bmwi.de/ BMWi/Redaktion/PDF/A/agee-stat-bericht-ee-2013, property=pdf,bereich=bmwi2012,sprache=de,rwb=true.pdf

BMWi (2014/03): Energiedaten, online: www.bmwi.de/BMWi/Navigation/Energie/ Statistik-und-Prognosen/Energiedaten/gesamtausgabe.html

BMWi (2014/03a): Zweiter Monitoring-Bericht „Energie der Zukunft", Kurzfassung, online: http://www.bmwi.de/BMWi/Redaktion/PDF/Publikationen/zweiter-monitoring-bericht-energie-der-zukunft-kurzfassung,property=pdf,bereich =bmwi2012,sprache=de,rwb=true.pdf

BMWi (2014/06): EEG-Reform, online: http://www.bmwi.de/DE/Themen/ Energie /Erneuerbare-Energien/eeg-reform.html

BND in Spiegel-online (2013/11): Geheimdienst-Analyse: BND warnt vor Klimawandel-Konflikten. Online: http://www.spiegel.de/wissenschaft/natur/geheim dienst-analyse-bnd-warnt-vor-klimawandel-konflikten-a-931290.html

Böckler Impuls (2013/02): Zurück zum Kommunalbetrieb, aus: Broß, S.; Engartner, T. (2013/01): Vom Wasser bis zur Müllabfuhr: Die Renaissance der Kommune, in: Blätter für deutsche und internationale Politik.

Bode, S.; Groscurth, H.-M. arrhenius Institut(2014/04): Die künftigen Kosten der Stromerzeugung. Online: http://www.arrhenius.de/uploads/ media/arrhenius_ KostenStromerzeugung_042014.pdf

Bodenstein, G.; Elbers, H.; Spiller, A.; Zuhlsdorf, A. (1998): Umweltschützer als Zielgruppe des ökologischen Innovationsmarketings – Ergebnisse einer Befragung von BUND-Mitgliedern, Fachbereich Wirtschaftswissenschaften der UNI Duisburg Nr. 246, Duisburg.

Böhmer, R.; Tichy, R. (2014/04): Ex-Wirtschaftsminister Müller: Stromkonzerne sind selbst schuld an ihrer Misere, in: Wirtschaftswoche am 17.4.2014.

Bofinger, P. (2013/09): Förderung fluktuierender erneuerbarer Energien: Gibt es einen dritten Weg, Gutachten im Rahmen des Projekts „Stromsystem – Eckpfeiler eines zukünftigen Regenerativwirtschaftsgesetzes". Online: http:// www.izes.de/cms/upload/pdf/EEG_2.0_Anlage_A_zum_Endbericht_Gut achten_Bofinger.pdf

Bombosch, F. (2014/03): Renaissance der öffentlichen Betriebe, in: Berliner Zeitung am 24.3.2014.

Borkenstein, G.; Elbers, H.; Spiller, A.; Zuhlsdorf, A. (1998): Umweltschützer als Zielgruppe des ökologischen Innovationsmarketings – Ergebnisse einer Befragung von BUND-Mitgliedern, Fachbereich Wirtschaftswissenschaften der UNI Duisburg Nr. 246, Duisburg.

Bost, M.; Aretz, A.; Hirschl, B. (2012/03): Effekte von Eigenverbrauch und Netzparität bei der Photovoltaik, eine Studie mit Fokus auf private Haushalte des IÖW, in: Solarzeitalter 24. Jg.

BP (2013/06): BP Statistical Review of World Energy June 2013, online: http:// www.bp.com/content/dam/bp/pdf/statistical-review/statistical_review_of_ world_energy_2013.pdf.

BP (2014/06): BP Statistical Review of World Energy June 2014. Online: http:// www.bp.com/content/dam/bp/excel/Energy-Economics/statistical-review-2014/BP-Statistical_Review_of_world_energy_2014_workbook.xlsx

BR (2002/04) Bundesregierung: Perspektiven für Deutschland – unsere Strategie für eine nachhaltige Entwicklung, Broschüre, Berlin.

BR (2008/11) Bundesregierung: Fortschrittsbericht 2008 zur nationalen Nachhaltigkeitsstrategie – Für ein nachhaltiges Deutschland, Broschüre.

Braess, H.-H.; Seiffert, U. (2013): Vieweg Handbuch Kraftfahrzeugtechnik, 7. Auflage, Wiesbaden.

Bräunig, D.; Gottschalk, W. (2012; Hrsg.): Stadtwerke. Grundlagen, Rahmenbedingungen, Führung und Betrieb, Baden Baden.

Brandt, E. (2013): Jahrbuch Windenergierecht, Braunschweig.

Brandt, E. (2014/03): Zur Rechtsnatur des EEG – einige begriffliche Klärungen, in: neue energie März 2013.

Brede, H. (2012): Führung und Marketing von Stadtwerken, in Bräunig, D.; Gottschalk, W. (2012; Hrsg.): Stadtwerke. Grundlagen, Rahmenbedingungen, Führung und Betrieb, Baden Baden.

Brentano, V. (1980): Grundsätzliche Aspekte der Entstehung von Genossenschaften, in Berlin.

Brinkmann, C.; Schulz, S. (2011/10): Die Energiegenossenschaft. Ein kooperatives Beteiligungsmodell, Dortmund.

Bukold, S. (2011/02): Ich halte 250 Dollar für möglich, Interview mit der Berliner Zeitung am 02.02.2011.

Bukold, S. (2013/12): Fossile Energieimporte und hohe Heizkosten, Kurzstudie im Auftrag der Bundestagsfraktion Bündnis90/Die Grünen, online: https://www.gruene-bundestag.de/fileadmin/media/gruenebundestag.de/themen_az/energie/PDF/bukold-gruene-22dez13.pdf

BUND, Misereor (Hg.)(1996): Zukunftsfähiges Deutschland, Berlin.

BUND; Brot für die Welt, Evangelischer Entwicklungsdienst (2008, Hrsg.): Zukunftsfähiges Deutschland in einer globalisierten Welt. Studie des Wuppertal Institutes für Klima, Umwelt, Energie, Frankfurt a.M.

Busch, A. (2001): Beurteilungskriterien für umweltpolitische Instrumente, in: Costanza u.a. (2001): Einführung in die Ökologische Ökonomik, Stuttgart; Titel der Originalausgabe (1998): An Introduction to Ecological Economics, Boca Raton FL/USA.

## C

Carbon Tracker (2012/03): Unburnable Carbon – Are the world's financial markets carrying a carbon bubble?

Carson, R. (1962): Der stumme Frühling, München; Titel der Originalausgabe: Silent Spring, Boston.

Chasek, P.; Downie, D.; Brwon, J.W. (2006): Handbuch globale Umweltpolitik, Berlin; Originalausgabe (2006): Global Environment Politics, Westview Press.

Costanza, R.; Cumberland, J.; Daly, H.; Goodland, R.; Norgaard, R. (2001): Einführung in die Ökologische Ökonomik, Stuttgart. Titel der Originalausgabe (1998): An Introduction to Ecological Economics, Boca Raton FL/USA.

Council on Environmental (1980): The Global 2000 Report to the President; deutsche Übersetzung: Global 2000.

Crocker, Th. (1966): The Structuring of Atmospheric Pollution Control Systems, in: Wolozin, H. (Hrsg.): The Economics of Air Pollution, New York.

## D

Dales, J.H. (1968): Pollution, Property and Prices, Toronto.

DAtF – Deutsches Atomforum (2014/01): Kernkraftwerke in Deutschland, online: http://www.kernenergie.de/kernenergie/themen/kernkraftwerke/kernkraftwerke-in-deutschland.php, aufgerufen am 26.05.2014

DB – Deutscher Bundestag (1971/10): Umweltprogramm der Bundesregierung, Bonn. Online: http://dipbt.bundestag.de/doc/btd/06/027/0602710.pdf

DB – Deutscher Bundestag (2002/07): Endbericht der Enquete-Kommission Nachhaltige Energieversorgung unter den Bedingungen der Globalisierung und der Liberalisierung, BT-Drs. 14/9400 vom 7.7.2002.

DB – Deutscher Bundestag (2011): Büro für Technikfolgenabschätzung; Was geschieht bei einem Blackout – Folgen eines langandauernden Stromausfalls, Petermann et al.

DB-EnKo – Deutscher Bundestag (2013/05): Schlussbericht der Enquete-Kommission Wachstum, Wohlstand, Lebensqualität, BT-Drs. 17/13300 vom 3.5.2013.

De Haan, G.; Donning, I.; Schulte, B. (1999): Der Umweltstudienführer, Stuttgart.

Decker, M. (2013/12): Mehr Kontrolle von Lobbyisten verlangt, in: Berliner Zeitung vom 4.12.2013.

dena (2008/04): Deutsche Energie-Agentur: Kurzanalyse der Kraftwerks-und Netzplanung in Deutschland bis 2020 (mit Ausblick auf 2030).

dena (2011/12): Deutsche Energie-Agentur, Initiative Energieeffizienz: TopGeräte, online: www.stromeffizienz.de/topgeraete.html.

dena (2013/12): Deutsche Energie-Agentur: Power to Gas, online: http://www.dena.de/publikationen/energiesysteme/fachbroschuere-power-to-gas-eine-innovative-systemloesung-auf-dem-weg-zur-marktreife.html

DEPV (2013/01): Deutscher Energieholz- und Pellet-Verband e.V., Holzpellets in Deutschland breit verfügbar und mit hohem Ausbaupotenzial online: http://www.depv.de/de/presse/pressemitteilungen/pressemitteilung_lesen/presse/6734414971/

DGB (2014): DGB-Mitgliederzahlen ab 2010, online: http://www.dgb.de/uber-uns/dgb-heute/mitgliederzahlen/2010, aufgerufen am 28.03.2014.

DGRV Deutscher Genossenschafts- und Raiffeisenverband e.V. (2009): DGRV-Schriftenreihe Band 42 „Das Risikomanagement in Waren-, Dienstleistungs- und Agrargenossenschaften", 2. Auflage, in Berlin

DGRV – Deutscher Genossenschafts- und Raiffeisenverband e.V. (2013/01): Energiegenossenschaften, Ergebnisse der Umfrage des DGRV und seiner Mitgliedsverbände, Papier, online: http://www.genossenschaften.de/sites/default/files/Auswertung%20Studie%20Brosch%C3%BCre%202013_0.pdf

Die Welt (2014/03): Energiewende beschert RWE Milliarden-Verlust, Artikel am 28.2.2014. online: http://www.welt.de/wirtschaft/energie/article125294956/Energiewende-beschert-RWE-Milliarden-Verlust.html

DIHK – Deutsche Industrie- und Handelskammer (2013/11): Resolution der DIHK-Vollversammlung zur Energiewende, Berlin. Online:_http://www.dihk.de/themenfelder/innovation-und-umwelt/energie/energiewende/positionen/positionen

Dittmar, M. (2013): Das Ende des billigen Urans oder warum Atomenergie in die Sackgasse führt, in: Bardi, U. (2013): Der geplünderte Planet, München.

DIW, BMU, DLR, ZSW, IZES (2008): Analyse und Bewertung der Wirkungen des Erneuerbare-Energien-Gesetz (EEG) aus gesamtwirtschaftlicher Sicht, Berlin, Stuttgart, Saarbrücken. Online: http://www.erneuerbare-energien.de/unser-service/mediathek/downloads/detailansicht/artikel/analyse-und-bewertung-der-wirkungen-des-erneuerbare-energien-gesetzes-eeg-aus-gesamtwirtschaftlicher-sicht/

DIW (2012/45): Erneuerbare Energien: Quotenmodell keine Alternative zum EEG, in DIW Wochenbericht Nr. 45 2012. Online: http://www.diw.de/ documents/ publikationen/73/diw_01.c.411130.de/12-45-3.pdf

DIW (2013/48): Mittelfristige Strombedarfsdeckung durch Kraftwerke und Netze nicht gefährdet, Studie von Kunz, F., Gerbaulet, C.; Hirschhausen, C., in: DIW Wochenbericht Nr. 48/2013.

DIW (2014/06): Europäische Energie- und Klimapolitik, Neuhoff, K.; Acworth, W.; Decheziepretre, A.; Sartor, O., Sato, m.; Schop, A., in: DIW Wochenbericht Nr. 06/2014.

DIW (2014/10): Herausforderungen für die europäische Energie- und Klimapolitik, Kemfert, C., Hirschhausen, C. v., Lorenz, C. in: DIW Wochenbericht Nr. 10/2014.

DIW (2014/26): Kohleverstromung gefährdet Klimaschutzziele: Der Handlungsbedarf ist hoch, Pao-Yu, O.; Kemfert, C.; Reitz, F.; Hirschhausen, C. v., in: DIW Wochenbericht Nr. 16/2014.

DLR, IWES, IfnE (2010/12): Langfristszenarien und Strategien für den Ausbau der erneuerbaren Energien in Deutschland bei Berücksichtigung der Entwicklung in Europa und global, „Leitstudie 2010", Zusammenfassung der Ergebnisse, Papier, online: www.bmu.de/files/pdfs/allgemein/application/pdf/leitstudie2010_bf.pdf.

DLR, IWES, IfnE (2012/03): Langfristszenarien und Strategien für den Ausbau der erneuerbaren Energien in Deutschland bei Berücksichtigung der Entwicklung in Europa und global, Schlussbericht, online: http://www.erneuerbare-energien.de/fileadmin/ee-import/files/pdfs/allgemein/application/pdf/leitstudie2011_bf.pdf

Dombrowski, K. (2014/04): Höhenflug für Erneuerbare, in: neue energie, April 2014.

DSW – Deutsche Stiftung Weltbevölkerung (2011): Datenreport 2011 der Stiftung Weltbevölkerung; Originalausgabe: World Population Data Sheet, online: www.weltbevoelkerung.de/oberes-menue/publikationen-downloads/zu-unseren-themen/datenreport.html.

DUH – Deutsche Umwelthilfe (2014/01): Energiewende im Stromsektor erfolgreich fortführen, Berlin. Online: http://www.duh.de/uploads/tx_duhdownloads/Positionspapier_EEG_Verbaende_mit_Anlage_270114.pdf

**E**

E21 (2014/05): E21 fragt nach: Die Ökoquote der Stromerzeuger. Magazin.

Edelmann, H. (2012): Stadtwerke: Gestalter der Energiewende, in Ernst & Young GmbH (Hrsg.): Stadtwerkstudie 2012, in Düsseldorf.

EEA (2012): Greenhouse gas emission trends and projections in Europe 2012, Copenhagen.

Eichhorn, P. (2012): Ökonomische Legitimation von Kraftwerken, in Bräunig, D.; Gottschalk, W. (2012): Stadtwerke. Grundlagen, Rahmenbedingungen, Führung und Betrieb, Baden Baden.

Ekardt, F.; Hennig, B.; Unnerstall, H. (2012; Hrsg.): Erneuerbare Energien, Marburg.

Emnid (2013/10): Umfrage zur Bürger-Energiewende, Ergebnisse einer repräsentativen Meinungsumfrage des Forschungsinstituts TNS Emnid, im Auftrag der Initiative „Die Wende – Energie in Bürgerhand.

Endres, A. (1994): Umweltökonomie – Eine Einführung, Darmstadt.

Enervis (2014) – Enervis energy advisors GmbH: Einführung eines dezentralen Leistungsmarktes in Deutschland, Modellbasierte Untersuchung im Auftrag des VKU, Autoren: Ecke, J.; Hermann, N.; Hilmes, U.

E.ON SE (2014): Kraftwerk Scholven. Online: http://www.eon.com/de/ueber-uns/struktur/asset-finder/scholven.html

E.ON (2014): http://www.eon.com/de/geschaeftsfelder/stromerzeugung/energie mix.html, aufgerufen am 28.03.2014.

Eppler, E. (1975): Ende oder Wende – Von der Machbarkeit des Notwendigen, Stuttgart.

Eppler, E. (1981): Wege aus der Gefahr, Reinbek.

EUA (2009): Europe's onshore and offshore wind energy potential, online: http://www.eea.europa.eu/publications/europes-onshore-and-offshore-wind-energy-potential

EUA (2010): Europäische Umweltagentur: Die Umwelt in Europa, Zustand und Ausblick 2010, Synthesebericht, Kopenhagen.

EU Kommission (2011/03): Fahrplan für den Übergang zu einer wettbewerbsfähigen $CO_2$-armen Wirtschaft bis 2050, KOM(2011)112 endgültig, Brüssel.

EU Kommission (2011/12): Energiefahrplan bis 2050, KOM(2011)885 endgültig, Brüssel.

EU Kommission (2013/03): Fortschrittsbericht „Erneuerbare Energie", COM(2013) 175 endgültig, Brüssel.

EU Kommission (2014/01): Ein Rahmen für die Klima- und Energiepolitik im Zeitraum 2020-2030, COM(2014) 15 final, Brüssel.

Eurostat (2014): Bevölkerung am 1. Januar. Online: http://epp.eurostat.ec.europa.eu/tgm/table.do?tab=table&language=de&pcode=tps00001&tableSelection=1&footnotes=yes&labeling=labels&plugin=1

Eurostat (2014/04): EU, Vereinigte Staaten und China machen zusammen die Hälfte des Welt-BIP aus, Pressemitteilung 69/2014. online: http://europa.eu/rapid/press-release_STAT-14-69_de.htm

Eurostat (2014/05): Im Jahr 2013 sind die $CO_2$ Emissionen in der EU28 gegenüber 20^2 schätzungsweise um 2,5% zurückgegangen, Pressemitteilung vom 7.5.2014, online: http://epp.eurostat.ec.europa.eu/cache/ITY_PUBLIC/8-0705 2014-AP/DE/8-07052014-AP-DE.PDF

**F**

Faust, H. (1977): Geschichte der Genossenschaftsbewegung, 3. Auflage, Frankfurt a.M.

FES (2014/05) Friedrich Ebert Stiftung: Voraussetzungen einer globalen Energietransformation, Studie des Wuppertal Institut und Germanwatch, Autoren: Kofler, B.; Netzer, N. (Hrsg.). online: http://library.fes.de/pdf-files/iez/10751-20140514.pdf

Finkenzeller, K. (2011/03): Bloß nicht zu sehr anstrengen, in: Die Zeit Nr. 13, 24.03.2011.

Flieger, B. (2012/08): Wirtschaftlich ausrichten oder ehrenamtliches Engagement stärken – (Energie-)Genossenschaften nutzen Unterstützungsstrukturen, eNewsletter Wegweiser Bürgergesellschaft 16/2012 vom 31.8.2012.

Flieger, B.; Lange, R. (2012/11): Bürger machen Energie, In sieben Schritten zur Energiegenossenschaft, Broschüre, herausgegeben vom Ministerium für Wirtschaft, Klimaschutz, Energie und Landesplanung.

Förstner, U. (2011): Umweltschutztechnik, 8. Auflage, Berlin, Heidelberg.

FÖS (2012/09): Forum Ökologisch-Soziale Marktwirtschaft: Was Strom wirklich kostet, Teilstudie von: Küchler, S.; Meyer, B.; online: http://www.greenpeace-energy.de/uploads/media/Stromkostenstudie_Greenpeace_Energy_BWE.pdf

FÖS (2014/01): Forum Ökologisch-Soziale Marktwirtschaft: Zuordnung der Steuern und Abgaben auf die Faktoren Arbeit, Kapital, Umwelt, Hintergrundpapier von: Ludewig, D.; Mahler, A.; Meyer, B.; online: http://www.foes.de/pdf/2014-01-Hintergrundpapier-Steuerstruktur.pdf

Froggatt, A., Schneider, M. (2013/07): World Nuclear Industry Status Report, online: http://www.worldnuclearreport.org/IMG/pdf/20130716msc-worldnuclearreport2013-lr-v4.pdfFunke, V. (2011/03): Betreiberfirma Tepco fälscht AKW-Daten, in: Berliner Zeitung vom 18.03.2011.

**G**

Gawron, T. (2014/02): Regionale Energiekonzepte als informelle Planung, Teil 1 und 2; in: Natur und Recht, Zeitschrift für das gesamte Recht zum Schutze der natürlichen Lebensgrundlagen und der Umwelt.

George, W.; Berg, Th. (2011, Hrsg.): Regionales Zukunftsmanagement, Band 5: Energiegenossenschaften gründen und erfolgreich betreiben, Lengerich.

Germanwatch (2000/09): Globaler Klimawandel wird zur treibenden Kraft – Mehr Umwelt- als Kriegsflüchtlinge, KlimaKompakt Nr. 5/ September 2000.

Gore, A. (1992): Earth in the Balance – Ecology and Human Spirit, Boston; deutsche Übersetzung: Wege zum Gleichgewicht, Frankfurt a.M.Greenpeace (2011): Was Strom wirklich kostet – Vergleich der staatlichen Förderungen und gesamtgesellschaftlichen Kosten von konventionellen und erneuerbaren Energien, online: http://www.greenpeace-energy.de/uploads/media/Strom kostenstudie_Greenpeace_Energy_BWE.pdf

Grefe, C. u.a. (2011/12): Es geht voran, in: Die Zeit Nr. 49, 01.12.2011.

Grießhammer, R.; Graulich, K.; Götz, K. (2006): EcoTopTen – rundum gute Produkte, in: Simonis, U.: Jahrbuch Ökologie 2006, München.

Grober, U. (2010): Die Entdeckung der Nachhaltigkeit – Kulturgeschichte eines Begriffs, in München.

Grothe, A. u.a. (2012): Jahrbuch Nachhaltige Ökonomie, Brennpunkt: Green Economy, Marburg.

Grunwald, A. (2010): Wider die Privatisierung der Nachhaltigkeit, Warum ökologisch korrekter Konsum die Umwelt nicht retten kann, in: GAIA 19/3.

Grunwald, A. (2010): Wider die Privatisierung der Nachhaltigkeit. Warum ökologisch korrekter Konsum die Umwelt nicht retten kann, in: GAIA 19/3.

Grunwald, A. (2011): Statt Privatisierung: Politisierung der Nachhaltigkeit, in: GAIA 20/1.

# H

Haas, R.; Suna, D.; Energy Economics Group; TU Wien; Loew, T.; Zeschmar-Lahl, B. (2013): Optionen für die Gestaltung der Zukunft des Wiener Energiesystems der Zukunft, Studie, Wien.

Hahn, L. (2014/06). Rational lässt sich der Bau neuer Kernkraftwerke nicht begründen, in: Neue Energie Nr. 06/2014.

Hall, D.O.; Rosillo-Calle, F. (1993): Biomass for energy: supply prospects, London.

Harmsen, T. (2014/03): Studie der NASA, in: Berliner Zeitung.

Hauchler, I. (2013): Zwischenruf, in: Rogall, H. u.a. Jahrbuch Nachhhaltige Ökonomie 2013/2014, Marburg.

Hauff, V. (1987, Hrsg.): Unsere gemeinsame Zukunft – Der Brundtland-Bericht der Weltkommission für Umwelt und Entwicklung, Greven; Titel der Originalausgabe: World Commission on Environment and Development: Our Common Future.

Hauff, M. v. (2008/01): Von der öko-sozialen zur nachhaltigen Marktwirtschaft, in: Landeszentrale für politische Bildung Baden-Württemberg.

Heide, D. (2014/02): Gaskraftwerke werden zu Ladenhütern, in: Handelsblatt am 20.02.2014.

Hebestreit, St.; Vates, D. (2011/05): Ausgestrahlt, in: Berliner Zeitung 31.05.2011.

Hennicke, P.; Fischedick, M. (2010): Erneuerbare Energien, 2. Aufl., München.

Herr, H.; Rogall, H. (2013): Von der traditionellen zur Nachhaltigen Ökonomie, in: Rogall, H. u.a. (2013): Jahrbuch Nachhaltige Ökonomie, Im Brennpunkt Wachstum, 2. korrigierte Auflage, Marburg.

Heup, J. (2014/04): Sonnige Winter für die Solarwärme, in: neue energie, April 2014.

Heup, J. (2014/05): Entzauberte Biokohle, in: neue energie, April 2014.

Heup, J.; Rentzing, S. (2013/06): Wie Sonnenstrom haltbar wird, in: neue energie, Juni 2013.

Hirschfeld, J.; Weiß, J. (2008/03): Brachliegende Potentiale nutzen, in: Ökologisches Wirtschaften.

Hirschl, B. u.a. (2011/03): Regionalökonomische Effekte erneuerbarer Energien, in: Pontenagel, I. (Hrsg.): Solarzeitalter 3/2011 Bonn.

Höfling, H. (2010/04): Energiespeicherung – Herausforderungen bei der Bestimmung des Bedarfs und der Förderung, in: Pontenagel, I. (Hrsg.): Solarzeitalter, Bonn.

Hoppenbrock, C.; Fischer, B. (2012/12): Was ist eine 100ee-Region und wer darf sich so nennen?, Paper, online: http://100ee.deenet.org/fileadmin/redaktion/ 100ee/ Downloads/Schriftenreihe/2012_12_17_Arbeitspapier_100ee-Kriterien_neu.pdf

Hübner, G. (2012): Die Akzeptanz von erneuerbaren Energien, in: Ekardt, F., Hennig, B.; Unnerstall, H. (2012; Hrsg.): Erneuerbare Energien, Marburg.

## I

IASS (2014/02) – Institute for Advanced Sustainability Studies: IASS Working Paper „Einordnung der Studien zum EEG 2.0 und des Referentenentwurfs zur Reform des EEGs", Potsdam.

IBEG (2014): Institut für Bioenergiedörfer Göttingen, online: http://www.bioenergiedorf.info/index.php?id=134

IEA (2013): $CO_2$ emissions from fuel combustion – Highlights, Paris

ifw (2014/04): Institut für Weltwirtschaft an der UNI Kiel: EU-weiter Handel mit Emissionszertifikaten drückt CO2-Ausstoß, Medieninformation vom 24.4.2014. online: http://www.ifw-kiel.de/medien/medieninformationen/2014 /eu-weiter-handel-mit-emissionszertifikaten-druckt-co2-ausstos.

IÖW (2013/08): Institut für ökologische Wirtschaftsforschung: Wertschöpfungs- und Beschäftigungseffekte durch den Ausbau Erneuerbarer Energien, Studie im Auftrag von Greenpeace.

IPCC (2007/02): Klimaänderungen 2007: Wissenschaftliche Grundlagen; online: www.bundestag.de/ausschuesse/a16/anhoerungen/36__Sitzung__23__Mai_200 7__-___ffentliche_Anh__rung_zum__Klimaschutz_/A-Drs_16-16-229.pdf.

IPCC (2007/04): 4. Sachstandsbericht des IPCC über Klimaveränderungen: Auswirkungen, Anpassungsstrategien, Verwundbarkeiten, Kurzzusammenfassung, herausgegeben vom BMU, IPCC deutsche Koordinierungsstelle und BMBF vom 06.04.2007, online: www.bmbf.de/pub/IPCC_AG1_kurzfassung_dt.pdf.

IPCC (2013): 5. Sachstandsbericht des IPCC, Teilbericht 1, Kurzzusammenfassung, herausgegeben vom BMU, IPCC deutsche Kordinierungsstelle und BMBF vom 04.05.2007, online:
www.bmu.de/files/pdfs/allgemein/application/pdf/ ipcc_teil3_kurzfassung.pdf.

IPCC (2014/03): 5. Sachstandsbericht des IPCC, Teilbericht 2 (Folgen, Anpassung, Verwundbarkeit).

IPCC (2014/04): 5. Sachstandsbericht des IPCC, Teilbericht 3 (Minderung des Klimawandels).

ISE (2013/01): Fraunhofer Institut für Solare Energiesysteme: Speicherstudie 2013, Studie im Auftrag des Bundesverband Solarwirtschaft. online: http://www.ise.fraunhofer.de/de/veroeffentlichungen/veroeffentlichungen-pdf-dateien/studien-und-konzeptpapiere/speicherstudie-2013.pdf.

ISE (2013/11): Fraunhofer Institut für Solare Energiesysteme: Energiesystem Deutschland 2050, online: http://www.ise.fraunhofer.de/de/veroeffentlichun

gen/veroeffentlichungen-pdf-dateien/studien-und-konzeptpapiere/studie-energiesystem-deutschland-2050.pdf

ISE (2014/04): Fraunhofer Institut für Solare Energiesysteme: Aktuelle Fakten zur Photovoltaik in Deutschland.

ISI (2011) – Fraunhofer-Institut für System- und Innovationsforschung: Working Paper Sustainability and Innovation No. S. 3/2011, online: isi. fraunhofer.de/isi-media/docs/isi-publ/2011/ISI-A-6-11.pdf.

IUCN (2010): Why is Biodiversity in: Crisis?, online: www.iucn.org/what/tpas/bio diversity/about/biodiversity_crisis.

IWES (2011/02): Fraunhofer Institut für Windenergie und Systemtechnik: Speichertechnologien als Lösungsbaustein einer intelligenten Energieversorgung – Fokus Strom-Gasnetzkopplung. Studie von Sterner, M.; Gerhardt, N.; Jentsch, M.; Saint-Drenan, Y.-M.; Pape, Dr. C.; Schmid, J.; Specht, M.; Zuberbühler, U.; Stürmer, B. Online: http://www.iwes.fraunhofer. de/de/publikationen/ueber sicht/2011/speichertechnologienalsloesungsbausteineinerintelligentenenergie/_jcr_content/pressrelease/linklistPar/download/file.res/Speichertechnologien %20als%20L%C3%B6sungsbaustein%20einer%20intelligenten%20Energiever sorgung%20-%20Fokus%20Strom-Gasnetzkopplung.pdf

IWES (2011/03) Fraunhofer Institut für Windenergie und Systemtechnik: Studie zum Potential der Windenergienutzung an Land – Kurzfassung, Studie im Auftrag des Bundesverband WindEnergie e.V., online: http://www.wind-energie.de/sites/default/files/download/publication/studie-zum-potenzial-der-windenergie nutzung-land/bwe_potenzialstudie_kurzfassung_2012-03.pdf

IWES (2014/01): Geschäftsmodell Energiewende – Eine Antwort auf das „Die Kosten der Energiewende" Argument, online: http://www.herkulesprojekt. de/content/dam/herkulesprojekt/de/documents/Studie_Geschaeftsmodell_Energi ewende_IWES_20140131_final.pdf

IZES u.a. (2013/10): Stromsystem-Design: Das EEG 2.0 und Eckpfeiler eines zukünftigen Regenerativwirtschaftsgesetzes, Studie von Inst. für Zukunfts Energie Systeme, Prof. Dr. Peter Bofinger, Büro für Energiewirtschaft und technische Planung (BET) im Auftrag von Baden-Württemberg Stiftung.

IZES (2013/12): Herausforderungen durch die Direktvermarktung von Strom aus Wind Onshore und Photovoltaik, Endbericht einer Studie im Auftrag von Greenpeace.

IZES (2014/03): IZES-Diskussionspapier: EEG-Novelle: das Ende der erfolgreichen Bürgerenergie? Online: http://www.izes.de/cms/upload/publikationen/ 2014_03_05_Diskussionspapier_Phasenprfer.pdf

# J

Jänicke, M. (1986): Staatsversagen, München.

Jänicke, M. (1996, Hrsg.): Umweltpolitik der Industrieländer, Berlin.

Jänicke, M. (2008): Megatrend – Umweltinnovation, Zur Ökologischen Modernisierung von Wirtschaft und Staat, München.

Jänicke, M. (2012): Megatrend – Umweltinnovation, Zur Ökologischen Modernisierung von Wirtschaft und Staat, 2. aktualisierte Auflage, München.

Jänicke, M. (2013): Green Growth – Vom Wachstum der Öko-Industrie zum nachhaltigen Wirtschaften, in: Rogall, H.: Jahrbuch Nachhaltige Ökonomie, Brennpunkt: Wachstum, 2. überarbeitete Aufl., Marburg.

Jänicke, M. (2013/05): Akzeleratoren der Diffusion klima-freundlicher Technik: Horizontale und vertikale Verstärker im Mehrebenensystem, online: http://edocs.fu-berlin.de/docs/servlets/MCRFileNodeServlet/FUDOCS_derivate_000000002801/ffu-report-05_2013_J%C3%A4nicke.pdf?hosts

Janzing, B. (2010/10): Sommerwärme für den Winter, in: neue energie, November 2010.

Janzing, B. (2013/03): Zuschuss für Stromversorger, in: neue energie, März 2013.

Janzing, B. (2013/05): Aufbruch aus tiefsten Niederungen, Die großen Vier, Teil 1, in: neue energie, Mai 2013.

Janzing, B. (2013/06): Anschluss verpasst, Die großen Vier, Teil 2, in: neue energie, Juni 2013.

Janzing, B. (2013/07): Kein Geld für große Sprünge, Die großen Vier, Teil 3, in: neue energie, Juli 2013.

Janzing, B. (2013/08): Die Braunkohle dominiert, Die großen Vier, Teil 4, in: neue energie, August 2013.

Janzing, B. (2013/11): Smarte Theorie, harte Wirklichkeit, in: neue energie, November 2013.

Janzing, B. (2014/03): Sonderkonjunktur droht jähes Ende, in: neue energie, März 2014.

Jarass, L.; Obermair, G. (2014): Viele neue Höchstspannungsleitungen – wofür und für wen? in: Rogall, H. u.a.: Jahrbuch Nachhaltige Ökonomie 2014/15, Marburg.

Jarass, H.D.; Pieroth, B. (2006): Grundgesetz für die Bundesrepublik Deutschland: Kommentar, 11. Auflage, München.

# K

Kaltschmitt, M.; Streicher, W.; Wiese, W. (2013): Erneuerbare Energien – Systemtechnik, Wirtschaftlichkeit, Umweltaspekte, 5. erweiterte Auflage, Berlin, Heidelberg.

Kamlage, J. H.; Nanz, P.; Fleischer, B. (2014): Bürgerbeteiligung und Energiewende: Dialogorientierte Bürgerbeteiligung im Netzausbau, in: Rogall, H. u.a.: Jahrbuch Nachhaltige Ökonomie 2014/15, Marburg.

Kapp, K.W. (1963): Social Cost of Business Enterprise, Bombay; deutsch: Soziale Kosten der Marktwirtschaft, Frankfurt a. M..

Kehse, U. (2011/01): Die Völker wanderten im Regen, in: Berliner Zeitung 13.01.2011.

Kelm, u.a. (2014/02): Vorhaben IIc Stromerzeugung aus Solarer Strahlungsenergie, Zwischenbericht, Zentrum für Sonnenenergie- und Wasserstoff-Forschung (ZSW).

Kemfert, C. (2005/03): Weltweiter Klimaschutz – Sofortiges Handeln spart hohe Kosten, in: DIW Berlin Wochenbericht Nr. 12-13.

Kemfert, C. (2007/06): zitiert in: Weinholdt: Revolution der Räder, in: neue energie Nr. 6.

Klawitter, N. (2014/04): Deutsche Kraftwerke sind die schmutzigsten in: Europa, in: Spiegel online 2.4.2014.

Klein, H.; Müller, U. (2008): Lobby Planet. Der Reiseführer durch den Lobbydschungel Berlin, Broschüre.

Kelm, T. u.a. (2014): Vorbereitung und Begleitung der Erstellung des Erfahrungsberichts 2014 gemäß § 65 EEGV, Vorhaben IIc, Stromerzeugung aus Solarer Strahlungsenergie, Zwischenbericht im Auftrag des BUMB.

Klemisch, H.; Vogt, W. (2012/11): Genossenschaften und ihre Potenziale für eine sozial gerechte und nachhaltige Wirtschaftsweise, in Friedrich Ebert Stiftung (Hrsg.): Wiso Diskurs November 2012. Online: http://library.fes.de/pdf-files/wiso/09500-20121204.pdf

Klinski, St. (2013/05): Energetische Gebäudesanierung als Herausforderung für das „soziale Mietrecht", Vortrag auf den Berliner Energietagen.

Klinski, St. (2013/10): Grundzüge des Umweltrechts, 17. Auflage, Skript HWR Berlin.

Knebel, J.; Wicke, L.; Michael, G. (1999): Selbstverpflichtungen und normsetzende Umweltverträge als Instrumente des Umweltschutzes, in: UBA: Berichte 5/99, Berlin.

Knuf, T. (2014/05): Massive Quecksilber-Belastung durch Kohlekraftwerke, in: Berliner Zeitung vom 2.5.2014.

Knuf, T.; Doemens, K. (2014/05): Konzerne wollen stiften gehen, in: Berliner Zeitung vom 13.5.2014.

Köckritz, A. (2014/05): Verhasste Nachbarn, in: Die Zeit vom 22.5.2014.

Koop, D. (2013/06): Volle Kraft aus dem Keller, in: neue energie 06/2013.

Koordinierungsstelle Erneuerbare Energien (2010/02): 10 MW Offshore-Anlage in Norwegen, online: www.enr-ee.com/de/news/news-storage/nachrichten/article/422/10-mw-offsho/.

Kohlenberg, K.; Pinzler, P.; Uchatius, W. (2014/02): Im Namen des Geldes, in: Die Zeit am 27.2.2014.

Kollmann, K. (2011): Verbraucher, Verbraucherpolitik und Nachhaltigkeit, in: Rogall, H. u.a.: Jahrbuch Nachhaltige Ökonomie, Brennpunkt Wachstum, Marburg.

Komossa, D. (1976): Die Entwicklung von Wohnungsbaugenossenschaften, Bochum.

Kopfmüller, J. (2013): Die globale Dimension der Nachhaltigen Ökonomie, in: Rogall, H. u.a.: Jahrbuch Nachhaltige Ökonomie, Brennpunkt: Wachstum, 2. überarbeitete Aufl., Marburg.

Krees, M.; Rubik, F.; Müller, R. (2014/01): Bürger als Träger der Energiewende, in: Ökologisches Wirtschaften Nr. 1/2014.

Kreibich, R. (2010/04): Agenda 2030, Megatrends einer nachhaltigen Entwicklung, in: Unternehmermagazin 2010 Nr. 4.

Kristof, K. (2014): Erfolgsbedingungen für Veränderungsprozesse, in: Rogall, H. u.a. (Hrsg.): Jahrbuch Nachhaltige Ökonomie 2014/15, Marburg.

Kronenberg, T. (2012): Selektives Wachstum: der Beitrag der Nachfrageseite, in: Rogall, H. u.a. 2013: Jahrbuch Nachhaltige Ökonomie 2013/2014, in Marburg.

Kubon-Gilke, G. (2012): Ökonomik der Nachhaltigkeit, in: Rogall, H. u.a.: Jahrbuch Nachhaltige Ökonomie, Brennpunkt: Green Economy, Marburg.

Kulke, U. (1993): Sind wir im Umweltschutz nur Maulhelden?, in: Natur 3/1993.

Kunze, S. (2012): Konzessionsverträge – Handlungen für Kommunen, in Bauer, H.; Büchner, C.; Hajasch, L. (2012, Hrsg.): KWI Schriften 6 Rekommunalisierung öffentlicher daseinsvorsorge, Potsdam. Online: http://opus.kobv.de/ubp/volltexte/2012/6228/pdf/kwi_schr06_S99_109.pdf

*L*

Lambertz, J., Schiffer, H.-W., Serdarusic, I., Voß, H. (2012/07): Flexibilität von Kohle- und Gaskraftwerken zum Ausgleich von Nachfrage- und Einspeiseschwankungen, online: http://www.et-energie-online.de/ Zukunftsfragen/tabid /63/Year/2012/Month/7/NewsModule/413/NewsId/238/Flexibilitat-von-Kohle-und-Gaskraftwerken-zum-Ausgleich-von-Nachfrage-und-Einspeise schwankungen.aspx

Leggewie, C.; Welzer, H. (2010): Das Ende der Welt, wie wir sie kannten, Lizenzausgabe für die Bundeszentrale für politische Bildung, Bonn; Originalausgabe 2009.

Libbe, J. (2012/09): Der Trend zur Rekommunalisierung, in: VKU (2012/09).

Libbe, J. (2013): Rekommunalisierungen in Deutschland – eine empirische Bestandsaufnahme, in: Matecki, C.; Schulten, T. (Hrsg.): Zurück zur öffentlichen Hand.

Le monde diplomatic (2008): Atlas der Globalisierung, Berlin.

Lenk, Th.; Rottmann, O. (2012): Horizontale Kooperationen von Stadtwerken, in Bräunig, D.; Gottschalk, W. (2012): Stadtwerke. Grundlagen, Rahmenbedingungen, Führung und Betrieb, Baden Baden.

Leprich, U. (2013/02): Transformation des bundesdeutschen Stromsystems im Spannungsfeld von Wettbewerb und regulatorischem Design, in: ZNER 2013, Heft 2.

Leprich, U. (2013/06): Das Speicherzeitalter beginnt nach 2020, Interview in: Neuer Energie 06/2013.

Leprich, U. (2013/08): Energiewende und Strompreisentwicklung – Herausforderungen an die Gestaltung des Stromsystems, online: http://www.izes.de/cms/ upload/publikationen/UL_22._August_Alte_Schmelz.pdf

Leprich, U. (2013/09): Energiewende auf Sicht, Neuer Energie 09/2013.

Leprich, U. (2013/11): Ruder sichern, Segel reffen, Ziel fixieren, in: Neuer Energie 11/2013.

Leprich, U. (2014): Transformation des bundesdeutschen Stromsystems im Spannungsfeld von Wettbewerb und regulatorischem Design, in: Rogall u.a.: Jahrbuch Nachhaltige Ökonomie 2014/15, Marburg 2014.

Leprich, U. (2014/02): Gabriel wird es sich nicht mit der Großindustrie verderben, Interview in: Neuer Energie 11/2013.

Leuphana (2013/04): Zum Stand von Energiegenossenschaften in Deutschland, ein statischer Überblick zum 31.12.2012, Arbeitspapierreihe Wirtschaft und Recht Nr. 14.

Leuphana, Nestle, U. (2014/04) UNI Lüneburg: Marktrealität von Bürgerenergie und mögliche Auswirkungen von regulatorischen Eingriffen, eine Studie für das Bündnis Bürgerenergie e.V. und dem BUND, online: http://www.bund.net/fileadmin/bundnet/pdfs/klima_und_energie/140407_bund_klima_energie_buergerenergie_studie.pdf,

Linz, M.; Scherhorn, G. (2011/03): Für eine Politik der Energie-Suffizienz, Paper, online: www.wupperinst.org/uploads/tx_wibeitrag/Impulse_Energiesuffizienz.pdf.

Loew, Th. (2013): Nachhaltigkeitsmanagement und Unternehmensstrategie als Beitrag zu einer Nachhaltigen Entwicklung, in: Rogall u.a. (2013): Jahrbuch Nachhaltige Ökonomie 2013/2014. Online: http://jahrbuch-nachhaltige-oekonomie.de/?page_id=1414

Longo, F. (2010): Neue örtliche Energieversorgung als kommunale Aufgabe, Baden-Baden.

Lovins A. (1978): Sanfte Energie, Reinbek.

Lovins, A.; Hennicke, P. (1999): Voller Energie – Vision: Die globale Faktor-Vier-Strategie für Klimaschutz und Atomausstieg, Frankfurt a.M.

Lübbert, D. (2007): $CO_2$-Bilanzen verschiedener Energieträger im Vergleich. in: Info-Brief des wissenschaftlichen Dienstes des Deutschen Bundestags.

# M

McKinsey&Company (2008/11): Potentiale der öffentlichen Beschaffung für ökologische Industriepolitik und Klimaschutz, Studie im Auftrag des BMU, Zusammenfassung.

Magenheim, T. (2014/04): Deja-vu in der Wüste, in: Berliner Zeitung am 12.4.2014.

Mankiw, G. (2004): Grundzüge der Volkswirtschaftslehre, 3. Auflage, Stuttgart, Originalausgabe: Principles of Economies Third Edition, 2004.

Massarrat, M. (2006): Kapitalismus, Machtungleichheit, Nachhaltigkeit, Perspektiven revolutionärer Reformen, Hamburg.

Mastiaux, F. (2014/03): Der Elefant lernt tanzen, Interview in: Berliner Zeitung am 1.3.2014.

Matthes, F. (2013/03): Treibhauseffekt und Klimaschutz, in: bpb (Hrsg.): Energie und Umwelt, Informationen zur politischen Bildung Nr. 319.

Meadows, D. u.a. (1972): The Limits to Growth, deutsch: Grenzen des Wachstums, Stuttgart.

Mez, L. (2012): Perspektiven der Atomkraft in Europa und global, in: Bundeszentrale für politische Bildung (Hrsg.), Bonn.

Michaelis, N. (2013): Der Weg zu einem globalen Ordnungsrahmen für nachhaltige Entwicklung, in: Rogall, H. u.a.: Jahrbuch Nachhaltige Ökonomie, Brennpunkt: Wachstum, 2. überarbeitete Aufl., Marburg.

Mihm, A. (2014/05): Energiewende – Bundesrat bremst Ökostromreform aus, in: Frankfurter Allgemeine Zeitung 13.05.2014. Online: http://www.faz.net/

aktuell/wirtschaft/wirtschaftspolitik/eeg-bundesrat-bremst-oekostromreform-aus-12936229.html

Milke, K. (2006): Geschäfte und Verantwortung – zur Debatte um ökologische und soziale Kriterien für unternehmerisches Handeln, in: Worldwatch Institute (2006): Zur Lage der Welt 2006 – China, Indien und unsere gemeinsame Zukunft, Münster.

Mohaupt, F., Konrad, W., Kress, M. (2011/10): Beschäftigungswirkungen sowie Ausbildungs- und Qualifizierungsbedarf im Bereich der energetischen Gebäudesanierung, online: http://www.umweltbundesamt.de/sites/default/files/medien/publikation/long/3970.pdf

Moser, P. (2011): Wegweiser für eine dezentrale Energieversorgung, in: Ökologisches Wirtschaften, 2011/3.

Mühl-Jäckel, M. (2012): Erfahrungen mit der Privatisierung in der Praxis, in: Bauer u.a. KWI Schriften 6.

Müller, B. (2008/01): Stadtwerke als prädestinierte Akteure der Energiewende, in: Scheer-Potenagel, I. (Hrsg.).

Müller, B. (2013/10): Wärmen statt wegwerfen, in: neue energie.

Müller M., Hennicke, P. (1994): Wohlstand durch Vermeiden, Darmstadt.

Müller, M., Fuentes, U., Kohl, H. (2007, Hrsg.): Der UN-Weltklimareport, Bericht über eine aufhaltsame Katastrophe, Köln.

Müller u.a. (2007/05): Atomenergie ist Technik der Vergangenheit. Online: http://www.bmub.bund.de/bmub/presse-reden/pressemitteilungen/pm/artikel/mueller-atomenergie-ist-technik-der-vergangenheit/

Müller, M.; Niebert, K. (2009): Epochenwechsel – Plädoyer für einen grünen New Deal, München.

Müller, M.; Strasser J. (2011): Transformation 3.0 – Raus aus der Wachstumsfalle, Berlin.

Müller, M. (2013): Essentials einer nachhaltigen Marktwirtschaft, in: Rogall, H. u.a.: Jahrbuch Nachhaltige Ökonomie, Brennpunkt: Wachstum, 2. überarbeitete Aufl., Marburg.

Müller, M. (2014): Das Ende des Öl-Zeitalters, in: Rogall u.a.: Jahrbuch Nachhaltige Ökonomie 2014/15, Marburg 2014.

Musgrave, R.; Musgrave P.; Kullmer, L. (1975): Die öffentlichen Finanzen in Theorie und Praxis, Tübingen.

Myrdal, G. (1958): Das Wertproblem in der Sozialwissenschaft, Hannover.

# N

Neuhoff, K.; Schopp, A. (2013/11): Europäischer Emissionshandel: Durch Backloading Zeit für Strukturreform gewinnen, DIW Wochenbericht Nr. 11.

Nikionok-Ehrlich, A. (2011/10): Stiefkind, in: neue energie, das Magazin für erneuerbare Energien, Oktober 2011.

Novy, K. (1983): Genossenschaftsbewegung, zur Geschichte und Zukunft der Wohnreform, Berlin.

Nutzinger, H. G.; Rogall, H. (2012): Was bleibt von der Neoklassik, in: Rogall, H. u.a. (2012): Jahrbuch Nachhaltige Ökonomie, Brennpunkt: Green Economy, Marburg.

## O

Öko-Institut (2007/03): Treibhausgasemissionen und Vermeidungskosten der nuklearen, fossilen und erneuerbaren Strombereitstellung, Arbeitspapier, online: www.bmu.de/files/pdfs/allgemein/application/pdf/hintergrund_atomco2.pdf.

Öko-Institut (2012/06): Hermann, H.; Matthes, F.; Athmann, U.: Potentiale und Chancen zur $CO_2$-Abtrennung und -Ablagerung für industrielle Prozessemissionen, Kurzstudie für die Umweltstiftung WWF Deutschland. Online: http://www.oeko.de/oekodoc/1504/2012-070-de.pdf

Öko-Institut (2013/10): Mehr als nur weniger, Suffizienz: Begriff, Begründung und Potentiale, Fischer, C.; Grießhammer, R.; Working Paper. Online: http://www.oeko.de/uploads/oeko/oekodoc/1836/2013-505-de.pdf

Öko-Institut (2014/03): Konzept, Gestaltungselemente und Implikationen eines EEG-Vorleistungsfonds, Matthes, f.; Haller, M.; Hermann, H.; Lorek, C., Endbericht für den Rat für Nachhaltigkeit. Online:
http://www.nachhaltigkeitsrat.de/fileadmin/user_upload/dokumente/studien/ Oeko-Institut_EEG-Vorleistungsfonds_Endbericht_31-03-2014.pdf

Öko-Institut, ISI (2014/04): Klimaschutzszenario, Zusammenfassung, Studie im Auftrag des BMU. Hauptansprechpartner: Repenning, J.; Emele, L.; Braungardt, S., Eichhammer, W. Online:
http://www.oeko.de/oekodoc/2019/2014-604-de.pdf

Ökologisches Wirtschaften (2014/01): Schwerpunkt: Bürger und die Energiewende, Hrsg. IÖW und VÖW.

## P

Pehnt, M.; Höpfer, U. (2009/05): Wasserstoff- und Stromspeicher in einem Energiesystem mit hohen Anteilen erneuerbarer Energien: Analyse der kurz- und mittelfristigen Perspektive, Kurzgutachten vom IFEU Heidelberg im Auftrag des BMU, Paper.

PIK (2013/11/22): Potsdam-Institut für Klimafolgenforschung, Pressemitteilung vom 22.11.2013.

Plankl, R. (2013/11): Regionale Verteilungswirkungen durch das Vergütungs- und Umlagesystem des Erneuerbare-Energien-Gesetzes (EEG), in Thünen Working Paper 13. Online: http://literatur.ti.bund.de/digbib_extern/ dn052693.pdf

Polanyi, K. (1944): The Great Transformation: The Political and Economic Origins of Our Time, Boston.

Popp, R.; Schüll, E. (2009): Zukunftsforschung und Zukunftsgestaltung: Beiträge aus Wissenschaft und Praxis, Berlin, Heidelberg.

Powalla, M.; Schock, H.-W.; Rau, U. (2010): Dünnschichtsolarzellen – Technologie der Zukunft?, in: FVEE Themen 2010: Forschung für das Zeitalter der erneuerbaren Energien, online: www.fvee.de/fileadmin/publikationen/Themenhefte/ th2010-2/th2010.pdf.

Praetorius, B. (2012): Nachhaltige Energieversorgung der Zukunft: Die Rolle der Stadtwerke, in Bräunig, D.; Gottschalk, W. (2012): Stadtwerke. Grundlagen, Rahmenbedingungen, Führung und Betrieb, Baden Baden.

Pressebox (2013/01): Die Beschleunigung der dezentralen Energiewende spart Kosten und ist der wirtschaftlich vernünftigste Weg – Eckpunkte für die Fortentwicklung des EEG, online: http://www.pressebox.de/pressemitteilung/euro solar-ev-europaeische-vereinigung-fuer-erneuerbare-energien/Die-Beschleunigung-der-dezentralen-Energiewende-spart-Kosten-und-ist-der-wirtschaftlich-vernuenftigste-Weg/boxid/569859

Prinzler, P. Vorholz, F. (2013/11): Öko war früher, in: Die Zeit vom 21.11.2013.

Prognos (2012): EEG-Umlage bis 2016 – Treibergrößen und Sensitivitäten für die Photovoltaik, online: http://www.solarwirtschaft.de/fileadmin/media/pdf/bsw_treiber_eeg_gesamtfassung.pdf

# Q

Quaschning, V. (2013): Erneuerbare Energien und Klimaschutz. Hintergründe – Techniken und Planung, Ökonomie und Ökologie, Energiewende, 3. aktualisierte und erweiterte Auflage, München.

# R

Radkau, J. (2012): Eine kurze Geschichte der deutschen Antiatomkraftbewegung, in: /Bundeszentrale für politische Bildung (Hrsg.), Bonn.

Rathert, P. (2013/12): Bundeskabinett beschließt EnEV-Novelle – Änderungen ab Frühsommer 2014 in Kraft, in: Energie-Impulse Ausgabe 04/13

Rockström u.a. (2009): A safe operating space, in: Nature.

Reck, H.-J. (2012): Stadtwerke im Spannungsfeld von öffentlichem Auftrag, sozialer Marktwirtschaft und Politik, in Bräunig, D.; Gottschalk, W. (2012): Stadtwerke. Grundlagen, Rahmenbedingungen, Führung und Betrieb, Baden Baden.

REN21 – Renewable Energy Policy Network for the 21st Century (2012): Renewables 2011 Global Status Report, online: www.ren21.net/

Rentzing, S. (2011/10): Im Schatten der Photovoltaik – Solarmodule verdrängen Solarwärmekraftwerke, in: neue energie, Oktober 2011.

Rentzing, S. (2014/01): Neuer Schwung, in: neue energie, Januar 2014.

Rentzing, S. (2014/03): Deckel drauf ?, in: neue energie, März 2014.

Rentzing, S. (2014/04): Strom aus Sand und Luft, in: neue energie, April 2014.

Reuter, K. (2013/08): Armut bekämpfen – nicht die Energiewende, in: neue energie, August 2013

Reuter, K. (2014/01): Stürmische Offshore-Zeiten, in: neue energie, Januar 2014.

Reuter, A. (2014/03): China, in: neue energie, März 2014.

Riesen, O. van (2007): Zur Leistungsfähigkeit des Regulierungsstaates im Bahnsektor, Berlin.

Röber, M. (2012): Rekommunalisierung lokaler Ver- und Entsorgung, in: Bauer u.a.

Rogall, H. (1994/06): Einsatz von lärmarmen Nutzfahrzeugen in Städten, Werkstatt-Bericht Nr. 16 des Inst. für Zukunftsstudien und Technologiebewertung, Berlin.

Rogall, H. (2000): Bausteine einer zukunftsfähigen Umwelt- und Wirtschaftspolitik, Berlin.

Rogall, H. (2003): Akteure der nachhaltigen Entwicklung, München.

Rogall, H. (2003/09): Warten statt Taten – Solaranlagenverordnung: Warum Berlin scheiterte, in: DGS (Hrsg.): Sonnenenergie, Ausgabe 5.

Rogall, H. (2004a): Akteure der Nachhaltigkeit – Warum es so langsam vorangeht, in: Natur und Kultur, Jg. 5, Heft 1, Frühjahr 2004.

Rogall, H. (2008): Ökologische Ökonomie, Wiesbaden.

Rogall, H. (2009): Nachhaltige Ökonomie, Marburg.

Rogall, H. (2011): Grundlagen einer nachhaltigen Wirtschaftslehre, Volkswirtschaftslehre für Studierende des 21. Jahrhunderts, Marburg.

Rogall, H. u.a. (2011): Jahrbuch Nachhaltige Ökonomie, Brennpunkt: Wachstum, Marburg.

Rogall, H. (2012): Nachhaltige Ökonomie, 2. überarbeitete und stark erweiterte Auflage, Marburg.

Rogall, H. u.a. (2012, Hrsg.): Jahrbuch Nachhaltige Ökonomie, Brennpunkt: Green Economy, Marburg.

Rogall, H.; Scherhorn, G. (2012): Green Economy, in: Rogall, H. u.a. (2012): Jahrbuch Nachhaltige Ökonomie, Brennpunkt: Green Economy, Marburg.

Rogall, H. (2013): Volkswirtschaftslehre für Sozialwissenschaftler – Einführung in eine zukunftsfähige Wirtschaftslehre, Wiesbaden.

Rogall, H. u.a. (2013): Jahrbuch Nachhaltige Ökonomie, Brennpunkt: Nachhaltigkeitsmanagement, Marburg.

Rogall, H.; Klausen, M.; Haberland, R., (2013): Trends der globalen Herausforderungen, in: Rogall u.a. (Hrsg.): Jahrbuch Nachhaltige Ökonomie 2013/14, Marburg.

Rogall, H. u.a. (2014, Hrsg.): Jahrbuch Nachhaltige Ökonomie 2014/15, Brennpunkt Energiewende, Marburg.

Rosenkranz, G. (2007): Mythos Atomkraft, Heinrich Böll Stiftung (Hrsg.), Broschüre.

Rost, S. (2014/06): 202 Kommunen holten sich ihr Netz zurück, in: Berliner Zeitung vom 4.6.2014.

Rößler, H. (2007/04): Kleckern und klotzen, in: Sonnenenergie April.

Rudolph, S. (2003): Handelbare Emissionslizenzen als umweltpolitische Instrumentenwahl, Marburg.

Rudolph, S. (2011/04): Wie der klimapolitische Patient Japan den Anweisungen des umweltökonomischen Doktors folgte: Eine Analyse nationaler Treibhausgas-Emissionshandelsysteme in Japan, in: Joint Discussion Paper Series in Economic, Nr. 04/2011.

Rudolph, S. (2011/12): Wo sind all die Klimamärkte hin? Eine polit-ökonomische Analyse nationaler Emissionshandelssysteme in Japan, in: Joint Discussion Paper Series in Economic Nr. 12/2011.

Rudolph, S. (2014/02): Ein Hoffnungsschimmer jenseits des Atlantiks, in: Ökologisches Wirtschaften.

RWE Power (2014): Kraftwerk Weisweiler. Online: http://www.rwe.com/web/ cms/ de/60142/rwe-power-ag/standorte/braunkohle/kw-weisweiler/

**S**

Sachs, W. (2002): Die zwei Gesichter der Ressourcenproduktivität, in: WI (Hrsg.): Von nichts zu viel – Suffizienz gehört zur Zukunftsfähigkeit, Wuppertal Papers Nr. 125.

Sauer, D. U. (2006): Optionen zur Speicherung elektrischer Energie in Energieversorgungssystemen mit regenerativer Stromerzeugung, in: Zeitschrift Solarzeitalter.

Sauer, D. U. (2013/04): Energiespeicher für die Energiewende, Interview mit Solarzeitalter 2013/04.

Schäfer, R. (2012/03): Privatvergabe oder Kommunalerledigung, in Bauer, H.; Büchner, C.; Hajasch, L. (Hrsg.): Rekommunalisierung öffentlicher Daseinsvorsorge, Potsdam. Online: http://opus.kobv.de/ubp/volltexte/2012/5806/pdf/kwi_schriften06.pdf

Scheer H. (2002): Solare Weltwirtschaft, 5. aktualisierte Auflage, München.

Scheer, H. (2012): Der Energetische Imperativ – Wie der vollständige Wechsel zu erneuerbaren Energien zu realisieren ist, München.

Scherer, K. (2012/01): Sparen, umbauen, austauschen, in: Die Zeit Nr. 5 vom 26.01.2012.

Scherhorn, G. (1997): Das Ganze der Güter, in: Meyer-Abich, K.M. (Hrsg.): Vom Baum der Erkenntnis zum Baum des Lebens, München.

Scherenberg, V. (2012): Nachhaltigkeit in der Gesundheits- und Präventionspolitik, in: Rogall, H. u.a. (Hrsg.): Jahrbuch Nachhaltige Ökonomie, Brennpunkt: Green Economy, Marburg.

Schmilewski, J. (2008/05): Neuseeland zieht die Notbremse, in: Berliner Zeitung vom 7.5.2008.

Schmid, J. (2013/02): Speicher für die Energiewende. in: neue energie, März 2013.

Schmidt-Bleek, F. (1994): Wie viel Umwelt braucht der Mensch? MIPS – Das Maß für ökologisches Wirtschaften, Berlin, Basel, Boston.

Schlandt, J. (2011/06): 2000 Meter unterm Meeresspiegel, in: Berliner Zeitung 20.06.2011.

Schneider, M. (2000): Kleine Geschichte der Gewerkschaften, Ihre Entwicklung in Deutschland von den Anfängen bis heute, Bonn.

Schöneich, M. (2012): Strukturwandel der Stadtwerke, in Bräunig, D.; Gottschalk, W. (2012): Stadtwerke. Grundlagen, Rahmenbedingungen, Führung und Betrieb, Baden Baden.

Schumacher, E.F. (1973): Small is Beautiful, Bad Dürkheim

Schüwer, D. u.a. (2010/08): Erdgas: Die Brücke ins regenerative Zeitalter, Bewertung des Energieträgers Erdgas und seiner Importabhängigkeit, Hintergrundbericht im Auftrag der Greenpeace Deutschland e.V.

Schwarz, H. G.; Dees, P.; Lang, C.; Meier, S. (2008/01): Quotenmodelle zur Förderung von Stromerzeugung aus Erneuerbaren Energien: Theorie und Implikationen, Erlangen. Online: http://www.economics.phil.uni-erlangen.de/forschung/workingpapers/quotenmodell.pdf

Secretariat of the Convention on Biological Diversity (2010): Global Biodiversity Outlook 3, Montréal.

Seifert, T.; Werner, K. (2006): Schwarzbuch Öl – Eine Geschichte von Gier, Krieg, Macht und Geld, Bonn.

SenStadt (2014): Senatsverwaltung für Stadtentwicklung: online: http://www.stadtentwicklung. berlin.de/umwelt/klimaschutz/energiewendegesetz/de /klimaneutral2050.shtml,

Sievers, J.; Rautschka, S. Gottschalk, M. (2013/04): PV-Batteriesysteme für den Eigenverbrauch von PV-Strom in Privathaushalten, in: Solarzeitalter 2013/4.

Siebert, H. (1978): Ökonomische Theorie der Umwelt, Tübingen.

SRU (2002): Umweltgutachten 2002, Für eine neue Vorreiterrolle; online: www.umweltrat.de.

SRU (2007/07): Klimaschutz durch Biomasse, Sondergutachten, Hausdruck.

SRU (2008/06) Sachverständigenrat für Umweltfragen: Umweltgutachten 2008 – Umweltschutz im Zeichen des Klimawandels. Hausdruck, online: www.umweltrat.de/SharedDocs/Downloads/DE/01_Umweltgutachten/2008_Umwelt gutachten_BTD.pdf?__blob=publicationFile.

SRU (2009/04) – Sachverständigenrat für Umweltfragen: Abscheidung, Transport und Speicherung von Kohlendioxid, Stellungnahme, online: http://www.umweltrat.de/SharedDocs/Downloads/DE/04_Stellungnahmen/2009_05_AS_13_Stellung_Abscheidung_Transport_und_Speicherung_von_Kohlendioxid.pdf;jsessionid=C34669A53E9C85E6651E88F3A6BBA7A7.1_cid335?__blob=publicationFile

SRU (2011/01) – Sachverständigenrat für Umweltfragen: Wege zur 100 % erneuerbaren Stromversorgung, Kurzfassung für Entscheidungsträger, Papier, online: www.umweltrat.de/SharedDocs/Downloads/DE/02_Sondergutachten/2011_Sondergutachten_100Prozent_Erneuerbare_KurzfassungEntscheid.pdf?__blob=publicationFile.

SRU (2012/06) – Sachverständigenrat für Umweltfragen: Umweltgutachten 2012, Verantwortung in einer begrenzten Welt, online: http://www.umweltrat.de/SharedDocs/Downloads/DE/01_Umweltgutachten/2012_06_04_Umweltgutachten_HD.pdf?__blob=publicationFile

SRU (2013/10) – Sachverständigenrat für Umweltfragen: Den Strommarkt der Zukunft gestalten, Sondergutachten, online: http://www.umweltrat.de/SharedDocs/Downloads/DE/02_Sondergutachten/2013_10_SG_Strommarktdesign_Eckpunktepapier.pdf?__blob=publicationFile

Staab, J. (2013): Erneuerbare Energien in Kommunen, 2. Überarbeitete und erweiterte Auflage, in Wiesbaden.

StaBA – Statistisches Bundesamt (2009/11): Umweltnutzung und Wirtschaft. Bericht zu den Umweltökonomischen Gesamtrechnungen, Wiesbaden.

StaBA – Statistisches Bundesamt (2011/03): Bevölkerung und Erwerbstätigkeit, Entwicklung der Privathaushalte bis 2030, online: https://www.destatis.de/DE/

Publikationen/Thematisch/Bevoelkerung/HaushalteMikrozensus/Entwicklung Privathaushalte5124001109004.pdf?__blob=publicationFile.

StaBA – Statistisches Bundesamt (2012/02): Nachhaltige Entwicklung in Deutschland – Indikatorenbericht 2012, online: www.destatis.de/jetspeed/portal/cms/Sites/destatis/Internet/DE/Content/Publi kationen/Fachveroeffentlichungen/UmweltoekonomischeGesamtrechnungen/ Umweltindikatoren/IndikatorenPDF__0230001,property=file.pdf.

StaBA – Statistisches Bundesamt (2012/03): Bauen und Wohnen – Mikrozensus, https://www.destatis.de/DE/Publikationen/Thematisch/EinkommenKonsumL ebensbedingungen/Wohnen/WohnsituationHaushalte.html

StaBA – Statistisches Bundesamt (2012/11): Umweltnutzung und Wirtschaft, Bericht zu den Umweltökonomischen Gesamtrechnungen 2012, online: https://www. destatis.de/DE/Publikationen/Thematisch/UmweltoekonomischeGesamtrechn ungen/Querschnitt/UmweltnutzungundWirtschaftBericht5850001127004.pdf? __blob=publicationFile

StaBA – Statistisches Bundesamt (2013/10): Statistisches Jahrbuch, Deutschland 2013, Wiesbaden.

StaBA – Statistisches Bundesamt (2013/11/06): Klimaschutzbranche 2011: 45,5 Mrd. Euro Umsatz, Pressemitteilung Nr. 370/13.

StaBA – Statistisches Bundesamt (2013/11): Einkommens- und Verbraucherstichprobe, Wohnverhältnisse privater Haushalte, online: https://www.destatis.de/ DE/Publikationen/Thematisch/EinkommenKonsumLebensbedingungen/Eink ommenVerbrauch/EVS_HausGrundbesitzWohnverhaeltnisHaushalte2152591 139004.pdf?__blob=publicationFile

StaBA – Statistisches Bundesamt (2014/04): Energie- und Wasserversorgung, online: https://www.destatis.de/DE/ZahlenFakten/Wirtschaftsbereiche/Energie/Besch aeftigteUmsatzInvestitionen/Tabellen/KSEDaten.html

StaBA – Statistisches Bundesamt (2014/01): Kostenstrukturerhebung Energie und Wasserversorgung Deutschland 1975-2011.

Stengel, O. (2011): Suffizienz. Die Konsumgesellschaft in der ökologischen Krise, München.

Stern, Sir N. (2006): Stern Review – Der wirtschaftliche Aspekt des Klimawandels, Zusammenfassung, online: www.bundesregierung.de/Content/DE/Artikel/2006/ 11/2006-11-24-wirtschaftliche-folgen-des-klimawandels.html.

Stieß, I.; van der Land, V.; Birzle-Harder, B.; Deffner, J. (2010): Handlungsmotive, -hemmnisse und Zielgruppen für eine energetische Gebäudesanierung – Ergebnisse einer standardisierten Befragung von Eigenheimbesitzern, Frankfurt am Main. Online: http://www.enef-haus.de/fileadmin/ENEFH/redaktion/PDF/ Befragung_EnefHaus.pdf

Stiglitz, J. (1999): Volkswirtschaftslehre, 2. Auflage, München.

Stiglitz, J. (2006): Die Chancen der Globalisierung, Bonn; Originalausgabe (2006): Making Globalization Work, New York.

Ströbele, W.; Pfaffenberger, W.; Heuterkes (2012). Energiewirtschaft, 3. Auflage München.

SWM (2013/08): SWM Ausbauoffensive Erneuerbare Energien, Presse-Information: online: http://www.swm.de/privatkunden/unternehmen/engagement/umwelt/ ausbauoffensive-erneuerbare-energien.htmlT

*T*

Teichmann, I. (2014/01): Klimaschutz durch Biokohle in der deutschen Landwirtschaft: Potentiale und Kosten, in: DIW Wochenbericht.

TenneT TSO (2013a): Tatsächliche und prognostizierte Solarenergieeinspeisung, online: http://www.tennettso.de/site/Transparenz/veroeffentlichungen/netz kennzahlen/tatsaechliche-und-prognostizierte-solarenergieeinspeisung_land? lang=de_DE

TenneT TSO (2013b): Tatsächliche und prognostizierte Windenergieeinspeisung, online: http://www.tennettso.de/site/Transparenz/veroeffentlichungen/netz kennzahlen/tatsaechliche-und-prognostizierte-windenergieeinspeisung

Thieme, M. (2011/11): Stimmungswandel im Auftrag der Atomlobby, in: Berliner Zeitung vom 1.11.2011.

Tenbrock, Ch. (2013/09): Riesen taumeln im Wind, in: Die Zeit am 5.9.2013.

Töpfer, K.: (2013/11): Für uns ist wichtig, für die Welt überlebenswichtig, Interview in DUH aktuell, 22.11.2013, Hrsg. Deutsche Umwelthilfe.

TNS Emnid (2013): Ergebnisse einer repräsentativen Meinungsumfrage des Forschungsinstituts TNS Emnid im Zeitraum 23.09.–25.09.2013

TransnetBW (2013a): Fotovoltaikeinspeisung, online:
http://www.transnetbw.de/de/kennzahlen/erneuerbare-energien/fotovoltaik

TransnetBW (2013b): Windenergie, online:
http://www.transnetbw.de/de/kennzahlen/erneuerbare-energien/windenergie

trend:research, Leuphana (2013/10): Definition und Marktanalyse von Bürgerenergie in Deutschland, Studie im Auftrag der Initiative Die Wende. Energie in Bürgerhand und Agentur für Erneuerbare Energien. online:
http://www.unendlich-viel-energie.de/media/file/198.trendresearch_Definition_und_Marktanalyse_von_Buergerenergie_in_Deutschland_okt13..pdf

*U*

UBA (1999, Hrsg.) – Umweltbundesamt: Selbstverpflichtungen und normsetzende Umweltverträge als Instrumente des Umweltschutzes, Umweltbundesamt Berichte 5/99, von Knebel, J.; Wicke, L.; Michael, G., Berlin.

UBA (2005/10) – Umweltbundesamt: Was bringt die Ökosteuer – weniger Kraftstoffverbrauch oder mehr Tanktourismus, Papier.

UBA (2006/08) – Umweltbundesamt: Technische Abscheidung und Speicherung von $CO_2$ – nur eine Übergangslösung, Kurzfassung, online: www.umweltbundes amt.de/energie/archiv/CC-4-2006-Kurzfassung.pdf.

UBA (2007/06) – Umweltbundesamt: Klimaschutz in Deutschland – 40 %-Senkung der $CO_2$-Emissionen bis 2020 gegenüber 1990; Papier, online: www.umwelt daten.de/publikationen/fpdf-l/3235.pdf.

UBA (2008/05) – Umweltbundesamt: Elektrische Wärmepumpen – eine erneuerbare Energie?, Papier, online: www.umweltdaten.de/publikationen/fpdf-l/3192.pdf.

UBA (2010/07) – Umweltbundesamt (Hrsg.): Energieziel 2050: 100 % Strom aus erneuerbaren Quellen, Broschüre.

UBA (2011/02) – Umweltbundesamt (Hrsg.): Umweltwirkung von Heizsystemen in Deutschland, Studie von Bettgenhäuser, K., Boermanns, T. Econfys GmbH, online: http://www.umweltbundesamt.de/sites/default/files/ medien/461/publikationen/4070.pdf

UBA (2011/07) – Umweltbundesamt (Hrsg.): Energieeffizienz in Zahlen, Endbericht der Arbeitsgemeinschaft Öko-Institut, FhG-ISI und Ziesing, online: oekoinstitut. de/oekodoc/1187/2011-326-de.pdf.

UBA (2012/05) – Umweltbundesamt (Hrsg.): Entwicklung der spezifischen Kohlendioxid-Emissionen des deutschen Strommix 1990-2011 und erste Schätzungen 2012, online: http://www.umweltbundesamt.de/sites/default/ files/medien/376/publikationen/sonstige_icha_co2emissionen_des_dt_strommixes_grafiken_separat_barrierefrei.pdf

UBA (2012/08) – Umweltbundesamt (Hrsg.): Nachhaltige Stromversorgung der Zukunft, Papier, online: https://www.umweltbundesamt.de/sites/default/ files/medien/publikation/long/4350.pdf

UBA (2013/03) – Umweltbundesamt (Hrsg.): Politikszenarien für den Klimaschutz VI Treibhausgas-Emissionenszenarien bis zum Jahr 2030, Studie der Forschungsinstitute Öko-Institut, IEK-STE, DIW Berlin. FhG-ISI, online: http://www.umweltbundesamt.de/sites/default/files/medien/461/publikationen/4412.pdf

UBA (2013/06) – Umweltbundesamt (Hrsg.): Potential der Windenergie an Land, Studie zur Ermittlung des bundesweiten Flächen- und Leistungspotentials, online: http://www.umweltdaten.de/publikationen/fpdf-l/4467.pdf

UBA (2013/07) – Umweltbundesamt (Hrsg.): Entwicklung der spezifischen Kohlendioxid -Emissionen des deutschen Strommix in den Jahren 1990 bis 2012, online: http://www.umweltbundesamt.de/sites/default/ files/medien/461/publikationen/climate_change_07_2013_icha_co2emissionen_des _dt_strommixes _webfassung_barrierefrei.pdf

UBA (2013/10) – Umweltbundesamt (Hrsg.): Treibhausgas neutrales Deutschland im Jahr 2050, Hintergrundstudie des UBA, online: www.umweltbundesamt.de/sites/default/files/medien/378/publikationen/climate-change_07_2014_treibhausgasneutrales_deutschland_2050_0.pdf

UBA (2013/11) – Umweltbundesamt (Hrsg.): Konzepte für die Beseitigung rechtlicher Hemmnisse des Klimaschutzes im Gebäudebereich,

UBA (2013/14) – Umweltbundesamt (Hrsg.): Modellierung einer vollständig auf erneuerbaren Energien basierenden Stromerzeugung im Jahr 2050 in autarken, dezentralen Strukturen, von Peter, S. online: https://www.umweltbundesamt.de/sites/default/files/medien/376/publikationen/climate_change_14_2013_modellierung_einer_vollstaendig_auf_erneuerbaren_energien.pdf

UBA (2013/15) – Umweltbundesamt (Hrsg.): Emissionsbilanz erneuerbarer Energieträger, online: http://www.umweltbundesamt.de/sites/default/files/ medien/378/publikationen/climate_change_15_2013_emissionsbilanz_erneuerbarer_energietraeger.pdf

UBA (2014/01) – Umweltbundesamt (Hrsg.): Kosten und Modellvergleich langfristiger Klimaschutzpfade (bis 2050), Studie des Wuppertal Instituts für Klima, Umwelt, Energie und dem Potsdam-Institut für Klimaforschung, Abschlussdatum 2011/11. online: http://www.umweltbundesamt.de/sites/ default/ files/medien/378/publikationen/climate_change_01_2014_kosten-und_modellvergleich_langfristiger_klimaschutzpfade_bis_2050.pdf

UBA (2014/03) – Umweltbundesamt (Hrsg.): Ausweitung des Emissionshandels auf kleine Emittenten im Gebäude- und Verkehrssektor, Autoren der Studie Hermann u.a. online: http://www.umweltbundesamt.de/sites/default/files/ medien/ 378/publikationen/climate_change_03_2014_komplett_27.3.14.pdf

Uellenberg, W. van da wen (1996): Gewerkschaften in Deutschland, München.

Umbach, E.; Rogall, H. (2013): Nachhaltigkeit – Konkretisierung eines kontroversen Begriffs in: Rogall, H. u.a.: Jahrbuch Nachhaltige Ökonomie, 2. überarbeitete Aufl., Marburg.

UNEP (2011): Yearbook – Emerging Issues in our Global Environment, Nairobi.

United Nation (2014): Department of Economic and Social Affairs, Population Division, Population Estimates and Projections Section (Online Database) http://esa.un.org/wpp/unpp/panel_population.htm

# V

Vattenfall (2013): Geschäftsbericht 2012 inklusive Nachhaltigkeitsbericht, Stockholm.

VDE (2012/06):Verband der Elektrotechnik: Energiespeicher für die Energiewende – Speicherbedarf und Auswirkungen auf das Übertragungsnetz für Szenarien bis 2050. Vortrag.

Viering, K. (2009/04): Mit Nussöl nach Neuseeland, in: Berliner Zeitung 08.04.2009.

VKU (2012/09): Konzessionsverträge, Handlungsoptionen für Kommunen und Stadtwerke, Papier, online: http://www.dstgb.de/dstgb/Home/Schwerpunkte/ Konzessionsvertr%C3%A4ge/Materialien/Leitfaden:%20%22Konzessionsvertr %C3%A4ge%20-%20 Handlungsoptionen%20f%C3%BCr%20Kommunen%20 und%20Stadtwerke/902_23_handreichung_konzessionsvertraege_dstgb_dst_ vku_09.pdf

VKU (2012/11): Kommunalwirtschaft auf den Punkt gebracht, Papier, online: http: //www.vku.de/fileadmin/get/?22790/VKU_Grundsatzpapier_download.pdf

VKU (2013/05): Power-to-Gas, Chancen und Risiken für kommunale Unternehmen, online: http://www.vku.de/fileadmin/get/?24986/VKU-Brosch%C3%BCre_ Power_to_Gas.pdf

VKU (2014/01): Ergebnisse der VKU Kurzumfrage zum EEG 2014, in Berlin. Online: http://www.vku.de/service-navigation/presse/pressemitteilungen/liste-pressemitteilung/pressemitteilung-714.html

VKU (2014/03): Zahlen Daten Fakten 2013, Kommunale Ver- und Entsorgungsunternehmen in Zahlen, Berlin.

VKU (2014/04): VKU begrüßt Direktvermarktung der erneuerbaren Energien, Berlin. Online: http://www.vku.de/service-navigation/presse/pressemitteilungen/ liste-pressemitteilung/pressemitteilung-2914.html

VKU (2014/26): Stadtwerke-Umfrage: Investitionsklima für konventionelle Energieerzeugung hat sich deutlich verschlechtert, Pressemitteilung Nr. 26/2014, online: http://www.vku.de/fileadmin/get/?28238/26_2014_Kapazitats mechnismen_EEG.pdf

VKU (2014/29): VKU begrüßt Direktvermarktung der erneuerbaren Energie, Pressemitteilung Nr. 29/2014, online: http://www.vku.de/service-navigation/presse/pressemitteilungen/liste-pressemitteilung/pressemitteilung-2914.html?p=1

Vogler, I. (2008/02): Integriertes Energie- und Klimaprogramm, die neuen Gesetze und Verordnungen im Detail, in: Zeitschrift des Berliner ImpulsE Programms, Ausgabe 02.08, Okt. 2008.

Volz, R. (2012): Bedeutung und Potenziale von Energiegenossenschaften in Deutschland, in: Informationen zur Raumentwicklung (Heft 9/10.2012). Online: http://www.bbsr.bund.de/BBSR/DE/Veroeffentlichungen/ IzR/2012/ 9_10/Inhalt/DL _Volz.pdf?__blob=publicationFile&v=3

Vorholz, F. (2013/04): Der Kampf um die Häuser, in: Die Zeit vom 11.4.2013.

Vorholz, F. (2013/08): Der Ernstfall droht, in: Die Zeit vom 14.8.2013.

Vorholz, F. (2013/12): Energiewende rückwärts, in: Die Zeit vom 5.12.2013.

# W

WBGU (2002) Wissenschaftlicher Beirat der Bundesregierung Globale Umweltveränderungen: Welt im Wandel – Entgelte für die Nutzung globaler Gemeinschaftsgüter, Sondergutachten, Berlin.

WBGU (2003) Wissenschaftlicher Beirat der Bundesregierung Globale Umweltveränderungen: Welt im Wandel – Energiewende zur Nachhaltigkeit, Hauptgutachten 2002, Berlin.

WBGU (2008) Wissenschaftlicher Beirat der Bundesregierung Globale Umweltveränderungen: Welt im Wandel – Sicherheitsrisiko Klimawandel, Berlin, Heidelberg, New York.

WBGU (2009) Wissenschaftlicher Beirat der Bundesregierung Globale Umweltveränderungen: Kassensturz für den Weltklimavertrag – Der Budgetansatz, Sondergutachten, Berlin.

WBGU (2011) Wissenschaftlicher Beirat der Bundesregierung Globale Umweltveränderungen: Welt im Wandel – Gesellschaftsvertrag für eine Große Transformation, Berlin.

Weiden, S. von der (2014/02): Die Stunde der Klima-Klempner, in: Berliner Zeitung am 20.2.2014.

Weinhold (2011/08): Die Wende der Länder, in: neue energie 08/2011.

Weiser, G. (1953): Stilwandlungen der Wohnungsbaugenossenschaften, Göttingen.

Weizsäcker, E. U. (1989): Erdpolitik, Darmstadt.

Weizsäcker, E.U. v.; Lovins, A.; Lovins, H. (1995): Faktor vier, München.

Weizsäcker, E.U. v. (1997): Erdpolitik, 5. Auflage, Darmstadt.

Weizsäcker, E.U. v. u.a. (2010): Faktor Fünf – Die Formel für nachhaltiges Wachstum, München.

Weltbank (2013/05): http://www.worldbank.org/en/news/feature/2013/05/28/Global-Tracking-Framework-Puts-Numbers-to-Sustainable-Energy-Goals

Welzer, H. (2008): Klimakriege – Wofür im 21. Jahrhundert getötet wird, Frankfurt a.M.

Welzer, H.; Rammler, St. (2013; Hrsg.): Der FUTURZWEI Zukunftsalmanach, Bonn.

Wenzel, D. (2014/02): Solarboom 2.0, in: Berliner Zeitung am 18.2.2014.

Wenzel, D. (2014/04): Eine gute Idee: Staatskraftwerke, in: Berliner Zeitung am 12.4.2014.

Wenzel, F. T. (2014/02): Rabattschlacht mit Brüssel, in: Berliner Zeitung am 18.2.2014.

Wenzel, F. T. (2014/05): Widerstand gegen die „Sonnensteuer", in: Berliner Zeitung am 30.5.2014.

Wetzel, D. (2012/12): Polen macht die Grenze für deutschen Strom dicht, in: Die Welt am 28.12.2012, online: http://www.welt.de/wirtschaft/article 112279952/Polen-macht-die-Grenze-fuer-deutschen-Strom-dicht.html

Wehrmann, A.K (2013/11): Justitia muss entscheiden, in: Neuer Energie, November 2013.

Wehrmann, A.K (2014/02): Von innen umkrempeln, in: Neuer Energie, Februar 2014.

Wehrmann, A.K (2014/06): Immer größer immer stärker – immer günstiger, in: Neuer Energie, Juni 2014.

WHO (2008): Fact sheet N°. 313: Air quality and health, online: www.who.int/mediacentre/factsheets/fs313/en/index.html.

WI (2005) – Wuppertal Institut für Klima, Umwelt und Energie: Fair future, Bonn.

WI (2009/03): – Wuppertal Institut: Sustainable Urban Infrastructure, Ausgabe München, Studie im Auftrag von Siemens AG, online: http://wupperinst.org/uploads/tx_wupperinst/CO2-freies-Muenchen.pdf

WI (2010/08): Erdgas: Die Brücke ins regenerative Zeitalter, Endbericht, online: www.wupperinst.org/uploads/tx_wiprojekt/Erdgas_GP_Endbericht.pdf.

WI (2013/09) – Wuppertal Institut: Stadtwerke-Neugründungen und Rekommunalisierung, Studie, Autoren Berlo, K., Wagner, O., online: http://wupperinst org/uploads/tx_wupperinst/Stadtwerke_ Sondierungsstudie.pdf

WI, RWI (2008/04): – Wuppertal Institut für Klima, Umwelt und Energie und RWI Essen – Rheinisch-Westfälisches Institut für Wirtschaftsforschung: Nutzungskonkurrenzen bei Biomasse, Kurzfassung des Endberichts im Auftrag des BMWi.

Wicke, L. (1993): Umweltökonomie – Eine praxisorientierte Einführung, 4. Auflage, München.

Wicke, L.; Spiegel, P.; Wicke-Thüs, I. (2006): Kyoto Plus – So gelingt die Klimawende, München.

Wiedemann, K. (2011/09): Aus der Traum, in: neue energie, das Magazin für erneuerbare Energien, September 2011.

Wiesen, K. (2011/08): Stromfressende Daten, in: neue energie Nr. 08, 2011.

Wübbels (2010/03): Konzessionsverträge – Handlungsoptionen für Kommunen und Stadtwerke, in: Pontenagel, I. (Hrsg.): Solarzeitalter 3/2010 Bonn.

## Z

Zundel, St. (1998/02): Das Rad neu erfinden? in: Ökologisch Wirtschaften Nr. 2/ 1998.

### Internetadressen

| | |
|---|---|
| BMBF | www.bmbf.de |
| BMU | www.bmu.de. |
| BMWi-Förderdatenbank | www.foerderdatenbank.de |
| BUND | www.bund.net |
| Bundesregierung | www.bundesregierung.de |
| Bundestag | www.bundestag.de |
| DNR | www.dnr.de |
| Gesellschaft für Nachhaltigkeit | www.gfn-online.de |
| Greenpeace | www.greenpeace.de |
| Nachhaltigkeitsrat | www.dialog-nachhaltigkeit.de |
| Netzwerk für Nachhaltige Ökonomie | www.nachhaltige-oekonomie.de |
| SRU | www.umweltrat.de |
| Statistisches Bundesamt | www.destatis.de |
| UBA-Umweltbundesamt | www.umweltbundesamt.de. |

# Personen- und Sachwortverzeichnis

2°C-Ziel 64
Akteure, direkte 270
Anthropozän 30
Arbeit 24
Atomenergie 76
Ausstiegsgesetz, Kohle 99
Befugnisnorm 381
Beiträge 245
Biobrennstoffe 162
Biodiesel 164
Bioenergiedorf 379
Biogas 163
Biomasse 161
Biomasse Heizkraftwerke 163
Biotreibstoffe 163
Bonus-Malus-System,
  Wärmeschutzsanierung 118
Bonus-Malus-Systeme 247
BtL-Kraftstoffe 165
Budgetansatz des WBGU 261
Bundesländer 322
Bürgerenergie 440
CCS 81
$CO_2$-Äquivalent 72
Daseinsvorsorge 365
*Dietrich, S.* 13
Diskontierung 223
EEG, Novellierungen 249
Effizienzstrategie 56, 89
Endenergie 25
Energetische Verpflichtungen 380
Energie 24
Energiegenossenschaften 426
Energiemarktordnung 72
Energiepflanzen 162
Energiepreise 74
Energiewende 59
Energiewirtschaftsgesetz 344
Erdgas 26
Erdöl 26
Erneuerbare Energien - EE 127
Erneuerbare Energien Gesetz 248

Erneuerbare-Energien-Wärmegesetz 316
Ethische Nachhaltigkeitsprinzipien 63
EU, Institutionen 289
EVU 344
Externalisierung 221
Externe Kosten, Stromerzeugung 96
Flexible Kraftwerke 180
Flexible Mechanismen 283
Fossile Energieträger 26
Gaskraftwerke, Bewertung 97
Gebühren 245
Genossenschaften 421
Genossenschaftsbewegung 419
Geo-Engineering 83
Gewerkschafteen 356
Handelbare Naturnutzungsrechte 256
Handlungsziele 64
Heizungsanlagen, Hocheffiziente 111
Indirekt wirkende Instrumente 234
Infrastruktur 175
Instrumente, direkt wirkende, harte 229
Instrumente, umweltökonomische 240
Investitionsschutzabkommen 346
Investor-Nutzer-Dilemma 110
*Jänicke, M.* 277
Kernfusion 80
*Klinski, St.* 13
Kohle 26
Kommunale Aufgabe 381
Kommunen 365
Kondensationskraftwerke 92
Konsistenzstrategie 57
Konventionen 281
Konzessionsverträge 184, 408
Kraftwerkstypen 95
Kraftwerkstypen 180
KWK-Anlagen 92
Leistung 24
Leitbild 373
*Leprich, U.* 185
*Linz, M.* 212
*Luhmann, N.* 272

*Managementregeln, ökologische* 60
*Managementregeln, ökonomische* 61
Marktversagen 223
Maut 247
Megatrends 27
Merit-Order-Effekt 176, 177
Meritorische Güter 223
Mittel der direkten Akteure 273
Mittel zur Interessendurchsetzung 341
*Müller, M.* 29, 30
Multinationale Umweltabkommen 282
Nachhaltige Energiepolitik 59
Nachhaltige Entwicklung 50
Nachhaltige Ökonomie, Kernaussagen 51
Nachhaltiges Wirtschaften 51
Nachhaltigkeitsformel 55
Nachhaltigkeitsparadigma 55
Natürliche Monopole 387
Netzbetreiber 184, 408
Niedrigenergiehaus 107
Norm-Nutzungsgrad 114
Nutzenergie 25
Öffentliche Güterproblematik 222
Ökologische Steuerreform 242
*Owen, R.* 419
Pelletsheizungen 162
Photovoltaik 131
Politikversagen 274
Positive versus normative Aussagen 357
Potentiale 87
Power to Gas 191
Preislösung 242
Primärenergieträger, PEV 25
Projekt 372
*Raiffeisen, W.* 420
Rebound-Effekte 76
Regime 281

Reichweite 35
Rekommunalisierung 393
Reserven 45
Ressourcen 45
Ressourcenproduktivität 56
*Scherhorn, G.* 212
Schönau 385
*Schulze-Delitzsch, H.* 420
Selektives Wachstum 56
Solaranlagenverordnung 324
Solarenergienutzung, Passive 148
Solarthermie 143
Solarthermische Kraftwerke 139
Sozial-ökonomische Faktoren 221
Speicher 187
Stadtwerke 387
Standard-Preis-Ansatz 241
Strategiepfade 56
Stromverbrauch HH 120
Subventionen 246
Suffizienzstrategie 58
Systemdienstleistungen 175
Szenarien 211
*Töpfer, K.* 251
Treibhausgase 71
Umweltabgaben 244
Umweltschutzpolitik 305
Verbände 350
Vereinte Nationen 279
Verkehr, Effizienzstrategie 101
Volllaststunden 154
Wärmepumpe 115
Wärmeschutzsanierung 111
Wärmeschutzsanierung, Instrumente 117
Wärmespeicher 181
Wasserkraft 157
Wirtschaftliche Vertretbarkeit 382

Holger Rogall

# Grundlagen einer nachhaltigen Wirtschaftslehre

Volkswirtschaftslehre für Studierende des 21. Jahrhunderts

Grundlagen der Wirtschaftswissenschaft, Band 17
832 Seiten, 34,80 EUR, Hardcover
ISBN 978-3-89518-860-2

Anfang der 1990er Jahre hofften viele Menschen auf die „Friedensdividende" die die Überwindung des Kalten Krieges versprach. Heute wissen wir, dass diese Hoffnung eine Illusion war und das neue Jahrhundert große Probleme für die Menschheit bereithält: Klimaerwärmung, Raubbau der natürlichen Ressourcen, Armut und Hunger, technische und kulturelle Fehlentwicklungen. Das wäre eigentlich die Zeit für Ökonomen, ihre Lehrbücher umzuschreiben, um den Eliten der Zukunft das Rüstzeug zur Lösung der globalen Probleme in die Hand zu geben. Bislang konnte der Büchermarkt hierfür aber nur wenige Grundlagenwerke für die Lehre liefern. Diese Lücke wird durch das Lehrbuch von Holger Rogall geschlossen.

„Das vorliegende Buch ist für jeden lesenswert, der die Ökonomie nicht als eine rein akademische Angelegenheit versteht, die abstrakte Modelle formuliert und dabei über die sozialen und ökologischen Realitäten hinweggeht, sondern, im Blick auf die Herausforderungen des 21. Jahrhunderts, von ihr eine fundierte Analyse der ökonomischen, sozialen und ökologischen Zusammenhänge erwartet.

Seine besondere Stärke liegt darin, dass es, besser als viele andere Lehrbücher, eine fundierte Darstellung der herkömmlichen Volkswirtschaftslehre mit einer auf die Zukunft gerichteten Weiterentwicklung der Ökonomie verbindet, dies in didaktisch überzeugender Weise tut und dabei zwischen analytischen und normativen Aussagen trennt. Holger Rogall liefert eine verständliche und praxisorientierte Einführung in die zentralen Gegenstände und Erklärungsansätze der Volkswirtschaftslehre." (Prof. Dr. Ingomar Hauchler)

Holger Rogall
# Nachhaltige Ökonomie

Ökonomische Theorie und Praxis einer Nachhaltigen Entwicklung

Grundlagen der Wirtschaftswissenschaft, Band 15
812 Seiten, 34,80 EUR, Hardcover
2., überarb. und stark erw. Auflage
ISBN 978-3-89518-865-7

Dieses Buch bietet eine systematische und allgemeinverständliche Einführung in die Nachhaltige Ökonomie, die sich als Theorie der Nachhaltigen Entwicklung unter Berücksichtigung der transdisziplinären Grundlagen versteht. Es vermittelt den Lesern das notwendige Wissen, um die ökonomischen, politischen, rechtlichen und technischen Grundlagen dieser neuen ökonomischen Schule verstehen zu können. Das geschieht in einer sprachlichen und didaktisch aufbereiteten Form, die auch Studenten und dem interessierten Laien einen leichten Zugang ermöglicht. Von der heutigen Diskussion um eine Nachhaltige Entwicklung ausgehend, werden die traditionelle Ökonomie und die notwendigen Reformen an ihr erörtert und den Kernaussagen der Nachhaltigen Ökonomie und ihren Kontroversen gegenübergestellt. Weiterhin werden die persönliche Ebene und die ethischen Grundlagen einer Nachhaltigen Entwicklung dargestellt und ausgewählte Themen der transdisziplinären Grundlagen am Beispiel der Umweltpolitik und Akteursanalyse und durch die Bewertung der notwendigen politisch-rechtlichen Instrumente abgerundet. Im zweiten Teil des Buches werden ausgewählte Strategiefelder einer Nachhaltigen Ökonomie am Beispiel einer nachhaltigen Wirtschafts-, Energie-, Mobilitäts- und Produktgestaltungspolitik exemplarisch untersucht und zukunftsfähige Lösungen vorgestellt. Die Schnittstellen zwischen der ökologischen, ökonomischen und sozial-kulturellen Zieldimensionen der Nachhaltigen Ökonomie werden hergestellt (dieser Aufgabe widmet sich auch der Gastbeitrag von Viviane Scherenberg zur nachhaltigen Gesundheitspolitik). Damit leistet das Buch einen Beitrag zur Erläuterung der Ziele und Umsetzungsmöglichkeiten eines nachhaltigen Wirtschaftens und zeigt, wie dieser Begriff in Politik und Lehre eingebunden werden kann.

# Jahrbuch Nachhaltige Ökonomie 2013 | 2014

Im Brennpunkt: Nachhaltigkeitsmanagement

519 Seiten, 29,80 EUR
ISBN 978-3-7316-1043-4

In den vergangenen fast 250 Jahren stand die maximale Steigerung der Gewinne und Güterproduktion im Mittelpunkt der Ökonomie, sowohl in der Wirtschaft als auch im herrschenden Theorie- und Lehrsystem. Das eklatante Marktversagen in den drei Dimensionen einer zukunftsfähigen Entwicklung (ökologische, ökonomische, sozial-kulturelle) wurde ausgeklammert oder systematisch unterschätzt. Angesichts der immensen Probleme im 21. Jahrhundert werden diese Themen für Unternehmen jedoch immer bedeutsamer. Um unter den veränderten Umweltbedingungen auch in 30 Jahren wettbewerbsfähig sein zu können, müssen Unternehmen schon heute mit dem systematischen Umbau ihrer Produkte und Produktionsabläufe beginnen. Durch die thematische Fokussierung auf die betriebswirtschaftlichen Aspekte der Nachhaltigen Ökonomie soll im 3. Jahrbuch ein Beitrag zur Zusammenführung der gesamtwirtschaftlichen Nachhaltigen Ökonomie mit dem Nachhaltigkeitsmanagement geleistet werden.

*Aus dem Inhalt:*
*Teil 1:* Alternativen der Nachhaltigen zur traditionellen Ökonomie
*Teil 2:* Wachstumsdiskussion
*Teil 3:* Ethik und Menschenbild der Nachhaltigen Ökonomie
*Teil 4:* Institutionelle Perspektive, neue Instrumente und Messsysteme
*Teil 5:* Globale Aspekte einer Nachhaltigen Ökonomie
*Teil 6:* Handlungsfelder der Nachhaltigen Ökonomie

*Mit Beiträgen von:*
Lina Sofie Böckmann, Hans Diefenbacher, Jürgen Freimann, Jürgen Grahl, Anja Grothe, Rosa Haberland, Wolf-Dieter Hasenclever, Ingomar Hauchler, Therese Kirsch, Mira Klausen, Tobias Kronenberg, Christine Lacher, Thomas Loew, André Martinuzzi, Nina V. Michaelis, Georg Müller-Christ, Nguyen Trung Dzung, Gitta Nikisch, Hermann E. Ott, Konrad Ott, André Reichel, Sven Ripsas, Holger Rogall, Stefan Schaltegger

## Jahrbuch Nachhaltige Ökonomie 2012 | 2013

Im Brennpunkt: Green Economy

503 Seiten, 29,80 EUR
ISBN 978-3-89518-977-7

*Mit Beiträgen von:*
Carolin Bessing, Julia Blasch, Edelgard Bulmahn, Felix Ekardt, Christian Felber, Leticia Armenta Fraire, Felix Fuders, Anja Grothe, Ingomar Hauchler, Michael von Hauff, Estelle L.A. Herlyn, Stefan Klinski, Rolf Kreibich, Gisela Kubon-Gilke, Christine Lacher, Manfred Max-Neef, Nina V. Michaelis, Hans G. Nutzinger, Franz Josef Radermacher, Holger Rogall, Karlheinz Ruckriegel, Viviane Scherenberg, Renate Schubert, Nicola Seitz, Birgit Soete, Anita Tiefensee

## Jahrbuch Nachhaltige Ökonomie 2011 | 2012

Im Brennpunkt: Wachstum

2., korrigierte Auflage 2013
422 Seiten, 29,80 EUR
ISBN 978-3-89518-957-9

*Mit Beiträgen von:*
Hans Christoph Binswanger, Silke Bustamante, Felix Ekardt, Rosa Haberland, Wolf-Dieter Hasenclever, Ingomar Hauchler, Hansjörg Herr, Martin Jänicke, Mira Klausen, Karl Kollmann, Jürgen Kopfmüller, Nina V. Michaelis, Michael Müller, Holger Rogall, Gerhard Scherhorn, Jerzy Sleszynski, Eberhard Umbach